Norbert Pailer / Alfred Krabbe

Der vermessene Kosmos

Der vermessene Kosmos

Ursprungsfragen kritisch betrachtet

Norbert Pailer
und Alfred Krabbe
mit einem Gastbeitrag
von Reinhard Helbing

SCM

Stiftung Christliche Medien

Der SCM Verlag ist eine Gesellschaft der Stiftung Christliche Medien, einer gemeinnützigen Stiftung, die sich für die Förderung und Verbreitung christlicher Bücher, Zeitschriften, Filme und Musik einsetzt.

3., überarbeitete und erweiterte Auflage 2023

Herausgegeben von der Studiengemeinschaft
Wort und Wissen e. V.
www.wort-und-wissen.org

Satz: Studiengemeinschaft Wort und Wissen, Baiersbronn
Umschlaggestaltung: Johannes Weiss, Wort und Wissen
Titelbild: Lagunennebel, aufgenommen vom
Hubble-Teleskop an seinem 28. Geburtstag (NASA, ESA und STScI)
Druck und Bindung: GEMMION Druck Medien Service, Reichelsheim
Gedruckt in Deutschland
ISBN 978-3-7751-6186-2
Bestell-Nr. 396.186

Die moderne Physik
führt uns notwendig zu Gott hin,
nicht von ihm fort.
Keiner der Erfinder des Atheismus
war Naturwissenschaftler.
Alle waren sie sehr mittelmäßige Philosophen.

Arthur Stanley Eddington, Astrophysiker

Der vermessene Kosmos

»Da nach der Urknalltheorie der Knall am Anfang gestanden haben soll, lässt der Urknall den Knall aus. Er teilt uns nicht mit, was geknallt, warum es geknallt, wie es geknallt und, um ehrlich zu sein, ob es überhaupt geknallt hat.«
Brian Greene, Der Stoff, aus dem der Kosmos ist, 2008

»Wissenschaft ohne Religion ist lahm, Religion ohne Wissenschaft ist blind.«
Albert Einstein, Aus meinen späten Jahren, Selbstporträt, 1936

»Universe Map runs into local difficulty.«
New Scientist, 2004

»Our Model of the big-bang universe based on general relativity fits our observations very nicely – as long as we are happy to make 95 % of it up.«
Stephen Battersby, New Scientist, 2009

»Inconstant constants – Do the inner workings of the nature change with time?«
Scientific American, 2005

»We don't know what these dark apparitions are, but they seem to be almost everything.«
Stephen Battersby, New Scientist, 2013

»Did the Big Bang really happen?«
New Scientist, 2005

»Naturwissenschaft ist eine Disziplin, die nicht voraussetzungslos arbeitet und nie umfassend endet. Deshalb beraubt sich Wissen ohne Glauben seiner eigenen Grundlage.«
Norbert Pailer

»Old galaxies in the young universe.«
ESO Press Release 17/04

»Seeds of doubt for theory of inflation.«
New Scientist, 2004

»Es gibt keine Materie, sondern nur ein Gewebe von Energien, dem durch intelligenten Geist Form gegeben wurde.«
Max Planck, in: Ulrich Warnke, Quantenphilosophie und Spiritualität, 2010

Orion-Nebel (NASA)

Vorwort

»Das Weltall ist ein Kreis,
dessen Mittelpunkt überall,
dessen Umfang nirgends ist.«
Blaise Pascal, Mathematiker,
Physiker und Philosoph, 1623 - 1662

Nach zehn Jahren löste die Erstauflage dieses Buches das in mehreren Auflagen erschienene Buch „Geheimnisvolles Weltall – Hypothesen und Fakten zur Urknalltheorie" ab. In dieser Zeitspanne hat sich in der noch jungen Disziplin der Kosmologie so viel getan, dass ein ganz neuer Wurf angebracht war. Das hier vorliegende Buch ist nun dessen dritte, deutlich erweiterte und wiederum aktualisierte Auflage.

Es gibt Aspekte, die sich überlebt haben und andere, deren angekündigte Erwartungen hier weiter ausgezogen werden. Schon allein diese Anmerkung deutet an, wie relativ und gleichzeitig lebendig unser naturwissenschaftliches Wissen ist: In der Naturwissenschaft „irren" wir uns empor, von einem Wissensstand zum anderen. Das wird für diese Auflage nicht anders sein.

Wissenschaftler finden also nicht in gesichertem Wissen, sondern immer an dessen äußerster Grenze ihre Heimat, dort, wo Wissen dem Unwissen direkt in die Augen sieht. Unter dieser Minderheit von Forschern ist es wiederum nur einer winzigen Elite vergönnt, das höchste Ziel der Naturwissenschaft zu verwirklichen: „Unwissen" aufzudecken, etwas zu entdecken – von dem wir nicht wussten, dass wir es nicht wussten – und es einzuordnen in unsere Vorstellungswelt.

Wissen ist ein Kind der Vergangenheit und kann in einer sich unablässig ändernden Welt nie die Zukunft sichern. Deshalb machen wir Mut, aktuelle Auseinandersetzungen mit den zahlreichen postmodernen Propheten der Gott- und Sinnlosigkeit im Geschehen der Welt abzustützen auf aktueller, solider Information. Nur so zeigen wir, dass wir auf der Höhe der Zeit argumentieren und nicht alte und zum Teil überlebte Argumente verwenden. Leider hat das Internet auch diesbezüglich ein langes Gedächtnis.

Zwei engagierte Astrophysiker und gleichzeitig überzeugte Christen legen hiermit zusammen mit einem Team von Experten ihre Position zum Spannungsfeld zwischen Kosmologie und Genesis dar. Es geht dabei nicht um Wiederholung von Meinungen, die von den Massenmedien her bereits geläufig sind, sondern um eine kritische Standortbestimmung aktueller Astronomie, Astrophysik und Kosmologie in allgemeinverständlicher Form: Es wird eine konzentrierte Zusammenfassung des aktuellen Bildes vom Aufbau des Kosmos gegeben. Damit wird der Leser nicht gleich zum Astrophysiker, aber er findet eine verdichtete, kritische Darstellung aktueller Beobachtungsdaten.

Es geht um die Vermittlung sowohl des aktuellen Wissensstandes als auch des Verständnisses seiner Randbedingungen. Die geschilderten Fakten deuten aber letztlich über das Wissen hinaus und spitzen sich auf die Position zu, wo die Frage nach einem Urheber und Planer unausweichlich wird. Dies wird umso drängender, als die Naturwissenschaft nicht voraussetzungslos arbeitet, sondern mit einem Satz von Gegebenheiten (z. B. Naturgesetzen und -konstanten) startet, den sie nicht hinterfragt. Da also Naturwissenschaft nie voraussetzungslos startet und nie umfassend endet, entledigt sich Wissen ohne Glauben seiner eigenen Grundlage.

Als Naturwissenschaftler sollte man Rechenschaft darüber geben, dass man zwar Naturgesetze formulieren und ihre Gültigkeit über die Zeit hinweg feststellen kann, dass man aber z. B. ihre Herkunft und ihre zeitliche Konstanz weder begründen noch garantieren kann. Wer beginnt, sich darüber zu wundern, wird vielleicht offen für das Geheimnis der geistigen Seite hinter der Raumzeit-Kulisse. Am Ende ist alles auf eine interdisziplinäre Synthese von Ursprungsvorstellungen angelegt, deren Rahmen der Wortsinn des Genesisberichts liefert. Dabei wird kein Schöpfungsmodell entwickelt, sondern am Ende ein Interpretationskorridor diskutiert, der den Rahmen für ein mögliches Schöpfungshandeln aufgrund des Genesisberichts und anhand astronomischer Fakten aufspannt. Damit ist die vorliegende Arbeit in dem Sinne angelegt, dass sie zwar nicht alles sagt, aber ihre Leser dazu bringt, das Entscheidende selbst zu denken.

Entgegen einer weit verbreiteten Meinung haben Christen mit der Naturwissenschaft keine Probleme, jedenfalls solange neuer Erkenntnisgewinn innerhalb der Spielregeln in dem dafür gedachten Rahmen bleibt und nicht mit weltanschaulichen Vorstellungen vermischt wird. Wir wundern uns aber, wie viele Zeitgenossen sich auf die Erkundungen des Glaubens an Gott erst gar nicht einlassen, sondern ihn aus grundsätzlichen Erwägungen von vornherein ablehnen. In diesem Buch geht es deshalb auch darum, intellektuelle Vorbehalte bezüglich einer solchen Beziehung zu Gott zu relativieren und nach Möglichkeit auszuräumen („Diakonie an Intellektuellen", was eine ursprüngliche Aufgabe der *Studiengemeinschaft Wort und Wissen* ist). Während Naturwissenschaft nur einen Teil der Wirklichkeit – nämlich den mit empirischen Methoden erfassbaren Bereich – abbildet, geht es hier um das Denken des Ganzen. Dem Haupttext angehängt ist ein Kapitel „In den Weltraum gelinst", in dem anhand praktischer Beobachtungserfahrung mit einem selbst gebauten Newton-Teleskop Mut zu eigenen Himmelsbeobachtungen gemacht werden soll. Eine Einladung zum schönsten Hobby der Welt! Nebenbei ist es auch sehr familienfreundlich: Wenn ich (N. P.) mal nicht da bin, weiß meine Frau: Der ist hinterm Haus im Garten. Und was macht er dort? Er schaut nach den Sternen.

Praktische Hinweise. Im Folgenden werden viele Begriffe benutzt, mit denen sich nicht jeder im Alltag beschäftigt und die damit nicht jedem geläufig sind. Soweit sie zum Verständnis der Gesamtaussage notwendig sind, wurden sie in einem umfangreichen Glossar am Ende des Buches erklärt. Diese Begriffe sind im Text bei erstmaligem Vorkommen *kursiv* gesetzt. Zudem wurden komplexere Themen – z. B. „Dunkle Materie und Dunkle Energie" – teilweise erneut aufgenommen, eingangs in einer Übersichtsdarstellung und später in weiterführendem Detail. Zur besseren Veranschaulichung wurden als neues Element QR-Codes eingeführt. Wir hoffen, dass dies dem besseren Zugang und der Freude am Lesen zuträglich ist. Im Anhang befinden sich zur Vertiefung theoretischer Physik ein neuer Gastbeitrag von Reinhard Helbing und auch Übersetzungen aller Zitate des laufenden Textes, von der Einleitung bis zum letzten Kapitel, da sie im Text im Original belassen wurden. Die vorliegende Arbeit soll so einem möglichst weiten Leserkreis zugänglich gemacht werden. Deshalb sind auch immer beide Geschlechter angesprochen, obwohl wir wegen der besseren Lesbarkeit dies nicht explizit ausführten.

Creation Pointer

Die Überzeugung, dass die Welt geschaffen wurde, ist nicht ein naturwissenschaftliches Ergebnis, sondern eine Folge von Gottes Reden und Handeln, dessen Richtigkeit Gottes Geist unserem Geist bezeugt. Deshalb ist es nicht verwunderlich, dass wir bei einer ganzheitlichen Betrachtung der Welt Hinweise für diesen Umstand finden und benennen. Die so benannten Hinweise auf den Schöpfungscharakter unserer Welt haben „nur" Bekenntnischarakter und keine Beweiskraft. Sie sollen das als selbstverständlich Akzeptierte in ein anderes Licht setzen und zum Nachdenken anregen.

Norbert Pailer
Alfred Krabbe
Sommer 2016

Vorwort zur 3. Auflage

Die Abstände zwischen den Auflagen werden kleiner. Erst lagen zehn Jahre dazwischen, nun ist schon seit langen Monaten die 2. Auflage vergriffen. Zudem haben sich viele Neuerungen in der Weltraumforschung ergeben, die eine aktualisierte Auflage notwendig machten. Wir Autoren freuen uns natürlich über diesen Zuspruch, auch wenn er letztlich eine gründliche Überarbeitung erforderlich machte.

Es ergab sich auch ein neues, erweitertes Team, dessen Einsatz hier zu würdigen ist:

Prof. Dr. Reinhard Helbing hat die Neuauflage mit einem mathematisch orientierten Kapitel im Anhang wertvoll ergänzt.

Dr. Peter Trüb hat die Rolle des Lektors von Dr. Reinhard Junker übernommen und zusammen mit dem bewährten Grafiker Johannes Weiss all die notwendigen Aktualisierungen sorgfältig eingearbeitet. Als neues Element wurden insbesondere zahlreiche QR-Codes aufgenommen, die für den Leser eine zusätzliche Anschaulichkeit des nicht immer einfachen Textes bedeuten.

Grammatik und Orthografie sind bei jedem Buch ein anspruchsvolles Thema. Hier hat erneut Elisabeth Binder ihre geübten Augen zur Verfügung gestellt und zusammen mit Lydia und Clemens Leisegang die ganzen Texte sorgfältig durchgesehen.

Wir sind zuversichtlich, dass der erneute Einsatz der Weiterverbreitung des Buches dient, das unter anderem bereits an Schulen und in Seminaren an Universitäten dankbare Abnehmer fand. Euch allen herzlichen Dank! Ergänzend soll erwähnt werden, dass diese 3. Auflage als Master dient für die 1. Veröffentlichung des Buches in englischer Sprache.

Norbert Pailer
Alfred Krabbe
Winter 2023

Stephans Qunitett (NASA, ESA, CSA, STScI)

Einleitung:

An den Grenzen von Raum und Zeit

Kompakt

- Unfassbarkeit des Kosmos
- Begrenzte experimentelle Datenbasis
- Ursprung des Kosmos ist nicht beobachtbar
- Auslösung für Ursprung bleibt spekulativ
- Kosmos-Ursprungsforschung braucht das Element der Offenbarung

Der Kosmos ist jenseits aller unserer Vorstellungen, was seine Größe und Schönheit, sein Entstehen und Vergehen betrifft. Dennoch gibt es auf einem kleinen – kosmisch gesehen – unscheinbaren Planeten, der einen nicht besonders auffälligen Stern am Rande einer eher langweiligen Galaxie umkreist, ein neugieriges Wesen, das immer tiefer in seine Geheimnisse eindringen will. Diese Galaxie ist nur eine von mehr als hundert Milliarden Galaxien im sichtbaren Kosmos.

Fast ebenso vielfältig wie die mehreren hundert Milliarden Sterne seiner Galaxie sind die Methoden und Apparate, die der neugierige Mensch im Laufe seiner Geschichte zur Enträtselung kosmischer Geheimnisse einsetzte. Von sei-

Der hintergründige Kosmos

Der aus der griechisch-hellenischen Sprachwelt stammende Begriff „Kosmos" bezeichnet die Ganzheit des Geschmückten und Wohlgestalteten der Schöpfung im Gegensatz zum Chaos als Inbegriff alles ungezähmt Wilden und die Schöpfung Bedrohenden. Zum Kosmos gehören somit nicht nur physikalisch fassbare Aspekte, vielmehr auch das Lebendige und Ästhetische mit seinem Logos, einfach das Staunenswerte. Wenn im Folgenden die imposanten astronomisch-astrophysikalischen Aspekte betrachtet werden, muss immer im Blickfeld bleiben, dass dies nur Teilaspekte eines unfasslichen Ganzen sind. Der theoretische Physiker und Physikphilosoph C.-F. von Weizsäcker (1912 - 2007), der sich wie kaum ein anderer als ausgewiesener Physiker über Physik und ihre Methode Gedanken gemacht hat, formuliert in „Einheit der Natur" (München 1971, S. 289) das Verhältnis von Teil und Ganzem entsprechend herausfordernd: „Von der heutigen Physik aus steht der Behauptung nichts im Wege, dass die Substanz, das Eigentliche des Wirklichen, das uns begegnet, Geist ist. Denn es ist dann möglich, so zu formulieren, dass die Materie, welche wir nur noch als dasjenige definieren können, was den Gesetzen der Physik genügt, vielleicht der Geist ist, insofern er sich der Objektivierung fügt, insofern er also auf empirisch entscheidbare Alternativen hin befragt werden kann und darauf antwortet."

Materie als kondensierter Geist? Von dem Physiker und ebenfalls über moderne Physik allgemeinverständlich schreibenden Hans-Peter Dürr (1929 - 2014) stammt das einprägsame Bild vom Gischtschaum auf dem Ozean. Physiker und Astronomen erfassen in ihren Datensätzen und deutenden Theorien nur Strukturen des Gischtschaumes. Die Tiefe des Ozeans darunter bleibt unergründlich. In Abschnitt 3.3.2 sprechen wir an, dass die (physikalische) Kosmologie vor dem Rätsel der sogenannten Dunklen Energie und Dunklen Materie steht, die den weitaus dominanten Anteil des energetisch-materiellen Kosmos bilden, sich aber bisher nur indirekt durch Gravitationsbilanzen zu Wort melden. So sind auch Sterne in ihren Gruppierungen in Sternhaufen bis zu Galaxien mit allen physikalisch fassbaren Wechselwirkungen Lichter im Gischtschaum einer bodenlosen Tiefsee, die nicht aus ihrer „Oberflächenphysik" allein verstanden werden können. „Teil und Ganzes" macht heute physikalische Kosmologie im weiteren Betrachtungsfeld einer Schöpfungskosmologie so spannend. Wenden wir uns dem beobachtbaren Teil der Sternenwelten zu!

nem angestammten Lebensraum an der Grenzfläche zwischen Erdkruste und Atmosphäre hat er unterschiedlichste Geräte zum Nachweis von Neutrinos in tiefste Stollen alter Bergwerke oder in entsprechende Tiefen im Meer verfrachtet und seit rund sieben Jahrzehnten diverse Instrumente auf Satelliten gepackt, die in einer Entfernung von teilweise über 20 Milliarden Kilometern bereits jenseits des Randes unseres Planetensystems operieren. Dennoch hat er nicht mehr zur Verfügung als

- räumlich, spektral und zeitlich aufgelöste Digitalaufnahmen
- Datenreihen von Instrumenten
- ein paar Meteorite, die ihm zugeflogen sind
- von der Raumsonde *Cassini-Huygens* detektierte Staubkörnchen, in denen aber immerhin auch Spuren von Sternenstaub (interstellarem Staub) gefunden worden sind
- rückgeführte Kometen- und Asteroidenbrösel
- rund 380 kg Mondmaterial als Mitbringsel der Mondfahrer
- minimale Dellen (Hundertstel Bruchteile eines Prozents) in Lichtkurven einiger Sterne, die als Indizien für extrasolare Planeten gewertet werden
- minimale Bewegungen einiger Sterne am Himmel

Neuerdings gibt es noch einige im Weltraum gesammelte Sonnenwindteilchen, die mühsam aus den Trümmern des Rückkehrbehälters der Weltraummission *GENESIS* gerettet wurden, außerdem seit Januar 2006 ein paar Kometenbrösel, die uns die Raumsonde *STARDUST* vom Kometen *Wild 2* zurückgebracht hat, und seit 2010 rund 1500 kleinste Asteroiden-Staubkörnchen von dem Objekt *Itokawa*, rückgeführt von der japanischen Raumsonde *Hayabusa*. Die Nachfolgemission *Hayabusa-2* startete Ende 2014 zum Asteroiden Ryugu und kehrte im Dezember 2020 mit aufgesammeltem Staub zurück. Man hofft auf Spuren organischen Materials und will insbesondere die globalen Eigenschaften von Asteroiden zum Zwecke einer möglichen Ablenkung studieren, denn solche Objekte können gelegentlich auf Kollisionskurs mit der Erde kommen. Auch die NASA ist auf diesem Gebiet tätig und startete im September 2016 die Sonde *OSIRIS-REX*. Am 20. Oktober 2020 traf sie auf den Asteroiden Bennu zur Probenentnahme. Mehr als 1 kg Material sollen im September 2023 auf der Erde ankommen. Im November 2020 startete China eine unbemannte Sonde namens *CHANG´E* 5 zum Mond, von wo im Dezember 2020 knapp 2 kg Gesteins- und Staubproben zur Erde zurückgebracht wurden. Dies war seit *LUNAR-24* im Jahre 1976 die erste Rückführmission für Mondproben. Sie soll gleichzeitig eine bemannte chinesische Mondlandung in den 2030er-Jahren vorbereiten, an die sich eine spätere permanente Mondstation anschließen soll.

Diese spartanische Informationsbasis muss genügen, um etwas über die Architektur des Kosmos herauszufinden. Seit Neuestem können wir auch Schwingungen der Raumzeit als Gravitationswellen nachweisen. Mehr haben wir nicht. Tiefe Einblicke wurden dabei ebenso gewonnen wie die Erkenntnis unerbittlicher Begrenzungen.

So gehört es heute zum gängigen Verständnis in der Kosmologie, dass der ganze sichtbare Sternenhimmel und damit alle sichtbare Materie eine kleine „Kontamination" von nur rund 5 % des Gesamtinhalts von Masse und Energie ausmachen. Wie später dargelegt, ist dies ein Modellwert zur Stabilisierung des Standardmodells. Hier wird dann auch davon ausgegangen, man könne aus den restlichen 95 % den Gesamt-Energie-Massenhaushalt errechnen. Dieser mag aber nach anderen theoretischen Erkenntnissen quasi unendlich, d. h. unbestimmbar, sein. Das heißt aber auch, dass sämtliche Sterne sozusagen nur putzige Sahnehäubchen auf einer riesigen, unsichtbaren, dunklen Schokoladentorte sind – um obige Bilder noch weiter auszumalen. Zudem geht man davon aus, dass marginale Temperaturabweichungen im kosmischen Mikrowellenhintergrund von lediglich 0,001 % die Keimzellen der heute beobachteten Großraumstrukturen gewesen sein sollen. Auch die von Alan H. Guth eingeführte extrem rasche Expansion kurz nach dem sogenannten Urknallereignis, genannt Inflation, erfordert ihrerseits eine Erklärung, selbst wenn sich aus ihr zwanglos einige grundlegende Eigenschaften des Kosmos ergeben: Noch nie wurde ein so weitreichendes Modell auf so schwachen Beinen aufgesetzt. Die Kosmologie nennt es immerhin ihr Standardmodell. Das ist ein Grund, weshalb wir uns zunächst mit der Frage auseinandersetzen wollen, was wir eigentlich beim Blick zum Himmel tatsächlich von der uns umgebenden Wirklichkeit wahrnehmen können.

Es ist uns verwehrt, bis zum Anfang der Welt zurückzuschauen. Im populären Urknallmodell ist die Rückprojektion des Kosmosgeschehens über das elektromagnetische Spektrum durch den Zeitpunkt begrenzt, an dem die erste Strahlung aus der heißen „Energiebrühe" eines Urknallszenarios ausgetreten sein könnte. Aus feinsten Intensitätsunterschieden der Mikrowellen-Hintergrundstrahlung sollen Erklärungen für die außerordentlich reichhaltigen Formen und die komplexe Strukturierung im Kosmos abgeleitet werden, was sich als harte Nuss für alle kosmologischen Modelle erweist. Die spannende Frage, die das Urknallmodell aufwirft, lautet: Wie ging der hochstrukturierte Kosmos, den uns bis heute das *Hubble*-Weltraumteleskop imposant vor Augen führt, aus einem erstaunlich homogenen frühen Zustand eines Urknallszenarios in der von Experten gehandelten „kurzen" Zeit von 13,8 Milliarden Jahren hervor? Die Bemühungen, die Geschichte des Weltalls nachzuzeichnen, erweisen sich als schwieriger Balanceakt im Ungefähren. Hoffnungen, über den derzeit angenommenen Anfangshorizont noch hinausschauen zu können, werden an den direkten Nachweis von Gravitationswellen geknüpft.

Albert Einstein hat die Existenz solcher Gravitationswellen vor rund 100 Jahren mit Bleistift und Papier abgeleitet. Obwohl der Effekt verschwindend klein ist, gab es über Dekaden immer wieder ehrgeizige Versuche, solche Gravitationswellen nachzuweisen. Mehrere erdgebundene Anlagen sind in Betrieb und selbst für den ungestörten Nachweis im All gibt es bereits fortgeschrittene Konzepte (*eLISA*) und eine aktuelle

Spiralgalaxie M81 im Großen Wagen (NASA, STScI)

Technologieerprobung eines Gravitationswellen-„Teleskops“ mit der Bezeichnung *LISA Pathfinder LPF* (Start mit einer *VEGA*-Rakete am 3. Dezember 2015).

Am 11. Februar 2016 berichteten Forscher der *LIGO*-Kollaboration (Laser Interferometer Gravitational Wave Observatory) über die erste erfolgreiche direkte Messung von Gravitationswellen im September 2015, die kurz vor und während der Kollision zweier *Schwarzer Löcher* hervorgerufen worden waren.

Es war einem glücklichen Umstand zu verdanken, dass sich zwei Schwarze Löcher mit 29 bzw. 36 Sonnenmassen über einen langen Zeitraum (Experten sprechen von Millionen bis Milliarden Jahren) umkreisten. Die meiste Zeit geschah dies mit kleiner Geschwindigkeit. Aber als sie sich nahe kamen, umkreisten sie sich rund 15-mal pro Sekunde und schneller und haben dabei messbare Gravitationswellen erzeugt. Es wurden einige Umläufe beobachtet, bevor die beiden Objekte verschmolzen. Dabei bildeten sie ein neues Schwarzes Loch mit einer Gesamtmasse von 62 Sonnen. Das heißt aber auch, dass Gravitationswellen mit einer Energie von drei Sonnenmassen (nach der Einstein'schen Formel $E = m \cdot c^2$) abgestrahlt wurden. Diese Strahlungsleistung übertraf damit kurzzeitig den Energieausstoß sämtlicher Sterne in allen Galaxien des sichtbaren Universums zusammen. Es handelt sich dabei um eine besondere Art von Strahlung. Sie besteht weder aus umherfliegenden Teilchen noch aus elektromagnetischen Wellen. Vielmehr sind es Schwingungen der Raumzeit selbst. Bislang gab es nur indirekte Nachweise auf die Existenz solcher Wellen.

„Das ist die gewaltigste Explosion, die jemals beobachtet wurde“, sagt Karsten Danzmann, Direktor des Albert-Einstein-Instituts AEI in Hannover. „Doch weder im sichtbaren Licht noch auf irgendeiner anderen elektromagnetischen Wellenlänge war auch nur das Geringste zu sehen.“ Die gewaltigen Energiemengen sind allein durch Gravitationswellen davongetragen worden.

Damit hat *LIGO* tatsächlich ein neues Fenster zum Universum aufgestoßen; eine neue Art von Astronomie hat begonnen, mit der sich Objekte und Vorgänge studieren lassen, für welche die Wissenschaft vom Kosmos bisher blind war. „Wir erhalten hier den ersten Einblick in eine dunkle Schattenwelt“, sagt Karsten Danzmann in einem Artikel der *Frankfurter Allgemeine* vom 15. Februar 2016, „und können gespannt darauf sein, was dort alles verborgen ist.“ Inzwischen ist auch der italienische Virgo-Detektor dem Verbund beigetreten und das so gebildete Triumvirat liefert nun mit großer Regelmäßigkeit Gravitationswellenbeobachtungen.

Gemessen an der Größe und Komplexität des Kosmos stehen dennoch nur wenige Daten für seine Erforschung zur Verfügung, andererseits will man ein Gesamtbild (s)eines Entwicklungsverlaufs erstellen – ein Kontrast, wie er nicht größer sein könnte. In diesem paradoxen Rahmen geschieht die naturwissenschaftliche Forschung, einerseits auf Beobachtungen abgestützt, andererseits notwendigerweise mit gewaltigen Extrapolationen verbunden. Dabei wird nicht gefragt, wer oder was seinen Ursprung ausgelöst hat, denn es ist naturwissenschaftlich nicht sinnvoll, jenseits von Raum und Zeit zu fragen, da Kosmologen und Astrophysiker „nur“ die Innenarchitektur interessiert. Es wird auch nicht gefragt, woher die Naturgesetze kommen, die obendrein für den gesamten Verlauf der Kosmosgeschichte als konstant angesehen werden. Soweit naturwissenschaftlich gearbeitet wird, ist die Annahme der Konstanz (Abschnitt 2.4) kaum vermeidbar, weil eine mögliche Variabilität das spekulative Element geradezu explodieren ließe. Konstanz der Naturkonstanten wird deshalb der Ein-

Milchstraßenband (NASA, STScI)

fachheit halber so lange vorausgesetzt, wie es für ihre Variabilität keine empirischen Anhaltspunkte gibt. Naturwissenschaft arbeitet nie voraussetzungslos, denn sie kommt erst zu einer Aussage, wenn es etwas zu beobachten und zu messen gibt. Wir haben die Tragweite und Konsequenzen des naturwissenschaftlichen Ansatzes auszuloten. Er bildet den Ausgangspunkt unserer Diskussion, wohl wissend, dass er nicht das ganze Bild liefern kann.

Soll nun nicht nur eine naturwissenschaftliche Antwort zum Thema des Buches im Rahmen eines *Naturbildes* (s. Abschnitt 2.1 „Vom *Weltbild* zum *Naturbild*") – also ein mit den heutigen naturwissenschaftlichen Ergebnissen weitgehend kompatibles Bild –, sondern eine möglichst umfassende, interdisziplinäre Position mit einem Minimum an Hypothesen im Rahmen eines *Weltbildes* erarbeitet werden, dann müssen weitere aussagekräftige Quellen herangezogen werden. Schon gar nicht sollte von vornherein ein Eingriff „von außen" ausgeschlossen werden – die Dinge müssen alle auf den Prüfstand, ohne jede Vorauswahl. Erst damit wird der Ansatz für das Thema möglichst breit und auch dem Forschungsgegenstand angemessen. So wird das interdisziplinäre Anliegen dieses Buches richtig spannend.

Über den Ursprung des Alls gibt es in den unterschiedlichen Kulturkreisen Überlieferungen. Nicht zuletzt gibt es den theologischen Zugang zu diesem Themenkomplex anhand des Zeugnisses der Bibel über das souveräne Handeln des Schöpfers, wie es ein Psalm kurz zusammenfasst: „Denn wenn er spricht, so geschieht's, wenn er gebietet, so steht's da" (Psalm 33, 9). Die ersten Kapitel im Buch Genesis mit manchen Analogien in anderen Überlieferungen möchten in erster Linie klarmachen, wie nach der Gabe einer für die ersten Menschen guten Schöpfung durch Vertrauensbruch ein tiefer Riss zwischen Schöpfer und Geschöpf entstand, der sich im heutigen Zustand der Schöpfung widerspiegelt. Das erste Menschenpaar wird aus dem Ursprungsgarten vertrieben und hat nun die Last des sterblichen Lebens zu tragen.

Kasten: **Die Blinden und der Elefant**

Nach einer Parabel versuchen fünf Blinde, einen Elefanten zu beschreiben. Der erste betastet ein Bein und verkündet: „Der Elefant ist wie eine Säule." Der zweite betastet die Flanke des Elefanten und spottet: „Das ist doch Unsinn! Der Elefant ist wie eine Mauer." Der dritte, der den Schwanz hält, ist überzeugt: „Das ist doch alles falsch: Der Elefant ist wie ein Seil." Der vierte behauptet entnervt: „Keiner von euch hat die Wahrheit erfasst; der Elefant ist wie ein Fächer, und kühlte sich an dessen bewegtem Ohr." Der fünfte hält alle für vollkommen daneben, indem er den Stoßzahn des Elefanten betastet: „Der Elefant ist wie ein spitzer, polierter Stein." – Was wäre gewesen, wenn ein sechster Mann dabei gewesen wäre, der hätte sehen können? Er hätte dem ersten Blinden schnell sagen können: „Mein Herr, Sie halten gerade das Bein des Elefanten. Aber wenn Sie sich aufrichten und an dem Bein entlang nach oben tasten, dann werden Sie den Teil der Flanke des Elefanten spüren, der vom anderen Blinden als Mauer erkannt wurde." So kommt selbst für die Blinden ein realistisches Bild eines Elefanten zustande.

Ein Blinder kann vieles prüfen und für wahr oder falsch erklären. Wenn allerdings der Sehende den als blind Geborenen erklärt, der Stoßzahn sei weiß, dann müssen sie das im Glauben akzeptieren. Ist dies dann „blinder Glaube"? – Nicht dann, wenn sie auch die weiteren Aussagen des Sehenden nachgeprüft haben und er so als Informant als vertrauenswürdig befunden wurde.

Anmerkung: Heute wird mit viel Aufwand nach Botschaften Außerirdischer gesucht, deren Existenz alles andere als gesichert gilt. Wenn aber trotz erstaunlicher Designermerkmale des Kosmos auch nur der Hinweis auf einen außerirdischen Planer angesprochen wird, erntet man meist ein mitleidiges Lächeln.

Dies ist sicher nicht einfach ein Auszug aus einem Schöpfungsprotokoll in Konkurrenz oder Analogie zur Kosmologie, muss aber bei einem Gesamtbild, das Gottes Wort ernst nimmt, mitberücksichtigt werden. Dabei geht es nicht um irgendeine Harmonisierung des bildhaften Schöpfungsgefüges mit Modellkonzepten physikalischer Kosmologie, die insbesondere auf ausschließlich messbare oder modellierbare Randbedingungen eingegrenzt ist. Auch wenn die Genesis sicher kein naturwissenschaftlicher Laborbericht „zur Entstehung der Welt" ist und sich auf einer anderen Erklärungsebene abspielt: Sie kann uns auf der interdisziplinären Suche nach Antworten weiterhelfen, zumal die Kosmos-Ursprungsforschung eine Disziplin ist, die das Element der Offenbarung für eine grundsätzliche Orientierung braucht. Wir sprechen dies an, wohlwissend, dass allein die Erwähnung des Wortes „Genesisbericht" bei vielen Zeitgenossen Befremden hervorrufen mag. Trotzdem hoffen wir, dadurch nicht Leser zu verlieren, sondern erst richtig neugierig gemacht zu haben. Wir sehen in diesem Kontext die naturwissenschaftliche Forschung aus bereits angedeuteten Gründen als ein „innerweltliches" Unternehmen an, dessen Daten uns allenfalls auf die Spur der Schöpfung bringen können. Es ist letztlich unser Ziel, Bezugslinien zwischen unterschiedlichen Informationsquellen herzustellen. Damit streben wir eine auf einem interdisziplinären Dialog abgestützte Darstellung an, wobei die astrophysikalische Diskussion unser Ausgangspunkt ist. Gerne betonen wir, dass die auf Messbares und Sichtbares ausgerichtete Naturwissenschaft viele Vorzüge hat, aber durch die mit ihr verbundenen Einschränkungen auch nie das Ganze des Seins in den Blick bekommen kann. In diesem Sinne behandelt die Naturwissenschaft das „berechenbare" Handeln Gottes. Obendrein müssen wir uns bewusst machen, dass keine Wissenschaft voraussetzungsfrei ist und dass eine so grundsätzliche Fragestellung bezüglich des Ursprungs des Kosmos nie ohne ein unterlegtes Weltbild zu stemmen ist.

Zu den erwähnten Bezugslinien passt z. B. eine Feststellung der ESO (European Southern Observatory), dass viele gegenwärtige astronomische Beobachtungen zunehmend den Schluss nahelegen, dass das Universum augenblicklich als eine ausgereifte Schöpfung entstanden sein könnte (wiedergegeben in „Spaceflight" unter

Space News mit der Überschrift „Creation Pointer": *„This and many other recent astronomical observations point increasingly to the conclusion that a mature, active, evolving and expanding universe could have come into being in an instant creation."*[Z1] (Spaceflight vom November 2004, Vol. 45, No. 11). In einer Kurzfassung (März 2005) der Veröffentlichung von Mullis et al. (2005) sagt Piero Rosati zu den neun Milliarden *Lichtjahren* entfernten Galaxienhaufen: „Schon in dieser frühen Periode der kosmischen Geschichte sehen wir diese riesige und voll entwickelte Struktur. Das bedeutet, dass wir es mit einem alten Galaxienhaufen in einem jungen Universum zu tun haben." In eine ähnliche Kerbe trifft ein Kommentar von Fabian Walter vom Heidelberger Max-Planck-Institut für Astronomie: „In vielen Bereichen der Astronomie kommt man heute dahinter, dass am Anfang des Universums einige Dinge sehr viel schneller abgelaufen sein müssen als bisher gedacht" (Max Planck Forschung 4. 2012, S. 31). Wir werden im Laufe des Buches diesen Aspekt vertiefen. Eine weitere interessante Spur sind Konsequenzen aus der sogenannten Anthropischen Kosmologie, auf die wir in Kapitel 6 eingehen.

Wir werden letztlich versuchen darzustellen, dass das Sein jenseits seiner Raumzeit eine nichtmaterielle Dimension hat, weshalb rein materialistische Ansätze zwar die berechenbare Seite der Realität beschreiben, aber keine umfassende Erklärung abgeben können.

Jedem Anfang wohnt ein gewisser Zauber inne, insbesondere wenn es um den Kosmos geht: Wissenschaftler suchen nach dieser „Zauber"-Formel, die etwas bescheidener „Theory of Everything" (ToE) genannt wird. Da diesbezügliche Beobachtungen schwierig bis unmöglich sind, stehen (theoretische) Weltentstehungsmodelle im Vordergrund. Die Situation der beobachtenden Ursprungsforschung kann mit folgendem Vergleich dargestellt werden. Der Lebensweg eines Menschen lässt sich durch Beobachtungen auf der Straße recht gut rekonstruieren: Da gibt es Babys, Kinder, Jugendliche, Erwachsene und alte Menschen. Aber über Geburt und Zeugung lernt man so nichts. Deshalb bleibt die Frage nach der Entstehung im Dunkeln, wenn man nur den Gang der Entwicklung zugrunde legt. So sind die Kosmologen bei allem Fortschritt Zauberlehrlinge geblieben.

Dieser Feststellung folgend gestehen wir gerne zu, dass wir sicher keine letztgültige Antwort auf den detaillierten Verlauf der Anfänge haben. Wenn im vorliegenden Buch vorwiegend am Sockel etablierter Bilder gerüttelt wird, dann heißt das nur: Wir begründen, dass wir die diesbezügliche naturwissenschaftliche Antwort nur für einen möglichen Zugang halten, der uns aber nicht zu einem umfassenden Bild führen kann. Es ist für uns Ausdruck von Respekt für die Größe des Geheimnisses der Schöpfung, wenn wir es bei dem Versuch belassen, dieses Geheimnis abzutasten, ohne es je zu lüften. Vielleicht, weil es gar nicht zu lüften ist. Man sollte erst gar nicht den Versuch machen, ein Wunder erklären zu wollen; dabei kann man nur scheitern.

Nach Kapitel 1 mit der Diskussion über prinzipielle Möglichkeiten und Grenzen astrophysikalischer Forschung folgt in den Kapiteln 3 bis 5 eine Art Überblick über die aktuelle astronomische und kosmologische Faktenlage, welche das Wesentliche und Neue aus der aktuellen Literatur komprimiert darstellt. Es geht dabei um die Vermittlung des aktuellen Wissensstandes und das Verständnis der Begrenzungen der Naturwissenschaft. Diese Kapitel sind die zentralen Ausführungen über astrophysikalische Fakten.

Kapitel 4 stellt kurz den grundlegenden theoretischen Hintergrund des Standardmodells mit seinem Umfeld dar, dessen Konzept hinter den populären Interpretationen steht. Kapitel 2 beleuchtet den erkenntnistheoretischen Hintergrund von Modellvorstellungen mit ihrem Bezug zur Wirklichkeit, während Kapitel 6 als zusammenfassende Synthese einen Gesamtrahmen aufspannen will. Damit ist das vorliegende Buch eine weitgehend von Beobachtungsdaten ausgehende Arbeit, die sich aber nicht scheut, den weltbildprägenden Charakter von Modellvorstellungen kritisch zu beleuchten, und am Ende bei einem interdisziplinären Erklärungsrahmen für die Schöpfung ankommt.

Das von Beobachtungsdaten ausgehende Buch lädt in seinem Anhang zu eigenen Stern-

Diese Collage von Abbildungen unserer Sonne zeigt, wie sich ihre Aktivität in unterschiedlichen Wellenlängen – und damit unterschiedlichen solaren Schichten ihrer Atmosphäre – darstellt. (NASA/SDO/Goddard Space Flight Center)

beobachtungen ein. Astronomie ist ein Abenteuer auf allen Kanälen, ob das mit *Hubble*-Weltraumbildern inklusive vieler anderer wissenschaftlich orientierter Weltraummissionen, mit eigenen Beobachtungen am *Keck*-Teleskop auf Hawaii, an Bord der „fliegenden Sternwarte *SOFIA*" oder mit bescheidenen Mitteln im eigenen Vorgarten passiert.

Die großen Fragen der Astrophysik. Wir leben in der ausgedehnten Atmosphäre eines magnetisch variablen Sterns, der unser Sonnensystem beherrscht und das Leben erhält. Unsere Sonne variiert allerdings auf jedem Kanal, auf dem wir sie beobachten. Die Sonne setzt Licht im Infrarotbereich, im Sichtbaren, im Ultravioletten und in Röntgenstrahlung frei (s. Abb. Collage), beeinflusst unser System über mächtige Magnetfelder, der Sonnenwind stemmt sich gegen das interstellare Gas, und hochenergetische Teilchen rasen mit nahezu Lichtgeschwindigkeit durch den Raum. Und all diese Phänomene variieren. Diese Variationen ereignen sich auf Zeitskalen von Millisekunden bis Milliarden von Jahren.

Unser Planet ist eingebettet in dieser unsichtbaren, exotischen und inhärent gefährlichen Umgebung. Oberhalb des schützenden Kokons der unteren Atmosphäre unseres Planeten ist diese solare Plasmabrühe zusammengesetzt aus elektrischen Feldern, magnetisierter Materie verschränkt mit eindringender Strahlung und energetischen Teilchen. Das Erdmagnetfeld wechselwirkt mit der äußeren Atmosphäre der Sonne: Was für ein Ding, dass trotz des unaufhörlichen Wechsels der Planet Erde ein Ort zum Leben ist. Allerdings würden wir Erdkrustenbewohner drei Kilometer höher erfrieren und drei Kilometer tiefer verbrennen.

Der explosive Charakter der Sonne mündet in eine komplexe Magnetfeldstruktur, die sich bis weit über die Bahn des Pluto hinaus erstreckt. Diese als Heliosphäre bekannte Blase im interstellaren Gas kontrolliert obendrein noch den

Eintritt der kosmischen Strahlung in unser Sonnensystem.

Zum ersten Mal in der menschlichen Geschichte wissen wir zuverlässig von Planeten um andere Sterne und diese extrasolaren Planetensysteme unterscheiden sich häufig krass von dem unsrigen. Viele haben jupiterähnliche Planeten, oft sogar noch größere – ganz nahe an dem Stern, manchmal näher als Merkur an der Sonne. Wenn wir diese Konstellationen verstehen und abschätzen wollen, wie wahrscheinlich erdähnliche Planeten in den Fernen des Weltalls sind, brauchen wir ein besseres Verständnis, wie Planetenwelten „funktionieren".

Ohne unseren großen Erdmond, der die Erdrotationsachse im Raum stabilisiert, wären wir wahrscheinlich nicht hier. Unser Planet dürfte nicht so viel Wasser haben, wenn es nicht Kometen oder Asteroiden gegeben hätte, obwohl hier noch viele Fragen offen sind. Um daher erdähnliche Systeme zu verstehen, müssen wir auch deren Monde und Kleinkörper betrachten. Als ob Planeten nicht schon komplex genug wären. Jupitergroße Planeten in Merkurabstand können dort nach unserem physikalischen Verständnis nicht entstanden sein. Sie müssen in einem Abstand entstanden sein, wo unser Jupiter ist. Danach müssen sie sich über eine radiale Bewegung nach innen bewegt haben. Warum migrierte unser Jupiter nicht? Gleichzeitig muss die Bewegung eines Gasgiganten wie Jupiter nach innen auch Einfluss auf die (kleinen) inneren Planeten haben.

Die Wahrscheinlichkeit, Leben im Weltall zu finden, hat Menschen aller Zeiten bewegt. Es wird davon ausgegangen, dass Wasser, Kohlenstoff und eine Energiequelle notwendige Voraussetzungen sind. Viele Plätze im Sonnensystem erfüllen diese Voraussetzungen. Dies gilt nicht nur für Planeten, sondern auch für Monde und gewisse Kometen. Aber allein zum Lebenserhalt braucht es mehr als nur vorübergehend passende Verhältnisse, die irgendwann einmal zum Leben taugen; sie müssen über längere Zeit stabil gewährleistet sein. Von der Erde in der habitablen Zone unserer Sonne (wo die äußeren Bedingungen für „Leben" erfüllt sind) wissen wir, dass die Gegebenheiten erstaunlich stabil waren – trotz der Variabilität der Helligkeit der Sonne. Nicht alle Planeten mögen dieses Glück haben. Dazu kommt natürlich, dass notwendige äußere Bedingungen an sich kein Leben hervorbringen, sondern lediglich nicht von vornherein verhindern.

Wie funktioniert unser Universum? Beobachtungen mit dem *Hubble*-Weltraumteleskop und anderen Observatorien legten in den letzten Dekaden nahe, dass das Universum seit einiger Zeit einer beschleunigten Expansion unterliegt. Dies mag implizieren, dass wir eines Tages nur noch die Sterne unserer Galaxie am Nachthimmel sehen. Die Kraft, die das Universum auseinanderreißt, ist ein Geheimnis, das man mit der Komponente einer Dunklen Energie in Verbindung bringt. Diese neue, unbekannte Komponente besteht aus ~68 % des Materie-Energie-Inhalts des Kosmos. Die Suche nach der wahren Natur dieser Kraft ist die wichtigste Aufgabe der modernen Astronomie. Wenn wir verstehen wollen, wie das Universum funktioniert, müssen wir erst eine solch große Unbekannte auflösen, denn die prinzipiell sichtbare Komponente schrumpft nach neuesten Erkenntnissen auf die Größe von ~5 % zusammen.

Wir wissen, dass das Universum eine schaumähnliche Struktur hat: Die Galaxien und die Cluster von Galaxien – sie machen das sichtbare Universum aus – bilden ein komplexes, dreidimensionales Gerüst und spannen mit gewaltigen kosmischen Leerräumen (materiefreie Räume) ein kosmisches Netzwerk auf. Wie diese gewaltigen Leerräume in der relativ „kurzen" Zeit von Milliarden von Jahren unter den uns bekannten Kräften entstanden sein sollen, ist bislang nicht geklärt.

Obwohl die Astronomen die Sterne seit Tausenden von Jahren beobachten, können wir erst seit rund 60 Jahren das Universum in allen Wellenlängen von den langwelligen Radiowellen bis hin zu den kurzwelligen Gammastrahlen auffangen. Wenn wir das Universum mit seinen Sternen und den Planeten, die sie heute umkreisen, besser verstehen wollen, müssen wir unsere Untersuchungen mit noch leistungsstärkeren Instrumenten und Teleskopen forcieren.

Die Erdatmosphäre bei flachem Sonnenlichteinfall (NASA)

1. Möglichkeiten und Grenzen astrophysikalischer Forschung

»So lange die Naturwissenschaft induktiv vorgeht, kommt sie über die Summe ihrer Bestandteile nicht hinaus.«
Michael Brantner

Kompakt

- Der Weg der Naturwissenschaft
- Licht als Informationsträger der Sternenwelt
- Die Erdatmosphäre als Filter
- Möglichkeiten der Weltraumerkundung durch Raumfahrt

1.1 Der Weg der Naturwissenschaft

Was versteht man unter Naturwissenschaft? Unter dem Begriff „Naturwissenschaften" werden empirisch arbeitende Wissenschaften zusammengefasst, die sich der Erforschung der Natur beobachtend, messend und analysierend widmen. Die Reproduzierbarkeit soll dabei die Ergebnisse sichern, um nachweislich zuverlässiges Wissen zu ermöglichen. Dabei wird im weitesten Sinne eine Erklärung der natürlich ablaufenden Vorgänge angestrebt. Eingriffe von „außen" bleiben dabei zwar methodisch unberücksichtigt, können mit Hilfe der Naturwissenschaft aber weder widerlegt noch bewiesen werden. Soweit Naturvorgänge regelhaft ablaufen, könnte man sie im Kontext der Theologie als „die berechenbare Seite Gottes" bezeichnen.

Im 16. und 17. Jahrhundert gelang den Naturwissenschaften ein entscheidender Durchbruch, der durch viele Entdeckungen und Erfindungen zum industriellen Zeitalter führte. Er veränderte vor allem die westliche Welt sehr stark.

Allerdings entwickelte sich die Naturwissenschaft im Zuge der Aufklärung weg von ihrer ursprünglichen Bestimmung der Beschreibung und Erklärung natürlicher Phänomene hin zu einem Instrument des reinen Materialismus. So hatte Laplace gerade eine mehrbändige Arbeit zur Himmelsmechanik verfasst, als Napoleon ihn kritisch zur Rede stellte, der in diesem umfangreichen Werk den Begriff des Schöpfers vergeblich suchte. Wir kennen die Reaktion von Laplace: „Sir, ich brauche diese Hypothese nicht." Der Materialismus[1] der Welt des 16. und 17. Jahrhunderts war eine für das christliche Abendland neue Weltanschauung, die gerne als „wissenschaftlich" geadelt wird, obwohl sie über Wissenschaft hinausgeht. Kepler dagegen sah noch den Auftrag seiner Forschung darin, „den Menschen die Herrlichkeit deiner Werke zu offenbaren, soweit es mein enger Verstand hat fassen können"[2].

[1] Materialismus war jedoch keine neue Weltanschauung, sondern hatte Vorläufer z. B. in der Antike.

[2] Johannes Kepler in „Harmonices Mundi", 1619

Naturwissenschaft stellt nicht nur heute die Frage nach dem Wie. Sie beantwortet damit keine Frage nach dem Zweck und Ziel (teleologische Frage), sondern führt untersuchte Vorgänge zurück auf Naturgesetze und Anfangsbedingungen. Damit hat sie vor allem beschreibenden Charakter. Naturgesetze sind Nachschriften dessen, was beobachtet wird. Naturwissenschaftlich erklären bedeutet, Sachverhalte auf entdeckte Naturgesetze zurückführen, während diese Gesetzmäßigkeiten selber und ihr Woher kein Gegenstand der Naturwissenschaft sein können. Daher wird Naturwissenschaft immer an grundsätzliche Grenzen stoßen. Ein anderes Beispiel ist die Klärung der lebenssinnstiftenden Warum-Frage. Zu ihrer Beantwortung müssen die Grenzen der Physik und anderer Naturwissenschaften überschritten werden und daher wird es immer Metaphysik und die Frage nach Gott geben.

Durch Naturbeobachtungen konnten in den alten Kulturen – und dort insbesondere in der Astronomie – qualitativ und quantitativ richtige Aussagen gemacht werden, die aber mythologisch gedeutet wurden. Mit der Etablierung von Universitäten begann hingegen die eigenständige naturwissenschaftliche Tradition im christlich geprägten Europa. Hier wurden – im Gegensatz zum Vorderen Orient – die Gestirne nicht als Götter, sondern als Geschöpfe begriffen, mit denen man experimentieren darf. Gleichzeitig ermutigte das Bewusstsein der Existenz eines Schöpfers das Suchen nach Ordnungen und Gesetzen.

In der 1. Hälfte des 20. Jahrhunderts erfuhr die Physik nach einer gewissen Erstarrungsphase eine Revolution unter anderem durch Max Planck, der die gequantelte Natur der Physik nachwies. Einsteins Entwicklung der Relativitätstheorie führte zu einem neuen Verständnis von Raum und Zeit.

Nun gibt es zwei Lager:

a) Die wissenschaftlichen Realisten betrachten ihre Ergebnisse als beste Aussagen, die Physik leisten kann (als bestmögliche Absicherung von aktuellem, nachweislich zuverlässigem Wissen), erheben aber nicht den Anspruch von uneingeschränkter und letztlich gültiger Wahrheit, denn in der Naturwissenschaft „irren wir uns empor“, von einem Wissensstand zum nächsten. In diesem Sinne arbeitet Naturwissenschaft unter Ausblendung grundsätzlicher Fragen wie z. B. nach dem Woher der Naturgesetze oder der Frage, ob und wie Gott in den regelhaften Abläufen wirkt, deren Gesetzmäßigkeiten man untersucht. Gottes Wirken an sich kann mit der naturwissenschaftlichen Methode nicht erforscht werden. Diese Vorgehensweise hat sich im Rahmen ihrer Möglichkeiten und Grenzen bewährt (s. z. B. die Erfolge im industriellen Zeitalter). Wenn also erfolgreiche Naturwissenschaft ohne Berücksichtigung des möglichen Wirkens Gottes geleistet wird – so der vorschnelle Schluss zunehmend vieler Zeitgenossen – dann brauche man Gott auch nicht für existenzielle Fragen und für Ursprungsfragen. Daraus folgt aber eine Grenzüberschreitung von einer methodischen zu einer dogmatischen Aussage, selbst wenn es heute als chic gelten mag, nicht an Gott zu glauben.

b) Kritiker des wissenschaftlichen Realismus lehnen jegliche Metaphysik als spekulativ ab. Dabei behandelt Metaphysik in ihrer klassischen Form philosophische Probleme, wie Ursachen und erste Gründe für Prinzipien und Gesetzmäßigkeiten sowie Sinn und Zweck der Wirklichkeit. Damit lassen oben genannte „wissenschaftliche Realisten“ Fragen zu einem Welthintergrund als grundsätzliche Fragen offen, während deren Kritiker sich als reine Materialisten zu erkennen geben.

Eines kann bereits festgestellt werden: Wenn Naturwissenschaft von Anfang an Ausschlüsse macht (z. B. einen Eingriff „von außen“ nicht berücksichtigt und ausklammert – was sicher eine saubere Definition ist), kann sie schon gar nicht den Alleinerklärungsanspruch für unsere Welt vertreten.

Naturwissenschaft als abendländisches Erfolgsrezept. Man kann sich fragen, warum die alten Hochkulturen trotz beeindruckender Erfolge nicht der Motor für Naturwissenschaft wurden. Die Menschen vieler Kulturen beobachteten damals zwar sehr genau, versuchten aber nicht, die Welt in mathematische Formeln zu bringen und daraus weitere Beobachtungen abzuleiten. Deshalb war die Ansammlung von Daten zwar beachtlich, aber es wurde kaum eine systematisierende, anwendbare Wissenschaft aufgesetzt. Als Beispiel soll der Ferne Osten dienen. Er war z. B. in der Mathematik den Europäern weit voraus. Aber der hinduistische Pantheismus lehrt, dass alles eins sei. Wenn Gott und die Natur eins sind, dann hat die Natur keinen Gesetzgeber und es gab keine „Naturgesetze“ zu entdecken. Für den Pantheismus ist die Natur der „Tanz Gottes“ und die Ordnung in der Natur der Rhythmus dieses Tanzes – unvorhersagbar und nicht in mathematische Gesetze zu fassen. Der Pantheismus betrachtet die wissenschaftliche Methode zudem als gotteslästerlich, denn in seinem Denken wohnt allem Physischen das Göttliche inne. Und mit dem Göttlichen darf man nicht experimentieren.

Die großen Denker der Antike dagegen hatten ihre Theorien zwar auf logische Konsistenz überprüft, aber selten empirisch verifiziert. Gleichzeitig galten große Gelehrte als nicht zu hinterfragende Autoritäten. So hatte Aristoteles fast 1500 Jahre lang das Abendland geprägt. Er betrachtete die Natur, um dort metaphysische Wahrheiten zu erkennen, einschließlich der Frage nach Sinn und Zweck unserer Existenz. Er war eine Autorität, der man *per se* weithin glaubte. So konnte er behaupten, dass z. B. Kometen brennbare Gase aus Felsspalten sind, die sich in der sub-lunaren Welt sammeln:

- schnelle Entzündung führt zu Sternschnuppen
- langsame Entzündung bewirkt Kometenerscheinung

Es gab aber einen, der daran zweifelte, nämlich er selbst: „... hoffe, dass meine Erklärung nichts den bekannten Wahrheiten Widersprechendes enthält.“

Nach der biblischen Lehre hat Gott die Welt geschaffen, die der Mensch erkunden soll. So sagt der Psalmist z. B. in Psalm 111, 2: „Groß sind die Werke des Herrn; wer sie erforscht, hat Freude daran.“ Der Mensch als Geschöpf kann sich die Welt nicht ausdenken; er muss und darf sie aber entdecken.

Hier einige Zitate führender Wissenschaftler:

C. S. Lewis: „Die Menschen begannen naturwissenschaftlich zu forschen, weil sie Gesetzmäßigkeiten in der Natur erwarteten; und sie erwarteten Gesetze in der Natur, weil sie an einen Gesetzgeber glaubten.“ (C. S. Lewis: Miracles. 1974, S. 169)

Albert Einstein: „Sie finden es merkwürdig, dass ich die Begreiflichkeit der Welt als Wunder oder ewiges Geheimnis empfinde? Nun, a priori sollte man doch eine chaotische Welt erwarten, die durch Denken in keiner Weise fassbar ist. Der Erfolg der Wissenschaft setzt eine hochgradige Ordnung einer objektiven Welt voraus, die a priori zu erwarten man keinerlei Berechtigung hatte.“ (Albert Einstein: Briefe an Maurice Solovine. Paris 1956, S. 114)

Max Planck: „Wissenschaft und Glaube sind keine Gegensätze; sie ergänzen und bedingen einander.“ (Max Planck in: Hans-Peter Dürr, Physik und Transzendenz, S. 37-39)

Die Bibel: „Gottes unsichtbares Wesen, das ist seine ewige Kraft und Gottheit, wird seit der Schöpfung der Welt ersehen aus seinen Werken.“ (Römer 1, 20)

Das Primat der Theologie in Europa war also keinesfalls Hemmschuh für die Entwicklung der Naturwissenschaft, sondern Motor und Motivation für deren Begründung. Dies ist nicht nur das Selbstzeugnis der Bibel, sondern massiv gestützte Erkenntnis durch bekannte Physiker; z. B. Arthur Stanley Eddington, der z. B. sagte: „Keiner der Erfinder des Atheismus war Naturwissenschaftler. Alle waren sie sehr mittelmäßige Philosophen.“

1.2 Welche Informationen erhalten wir von der Sternenwelt?

Es waren zögerliche Versuche, als einzelne Gelehrte erstmals Vorgänge am Himmel auf Gesetze zurückführten, die von der Erde her bekannt waren („Säkularisierung des Himmels"). Für den griechischen Gelehrten Anaximander (um 600 vor Christus) waren z. B. die Gestirne mit Feuer gefüllte Schläuche, aus deren Öffnungen der Feuerschein austrat. Manchmal verstopften sie sich, was folglich die beobachteten Finsternisse entstehen ließ. Man mag heute über diese Theorie der himmlischen Verstopfungen schmunzeln. Aber damals galt dies als eine mögliche Erklärung. Auch wenn wir

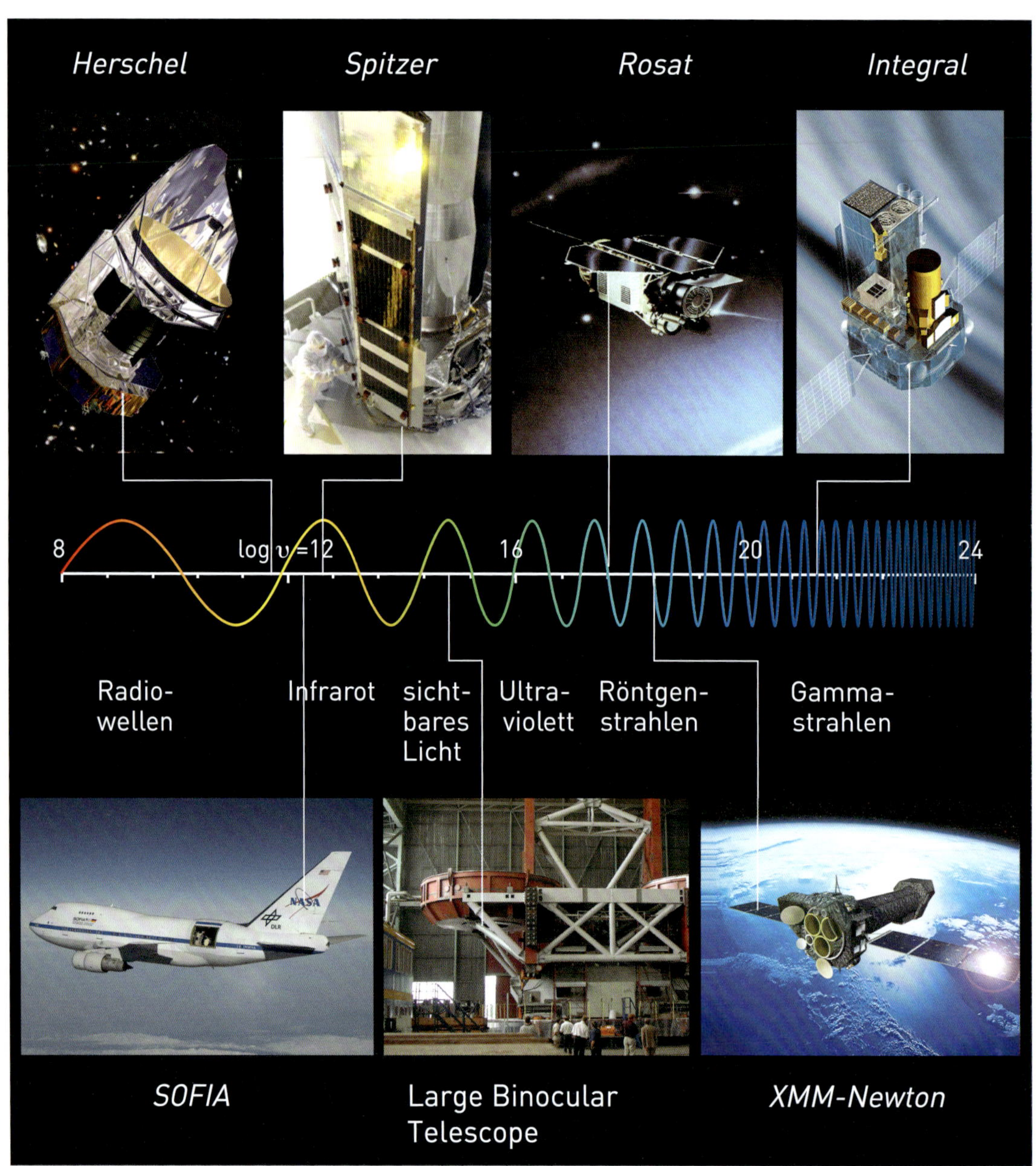

Abb. 1.1 Darstellung des elektromagnetischen Spektrums von den langwelligen Radiowellen bis zu den hochenergetischen Röntgen- und Gammastrahlen mit typischen Vertretern von Satelliten bzw. Instrumenten.

in der Zwischenzeit einiges dazugelernt haben mögen, konnten wir uns dennoch nicht von den Vorstellungen unserer Erfahrungswelt befreien. Deshalb wollen wir uns kritisch mit den Möglichkeiten und Grenzen astrophysikalischer Forschung auseinandersetzen.

Wir erhalten heute praktisch alle Informationen über die Sterne durch elektromagnetische Wellen („Licht"). Das trifft insbesondere auf die *extragalaktische Astronomie* zu. Zudem gibt es kosmische Teilchenstrahlung, Neutrinos und nun auch die Möglichkeit der Beobachtung durch Gravitationswellen. Sonst haben wir nichts zur Verfügung.

Die Auflösung unserer Apparate reicht nur aus, um nahe, helle Sterne flächig aufgelöst darzustellen. Alle anderen Sterne sind so weit entfernt bzw. so klein, dass sie nur als Lichtpunkte wahrgenommen werden können. Nur aus der Zerlegung ihres Lichts in die „Regenbogenfarben" – durch Spektroskopie – erfahren wir etwas über ihre Eigenschaften, aus ihrer Bewegung im Raum etwas über ihre Eigendynamik und aus periodischen Licht- oder Positionsschwankungen etwas über mögliche Begleitobjekte.

Allgemeiner sprechen wir von dem ankommenden „Licht" als elektromagnetische Strahlung. Diese reicht von den hochenergetischen Gamma- und Röntgenstrahlen über den sichtbaren Teil des elektromagnetischen Spektrums bis hin zur Radiostrahlung als dem langwelligen Ende. Sie muss uns als wichtigster Informationsträger über den Aufbau der Sternenwelten genügen. Abb. 1.1 weist die unterschiedlichen Bereiche der elektromagnetischen Strahlung aus. Gleichzeitig sind typische Instrumente zum Nachweis elektromagnetischer Strahlung (eingebaut in Satelliten oder Flugzeuge) in den unterschiedlichen Bereichen dargestellt.

In Abb. 1.2 fällt auf, dass die meisten Beobachtungen per Satellit stattfinden müssen. Das hängt mit der fehlenden Transparenz der Erdatmosphäre für die ankommende Strahlung zusammen. Abb. 1.2 zeigt dazu zwei „Fenster". Das größere liegt bemerkenswerterweise genau dort, wo auch unser Auge empfindlich ist, im sichtbaren Bereich. Daneben gibt es noch das schmale „Radiofenster" zum Kosmos. Der komplette restliche Strahlungsanteil wird in der Atmosphäre absorbiert. Die Strahlung war also über unermessliche Strecken relativ ungehindert unterwegs, durcheilte die Weiten des Kosmos, um dann sozusagen unmittelbar über unseren Köpfen von der Erdatmosphäre verschluckt zu werden. Diese Situation hat sich erst mit dem Beginn des Raumfahrtzeitalters geändert: Mit den Möglichkeiten, jenseits der strahlenabsorbierenden Atmosphäre zu beobachten, machen wir uns die ganze Strahlenpalette der Sterne zugänglich.

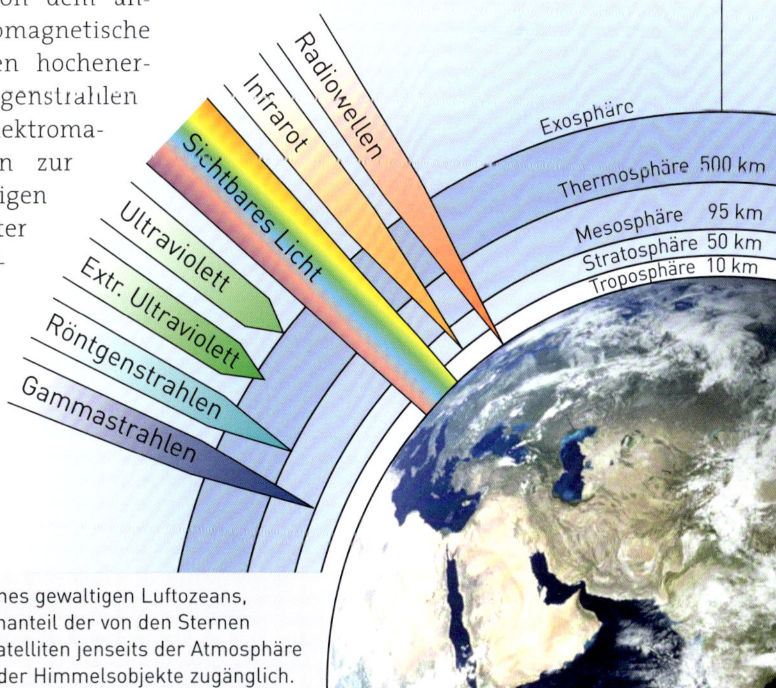

Abb. 1.2 Der Mensch lebt am Boden eines gewaltigen Luftozeans, bekannt als Atmosphäre, die den Löwenanteil der von den Sternen ankommenden Strahlung absorbiert. Satelliten jenseits der Atmosphäre machen uns die ganze Strahlenpalette der Himmelsobjekte zugänglich.

So haben uns Raumsonden in den letzten paar Jahrzehnten mehr Kenntnis über unseren Kosmos vermittelt, als es eine ca. 6 000 Jahre währende Astronomiegeschichte vermochte. Sie umkreisten Planeten und setzten Landegeräte ab, die inzwischen sogar mit Helikoptern ausgerüstet sind. Eine Flut von Daten, zahllose Nahaufnahmen von Planeten- und Mondoberflächen ergaben in kurzer Zeit ein neues Bild unseres Planetensystems. Gleichzeitig haben sie durch die Überwindung der strahlenabsorbierenden Erdatmosphäre neben der erdgebundenen optischen und der Radioastronomie die neuen Disziplinen der Infrarot-, Ultraviolett-, Röntgen- und Gammastrahlenastronomie erst entstehen lassen. Der heute abgedeckte Bereich des elektromagnetischen Spektrums ist damit von einer einzigen Oktave sichtbaren Lichts sprunghaft auf insgesamt 60 Oktaven des ganzen elektromagnetischen Spektrums angewachsen. Abb. 1.3 veranschaulicht dies anhand einer relativen Temperaturskala. Sie ist so zu verstehen, dass ein rund 10 000 *Kelvin* heißer Körper seine Energie bevorzugt im Bereich des sichtbaren Lichtes abstrahlt. Die blau markierten Bereiche weisen die neu etablierten Disziplinen aus.

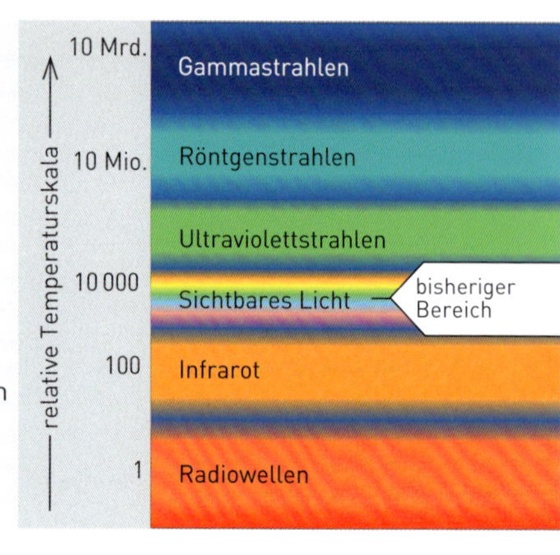

Abb. 1.3 Schematische Darstellung des Informationsgewinns durch den Einsatz von Satelliten jenseits der strahlenabsorbierenden Erdatmosphäre (Bereiche in blau) bei der Untersuchung von Sternen anhand einer relativen Temperaturskala in Kelvin.

Die Bedeutung der Beobachtung in unterschiedlichsten Spektralbereichen soll am Beispiel des Sterns Eta Carina illustriert werden. Abb. 1.4 zeigt dieses Objekt zunächst hufeisenförmig rechts oben im Röntgenbereich mit Hilfe des *CHANDRA*-Teleskops der NASA. Mit dem *Hubble*-Weltraumteleskop erscheint das helle Zentrum des gleichen Objekts nun im optischen Bereich als eine gewaltige, hantelförmige Explosionswolke, die aus allen Nähten zu platzen scheint, während im Infrarot-Bereich die Struktur des Zentrums rechts unten weiter aufgelöst dargestellt werden kann. Erst die Summe der Informationen aus den unterschiedlichsten Wellenlängenbereichen vermittelt uns also ein umfassenderes Bild des Objekts.

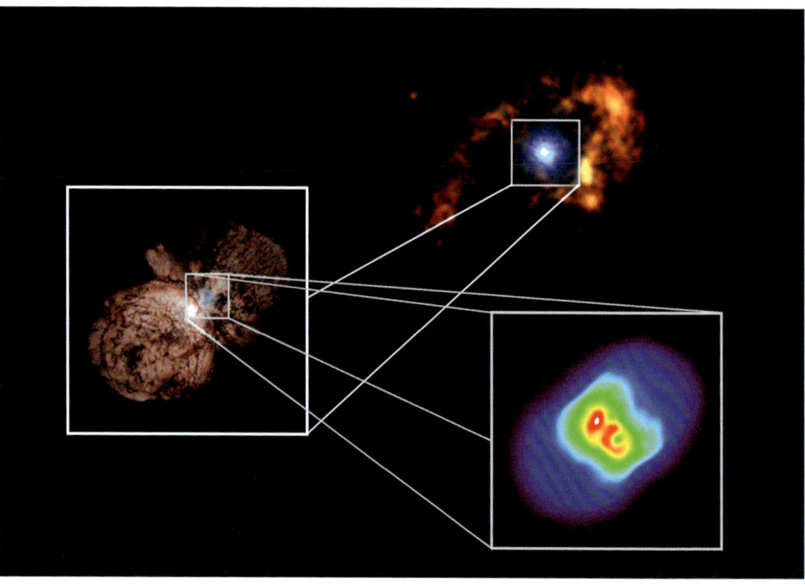

Abb. 1.4 Aufnahmen des Sterns Eta Carina in drei unterschiedlichen Spektralbereichen: Im kleinen Rahmen rechts oben ist er im Röntgenlicht vom *CHANDRA*-Observatorium zu sehen. Im Rahmen links sieht man ihn im optischen Bereich vom *Hubble*-Weltraumteleskop. Im Rahmen rechts unten ist er im Infrarot-Bereich vom Cerro Tololo Inter-American Observatory CTIO dargestellt.

1.3 Wie nehmen wir das Licht der Sterne wahr?

Kompakt

- Veränderungen des Lichts auf seinem weiten Weg
- Wir sehen den Sternenhimmel nie, wie er ist
- Aktuelle Weltraummissionen mit ihren wissenschaftlichen Zielsetzungen

Doch auch damit sind wir noch lange nicht bei einem realistischen Bild eines untersuchten Objekts angelangt. Vielmehr muss zusätzlich berücksichtigt werden, dass dem Licht auf seinem teilweise langen Weg durch den *interstellaren Raum* bis zum Nachweis in unseren Geräten einiges an Änderungen widerfahren kann. Es geht dabei z. B. um Aspekte, die nachstehend angerissen und im angemerkten Kapitel weiter ausgeführt werden:

Absorption durch das interstellare Medium

Staubwolken verdecken und verdunkeln den Blick auf die wahre Natur von Objekten. Licht, das der Staub nicht vollständig absorbiert, erscheint rötlich, da der Staub die kurzwelligere Komponente des Lichts absorbiert. Dies passiert zwar in einer extrem ausgedünnten Materiekomponente (Abschnitt 1.4) aus interstellarem Gas und einem kleinen Anteil von interstellarem Staub in der Gegend von wenigen Prozenten, aber integriert über die langen Wegstrecken sind dadurch messbare Veränderungen zu erwarten.

Richtungsänderung des Lichts

Ein Stern steht nicht notwendigerweise exakt in der Richtung, aus der sein Licht bei uns ankommt. Passiert das Licht in relativ geringem Abstand ein massereiches Objekt, so wird es entsprechend abgelenkt. Zusätzlich wird durch die Bewegung der Erde relativ zu den Sternen und aufgrund der endlichen Geschwindigkeit des Lichts eine Aberration (scheinbare Richtungsabweichung durch Überlagerung von Geschwindigkeiten) ausgelöst. Anschaulich lässt sich Letzteres am Beispiel des Regens illustrieren. Für eine durch senkrecht fallenden Regen gehende Person scheinen die Tropfen nicht genau senkrecht zu fallen, sondern von vorne zu kommen. Entsprechend wird der Schirm leicht nach vorne geneigt. Der Neigungswinkel hängt vom Verhältnis der Personen- und Tropfengeschwindigkeit ab; s. Abb. 1.5.

Abb. 1.5 Veranschaulichung des Effekts der Aberration des Sternlichts durch einen sich im Regen bewegenden Spaziergänger.

Veränderung durch Gravitationslinsen

Massive Objekte narren uns. Sie gaukeln uns mehrere Objekte vor, die als Abbilder ein und desselben Objekts gelten müssen. Das kann bewirken, dass ein Objekt mehrfach abgebildet wird, wie z. B. das bekannte Einsteinkreuz in Abb. 1.6. Gravitationslinsen werden umgekehrt gerne als eine Art Lupe benutzt: Wir sehen durch sie weit

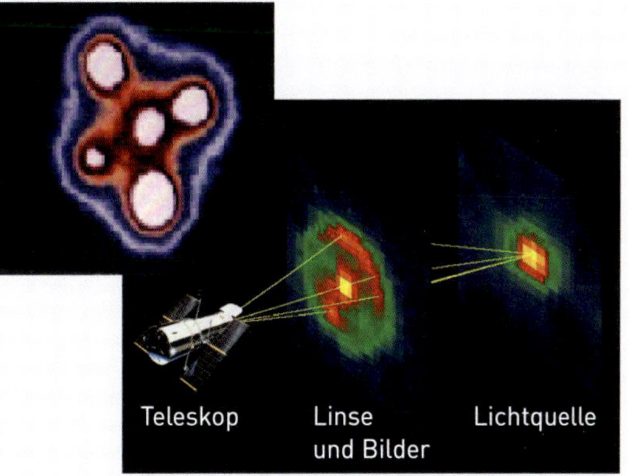

Abb. 1.6 Aufnahme des *Hubble*-Weltraumteleskops vom sogenannten Einsteinkreuz. Es besteht aus vier Bildern eines einzelnen Quasars, die durch die Gravitationslinsenwirkung einer Galaxie im Vordergrund hervorgerufen wurde. Abb. 1.7 veranschaulicht die geometrischen Verhältnisse.

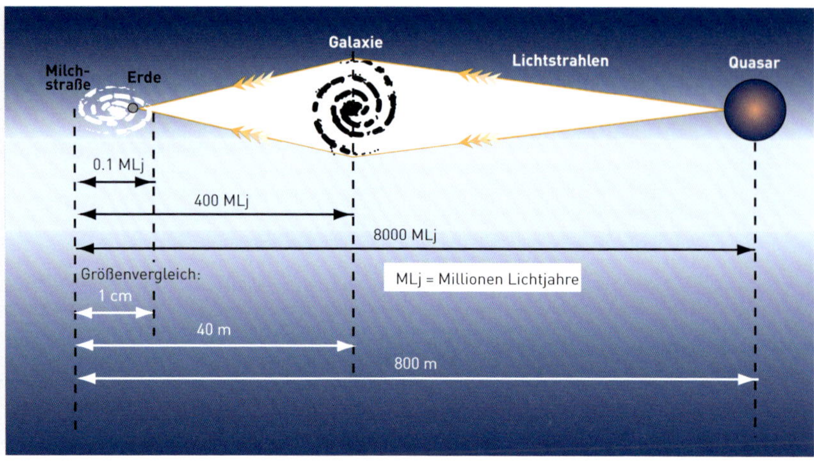

Abb. 1.7 Schematische Darstellung der Entfernungsverhältnisse vom sogenannten Einsteinkreuz.

entfernte Objekte vergrößert. Das gilt natürlich nur für Objekte, deren Richtung mit der einer Gravitationslinse zusammenfällt. Abb. 1.7 veranschaulicht die geometrischen Verhältnisse.

Rotverschiebung von Sternspektren

Im Vergleich zu Eichspektren in irdischen Labors sind Spektren von kosmischen Objekten jenseits des *Lokalen Haufens* grundsätzlich zu längeren Wellenlängen, d.h. zum Roten hin, verschoben. Wird diese Verschiebung nach dem *Dopplergesetz* interpretiert, so folgt daraus eine allgemeine Fluchtgeschwindigkeit der entsprechenden Objekte. Diese Rotverschiebung und ihre Interpretation werden in den Abschnitten 3.1.5 und 4.1.3 diskutiert.

Brechung des Sternenlichtes durch die Atmosphäre

Farbabhängige Lichtbrechung kommt für bodengestützte Beobachtung vor allem bei horizontnahen Sternen hinzu. Die Luftunruhe ist darüber hinaus für das Flackern des Sternenlichts verantwortlich.

Die Dualität des Lichts

Das Licht der Sterne – und natürlich auch alles Licht auf unserem Planeten – hat eine trickreiche Eigenschaft: Wir nehmen seine Natur in unterschiedlichen Experimenten unterschiedlich wahr. Vereinfacht gesagt verhält es sich wie ein masseloses Teilchen ähnlich einer (masselosen) Billardkugel. Die Überlagerungen bei Interferenzversuchen können dagegen nur verstanden werden, wenn Wellencharakter mit kontinuierlichem Energietransport angenommen wird. Zudem ist die Energie des Lichts nicht beliebig portionierbar, sondern in kleinste Mengen (Quanten) aufgeteilt, die dem Energieinhalt eines Photons (Lichtteilchen) entsprechen.

Dabei ist für unsere Begriffe die Natur eines punktförmigen Teilchens ein völlig anderes Phänomen als eine Welle, die das ganze ihr zur Verfügung stehende Volumen ausfüllen will. Diese Frage nach der Dualität hat die Physiker lange beschäftigt und eine Antwort wurde erst im Rahmen der Quantenphysik gefunden. Licht kann am besten als Teilchen beschrieben werden. Wenn ein Lichtteilchen irgendwo auftrifft, ist seine Wirkung auf die Umgebung in etwa so wie die eines Teilchens. Der amerikanische Nobelpreisträger Richard Feynman sagt dazu: *„I want to emphasize that light comes in this form – particles. It is very important to know that light behaves like particles, especially for those of you who have gone to school, where you were probably told something about light behaving like waves. I'm telling you the way it does behave – like particles.“*[Z2] (Hecht 2002).

Eine quantenphysikalische Antwort auf die Dualität lautet: Nachdem wir wissen, wie sich Lichtteilchen verhalten, bleibt noch zu überlegen, wie wir denn wissen können, wo genau die Lichtteilchen auftreten werden. Hier kommen die Wellen zum Zuge. Den Ort der Lichtteilchen erhalten wir durch die Verfolgung des Wellenmusters durch Raum und Zeit. Dicke Wellenbäuche zeigen uns, dass dort mit hoher Wahrscheinlichkeit

Kasten 1.1: **Wie wird das ankommende Licht verarbeitet?**

Unsere Augen als Beobachtungsinstrumente taugen nur für einen kleinen Ausschnitt des elektromagnetischen Spektrums (Abb. 1.2), nämlich den sichtbaren Teil. Vermutlich könnten sie sonst die ankommende Lichtfülle nicht ertragen. Wahrscheinlich ist zudem die Wahrnehmung vieler Wellenlängen für die menschliche Existenz bedeutungslos und würde die Datenverarbeitung in unserem Gehirn unnötig aufwendig machen.

Soll z. B. der Zentralbereich einer Galaxie optimal belichtet werden, dann fallen die dunklen äußeren Zonen der Spiralarme weg, während eine Langzeitbelichtung diese betont und dabei dem Zentrum durch Überbelichtung jedes Detail nimmt. Spiralgalaxien sind häufig im Zentrum rötlich und in den Randgebieten eher bläulich. Je nach spektraler Empfindlichkeit der Detektoren erhält man unterschiedliche Information. Damit ist jede optische Aufnahme eines kosmischen Objekts ein Kompromiss und kein wahres Abbild der Wirklichkeit. Erst durch Komposition mehrerer Aufnahmen aus unterschiedlichen Spektralbereichen erhalten wir ein annähernd vollständiges Bild der „sichtbaren" bzw. messbaren (Abschnitt 3.3.2) Materie. Bei Aufnahmen jenseits des sichtbaren Bereichs des elektromagnetischen Spektrums sind die Verhältnisse nochmals insofern anders, als hier dem jeweiligen Energiebereich der Infrarot-, Röntgen- oder Gammastrahlung (nach einer willkürlichen Konvention) eine Farbe zugeordnet wird.

Die typischen Lichtsammler der Forscher sind Teleskope, die als Refraktoren mit Linsen als lichtsammelnden Elementen arbeiten oder noch weiter verbreitet als Reflektoren mit Spiegelsystemen ausgestattet sind. Galileo Galilei war 1609 der erste, der ein einfaches Teleskop gegen den Himmel richtete, das die Objekte in 20-facher Vergrößerung vors Auge holte. Es dauerte weitere Jahrhunderte, bis man erkannte, was Teleskope wirklich waren, nämlich Zeitmaschinen. Sie erlauben, in die Vergangenheit des Universums zu schauen, und zwar aufgrund der endlichen Lichtgeschwindigkeit.

In der Bildebene der jeweiligen Optik von Teleskopen befinden sich typischerweise CCD-Arrays oder *Spektrometer* zur Informationsaufbereitung. Selbstredend haben solche abbildenden Elemente Abbildungsfehler, die korrigiert werden müssen, was auch weitgehend möglich ist; bei einfach aufgebauten refraktiven Elementen findet z. B. aufgrund des frequenzabhängigen Beugungsindexes im unkorrigierten Fall eine Verschmierung der Farben im Fokusbereich statt. Auch thermo- und optomechanische Unzulänglichkeiten erzeugen grundsätzlich Abbildungsfehler. Es ist eine typische ingenieurmäßige Übung, diese Fehler eines Systems sauber zu analysieren und zu minimieren. Der Vollständigkeit halber sei gesagt, dass es im Röntgen- und Gammaenergiebereich in der Zwischenzeit auch sog. „Linsen" zum Fokussieren gibt, wobei deren Aufbau wegen der hohen Energie der Quanten ganz anders geartet ist.

Lichtteilchen zu finden sein werden, bei flachen Wellentälern und Knoten werden wir fast keine Photonen finden. Die Wellenmuster in Raum und Zeit sind ein Maß für die Wahrscheinlichkeit, ein Lichtteilchen dort an einem bestimmten Ort zu einer bestimmten Zeit zu finden. Die Wellenmuster ändern sich und damit auch die Wahrscheinlichkeiten für das Auffinden von Lichtteilchen. Die Wellenmuster werden in der Quantenphysik mit Wellengleichungen berechnet. Von einer konkreten Bahn eines Lichtteilchens selbst können wir nun nicht mehr sprechen, nur noch von den Bahnen der Wahrscheinlichkeitswellen. Wir haben jetzt das Verhalten des Lichtes geklärt, nicht aber das Wesen der Lichtteilchen an sich. Diese ungewohnte Anschauungsweise des Lichts ist unserem Denken intuitiv fremd und muss skeptisch und auch neugierig machen (Abschnitt 4.1.3, Anhang A). So wurde z. B. auf der internationalen SPIE (Society of Photo-Optical Instrumentation Engineers) 2005 in San Diego eine ganze Sitzung über „The Nature of Light: What is a Photon?" angesetzt.

Ihr Staunen über diese Zusammenhänge bringen diese Physiker zum Ausdruck:

„I think I can safely say that nobody understands quantum mechanics."[Z3] (Richard P. Feynman in „Probability and Uncertainty – the Quantum Mechanical View of Nature" S. 129)

„If quantum mechanics hasn't profoundly shocked you, you haven't understood it yet."[Z4]

(Niels Bohr in „Essays 1932-1957 on Atomic Physics and Human Knowledge")

„Laut Inflationstheorie sind die mehr als hundert Milliarden Galaxien, die im All wie himmlische Diamanten schimmern, nichts als Quantenmechanik, die in großen Buchstaben an den Himmel geschrieben wurde. Für mich ist diese Erkenntnis eines der größten Wunder des modernen wissenschaftlichen Zeitalters." (Brian Greene in „Der Stoff, aus dem der Kosmos ist", München: Goldmann, 2008, S. 349)

Wir sehen den Himmel nie, wie er ist

Bei Verwendung der üblichen Einstein-Synchronisation (Konvention zur Synchronisation von Uhren an verschiedenen Orten) werfen wir wegen der endlichen Geschwindigkeit des Lichts bei astronomischen Beobachtungen grundsätzlich einen Blick in die Vergangenheit. Wenn wir zum Himmel schauen, sehen wir den Zustand von Objekten in der sogenannten „Rückblickzeit" (Abschnitt 1.4): Je nach deren Entfernung sehen wir ihre Zustände in unterschiedlicher Vergangenheit, da das Licht eine endliche Zeit benötigt, bis es uns erreicht. Wir sehen den Kosmos nie, wie er aktuell ist und beobachten teilweise Sterne, die es längst nicht mehr gibt. Wenn wir eine Birne aus ihrer Fassung schrauben, hört sie auf zu brennen. Im Weltraum können ganze Sonnen verlöschen, ohne dass wir es bisher merken können, weil ihr Licht immer noch zu uns unterwegs ist. Wegen der endlichen Geschwindigkeit des Lichts können wir eine Art „kosmische Archäologie" betreiben.

Unzugängliche Bereiche

Grundsätzlich ist die Frühphase eines Urknallszenarios nicht beobachtbar (s. Einleitung). Zusätzlich weiß man heute von Bereichen im Kosmos, die durch einen sogenannten „Ereignishorizont" von unserem Raumzeit-Kontinuum derart getrennt sind, dass sie prinzipiell unzugänglich bleiben. Die Rede ist von weit entfernten Regionen des Universums und von sogenannten Schwarzen Löchern (s. Abschnitt 1.4).

Trotz aller Einschränkungen, denen wir im Folgenden etwas mehr im Detail nachgehen werden, sollen die großartigen Leistungen der Weltraumforscher und Ingenieure gewürdigt werden, die trotz des begrenzten Zugangs zu den Fakten des Weltalls in aufwendiger, teilweise mühseliger Puzzle-Arbeit uns zu einer möglichst exakten Vorstellung von der uns umgebenden Welt führen wollen. Dies bedeutet meist eine unglaubliche Sisyphusarbeit beim schrittweisen Enträtseln der Geheimschrift der Sterne. Aus dieser Sicht sind die Astronomen die eigentlichen Abenteurer unserer Zeit. Die wichtigsten Vehikel für ihre Abenteuer werden nachstehend kurz charakterisiert.

Aktuelle und zukünftige Weltraummissionen

Nachstehend werden ohne Priorisierung einige laufende und in Planung befindliche Weltraummissionen eingeführt, von denen in diesem Buch berichtet wird.

• *Hubble Space Telescope (HST)*

Es arbeitet seit 1990 mit seinem 2,4 m großen Hauptspiegel in einer Erdumlaufbahn im optischen Bereich und liefert zurzeit die aufschlussreichsten Bilder von den Objekten in den Tiefen des Alls. Eine deutlich größere Version mit dem Namen James Webb Space Telescope *(JWST)* als Nachfolger, der im Infrarotbereich von einer L2-Bahn aus (d.h. von einer Bahn, die zusammen mit der Erde um die Sonne rotiert) beobachten wird, ist bereits fertiggestellt. Der Hauptspiegel hat nun eine Größe von 6,5 m, die allerdings erst mit dem erfolgreichen Entfalten der Optik erreicht wurde. Der Start fand nach einigen Verzögerungen schließlich am 25. Dezember 2021 statt. Knapp drei Tage danach begann mit dem Ausklappen der beiden Hauptträger des Sonnenschutzschildes die aufregende Phase der Gesamtentfaltung des Teleskops. Das im QR-Code 1.1

QR-Code 1.1: Veranschaulichung der komplexen Entfaltung des James Webb Space Telescope JWST in seine endgültige Konfiguration hinterlegte Video illustriert die Vielzahl der zu entfaltenden Elemente und zeigt die endgültige Konfiguration des Teleskops. Nachdem die Wissenschaftler im Zeitraum von weiteren ca. fünf Monaten das Optimum aus ihren Instrumenten herausgekitzelt haben, hat nun die eigentliche Beobachtungsphase begonnen. Sie ist zunächst offiziell auf fünf Jahre beschränkt, kann aber aus der Sicht der Ressourcen ausgedehnt werden.

- *CHANDRA*

Das *CHANDRA*-Röntgen-Observatorium ist Teil von NASAs „Great Observatories" (zusammen mit dem *Hubble*-, dem *Spitzer*- und dem *Compton*-Gammastrahlen-Weltraumteleskop). Es ist dafür ausgelegt, sehr heiße Regionen im Weltraum zu untersuchen wie z. B. explodierende Sterne, Galaxien-Cluster und Materie um Schwarze Löcher. Seit 1999 ist diese Mission das Flaggschiff der NASA im Hochenergiebereich.

- Röntgenobservatorium *XMM-Newton* (X-ray Multimirror Mission Newton)

Dieses ESA-Projekt liefert zurzeit zusammen mit dem *CHANDRA*-Observatorium der NASA aus einer *HEO-Bahn* (hochelliptische Bahn um die Erde) die besten Bilder vom Röntgenhimmel. Beiden Projekten sollte im Jahre 2015 die gemeinsame Mission *XEUS* (X-ray Evolving Universe Spectroscopy) nachfolgen, die aus einer L2-Bahn mit einer etwa hundertfach größeren effektiven Spiegelfläche als die Vorläufer beobachten wird. Allerdings hat sich diese Mission als zu ehrgeizig herausgestellt. Als Ersatzmission wird nun *ATHENA* (Advanced Telescope for High-ENergy Astrophysics) entwickelt, die zu Beginn der 2030er-Jahre starten soll.

- *NuSTAR* Mission (Nuclear Spectroscopic Telescope ARray)

Diese NASA-Mission wurde im Jahre 2012 gestartet. Sie ist das erste fokussierende Hochenergie-Röntgenteleskop in einer Erdumlaufbahn. In diesem Sinne ergänzt *NuSTAR* astrophysikalische Missionen, die den Kosmos in anderen Bereichen des elektromagnetischen Spektrums untersuchen. Röntgenteleskope wie *XMM-Newton* oder *CHANDRA* beobachten das Universum im Bereich kleinerer Energien. Sie verfolgen deshalb Ziele wie die Verteilung Schwarzer Löcher im Kosmos oder untersuchen die Energiequelle aktivster Galaxien. Natürlich werden auch Ziele anvisiert, die Antworten auf so grundsätzliche Fragen liefern wie diejenigen nach der Entstehung des Universums und seiner Entwicklung hin zu Galaxien, Sternen und Planeten, wie wir sie heute sehen.

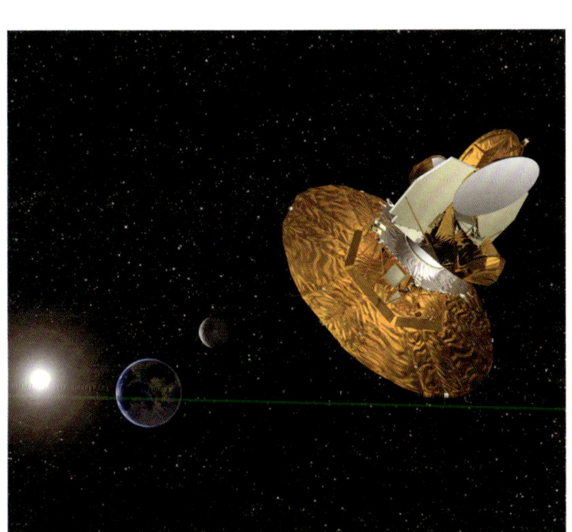

Künstlerische Darstellung der *WMAP*-Mission (links; NASA) und des Planck-Satelliten (rechts; ESA)

Das mit Flüssig-Helium gekühlte *Herschel*-Teleskop (ESA)

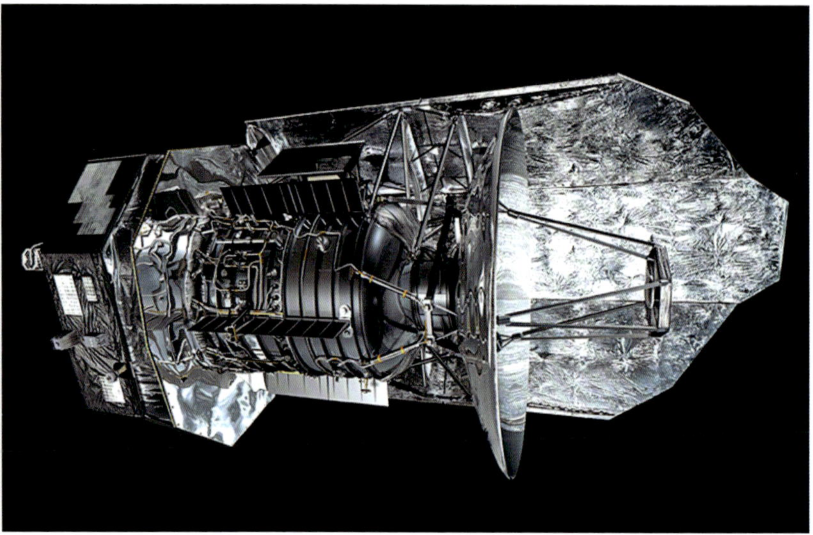

- Mikrowellen-Hintergrundmission – Wilkinson Microwave Anisotropy Probe (*WMAP*) und *Planck*

WMAP ist der Nachfolger von *COBE* (Cosmic Background Explorer). Von dieser Mission haben wir seit Anfang 2004 Aufnahmen der Mikrowellen-Hintergrundstrahlung mit einer Auflösung von bis zu einem Millionstel Grad. Während bei *COBE* die Signifikanz der Signaturen noch umstritten war, hat nun *WMAP* beeindruckend das zuvor nur wenig aufgelöste Bild verbessert. Im Jahr 2009 folgte ihr die *Planck*-Mission der ESA. Sie bestätigte mit gewissen Abweichungen das Bild vom Mikrowellen-Hintergrund, das man mit *WMAP* und bodenbasierten hochaufgelösten Messungen gewonnen hatte. Allerdings sorgten Polarisationsmessungen anfänglich für gewisse Irritationen. Denn das Teleskop *BICEP 2* (Background Imaging of Cosmic Extragalactic Polarization) am Südpol wies eine Polarisation der Mikrowellen-Hintergrundstrahlung (Abschnitt 3.4) nach, die gemäß der theoretisch geforderten Inflationsphase zu erwarten war, was als Bestätigung jener Theorie galt. Allerdings stellte dann das *Planck*-Teleskop fest, dass für jene Polarisation der kosmische Staub in unserer Galaxie verantwortlich ist – und eben nicht die theoretisch eingeführte Inflation eines Urknallszenarios.

- *Herschel* Infrarot- und Submillimeter-Weltraumteleskop

Das Observatorium wurde 2009 Richtung L2-Bahn gestartet und untersuchte sehr erfolgreich unter anderem hinter Staubwolken verborgene Sternentstehungsprozesse sowie explosive Sternentstehung in entfernten Galaxien. Dieses Teleskop hat uns nach Aussagen seiner Promotoren auch in den „Kreißsaal von Sternen“ sehen lassen. Jedenfalls war man mit dem 3,5 m großen Spiegel erstmals in der Lage, hinter den scheinbar undurchdringlichen Nebel der „Kinderstube von Sternen“ zu blicken und komplexe Strukturen aufzulösen, die optische Instrumente nicht erkennen konnten. Aufgrund begrenzter Helium-Ressourcen zur Kühlung des Teleskops endete die operationelle Mission im März 2013 wie geplant.

- Infrarot-Weltraum-Interferometer *DARWIN*

Es sollte aus mehreren Weltraumteleskopen bestehen, die interferometrisch gekoppelt sind, um aus einer L2-Bahn möglicherweise einmal erdähnliche Planeten um andere Sterne zu entdecken. Ein Start wurde nicht vor dem Jahr 2015 erwartet. Unterschiedliche Studien – auch für eine Mission in abgespeckter Form – stellten sich als zu ehrgeizig heraus und wurden seit 2007 eingestellt. Als eine späte Nachfolge dient der Kleinsatellit Cheops (Characterising ExOPlanets Satellite) mit einem Start im Dezember 2019. Er untersucht Planeten um andere Sterne.

Künstlerische Darstellung der Kepler-Mission zur Suche habitabler extrasolarer Planeten (NASA)

• *Kepler*

Kepler ist ein Weltraumteleskop der NASA, das im März 2009 gestartet wurde, um nach extrasolaren Planeten in einem Bereich von 3000 Lichtjahren zu suchen. Das Teleskop beobachtete einen festen Ausschnitt des Sternenhimmels mit ca. 190 000 Sternen im Sternbild Schwan, um extrasolare Planeten zu entdecken. Besondere Zielsetzung des Projekts ist, vergleichsweise kleine Planeten (wie unsere Erde oder kleiner) und damit auch potenziell bewohnbare („habitable") extrasolare Planeten zu entdecken. Gleichzeitig liefert es Basisdaten zu anderen veränderlichen Sternen, um daraus Rückschlüsse über die im Inneren ablaufenden Prozesse ziehen zu können. Die Mission von *Kepler* war zuerst für 3,5 Jahre vorgesehen. Im November 2012 wurde sie um bis zu vier Jahre verlängert. Allerdings führte der Ausfall des Lageregelungssystems im Mai 2013 zum Ende der ursprünglichen Messkampagne. Mittlerweile läuft ein weniger ehrgeiziges Messprogramm.

Im Schatten des Solargenerators befindet sich das komplexe Kamerasystem der *GAIA*-Mission (ESA).

Die letzte große planetare NASA/ESA-Mission *Cassini* mit der Huygens-Sonde (NASA)

Die erste europäische Mars Mission *Mars Express* (ESA)

- Sternpositionsvermessungsmission Global Astrometric Interferometer for Astrophysics (*GAIA*)

Auch wenn sich im Laufe des Projekts die Aufgabenstellung über ein Interferometer hinaus entwickelt hat, wurde der Name beibehalten. Diese ehrgeizige ESA-Mission baute auf Ergebnissen der *HIPPARCOS*-Mission auf und hatte die bisher am genauesten vermessene Karte der Sterne unserer Galaxie zum Ziel: „Bauplan unserer Galaxie" ist das Schlagwort. *GAIA* hat die bisher empfindlichste Kamera als Kernelement. Der Start erfolgte im Jahr 2013. *GAIA* hat nach einer ausgiebigen Kalibrierungsphase inzwischen ihre Beobachtungen aufgenommen. Die ersten Ergebnisse, zu denen u. a. dreidimensionale Positionen und zweidimensionale Bewegungen eines Teilsatzes von zwei Millionen Sternen gehören, zeigen, dass die Messdaten von *GAIA* alle Erwartungen im Hinblick auf die Präzision erfüllen und damit die Grundlage für die Erstellung einer vollständigen Karte mit einer Milliarde Sternen lieferten, die gegen Ende 2017 veröffentlicht wurde.

Zusätzlich gibt es eine Reihe planetarer Erkundungs- und Landemissionen; typische Vertreter sind nachfolgend genannt:

- *Cassini-Huygens*

Die im Oktober 1997 gestartete NASA/ESA-Mission, die im Juli 2004 den Saturn erreichte, untersuchte seither erfolgreich das Saturn-Ringsystem, während die ESA-Sonde Huygens als Huckepack-Mission auf *Cassini* im Januar 2005 auf dem mysteriösen Saturnmond Titan landete und selbst danach noch Bilder über *Cassini* als Relaisstation zur Erde funkte. Die Raumsonde endete 2017 durch einen gezielten Absturz in die Saturnatmosphäre.

- *Mars Express*

Erste Marsmission der ESA, die im Juni 2003 gestartet wurde. Seit Dezember 2003 umkreist sie den Mars für eine systematische, hochaufgelöste Kartografierung der Oberfläche. Das als Huckepack-Nutzlast mitgenommene Landegerät *BEAGLE 2* hat seit seinem Absetzen vom Satelliten leider kein Signal von sich gegeben und wurde als Totalverlust deklariert. Im Jahr 2015 fand sich *BEAGLE 2* auf einem Foto des Mars Reconaissance Orbiter – es war sichtbar, dass wenigstens die Airbags ausgelöst worden waren.

- *Mars Odyssey*

Marsmission der NASA mit einem Start im April

Missionskonfiguration des ESA/Jaxa-Satelliten *BepiColombo* (ESA)

2001 und Ankunft im Oktober desselben Jahres. Messung der chemischen Zusammensetzung der Oberfläche und Strahlungsumgebung des Mars. Entdeckung großer Eisvorkommen. Ende der nominellen Mission war im August 2004.

- *Spirit* und *Opportunity*

Start der NASA-Zwillingsrover im Juni und Juli 2003; erfolgreiche Landung auf der Marsoberfläche im Januar 2004. Sie operierten auf gegenüberliegenden Seiten des Mars in Gegenden, wo Wassereisvorkommen angenommen wurde. Zur chemischen Untersuchung unterschiedlicher Gesteine kamen insbesondere deutsche Instrumente zum Einsatz. Während *Opportunity* bis Juni 2018 in Betrieb war, hat NASA am 25. Mai 2011 die aktive Kontaktaufnahme zum Rover *Spirit* beendet. Seit 2012 ist der Rover *Curiosity* unterwegs. Im Februar 2021 gesellte sich nach einer erfolgreichen Landung der Rover *Perseverance* zusammen mit einem kleinen Helikopter dazu.

- *MESSENGER* (MErcury Surface, Space ENvironment, GEochemistry, and Ranging)

Start der Merkur-Mission der NASA war im August 2004. Seit März 2011 umkreiste die Sonde den sonnennächsten Planeten Merkur. Aufgabe war die nahezu globale Kartografierung der Merkur-Oberfläche. *MESSENGER* war die erste Merkur-Mission seit *MARINER 10* im Jahre 1974. Im Mai 2015 wurde *MESSENGER* am Ende der nominellen Mission gezielt auf Merkur zum Absturz gebracht.

- *BepiColombo* und weitere Satellitenmissionen

Da man sich von Merkur Schlüsselinformationen für die Bildung erdähnlicher Planeten in Sonnennähe verspricht, entwickelt ESA zusammen mit der japanischen Agentur *JAXA* eine aufwendige Merkurmission, die aus zwei Orbitern besteht. Start der Mission war am 20. Oktober 2018. Das erste Swing-by-Manöver am Merkur wurde am 2. Oktober 2021 erfolgreich durchgeführt.

Die Kometenmission *Rosetta* ist zwar keine aktuelle Mission, wurde sie doch nach jahrzehntelanger Vorbereitung bereits 2004 gestartet. Sie darf aber als Beispiel eines zukünftigen anspruchsvollen Missionstyps nicht fehlen, zumal sie das Potenzial hat, die Geschichte der Kometen neu zu schreiben. Am 12. November 2014 wurde mit *Philae* die erste Landung auf einem Kometenkern erreicht. Eine Vertiefung findet sich im Abschnitt 5.5.

Die ESA-Sonde *Solar Orbiter* wurde im Februar 2020 gestartet und hat am 15. Juni mit 77 Millionen Kilometern ihre erste Annäherung an die Sonne geschafft, Anfang 2022 bis zu 48 Millionen Kilometer.

Die NASA-Sonnensonde *Parker*, die 2018 gestartet wurde, kommt zwar näher an die Sonne, hat aber keine Teleskope an Bord, die direkt in die Sonne schauen können.

Kompakt

- Die unfassbaren Dimensionen
- Die nicht enden wollende Objektvielfalt
- Die unglaubliche Dichtevariation
- Das Phänomen Schwarzer Löcher
- Implikationen der Rückblickzeit
- Fragen bezüglich Entstehung und Erhalt der Information
- Objekte, die älter scheinen als der Kosmos, aus dem sie entstanden sein sollen

1.4 Welchen Herausforderungen steht die Weltraumforschung gegenüber?

Unsere Suche nach Antworten gleicht ein bisschen der Situation eines Betrunkenen, der nachts seinen verlorenen Haustürschlüssel unter der Straßenlaterne sucht. Nicht weil er ihn dort verloren hat, sondern weil er nur dort durch das Licht eine Chance hat, ihn zu finden. Dieses Beispiel mag etwas überzogen klingen. Ein kurzer Blick auf die mit dem Universum verbundenen Dimensionen und Verhältnisse soll beispielhaft konkretisieren, was gemeint ist.

Die unfassbaren Dimensionen

Das Licht legt in einer Sekunde rund 300 000 Kilometer zurück. Die im Innern der Sonne erzeugte Energie des Lichts muss sich wegen der Dichte des Gebildes in Millionen von Jahren durch permanente Streuungen im Zickzackkurs durch das Innere der Sonne mühsam zu deren „Oberfläche" vorarbeiten (Stix 2003). Von dort erreicht es in rund acht Minuten die etwa 150 Millionen Kilometer entfernte Erde. Allerdings wird dieses Licht mehrere Stunden brauchen, um schließlich den Randbereich unseres Planetensystems zu erreichen. Dies ist eine Strecke, für die unsere mit

Feststellung 1: Nur für helle Objekte in unserer unmittelbaren galaktischen Nachbarschaft von rund 30 000 Lichtjahren sind direkte Entfernungsmessungen möglich. Das erfolgt über Triangulation aus gegenüberliegenden Positionen eines erdumkreisenden Satelliten auf der gemeinsamen Bahn um die Sonne im Laufe eines Jahres. *HIPPARCOS* (HIgh Precision PARallax COllecting Satellite) hat so unser Wissen über die Entfernung von 120 000 Sternen bis zu einer Leuchtkraft von der *Magnitude* 11 auf eine Genauigkeit von 2/100 Bogensekunden verbessert. Der ESA-Satellit *GAIA* hat mit verfeinerter Methode rund 1 Milliarde Sterne mit 10 % Fehlertoleranz im Umkreis von 30 000 Lichtjahren vermessen. Zusätzlich bot die Supernova SN 1987 A die günstige Gelegenheit, Entfernungen ohne Dopplerinterpretation bis auf 150 000 - 200 000 Lichtjahre per Trigonometrie zu ermitteln. In der Zwischenzeit bieten hochempfindliche Teleskope – insbesondere das *Hubble*-Weltraumteleskop – die Möglichkeit, Typ Ia-Supernovae als Standardkerzen in mehr als 10 Milliarden Lichtjahren Entfernung zur Bestimmung der Entfernungen im Kosmos heranzuziehen. Sie gehören heute zu den besten modellunabhängigen Objekten zur kosmischen Distanzvermessung mit einer Genauigkeit von rund 10 % (unter den beiden Annahmen einer konstanten Lichtgeschwindigkeit und der Abnahme der Lichtintensität mit $1/r^2$). Daneben gibt es unterschiedliche indirekte Entfernungsbestimmungsmethoden für Objekte in größerer Entfernung jenseits der Lokalen Gruppe mit teilweise guter gegenseitiger Überlappung. Zudem steht die grundlegende Methode in der Interpretation der Rotverschiebung von Linien in Sternspektren nach dem Dopplereffekt zur Verfügung, die allerdings einige sensible Fragen offen lässt (Abschnitt 3.1.5 und Abschnitt 4.1.3).

typischerweise 50 000 km/h in Bezug auf die Erde reisenden Satelliten bereits 20 bis 25 Jahre unterwegs sind. Für die fernsten Objekte in den Tiefen des Alls werden nun bis zu 13 Milliarden Jahre Lichtlaufzeit angegeben – und das ist nicht das Ende des Kosmos!

Die nicht enden wollende Objektvielfalt

Die Verhältnisse im Kosmos unterscheiden sich gewaltig von denen auf der Erde. Wir haben es bei *Neutronensternen*, Schwarzen Löchern, Supernovae, *Quasaren* etc. mit Objekten zu tun, die mit ihren Eigenschaften alles sprengen, was uns von der Erde bekannt ist. Solche Verhältnisse liegen jenseits aller Möglichkeiten irdischer Labore, womit auch deren Physikerfahrung ihre Grenzen hat. Deshalb wird der Weltraum oft als „kostenloses" Labor für extreme Physik betrachtet. Allerdings ist dies dann natürlich kein typisches Experimentieren mit variablen Randbedingungen, sondern nur ein Beobachten bei vorgegebenen Verhältnissen. Mehr kann nicht erwartet werden. Hinzu kommt, dass unser Beobachten in diesen extremen Verhältnissen meist an den Grenzen der Nachweisempfindlichkeit unserer Instrumente stattfindet. Als ein Beispiel für die Spanne der extremen Bedingungen soll die Dichtevariation kurz diskutiert werden, der wir uns bei den Verhältnissen im Kosmos gegenübersehen.

Die unglaubliche Dichtevariation

Die Astronomie ist eine Wissenschaft der Gegensätze und der Rekorde. Dies wird z. B. deutlich, wenn man einmal die Sternmaterie mit den Verhältnissen des Materials vergleicht, aus dem sie nach gängigen naturwissenschaftlichen Hypothesen entstanden ist: Es lässt sich kaum ein größerer Gegensatz vorstellen. Auf der einen Seite haben wir es im Sterninnern mit Temperaturen von Millionen Grad zu tun, mit Drücken, die sich in Milliarden bar bemessen, mit Teilchendichten von 10^{25} Atomen pro Kubikzentimeter. Das interstellare Gas hingegen ist kalt; dort herrscht eine Temperatur von nur etwa 10 Kelvin (–263 °C). Die Dichte ist geringer als im besten Vakuum, das auf der Erde erzeugbar ist; nur wenige Atome bzw. Moleküle finden sich durchschnittlich in jedem Kubikzentimeter des interstellaren Raumes. Im intergalaktischen Raum zwischen den Galaxien beträgt die Dichte schließlich weniger als ein Atom pro Kubikmeter.

Die extremen Dichten im Sterninnern haben Auswirkungen auf die innere Organisation der Atome. Die Drücke sind so enorm, dass sogar die

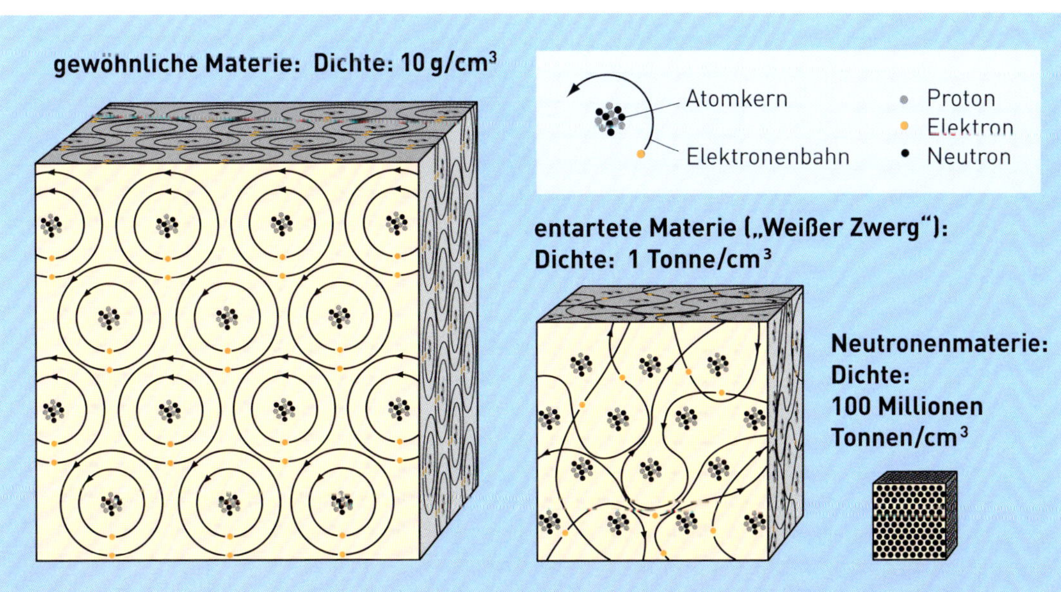

Abb. 1.8 Strukturhierarchie von Materiezuständen im Innern von Sternen von einer gewöhnlichen Dichte von 10 g/cm³ zu 100 Millionen Tonnen/cm³. (Elektronenbahnen sind nach klassischem Ansatz angedeutet)

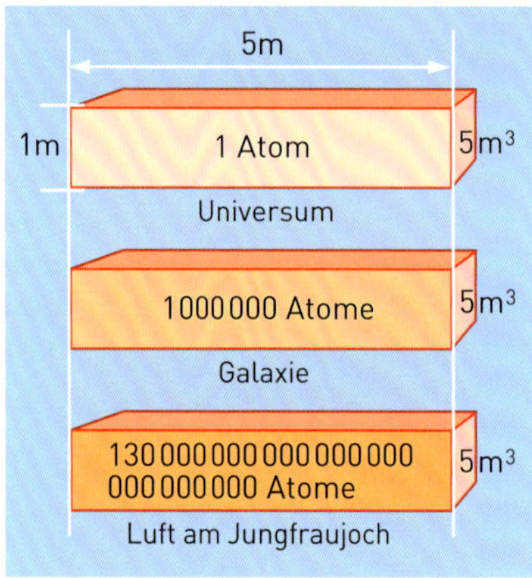

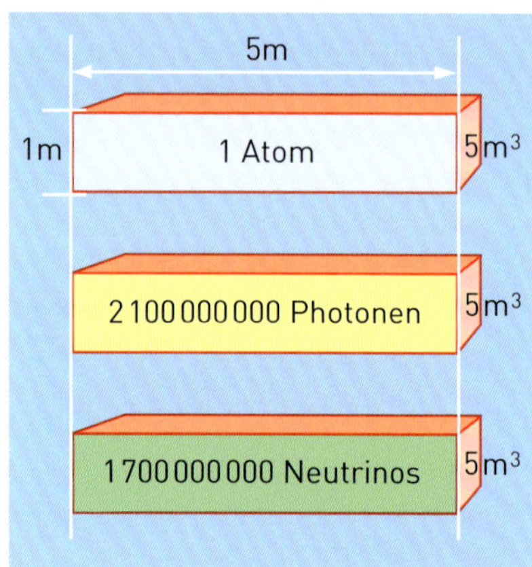

Abb. 1.9 Links: Vergleich von irdischen und kosmischen Dichten. Die Luft mag zwar auf einem 3500 m hohen Berg schon recht dünn sein. Die Dichte ist allerdings gewaltig groß im Vergleich zur mittleren Dichte in einer Galaxie und erst recht im Universum.

Rechts: Vergleich der Anzahl von Teilchen in einer Raumeinheit im Kosmos. Die Menge von Atomen und Photonen lässt sich aus Beobachtungen direkt „abzählen". Die Anzahl der Neutrinos erhält man, wenn man die Theorie der Elementarteilchen, die Relativitätstheorie und die Thermodynamik auf die Verhältnisse des frühen Universums anwendet. Da die Photonen masselose Teilchen sind, tragen sie zur Materiedichte des Kosmos nicht bei. Die kleinen Massen der Neutrinos könnten wegen ihrer Vielzahl für einen Beitrag zur Gesamtdichte im Universum wichtig sein.

Atomstruktur zerstört wird. Sie wird in neue Zustände gezwungen, die auf der Erde unbekannt sind. Gewöhnliche Materie – z. B. ein Festkörper aus Eisen – kann im Sterninnern so zusammengedrückt werden, dass die den Kern umkreisenden Elektronen benachbarter Atomkerne sich überlappen. Bei zunehmendem Druck bewegen sich Elektronen so schnell, dass die an einzelne Kerne gebundenen Elektronenbahnen aufgebrochen werden und sie sich nun wahllos zwischen den Kernen bewegen. Diese Elektronenentartung tritt in Weißen Zwergen auf. Ein Teelöffel dieses Materials würde auf der Erde mehr als eine Tonne wiegen!

Wenn der Druck weiter erhöht wird, bewegen sich die Elektronen nahezu mit Lichtgeschwindigkeit und beginnen mit den Protonen in den Kernen zu wechselwirken und bilden Neutronen. Schließlich werden fast alle Protonen und Elektronen umgewandelt, und das Resultat ist ein aus Neutronen zusammengesetzter Stoff mit einer Dichte von 100 Millionen Tonnen pro Teelöffel! Bei einer weiteren Druckzunahme wird die Schwerkraft dann so immens groß, dass die Materie zusammenbricht und ein Schwarzes Loch im Weltall bildet. Abb. 1.8 veranschaulicht die riesige Spanne der Dichte im Sterninnern. Eine andere Art der Darstellung eines Vergleichs mit irdischen Verhältnissen wird in Abb. 1.9 gezeigt. Damit ist klar: Wir haben es bei den Materiezuständen im Universum mit Erscheinungsformen zu tun, für die wir aus der Laborphysik keine Erfahrung haben. Alle daraus abzuleitenden Verhältnisse stammen aus Modellvorstellungen, weitreichenden Extrapolationen und aus Beobachtungen im Universum.

Feststellung 2: Wir haben es bei der Materie im Kosmos mit Erscheinungsformen zu tun, für die wir aus der Laborphysik keine direkte Erfahrung haben. Über manche Phänomene im Kosmos können wir nur Aussagen machen, indem wir Erfahrungen aus der Laborwelt über viele Größenordnungen extrapolieren und mit Modellvorstellungen verbinden. Das ist das Beste, was Astrophysik leisten kann.

Nur ein kosmischer Augenblick

Selbst wenn die Astronomie als eine der ältesten Wissenschaften gilt, so ist die Zeitspanne, seit der sie betrieben wird, gemessen an den üblicherweise genannten Skalen für den Kosmos, nur einen Wimpernschlag lang. In diesem Sinne gilt der Kosmos, seit er messend beobachtet wird, als geradezu unveränderlich. Nur bei genauem Hinsehen ergeben sich statistisch gewisse kleine Änderungen; z. B.:

- etwa alle 100 Jahre eine Supernova in unserer Milchstraße
- Helligkeitsvariationen von Quasaren und Pul-

saren
- gelegentliche Gammastrahlen-Ausbrüche (γ-ray bursts)
- kleine Positionsveränderungen, z. B. durch umlaufende Objekte
- Bedeckungsveränderliche durch vorüberziehende Objekte
- Helligkeitsschwankungen des Schwarzen Lochs im Zentrum unserer Milchstraße
- Veränderungen bei polaren Jets junger Sterne
- Ausbrüche auf der Sonne
- Sonnen- und Sternflecken, wobei Letztere nur schwerlich von Bedeckungsveränderlichen unterschieden werden können
- Veränderungen im Saturnring innerhalb kurzer Zeit (s. QR-Code 1.2)
- Einschläge auf Planetenoberflächen, z. B. auf Jupiter 1994, 2009 und 2010

Insbesondere hat die nahezu lückenlose Überwachung der Planeten durch Hobby-Astrofotografen immer mehr an Bedeutung gewonnen und gezeigt, dass Planetenoberflächen unter einer Art Dauerbeschuss stehen. Auch die Ringsysteme der äußeren Planeten weisen „Rippelmuster" auf, die auf Einschläge als Auslöser hinweisen. Glücklicherweise wird die Erde durch ihre Atmosphäre weitgehend geschützt (Abschnitt 5.1). Dazu kommt, dass wir astronomische Objekte immer nur aus einer Perspektive sehen, was unsere Erkenntnismöglichkeit im Hinblick auf eine räumliche Darstellung einschränkt.

Das Phänomen der Schwarzen Löcher (s. Kasten 3.8)

Obwohl sie ursprünglich eine Erfindung der Science-Fiction-Literatur waren, sind sie heute Gegenstand astrophysikalischer Forschung. Sie werden im Zentrum sämtlicher Galaxien vermutet, und ihr (indirekter) Nachweis ist bereits in vielen Fällen gelungen (s. QR-Code 1.3). Auch unsere Galaxie besitzt in ihrem Zentrum ein Schwarzes Loch; es gibt sogar Hinweise, dass das Schwarze Loch im Zentrum unserer Milchstraße wahrscheinlich von weiteren kleineren umgeben wird.

Unter einem Schwarzen Loch wird heute die Kleinigkeit von bis zu zig Millionen Sonnenmassen

Feststellung 3: Aufgrund der relativ kurzen Zeit, in der der Mensch den Kosmos messend erfasst, sind die diskutierten Entwicklungswege von Objekten nicht direkt zu beobachten.
Wir erhalten nur dadurch eine Entwicklungsvorstellung, indem wir einzelne Szenen von unterschiedlichen Objekten als Zwischenstadien eines Objekttyps interpretieren und sie zu einem Film zusammenfügen, den wir z. B. „Lebenslauf der Sterne" nennen und im *Hertzsprung-Russell-Diagramm* darstellen (s. Stichwortverzeichnis und Abschnitt 3.1.3).

QR-Code 1.2: Schnelle Verlustprozesse in den Saturnringen

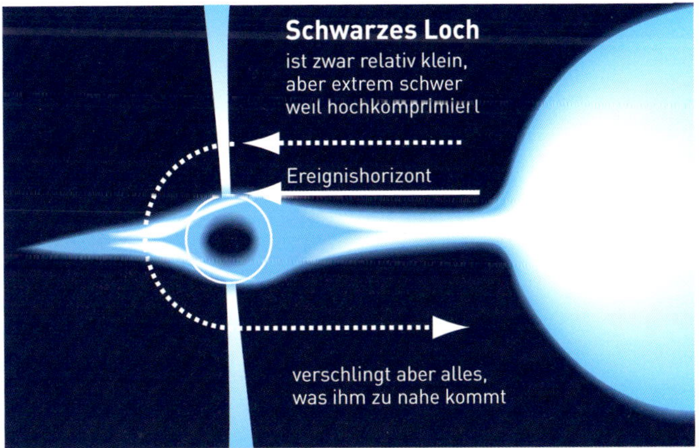

Abb. 1.10 Schematische Darstellung der Verhältnisse um ein Schwarzes Loch (links) mit seinem großen, aber deutlich masseärmeren Partner (rechts), mit dem es eine Materiebrücke bildet. Ein Lichtstrahl (Pfeil von rechts) mit einem bestimmten Abstand wird vom Schwarzen Loch beeinflusst, wobei zwei Extreme dargestellt sind:
- Der Lichtstrahl wird gerade um 180° zurückgebogen.
- Innerhalb des Ereignishorizonts kann Licht dem Schwarzen Loch nicht entkommen. Der nach unten und oben gerichtete Jet dient wahrscheinlich der Drehimpulsabführung.
- Der Ereignishorizont ist die Grenzfläche, die Bereiche der Raumzeit, aus denen uns Signale erreichen können, von solchen trennt, wo das nicht mehr passieren kann.

QR-Code 1.3: Entdeckung eines Schwarzen Lochs anhand seines Einflusses auf einen nahen Stern.

verstanden – allerdings zusammengepfercht auf das Volumen unseres Planetensystems. Solche extremen Massenansammlungen auf kleinstem Raum zeigen interessante Eigenschaften, die in Abb. 1.10 veranschaulicht sind. Da ein Schwarzes Loch nicht direkt sichtbar ist – daher der Name – zeigt das Bild eine künstlerische Illustration der Situation eines Schwarzen Lochs in der Nähe eines Sterns. Dargestellt ist ein Schwarzes Loch zusammen mit einem umlaufenden Objekt. Obwohl dieses größer ist, besitzt es nur einen Bruchteil an Masse. Die Gravitationskraft des hochkonzentrierten Massenmonsters von Schwarzem Loch zieht über eine Materiebrücke immer mehr Material auf sich, dessen Verschwinden in der *Akkretionsscheibe* des Schwarzen Loches durch intensive Röntgenstrahlung sichtbar wird.

Obwohl in der Natur ein Lichtstrahl als akkurat gerades Element dient, z. B. bei Landvermessung, kann ein massereiches Objekt in Abhängigkeit von dessen Abstand einen Lichtstrahl gewaltig verbiegen. Bei einem bestimmten Abstand wird er gar auf eine gebundene Bahn um das Zentrum des Schwarzen Loches gezwungen. Von noch weiter innen können gar keine Photonen mehr der gewaltigen Schwerkraft entkommen. Diese Grenzfläche hat die illustrative Bezeichnung „Ereignishorizont". Damit wird eine Grenze markiert, jenseits derer wir nicht mehr beobachten können. Sie wird manchmal als Phasenübergang der Raumzeit angesehen, an der auch unsere Physik sich ändern kann, sodass wir jenseits davon buchstäblich ein Jenseits haben – inmitten unserer Raumzeit! Damit wird nicht nur ausgedrückt, dass es andere Raumzeit-Elemente gibt, sondern dass wir jenseits eines Ereignishorizonts grundsätzlich nichts mehr beobachten können.

Nach Steven Hawking soll es zwar die nach ihm benannte Hawking-Strahlung geben, die den Ereignishorizont gelegentlich durchtunneln kann – aber was nützen an der Stelle theoretische Voraussagen, die praktisch nicht messbar sind? Nahezu gleichzeitige Beobachtungen von *CHANDRA* und *XMM-Newton* wollen supermassive Schwarze Löcher nachgewiesen haben, die bereits eine Milliarde Jahre nach besagtem Urknallereignis entstanden

Abb. 1.11 Bildkomposition im Röntgenlicht – aufgenommen von NuStar und *XMM-Newton*- und dem *Hubble*-Weltraumteleskop im optischen Licht von der Galaxie NGC 1068 und dem Schwarzen Loch in ihrem Zentrum (Insert). (RAS)

sein sollen, was die Theorien über die Galaxienentstehung nachhaltig stört. Bislang wurden Schwarze Löcher eher als Endstadium kosmischer Entwicklung gesehen, während sie nun als „unverzichtbare Kräfte der Schöpfung" („indispensible forces of creation") gelten. Wie können aber Schwarze Löcher so schnell so groß werden? *„The distribution of X-rays is indistinguishable from that of nearby, older quasars. Likewise, the relative brightness at optical and X-ray wavelength of SDSSp J1306 (Name des Objekts) was similar to that of the nearby group of quasars. Optical observations suggest that the mass of the black hole is about one billion solar masses."*[Z5] (Roy & Watzke 2004 und Schwartz & Virani 2004). *„These two results seem to indicate that the way supermassive black holes produce X-rays has remained essentially the same from the very early date of the Universe."*[Z6] In diesem Fall fehlen sämtliche Hinweise auf ansonsten erwartete Entwicklungen, was in Anbetracht der unterlegten Zeiträume zumindest bemerkenswert ist.

Abb. 1.12 Die eingekreisten Objekte im Hubble Ultra Deep Field werden als die entferntesten jemals beobachteten Objekte (Galaxien) bezeichnet. (NASA/ESA, Windhorst, Yan 2004)

Dies zeigt, dass durch Beobachtungen mit *XMM-Newton*, *CHANDRA* und *NuSTAR* in 2013 der Verdacht nahegelegt wurde, dass die Bildung supermassiver Schwarzer Löcher die Bildung ihrer Galaxie widerspiegelt, da ein Teil der ganzen Materie direkt ihren Weg ins Schwarze Loch findet. Daraus wird das Interesse für Messungen der Rotationsrate Schwarzer Löcher im Herzen der Galaxien abgeleitet. Abb. 1.11 zeigt eine Bildkomposition von Röntgenstrahlung (*NuSTAR* und *XMM-Newton*) der Galaxie NGC 1068 und dem optischen Licht (*Hubble*-Weltraumteleskop) im Dezember 2015 als Insert.

Rogier Windhorst und sein Kollege Haojing Yan entdeckten mit dem *Hubble*-Weltraumteleskop und mit Hilfe einer Gravitationslinse eine Galaxie, deren Licht rund 13 Milliarden Jahre zu uns unterwegs war und damit als die am weitesten entfernte „normale" Galaxie – vergleichbar mit der unsrigen – gilt, wie sie versichern (Abb. 1.12). Die Entdeckungen fernster Schwarzer Löcher und fernster „normaler" Galaxien wurden auf der American Astronomical Society AAS im Januar 2003 gemeinsam vorgestellt. Der Kontrast zwischen den theoretischen Erwartungen und den bei beiden Objekttypen gemachten Beobachtungen in so unerwarteter zeitlicher Nähe zum modellierten Urknallereignis hätte nicht größer sein können. Zentrale Fragen tun sich auf:

Feststellung 4: Unserer Neugier sind Grenzen gesetzt. Sie liegen – z. B. gegeben durch den Ereignishorizont Schwarzer Löcher – selbst inmitten unserer Raumzeit. Nachdem Schwarze Löcher in der Zwischenzeit als übliches Zubehör einer Galaxie gelten, sind sie wohl – teilweise mehrfach – in jeder der Hundert Milliarden Galaxien anzutreffen.
Ein anderes Beispiel für eine absolute, unzugängliche Grenze sind z. B. Größen, die kleiner sind als die *Planck'sche Elementarlänge*.
Angesichts solcher Gegebenheiten scheint die Frage berechtigt, was die menschliche Vernunft in Bezug auf das Ganze zu leisten vermag.

Feststellung 5: Wir sehen den Himmel nie, wie er wirklich ist. Wenn wir heute den Blick zum Himmel richten, sehen wir den Zustand von Objekten zu unterschiedlichen Zeiten, je nach deren Entfernung. In den Raum hinauszuschauen heißt wegen der Endlichkeit der Lichtgeschwindigkeit, zurück in die Vergangenheit zu sehen. Wir können uns nie ein vollständiges Bild vom Jetztzustand des Kosmos machen und beobachten je nach Entfernung teilweise Sterne, die es längst nicht mehr gibt.

- Was war zuerst da? Das Schwarze Loch oder die Galaxie?
- Formte sich um das im Innern entstehende Schwarze Loch gleichzeitig eine Galaxie?

Ein Ansatz, der uns zumindest in die Nähe eines Schöpfungskonzepts bringt, da für eine Entwicklung kaum Zeit war.

„Somewhere between 300 million and 800 million years after the Big Bang, the first black holes were born and managed to each gulp down a mass of more than 1 billion suns"[Z7] (Britt 2003). Diese Beispiele zeigen erneut die bunte Mischung von jung und alt erscheinenden Phänomenen im Kosmos, die sich mitnichten zwanglos in eine Entwicklungsreihe einordnen lassen, sondern eher ein Hinweis für Schöpfung sein können.

Implikationen der Rückblickzeit

Was wir heute am Himmel sehen, ist Vergangenheit. Licht, das heute vom 8,7 Lichtjahre entfernten Stern Sirius auf die Erde fällt, ist bereits 8,7 Jahre alt. Licht vom roten Antares, der 520 Lichtjahre entfernt ist, stammt aus dem 15. Jahrhundert. Alles unter der Voraussetzung der Konstanz der Lichtgeschwindigkeit und der Einstein-Konvention für die Synchronisation von Uhren an verschiedenen Orten.

Von Ereignissen im Kosmos erfahren wir nur, wenn ihr Licht (oder andere Strahlungsanteile oder kosmische Teilchen) uns erreicht. Deshalb können Ereignisse in solche eingeteilt werden, die innerhalb unseres Lichtkegels liegen, deren Licht also Zeit hatte, uns zu erreichen, und solche, die außerhalb liegen, von denen wir (noch) nichts wissen können. Man denke in Abb. 1.13 unsere Galaxie sich von links nach rechts bewegend, sodass laufend Ereignisse in unseren

Creation Pointer

„This and many other recent astronomical observations point increasingly to the conclusion that a mature, active, evolving and expanding universe could have come into being in an instant creation."[Z8]
European Southern Observatory ESO in Spaceflight vom Nov. 2004

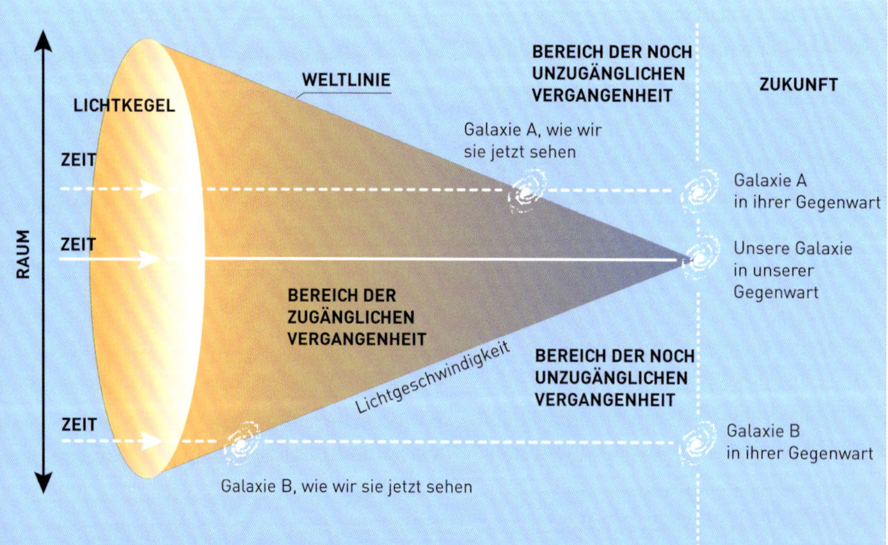

Abb. 1.13 Wir sehen eine Galaxie umso früher in ihrer Geschichte, je weiter sie von uns entfernt ist. Die uns ziemlich nahe Galaxie A erscheint uns so, wie sie vor kurzem war, als ihre Zeitlinie (oft auch Weltlinie genannt) den Rand unseres Lichtkegels schnitt. Ereignisse, die danach in der Galaxie stattfanden, gehören jetzt zur Geschichte dieser Galaxie, liegen aber noch in unserer Zukunft, weil sie noch nicht in unseren Lichtkegel gelangt sind. Der Lichtkegel bewegt sich dabei mit der Zeit nach rechts.

Feststellung 6: Es gehört zum Wesen der semantischen Information, dass sie einen Absender und einen Adressaten hat. Wo auch immer Information auftritt, haben wir es mit einem Sender und einem Empfänger zu tun. Es ist kein Naturgesetz, kein Prozess und kein Vorgang in der materiellen Welt bekannt, wonach in der Materie semantische Information von selbst entsteht.

Lichtkegel kommen. Damit haben wir immer nur ein vom jeweiligen Abstand abhängiges Bild der Rückblickzeit.

Die Frage nach der Entstehung und dem Erhalt der Information

Naturwissenschaftliches Arbeiten beginnt mit einem Satz von *Axiomen*, die definitionsgemäß nicht hinterfragt werden (es sei denn, ein Ergebnis ist nicht in das bisherige Gedankengebäude einzuordnen). So wird die Frage nach der Entstehung der Naturgesetze nicht beantwortet und ihre Existenz ohne Erklärung vorausgesetzt. Gleichzeitig wird im Rahmen des heute gängigen naturalistischen Weltbildes eine Höherentwicklung als selbstverständlich angesehen, die aber eines empirisch bisher nicht nachvollziehbaren Informationszuwachses bedarf. In Kapitel 2 wird dieser Aspekt weiter ausgeführt.

Die gesamte Information muss von Anfang an vorhanden gewesen sein, weil – global gesehen – nach dem Entropiesatz Information nie zunehmen, sondern nur abnehmen kann. Am Anfang stand also die Information und diese kam von einer Intelligenz. Das ist keine religiöse Aussage. Information und Intelligenz sind real existierende Größen, die sich bedingen.

Objekte, die älter scheinen als der Kosmos, aus dem sie entstanden sind

Folgt man üblichen Entwicklungslinien, so sind massive Strukturzusammenhänge wie z. B. Galaxienhaufen oder Sterne mit *schweren Elementen* in großer Entfernung nicht zu erwarten. Ihre Existenz wurde dennoch immer wieder durch Beobachtungen angedeutet, dann wurden entsprechende Nachweise angekündigt. Wenn die Existenz weit entfernter massiver Strukturen nicht zweifelsfrei zu bestätigen war, wurde auf Messungen verwiesen, die noch durchzuführen sind oder auf genauere Messungen, die noch ausstehen. Nun haben sich aber durch den Einsatz größerer Teleskope die angesprochenen Aspekte immer mehr erhärtet. Nicht zuletzt haben aktuelle Missionen im Hochenergiebereich wie die europäische *XMM-Newton*-Mission oder die NASA-Mission *CHANDRA* Beispiele geliefert, die sich in das herkömmliche Bild nicht einordnen lassen (Abschnitt 4.1.3): Detaillierte Untersuchungen zeigen zunehmend Objekte, die sich nicht sinnvoll auf der aktuellen entwicklungsbasierten Zeitskala anordnen lassen.

Kosmologische Modelle gelten prinzipiell nur statistisch

Kosmologische Modelle ermöglichen nicht, die konkrete Geschichte des sichtbaren Universums mit seinen konkreten Galaxien bis zum postulierten Urknall nachzuvollziehen. Sie beschreiben nur modellhaft, wie ein aus dem mutmaßlichen Urknall entstandenes Universum typischerweise aussehen würde. So könnte es geschehen, dass dort, wo wegen der großen Varianz möglicher kosmischer Modelle jenseits des favorisierten Modells nicht mehr genau nachgeschaut wird und Beobachtungsdaten übersehen oder ignoriert werden, weitere Analysen zu grundlegenden Neuentdeckungen und damit auch zu Änderungen am Standardmodell führen könnten. Dieses Problem wird von Kosmologen manchmal als das Problem der kosmischen Varianz bezeichnet.

Kosmologie hat grenzwissenschaftlichen Charakter

Die Kosmologie, die Theorien über Entstehung und Aufbau des Universums entwickelt, ist eine junge Wissenschaft. Wir stehen mit unserem Wissen diesbezüglich sicherlich erst am Anfang. Die Herausforderung des Erforschens des Kosmos darf nicht unterschätzt werden; es muss mit vielen Unwägbarkeiten umgegangen werden. Das Urknallmodell wird „Standardmodell" genannt, obwohl es sich nur auf 5 % der insgesamt existierenden Masse abstützt (Abb. 1.14) und wir im Wesentlichen nur die elektromagnetische Strahlung als Informationsquelle haben. Das

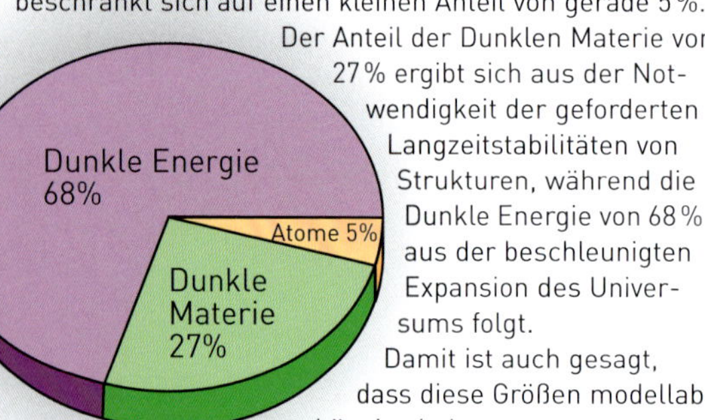

Abb. 1.14 Globale Aufteilung des Gesamtenergiehaushalts im Universum. Die sichtbare Materie inklusive der Strahlungsenergie als Basis für unsere Erkenntnis beschränkt sich auf einen kleinen Anteil von gerade 5%. Der Anteil der Dunklen Materie von 27% ergibt sich aus der Notwendigkeit der geforderten Langzeitstabilitäten von Strukturen, während die Dunkle Energie von 68% aus der beschleunigten Expansion des Universums folgt. Damit ist auch gesagt, dass diese Größen modellabhängig sind.

legt den dringenden Verdacht nahe, dass der bisherige Standard ein bald ablaufendes Haltbarkeitsdatum trägt. Ihrem Wesen nach besitzt Wissenschaft einen unvermeidlichen Grad an Vorläufigkeit, insbesondere wenn weit zurückliegende Vergangenheiten hypothetisch erschlossen werden sollen.

Die Verhältnisse in der Natur sind unvorstellbar kompliziert und raffiniert. Der Naturwissenschaftler kann sich nur damit behelfen, diese Vorgänge zu entflechten und dadurch zu vereinfachen. Dazu macht er sich Modelle, mit denen er dann arbeiten kann, die aber eine teilweise weitgehende Trivialisierung der Welt darstellen und möglicherweise an der Realität vorbeigehen, weil dadurch die Welt durch bestimmte Filter präpariert wird (s. Kapitel 2).

Gleichzeitig werden Aussagen an den Grenzen der Nachweismöglichkeiten unserer Instrumente getroffen, wo Aussagen nicht mehr so belastbar sind, wie wir es gerne hätten. Edwin Hubble, der „Erfinder" des expandierenden Kosmos, stellte fest: „Schließlich stehen wir an der vom letzten blassen Schein verschwindenden Grenze – der äußersten Reichweite unserer Fernrohre. Was wir messen, sind nur noch Schatten, und inmitten gespenstischer Messfehler sucht das Auge nach Meilensteinen, die kaum wirklicher sind als jene."

Auf den Punkt gebracht. Dieses erste Kapitel versucht, die Szene der Weltraumforschung zu eröffnen. Eingangs wurde auf das Selbstverständnis der Naturwissenschaft hingewiesen:

- Naturwissenschaftler sind „Innenarchitekten":

→ Sie brauchen für ihre Arbeit gewisse Voraussetzungen, die jenseits der Raumzeit liegen. Sie gehen z. B. nicht so weit zurück, dass sie nach der Herkunft der Naturgesetze fragen. Sie werden als gottgegeben angenommen, was durchaus wörtlich verstanden werden kann.
→ Naturwissenschaft ist unvollständig.

- Physik kann erst zuverlässige Aussagen machen, wenn es etwas zu messen gibt

→ Jenseits der Naturwissenschaften sind Voraussetzungen notwendig.
→ Ordnungen und Gesetze haben mit Intelligenz zu tun.
→ Diese ist personal.

- Naturwissenschaftliches Forschen wirft mehr Fragen auf, als es beantworten kann

→ Naturwissenschaftliche Forschung erfolgt unabhängig davon, ob Gott existiert oder nicht, das Wirken Gottes kann mit ihrer Methode weder beschrieben noch bestritten werden.
→ Wenn Naturwissenschaft aufgrund ihrer methodischen Vorgehensweise nichts über Gott und sein Wirken aussagen kann, kann sie auch durch ihre Ergebnisse nichts über ihn aussagen.

Wir betrachteten die frühen Wurzeln, die zur Etablierung der Naturwissenschaft führten und stellten fest, dass das Verständnis eines ordnenden Schöpfers notwendige Voraussetzung und keineswegs Hemmschuh für ihre Entstehung war (Einstein: „Das Unverständlichste am Universum ist seine Verständlichkeit."). Danach wurde diskutiert, über welche Informationen sich die Sterne uns bekannt machen und wie sich der Mensch den Zugang zu diesen Informationen freimacht, indem wir insbesondere Weltraummissionen mit ihrem Hintergrund kurz gefasst einführten. Spätere Diskussionen werden sich darauf beziehen.

Der Aufbau und die hypothetische Geschichte des Weltraums kann wegen der gewaltigen Dimensionen nur über Fernerkundungsmethoden erschlossen werden. Durch die Raumfahrt wurden aber auch Vor-Ort-Messungen – zumindest vor unserer kosmischen Haustüre – möglich. Dies alles erschließt uns extreme Verhältnisse im Kosmos, für die wir aus unserer Laborwelt keine direkte Erfahrung haben. Von den gewaltigen Zeiten und Räumen ganz zu schweigen.

Damit wurde dargestellt, dass das, was wir häppchenweise von unserem Kosmos erschließen und messend betrachten können, nur ein kleiner – wenn auch äußerst spannender – Aspekt ist, von dem wir extrapolierend auf das Werden des Ganzen schließen.

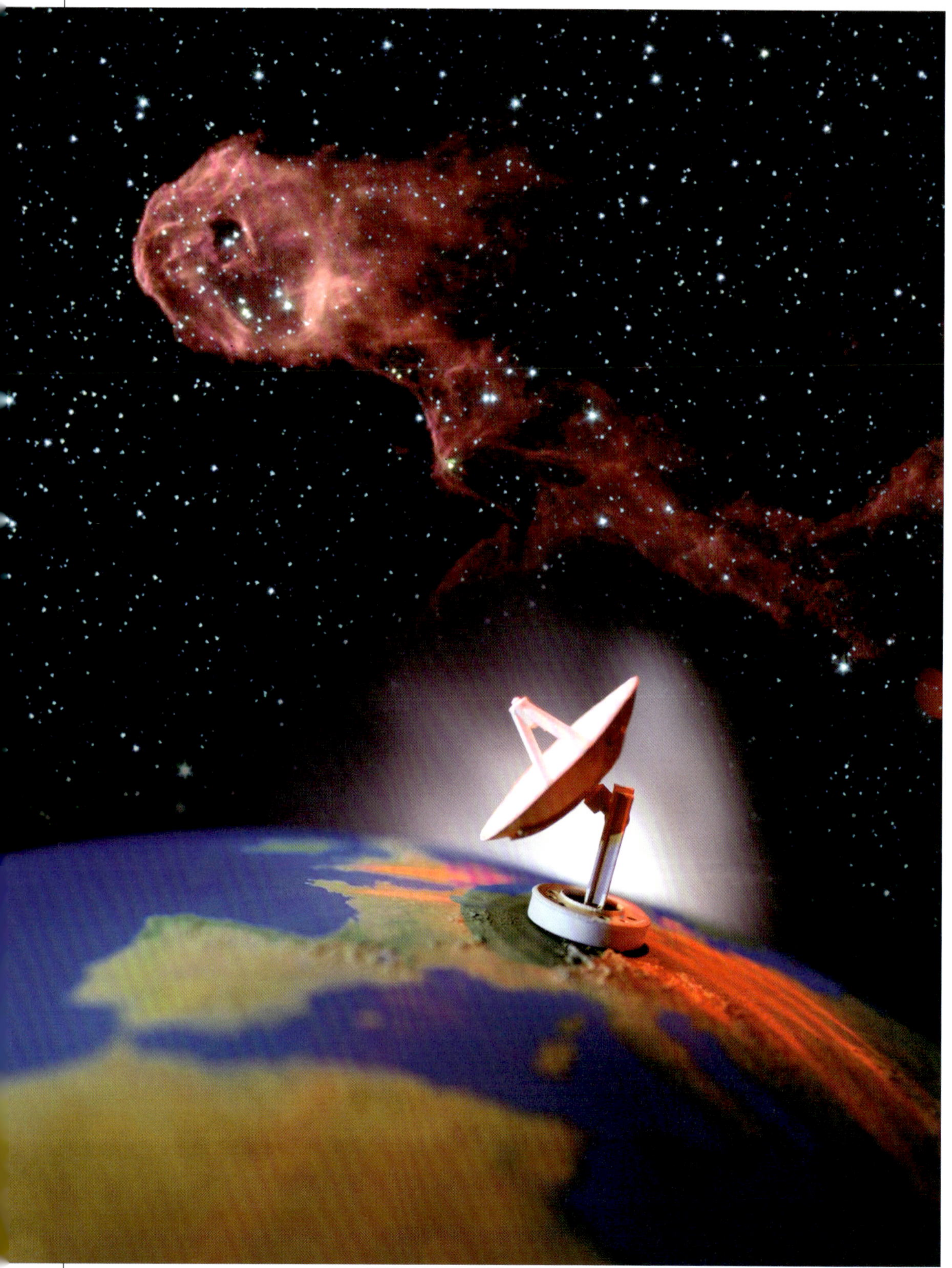

(Digital Stock/NASA)

»Das als wahr Erkannte ist oft nur eine Decke aus dünnem Eis mit unbekannten Tiefen darunter.«
H. Markl, Biologe

2. Modell und Wirklichkeit

»Science is the culture of doubt.«
Richard Feynman, Physiker

Kompakt

- Aus einem Naturbild folgt nicht eindeutig ein Weltbild
- Basis eines Naturbildes ist das Modell
- Die „Wahrheit" der Modelle liegt in ihrer Bewährung
- Daten bedürfen einer Deutung

Der Mensch versucht, sich im Rahmen der Naturwissenschaften ein Bild von der Wirklichkeit zu machen, in der er lebt. Er versucht, Zusammenhänge zu sehen und diese „berechenbar" zu machen. Dies gilt insbesondere dort, wo sich zunächst nur unverstandene Einzelphänomene zeigen oder Teilzusammenhänge, die er in noch umfassendere Zusammenhänge eingliedern möchte. Er versucht mittels seiner Erfahrungen und guten Einfälle Vorstellungen und Denkraster zu entwickeln, mit denen ihm das gelingt. Dazu formuliert er unter anderem einen Satz von Axiomen. Man kann sie nicht beweisen, aber wissenschaftliches Arbeiten auf ihrer Basis funktioniert erstaunlicherweise bemerkenswert gut. Das heißt, Naturwissenschaft wird von Menschen betrieben und arbeitet nie voraussetzungslos.

Dieses Streben nach Vereinheitlichung der Naturbeschreibung mithilfe menschlichen Denkens ist grundlegend. Es zielt darauf ab, mit möglichst wenigen grundlegenden Hypothesen oder Prinzipien eine möglichst große Anzahl von Phänomenen zu erklären, das heißt: auf die Hypothesen abzubilden und damit einzuordnen. Wenn es gelingt, alle beobachtbaren Phänomene abgebildet zu haben, hat man, so die Hoffnung vieler (naturalistisch orientierter) Wissenschaftler, so etwas wie eine „Weltformel", die die beschreibbare Natur komplett auf ein Weltbild abbildet. Diese Weltformel heißt auch „Theory of Everything". Während früher ein Weltbild dogmatisch den Ausgangspunkt für Erklärungen bildete, scheint es heute eher ein Endprodukt zu sein, auf das wissenschaftliches Arbeiten abzielt. Ein Paradigmenwechsel? Das kann durchaus bezweifelt werden, da auch heute grundlegende theoretische Vorstellungen die Forschung und die Interpretation ihrer Ergebnisse leiten – und leiten müssen. Bei vielen Naturwissenschaftlern verschwimmt leider auch die Terminologie: Das Bild, das die Naturwissenschaft als Ergebnis liefert, ist ein *Naturbild*; erst der Glaube, das Naturbild umfasse die gesamte Wirklichkeit, erhebt es zum *Weltbild*. Dabei sollte mit dem Begriff „Weltbild" immer ein

Sinnganzes und der Rückbezug auf das eigene Lebensverständnis erfasst werden. Jeder Mensch hat sein ihm eigenes Weltbild, auch unabhängig von der Naturwissenschaft.

2.1 Vom Weltbild zum Naturbild

Im Mittelalter gab es im Abendland ein vom Christentum geprägtes ziemlich einheitliches Weltbild. Mit dem Humanismus und der Reformation begann die Entwicklung mehrerer konkurrierender Weltbilder, und die Aufklärung suchte im Glauben an den Fortschritt und die Möglichkeiten der Wissenschaft den Menschen aus seiner vermeintlich „selbstverschuldeten Unmündigkeit" (Immanuel Kant) zu führen.

Heute wird häufig das eigene Weltbild aus dem vermeintlichen naturwissenschaftlichen Weltbild heraus geschaffen. Das naturwissenschaftliche Weltbild ist jedoch nach W. Heisenberg eigentlich ein Naturbild, weil Naturwissenschaft mehr nicht leisten kann. Nach dem bereits Geschilderten ist es daher nicht überraschend, wenn nun das Naturbild als Produkt naturwissenschaftlichen Arbeitens in Abb. 2.1 als eine Untermenge eines Weltbildes dargestellt wird.

Im Naturbild beschreibt Physik funktionale Zusammenhänge angemessen und verbindlich, die unter geeigneten Randbedingungen gültig sind. Insbesondere ist es dabei Aufgabe der Physik, allein unter der Anwendung bekannter Naturgesetze Beschreibungen für Vorgänge in unserer Welt zu finden. Mögliche Eingriffe von „außen" werden mit ihrer Methode nicht erfasst; entsprechend wird versucht, den Kosmos und seine Geschichte ohne Wunder – das heißt nur unter Anwendung uns geläufiger naturwissenschaftlicher Regeln – zu erklären. Die Aufgabe der Naturwissenschaft ist dabei, kosmische Abläufe so weit wie möglich in gesetzmäßigen Zusammenhängen zu fassen. Damit sind die Naturwissenschaften nicht notwendigerweise Gott-los, arbeiten sie doch entlang der entdeckten Naturgesetze, welche die „berechenbare Seite" Gottes zeigen. Zudem sollte es schwierig sein, für einen allgegenwärtigen Gott einen Raum zu definieren, der mit Gott in keinerlei Beziehung steht. Gottes Wirken in den regelhaften Dingen der Welt kann mit dem methodischen Instrumentarium der Naturwissenschaft jedoch nicht erfasst oder beschrieben werden.

Da das Naturbild eine Untermenge des Weltbildes ist, wird Letzteres zwar naturwissenschaftliche Daten enthalten, aber nicht einfach und eindeutig aus ihnen gefolgert werden können. Beide Bilder passen keinesfalls immer spannungsfrei zueinander, aber es scheint lohnend, ihr Verhältnis genauer zu betrachten. Unter unseren Zeitgenossen gibt es Naturwissenschaftler mit unterschiedlichen Weltbildern. Weltbilder gibt es nicht einfach dergestalt, dass sie durch bloße Forschung entdeckt werden könnten, vielmehr machen wir uns welche.

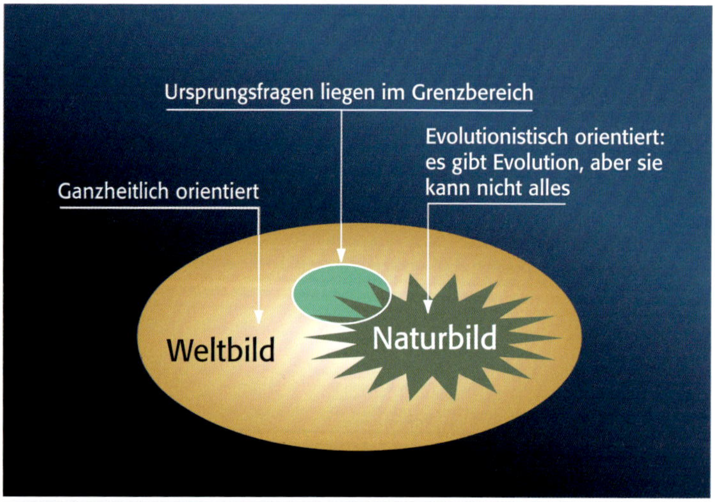

Naturwissenschaftliche Forschung im klassischen Sinn versteht sich ausschließlich als Erkenntnismethode, mit der durch Beobachtung belegbares Wissen gewonnen werden kann. Sie ist deshalb „nur" für das Sichtbare, Messbare und (unabhängig von Raum, Zeit und Beobachter) Reproduzier-

Abb. 2.1 Prinzipielle Darstellung des Naturbildes als Untermenge des Weltbildes. Ursprungsfragen liegen im Grenzbereich.

bare zuständig (s. aber Einschränkungen in Kapitel 1). Wenn wir Experimente durchführen, so fragen wir die Natur aus. Der Naturwissenschaftler kann nur dort mit Aussicht auf eine Antwort fragen, wo er beobachten kann. Aussagen, die darüber hinausgehen, können allenfalls indirekt erschlossen werden, z. B. durch Extrapolation von Bekanntem auf Unbekanntes, was nicht mehr als abgesichertes Wissen gelten kann. Dies hat Hans-Peter Dürr vor einigen Jahren in seinem Buch „Das Netz des Physikers" sehr deutlich gezeigt. Alles Übernatürliche abzuschaffen, nur weil es messend nicht zu erfassen ist, würde bedeuten, die Naturwissenschaft als Alleinerklärungsinstanz zu überhöhen. Ein solcher Ansatz ist nicht wirklich zielführend, weil er mögliche Optionen ohne hinreichende Begründung ausschließt. Das gilt insbesondere für Ursprungsfragen, um die es hier geht. Soweit diese Aufgabe naturwissenschaftlich angegangen werden kann, lautet die Frage also: Wie ordnen wir wissenschaftliche Beobachtungen unter der Annahme der universellen Gültigkeit der uns heute bekannten naturwissenschaftlichen Gesetzmäßigkeiten in ein einfaches, möglichst in sich widerspruchsfreies Modell ein?

Wird ein hinlänglich widerspruchsfreies Bild erreicht, so stellt der Anfangszustand des Kosmos im Modell für die Kosmologie eine naturwissenschaftliche Antwort auf die Frage nach dem Ursprung dar. Ob allerdings der auf diese Weise skizzierte Weg der tatsächliche war, bleibt grundsätzlich offen. Denn eine Reproduktion der wirklichen Kosmosentstehung ist nicht möglich. Vielmehr kann es nur um Erklärungsversuche gehen, die möglichst weder den uns heute bekannten Naturgesetzen noch den heute bekannten Beobachtungsdaten widersprechen.

Ist das nicht zu gering gedacht? Nein. Wissenschaftliche Modelle und Erklärungen sind grundsätzlich vorläufig und haben einen begrenzten Forschungsgegenstand. Sie sind zu jedem Zeitpunkt stets die wissenschaftlich wahrscheinlichsten Erklärungen und Modelle. Sie können aber infolge neuer Experimente und Messungen erweitert, korrigiert oder verworfen werden. Dies wurde vor allem von Karl Popper in seinem Buch „Logik der Forschung" betont. In diesem Sinne ist auch das gängige Entwicklungsmodell der Standardkosmologie als vorläufig anzusehen. Ob oder inwieweit es der Wirklichkeit entspricht ist nicht sicher zu sagen. An dieser Grenze beginnt die Domäne persönlicher Überzeugungen und Bekenntnisse. Viele Forscher vermuten, dass einem einigermaßen widerspruchsfreien Modell in hohem Maße ein wirklichkeitsbezogener Impetus zukommt, der deshalb vielen geeignet erscheint, das Modell bereits für die Wirklichkeit (was immer dieser Begriff genau bezeichnet) zu nehmen. Diese Instrumentalisierung der Modelle ist aber nicht zwingend. Jedes Modell repräsentiert eben nur eine mögliche Erklärung und bezieht sich zudem in der Regel nur auf bestimmte Aspekte der Realität. Das umfassendere, detailliertere Modell ist nur mit einer höheren Wahrscheinlichkeit korrekt und zutreffend, mehr nicht. Wir werden dies bei der Betrachtung des Standardmodells und der Alternativen sehen. Das Standardmodell erklärt derzeit mehr Phänomene als andere Modelle und wird deshalb von der Mehrheit der Wissenschaftler favorisiert. Ob es deshalb schon zutreffend ist oder zumindest näher an der Wirklichkeit als die konkurrierenden Modelle, ist eine ganz andere Frage, die nicht im Rahmen wissenschaftlicher Methodik beantwortet werden kann.

Inzwischen ist nun die „Säkularisierung des Himmels", das heißt die Anwendung „irdischer Physik" auf den Kosmos, insbesondere von den Medien in der Öffentlichkeit derart überhöht worden, dass der physikalische Himmel als Ersatz für den geistigen Himmel der Bibel in den Blick kommt. Deshalb argumentieren zunehmend viele Zeitgenossen so: Wenn erfolgreiche Wissenschaft der Naturbeschreibung ohne Berücksichtigung des möglichen Wirkens Gottes auskommt, dann brauche man Gott auch nicht für alle anderen Fragen. Damit führt eine willkürliche Grenzüberschreitung von der Methode der Naturwissenschaft zu einem „dogmatischen Atheismus". Es mag nun zwar als chic gelten, nicht zu glauben; aber es handelt sich nicht um einen logischen Schluss. Diese Grenzüberschreitung mag der eigenen Wunschvorstellung genügen, begründbar ist sie jedoch nicht.

2.2 Das Modell als Trivialisierung der Welt

Daten sind die naturwissenschaftliche Basisinformation über unsere Welt; ohne Kontext und Interpretation sind sie jedoch nicht aussagekräftig. Die Natur ist zu komplex, um sie durch Formeln umfassend beschreiben zu können. Deshalb werden einzelne Aspekte der Welt durch Modelle dargestellt; sie bilden die Basis für eine Einordnung in ein Naturbild. Anstelle einer nicht fassbaren Wirklichkeit operieren wir also mit vereinfachenden Modellen durch Projektion der Natur auf einzelne Parameter. Die Natur wird somit im Allgemeinen durch Reduktion einer größeren Parameterschar vereinfacht. Damit beschreibt das Modell nicht die Natur, sondern einen durch bestimmte Filter präparierten Ausschnitt bzw. Aspekt der Welt. Beim Naturbild handelt es sich eigentlich nicht um das Bild der Natur – wie das Wort nahelegen könnte –, sondern um ein Bild unserer *Beziehungen* zur Natur. Die „Wahrheit" der Modelle liegt allein in ihrer Bewährung, sprich wie gut sie Daten einordnen können, eventuell Vorhersagen ermöglichen oder auch Anwendungen erlauben. Naturwissenschaft kennt keine andere Autorität als die experimentellen Ergebnisse, die durch Modelle beschrieben werden. Die Vorläufigkeit der Modelle wurde bereits betont. Sie dienen lediglich der Systematisierung und der Vorhersagbarkeit. Allerdings zeigt z. B. die Breitenwirkung des Urknallmodells den weltbildstiftenden Charakter naturwissenschaftlicher Modelle.

Modelle können immer nur Teilaspekte unserer Welt abbilden. Beispiel: Ein Fischer, um nochmals mit Hans-Peter Dürr zu sprechen, arbeitet mit einem Netz einer Maschenweite von beispielsweise 5 cm und analysiert dann seinen Fang. Er stellt danach fest: Alle Fische sind größer als 5 cm. Er muss allerdings schnell einsehen, dass diese Aussage unmittelbar mit der Maschenweite seines Netzes zusammenhängt. Naturwissenschaftliche Modelle haben teilweise immer noch eine große Maschenweite. Sie gleichen „Ideen mit Hochschulbildung" und sind nicht selten physikalisches Marketing.

Auf den Punkt gebracht. Weltbild ist das ganze Haus, Naturbild lediglich ein Teil seiner Räume. Mit jeder Verfeinerung der naturwissenschaftlichen Methodik sind natürlich immer detailliertere Einsichten möglich (Wandstärke, Größe der Zimmer etc.). Diese Details mögen gar zu unterschiedlichen Häusern passen. Allerdings kommt das ganze Haus auf diesem Wege nie in den Blick. So findet sich auch keine Abbildung des Architekten im jeweils gewählten Teil, genausowenig wie sein Bauplan. Wer allerdings deshalb die Existenz des Architekten leugnet, zeigt nur mangelndes Methodenbewusstsein. Naturwissenschaft kann einem die Entscheidung für oder gegen ein Weltbild nicht abnehmen. Sie kann dafür nur Anhaltspunkte liefern.

Unsere persönliche Sicht als Autoren gründet in der Überzeugung, dass wir der Wirklichkeit der Welt am ehesten gerecht werden, wenn wir von einem Ineinander-Verwobensein von sichtbarer und unsichtbarer Wirklichkeit ausgehen, sodass die sichtbare Welt der Naturwissenschaft nur als Teilmenge der Gesamtwirklichkeit aufscheint, sozusagen als Weltvordergrund. Diese Sichtweise wird durch die Erkenntnis der Dunklen Komponente (Dunkle Materie und Dunkle Energie, Abschnitt 3.3.2) in der physikalischen Welt, die 95 % der uns umgebenden Wirklichkeit ausmachen soll, bemerkenswert illustriert. Danach ist der sichtbare Kosmos auf eine „Kontamination" von 5 % des Ganzen reduziert. Der Rest bleibt unsichtbar, weil er kaum mit elektromagnetischer Strahlung wechselwirkt.

Uns ist deshalb bewusst, dass wir mit angedeuteten persönlichen Aussagen über die unsichtbare Wirklichkeit Gottes den Rahmen naturwissenschaftlicher Sätze verlassen. Solche Bekenntnisse hängen an persönlichen Einschätzungen, die nicht naturwissenschaftlich begründbar sind, sondern Grundüberzeugungen widerspiegeln. Ihre Gültigkeit ist in einem wissenschaftlichen Kontext nicht demonstrierbar.

2.3 Anpassbare Parameter

Computersimulationen sind gängige, unersetzliche Elemente des naturwissenschaftlichen Erkenntnisprozesses. Man muss sich allerdings der Grenzen einer softwaregestützten Simulation bewusst sein:

- Werden sie mit angemessenen, realistischen Randbedingungen gestartet?
- Beschreiben sie den ganzen Prozess adäquat?

Ein Beispiel für solche Simulationen sind Wettervorhersagen. Die meteorologische Vorhersage nutzt Hunderttausende von Messdaten, die täglich weltweit aufgenommen werden. Das sind die Randbedingungen. Man beginnt mit dem aktuellen gemessenen Wettergeschehen. Die nun folgende Simulation des künftigen Wetters, also des Wetters in einigen Stunden oder Tagen, stützt sich sowohl auf grundlegende Gesetze z. B. der Thermodynamik (Wärmelehre) oder der Strömungsmechanik als auch auf Erfahrungen aus ähnlichen Wetterkonstellationen in der Vergangenheit. Das sind die Prozesse. Das Ergebnis der Simulation sind Zahlentabellen, aus denen das Wetter zu einem künftigen Zeitpunkt abgelesen werden kann. Ob die Simulation zutreffend war, erleben wir dann am folgenden Tag. Kann man der Vorhersage glauben? Diese berechtigte Frage zeigt, dass wir unzutreffende Vorhersagen erlebt haben. Wir schließen daraus, dass wir entweder das aktuelle Wetter nicht mit der notwendigen Zahl von Messdaten erfasst haben oder die physikalischen oder heuristischen Prozesse nicht genau genug implementiert sind oder beides. Die Begrenzung der Vorhersagbarkeit des Wettergeschehens zeigt deutlich die Grenzen von Prognosen als Folge modellhafter Abbildungen der Wirklichkeit, wobei das Wettergeschehen auf nichtlinearen Prozessen beruht.

Bei Simulationen ist auch noch in einem weiteren Anwendungsfall Vorsicht geboten. Nehmen wir als Beispiel die Simulation der Kollision zweier Galaxien. Wenn wir also die Kollision der beiden Galaxien nachstellen wollen, die die Antennengalaxie bilden (NGC 4038 und NGC 4039), werden wir die Ausgangssituation sehr genau modellieren müssen, damit das Ergebnis der Simulation dem Bild am Himmel nahekommt. Dazu müssen sehr viele freie Parameter, die für die Simulation eine Rolle spielen, mit den zutreffenden Startwerten versehen werden. (Die Situation ist hier also genau umgekehrt wie bei der Wettersimulation.) Wir müssen diese Parameter so lange variieren und anpassen, bis das Ergebnis stimmt. Bei entsprechender Programmierung findet der Computer vielleicht sogar selbst einen Parametersatz, der in der Simulation der Kollision das gewünschte Ergebnis liefert. Sagen die auf diese Weise gefundenen Parameter (als Startwerte) etwas über die Wirklichkeit der Vergangenheit der beiden Galaxien aus? Möglicherweise, vielleicht aber auch nicht. Vielleicht existieren mehrere Parametersätze, die die Simulation wie gewünscht ablaufen lassen. Die Eindeutigkeit kann bei solchen Simulationen möglicherweise nicht gewonnen werden, was die Aussagekraft der Parameter deutlich vermindert.

Die Möglichkeiten heutiger sehr schneller Computer verführen leicht zur Einführung von zahlreichen anpassbaren Parametern. Erfolgt diese unkritisch, sind das Ergebnis Modelle mit großer Maschenweite, d. h. sie erfassen nur einen (eventuell kleinen) Teil der Realität. Computer mit ihren Simulationsmöglichkeiten fördern wegen der exakten Zahlen, die sie ausgeben, den Glauben an die Möglichkeit solcher Modellierung. Er scheint fast eine Art Religion der jungen Generation zu sein. Man sitzt vor diesen Wundermaschinen, die auf Kommando Wirbelstürme simulieren und Steuererklärungen ausspucken. Hier muss aufgepasst werden, dass sich nicht teilweise ein Prozess verselbstständigt, der weitgehend das Experiment ersetzt. Fairerweise soll aber auch erwähnt werden, dass aufgrund fortschreitender Kenntnis die Schar von Parametern so groß geworden ist, dass das experimentelle Auskegeln derselben schlicht zu zeitaufwendig und damit zu teuer ist.

Wenn Theorien mit anpassbaren Parametern Vorhersagen machen, so geht das oft auf Kosten ihrer Eindeutigkeit. Abb. 2.2 zeigt den Unterschied zwischen Theorie und Praxis.

Im Extremfall können weitgehend unterschiedliche Daten auf irgendwelche Weise in

Abb. 2.2 Humoristische Betrachtung des Unterschieds zwischen Theorie und Praxis.

flexible Theorien eingebaut werden, sodass in letzter Konsequenz die Theorie durch ihre Flexibilität unwiderlegbar ist. In der Zuspitzung könnte das Strickmuster folgendermaßen lauten: Überprüfe die Vorhersage anhand der Daten. Gelingt die experimentelle Bestätigung nicht unmittelbar, dann erreiche eine Übereinstimmung – oder vermeide zumindest einen Widerspruch – durch Einführung anpassbarer Parameter oder gehe zu einer leicht modifizierten Theorie über. Wenn die Zahl der Messdaten der Zahl der Parameter vergleichbar wird, gelingt die Modellierung leicht, das genaue Verständnis bleibt jedoch auf der Strecke.

Kasten 2.1: **Was bedeutet „wissenschaftlich bewiesen"?**

Physiker stellen Fragen. Aber wie bekommen sie Antworten? Wie wird naturwissenschaftliche Forschung betrieben? Was bedeutet die Erarbeitung von sicherem Wissen in den Naturwissenschaften? Kann eine Theorie bewiesen werden?

Am Anfang steht die Beobachtung, das Phänomen. Wir machen Experimente, wir ordnen die Ergebnisse einander zu, wir stellen Verknüpfungen her, suchen nach Gesetzmäßigkeiten. Wir stellen Hypothesen auf und suchen nach einer qualitativen Beschreibung. Diese Hypothese wird wiederum durch Experimente getestet. Ein Postulat hierbei: Diese Tests sollen beliebig wiederholbar sein und ortsunabhängig zum selben Ergebnis kommen. Wenn wir eine tragfähige Hypothese haben, entwickeln wir eine Theorie, eine quantitative Beschreibung, die wir in der Sprache der Mathematik formulieren. Wenn diese Theorie allen Experimenten innerhalb der Fehlergrenzen standhält, haben wir etwas entwickelt, das wir ein Modell der Wirklichkeit nennen; eine Beschreibung des beobachteten Phänomens. Der Physiker sucht nach dem einfachsten Modell, das die Daten, die Beobachtungen, beschreibt. Wenn wir ein solches Modell gefunden haben, sagen wir, wir haben das Phänomen „erklärt" oder „verstanden". Es könnte aber auch alternative Modelle geben, die die Beobachtungen ebenso gut oder besser beschreiben. Wissenschaftstheoretisch betrachtet kann eine Theorie durch neue Beobachtungen zwar bestätigt, aber nie bewiesen werden. Jederzeit kann sie jedoch durch neue Ergebnisse modifiziert oder im Extremfall sogar falsifiziert werden.

Der Weg der Naturwissenschaft ist im Prinzip ein iterativer, nicht abgeschlossener Prozess mit dem Ziel einer widerspruchsfreien und mit allen Beobachtungen und Experimenten verträglichen Beschreibung der Vorgänge in der Natur. Stephen Hawking (2004, S. 15) sagt: „Jede physikalische Theorie ist insofern vorläufig, als sie nur eine Hypothese darstellt: Man kann sie nie beweisen. Wie häufig auch immer die Ergebnisse von Experimenten mit einer Theorie übereinstimmen, man kann nie sicher sein, dass das Ergebnis nicht beim nächsten Mal der Theorie widersprechen wird. Dagegen ist eine Theorie widerlegt, wenn sich nur eine einzige Beobachtung findet, die nicht mit den aus ihr abgeleiteten Vorhersagen übereinstimmt." Dies gilt für alle Fragen der Physik, außer für Grenzfragen, die z. B. Themen wie den Ursprung des Universums betreffen.

Steht einer Vielzahl von Beobachtungen, die alle eine Modellvorstellung unterstützen, eine Einzelbeobachtung gegenüber, die diesem Modell widerspricht, so wird allerdings in der Regel das bestehende Modell nicht gleich über den Haufen geworfen. In der Astronomie wird z. B. eine sehr ferne Galaxie, die nach unseren Modellen einen dafür zu weit fortgeschrittenen Entwicklungszustand zeigt, zunächst als „Ausreißer" gelten. Die Einzelbeobachtung wird jedoch sehr sorgfältig durch weitere, unabhängige Untersuchungen geprüft werden und kann – bei Bestätigung – zu einer modifizierten, erweiterten oder gar neuen Modellvorstellung führen. Leider gibt es auch immer wieder Fälle, bei denen sich neue Vorstellungen nur sehr schwer gegenüber etabliertem Denken durchsetzen können – und Wissenschaftler darunter zu leiden haben. Ein prominentes Beispiel hierfür ist die Entdeckung der Quasikristalle mit ihrer geordneten, aber aperiodischen Struktur. Quasikristalle wurden 1982 von Daniel Shechtman entdeckt, aber es dauerte sehr lange, bis seine Entdeckung anerkannt wurde. Im Jahr 2011 wurde er für diese Entdeckung mit dem Chemie-Nobelpreis ausgezeichnet.

Somit ist der Stand des Wissens charakterisiert durch die wahrscheinlichste Theorie bei gegebenem Vorwissen. Die Qualität des Vorwissens ist bestimmt durch die Anzahl und Art der Experimente, durch die Auswahl der Untersuchungen. E. J. Zöllner, Mediziner und Politiker in unterschiedlichen Funktionen, formuliert es so: „Wissenschaft ist das einzige, das sicheres Wissen ermöglicht, im Bewusstsein der Begrenztheit der Methode und der Subjektivität der Fragestellung" (Zöllner 2014, 95).

Die Naturwissenschaft beschreibt das Beobachtbare, sie gibt Antworten auf das Wie, sie erklärt Zusammenhänge, aber sie kann keine Antwort auf die Fragen nach dem Warum oder dem Wozu geben. Warum die Masse der Elementarteilchen so ist und nicht anders, warum die Naturkonstanten den Wert haben, den sie haben, wissen wir nicht. Und: Bei nicht wiederholbaren Vorgängen in der Vergangenheit sind wir auf Extrapolationen angewiesen, die auf heutigen Messungen basieren. Je weniger Vorwissen vorhanden ist, desto größer sind die Fehlerbalken, desto lückenhafter ist der Stand des Wissens. Von daher ist auch verständlich, dass unser Wissen über den Ursprung des Universums unvollständiger und unsicherer ist als z. B. unser Wissen über die Materialeigenschaften von Metallen.

Fazit: Im Rahmen der Physik erarbeitet sich der Mensch – im oben beschriebenen Sinne – sicheres Wissen über das Universum, nicht über Gott. Die Frage nach Gott können die Naturwissenschaften nicht beantworten, weder positiv noch negativ. Wir können mit den Methoden der Naturwissenschaften per definitionem nur Natürliches beschreiben – aber das ziemlich erfolgreich!

2.4 Konstanz der Konstanten

»Die Naturkonstanten spiegeln zugleich unser größtes Wissen und unsere größte Ratlosigkeit wider.«

John Barrow, Astrophysiker an der Universität Cambridge

Was könnte mehr ermüden als eine Debatte über etwas, das sich gar nicht ändert? Doch Kosmologen und Physiker geraten regelmäßig aus dem Häuschen, spricht man die „Konstanz der Naturkonstanten" an. Sieht man jedoch, wie dieses Thema das Selbstverständnis von Astronomen und Teilchenphysikern gleichermaßen berührt, wird die Aufregung klar: Zweifel an der Konstanz der Konstanten bewegen sich zwischen physikalischer Sensation und globaler Katastrophe.

Man kennt heute ein System von rund 25 Naturkonstanten. Meist werden sie in den Lehrbüchern der Physik als Fundamente der Naturwissenschaft wie die 10 Gebote aufgelistet, während sie von anderen Experten für „menschliche Konstrukte" gehalten werden. Immer wieder tauchen z. B. Berichte zu einer variablen

Lichtgeschwindigkeit auf, verschwinden aber meist auch schnell wieder.

Sicher ist diese Polemik nicht ganz ernst gemeint. Doch der Grundsatzstreit unter den Physikern ist echt – und die Thesen sind radikal. Gelegentlich scheint nichts mehr heilig: Newtons Gravitationskonstante? Schwankt wie der Börsenkurs. Die Lichtgeschwindigkeit im Vakuum, deren Konstanz für Einstein das Fundament seiner Relativitätstheorie war? Plötzlich soll sie alles andere als konstant sein. Die Ladung des Elektrons? Mal größer, mal kleiner. Ob solcher Berichte wackelt für manche schon die gesamte moderne Physik.

Die Physiker hassen und lieben ihre Konstanten zugleich. Einerseits wäre Physik ohne Konstanten nicht denkbar. Auf der anderen Seite wurmt es den Physiker, dass er einige Faktoren in seinen Formeln gleichsam von Hand hinzufügen muss. Max Planck träumte von einer Theorie mit einer einzigen Konstanten, aus der alles andere ableitbar wäre. Bis heute weiß niemand, ob – im Rahmen des Naturalismus – die Naturkonstanten nur Zufälle sind oder sich aus grundlegenden Prinzipien ableiten lassen.

Am meisten ärgern sich die Physiker über die krummen Werte der Naturkonstanten. Dass das Licht in unserem Einheitssystem mit 299 792 Kilometern pro Sekunde durch das All flitzt, ist dabei noch das geringste Übel. Was den Physikern mehr Kopfschmerzen bereitet, sind fundamentale Konstanten wie die Feinstrukturkonstante Alpha. Sie ist aus anderen Konstanten derart zusammengesetzt, dass die vom Menschen willkürlich festgelegten Maßeinheiten sich herauskürzen. Alpha kommt ohne Gramm, Meter und Sekunde oder Ähnliches aus und ist ein reiner Zahlenwert – ungefähr 1/137,036. Der merkwürdige Bruch wurde 1915 von A. Sommerfeld eingeführt, um die Bahnen der Elektronen um den Atomkern zu beschreiben. Seitdem rätselt man, warum gerade eine „hässliche" 137 unter dem Bruchstrich steht. Den Quantenphysiker W. Pauli verfolgte dieser seltsame Wert bis an sein Lebensende: Er soll in einem Krankenzimmer mit derselben Nummer gestorben sein.

Obwohl die Naturkonstanten mit immer größerer Genauigkeit vermessen werden können, sind ihre Werte nicht erklärbar. Sie bergen sozusagen das letzte Geheimnis des Universums. Das System der Naturkonstanten gleicht einem sorgsam austarierten Kartenhaus. Das Haus ist stabil, solange sich nichts bewegt. Doch die kleinste Änderung irgendwo könnte alles zum Einsturz bringen. Ganz unten im Kartenhaus steckt Alpha: „Wenn der Wert von Alpha weiter wächst", sagt der israelische Theoretiker J. Bekenstein, „werden die Atome eines Tages zusammenstürzen" („Zeit" online, 2. Januar 2003). Das Universum würde dann nur noch aus Strahlung bestehen. Keine Materie, kein Leben – ziemlich langweilig. Einziger Trost: Die damals vermutete Änderung von Alpha hat sich später nicht bestätigt.

Was hat es mit möglichen Schwankungen der Feinstrukturkonstanten auf sich? Wie wird sie gemessen? Nachstehend seien zusammenfassend und ohne hier weiter darauf einzugehen die gängigen Methoden stichwortartig genannt, während der Diskurs zu einer möglichen Zeitabhängigkeit der Feinstrukturkonstanten anschließend angesprochen wird.

- **Aus Spektren entfernter Quasare (0.6 < z^1 < 3):**
  - ermitteln Webb et al. (2001) mit dem *Keck*-Teleskop: Für $z > 1$ war die Feinstrukturkonstante um 0,0005 % kleiner als heutige Laborwerte. Inzwischen finden Webb et al. (2011) eine unerklärliche Dipolverteilung der Feinstrukturkonstanten am Himmel.
  - ermitteln Srianand et al. (2014) mit dem ESO *VLT*-Teleskop keine Änderung der Feinstrukturkonstanten.
- **Aus der Untersuchung des natürlichen Oklo-Kernreaktors mit einem geschätzten Alter von 2 Mrd. Jahren:**
  - ergibt sich nach Damour und Dyson (1996) keine Änderung der Feinstrukturkonstanten.
  - ergibt sich nach Lamoreaux und Torgerson (2004) nach erneuter Analyse der Daten eine leichte Änderung der Feinstrukturkonstanten.
- **Aus Laborexperimenten:**
  - ermitteln Hänsch et al. (2005): Zwischen 1999 und 2003 änderte sich die Feinstrukturkonstante nicht.

Ausgelöst wurde die Diskussion um Schwankungen der Feinstrukturkonstanten im Jahre 2002, als ein internationales Forscherteam die Auswertung von Spektren weit entfernter Sterne präsentierte. Sie wurden an Objekten in einer Entfernung von 11 Milliarden Lichtjahren mit dem Keck-Teleskop auf Hawaii gemessen. Die charakteristischen Spektrallinien dieser fernen Objekte sind so etwas wie der Strichcode der frühen Materie. Dabei wurde beobachtet, dass die Lichtwellen von Eisen, Nickel, Magnesium, Zink und Aluminium weiter draußen im All etwas andere Frequenzen haben sollen als die Spektren dieser Elemente auf der Erde. Das Ergebnis war: Alpha – so etwas wie die Mutter aller Naturkonstanten – hatte im frühen Universum einen etwas kleineren Wert als heute (da Alpha als Produkt anderer Naturkonstanten beschrieben werden kann, z. B. der Vakuumlichtgeschwindigkeit, des Planck'schen Wirkungsquantums etc., müssen sich auch diejenigen fragen, was sie tun, die mit der Konstanz der Lichtgeschwindigkeit spielen). Die Abweichung bei dieser schwierigen Messung beträgt nur ein hundertstel Promille. Eine Veränderung der Feinstrukturkonstanten Alpha wäre besonders dramatisch, weil diese die Kraft zwischen dem Atomkern und der Elektronenhülle bestimmt. Damit wäre auch die Masse des Protons berührt, deren Schwankung zehnmal so stark wäre. Sicher ist es fraglich, ob die betreffenden Messfehler richtig abgeschätzt wurden. Erst eine unabhängige Messung mit einem anderen Teleskop konnte hier mehr Klarheit bringen.

Ein Team europäischer Astronomen nahm sich 34 Nächte Zeit, um mit dem 8m-Teleskop *Kueyen* und dem Spektrographen *UVES* 18 weit entfernte Quasare aufzunehmen. Dabei fungieren die Quasare nur als helle, weit entfernte Lichtquellen. Das Licht der Quasare wird von interstellaren Wolken, die in den Galaxien zwischen uns und den Quasaren liegen, teilweise absorbiert. Die so entstehenden Absorptionslinienspektren verraten uns, wie groß zum Zeitpunkt der jeweiligen Absorption der Wert der Feinstrukturkonstante ist. Hierbei befinden sich die absorbierenden Gaswolken in sechs bis elf Milliarden Lichtjahren Entfernung, also auch entsprechend weit zurück in der Zeit. Insgesamt 50 solcher Absorptionszentren hat das Team analysiert. Konnten die Astronomen eine Abhängigkeit der Feinstrukturkonstante von der Entfernung feststellen? Abb. 2.3 zeigt das Ergebnis der ESO.

Die relative Änderung der Feinstrukturkonstante ist hier gegen die aus der Rotverschiebung ermittelte Entfernung aufgetragen. Als Resultat geben die europäischen Astronomen an, dass während der letzten zehn Milliarden Jahre die relative Änderung der Feinstrukturkonstante

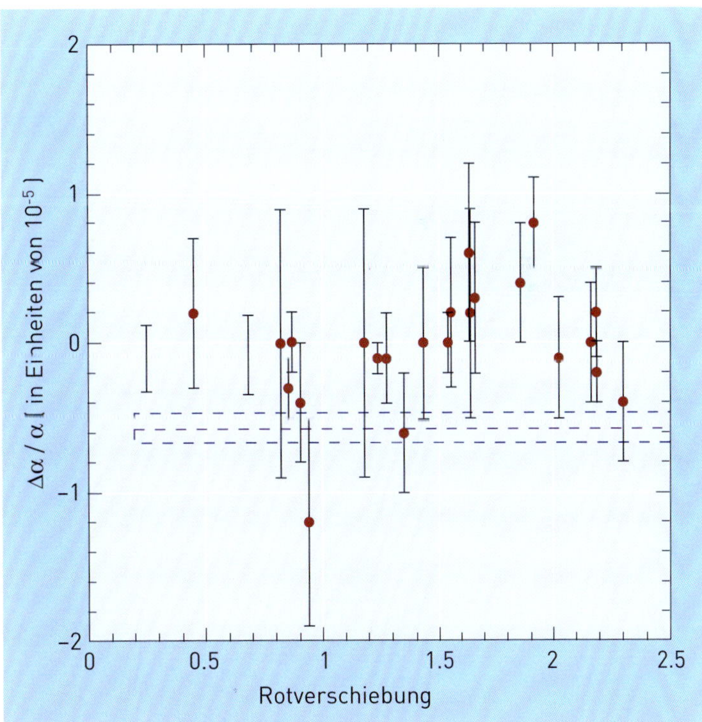

Abb. 2.3 Die relative Änderung der Feinstrukturkonstante, aufgetragen gegen die aus der Rotverschiebung ermittelten Entfernungen. Resultat: Im Urknallmodell bedeutet dies, dass während der letzten zehn Milliarden Jahre die relative Änderung der Feinstrukturkonstante weniger als 0,6 Millionstel betrug. Die von der gestrichelten Linie eingerahmte Fläche ist der Wert der relativen Änderung, die eine bislang vorgetragene Hypothese vorhersagt (Srianand et al. 2014). (ESO)

weniger als 0,6 Millionstel betrug. Die von der gestrichelten Linie eingerahmte Fläche ist der Wert der relativen Änderung, die eine bislang vorgetragene Hypothese vorhersagt. Die Messungen der ESO widerlegen diese Vorhersage deutlich.

Mit derselben Methode wollen die Astronomen nun auch andere Naturkonstanten untersuchen. Insbesondere das Verhältnis aus Protonen- und Elektronenmasse soll aus dem Studium der Absorptionslinien weit entfernter Wasserstoffmoleküle bestimmt werden. Wir werden sehen, wie konstant dieses Verhältnis über die letzten Jahrmilliarden war, denn die Situation in Bezug auf die anderen Konstanten ist ganz ähnlich.

G. Börner vom Max-Planck-Institut für Extraterrestrik in Garching hatte für die emsige Forschungstätigkeit um die Konstanz der Konstanten eine ganz banale Erklärung: „Die Theoretiker langweilen sich, weil die großen Teilchenbeschleuniger wegen Umbaus gerade keine Daten liefern." Allerdings sind mit diesem Seitenhieb gegen die Theoretiker die mit dem Thema des Kapitels berührten Probleme nicht gelöst – falls sie überhaupt zuverlässig gelöst werden können.

In modernen Superstring-Theorien, die es sich zur Aufgabe machen, Quantenmechanik und Gravitation in einer einzigen Theorie zu beschreiben, ergibt sich die Zeitabhängigkeit der Naturkonstanten dagegen direkt aus der Existenz sogenannter verborgener Dimensionen.

2.5 Daten und ihre Deutung

Zur Darstellung unserer Situation soll die in Abb. 2.4 gezeigte Skizze dienen: Die gestrichelte Linie sei der wirkliche Verlauf der Weltgeschichte; wir nennen sie Weltlinie. Sie führt uns von der modellierten Vergangenheit zur modellierten Zukunft. Der heutige Tag ist ein Punkt entlang des Verlaufs der Weltlinie; wir nennen ihn Gegenwart. In diesem Punkt können wir zuverlässig die ermittelten Daten und die damit zu verbindenden Gesetze darstellen. Wir können im Allgemeinen mit Hilfe der heute bekannten Naturgesetze die Entwicklung des Kosmos nach hinten in Richtung seiner Geschichte und nach vorn in Richtung zukünftiger Entwicklungen nur extrapolieren. Auf diese Weise kommen wir z. B. im Rahmen eines Urknallmodells in der Vergangenheit zum Big Bang bzw. in der Zukunft eventuell zum Big Bounce, wenn wir – im Bild gesprochen – der Tangente an der Weltlinie im

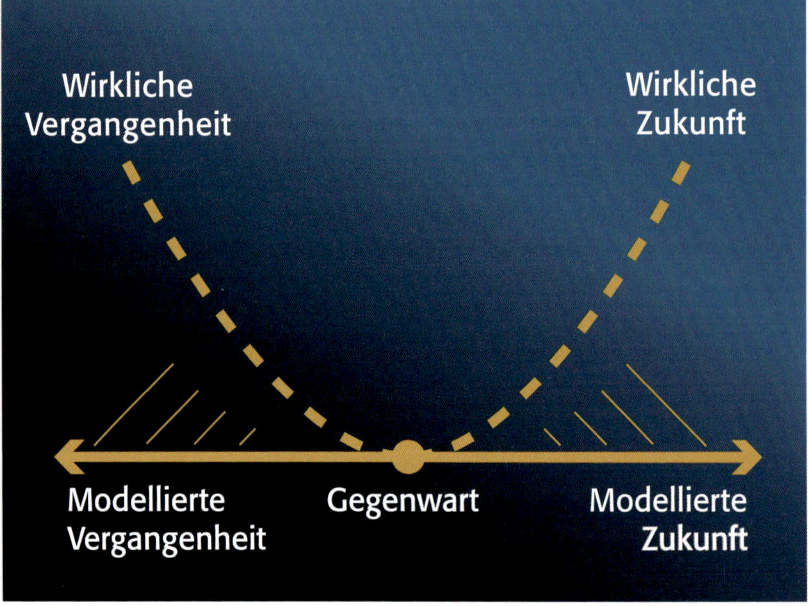

Abb. 2.4 Schematische Darstellung der möglichen Abweichungen zwischen der Extrapolation aufgrund gegenwärtig gegebener naturwissenschaftlicher Verhältnisse und dem wirklichen Verlauf der Ereignisse. Zwischen der linearen Extrapolation und dem Verlauf der Weltlinie liegt der Bereich einer Pseudo-Vergangenheit bzw. -Zukunft.

Punkt der Gegenwart folgen. Das gilt natürlich nur, falls die seit einigen Jahrzehnten diskutierte beschleunigte Expansion des Weltalls nicht andauert (was aber nicht aktuell ist). Das Bild veranschaulicht auch, dass die Unsicherheiten mit der zeitlichen Entfernung von der Gegenwart drastisch zunehmen. Damit liegt zwischen der ermittelten und der wirklichen Vergangenheit bzw. Zukunft ein unbestimmtes Deutungsfeld, das wir Pseudo-Vergangenheit bzw. Pseudo-Zukunft nennen wollen. Der Weg der Extrapolation führt uns Richtung Vergangenheit und Zukunft in Modell-Welten hinein, die durchaus Scheinwelten sein können.

Wenn nach erfolgter Modellierung eines Vorgangs neue Beobachtungsdaten gewonnen werden, werden sie das Modell bestätigen oder die Notwendigkeit von Korrekturen anzeigen, falls es Unstimmigkeiten zwischen Daten und Modell gibt. Wenn allerdings Theorien mit anpassbaren Parametern die Basis bilden, so ist die Versuchung groß, alternative Erklärungen erst gar nicht heranzuziehen, sondern stattdessen lieber an den Parametern zu drehen. Gerade wenn es um die Beurteilung von Forschungsvorschlägen geht, also um neue Ideen, haben es wirklich alternative Ideen zuweilen schwer durchzudringen. Manchmal kann man beobachten, dass Komitees, die Beobachtungszeit an Großteleskopen vergeben, der Versuchung erliegen, sogenannte Mainstream-Anträge zu bevorzugen. Oder Herausgeber von Fachzeitschriften tun sich schwerer, wissenschaftliche Arbeiten mit alternativen Ansätzen oder Beobachtungen zur Veröffentlichung zu empfehlen oder freizugeben. Ein solches Vorgehen hat aber auch zur Folge, dass bewusst oder unbewusst Deutungen im sogenannten Mainstream eher beachtet werden als alternative Hypothesen. Auf diese Weise ist z. B. in der Vergangenheit H. Arp (s. Kapitel 3) in das wissenschaftliche Abseits gestellt worden. Seine Theorien und Erklärungen wurden als abseitig eingestuft. Aber auch andere Wissenschaftler hatten es schwer, mit ihren Ideen durchzudringen. Man kann hier exemplarisch auf Peter Grünberg verweisen, der sich lange Jahre vorwerfen lassen musste, seine Forschungen führten zu nichts. Im Jahre 2007 erhielt er dann zusammen mit dem Franzosen Albert Fert den Nobelpreis für Physik für die Entdeckung des Riesenmagnetowiderstandes.

Wenn die Ressourcen knapp sind – astronomische Beobachtungszeit ist stets sehr knapp und kostbar –, dann ist die Mehrheitsmeinung eben in der stärkeren Position. Sie wird als wichtiger erachtet. Dieses Beispiel demonstriert, wie der Fortgang wissenschaftlicher Entdeckungen durch seine Verschränkung mit menschlichen Entscheidungen mitbestimmt wird. Man kann hier sogar noch einen Schritt weitergehen und zeigen, dass generell das spezifisch menschliche Moment in wissenschaftlicher Arbeit gewissen Gesetzmäßigkeiten gehorcht. Um etwa Minderheiten wie junge Forschende oder Frauen bei der Vergabe von Beobachtungszeiten an großen Teleskopen nicht zu benachteiligen, werden Beobachtungsanträge inzwischen vielfach im Doppelblindverfahren begutachet. Diese Beobachtungen fanden z. B. in Thomas Kuhns Buch „Strukturen wissenschaftlicher Revolutionen" ihren Niederschlag. Es zeigt sich, dass der Weg zu besseren wissenschaftlichen Modellen alles andere als geradlinig verläuft, weil Wissenschaft von Menschen betrieben wird.

2.6 Der Rand wissenschaftlicher Erkenntnis

Zu den bislang betrachteten Aspekten der Beziehung zwischen wissenschaftlichem Modell und der Wirklichkeit kommt hinzu, dass wissenschaftliche Modelle und Wirklichkeit nicht unverbunden nebeneinander stehen. Während jedes wissenschaftliche Modell durch Beobachtungen der Wirklichkeit belegt oder umgestaltet wird, bedeutet „Wirklichkeit" ein umfassenderes Sein außerhalb wissenschaftlicher Begriffsbildung. Das Einfangen von Teilen der Wirklichkeit erfolgt mit dem schon besagten Netz. Es ist aber eben kein bloßes Einfangen, sondern vielmehr ein Aussieben. Nun gehen die Möglichkeiten wissenschaftlicher Methodik Hand in Hand mit der Klugheit und der Kreativität des Wissenschaftlers. Je nach Gestaltung des

Netzes wird er immer wieder neue und andere Bausteine der Wirklichkeit aussieben und in sein Modell der Wirklichkeit einzupassen versuchen. Es hängt zum Teil vom Menschen ab, ob er klug genug ist, alle wesentlichen oder sogar alle Bausteine der Wirklichkeit mit seinem Netz einzufangen. Leider weiß er aber von vornherein nicht, welche das sind, und er weiß auch nicht, wie gut er beim Einfangen bisher war und wie viel ihm noch fehlt. Er fischt im Trüben wie ein Fischer, der erst einmal verschiedene Fangmethoden ausprobiert. Denkt man diesen Gedanken weiter, so entspricht letztlich die Gesamtheit aller Siebe allen Denkmöglichkeiten des Menschen. Er kann nur das für ihn Denkbare aussieben. Hier besteht dann aber ein Dilemma. Falls es Bereiche der Wirklichkeit gibt, die der Mensch nicht denken kann, hat er keine Chance, ein Sieb einzusetzen, das diesen Aspekt der Wirklichkeit einfängt. Die Wirklichkeit des Wissenschaftlers endet an der Grenze seiner Methodik! Diese wichtige Erkenntnis grenzt ein, was im wissenschaftlichen Kontext mit Wirklichkeit gemeint ist: Es ist die Summe aller möglichen wissenschaftlichen Erfahrungen. Dabei ist explizit die objektivierbare Erfahrung gemeint, also die Erfahrung, die einen Bezug zur Erfahrungswelt hat (also empirisch ist), sowie wiederholbar und demonstrierbar ist. Nur innerhalb dieser Wirklichkeit können objektive, vermittelbare Erfahrungen gemacht werden. Über die verschiedenen Elemente dieser Wirklichkeit können wir miteinander reden, genau wie die Fischer sich über ihre Fische und die Fangmethoden unterhalten. Soweit die Erfahrungen in ein Modell eingebaut wurden, beschreibt das Modell Aspekte der Wirklichkeit bestenfalls widerspruchsfrei.

Gibt es Wirklichkeit jenseits wissenschaftlicher Erfahrung? Das ist eine bedeutsame Frage und wir wollen sie hier kurz beleuchten, denn die Antwort hat erhebliche Konsequenzen. Viele Wissenschaftler werden diese Frage verneinen. Sie gehen davon aus, dass der Mensch als Teil dieser Welt und ihrer Wirklichkeit alle Aspekte der Wirklichkeit auch erkennen kann – eine gewagte und nicht beweisbare Annahme. Dem Einwand, viele Dinge, zum Beispiel das menschliche Gehirn, seien zu komplex, um sie zu verstehen, werden sie mit der Hoffnung begegnen, dass alle diese Dinge sich in der Zukunft werden erklären lassen. Zumindest im Prinzip, zumindest als wissenschaftlich ausreichend genaues Modell. Es sei ein Problem zunehmender Komplexität und eine Frage von Systemeigenschaften, die aber im Prinzip wissenschaftlicher Erfahrung zugänglich seien. Einem solchen Argument kann man in solchen Fällen, in denen es um die Struktur unserer Welt geht, sicher in vielerlei Hinsicht zustimmen.

Wenn es andererseits aber Bereiche der Wirklichkeit geben sollte, die wir nicht denken können und die außerhalb unserer Erfahrung liegen, dann haben wir in der Tat keine Chance, ein Sieb einzusetzen, das diese Aspekte der Wirklichkeit auch einfängt. Mit dieser Feststellung haben wir nun aber doch zumindest die Existenz einer solchen Grenze gedacht und mitgeteilt. Daraus folgt nach dem oben Gesagten, dass auch die Grenze wissenschaftlicher Wirklichkeit bereits Teil wissenschaftlicher Wirklichkeit sein muss. Die Anerkennung einer Grenze bedeutet dann aber auch die Anerkennung der möglichen Unvollständigkeit wissenschaftlicher Wirklichkeit in Bezug auf eine umfassendere Wirklichkeit, in die die wissenschaftliche Wirklichkeit möglicherweise eingebettet sein könnte. Einen solchen Rand wissenschaftlicher Wirklichkeit gibt es zum Beispiel in der Mathematik. Das Unvollständigkeitstheorem von Kurt Gödel besagt, dass ein großes Modell mit seinen Beziehungen, also ein System, entweder widersprüchlich oder unvollständig ist. Die Mathematik, grob gesagt, ist solch ein System. Da sie nicht widersprüchlich ist, darauf achten die Mathematiker genau, muss sie unvollständig sein. Es gibt also mathematische Aussagen, die mathematisch nicht bewiesen werden können. Allgemeiner gesagt gibt es Dinge oder Gegebenheiten, die wir mit Modellen oder mathematischen Systemen nicht einfangen können. Da ist eine Grenze. Und diese Grenze ist wirklich; es ist eine Erkenntnisgrenze. Diese Erkenntnis bedeutet dann aber auch schon das Ende wissenschaftlicher Aussagefähigkeit über eine mögliche Wirklichkeit jenseits der Grenze. Die Grenze kann wissenschaftlich nicht überschritten werden.

Gibt es Hinweise auf eine Wirklichkeit, die wir nicht wissenschaftlich erfassen können? Können wir diese Erkenntnisgrenze überschreiten? Versuchen wir es. Geben wir die Objektivität auf, also die Demonstrierbarkeit von wiederholbaren Erfahrungen, dann bewegen wir uns im größeren Feld persönlicher Erfahrungen. Denken wir z.B. an vertraute Beziehungen. Das Vertrauen, das diese Beziehungen trägt, ist nicht beweisbar und auch nicht demonstrierbar. Die Glaubwürdigkeit einer anderen Person kann niemand beweisen, auch die Person selbst nicht. Die Glaubwürdigkeit kann sich zwar an „Symptomen" (z. B. Worten oder Taten) zeigen, doch sind Zweifel immer möglich (Worte und Taten mögen unterschiedlich interpretierbar sein). Deshalb ist die Glaubwürdigkeit einer Person, ihre Vertrauenswürdigkeit generell nicht wissenschaftlich demonstrierbar. Wir haben keine formale Sprache für sie. Dennoch sind wir von für uns vertrauenswürdigen Menschen umgeben (hoffentlich). Die Vertrauenswürdigkeit von Personen ist, wenn sie vorliegt, eine subjektive Wirklichkeit, von der wir überzeugt sind, auch wenn wir sie nicht wissenschaftlich beweisen können. Wer akzeptiert, dass es eine solche Wirklichkeit gibt, lebt damit in einem Aspekt der Wirklichkeit, der jenseits wissenschaftlicher Erfahrung liegt. Das Ringen der Maler und Dichter um Ausdruck und Sprache ist ein Beispiel für den Versuch, an einer nur persönlich erfahrbaren oder erfahrenen Wirklichkeit anderen dennoch Anteil zu geben. Weiterhin ist hier noch anzumerken, dass es neben wiederholbaren subjektiven Erfahrungen ebenso auch nicht wiederholbare subjektive Erfahrungen gibt, denen wir aufgrund unseres Lebenszusammenhangs einen Platz in der Wirklichkeit einräumen.

Man könnte hier einwenden, dass die meisten subjektiven Erfahrungen, denken wir an die genannten Beziehungen, wahrscheinlich in der Zukunft mit den geeigneten Netzen der Wissenschaftler eingefangen werden könnten. Wenn unser Verstandnis vom Menschen und seinem Gehirn nur weit genug fortgeschritten sei, werde es gelingen, durch Untersuchung seiner Gehirnmoleküle und der Vorgänge dort z. B. die Vertrauenswürdigkeit einer Person zu beweisen. Wir hätten dann quasi einen Superlügendetektor. Damit wird aber nur der Hoffnung Ausdruck verliehen, dass wir eines Tages in der Lage sein werden, all diejenigen Wirklichkeitsbereiche, die bislang nur der subjektiven Wirklichkeit zugeordnet sind, doch noch in die der wissenschaftlichen Erfahrung zugänglichen Wirklichkeit einzuordnen. Dieses Argument könnte generell auf alle subjektiven wiederholbaren Erfahrungen angewendet werden. Dies wird in der Tat von vielen Menschen so gesehen und es gibt sicher Teilaspekte subjektiver Erfahrung, in denen dieser Übergang zur wissenschaftlichen Beschreibung bereits gelingt oder gelingen könnte. Denken wir z. B. an die Erforschung der Phantomgeräusche (Tinnitus). Allerdings: Wir können empirisch und intersubjektiv nur *Begleiterscheinungen* subjektiv erlebter Vorgänge feststellen. Hier werden oft vorschnell und unbegründet Begleiterscheinungen zu Ursachen erhoben. Zudem: Generalisierungen einzelner Befunde innerhalb der wissenschaftlichen Wirklichkeit sind unzulässig, denn es handelt sich nur um eine Vermutung. Wer so argumentiert, weitet bereits den Bereich der wissenschaftlichen Wirklichkeit auf alle wiederholbaren Erfahrungen des Menschen aus, ohne dass dafür eine Evidenz vorliegt. Während die einen behaupten, es gäbe eine Wirklichkeit jenseits wissenschaftlicher Erfahrung, helfen sich andere damit, dass sie bislang subjektive Wirklichkeitsbereiche des Menschen aufgrund des Vertrauens in die wissenschaftlichen Möglichkeiten ebenso bereits innerhalb des wissenschaftlichen Erfahrungshorizontes sehen.

Es gibt Menschen, zu denen auch die Autoren gehören, die behaupten, es gebe Wirklichkeiten und Erfahrungen, die sich prinzipiell dem Zugriff wissenschaftlicher Untersuchungen entziehen. Diese Behauptung ist natürlich wissenschaftlich nicht zu beweisen oder zu widerlegen. Es ist ein Bekenntnis. Deshalb kann auch hier derselbe Einwand wie schon oben erhoben werden. Innerhalb des wissenschaftlichen Rahmens kann man immer annehmen, dass es in der Zukunft gelingen werde, den Menschen so weit zu verstehen, dass auch diese Erfahrungen erklärt werden können. Entweder man findet nichts, dann war die Aufregung vergeblich oder dort ist tatsächlich eine echte Grenze, dann könne man immer noch sehen, wie man damit fertig wird. Wer so argumentiert, und viele tun dies bewusst oder unbewusst, weitet das Naturbild wissenschaftlicher Erkenntnis – die wissenschaftliche Wirklichkeit – kraft des Vertrauens auf die eigene Methodik und den menschlichen Geist zu einem quasi alles umfassenden Weltbild aus. Dieses Vertrauen ist ein Glaube und der Übergang von dem Naturbild zum Weltbild ist ein religiöser Schritt, der nichts mit wissenschaftlichem Erkenntnisgewinn zu tun hat und deshalb auch nicht Teil wissenschaftlicher Wirklichkeit ist. Deshalb ist auch der oben genannte Einwand ein Bekenntnis. Beide Bekenntnisse stehen dann unentscheidbar einander gegenüber.

Es gibt in der Tat bei der Argumentation um den Begriff der Wirklichkeit und bei der Mitteilung subjektiver Erfahrungen ein doppeltes Kommunikationsproblem, das hier noch kurz angedeutet werden soll:

- Der Mitteilende hat keine Sprache, die zuverlässig den Inhalt und die Bedeutung der eigenen Erfahrungen transportiert.
- Der Empfänger des Mitgeteilten hat keine Kontrolle über den Wahrheitsgehalt der Aussagen.

Damit ist aber die Mitteilung subjektiver Erfahrung ein Stück weit der Deutung und der Willkür des Empfängers ausgeliefert. Umgekehrt hat der Empfänger keine Kontrolle über die Wahrheit, den Wirklichkeitsgehalt der Mitteilung: Der Mitteilende könnte ihn täuschen wollen. Wegen dieser Begrenzungen ist Weiteres zwischen beiden notwendig: Vertrauen. Dieser Begriff, jenseits wissenschaftlicher Sprache – wie wir sahen –, ist Ausdruck einer tieferen Beziehung zwischen Sender und Empfänger. Vertrauen erlaubt es dem Mitteilenden, das Mitzuteilende in Sprache zu fassen, wissend, dass er sich damit der Interpretation des Empfängers ausliefert. Es erlaubt dem Empfänger, das Mitgeteilte als wahr zu akzeptieren.

Auf den Punkt gebracht. Wir begannen mit dem Nachdenken über naturwissenschaftliche Modelle und ihre Beziehung zur Wirklichkeit und sind mitten in Fragen der Kommunikation von Wirklichkeit gelandet. Grundsätzlich ist festzustellen, dass Naturwissenschaft nie voraussetzungslos arbeitet; sie startet mit einem – möglichst einfachen – Satz von Hypothesen, den sie nicht hinterfragt und hat sich der Aufgabe zu stellen, den Kosmos ohne Wunder zu erklären. Es ist bemerkenswert, wie uns Mathematik – als Sprache mit Erinnerung an die Schöpfung (?) – die beobachtete Natur schlüssig beschreiben lässt. Dabei sind die entdeckten grundsätzlichen Größen die sogenannten Naturkonstanten, in denen unser größtes Wissen und unsere größte Ratlosigkeit stecken. Weltraumerkundung führt uns an Grenzen der Leistungsfähigkeit unserer Instrumente und damit an Grenzen unserer Erkenntnis.

An der Grenze wissenschaftlicher Wirklichkeit stehen wir ebenso an den Grenzen der verlässlichen Kommunikation und Demonstrierbarkeit. Dem wissenschaftlichen Satz auf der einen Seite, dem Beweis, steht auf der anderen Seite das Bekenntnis gegenüber. Im Bekenntnis beanspruchen die persönlichen, oft auch kritisch hinterfragten Erfahrungen und Erkenntnisse einen Platz in dieser Welt. Bekenntnisse können naturwissenschaftlich nicht verteidigt werden, erheben aber dennoch den Anspruch, Wirklichkeit zu beschreiben und beinhalten die Hoffnung, verstanden zu werden. Die Nichtbeweisbarkeit bezeugter Wirklichkeit ist keine Qualität, die gegen sie spricht; aus dem Munde vertrauenswürdiger Personen ist sie vielmehr ein Hinweis auf die Lebenswirklichkeit des Menschen und seiner Umwelt auch jenseits mitteilbarer und beweisbarer Konzepte. Dass ein Ölgemälde als Kunst gilt, ist keine Sache naturwissenschaftlicher Forschung; für Naturwissenschaft wäre es nur eine Ansammlung von Farben. Wir können nicht erklären, was Bachs Musik so unsterblich macht oder woher aufopfernde Liebe kommt.

Deep Field des Galaxienclusters SMACS 0723 am Südhimmel, aufgenommen vom James-Webb-Weltraumteleskop (NASA, ESA, CSA, STScI)

3. Vom Aufbau des Kosmos

»Mich erstaunen Leute, die das Universum begreifen wollen, wo es schwierig ist, in Chinatown zurechtzukommen.«
Woody Allen, Schauspieler

Kompakt

- Welten jenseits direkter sinnlicher Erfahrung
- Ihre systematische Erschließung über die „kosmische Distanzleiter"
- Eigenschaften und Verteilung der Materie

Über die Entdeckung des Raumes

Fast alles, was wir über den Kosmos wissen, haben die Astronomen erst in den vergangenen 100 Jahren herausbekommen. Der Mond gehörte wegen der durch seine Nähe bedingten guten Wahrnehmbarkeit noch zur irdischen Welt. Erst „hinter dem Mond" entzieht sich der Kosmos weitgehend der direkten sinnlichen Erfahrung des Menschen, wenn er keine Hilfsmittel zur Verfügung hat. Noch in den 20er-Jahren des letzten Jahrhunderts gab es heftige Debatten unter Astronomen, ob außer unserer Milchstraße überhaupt noch andere Galaxien existieren und ob der Andromeda-Nebel nicht ein Teil unserer Galaxie sei. Die engagierten Diskussionen gingen hin und her, bis der amerikanische Astronom Edwin Hubble auf dem Mount Wilson in Kalifornien mit dem damals größten Fernrohr im Jahr 1923 eine Entdeckung machte, die unsere moderne Vorstellung vom Kosmos begründete. Es gelang ihm, den Nebelfleck der Andromeda (Abb. 3.1) so scharf auf Fotos abzubilden, dass er einzelne Sterne entdeckte (s. QR-Code 3.1). Was zuvor nur wie eine nebulöse Wolke aussah, entpuppte sich bei ausreichender Vergrößerung als riesige Ansammlung von Sternen, ganz ähnlich unserer Milchstraße. Als es ihm dann noch gelang, mit Hilfe der noch zu besprechenden Cepheiden die Entfernung des Andromeda-Nebels zu bestimmen, war die Debatte beendet. Die Zeit der extragalaktischen Astronomie hatte begonnen.

Abb. 3.1 Andromeda-Galaxie mit zwei Zwerggalaxien, die sie begleiten. (www.noao.edu)

QR-Code 3.1: Praktische Demonstration, wie heute Astrofotografen bei der Aufnahme der Whirlpool-Galaxie M 51 vorgehen und zu welchem Ergebnis sie damit kommen. Es ist ein Vorbild für das, was ich (N.P.) im Anhang unter dem Titel „In den Weltraum gelinst" für meine Verhältnisse mit meinem selbst gebauten Teleskop umzusetzen versuchte.

Aus dem Vergleich der Lichtpünktchen auf seinen Aufnahmen mit den Bildern von Sternen in der Milchstraße erhielt *Hubble* eine riesige Entfernung der Andromeda-Galaxie (s. QR-Code 3.2), wie sie nun genannt wurde: Mehrere Millionen Lichtjahre, fast das Dreißigfache des Durchmessers unserer Milchstraße! Solch große Dimensionen des Kosmos sind beeindruckend, selbst für diejenigen Zeitgenossen, die die Erde für ein globales Dorf halten. Die Zahlen sind selbst für professionelle Astrophysiker nicht wirklich vorstellbar. Eben weil aber die Entfernungen im Weltall so riesig sind, neigt man verständlicherweise auch dazu, die Entfernungen zu hinterfragen. Wie werden solche Entfernungen überhaupt gemessen und wie verlässlich sind sie? Diesen Fragen soll in dem folgenden Abschnitt über Entfernungsbestimmungen im Weltall und über ihre Zuverlässigkeit nachgegangen werden.

3.1 Distanzmessungen

3.1.1 Parallaxe

Zur Entfernungsmessung reicht für den Hausgebrauch gewöhnlich ein Maßband. Aber schon bei Abmessungen von einigen 10 Metern, bei der Grundstücksvermessung oder beim Straßenbau wurde bis vor Kurzem die Methode der Dreiecksmessung verwendet. Das Prinzip ist in Bild 1a (Kasten 3.1) erklärt: Wenn man die Entfernung vom eigenen Ort zu einem entfernten Punkt P bestimmen will, steckt man zunächst eine ausreichend große Strecke ab. Die Richtung dieser Strecke ist im einfachsten Fall senkrecht zur Richtung zum entfernten Punkt. Wenn der Winkel zwischen den beiden Strecken nicht 90° beträgt, wird nur die Rechnung etwas länger, sonst ändert sich aber nichts. Nun misst man die Länge der abgemessenen Strecke sowie den Winkel α. Die Entfernung zwischen dem eigenen Ort und dem entfernten Punkt ist dann Tangens α mal Länge der abgemessenen Stre-

Kasten 3.1: **Die trigonometrische Parallaxe**

Die Entfernung zu den nächsten Sternen ist bereits so groß, dass der Winkel α aus Bild 1a schon fast 90° beträgt. Wenn man bei einem Winkel in der Nähe von 90° einen kleinen Fehler macht, verfehlt man die Entfernung gewaltig. Der Unterschied zwischen 89° und 89.5° ergibt bereits einen Faktor 2 in der Entfernung, weil Tangens 89.5° doppelt so groß ist wie Tangens 89°. Um solche Fehler zu verringern, verkleinert man am besten den Winkel α, indem man die Länge der abgemessenen Strecke vergrößert. Ist der Winkel nur noch 85° und die Messgenauigkeit wieder 1/2 Grad, dann beträgt der Fehler in der Entfernung nur noch ca. 20 %. Genau das versucht man, indem man die größte direkt messbare Strecke benutzt, die mit Hilfe der Erde definiert werden kann. Es ist die Strecke Sonne – Erde, die *Astronomische Einheit*, das Basislängenmaß der Astronomen. Außerdem verzichtet man darauf, das Dreieck rechtwinklig zu erhalten und benötigt deshalb zwei Winkel. Dies ist in Abb. 1b gezeigt. Da die Erde im Verlauf eines Jahres mal auf der einen, mal auf der anderen Seite der Sonne steht, dauert es ein halbes Jahr, bis man beide Winkel, α und β, gemessen hat und daraus 2γ bestimmen kann. Der halbe Winkel, also γ, heißt „trigonometrische Parallaxe". Für die Entfernungsmessung im Weltall braucht man nur γ zu kennen, um die Entfernung zu bestimmen. Sie ist die astronomische Einheit, dividiert durch Tangens von γ. Falls die trigonometrische Parallaxe eines Objektes genau 1 Bogensekunde = 1/3600 Grad beträgt, ist dessen Entfernung genau 3,26 Lichtjahre oder 1 *parsec*. Parsec, die Abkürzung für Parallaxensekunde, ist das Entfernungsmaß der Astronomen. 1 parsec oder 1 pc entsprechen ziemlich genau 30 000 000 000 000 Kilometern ($3 \cdot 10^{13}$ km).

QR-Code 3.2: Auffinden der Andromeda-Galaxie am Nachthimmel bei gleichzeitigem Hineinzoomen in deren Sternenwelt. Mein (N.P.) bestes Einzelbild von der Andromeda-Galaxie M31, s. Kasten 3.7.

cke. Das Verfahren ist schon seit der Antike bekannt und wird genauso auch in der Astronomie angewendet.

Es läuft jedoch kein Astronom mehr mit seinem Fernrohr bei Nacht hin und her, um Winkel zu bestimmen und Strecken abzumessen. Dafür gibt es seit einigen Jahren spezielle Satelliten. Diese messen zwei Winkel, α und β in Bild 1b, und bestimmen daraus den Parallaxenwinkel γ (s. Kasten 3.1), der auch trigonometrische Parallaxe oder einfach nur Parallaxe heißt. *HIPPARCOS* war der erste große Satellit, der auf diese Weise die Entfernung von rund 120 000 Sternen genau bestimmt hat. Die kleinsten gemessenen Parallaxen waren nicht größer als 1/1 800 000 eines Winkelgrades. Eine bemerkenswerte Leistung, mit der Entfernungen von Sternen bis etwa 500 Lichtjahre gemessen werden konnten. Inzwischen ist ein neuer Astrometriesatellit im Orbit: *GAIA* (Global Astrometric Interferometer for Astrophysics). Er bestimmt noch deutlich kleinere Parallaxen von Objekten bis zu einer Entfernung von über 30 000 Lichtjahren. Die ersten Ergebnisse sind bereits in Sternkatalogen erschienen und werden zurzeit weiter verfeinert, sodass auch Bewegungen der Sterne gegenüber dem projizierten Himmelshintergrund bestimmt werden können.

3.1.2 Spektroskopische Parallaxe

Selbst bei Verwendung der besten zurzeit verfügbaren Technologien sind die Parallaxen von Sternen und anderen Objekten in noch größeren Entfernungen als rund 30 000 Lichtjahren nicht mehr messbar. Im astronomischen Sinn befinden wir uns bei diesen Entfernungen aber immer noch in der weiteren Umgebung der Sonne innerhalb der Milchstraße und haben den Kosmos noch nicht wirklich vermessen. Die findigen Astronomen benutzen nun einen Trick, um die Messlatte weiter hinaus in den Raum vorzuschieben. Das Licht der Sonne wärmt die Erde, indem es jeden Quadratmeter der Atmosphärenschicht mit 1,4 Kilowatt oder 2 PS Leistung bescheint. In der Nähe des Jupiters, in

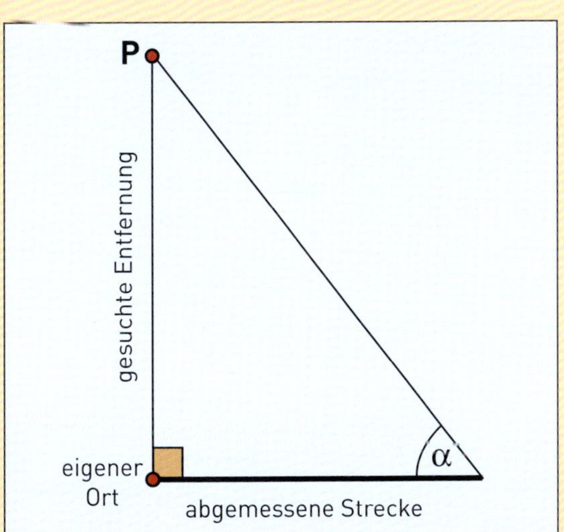

Abb. 1a Entfernungsbestimmung mittels Trigonometrie auf der Erde.

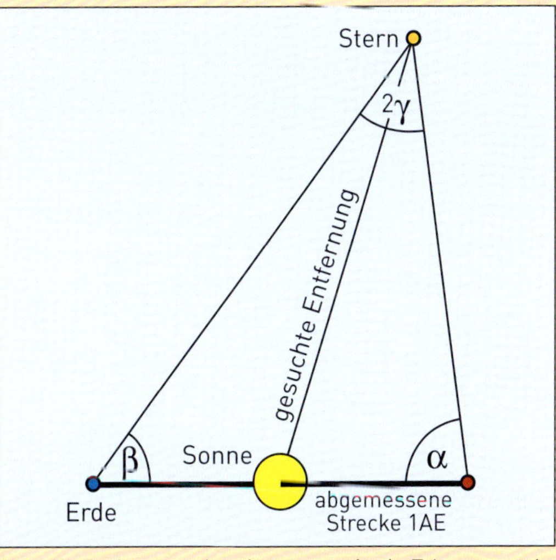

Abb. 1b Entfernungsbestimmung mittels Trigonometrie im Weltraum.

Kasten 3.2: Lichtleistung und Lichtfarbe

Es ist bei Sternen anders als bei Glühbirnen. Eine 60-Watt-Birne strahlt zwar heller als eine 30-Watt-Birne, aber die empfundene Farbe des Lichtes beider Glühbirnen ist vergleichbar: Die 60-Watt-Glühbirne strahlt ziemlich genauso wie mehrere 30-Watt-Birnen zusammen. Man könnte also eine 60-Watt-Glühbirne durch mehrere 30-Watt-Birnen ersetzen, ohne, cum grano salis, einen Unterschied zu bemerken. Versucht man jedoch, die Lichtleistung eines bestimmten Sterns durch mehrere schwächere Sterne zu ersetzen, wäre zwar die Lichtleistung gleich, die Farbe des Lichtes, genauer sein Spektrum, sähe aber deutlich anders aus und fiele dem Astronomen sofort auf. Es wäre so, als wollte man eine 60-Watt-Glühbirne durch eine Reihe von rötlich leuchtenden Glimmlampen ersetzen. Bei gleicher Lichtleistung ergäbe sich eine auffällig andere Farbverteilung. Die Lichtleistung von Sternen mit charakteristischen Spektren wird an geeigneten Sternen in unserer Nachbarschaft geeicht, das sind Sterne mit messbarer Parallaxe. Hier haben wir wieder die Bedeutung der Parallaxe als Basis jeder weiteren Entfernungsbestimmung.

5-facher Entfernung von der Sonne, ist die Lichtleistung auf einen Quadratmeter viel geringer; nur noch 56 Watt oder 1/25 des irdischen Wertes treffen auf ihn. Das Licht der Sonne verteilt sich in größerer Entfernung einfach auf eine größere Fläche. Im freien Raum nimmt deshalb die Lichtleistung jedes Strahlers mit dem Quadrat der Entfernung ab. Dieses universale Gesetz machen sich die Astronomen zunutze.

Sie vergleichen dazu die Lichtleistung, die ein Stern an seiner Oberfläche abgibt, mit der Leistung, die wir am Ort der Erde pro Quadratmeter empfangen. Die vom Stern an seiner Oberfläche abgegebene Leistung wird aus den Sternfarben bestimmt, genauer aus seinem Spektrum. Der Trick besteht darin, dass Sterne mit identischen Spektren auch in etwa gleiche Lichtleistungen an ihren Oberflächen abstrahlen (s. Kasten 3.2). Die Astronomen unterscheiden mehr als 500 verschiedene Sterntypen; jeder Typ hat ein charakteristisches Spektrum und eine bestimmte Lichtleistung (Kasten 3.2). Wenn man also die Farben eines Sterns, genauer sein Spektrum, bestimmt hat, kennt man auch die von der Sternoberfläche abgegebene Lichtleistung. Die auf der Erde empfangene Leistung wird dagegen mit Hilfe eines Teleskops und eines geeichten Detektors bestimmt. Aus beiden Zahlen kann man dann nach dem quadratischen Entfernungsgesetz aus dem vorherigen Abschnitt die Entfernung aller Sterne berechnen, zumindest solcher Sterne, deren Spektren einzeln beobachtbar sind. Diese Methode heißt in der Astronomie „spektroskopische Parallaxe", weil man aus dem Spektrum die Entfernung und daraus wieder die Parallaxe bestimmen kann. Natürlich dürfen die Sterne in Blickrichtung nicht so eng zusammenstehen, dass sich die Spektren oder die Sternaufnahmen überlagern. Solche Sterndichten findet man leicht in der Blickrichtung des Milchstraßenbandes am Himmel. Dort ist die Sterndichte auch am größten. Sieht man von solchen Komplikationen ab, reicht die Messmethode der spektroskopischen Parallaxe quer durch unsere Milchstraße bis in eine Entfernung von 100 000 Lichtjahren. Daher wissen wir über die Entfernungen innerhalb der Milchstraße recht gut Bescheid.

3.1.3 Cepheiden

Ausgerüstet mit der trigonometrischen und spektroskopischen Parallaxe können wir uns in der Milchstraße zurechtfinden. Aber natürlich wollen wir noch tiefer ins Weltall blicken. Wie steht es um die Entfernung anderer Galaxien, zum Beispiel der schon genannten Andromeda-Galaxie? Nachdem es Edwin Hubble gelungen war, einige der Sterne am äußeren Rand der Andromeda-Galaxie zu fotografieren, konnte er zwar deren Helligkeit bestimmen, für eine Messung der Sternfarben jedoch waren die Sterne zu schwach und seine Fotoplatten noch zu unempfindlich. Trotzdem gelang es ihm mit Hilfe vieler Aufnahmen von der Andromeda-Galaxie im Verlauf einiger Wochen, die Entfernung der Galaxie zu bestimmen. Hier kommt die Besonderheit einiger Sterne ins Spiel, mit deren

Hilfe man sogar große Entfernungen bestimmen kann.

Unter all den Sterntypen, die man in das Hertzsprung-Russell-Diagramm (Abb. 3.2) eintragen kann, findet man viele interessante und merkwürdige Gestalten und nicht nur so durchschnittliche Sterne wie unsere Sonne, die mit großer Zuverlässigkeit eine konstante Lichtleistung abstrahlt. Diese Eigenschaft ist gut für die Erde, aber die Sonne gilt bei Astronomen als relativ langweiliger Stern. Da ist ein ordentlicher Cepheid schon etwas ganz anderes. Cepheiden sind Sterne, die regelmäßig größer und kleiner werden und dabei auch ihre Farbe etwas ändern. Unser Polarstern gehört zu diesem Sterntyp. Der bekannteste Vertreter ist jedoch der Stern δ im Sternbild Cepheus und alle Sterne dieses Typs heißen daher Delta-Cepheiden oder einfach Cepheiden. Auch der Stern RR im Sternbild Leier ist ein pulsierender Stern, gilt aber als eigener Typ; solche Sterne heißen RR-Lyrae-Sterne. Inzwischen haben die Astrophysiker weitgehend verstanden, welche Vorgänge die Sterne zu solchen Schwingungen anregen.

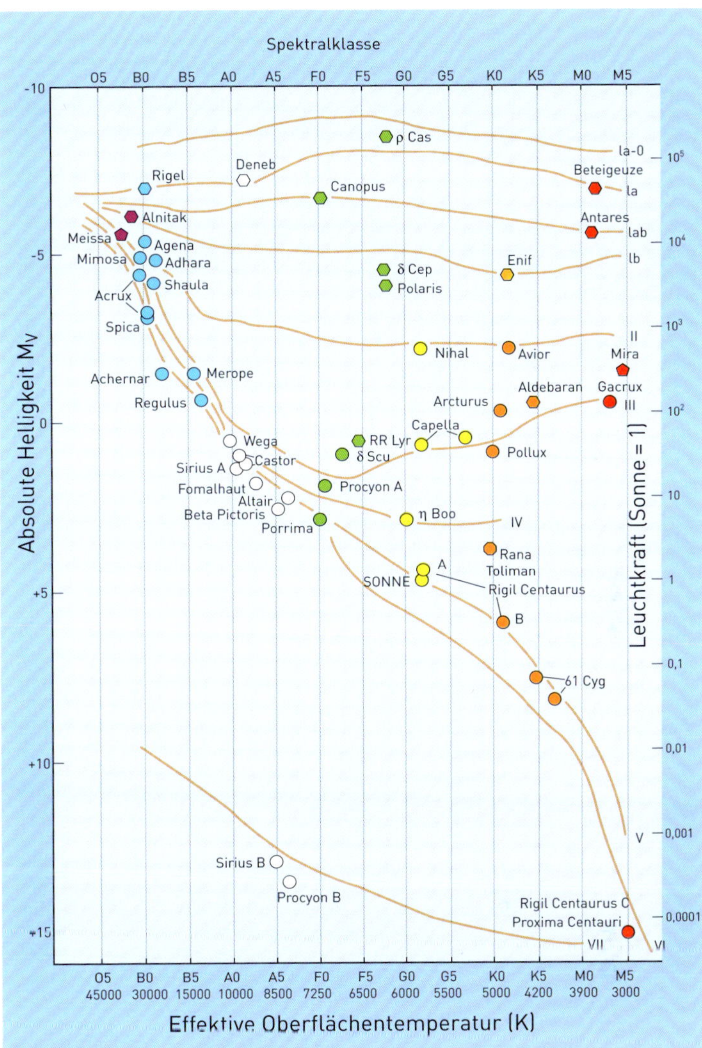

Abb. 3.2 Hertzsprung-Russell-Diagramm. Alle bekannten Sterne lassen sich in diesem Diagramm unterbringen. Einige bekannte Sterne sind mit Namen versehen. Entlang der waagerechten Achse steigt die Sternoberflächentemperatur von rechts nach links von etwa 3 000 Grad bis etwa 45 000 Grad an. Die Gesamtstrahlung des Sterns ist entlang der senkrechten Achse aufgetragen. Die Herren Hertzsprung und Russell waren die ersten, die dieses für die Astronomen wichtige Diagramm erstellten. Erst nachdem die Vorgänge im Inneren der Sterne verstanden waren, konnten die Astronomen erklären, warum die Sterne sich vorzugsweise entlang der eingezeichneten Linien gruppieren und nicht wahllos verteilt sind. Man beachte im oberen Teil des Diagramms Polaris als den nahezu hellsten und nächsten Cepheiden zusammen mit dem bekanntesten Vertreter im Sternbild Cepheus, den Stern δ Cep. (Nach Kaler, Stars and Stellar Spectra, Cambridge 1989)

Die Cepheiden sind nicht nur interessante Sterne, weil sie pulsieren, sondern vor allem, weil ihre Schwingungsdauer sehr eng mit ihrer abgestrahlten Lichtleistung verknüpft ist. Allerdings verändert sich diese Verknüpfung während der einige Millionen Jahre dauernden Cepheiden-Phase, was zu einer Streuung der Messwerte führt. Bild 1 in Kasten 3.3 zeigt, dass hellere Cepheiden langsamer pulsieren als schwächere. Dabei ändert sich die Pulsationsdauer von 50 Tagen bis hinunter zu etwa einem Tag. Auch der Verlauf der Helligkeitsschwankungen ist sehr charakteristisch für Cepheiden. Cepheiden sind außerdem sehr schwere Sterne und deshalb sehr hell.

Sie sind also bestens als kosmische Leuchtfeuer geeignet: Ihren charakteristischen Lichtwechsel kann man über intergalaktische Entfernungen hin beobachten und dabei aus der Blinkfrequenz sogar die Lichtleistung ablesen (Kasten 3.3). Wenn man diese mit der gemessenen vergleicht, erhält man mit dem quadratischen Entfernungsgesetz wieder die Entfernung des Cepheiden.

Jemand könnte auf die Idee kommen zu fragen, warum man denn Cepheiden benutzt, wo es doch in anderen Galaxien noch hellere Sterne als die Cepheiden gibt. In der Tat gibt es in der Andromeda-Galaxie und auch in anderen Galaxien viel hellere Sterne als die Cepheiden. Aber – großes „aber" – die Vermessung des Spektrums eines einzelnen hellen Sterns in einer anderen Galaxie zur Bestimmung der spektroskopischen Parallaxe ist wegen der Schwäche der Signale und der vielen Umgebungssterne viel schwieriger als die Bestimmung seiner Pulsationsperiode, zu der man die Kamerabilder gleich mit verwenden kann. Deshalb haben sich Cepheiden als kosmische „Landmarken" durchgesetzt. Genau wie bei der spektroskopischen Parallaxe darf man auch hier fragen, ob die Vorgänge in Cepheiden genau genug verstanden sind, sodass man unliebsame Überraschungen ausschließen kann. Solch einen Fall hat es in der Tat gegeben. Der deutsche Astronom Walter Baade fand 1952 heraus, dass Cepheiden in Sterngruppen mit geringerem Anteil schwerer Elemente bei gleicher Pulsationsdauer etwa viermal schwächer waren als die übrigen Cepheiden. Diese Effekte werden aber inzwischen berücksichtigt. Die größte

Kasten 3.3: **Ermittlung der Lichtleistung von Cepheiden**

Zur Bestimmung der Entfernung wird ein Sternenfeld oder eine Galaxie zeitlich versetzt mehrmals fotografiert und auf den Fotos werden zuerst die blinkenden Sterne identifiziert. Von diesen werden mit Hilfe der Fotos Lichtkurven erstellt und mit Hilfe der Lichtkurven die Cepheiden aussortiert. Henrietta Swan Leavitt legte 1912 den Grundstein der Perioden-Leuchtkraft-Beziehung und begründete dadurch die Verwendung von Cepheiden als Standardkerzen für Entfernungsbestimmungen. Trägt man für einen Cepheiden dessen Periode in das Diagramm in Bild 1 ein, so kann an der vertikalen Achse seine Lichtleistung in astronomisch gebräuchlichen Einheiten abgelesen werden. Die Astronomen versuchen möglichst viele Cepheiden in einem Raumgebiet zu finden, um viele Entfernungswerte zu bestimmen. Die Lichtleistung der Cepheiden mit bekannter Entfernung streut nämlich etwas um einen mittleren Wert, sodass die Entfernung eines einzigen Cepheiden nur bis auf einen Faktor 2 genau bestimmt werden kann. Deshalb ist die Verteilung in Bild 1 etwas verbreitert.

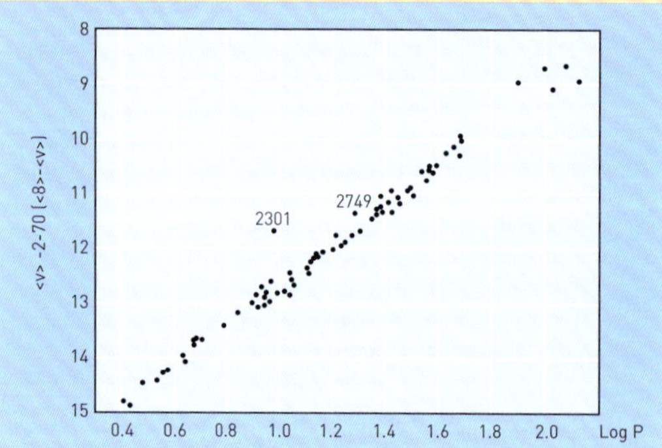

Bild 1 Eine moderne Eichkurve zur Bestimmung der Helligkeit von Cepheiden. Entlang der waagerechten Achse ist die Blinkdauer P als Logarithmus der Anzahl der Tage aufgetragen. Entlang der senkrechten Achse ist die Helligkeit aufgetragen, wieder als Logarithmus, jedoch in nur für Astronomen verständlichen Einheiten; kleinere Zahlen bedeuten größere Helligkeiten. Die Cepheiden liegen alle mit sehr geringer Streuung entlang einer gedachten Linie. (Aus Martin et al. 1979)

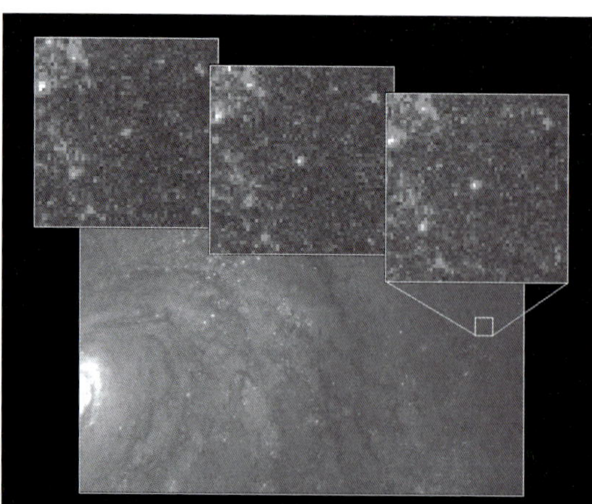

Abb. 3.3 Das *Hubble*-Weltraumteleskop beobachtete Cepheiden in der Galaxie M100. Die daraus bestimmte Entfernung beträgt 56 Millionen Lichtjahre. (http://hubblesite.org)

QR-Code 3.3: Aufsuchen von Cepheiden in der Galaxy M100

intergalaktische Distanz, die mit dieser Methode gemessen wurde, beträgt stolze 56 Millionen Lichtjahre, und zwar zur Galaxie M100 im Virgo-Galaxienhaufen (s. QR-Code 3.3). Es war das *Hubble*-Weltraumteleskop, das 1994 diesen Rekord aufstellte (Abb. 3.3).

Mit dieser Entfernung bewegen wir uns schon ein schönes Stückchen im offenen Weltall jenseits unserer Milchstraße. Auch hier wollen wir nochmals überlegen, welche Zuverlässigkeit diese Methode der Entfernungsbestimmung hat. Die empirisch, d.h. durch Beobachten und Messen gefundene Gesetzmäßigkeit zwischen Pulsationsfrequenz und Lichtleistung (Kasten 3.3: Bild 1) streut etwas und führt so zu einer Unsicherheit in der Entfernung von einem Faktor 2. Die Streuung fällt in Bild 1 nur deshalb nicht so auf, weil beide Achsen einen logarithmischen Maßstab haben. Die Pulsationsfrequenz selbst ist gut messbar, wenn man nur lang genug beobachtet. Der Lichtwechsel und die Pulsationsdauer sind ebenso unverwechselbar.

Die möglichen Unsicherheiten bei der Bestimmung der verschiedenen Cepheidentypen hatten wir schon kurz angesprochen. Die Klassifizierung ist inzwischen jedoch gut verstanden. Dabei hilft natürlich enorm, dass Sterne im Prinzip sehr einfache Gebilde sind, die in der Astrophysik nur durch drei Basisgrößen beschrieben werden:

- Gesamtmasse
- Anteil schwerer Elemente
- Zeit, die seit der ersten Zündung des nuklearen Feuers vergangen ist.

Wenn wir annehmen, dass das Weltall homogen ist, also großräumig überall etwa gleich aussicht und den gleichen physikalischen Gesetzen folgt, dann können sich weit entfernte Cepheiden nur in dem Anteil schwerer Elemente von den nahen Cepheiden unterscheiden. Falls der Astronom also einen Cepheiden falsch zuordnet, ergibt es einen Fehler um einen Faktor 2. Deshalb versucht man, in einer entfernten Galaxie stets mehrere Cepheiden zu finden. Diese Maßnahme hilft nicht nur, die Cepheiden richtig zu klassifizieren, sondern führt auch zu einer Verringerung der gesamten Messunsicherheit. Auch das Alter der Cepheidenphase bedingt eine gewisse Streuung. Die Genauigkeit der Entfernungsbestimmung der entferntesten Galaxien mit Cepheiden ist sicher besser als 30% (in der Fachliteratur wird etwa 10% angenommen) und damit schon recht zuverlässig.

3.1.4 Supernovae

Obwohl 56 Millionen Lichtjahre eine kaum vorstellbare Entfernung sind (ca. 500 000 000 000 000 000 000 km), kann man mit modernen Teleskopen leicht noch weiter in das Weltall hinausschauen. Nur ist die Lichtleistung unserer Teleskope zu klein, um noch weiter entfernte Cepheiden zu entdecken. Die Astronomen mussten sich nach helleren Leuchtfeuern umschauen. Noch hellere Sterne mit so schönen Lichtwechseln wie die Cepheiden gibt es leider nicht, denn große Sterne werden zunehmend instabil und leuchten nur relativ kurze Zeit. Dafür verabschieden sie sich dann aber mit einem grandiosen Spektakel und explodieren in einem großen kosmischen Lichtblitz als Supernova. Der Lichtschein einer Supernova ist für einige Tage bis Wochen so hell wie etwa das Licht einer ganzen Galaxie zusammen. Wo immer man Galaxien beobachtet, hat man deshalb auch die Chance, Supernovae zu sehen. Deshalb haben die Astronomen schon frühzeitig überlegt, ob sich nicht auch die Supernovae als Entfernungsmesser eignen könnten. Das funktioniert in der Tat, wenn man die "richtigen" Supernovae beobachtet. Es gibt zwei verschiedene Klassen von Supernovae, die sinnigerweise Typ I und Typ II heißen. Als Supernova vom Typ Ib, Ic und II explodieren irgendwann alle Sterne, die zu Beginn ihres Sternleuchtens mehr als achtmal schwerer waren als die Sonne. Leider weiß man jedoch bei Supernovae dieses Typs nur selten Genaues über den ursprünglichen Stern. Deshalb kann man

Kasten 3.4: **Supernovae als Standardkerzen**

Die Supernovae vom Typ Ia waren ursprünglich Sterne mit weniger als acht Sonnenmassen, die nicht explodiert sind, sondern sich zu Weißen Zwergen entwickelt haben. Diese Sterne haben noch eine Restmasse von einer halben Sonnenmasse, die übrige ging ihnen im Laufe ihres „Lebens" verloren. Als Einzelsterne bleiben solche Sterne stets, was sie waren, eben Weiße Zwerge. Wenn sie jedoch Teil eines Doppelsternsystems sind – die meisten Sterne sind Teil von Mehrfachsystemen –, können merkwürdige Dinge passieren. Die Gravitationswirkung des kleinen, kaum erdgroßen Weißen Zwergs ist so gewaltig, dass er wie ein kosmischer Staubsauger die Sternhülle des Begleitsterns absaugt. Ein solches System ist in Bild 1 gezeigt. Das abgesaugte Material fällt auf den Weißen Zwerg und sendet dabei intensive Strahlung, vor allem Röntgenstrahlung, aus. Sie heißen deshalb Röntgendoppelsterne. Das Spannende daran ist nun, dass sich die Masse des Weißen Zwergs im Laufe der Zeit ständig vergrößert, genauso wie auch ein Staubsauger mit je vollerem Beutel umso schwerer ist. Spannend ist es deshalb, weil dieses Ansaugen nicht ewig gut geht. Wenn der Weiße Zwerg nämlich soviel Masse aufgesaugt hat, dass seine Masse von einer halben Sonnenmasse auf etwa 1,4 Sonnenmassen, also auf etwa das Dreifache, angestiegen ist, bekommt er ganz plötzlich schreckliche „Verdauungsstörungen". Die zusätzlichen Massen lasten wegen der immensen Schwerkraft so sehr auf dem Zentrum des Sterns, dass dieser wie auf Anpfiff einen Großteil seines Vorrats an Kohlenstoff und Sauerstoff blitzschnell zu Eisen fusioniert. Wenn die kritische Masse einmal überschritten ist, beginnt ein Prozess, der nicht mehr zu stoppen ist. Es ist wie bei einem See, den ein Tropfen zum Überlaufen bringt, wodurch ein Dammbruch verursacht wird, der den ganzen See auslaufen lässt. Bevor die Hülle des Weißen Zwergs richtig „merkt", wie ihr geschieht, hat sich im Zwerginneren eine gewaltige Energiemenge freigesetzt, die an die Oberfläche drängt und den Stern in einer Explosion völlig zerreißt.

Der Explosionszeitpunkt hängt sehr empfindlich nur von der Gesamtmasse des Weißen Zwergs ab. Alle Supernovae vom Typ Ia haben deshalb stets die gleiche Masse, genau wie Sylvesterknaller eines bestimmten Typs. Da die Explosion mit nur kleinen bekannten Variationen immer gleich abläuft, kann man diese Typ-Ia-Supernovae in der Tat inzwischen als kosmische Leuchttürme verwenden. Supernovae vom Typ Ib und Ic sind massereiche Einzelsterne speziellen Typs. Ihre Einordnung in die Typ-I-Reihe hat historische Gründe.

Bild 1 Ein Weißer Zwerg umkreist einen Riesenstern. Dieses Bild wurde von einem Künstler nach den Vorgaben der Wissenschaftler gemalt. Masse strömt unaufhörlich auf den Weißen Zwerg im Zentrum der blau leuchtenden Akkretionsscheibe. (NASA)

die Helligkeit dieser Supernovae nicht genau eichen und erhält eine ziemliche Streuung, die sie für die Entfernungsbestimmung unbrauchbar macht. Nicht so bei der Supernova vom Typ Ia (s. Kasten 3.4). Diese Supernovae sind mit nur geringer Streuung stets etwa gleich hell.

Wenn in einer Galaxie eine Supernova entdeckt wird, beobachtet man sowohl den Helligkeitsverlauf der Explosion bei verschiedenen sichtbaren und infraroten Wellenlängen als auch das sichtbare Spektrum. Aus diesen Messungen werden sowohl der Typ der Supernova bestimmt als auch ihre maximale Helligkeit, wobei die Absorption des Lichtes auf dem Weg zu uns herausgerechnet wird. Die Absorption des Lichtes innerhalb unserer Milchstraße sowie die mittlere intergalaktische Absorption sind bekannt und nicht sehr groß. Sonst könnten wir entfernte Galaxien überhaupt nicht sehen. Die Absorption des Lichtes der Supernova in ihrer eigenen Galaxie ist dagegen unbekannt. Eine geringe merkliche Absorption ist jedoch immer mit einer *Rotverfärbung* des Lichtes der Supernova verbunden: Die Form der spektralen Energiever-

Abb. 3.4 Simulation der Supernova SN1000+0216 mit einer Rotverschiebung von z = 3,899 (s. Kasten 3.5) und einer Lichtlaufzeit von mehr als 12 Milliarden Lichtjahren. (http://www.nature.com/news/astronomers-spot-most-distant-supernova-yet-1.11761)

teilung ändert sich. Diese lässt sich leicht durch Vergleich mit nahen Supernovae feststellen (Abb. 3.4). Aus dem Vergleich der so bestimmten maximalen Helligkeit der Supernova – falls vom Typ Ia – mit der Helligkeit einer „Standard-Supernova Ia" kann man wiederum durch Anwendung des quadratischen Abstandsgesetzes (s. oben) die Entfernung der Supernova und damit der ganzen Galaxie bestimmen (Riess et al. 2000 und Barris & Tonry 2004).

Weil die Supernovae kurzzeitig so hell werden wie eine gesamte Galaxie, kann man ihr Auftreten selbst in den fernsten Galaxien beobachten. Den aktuellen Rekord halt die Supernova SN1000+0216, für die eine momentane geometrische Entfernung von uns von mehr als 23 Milliarden Lichtjahren angegeben wird (Abb. 3.4) (Cooke et al. 2012). Dies ist mehr als 400-mal weiter als die Cepheiden in M100 (Virgohaufen) und eine unglaubliche Entfernung, selbst wenn die Entfernungsbestimmung noch fehlerbehaftet sein sollte (z.B. durch eine nicht exakt rotationssymmetrisch ablaufende Explosionsgeometrie). Die Entfernung, die sich aus der Rotverschiebung und dem Hubble-Gesetz als Entfernung ergibt, ist eine Lichtlaufzeit-Entfernung (s. Kap. 3.1.5). Das Licht der Supernova SN1000+0216 war bis zu uns etwa 12 Milliarden Jahre unterwegs. In dieser Zeit hat sich aber der Raum des Weltalls so weit ausgedehnt, dass die momentane geometrische Entfernung zu der Supernova bereits einer Strecke von 23 Milliarden Lichtjahren entspricht.

Sind solche Entfernungsbestimmungen zuverlässig? Der Typ einer Supernova kann aus dem Spektrum und dem Helligkeitsverlauf relativ leicht bestimmt werden. Die uns interessierenden Supernovae vom Typ Ia verraten sich zum Beispiel in den Spektren durch eine sehr typische hohe Siliziumhäufigkeit. Damit hat man ein ausgezeichnetes Helligkeitsnormal. Abi Saha und seine Kollegen sind sogar der Meinung, dass *„SNe Ia (Supernovae Ia), once they are corrected for variations in decline rate and intrinsic color, are the best-known standard candles"*[Z9] (Saha et al. 2001). 20 Jahre nach diesem Zitat ergibt sich ein etwas differenzierteres Bild. Inzwischen kennen wir mehrere Unterklassifizierungen, die unter anderem auf unterschiedliche Zusammensetzung und Typ der Begleitsterne hinweisen: Die "überleuchtkräftige Supernova vom Typ Ia" ist etwa zweieinhalb mal leuchtkräftiger als die "normale Supernova vom Typ Ia" und zeichnet für etwa 9% aller Typ-Ia-Supernovae verantwortlich. Die „Supernova vom Typ Iax" ist dagegen genauso wie die „Supernova vom Typ Ia" etwas schwächer als die normale Typ-Ia-Supernova und für etwa 5% bzw. 15 % aller Typ-Ia-Supernovae verantwortlich. Bei korrekter Klassifikation muss man dennoch nur den gemessenen Helligkeitsverlauf an eine Standardkurve anlegen und erhält sofort den Unterschied zwischen beobachteter und wirklicher Helligkeit. Falls die Rotverschiebung merklich ist, muss noch für die Farbverschiebung korrigiert werden. Die Genauigkeit ist sicher besser als 30 % (in der Fachliteratur wird auch hier ca. 10 % angenommen).

Aber wie sieht es mit der Standardkurve aus? Wie zuverlässig ist die Kalibrierung? Dazu benötigen wir die Beobachtungen mehrerer Supernovae Ia und dazu deren korrekte Entfernungen. Da die Supernovae in Galaxien aufleuchten, müsste man die Entfernungen der Muttergalaxien genau bestimmen. Aber hier genau bestand lange Zeit ein Problem. Alle zuverlässigen Entfernungsmesser, die wir bislang betrachtet haben, reichten nicht bis zu den Galaxien, in denen Supernovae des Typs Ia beobachtet wurden. Das änderte sich erst mit dem *Hubble*-Weltraumteleskop. In den vergangenen 30 Jahren sind neunzehn Supernovae beobachtet worden, die in Galaxien stehen, deren Entfernungen mit Hilfe unserer nun schon gut bekannten Cepheiden bestimmt werden konnten (Riess et al. 2016). Zum Beispiel wurden zu der Supernova 1998aq (die Supernovae werden im Kalenderjahr fortlaufend mit Buchstaben versehen, um sie zu benennen) in der Galaxie NGC 3982 insgesamt 16 brauchbare Cepheiden gefunden. Für jede dieser neunzehn Supernovae kann ihre Maximalhelligkeit bestimmt werden, wobei in die Berechnung die Unsicherheit der Entfernungsbestimmung mit den Cepheiden bereits eingeht. Die Streuung der 19 so gefundenen Helligkeitswerte sollte uns dann einen Eindruck vermitteln, wie ähnlich sich die verschiedenen Supernovae verhalten. Diese Rechnung wurde von Adam Riess und Kollegen (Tabelle 6 in Riess et al. 2016) ausgeführt. Sie finden eine bemerkenswert kleine Streuung von nur 2,4 %. Diese Streuung schließt eine Unsicherheit von 1,3 % für die Entfernungsbestimmung mithilfe der Cepheiden ein und eine Unsicherheit von 1,2 % für die Supernovae-Kalibrierung. 2,4 % ist in der Astronomie ein extrem guter Wert und er bestätigt gleichzeitig die Qualität der Cepheiden-Methode, wenn jeweils genügend viele Cepheiden gefunden werden. Eine weitere Verringerung der Streuung der Messwerte auf 1,9 % und auf 1,8 % veröffentlichte die Gruppe um Adam Riess erst vor Kurzem (Riess et al. 2019, Riess et al. 2021), woran man auch erkennt, dass an dieser Frage fleißig gearbeitet wird.

Wenn also die Eichung der Supernovae so zuverlässig ist und die weitere Rechnung

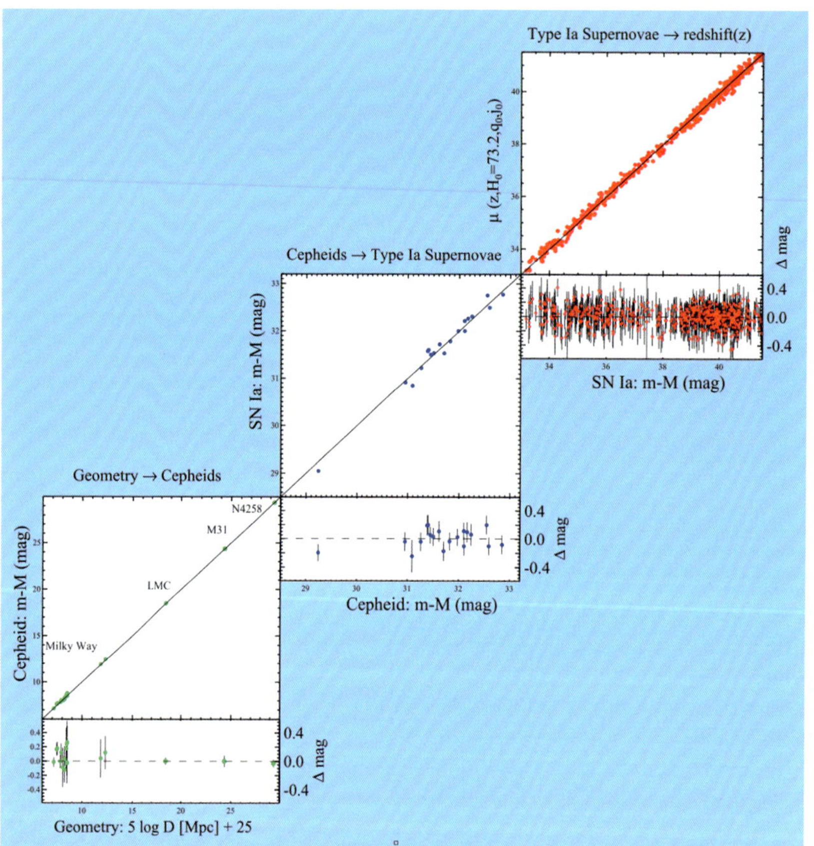

Abb. 3.5 Die neueste Version der kosmischen Entfernungsleiter. Die Eichung der Cepheiden-Helligkeiten erfolgte durch Parallaxenmessung in der Milchstraße (grüne Punkte unten links) und anderen Methoden in lokalen Galaxien (die übrigen grünen Punkte). Mit ihrer Hilfe werden die Entfernungen der Supernovae in entfernteren Galaxien (blaue Punkte) kalibriert. Mit Hilfe der geeichten Supernovae-Helligkeiten lassen sich dann auch die Distanzen zu weit entfernteren Supernovae bestimmen (rote Punkte). Die lange Gerade ist die resultierende Eichkurve für die Entfernung kosmischer Objekte. Dazu ist entlang der waagerechten Achse oben rechts die Differenz zwischen der beobachteten Helligkeit und der wirklichen Helligkeit (m - M) aufgetragen und entlang der senkrechten Achse das astronomische *Entfernungsmodul* μ. Aus μ lässt sich sehr einfach die entsprechende Entfernung bestimmen, wenn man die Rotverschiebung *z* der entsprechenden Galaxien berücksichtigt, und die Hubble-Konstante H_0 zusammen mit kleineren Parametern q_0 und j_0 optimiert. Die Steigung der schwarzen Linie entspricht dann einer Hubble-Konstanten von 73,2 km/s pro Mpc (s. Riess et al. 2016).

nur das quadratische Abstandsgesetz benutzt, sollte die Entfernungsbestimmung in der Tat einigermaßen vertrauenswürdig sein. Für große Entfernungen gibt es allerdings noch vier weitere mögliche Komplikationen, die wir betrachten müssen.

a) Eine bedeutende Änderung der Maximalhelligkeit einer Supernova infolge eines veränderten Anteils an schweren Elementen mit zunehmender Entfernung ist wegen des relativ einfachen Mechanismus einer Typ-Ia-Supernova nicht zu erwarten. Man würde es auch im Spektrum der Supernova bemerken. Kleine Unterschiede werden dagegen bereits durch die Untergruppen berücksichtigt.

b) Falls das Licht der Supernova durch eine Gravitationslinse verstärkt wird, gilt dies ebenso für die Muttergalaxie und kann dort ziemlich sicher festgestellt werden. Es sollten aber nur Einzelfälle sein, die man als Ausreißer leicht erkennt.

c) Gilt in großen Entfernungen noch das Gesetz des Lichtabfalls mit dem Quadrat der Entfernung? Wir hoffen es. Auf diesen Punkt kommen wir später nochmals zurück.

d) Die Absorption durch intergalaktischen „grauen" Staub, der nur wenig Verfärbung verursacht. Hierbei könnte es sich zum Beispiel um relativ große Staubkörner handeln. Aber auch solcher Staub sollte Verfärbung im infraroten Licht zeigen. Diese Möglichkeit wurde von amerikanischen und schwedischen Wissenschaftlern untersucht (Aguirre & Haiman 2000 und Goobar et al. 2002). Sie finden, dass beim derzeitigen Kenntnisstand nur geringe Korrekturen zu erwarten sind, und das auch nur bei großen Entfernungen. Hier kann man noch etwas weiter fragen, ob vielleicht die Dunkle Materie (s. Abschnitt 3.3.2) in der Lage wäre, eine merkliche intergalaktische Abschattung zu erzeugen. Natürlich müssten die einzelnen Klumpen größer als Staubkörner sein, also mindestens im Bereich einiger Zentimeter, eher eine Art Schneeball. Bei dieser Größe reicht aber die Dichte der Dunklen Materie nicht mehr aus, um selbst auf intergalaktischen Entfernungen von 10 Milliarden Lichtjahren eine deutliche Absorption des Lichtes zu erzielen.

Abb. 3.5 zeigt die aktuelle Entfernungsleiter in ihrer vollen Länge. Sie beginnt in unserer Milchstraße und endet bei den entferntesten Galaxien.

Wir haben auf dem Weg von der Erde durch das Weltall einen langen Weg zurückgelegt und sind schließlich bei einer Entfernung angelangt, für die das Licht mindestens rund 12 Milliarden Jahre unterwegs war. Ob es ein paar Milliarden Lichtjahre mehr oder weniger sind, muss uns hier nicht interessieren. Grundsätzlich ist dies jedoch die beobachtete Mindestgröße des Weltalls unter der Annahme der Homogenität im beobachtbaren Weltraum, das heißt: Die Gesetze der Physik gelten überall und die Naturkonstanten sind überall gleich und die Raumstruktur ist eben und damit die Winkelsumme im Dreieck stets 180°. Wir werden im nächsten Kapitel lernen, dass die aktuellen geometrischen Entfernungen nochmals erheblich größer sind.

3.1.5 Rotverschiebung

Bislang haben wir noch nicht über die Rotverschiebung gesprochen. Es war wieder Edwin Hubble, der als Erster feststellte, dass wir ferne Galaxien nicht in ihren Originalfarben sehen, sondern dass die Farben und mit ihnen auch die spektralen Muster in Richtung der Farbe Rot verschoben sind. Mit einem Farbzerlegungsgerät, einem Spektrometer, konnte er die Farbverschiebung z (Kasten 3.5) messen und stellte fest, dass sie proportional zur Entfernung der Galaxien war. Die Farben von fernen Galaxien waren viel stärker verschoben als die Farben von nahen Galaxien, jedenfalls so weit er deren Entfernung bestimmen konnte. Die Farbverschiebung in diesen Galaxienspektren kann man verschieden deuten. Sie wurde von der überwiegenden Zahl der Astrophysiker als Dopplerverschiebung angesehen (s. auch Abschnitt 3.1.2) und deshalb als Relativgeschwindigkeit der Galaxien bezogen auf unsere Milchstraße interpretiert. Das werden wir zunächst ebenfalls tun und alternative Deutungen später diskutieren.

Abb. 3.6 zeigt das erste Diagramm Edwin Hubbles, in dem Rotverschiebung gegen Entfernung aufgetragen ist. Solche Diagramme heißen inzwischen Hubble-Diagramme oder besser Hubble-Lemaître-Diagramme. Hubble war

Kasten 3.5: **Rotverschiebung z**

Die Farbverschiebung entfernter Galaxien kann man genau messen. Jeder Farbe wird in der Physik eine bestimmte Wellenlänge zugeordnet und mit λ bezeichnet. Rote Farben haben längere Wellenlängen als blaue. Eine Farbverschiebung bedeutet dann, dass sich die Wellenlänge einer Farbe von λ_0 nach λ_1 ändert. Die Rotverschiebung wird mit *z* bezeichnet. Sie ergibt sich aus der Farbverschiebung als $z = (\lambda_1 - \lambda_0)/\lambda_0$ oder $1 + z = \lambda_1/\lambda_0$, was das Gleiche ist. Deutet man die Rotverschiebung als Dopplereffekt, so ist die Relativgeschwindigkeit für kleine Geschwindigkeiten $v = cz$, wobei c die Lichtgeschwindigkeit ist. Auch wenn man mit der Rotverschiebung wie mit dem Dopplereffekt rechnen kann, ist die Ursache der Rotverschiebung doch eine andere. Beim Dopplereffekt bewegt sich die Quelle oder der Empfänger; die kosmologische Rotverschiebung wird nach aktuell wahrscheinlichster Interpretation dagegen durch die Ausdehnung des Raumes zwischen Sender und Empfänger erzeugt. Vor Kurzem wurden die ersten Galaxien mit einer Rotverschiebung von $z = 13$ gefunden (Harikane et al. 2022). Bewegen sich die Galaxien deshalb mit 13-facher Überlichtgeschwindigkeit? Nein! Man muss für *z*-Werte größer als etwa 0,2 die Relativitätstheorie berücksichtigen. Deren komplexere Formeln stellen sicher, dass stets *v* kleiner als *c* ist.

nämlich nicht der Erste. Kurz zuvor hatte bereits der belgische Theologe und Astrophysiker Georges Lemaître ein ähnliches Diagramm gefunden, seine Ergebnisse jedoch nur in französischer Sprache veröffentlicht. Die Rotverschiebung ist entlang der senkrechten Achse (Ordinate) aufgetragen und wird in der Doppler-Deutung in Kilometern pro Sekunde gemessen. Positive Geschwindigkeitswerte bedeuten dabei, dass sich die Galaxien von uns wegbewegen, negative, dass sie sich auf uns zu bewegen. Die Geschwindigkeiten der Galaxien in Hubbles Diagramm betragen einige hundert Kilometer pro Sekunde in Richtung Expansion, so als flögen die Galaxien von uns fort. Die Geschwindigkeiten sind ziemlich beachtlich. Bei 500 km pro Sekunde hätten wir die Erde schon in 80 Sekunden statt in 80 Tagen umrundet. In Abb. 3.6 ist die Entfernung der Galaxien entlang der waagerechten Achse (Abszisse) in parsec (Kasten 3.1) aufgetragen. In dem Diagramm von Hubble kann die Verteilung der Messpunkte durch eine Gerade angenähert werden und deshalb postulierte Hubble, dass sich die Galaxien umso schneller von uns fort bewegen, je weiter sie entfernt seien. Am Ort unserer Milchstraße ist die Rotverschiebung und damit die „Fluchtgeschwindigkeit" natürlich null. Die Steigung der Geraden wird durch die Proportionalitätskonstante angegeben, die folgerichtig Hubble-Konstante H_0 heißt. Sie gibt die Geschwindigkeitszunahme von Galaxien mit deren Entfernung an. Sie wird auf eine Entfernung von 1 Million parsec, also ca. 3 Millionen Lichtjahre, bezogen und deshalb in Geschwindigkeit pro 1 Million parsec Entfernung gemessen. Der Wert 1 Million parsec oder 1 Megaparsec ist auf der Achse als 10^6 eingezeichnet.

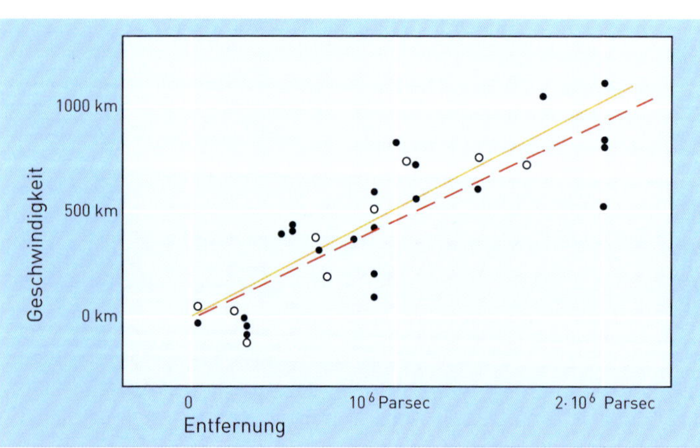

Abb. 3.6 In diesem Diagramm von Edwin Hubble ist die Entfernung einiger Galaxien gegen ihre Rotverschiebung, gemessen als Geschwindigkeit, aufgetragen. Hubble war sparsam mit der Achsenbeschriftung: 500 km bedeuten 500 km/s. Aus diesem ersten Hubble-Diagramm kann die Hubble-Konstante als Steigung der Geraden abgelesen werden. (Nach: Hubble 1936, Realm of the Nebulae, New Haven)

Die zugehörige Geschwindigkeit beträgt etwa 500 Kilometer pro Sekunde. Damit hätte die erste Hubble-Konstante den Wert von 500 km/s pro Mpc (Mpc = Mega parsec). Das bedeutet, dass sich eine Galaxie in einer Entfernung von 1 Mpc mit einer Geschwindigkeit von 500 km pro Sekunde von uns fortbewegt; die Geschwindigkeit einer Galaxie in 2 Mpc Entfernung wäre dann schon 1 000 km/s.

Warum hat Edwin Hubble nicht die Rotverschiebung anstelle der Geschwindigkeit gegen die Entfernung aufgetragen? Dann wäre er mit einer Hypothese weniger ausgekommen, ohne dass sein Diagramm anders ausgesehen hätte. Wir wissen die Antwort nicht. Es wird jedoch berichtet, dass er bis zu seinem Tod im Zweifel über die Expansionsdeutung war. Es gab und gibt bis in unsere Zeit hinein Fachleute, die dieser Deutung nicht folgen und dafür ernsthafte Argumente vorgebracht haben. Wir werden sehen, dass ein Teil dieser Diskussion erst in jüngster Zeit entschieden wurde.

Das Hubble-Diagramm und mit ihm die Hubble-Konstante H_0 waren eine Sensation und haben in der Astrophysik eine fundamentale Bedeutung erlangt. Sie sind bei der überwiegenden Zahl der Astrophysiker zum Maßstab geworden, mit dem das Weltall vermessen wurde, sowohl im Raum als auch in der Zeit. Wir werden das Diagramm deshalb noch etwas genauer betrachten und auch verschiedentlich darauf zurückkommen. Wenn man nämlich erst einmal nachgewiesen hat, dass die Messpunkte durch eine Gerade angenähert werden können, und wenn man die Steigung der Geraden, also den Wert der Hubble-Konstanten, bestimmt hat, kann man die Entfernung von allen Galaxien sehr leicht aus ihrer Rotverschiebung ermitteln. Die Eichung der Entfernung, also die Bestimmung der Hubble-Konstanten H_0 selbst, ist aber alles andere als einfach. Zwar kann man die Rotverschiebung von Galaxien ziemlich einfach mit einem *Spektrometer* messen. Es war aber schwierig, die Entfernung derjenigen Galaxien, die zur Eichung verwendet wurden, korrekt zu bestimmen. Über diese Schwierigkeiten haben wir bereits bei der Entfernungsbestimmung gesprochen. Edwin Hubble hat die Entfernungen der Galaxien in Abb. 3.6 seinerzeit erheblich zu klein gemessen. Wenn die Entfernungen der Galaxien zu größeren Werten korrigiert werden, wird die Gerade flacher und damit die Hubble-Konstante kleiner. Der moderne Wert liegt etwa zwischen 67 und 75 statt bei 500 km/s pro Mpc, und an seiner Bestimmung wird immer noch gearbeitet (Planck Collaboration 2015, Freedman et al. 2019).

Die Bestimmung der wirklichen Entfernungen der Galaxien beschäftigt die Astronomen bis in unsere Zeit. Zurzeit sind neben der Cepheiden-Methode noch weitere Methoden in Gebrauch, um die Entfernung beliebiger Galaxien zu bestimmen. Denken wir daran, dass bis vor ganz kurzer Zeit die Reichweite der Cepheiden noch sehr begrenzt war! Außerdem braucht man sowohl für Cepheiden wie für Supernovae Ia aktive Sternentstehung. Es gibt jedoch viele Galaxien, in denen nur wenige Sterne neu entstehen und in denen dieses Verfahren versagt. Für eine bestimmte Galaxie nimmt man die jeweils am besten passende Methode. Die gebräuchlichsten weiteren Methoden sind: Leuchtkraft planetarischer Nebel, Galaxienoberflächenhelligkeit und die Tully-Fisher-Beziehung. Sie sind im Kasten 3.6 näher erläutert.

Wenn man Abb. 3.6 genau anschaut, fällt auf, dass die Geschwindigkeiten für einige Galaxien negativ sind. Diese Galaxien bewegen sich auf uns zu und nicht von uns fort. Dies ist eine der Komplikationen mit dem Hubble-Diagramm. Dem Rotverschiebungsgesetz überlagert sind die Eigenbewegungen der Galaxien im Raum. Sie bewegen sich ja in ihren Gruppen und Haufen umeinander, und zwar mit erheblichen Geschwindigkeiten. Das Hubble-Gesetz gilt streng nur für die jeweiligen Schwerpunkte der Gruppen und Haufen. Da wir diesen natürlich nicht beobachten können, müssen wir mit vielen einzelnen Galaxien vorlieb nehmen, die dann eben auch eine gewisse Streuung ihrer Geschwindigkeiten haben. Auch unsere Milchstraße bewegt sich in unserer lokalen Gruppe und auch in Richtung des Virgo-Superhaufens (s. unten). Deshalb wird die Raumgeschwindigkeit der Milchstraße eine zusätzliche Streuung hervorrufen. Diese und weitere Komplikationen führten dazu, dass die

Kasten 3.6: **Weitere Methoden zur Distanzbestimmung**

Planetarische Nebel

Wenn ein Stern, der zu Beginn der Kernfusion eine Masse zwischen 0,4 und 8 Sonnenmassen hatte, schließlich einen großen Teil seiner Wasserstoffvorräte verbraucht und auch schon einen Teil seiner Masse verloren hat, beginnt irgendwann in seinem Inneren das Helium zu Kohlenstoff zu fusionieren. Diese Fusion verläuft relativ rasch und führt dazu, dass der Stern etwa 10 % seiner Masse abstößt. Diese Masse scheint als Hülle von dem Stern fortzufliegen. Der Rest des Sterns wird zu einem Weißen Zwerg; das ist ein Stern von etwa der Masse der Sonne, der allerdings nur die Größe der Erde hat, dafür aber extrem heiß ist, etwa 150 000 K (Kelvin). Dieser Stern strahlt so viel energiereiches Licht aus, dass die abgestoßene Hülle in diesem Licht wie ein bunter Nebel zu leuchten beginnt. Bild 1 zeigt einen planetarischen Nebel, der seinen Namen dem Umstand verdankt, dass in früheren Zeiten kleiner und optisch schlechter Fernrohre die runden Nebel wie Planetenscheiben aussahen; mit diesen haben sie aber überhaupt nichts zu tun.

Erst 1989 gelang es, die Leuchtkraft der planetaren Nebel soweit zu verstehen, dass man sie zur Entfernungsmessung einsetzen konnte (Jacoby 1989). Gase leuchten nicht wie eine Glühbirne, sondern eher wie eine Leuchtstoffröhre. Man benutzt für die Leuchtkraft deshalb nicht die allgemeine optische Lichtleistung, sondern nur die Lichtleistung in einer bestimmten Farbe, die vom Sauerstoff in diesem Gas abgestrahlt wird. Diese Lichtleistung entspricht zwar nur 10 % der gesamten Lichtleistung, aber man kann extrem schmale Farbfilter verwenden und damit die störende Umgebungsstrahlung der Galaxie fast vollständig unterdrücken. Die relativ helle Strahlung der planetarischen Nebel bleibt für einige tausend Jahre erhalten und kann bis zu Entfernungen des Virgo-Galaxienhaufens (s. oben) beobachtet werden.

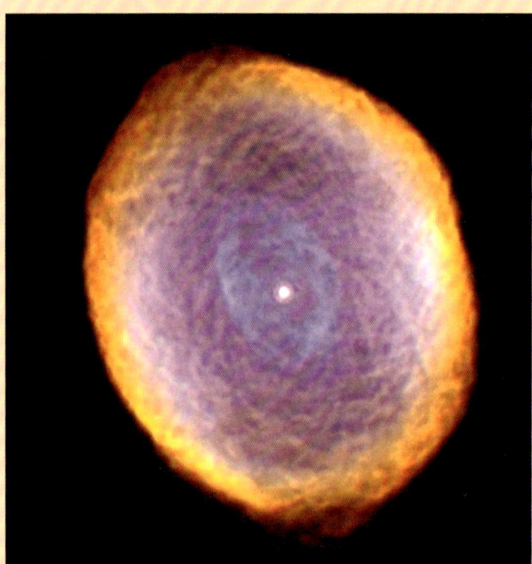

Bild 1 Planetarischer Nebel IC418, aufgenommen mit dem *Hubble*-Weltraumteleskop. Der bläuliche Schimmer ist Strahlung, die von Sauerstoffatomen abgestrahlt wird. Der Zentralstern, ein Weißer Zwerg, ist ebenfalls zu sehen. (STScI / NASA)

Bei dieser Methode gibt es jedoch eine Hürde zu überwinden. Während Typ-Ia-Supernovae mit hoher Zuverlässigkeit gleich hell sind, trifft dies für planetarische Nebel nicht zu. Der Mutterstern kann ja, wie oben schon bemerkt, Massen von 0,4 bis 8 Sonnenmassen haben und die Helligkeit der planetarischen Nebel variiert dementsprechend. Der Ausweg besteht darin, die Helligkeit möglichst vieler planetarischer Nebel einer Galaxie zu messen und dabei den hellsten zu erwischen. Dies ist möglich, weil es sehr viel mehr planetarische Nebel als Supernovae gibt. Außerdem ist zu beachten, dass es zwar viele schwache planetarische Nebel gibt, aber nur wenige helle und nur ein paar sehr helle. Man kann eine Funktion zeichnen, in der die Helligkeit der planetarischen Nebel gegen ihre Häufigkeit aufgetragen ist.

Bild 2 zeigt eine solche Funktion. Der Schnittpunkt der Fitkurve mit der Helligkeitsachse liegt für verschiedene Probegalaxien immer bei der gleichen Helligkeit (etwa 20,2). Diese maximale Helligkeit erhält man von planetarischen Nebeln in Galaxien, deren Entfernung von uns anderweitig bekannt ist. Der Schnittpunkt ist die Helligkeit des hellsten planetarischen Nebels, der noch existieren kann, also die Helligkeit des planetarischen Nebels eines Sterns mit acht Sonnenmassen. Ist ein Stern etwas schwerer, gibt es statt eines planetarischen Nebels eine satte Supernova. Interessanterweise wird die Helligkeit eines planetarischen Nebels nur sehr wenig von unterschiedlichen Anteilen schwerer Elemente im Mutterstern beeinflusst, sodass bei Berücksichtigung der Staubabsorption die Entfernungen etwa korrekt sein sollten. Ein Vergleich zwischen Entfernungen, die mit Hilfe von Cepheiden und planetarischen Nebeln bestimmt wurden, zeigt, dass die Unsicherheiten in der Entfernungsbestimmung bei beiden Methoden gleich sind, wenn man bei den planetarischen Nebeln die veränderlichen Anteile schwerer Elemente zusätzlich noch mit berücksichtigt (Ciardullo 2003a). Der Fehler in der Entfernungsbestimmung mit denselben Annahmen über die Raumgeometrie und Ausbreitung des Lichtes (s. oben) ist dann sicher kleiner als 30 % (Fachliteratur 10 %, Ciardullo 2003a).

Galaxienoberflächenhelligkeit

Genauer gesagt geht es nicht um die Oberflächenhelligkeit der Galaxien selbst, sondern um die kleinen Schwankungen der Oberflächenhelligkeit, wenn man eine Galaxie beobachtet. Diese werden durch Sterne verschiedener Helligkeit verursacht. Das Verhältnis der Helligkeitsschwankungen zur Oberflächenhelligkeit ist ein Maß für die mittlere Helligkeit eines Riesensterns (Tonry et al. 1990). Mit einer entsprechenden Eichung ist die Zuverlässigkeit etwa gleich groß wie die der Methode der planetarischen Nebel (Ciardullo et al. 1993). Wir wollen die Details hier übergehen.

Tully-Fisher-Relation

Diese Methode wurde von den Herren Tully und Fisher im Jahre 1977 vorgestellt (Tully & Fisher 1977). Sie stellten fest, dass eine Galaxie umso schneller rotiert, je heller sie leuchtet. Ein solches Verhalten entspricht auch der Erwartung: Die Rotation der Sterne und der Staub- und Gaswolken um das Zentrum einer Galaxie kann man beschleunigen, indem man die Masse in der Galaxie erhöht. Eine Erhöhung der Masse bedeutet aber ebenso eine Erhöhung der Anzahl der Sterne und damit eine höhere Energieabstrahlung der Galaxie. Ein Beispiel für eine Tully-Fisher-Relation ist in Bild 3 gezeigt. Die Galaxien ordnen sich relativ gut entlang der Geraden an. Man muss jedoch auf vieles achten, bevor die Gerade sich so schön ergibt:

a) Man kann nur Spiralgalaxien oder irreguläre Galaxien verwenden, die eine eindeutige Rotationsachse zeigen.
b) Man muss stets die maximale Rotationsgeschwindigkeit bestimmen. Diese ergibt sich nur dort, wo sich die Sterne, der Staub und das Gas in der Scheibe direkt von uns fort oder auf uns zu bewegen.
c) Die Scheiben der Galaxien sind außerdem gegen uns als Beobachter unterschiedlich geneigt. Dies muss ebenso berücksichtigt werden.
d) Galaxien, auf deren Scheibe man senkrecht draufschaut, können nicht benutzt werden.
e) Die Oberflächenhelligkeiten der Galaxien müssen für die Absorption der Strahlung durch Staub auf dem Wege zu uns korrigiert werden.
f) Bei dem Fornax-Galaxienhaufen (Bild 3) muss man annehmen, dass alle Mitglieder in etwa derselben Entfernung stehen. Die Streuung der Punkte zeigt, dass dies wahrscheinlich nicht ganz stimmt.

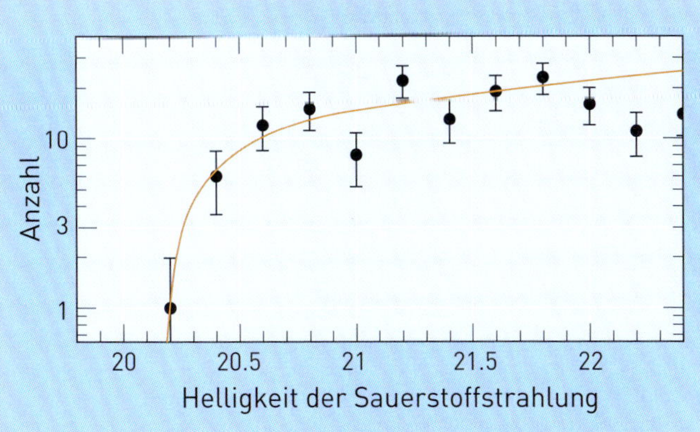

Bild 2 Anzahl der planetarischen Nebel in einer Galaxie als Funktion ihrer Helligkeit. Die Helligkeit ist in Magnituden gemessen und nimmt nach links zu. Aus dem Schnittpunkt der Fit-Kurve mit der Helligkeitsachse lässt sich die Entfernung der Galaxie bestimmen. (Nach Ciardullo 2003b)

Es zeigte sich, dass die Messpunkte für Galaxien mit bekannten Entfernungen stets auf der Kurve von Bild 3 zu liegen kommen, wenn man die verschiedenen Entfernungen berücksichtigt. Es gibt jedoch kleine Variationen. Für einige Galaxientypen muss die Relation individuell erstellt und angepasst werden. Das gilt auch, wenn man statt des sichtbaren Lichtes Infrarotstrahlung verwendet. Ebenso ergeben sich Variationen für Galaxien mit Sternen, die andere Anteile schwerer Elemente haben oder deren Sterne einer anderen Alterspyramide entsprechen. Es ist noch nicht vollständig klar, warum die Tully-Fisher-Relation so gut „funk-

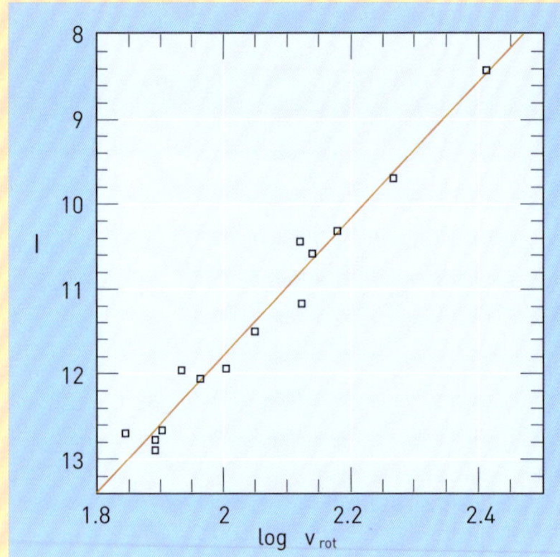

Bild 3 Tully-Fisher-Relation für 14 Galaxien des Fornax-Galaxienhaufens. Auf der waagerechten Achse ist der Logarithmus der Rotationsgeschwindigkeit in km/s aufgetragen. Der Wert 2 entspricht also 10^2 = 100 km/s. Entlang der senkrechten Achse ist die Helligkeit der Galaxien im spektralen I-Band (Farbe rot) in Magnituden aufgetragen. Die Helligkeit nimmt nach oben zu. (Nach Mathewson et al. 1992)

tioniert". Deshalb wird an ihrer theoretischen Begründung immer noch gearbeitet.

Wie kann man mit Bild 3 Entfernungen messen? Nehmen wir an, wir messen die maximale Rotationsgeschwindigkeit einer unbekannten Galaxie mit 200 Kilometern pro Sekunde. Dann erwartet man aus der Kurve eine Intensität von 9,5. Da die unbekannte Galaxie nicht in derselben Entfernung steht wie der Fornax-Galaxienhaufen, wird die Intensität einen anderen Wert haben, zum Beispiel den Wert 12. Aus dem Helligkeitsunterschied kann man dann mit dem quadratischen Helligkeitsabfallsgesetz die relative Entfernung der unbekannten Galaxie bestimmen. Die absolute Entfernung bekommt man, wenn man zuvor die Entfernung des Fornax-Galaxienhaufens durch andere direkte Methoden geeicht hat. Letztlich sind wir also wieder bei unserem quadratischen Abstandsgesetz angekommen. Die Genauigkeit der Tully-Fisher-Relation ist nur dann ausreichend, wenn man alles richtig macht. In diesem Fall ist die Genauigkeit der Entfernungsbestimmung besser als 30 %. Die Reichweite beträgt zurzeit etwa 100 Millionen Lichtjahre.

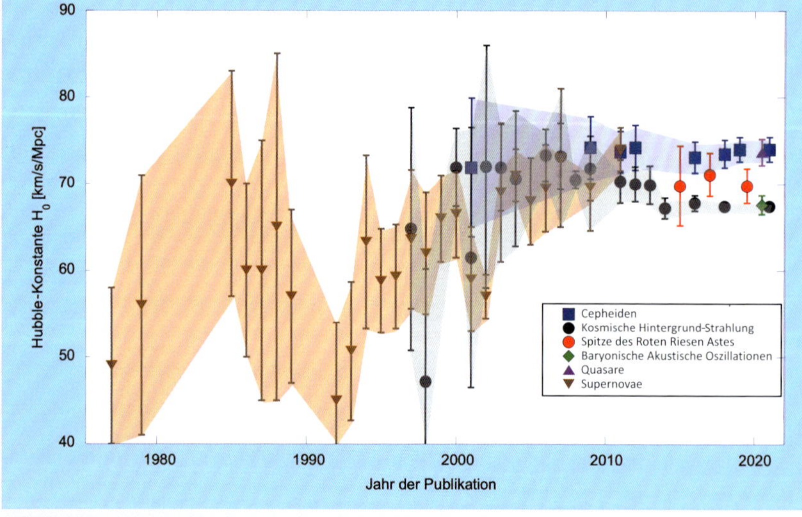

Abb. 3.7 In den vergangenen fast 50 Jahren wurde die Hubble-Konstante H_0 immer genauer bestimmt. In diesem Diagramm sind nur einige der Messwerte dargestellt, um das Bild nicht zu überfrachten. Vor 50 Jahren schwankte der Wert der Hubble-Konstanten etwa zwischen 50 und 100 km/s/Mpc, hier am Beispiel von Supernovae-Messungen zusammen mit den Fehlerbalken in braun dargestellt noch gut zu erkennen. Nach der Reparatur des *Hubble*-Space-Teleskops im Jahr 1993 konnte die Hubble-Konstante im Laufe der Zeit mit immer höherer Genauigkeit vermessen werden. Die Messungen, die auf Supernovae (braune Dreiecke) und auf Cepheiden (blaue Quadrate) beruhten, konvergierten zusammen mit der Bestimmung aus Quasaren (violettes Dreieck) bei einem Wert von etwa 73 km/s/Mpc. Die Messungen dagegen, die auf der Beobachtung der Kosmischen Hintergrund-Strahlung (schwarze Kreise) beruhten, konvergierten zusammen mit Beobachtungen der baryonischen akustischen Oszillationen – das sind Materie-Dichtewellen im Universum – etwa bei einem Wert von 68 km/s/Mpc. Eine weitere Methode, die die hellsten roten Riesen in entfernten Galaxien bestimmt (rote Kreise), liefert Werte, die mit etwa 70 km/s/Mpc genau zwischen den beiden anderen Werten liegen. Wegen der Kleinheit der Fehlerbalken passen die aktuellen Ergebnisse nicht zusammen und werden zur Zeit heftigst diskutiert. S. Text. (Basierend auf Freedman et al. 2019 und Huchra 2010)

Astronomen durchaus Mühe hatten, den Wert der Hubble-Konstanten H_0 festzulegen. Abb. 3.8 links zeigt auf der linken Seite die erhebliche Streuung der Messwerte um fast einen Faktor zwei. Damit war dann auch die Größe des Universums um einen Faktor zwei unsicher. Dennoch haben die Astronomen bei der Absicherung der Entfernungen in den letzten 40 Jahren erhebliche Fortschritte erzielt. Die modernen Hubble-Diagramme sehen deshalb etwas anders aus: Abb. 3.8 links zeigt ein solches Diagramm für einige Supernovae. Das ursprüngliche Diagramm von Edwin Hubble reichte nur bis in den Bereich des schwarzen Rechtecks unten links.

Jeder Messpunkt in Abb. 3.8 steht für eine Galaxie. Deren Entfernungen wurden mit Hilfe von Ia-Supernovae bestimmt, genau nach dem Verfahren, das wir oben schon betrachtet hatten. Die Rotverschiebung lässt sich aus dem Galaxienspektrum unabhängig von Supernovae relativ leicht und mit guter Genauigkeit bestimmen. Damit haben wir mithilfe des Entfernungsmaßstabs der Supernovae-Galaxien nun die Rotverschiebung geeicht und können diesen Maßstab auf alle Galaxien übertragen. Die Supernova-Hubble-Diagramme sind die genauesten, die wir zurzeit haben, um die Entfernung beliebiger Galaxien zu bestimmen. Die Rotverschiebung taugt also tatsächlich als Maß für die Entfernung, aber der Nachweis war ein hartes Stück astrophysikalischer Arbeit. Wenn aber die Rotverschiebung z als Maß für die Entfernung geeignet ist, so bedeutet dies auch, dass ihre Deutung als kosmologische Rotverschiebung an Gewicht gewinnt. Interpretiert man die Rotverschiebung jedoch nicht als kosmologische Rotverschiebung, haben wir inzwischen noch ein weiteres Indiz für eine Expansion des Kosmos, nämlich die scheinbare deutliche Verlangsamung der Explosion weit entfernter Supernovae relativ zu solchen in unserer Nachbarschaft (Blondin et al. 2008). Andernfalls müssten wir von einem statischen Weltall ausgehen, das weder expandiert noch kontrahiert. Ein solches Universum ist im Rahmen des Standardmodells jedoch nur über astronomisch kurze Zeit stabil. Es gibt alternative kosmologische Modelle, die gerade ein in etwa statisches Weltall fordern. Darauf kommen wir in Kapitel 4 zurück.

Wir hatten bereits gesehen, dass die Entfernungsbestimmung mithilfe der Rotverschiebung die Kenntnis der Hubble-Konstanten erfordert. Beim Betrachten von Abb. 3.7 kommen einem

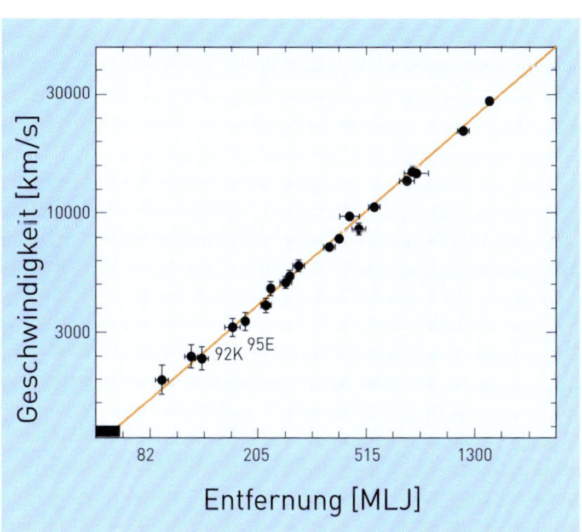

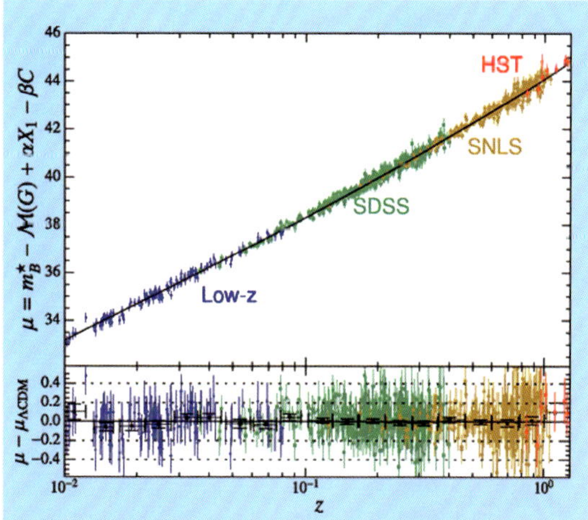

Abb. 3.8 Zwei moderne Hubble-Diagramme. **Links:** MLJ bedeutet: Millionen Lichtjahre. Der Bereich des ursprünglichen Hubble-Diagramms (Abb. 3.6) liegt links unten im Bereich des schwarzen Rechtecks. Die Steigung entspricht einer Hubble-Konstanten von 63 km/s pro Mpc (nach Riess et al. 1996). **Rechts:** Eines der neuesten Hubble-Diagramme hat entlang der waagerechten Achse die Rotverschiebung z in logarithmischer Skalierung und entlang der senkrechten Achse das astronomische Entfernungsmodul μ, sehr ähnlich wie in Abb 3.5. Die Steigung der schwarzen Linie entspricht einer Hubble-Konstanten von 70 km/s pro Mpc. Die schwarze Linie zeigt eine leichte Krümmung, da hier bereits kosmologische Parameter berücksichtigt werden, wie die Beschriftung der senkrechten Achse zeigt (Quelle: Fig. 8 in Betoule et al. 2014 und Fig. 12 Shah et al. 2021).

doch noch Fragen. In den vergangenen 20 Jahren hat die Bestimmung der Hubble-Konstante solche Fortschritte gemacht, dass die Fehlerbalken vergleichsweise ziemlich klein geworden sind. Nun zeigt sich beim Betrachten des Bildes, dass seit etwa 2015 die Streuung der Werte bei verschiedenen Messverfahren größer ist als die Fehlerbalken. Was bedeutet das? Es bedeutet, dass jedes Messverfahren inzwischen genaue Ergebnisse liefert, die Ergebnisse der verschiedenen Messverfahren jedoch nicht zusammenpassen. Die auf Cepheiden und auf Quasaren beruhenden Messungen der Hubble-Konstante liefern Werte um 74 km/s pro Mpc, die auf der Auswertung der kosmischen Hintergrundstrahlung beruhenden Beobachtungen und die baryonischen akustischen Oszillationen liefern Werte um 68 km/s pro Mpc. An diesem Unterschied entzündet sich eine Diskussion, die zu einem erheblichen Rauschen im wissenschaftlichen und auch im öffentlichen Blätterwald geführt hat. Worte wie „Hubble-Krise" und "kosmologische Krise" machen die Runde (s. etwa Panek 2020, Anderl 2019). Vielleicht wiederholt sich die bald 50 Jahre alte Diskussion – damals ging es um Werte von 50 oder 100 für die Hubble-Konstante, und ein Teil der Streuung ist in Abb. 3.7 links noch sehr schön zu sehen – nun auf kleinerem Niveau. Die Bestimmung der Hubble-Konstante erweist sich also auch weiterhin als ein dickes Brett in der Astrophysik, das nur in zähem Ringen gebohrt werden kann. Aber die Konstante ist der Mühe wert, denn sie bestimmt letztlich unsere Kenntnis von der Größe des Universums.

3.1.6 Auf den Punkt gebracht

Die großen Lichtlaufzeiten im Weltall von mehr als 10 Milliarden Lichtjahren müssen im Rahmen des Diskutierten bis auf kleine Abweichungen im Bereich 10 - 20 % als korrekt bestimmt gelten. Dabei gehen in alle Entfernungsbestimmungen, die wir näher angeschaut haben, sechs Grundannahmen ein, die hier nochmals genannt werden sollen:

- Das Gesetz des quadratischen Helligkeitsabfalls mit der Entfernung.
- Es gibt keine signifikanten Mengen von grauem Staub, der Licht unabhängig von dessen Farbe absorbiert und der dadurch deutlich größere Entfernungen vortäuschen könnte. Die Dunkle Materie kommt hierfür nach dem jetzigen Kenntnisstand nicht in Frage.
- Die Geometrie des Weltalls innerhalb des beobachteten Raumgebietes mit mehreren hundert bis tausend Millionen Lichtjahren ist hinreichend flach (euklidisch), sodass die Entfernungsmessungen nicht signifikant verfälscht werden.
- Bestimmte Naturkonstanten haben sich im Verlauf der Zeit nicht merklich geändert.
- Es gilt im (beobachtbaren) Weltall das Kosmologische Prinzip (s. Abschnitt 4.1), das Prinzip der Homogenität und der Isotropie: Kein Ort und keine Richtung ist besonders; alle Orte und Richtungen sind gleichberechtigt.
- Der Raum des Weltalls dehnt sich beständig aus.

Wenn man diese sechs Grundannahmen akzeptiert, folgt aus den Messungen der Astronomen ein Weltall, dessen Dimensionen atemberaubend groß sind. Jedenfalls ist damit das entfernteste Licht, das unsere Teleskope erreicht, rund 13 Milliarden Jahre mit einer Geschwindigkeit von rund 300 000 Kilometern pro Sekunde durch den fast leeren Raum unterwegs. Doch auch während dieser Reisezeit hat sich das Universum entsprechend ausgedehnt, sodass wir eine wirkliche geometrische Wegstrecke von inzwischen rund 45 Milliarden Lichtjahren ansetzen müssen. Um nun den Durchmesser dieses Raumes zu ermitteln, multiplizieren wir grob mit dem Faktor 2. Demgemäß ist die heutige Größe des beobachtbaren Kosmos rund 90 Milliarden Lichtjahre.

Diese Größe ist eigentlich nur in der Abstraktion und in der Modellbildung zugänglich. Das Weltall scheint für die Erde und uns Menschen um viele Nummern zu groß zu sein. Wenn man das Weltall, wie wir es nun überblicken können, in eine Kugel von der Größe der Erde packt, dann schrumpft die Erde selbst auf eine Größe von einem winzigen Bruchteil eines Atomdurchmessers. Was für eine Schöpfung! Und wozu? Ist ein so riesiges Weltall nötig, um dem Menschen auf der Erde eine Heimat zu geben und für ihn ein himmlisches Schauspiel in Szene zu setzen? Vielleicht war es nötig, wir wissen es nicht. Mag auch sein, dass das Ziel des Weltalls noch über das Ziel der Erde hinausweist. In der Bibel wird der Himmel häufig mit Gottes Größe in Verbindung gebracht, etwa in Jesaja 55, 9: *„Denn [so viel] der Himmel höher ist als die Erde, so sind meine Wege höher als eure Wege und meine Gedanken als eure Gedanken"* (Elberfelder Übersetzung). Das Beste, was wir tun können, ist, zunächst einmal mit der Größe des Weltalls zu leben und darin ein Zeichen für Gottes Größe zu sehen.

Mit den großen Räumen sind große Zeiträume verbunden. Dies gilt notwendig wegen der Endlichkeit der Lichtgeschwindigkeit und solange man annimmt, dass das Licht, das wir von den fernsten Galaxien nachweisen, dort auch tatsächlich ausgesandt wurde. Die Räume können selbst mit Lichtgeschwindigkeit nur in sehr langen Zeiträumen überbrückt werden. Hat es diese langen Zeiträume gegeben? Mit den oben genannten Voraussetzungen muss diese Frage bejaht werden. Man kann natürlich einige Voraussetzungen hinterfragen: Waren die Naturkonstanten und war insbesondere die Lichtgeschwindigkeit immer konstant? Ist die Geometrie des Raumes nachgewiesenermaßen flach? Selbst wenn man hier und dort Fragezeichen anbringt, kann man das Verhältnis zwischen den etwa 10 000 Jahren traditionell verstandener „biblischer" Geschichte und etwa 10 Milliarden Jahren astronomischer Geschichte nicht leicht überbrücken. Dazwischen liegt ein Faktor von einer Million. Das ist keine Kleinigkeit, auch nicht für uns Autoren. Für den Augenblick soll der Sachverhalt so stehen bleiben. Wir kommen in Kapitel 6 nochmals darauf zurück.

3.2 Großräumige Strukturen

3.2.1 Die Materie und der Raum

Kompakt

- Gestalt der Galaxien
- Großräumige Verteilung der Galaxien
- Der kosmische Horizont

Durch einen Blick in den sternklaren Nachthimmel kann man sich leicht davon überzeugen, dass der Himmel voller Sterne ist. Nach einer ersten Adaption des Auges wird man, zumindest an der südlichen Hemisphäre, mit bloßem Auge außerdem zwei Nebelfleckchen ausmachen, die beiden Magellanschen Wolken, und an der nördlichen Hemisphäre den Andromeda-Nebel. Außerdem ist da noch das hell schimmernde Band der Milchstraße und die sich bei genauerem Betrachten bewegenden „Sterne", die Planeten. Viel mehr ist außer der Sonne und dem Mond mit bloßem Auge nicht zu entdecken, zumal die Kometen, Meteore und sonstigen Erscheinungen früher allesamt der Erdatmosphäre zugerechnet wurden. Natürlich nahmen die Himmelsbetrachter – und unter ihnen insbesondere auch die Astronomen – in frühen Zeiten stets an, dass der Raum oder die Sphäre der Sterne schon in gehöriger Entfernung zur Erde stehen werden, wie es sich eben für himmlische Sterne schickt. Ob es dort außer einem gewissen Abstand zur Erde noch mehr zu denken oder zu entdecken gäbe, war über Jahrtausende hinweg eine nicht wirklich angemessene Frage, allenfalls für Philosophen interessant.

Das änderte sich schlagartig mit der Erfindung des Fernrohrs. Plötzlich gewann der Himmel Tiefe und Weite und, vor allem mit der Erfindung der Fotografie, auch Struktur. Die plötzliche Erkenntnis des großen Raumes hat damalige Zeitgenossen sehr stark bewegt. Der französische Mathematiker Blaise Pascal (1623-1662) bekennt einmal: *„Das Schweigen der Ewigkeit und der unendliche Raum erschrecken mich."* Man könnte meinen, ihm sei bei dem Gedanken an den großen Raum das Zelt fortgeflogen und er selbst unbehaust geworden. Selbst für uns heute ist es schwierig: Das Wort „Sternenhimmel" betont die

Anschauung des Nachthimmels als eher kuppelartiges Zeltdach. So nehmen wir ihn am häufigsten wahr. „Weltraum" hat dagegen schon mehr mit Mond, Planeten und eben Raumfahrt zu tun. Das „Weltall" oder auch „Universum" ist dagegen in unserer Anschauung eher unvorstellbar groß und unanschaulich. Zu Recht, wie wir schon sahen, wenn unsere Annahmen richtig sind.

Weil das Weltall so riesengroß ist, ist es vor allem eines: leer. Das Weltall ist so unglaublich leer, dass, wenn man alle Materie im Weltall gleichmäßig im Raum verteilen würde, man in einem Würfel der Kantenlänge von einem Meter noch nicht einmal ein einziges Atom fände (s. auch Abschnitt 1.4). Dabei ist die Erde ziemlich groß und die Planeten ebenso und erst recht die Sonne! Aber trotzdem: Selbst dann, wenn man alle Materie innerhalb der Plutobahn von etwa 40 Astronomischen Einheiten, also alle Planeten, die Sonne und was sonst noch so da ist, gleichmäßig über diese Kugel verteilt, erhält man in dem Würfel von einem Meter Kantenlänge doch nur etwa die Hälfte der Masse des Papiers unter dem Punkt am Ende dieses Satzes. Während früher die Menschen eher über die Weite des Raumes erschraken, kann uns heute ein seltsames Gefühl bei dem Gedanken beschleichen, dass die Lichtjahre im Weltraum, die uns inzwischen so locker über die Lippen gehen, im Wesentlichen leer sind. Nichts da. Nur ein paar einzelne Atome. Deshalb ist der Himmel dunkel. Zu wenig Sterne zum Leuchten. Zu groß die Abstände. Die Lichtgeschwindigkeit zu klein, um mit den Mitteln gegenwärtiger Physik auf der Zeitskala eines Menschenlebens im Weltall herumzureisen. Deshalb braucht es die fantastischen Antriebe in Science-Fiction-Raumschiffen. Warum? Sind wir auf die Erde verwiesen? Die Bibel sagt nicht viel über Gottes Gedanken zum „Außenraum" oberhalb der Erde, außer dass er „sehr gut" war.

Zum Glück für uns ist die Materie im Weltall nicht gleichmäßig verteilt. Es gibt eine Menge zu sehen. Das Weltall hat Struktur. Das zeigt der Blick zum Himmel: Die Milchstraße zieht sich wie ein Band über den Sternenhimmel. Auch Sterne schließen sich hier und dort zu größeren Verbänden zusammen. Trotzdem: Der Kontrast zwischen dem Leben auf der hellen Erdoberfläche und dem dunklen, stillen und erschreckend leeren Raum ist immens. Diese Erfahrung haben die meisten Astronauten gemacht. Wer die Gelegenheit hat, einmal nachts allein auf einem einsamen Berg unter dem klaren Himmel zu übernachten, dem kann es ebenso ergehen.

3.2.2 Die Milchstraße

Wenn man das Planetensystem verlässt, so ist die nächste größere Ordnungsstruktur unsere

Abb. 3.9 (Bild links) Die Galaxie M 83 zeigt, wie der Blick von außen auf die Milchstraße etwa aussehen könnte. (ESO)

Abb. 3.10 So wie die Galaxie NGC 4565 sähe auch unsere Milchstraße von der Seite aus. (www.noao.edu)

Milchstraße. Es ist nicht so leicht, einen Überblick über sie zu bekommen, weil sich die Sonne mit der Erde mittendrin befindet. Abb. 3.9 zeigt die Galaxie M 83 aus dem *Messierkatalog*, die etwa so aussieht wie unsere Milchstraße. Was dort leuchtet, sind überwiegend Sterne. Einzelne Sterne sind jedoch nicht zu sehen: Wenn man in das Bild ein winziges Loch von 1/5 mm Durchmesser stäche, entspräche es in der Realität etwa 100 Lichtjahren und böte Platz für viele tausend Sterne. Mehr als 100 Milliarden Sterne umfasst unsere Milchstraße, eine kaum vorstellbare Zahl. Wenn jede Sonne so groß wäre wie die Salzkörner in der Küche, bräuchte man 1,6 Kubikmeter oder etwa sechs Badewannen voller Kochsalzkörner für alle Sterne unserer Milchstraße!

Die dunklen Staubbänder der Galaxien bilden zusammen mit leuchtenden Gaswolken eindrucksvolle Spiralen. Die einzelnen Gaswolken leuchten rot vom Wasserstoff, dem häufigsten Element. Gleichzeitig leuchten in ihnen viele Sterne. Man sieht vor allem kurzlebige massereiche Sterne, die wegen ihrer hohen Oberflächentemperatur von mehreren 10 000 K im blauen Licht leuchten und viel heller strahlen als alle anderen. Das Zusammenspiel von interstellarem Staub, der das Licht der Sterne abschattet (und selbst dabei warm wird), und den Gebieten mit heißen Sternen und Gaswolken erzeugt die filigrane Spiralstruktur der Milchstraße. Dazwischen findet sich natürlich auch vieles andere. Überreste von Novae- oder Supernovae-Explosionen, Überreste von Sternhüllen und Sternwinden und natürlich auch kalte, neutrale, dunkle Gaswolken mit gefrorenem Sternenstaub und vielen organischen Molekülen und ausgedehnte Magnetfelder.

In der Bibel werden „die Himmel" als wunderbare Schöpfung Gottes bestaunt (zum Beispiel in Psalm 8). Wir wissen heute, dass der Himmel nicht einfach nur einige Sterne und Galaxien enthält, sondern komplex strukturiert ist und viele sonderbare Erscheinungen birgt. Einigen werden wir auf unserer Reise durch die Strukturen des Weltalls begegnen. Der Himmel ist in der Tat zum Staunen, nicht nur wegen seiner Ausdehnung.

Schaut man die Milchstraße von der Seite an, dann sieht sie aus wie eine flache Scheibe mit einem Knubbel in der Mitte (Abb. 3.10). Die

Abb. 3.11 Um die Milchstraßenscheibe herum verteilen sich etwa 150 solche Kugelsternhaufen mit jeweils mehreren 100 000 Sternen. (http://hubblesite.org)

flache Scheibe mit einem Durchmesser von etwa 100 000 Lichtjahren ist nur etwa 1 000 Lichtjahre dick. Eine CD hat etwa die gleiche Form im Sinne des Verhältnisses von Scheibendicke zu Scheibendurchmesser. In dieser Scheibe finden wir die Sonne etwa auf dem halben Weg von der Mitte bis zum Rand auf einem Nebenschauplatz. Die Scheibe wird umgeben von einem sphärischen Halo von etwa 150 Kugelsternhaufen mit jeweils mehreren 100 000 Sternen und dazu vielen einzelnen Sternen, die keiner Gruppierung angehören. Die Kugelsternhaufen bilden nicht etwa eine Kugel, sondern die Sterne in ihnen stehen in ihren Zentren so dicht zusammen, dass man mit kleinen Teleskopen den Eindruck einer hellen Kugel erhält (Abb. 3.11).

Die Sterne im Halo haben im Mittel einen deutlich geringeren Anteil an schweren Elementen. Im Standardmodell gelten sie deswegen als besonders alt. Über ihre Entstehung wissen die Astronomen wenig. Da sie allgemein annehmen, dass die Galaxien vor langer Zeit aus Verdichtungen kosmischer Materie entstanden sind, müssen diese Sterne bereits sehr früh entstanden sein, noch vor der Ausbildung der Scheibe der Galaxie.

Abb. 3.12 gibt einen künstlerischen Eindruck von unserer Milchstraße. Der Künstler hat ver-

Kasten 3.7: **Aufbau von Spiralgalaxien**

In Bild 1 wird das Aussehen der Andromeda-Galaxie bei verschiedenen Farben verglichen. Jede Farbe erläutert einen anderen Aspekt der Galaxie. Viele dieser Farben können wir Menschen von Natur aus nicht sehen, und deren Strahlung wird auch fast vollständig von der Atmosphäre absorbiert und damit ausgelöscht. Nur mit Hilfe von Satelliten sind diese Aufnahmen möglich geworden. Die Druckfarben sind deshalb willkürlich gewählt. Das Zentrum der Andromeda-Galaxie ist im Lichte der Röntgenstrahlung (a) am besten zu sehen. Die Ultraviolettstrahlung (b) zeigt vor allem heiße Sterne und das heiße Gas im Zentrum. Im sichtbaren Licht (c) erscheinen die meisten Sterne hell, während die Ferninfrarotaufnahme (d) vor allem den kühlen Staub in den Spiralarmen zeigt.

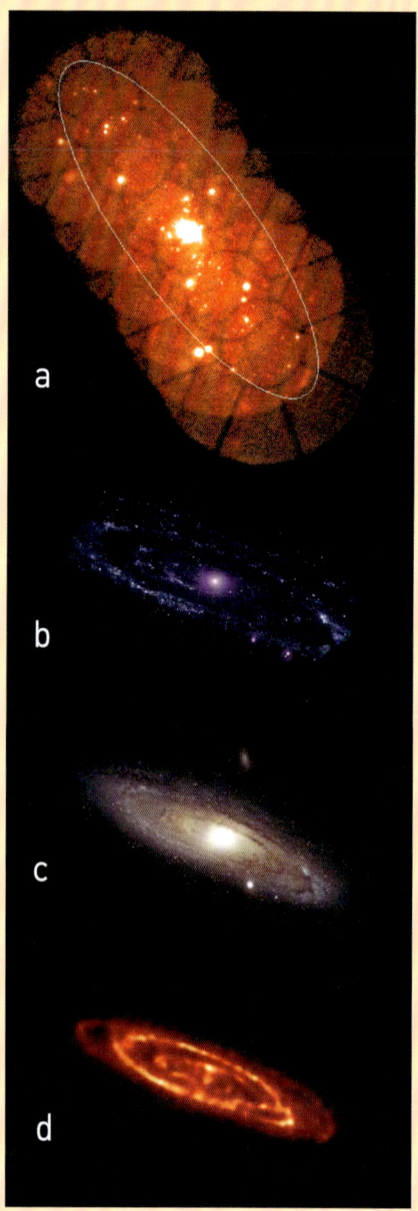

Bild 1 links: Die Andromeda-Galaxie im Lichte verschiedener Spektralbänder: a) Röntgen, b) ultraviolett, c) sichtbare Farben, d) fernes Infrarot (175 µm) (a: Supper et al. 1997 mit *ROSAT*; b: Immler & Grand 2016 mit *SWIFT*; d: Haas 2000 mit *ISO*)
rechts: Bild der Andromeda-Galaxie mit ihren Begleitgalaxien im optischen Licht aufgenommen (N. Pailer)

Kasten 3.8: **Schwarzes Loch und seine Umgebung**

Von einem Schwarzen Loch bemerkt man in einiger Entfernung nur die starke Gravitationskraft, die dafür sorgt, dass sich alle Objekte in seiner Umgebung sehr schnell bewegen. Wenn ein Objekt, sei es Staubklumpen, Gaswolke oder selbst ein Stern, dem Schwarzen Loch zu nahe kommt, wird es zerrieben, während es das Schwarze Loch in immer engeren Spiralen immer schneller umkreist. Dabei heizt sich die Materie sehr stark auf und beginnt zu leuchten. Falls genügend Nachschub vorhanden ist, bildet sich sogar eine leuchtende rotierende Materiescheibe, einem kosmischen Strudel gleich, der wie ein Staubsauger alle Materie einsammelt und sie noch einmal in ein gleißendes Licht taucht, bevor diese an dem Ereignishorizont (*Schwarzschild-Radius*) unsere Raumzeit verlässt und in einem zunehmend geröteten Licht unwiederbringlich verschwindet (Bild 1). Die beiden dünnen Materiestrahlen (Jets) nach beiden Seiten transportieren wahrscheinlich Drehimpuls und Magnetfelder vom Schwarzen Loch fort.

Das Zentrum der Milchstraße wird umgeben von einem Sternhaufen, den man im infraroten Licht durch den Staub hindurch beobachten kann. Bild 2a zeigt diesen Sternhaufen. Die hellsten der Sterne in unmittelbarer Nähe des Zentrums haben so hohe Geschwindigkeiten, dass sich ihre Positionen zueinander innerhalb von wenigen Jahren deutlich verändern. Bild 2b zeigt zwei Aufnahmen, die im Abstand von zehn Jahren aufgenommen wurden. Das Kreuz markiert die Position der Masse, die genau im Zentrum der Milchstraße steht. In der Nähe des Zentrums wurden Sterngeschwindigkeiten von mehreren tausend Kilometern pro Sekunde gemessen. Ein kosmisches Sternenrennen, bei dem die Sterne um das Schwarze Loch kreisen wie die Planeten um die Sonne. Aus der Analyse der Sternbewegungen findet man eine dunkle Zentralmasse von 4 Millionen Sonnenmassen innerhalb eines Raumgebietes von etwa einem Lichttag Durchmesser. Ein Sternhaufen kommt nicht in Frage, ebenso kann man fast alle exotischen Materieformen ausschließen. Selbst ein Haufen kleiner Schwarzer Löcher kann dort nur einige Millionen Jahre leben, bevor er durch Gravitationswechselwirkung der Haufenmitglieder zerstreut wird. Deshalb ist die beste Erklärung in der Tat ein Schwar-

Bild 1 Kosmischer Strudel. Schwarzes Loch in einer künstlerischen Darstellung. Die in das Schwarze Loch einfallende Materie wird durch die Gravitationskräfte zerrieben und zu hellem Leuchten angeregt. Die beiden Jets transportieren wahrscheinlich Drehimpuls nach außen.

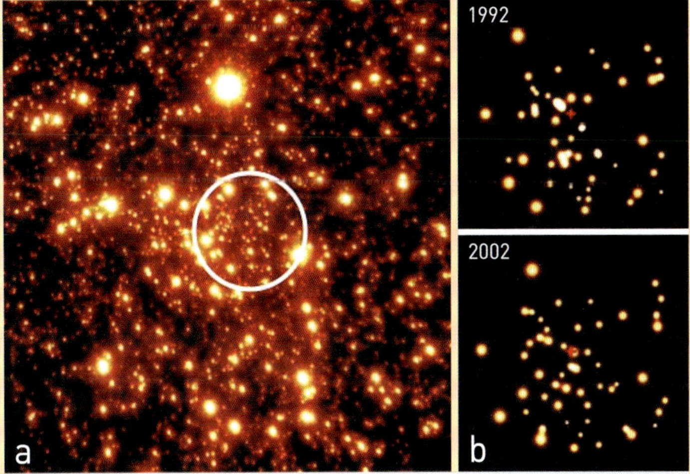

Bild 2 a: Der Sternhaufen unserer Milchstraße, so wie er im Infrarotlicht strahlt. **b**: Die beiden kleinen Bilder rechts zeigen die Veränderung der Sternorte innerhalb des Kreises im Verlauf von 10 Jahren. Das rote Kreuz markiert die Position des Schwarzen Lochs. Diese Bilder sind gegenüber der linken Abbildung etwa um 30° gegen den Uhrzeigersinn gedreht.

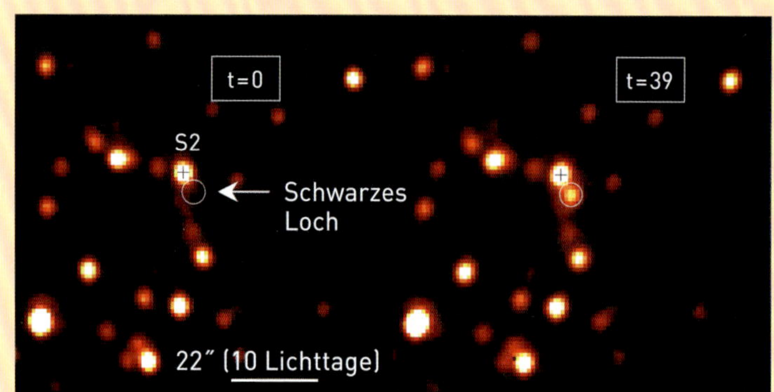

Bild 3 Lichtausbruch des Schwarzen Loches. Solche Lichtausbrüche erwartet man, wenn ein Materieklumpen in das Schwarze Loch stürzt. Merkliche Lichtausbrüche geschehen mehrmals am Tag und dauern bis zu etwa einer Stunde.

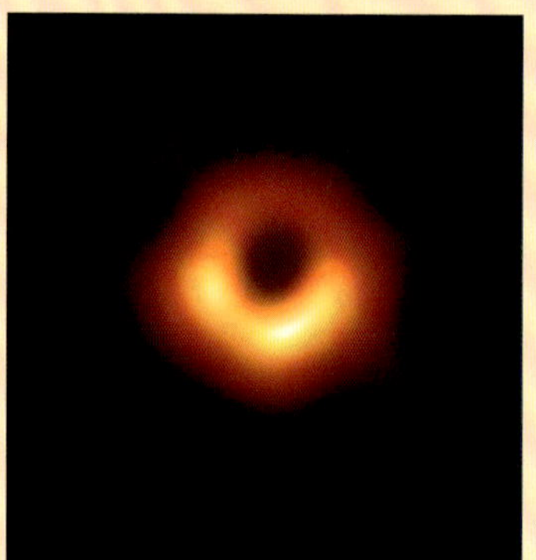

Bild 4 Erstes Abbild des Schattens, den das Schwarze Loch im Zentrum der Galaxie M 87 vor dem Hintergrund der leuchtenden Materie in seine Umgebung wirft. (https://eventhorizontelescope.org)

zes Loch. Auch Lichtausbrüche wie von sporadischem Materieeinfall in ein Schwarzes Loch hat man entdeckt, sowohl im Röntgen- als auch im Infrarotlicht. Sie finden mehrmals täglich statt und dauern einige Minuten bis Stunden. Bild 3 zeigt einen Helligkeitsanstieg der Infrarotstrahlung am Ort des Zentrums, der auf einen solchen Ausbruch hindeutet. Die Hypothese der Existenz Schwarzer Löcher gilt inzwischen als gut gesichert.

Hohe Sterngeschwindigkeiten und Lichtausbrüche findet man auch in anderen Galaxien. Im Augenblick deutet vieles darauf hin, dass in den Zentren der meisten Galaxien Schwarze Löcher existieren. Bild 4 zeigt das Bild des Schattens, den das Schwarze Loch im Zentrum der Galaxie Messier 87 vor dem Hintergrund der leuchtenden aufgeheizten Materie in seiner Umgebung wirft. Dieses Schwarze Loch ist mit fast 7 Milliarden Sonnenmassen allerdings auch ein Schwergewicht. Wenn die Beobachtungen in anderen Galaxien in diesem Sinne interpretiert werden, haben wir es mit Schwarzen Löchern von vielen Millionen bis Milliarden Sonnenmassen zu tun. Dagegen ist das Schwarze Loch in unserer Milchstraße geradezu noch ein Leichtgewicht.

sucht, unser gegenwärtiges Wissen über das Aussehen der Milchstraße und den Verlauf der Spiralarme aus der Kantenansicht (= Milchstraßenband) möglichst genau wiederzugeben. Der zentrale Knubbel ist auffallend gelb-rötlich. Diese Farbgebung ist richtig, wie man schon bei M 83 (Abb. 3.9) sehen konnte. Im Zentralbereich der Milchstraße bilden sich nur wenig massive Sterne, weshalb das Licht von älteren und kühleren Sternen wie unserer Sonne bestimmt wird. Die zentrale Struktur ist außerdem verlängert. Vor einigen Jahren stellte sich heraus, dass unsere Milchstraße einen zentralen *Balken* besitzt. Das eigentliche Zentrum unserer Milchstraße ist nicht zu sehen, weil zu viele Staub- und Gaswolken davor schweben. Mit vielen Gebieten der Milchstraße ergeht es uns ähnlich; sie sind hinter Staubwolken verborgen. Sehr energiereiche Röntgenstrahlung kann jedoch den Staub durchdringen. Ebenso durchdringt Infrarotstrahlung den Staub, jedoch aus einem anderen Grund. Die Infrarotstrahlung hat eine Wellenlänge, die größer ist als

Abb. 3.12 Künstlerische Darstellung unserer Milchstraße nach den Vorgaben der Astrophysiker. Diese Darstellung ist in vielen Details korrekt. (www.space-art.co.uk)

Abb. 3.13 a: Elliptische Galaxien sehen elliptisch oder auch kugelrund aus. Sie bestehen aus alten Sternen und haben fast kein Gas und keinen Staub. Links M 87, rechts M 86. (Links: http://seds.lpl.arizona.edu; rechts: www.noao.edu)

b: Im Unterschied zu reinen Spiralgalaxien wie M 101 (links) haben Galaxien wie NGC 1300 einen geraden zentralen Balken. Der Balken von NGC 1300 ist riesig. Er ist länger, als es dem Durchmesser der Milchstraße entspricht. (www.noao.edu)

c: Die irregulären Galaxien haben keine erkennbare Symmetrie. Häufig handelt es sich um kleinere Begleiter größerer Galaxien wie bei der kleinen Magellanschen Wolke (rechts). Der Kugelsternhaufen 47 Tuc ist ebenfalls zu sehen. M 82 (links) ist eine der großen irregulären Galaxien. (Links: www.allthesky.com; rechts: www.aao.gov.au)

der Durchmesser der interstellaren Staubkörner. Die Strahlung kann die Staubkörner deshalb quasi umkurven. Kasten 3.7 zeigt verschiedene Aspekte des großräumigen Aufbaus der Milchstraße am Beispiel der Andromeda-Galaxie.

Die Mitte unserer Milchstraße ist ein besonderer Ort; um ihn dreht sich nicht nur die Milchstraße. Dort haben Astronomen ein Schwarzes Loch nachgewiesen (Kasten 3.8). Für diese Entdeckung erhielten Andrea Ghez, Reinhard Genzel und Roger Penrose 2020 den Physik-Nobelpreis, Letzterer für seine Voraussage, die ersten beiden für ihren Nachweis durch Beobachtungen. Bereits ein Jahr zuvor war es einer Gruppe um Heino Falke nach fast 20-jähriger Vorbereitung durch Zusammenschalten vieler Radioteleskope gelungen, ein erstes Schattenbild des Schwarzen Lochs im Zentrum der Galaxie M 87 zusammenzusetzen (Kasten 3.8).

3.2.3 Die Galaxien

Bislang haben wir nur unsere Galaxie betrachtet und einige Facetten ihrer Gestalt beschrieben. Viele Galaxien sehen unserer ähnlich, andere dagegen nicht. Unsere Milchstraße gehört zu den Spiralgalaxien mit ausgeprägten Spiralarmen, die fast direkt an der zentralen Verdickung, genauer an den Enden des kurzen Balkens, ansetzen. Andere Galaxien haben eine viel ausgeprägtere Balkenstruktur, an deren Enden erst die Spiralarme ansetzen (Abb. 3.13b). Wieder andere Galaxien haben überhaupt

Abb. 3.14 Galaxiengruppe M 81-M 82 in der Nähe des Sternbilds „Großer Wagen". M 81 ist die größte Galaxie im Feld links, M 82 steht rechts. Weitere Galaxien dieser Gruppe erscheinen als verwaschene Fleckchen zwischen den Sternen, die noch zur Milchstraße gehören. (N. Pailer)

keine Spiralstruktur, sondern sehen aus wie ein riesiger Kugelsternhaufen (Abb. 3.13a). Zu diesen gehören M 87 im Sternbild Virgo (Jungfrau) sowie M 86. Diese Galaxien heißen wegen ihrer Form elliptische Galaxien. Sie sind die Galaxien mit der größten Masse im Weltraum. M 87 hat 30-mal so viel Masse wie die Milchstraße. Elliptische Galaxien bestehen fast nur aus metallreichen Sternen und es gibt sehr wenige Anzeichen für aktuelle Sternentstehung, für Gas und für Staub in diesen Gebilden.

Irreguläre Galaxien zeigen überhaupt keine erkennbare Gestalt oder Symmetrie. Sie sind häufig chaotisch verzerrt. Wenige große Galaxien gehören dazu, wie M 82 (Abb. 3.13c). Meist handelt es sich jedoch um kleinere Galaxien in der Nähe von großen Nachbarn. Ein Beispiel ist die kleine Magellansche Wolke in der Nähe unserer Milchstraße. Diese Grundtypen wurden schon von Edwin Hubble vor etwa 90 Jahren festgestellt. Beim Betrachten dieser Sequenz in Abb. 3.13 stellt man sich natürlich auch die Frage, wie man die verschiedenen Formen erklären kann. Die Frage ist nicht so leicht zu beantworten. Mit Hilfe unserer Cepheiden sind wir in der Lage, die Entfernung zumindest der nahen Galaxien zuverlässig zu bestimmen. Da wir schon deren Richtung am Himmel kennen, ist damit die Lage der Galaxien im Raum festgelegt und wir können uns anschauen, wie die Galaxien im Raum verteilt sind. Dabei fällt sofort auf, dass Galaxien überwiegend in Gruppen auftre-

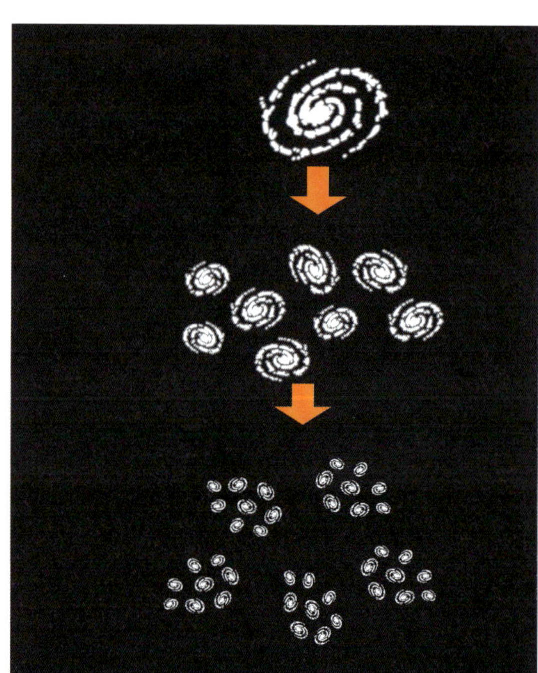

Abb. 3.15 Strukturhierarchie des Universums (schematisch dargestellt). Bis zur Mitte des 20. Jahrhunderts hatten wir folgende Vorstellung von den Strukturen im Universum: Die Sonne als Stern ist ein Mitglied von einer aus mehr als 100 Millionen anderer Sterne bestehenden Galaxie (Milchstraße), außerhalb derer andere Galaxien ohne erkennbare Ordnung verstreut liegen. Seither wurden Beobachtungen durchgeführt, die nachweisen, dass unser Milchstraßensystem und weitere relativ nahe Galaxien eine eigene Struktur aus Galaxien bilden, sog. Galaxienhaufen. Jenseits solcher Galaxienhaufen sind sog. Superhaufen ausgemacht worden. Heute überrascht der Kosmos durch neu entdeckte hochgradige Ordnung.

ten. Die Galaxien bilden eine Art hierarchische räumliche Struktur. Unsere Milchstraße bildet dabei mit der Andromeda-Galaxie und etwa 70 weiteren kleinen Galaxien die „Lokale Gruppe"; das ist sozusagen unser Galaxienclan. Der Durchmesser der Lokalen Gruppe beträgt etwa 7 Millionen Lichtjahre, dabei sind es schon bis zur Andromeda-Galaxie 2,5 Millionen Lichtjahre. In unserer „Nähe" gibt es noch einige weitere Galaxiengruppen, wie zum Beispiel die etwa 12 Millionen Lichtjahre entfernte M 81-M 82-Gruppe, die in der Abb. 3.14 zu sehen ist.

Gruppen haben in der Regel weniger als 50 Objekte. Verbände von Gruppen oder größere Gruppen nennt man Galaxienhaufen. Der uns nächste ist der Virgo-Haufen mit der Zentralgalaxie M 87 (für M 87 s. Abb. 3.13a) in 50 Millionen Lichtjahren Entfernung. Er allein umfasst schon mehr als 2 000 Objekte. Zusammen mit den anderen umliegenden Haufen und Gruppen, unsere Lokale Gruppe eingeschlossen, ist er zugleich Zentrum des lokalen Superhaufens, der etwa 150 Millionen Lichtjahre Durchmesser hat. Weitere Superhaufen in unserer intergalaktischen

Abb. 3.16 Zusammenstoß der Galaxien NGC 2207 (links) und IC 2163 (rechts). (http://hubblesite.org)

Abb. 3.17 Nahe Begegnung zweier Galaxien. Die kleinere Galaxie ist hinter einem Spiralarm der größeren halb verborgen. Die Gezeitenkräfte haben einen Spiralarm der großen Galaxie bereits fast völlig abgewickelt. (http://hubblesite.org)

Umgebung sind der Herkules-Haufen und der Coma-Haufen. Zurzeit wird darüber spekuliert, ob es vielleicht eine noch höhere Ordnung gibt, die Hyperhaufen oder Groß-Superhaufen wie etwa Laniakea (Tully et al. 2014). Diese würden dann wiederum viele Superhaufen umfassen und hätten Ausmaße von fast 1 Milliarde Lichtjahre (vgl. Abb. 3.15).

Bevor wir uns noch weiter in das Weltall hinaus vortasten, betrachten wir einige Besonderheiten bei Galaxien. Wenn mehrere hundert oder tausend Galaxien in einem Haufen durch die Gravitation zusammengehalten werden, ist es durchaus wahrscheinlich, dass zwei Galaxien sich so nahe kommen, dass sie die Gravitationskräfte voneinander „spüren". Die Auswirkungen solcher Wechselwirkungen kann man in der Tat sehen; und sie sind in der Regel einschneidend und verändern das weitere „Leben" der Galaxien. Die beteiligten Galaxien müssen dabei noch nicht einmal zusammenstoßen. Schon ein Abstand, der etwa dem vierfachen Durchmesser der Galaxien entspricht, reicht, um die filigranen Strukturen durcheinanderzuwirbeln. Abb. 3.16 zeigt den Zusammenstoß zweier Galaxien. Bei solchen nahen Begegnungen werden die Geschwindigkeiten vieler großer Gaswolken und Sterne so sehr gebremst, dass diese sich nicht mehr in ihren Bahnen halten können und zu den Zentren der Galaxien fallen. Andere Gasmassen und Sterne werden nach außen geschleudert und bilden lange Bögen im intergalaktischen Raum (Abb. 3.17). Das Ergebnis einer zu nahen Begegnung ist in der Regel ein Verschmelzen der beiden Galaxien. Dabei wird die Spiralstruktur in den Galaxien stark gestört oder sogar völlig aufgelöst.

Die Wechselwirkung zwischen Galaxien ist vermutlich für eine ganze Reihe weiterer Phänomene verantwortlich. Beispielsweise könnten die elliptischen Galaxien das Ergebnis vieler Galaxienbegegnungen sein, bei denen viele kleinere Galaxien zu großen verschmelzen. Irreguläre Galaxien könnten in diesem Sinne als von außen gestörte Galaxien gelten. Außerdem sind die

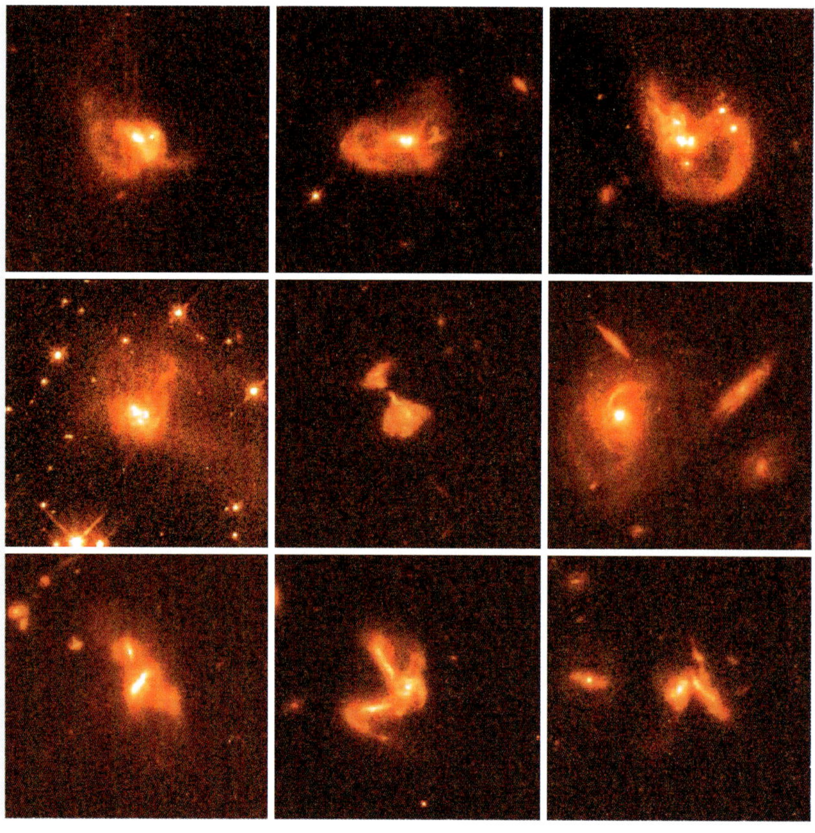

Abb. 3.18 In ultra-hellen Infrarotgalaxien wie auf diesen Bildern des *Hubble*-Weltraumteleskops wird der interstellare Staub durch intensive Sternentstehung sehr stark aufgeheizt und beginnt vor allem im infraroten Spektralbereich zu strahlen. Die Zusammenstöße und Wechselwirkungen von Galaxien wie hier sind die vermutete Ursache für diese Aktivität. Häufig sind mehrere Galaxien gleichzeitig beteiligt. Die nachträgliche Farbgebung soll an die Infrarotstrahlung der Galaxien erinnern. (http://hubblesite.org)

Quasare zu nennen – Galaxien, deren Zentralgebiet so hell leuchtet, dass es den Rest der Galaxie um ein Vielfaches überstrahlt. Dort strömen ungeheure Materiemengen in das zentrale Schwarze Loch, das wiederum diese immense Energie freisetzt. Man vermutet, dass auch die dort einströmende Materie durch Begegnung zwischen Galaxien nach innen gelenkt wurde. Massive Schwarze Löcher wiederum könnten aus einer Vereinigung mehrerer Schwarzer Löcher aus verschiedenen Galaxien entstanden sein.

Ein Zusammenstoß zwischen Galaxien hat aber noch weitere Auswirkungen. Durch den Zusammenstoß vieler Gas- und Molekülwolken im Inneren solcher Galaxien beginnt dort in vielen Gebieten fast gleichzeitig eine Phase intensiver Sternentstehung. Die geradezu explosive Sternentstehung führt zu einer deutlichen Erwärmung des Staubes in den Molekülwolken zwischen den vielen heißen Sternen. Der Staub absorbiert den überwiegenden Teil der Sternstrahlung und beginnt selbst im fernen Infrarot-Spektralbereich so stark zu leuchten, dass nicht wenige von diesen Galaxien mehr als 1000-mal mehr Energie im ferninfraroten als im sichtbaren Spektralbereich abstrahlen. Das sind die ultrahellen Infrarotgalaxien (Abb. 3.18), die vor etwa 30 Jahren vom amerikanischen Satelliten *IRAS* entdeckt wurden. Unter diesen Galaxien sind die leuchtkräftigsten Galaxien im sichtbaren Weltall; die hellsten sind etwa 10 000-mal so hell wie die Milchstraße.

3.2.4 Großräumige Verteilung

Die Zugehörigkeit der Milchstraße und der anderen Galaxien zu Gruppen, Haufen und Superhaufen beruhte auf einer Analyse der dreidimensionalen Anordnung der Galaxien mit Hilfe der Rotverschiebung als Entfernungsmodul. Wenn man die Messungen einmal durchgeführt hat, kann man auch gleich die räumliche Anordnung der Galaxien darstellen. Als man mit solchen Messungen und Darstellungen in den 80er-Jahren des vergangenen Jahrhunderts begann, gab es eine Überraschung. Die Galaxienhaufen und Superhaufen waren keineswegs zufällig angeordnet wie die Rosinen im gleichnamigen Brot. Die Verteilung der Galaxien und der Materie folgte vielmehr einer Struktur ähnlich der eines Schwammes mit großer Zellstruktur oder großen Waben, wie dies zum Beispiel im Abb. 3.19 als Ergebnis einer Simulation zu sehen ist. Abb. 3.20 zeigt den Lokalen Superhaufen, so wie man ihn sieht, wenn er auf die schmalste Kante projiziert wird. Diese Beobachtung der Zellstruktur setzt sich fort, wenn man mehr Galaxien hinzunimmt und tiefer in das Weltall hineinschaut. Abb. 3.21 stellt ein ähnliches Bild dar, das aber eine Scheibe aus einem wesentlich größeren Raumgebiet umfasst. Die Messungen wurden im Rahmen eines internationalen langfristigen Beobachtungsprojektes – Sloan Digital Sky Survey, SDSS – gewonnen, bei dem große Teile des Himmels mit großflächigen CCD-Chips fotografiert und spektroskopiert werden. War der Radius der Verteilung in Abb. 3.20 noch 50 Mpc, so ist er in diesem Bild, zehn Jahre später, 600 Mpc, also 12-mal so groß. Hier treten die Zellstrukturen noch viel deutlicher in Erscheinung. Dabei scheinen die Galaxien die Zellwände zu bilden, während die Innenräume der Gebiete ziemlich leer sind. Diese leeren Innenräume werden als „voids" bezeichnet. Inzwischen sind entsprechende Bilder, die

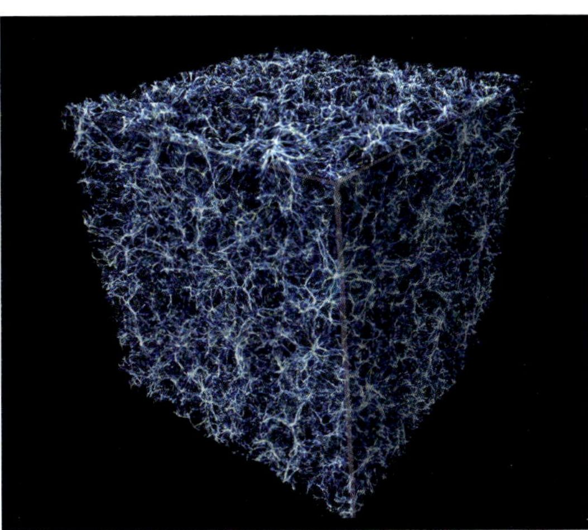

Abb. 3.19 Die Galaxien sind im Weltall nicht gleichmäßig verteilt, sondern die räumliche Anordnung ähnelt vielmehr einer Art Zell- oder auch Schwammstruktur. Zwischen Filamenten mit vielen Galaxien gibt es große Leerräume mit nur wenigen Galaxien. Auch die Dunkle Materie folgt dieser Verteilung. (Hallman, NASA, ESA 2008)

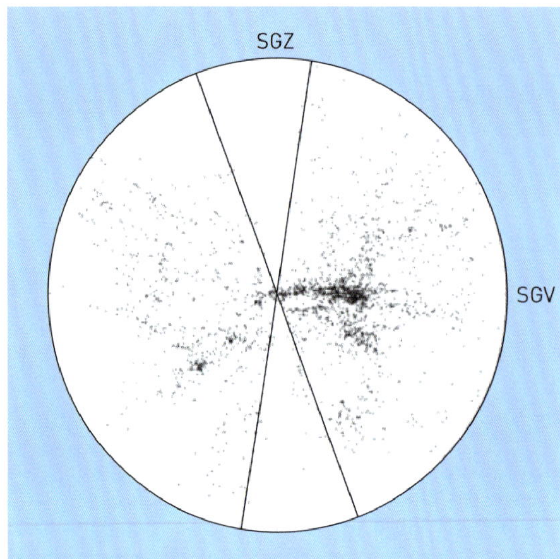

Abb. 3.20 Die Verteilung von 2 175 Galaxien des lokalen Superhaufens. Die Milchstraße im Schnittpunkt der Linien befindet sich eher am Rand des Superhaufens. Der Bereich zwischen den beiden Linien repräsentiert die undurchsichtige Scheibe unserer Milchstraße. Der Radius des Kreises beträgt etwa 50 Mpc. (Tully 1982)

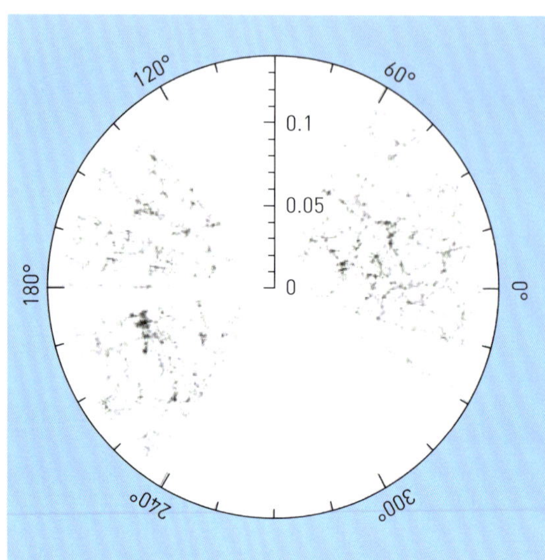

Abb. 3.21 Die Verteilung von 16 300 Galaxien in einem 5° großen Segment am Himmelsäquator. Der Bildradius ist 12-mal größer als in Abb. 3.20. Man erkennt deutlich die zellenartige Struktur der Galaxienverteilung. Dabei scheinen die Galaxien die Zellwände zu bilden. (Zehavi et al. 2002)

den ganzen Himmel überdecken, verfügbar. Aus dem Two Micron All Sky Survey, 2MASS, konnte die Verteilung von 1,5 Millionen Galaxien und etwa 500 Millionen Sternen unserer Milchstraße bestimmt werden. Die Verteilung der Galaxien ist in Abb. 3.22 dargestellt. Eine so große Zahl von Objekten ist schwer zu überblicken, deshalb sind die Galaxien farbig kodiert. Die blauesten Galaxien haben eine Entfernung kleiner als 40 Mpc; sie entsprechen also etwa der Verteilung in Abb. 3.20. Die roten Galaxien sind etwa 450 Mpc entfernt, etwa vergleichbar mit Abb. 3.21. Eine Theorie, welche die zeitliche Entwicklung des Universums beschreibt, muss natürlich auch in der Lage sein, solch eine Zellen- oder auch Schwammstruktur zu beschreiben. In umfangreichen Computersimulationen wird versucht, die Galaxienverteilung im Rahmen des Standardmodells zu verstehen. Die Ergebnisse dieser Simulationen können auch

Abb. 3.22 Eine farbige Darstellung der räumlichen Galaxienverteilung über den gesamten Himmel mit der Milchstraße. Jeder farbige Punkt markiert eine Galaxie. Die Farbe steht für die Entfernung: Blaue Galaxien stehen näher, rote ferner. Dies ist das aktuellste Ergebnis zur Galaxienstruktur und wurde im Rahmen des Two Micron all Sky Survey, 2MASS, gewonnen. (Jarrett 2004)

als Bilder oder Filme angeschaut werden (s. QR-Code 3.4). Sie zeigen eine bemerkenswerte Ähnlichkeit mit Abb. 3.20 und 3.21, was natürlich kein Beweis dafür ist, dass sich das Universum so entwickelt hat, jedoch als ein deutlicher Hinweis darauf verstanden werden kann, dass die sichtbare Struktur des Universums im Rahmen einer dynamischen Entwicklung unter Anwendung von Naturgesetzen erklärt werden kann.

QR-Code 3.4: Supercomputer Simulationen untersuchen die Entstehung von Galaxien und Quasaren im Universum

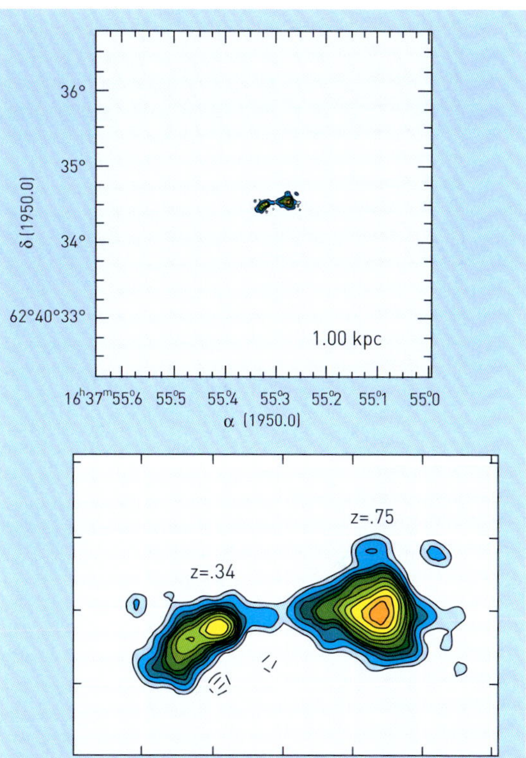

Abb. 3.23 Zwei Galaxien, die am Himmel nahe beieinander im Abstand von 1/4 Bogensekunde stehen, aber sehr verschiedene Rotverschiebung haben. Die *z*-Werte sind angegeben. Die obere Galaxie ist ein Quasar mit dem Namen 3C 343. Das untere Bild ist eine Vergrößerung in einer Darstellung mit Konturlinien. (Arp et al. 2004)

3.2.5 Periodische Rotverschiebung und Quasare

Wir hatten bereits darauf hingewiesen, dass nicht alle Astronomen mit der Interpretation der Rotverschiebung als Dopplergeschwindigkeit einverstanden sind. Die Kritik entzündet sich im Wesentlichen an zwei Phänomenen, deren Existenz von den Befürwortern und Kritikern bislang jedoch sehr verschieden beurteilt wird. Es geht um die periodische Rotverschiebung und die Assoziation zwischen Quasaren und nahen Galaxien.

In einer Veröffentlichung aus dem Jahre 1967 hatte der amerikanische Astrophysiker Halton Arp behauptet, Anzeichen für eine Materieverbindung zwischen bestimmten nahen aktiven Galaxien und Quasaren in deren Umgebung gefunden zu haben (Abb. 3.23). Außerdem bemerkte er Häufungen von Quasaren in der unmittelbaren Umgebung von nahen aktiven Galaxien. Dabei, und das war das eigentlich Merkwürdige, sind die Rotverschiebungen der Galaxie und der Quasare sehr verschieden. Wenn zwei Galaxien physikalisch verbunden sind, zum Beispiel über Materiebrücken, dann müssen sie notwendigerweise auch nahe beieinander stehen. Haben sie dennoch deutlich verschiedene Rotverschiebungen, so sei das ein starker Hinweis darauf, dass Rotverschiebung von Quasaren nicht immer etwas mit Fluchtgeschwindigkeiten im Sinne des Dopplereffektes zu tun habe, deshalb auch nicht als Entfernungsmesser tauge und folglich eine andere Ursache haben müsse. Die Evidenz für die behauptete räumliche Assoziation zwischen nahen Galaxien und Quasaren im Bildfeld wurde von der Mehrzahl der Astronomen jedoch abgelehnt: Die Zahl der Objekte sei zu gering, die Assoziation könne auch leicht durch zufällige Anordnung vorgetäuscht werden und eine physikalische Verbindung sei schwer zu beweisen. Halton Arp und einige Kollegen haben dennoch dieses Modell bis in jüngere Zeit weiterverfolgt und ausgebaut (Fulton & Arp 2012, Fulton, Arp & Hartnett 2018). Inzwischen ist es jedoch sehr still um diese Behauptung geworden, was angesichts des zwischenzeitlichen Erfolgs mit der

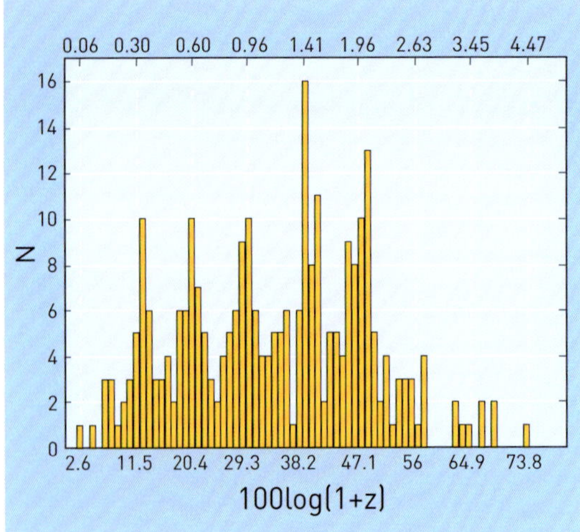

Abb. 3.24 Die periodische Rotverschiebung von Galaxien zeigt sich in einer periodischen Häufung von Galaxien bei bestimmten z-Werten. Die z-Werte sind entlang der oberen waagerechten Achse aufgetragen. Die Anzahl der Galaxien innerhalb kleiner z-Intervalle ist entlang der senkrechten Achse aufgetragen. Die erwartete Periodizität ist durch die senkrechten Striche angedeutet. (Napier & Burbidge 2003)

Fortsetzung der kosmischen Entfernungsleiter über die Cepheiden hinaus zu den Supernovae nicht verwundert. Ihr Modell ist in der Tat völlig verschieden vom Standardmodell, nach dem im jungen Universum in Quasaren massive Schwarze Löcher große Mengen an Gas und Staub verschlingen. Es passt vielmehr zum Modell des stationären Universums (Abschnitt 3.4), das eine ständige oder auch periodische Materieentstehung an vielen Orten im Kosmos postuliert. Es ist sicher ebenso eine Schwäche dieses Modells, dass es keine durchgängige alternative physikalische Erklärung für die Rotverschiebung geben kann.

Während sich also die Idee einer räumlichen Verbindung von Quasaren und anderen Galaxien als wissenschaftlich nicht haltbar erwies, stellte sich ein anderes Thema als umso interessanter heraus. Ebenso im Jahre 1967 erschien eine bemerkenswerte Arbeit des Astronomenehepaars Margaret und Geoffrey Burbidge. Sie bemerkten, dass sich die Rotverschiebungen von Quasaren bei dem Wert $z = 1{,}95$ besonders häuften. Eine solche Häufung kann nach dem Standardmodell dann auftreten, wenn sich zu einer gewissen Zeit in der Vergangenheit binnen Kurzem sehr viele Quasare bilden. Der Schwede K. G. Karlsson stellte jedoch bei seinen Untersuchungen in den 70er- und 80er-Jahren des vergangenen Jahrhunderts fest, dass besonders viele Quasare nicht nur bei $z = 1{,}95$ auftraten, sondern auch bei anderen Rotverschiebungen: 0,30, 0,60, 0,96, 1,41 sowie 2,64 ... Die Abfolge dieser Maxima konnte er sogar durch eine mathematische Formel beschreiben. Parallel dazu untersuchte William Tifft ebenfalls die Periodizität von Rotverschiebungen, jedoch über größere Raumgebiete. Er bemerkte, dass die Periodizitäten besonders ausgeprägt erschienen, wenn man die Messungen für alle bekannten Geschwindigkeitskomponenten relativ zum Mikrowellenhintergrund korrigiert. Er entwickelte außerdem zusammen mit dem Finnen Ari Letho erste Ansätze einer Erklärung für das Auftreten der Periodizitäten, arbeitete jedoch weitgehend unabhängig von Burbidge, Karlsson und Arp (Tifft 2003). Ebenso wie zuvor die Assoziation von nahen Galaxien und Quasaren ist auch eine periodische Rotverschiebung, also die Häufung von Galaxien mit bestimmten z-Werten, zunächst nicht mit dem Standardmodell vereinbar. Deshalb werden auch die Untersuchungen zur periodischen Rotverschiebung von den Vertretern des Standardmodells kritisch beurteilt: Die Maxima seien ein Effekt kleiner Zahlen und daher statistisch nicht signifikant. Auf der Basis einer neueren Untersuchung behaupten E. Hawkins et al. (2002), in der von ihnen untersuchten Gruppe von Quasaren gebe es keine Periodizität der Rotverschiebung. Dem widersprechen W. Napier und G. Burbidge (2003) und ebenso H. Arp und Kollegen (s. oben). Sie stellen fest: „*The essential point is that Quasars must be correctly identified with their putative parent galaxy, and moved into the restframe of that galaxy, if the Karlsson peaks are to be observed*“[Z11] (Arp et al. 2005). Abb. 3.24 zeigt ein Ergebnis: Entlang der waagerechten Achse sind die Rotverschiebungswerte in kleinen Intervallen aufgetragen, entlang der senkrechten Achse die Anzahl der Quasare mit z-Werten in den jeweiligen Intervallen. Die senkrechten Striche markieren die Perioden.

Inzwischen hat sich zu diesem Thema eine muntere Diskussion entwickelt. Morley Bell und

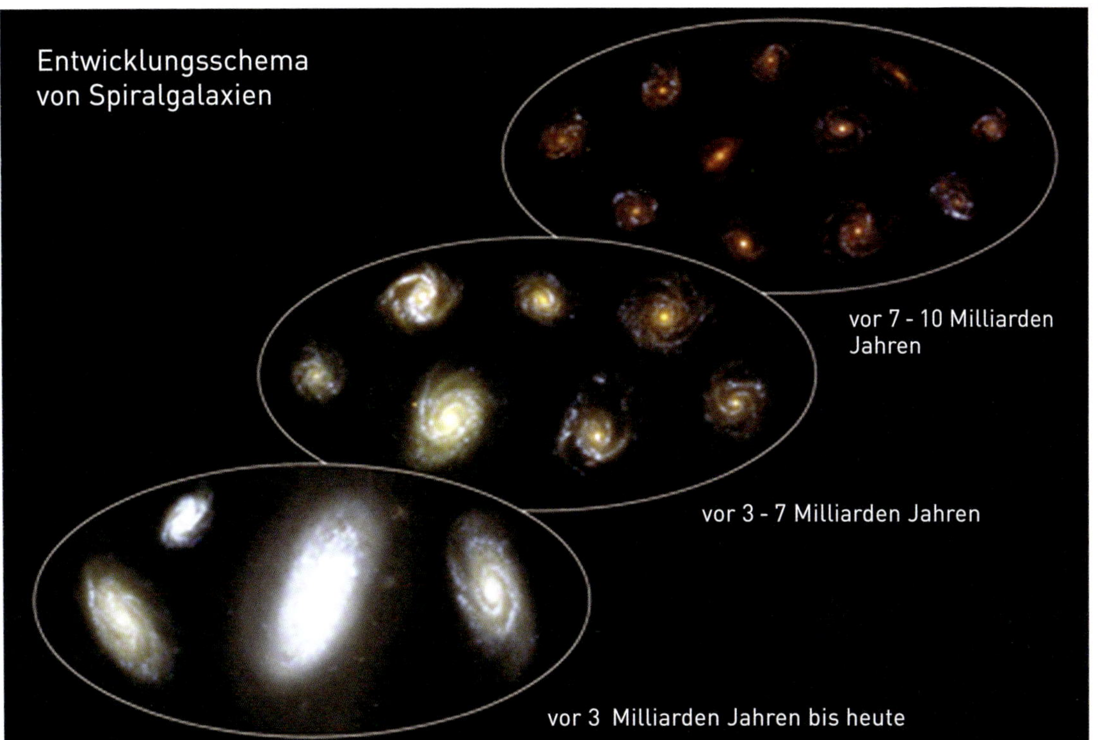

Abb. 3.25 Die Entwicklung der Galaxien, wie man sie sich gegenwärtig vorstellt. Im Laufe der Zeit nimmt die Zahl der Galaxien durch Zusammenstöße ab, dafür ihre Größe zu. (http://hubblesite.org)

Donald McDiarmid aus Ottawa stellen 2006 eine Untersuchung von mehr als 46 000 Quasaren vor, in der sie eine signifikante Periodizität finden (Bell & McDiarmid 2006). Ähnliches berichtet John Hartnett (2009) aus Australien, weist aber gleichzeitig darauf hin, dass er über die Ursache nicht spekulieren wolle. Dem widersprechen wiederum Repin, Komberg und Lukash (2018), geben jedoch zu, dass die räumliche Verteilung der Quasare nicht der einer zufälligen Verteilung entspricht. Sie spekulieren, ob die nicht ganz zufällige Verteilung der Quasare vielleicht auf der zellulären Struktur der Galaxienverteilung beruhen könnte, wie wir sie bereits in Bild 3.21 und 3.22 bemerkt haben. Diese Idee hatte zuvor bereits der Turiner Physiker Lorenzo Zaninetti publiziert und ausgearbeitet (Zaninetti 2013). In einem Universum mit zellenartiger räumlicher Galaxienverteilung folgt die Verteilung der Rotverschiebungen natürlich der räumlich nicht homogenen Verteilung der Galaxien. Je nach der Größenverteilung der kosmischen Zellen (s. Abb. 3.19) und ihrer charakteristischen Durchmesser kann man sogar eine periodenhafte Häufung von Rotverschiebungen erhalten. Falls sich dieses Argument erhärten sollte, wäre es allerdings nicht länger ein Argument für eine alternative Kosmologie, sondern eine Folge der räumlich nicht homogenen Galaxienverteilung. Die Diskussion geht also weiter, eine ziemlich aktuelle Zusammenfassung vergangener und noch aktueller alternativer kosmologischer Theorien liefert López-Corredoira (2017).

3.2.6 Der tiefe Blick ins Universum

Nachdem wir die Galaxien nach ihren verschiedenen Formen klassifiziert und sie in Gruppen, Haufen und Superhaufen eingeteilt haben, sind wir bereit, den in Abschnitt 1.4 angesprochenen tiefen Blick in die Weiten des Weltalls auszubauen. Bei der Untersuchung der Strukturen des Weltalls im Großen müssen wir uns erinnern, dass ein Blick in eine Entfernung von einer Million Lichtjahre auch stets bedeutet, dass wir eine Galaxie so sehen, wie sie vor einer Million Jahre aussah. Es ist wie bei der Briefpost mit einer Laufzeit von, sagen wir, zwei Tagen. Der Brief, den ich bekomme, unterrichtet mich über das, was vor zwei Tagen geschehen ist. Selbst wenn ich jeden Tag einen Brief bekäme, wäre jeder Brief schon zwei Tage alt, wenn ich ihn öffne. Wenn die Entfernungen der Galaxien halbwegs korrekt bestimmt sind und unterwegs keine Probleme mit der Geometrie des Raumes und der Lichtgeschwindigkeit auftreten, dann braucht das Licht der fernen Galaxien Millionen bis zu einigen Milliarden Jahren, bis es die Erde erreicht. Diese Feststellung hat eine wichtige Konsequenz.

Je weiter wir in das Weltall hinausschauen, zu umso früheren Zeiten sehen wir die Galaxien. Müssten die fernen Galaxien dann nicht jünger aussehen? Vielleicht. Was aber bedeutet „jünger"? Wie kann eine Galaxie jung aussehen? Die Antworten auf diese Fragen sind etwas verzwickt, denn sie berühren bereits unsere Vorstellung von der Welt als Ganzes. Die meisten Astrophysiker gehen zurzeit davon aus, dass der Sternenbrennstoff, also der Wasserstoffvorrat, im Weltall begrenzt ist. Dann ist wegen der Unumkehrbarkeit der Fusionsprozesse in Sternen ein quasi immerwährender Kreislauf der Materie in Sternen durch die Gesetze der Physik ausgeschlossen. Der Anteil der „Asche" in den Sternen nimmt stetig zu. Mit dieser Begrenzung kön-

Abb. 3.26 Im Dezember 1995 entstand mit Hilfe des *Hubble*-Weltraumteleskops die damals tiefste Aufnahme in das Weltall hinein. Auf diesem Ausschnitt sind praktisch nur Galaxien in etwa ihren natürlichen Farben zu sehen. Die schwächsten Pünktchen sind etwa von der 29. Magnitude, also extrem lichtschwach. (http://hubblesite.org)

Abb. 3.27 Der tiefste Blick in das Weltall, den Menschen je getan haben, zeigt diese fast 23 Tage lang belichtete Aufnahme mit dem *Hubble*-Weltraumteleskop. Auf dem Bild sind keine Sterne zu sehen, sondern ausschließlich Galaxien; auf dem ganzen Bild etwa mehr als 7000! Die kleinen roten Pünktchen sind die entferntesten Galaxien, die jemals beobachtet wurden. Ihr Licht benötigte mehr als 13 Milliarden Lichtjahre, um zu uns zu gelangen. (http://hubblesite.org)

nen wir in der Tat ein Galaxienalter definieren; und zwar mit Hilfe des Anteils der kosmischen „Asche", also der schweren Elemente, deren Menge sich im Laufe der Zeit langsam erhöht. Mit jeder Sternengeneration reichern sich die schweren Elemente weiter an. Jüngere Galaxien und die Sterne in ihnen hätten demnach einen relativ geringeren Anteil schwerer Elemente. Ganz junge Galaxien haben vielleicht erst wenige Sterne, dafür aber gewaltige Gasmassen. Junge Galaxien sollten außerdem weniger von Galaxienkollisionen gezeichnet sein. In Abb. 3.25 ist ein solches Bild der Entwicklung von Galaxien nachgezeichnet. Diese Fragen werden gegenwärtig intensiv mit den modernen Großteleskopen untersucht.

Es sei schon hier bemerkt, dass es kosmologische Modelle gibt, die auf einem anderen Ansatz beruhen. Das Modell des stationären Universums, 1948 von Hermann Bondi, Thomas Gold und Fred Hoyle vorgeschlagen, fordert gerade, dass das Weltall zu allen Zeiten etwa gleich aussieht. „Gleich" heißt: etwa so, wie wir das Weltall jetzt innerhalb unseres Superhaufens beobachten können. Das geht natürlich nur, wenn das Weltall überall ständig neue Materie hervorbringt, um die auch in diesem Modell angenommene Materieverdünnung infolge der Expansion des Raumes auszugleichen. Dann sähe das Weltall in der Tat zu allen Zeiten gleich aus, selbst wenn wir die fernen Galaxien zu einem viel früheren Zeitpunkt beobachten. Eine durchschnittliche Galaxie sähe in diesem Modell zu jedem Zeitpunkt immer gleich jung aus. Wir kommen später nochmals auf diesen Punkt zurück (s. Abschnitt 3.4 und Kapitel 4). Eine viel weitergehende Frage berührt das Problem, wie sich uns eine „junge" Galaxie im Kontext eines Schöpfungsszenarios präsentiert (Kapitel 6).

Zurück zur rein astrophysikalischen Diskussion: Kann man denn in den Tiefen des Weltalls Galaxien finden, die zweifelsfrei jünger sind? Das *Hubble*-Weltraumteleskop hat durch seine Beobachtungen unser Bild von dem frühen Universum bereits wesentlich erweitert. Im Jahre 1995 wurde mit ihm ein Himmelsgebiet in der Nähe des Sternbildes des Großen Wagens durchforstet und abseits heller Sterne mit einer Serie langbelichteter Aufnahmen durch verschiedene Farbfilter aufgenommen. Die Beobachtung dauerte insgesamt etwa 10 Tage und war damit zu der Zeit der tiefste Blick ins Weltall. Abb. 3.26 zeigt einen Ausschnitt des erhaltenen Farbbildes. Es sind nur wenige Sterne auf dem Bild zu sehen, dafür aber Tausende von Galaxien. Die schwächsten Galaxien haben eine Helligkeit von etwa Magnitude 28,5 und sind fast 1 Milliarde mal lichtschwächer als die schwächsten mit bloßem Auge erkennbaren Sterne. Das war aber noch nicht das Ende der Fahnenstange. Zwischen September 2003 und Januar 2004 führte das *Hubble*-Weltraumteleskop eine noch längere Beobachtung durch. Mit den zwischenzeitlich erneuerten Kameras konnte im sichtbaren und infraroten Spektralbereich durch erheblich bessere Empfindlichkeit und ein größeres Blickfeld ein praktisch sternenleeres Feld im Sternbild Fornax (Chemischer Ofen) beobachtet werden. Diese Gegend wurde gewählt, weil dort keine Vordergrundsterne das Bild stören und ein möglichst ungestörter Blick in die Tiefe des Weltraumes ermöglicht wird. Die Belichtungszeit betrug damals stolze 12 ganze Tage. 2012 wurde mit dem *Hubble* Extreme Deep Field die bislang tiefste Aufnahme der Astronomiegeschichte mit einer Gesamtbelichtungszeit von etwa 23 Tagen vorgestellt. Auf dem neuesten Bild (Abb. 3.27) sind noch Galaxien zu erkennen, die etwa fünfmal schwächer sind als auf dem vorherigen Feld (Abb. 3.26) (Illingworth et al. 2013). Dieses Bild war eine Sensation in der Astronomie und beschäftigt die Astronomen noch immer. Betrachten wir es etwas genauer.

Abb. 3.28 Auf diesem Ausschnitt aus Abbildung 3.27 sind einige der extrem roten Galaxien zu sehen. Sie sind die entferntesten Objekte, die wir bislang im Weltall gesehen haben.

Zählt man alle auf dem Originalbild sichtbaren Galaxien zusammen, so sind es mehr als siebentausend! Die Vielfalt der Farben und Formen ist beeindruckend. Die schwächsten Objekte sind als rötliche Pünktchen mit einer Helligkeit von knapp über 31 Magnituden zu erkennen. Diese erscheinen rötlich, weil ihre Rotverschiebung sehr hoch ist: $z = 7$. Abb. 3.28 zeigt einen Ausschnitt aus dem großen Bild mit einigen dieser entferntesten Galaxien. Diese Rotverschiebung entspricht etwa einer Lichtlaufzeit von knapp über 13,0 Milliarden Jahren, wenn man die Hubble-Konstante zu 67,7 km/s pro Mpc ansetzt (Planck Collaboration 2015). Dies ist schon sehr nahe an dem Zeitpunkt Null eines Urknallszenarios, der etwa bei 13,8 Milliarden Jahren (Planck Collaboration 2015) liegt. Wir schauen also schon etwa in die Zeit, in der sich Galaxien überhaupt gerade erst gebildet haben oder noch bilden. Wenn das gängige Modell des Universums gültig ist, sollten wir selbst mit einem noch tieferen Blick nicht sehr viel mehr Galaxien zu Gesicht bekommen. Könnten wir noch weiter zurückschauen, sähen wir das Weltall zu einer Zeit, zu der sich noch keine Galaxien gebildet haben sollten, höchstens deren Vorläufer. Damit stehen wir aber vor einer bedeutenden Schlussfolgerung: Es gibt in dem Gesichtsfeld überhaupt nur eine begrenzte Zahl von Galaxien, etwa so viele, wie wir auf der Aufnahme nachweisen können; vielleicht sind es noch einige mehr, falls wir noch etwas weiter zurück schauen könnten. Es gibt also nicht unendlich viele Galaxien, jedenfalls nicht, wenn sie etwa so hell sind wie diejenigen auf dem Bild. Das Feld ist auch nicht voller Galaxien, insbesondere nicht voller roter Galaxien. Das heißt aber auch: Wir schauen bereits bis in die Nähe der Grenze des Galaxien-Universums. Dahinter wird es dunkler, weil die Galaxien noch nicht zu leuchten begonnen haben bzw. es noch keine gab. Abb. 3.29 zeigt einen Schnitt durch das Universum und verdeutlicht, dass wir mit dieser Beobachtung bis in die Anfänge der Galaxienbildung schauen. Wenn unser Modell richtig ist, haben wir damit zumindest in einer Blickrichtung (dort, von wo Abb. 3.27 gemacht wurde) den Rand des Galaxienuniversums erreicht. Die Zahl der Galaxien verdünnt sich und geht, da wir immer weiter in die Vergangenheit schauen, in vorgalaktische Strukturen über. Diese werden noch röter als die roten Galaxien in Abb. 3.27 und scheinen uns deshalb nur noch in den nahen infraroten Farben nachweisbar zu sein. Genau zu diesem Zweck wurde das neue Weltraumteleskop James Webb Space Telescope entwickelt, das ab etwa Mitte 2022 der Nachfolger des *Hubble*-Weltraumteleskops geworden ist. Genauer als das *Hubble*-Weltraumteleskop wird es vor allem im Infrarotbereich beobachten, also solche Farben beobachten, in denen die entferntesten Galaxien besonders hell leuchten. Wir dürfen gespannt sein.

Sehen diese fernen Galaxien nun jünger aus als die nahen? Gibt es eindeutige Anzeichen für eine Entwicklung im Weltall? Die neuen Aufnah-

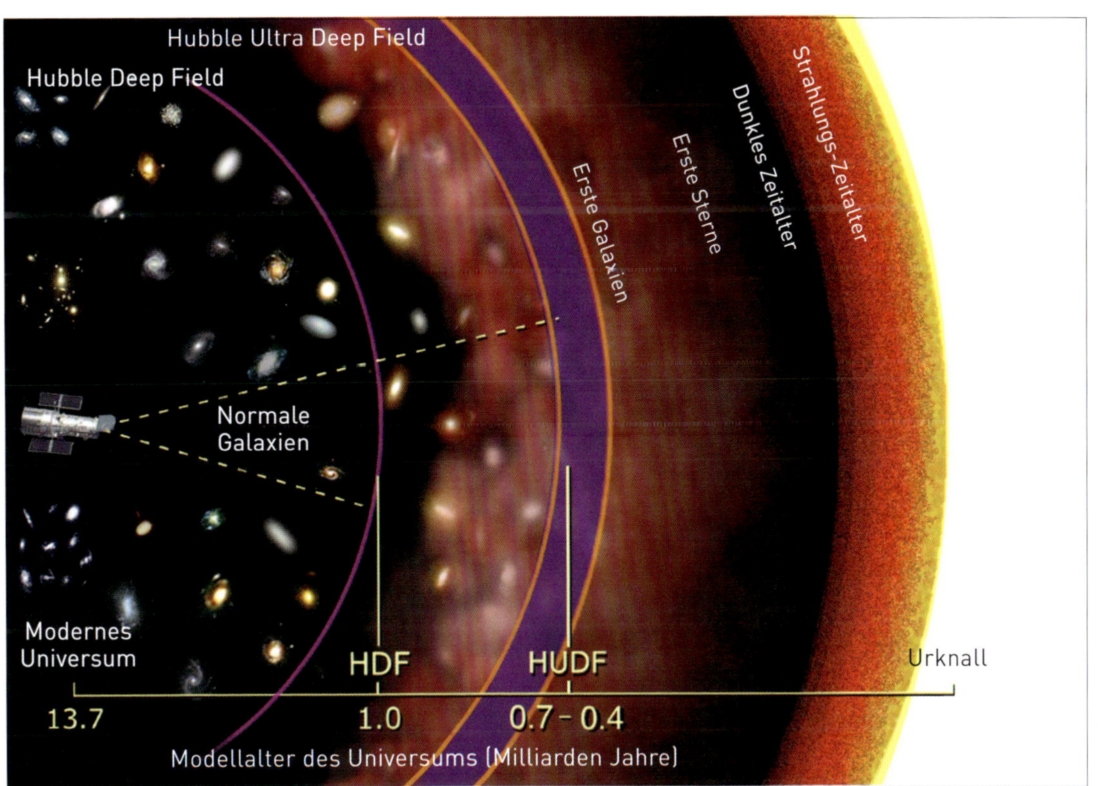

Abb. 3.29 Ein Blick zurück in die Vergangenheit des Universums. Das Bild verdeutlicht, dass wir mit den tiefen Aufnahmen des *Hubble*-Weltraumteleskops bis in die Zeit zurückblicken, in der Galaxien entstanden sind. Dahinter sollte es keine Galaxien mehr geben, weil zu wenig Zeit zu ihrer Bildung zur Verfügung gestanden hätte. (H(U)DF = Hubble (Ultra) Deep Field)

men sind noch nicht vollständig ausgewertet. Nach den Ergebnissen (Eyles et al. 2005) scheint es so, dass bereits diese sehr fernen Galaxien unerwarteterweise alte Sterne enthalten, die aber bereits relativ kurze Zeit nach dem postulierten Urknall entstanden sein müssen (Bunker et al. 2006). Inzwischen hat sich weiter herausgestellt, dass es bereits 450 Millionen Jahre nach dem Urknall die ersten Galaxien gab (Bouwens et al. 2014, Illingworth et al. 2013). Neue Fragen tun sich auf, aber lassen wir die beteiligten Wissenschaftler selbst zu Wort kommen:

„*The real puzzle is that these galaxies seem to be already quite old when the Universe was only about 5 percent of its current age. This means star formation must have started very early in the history of the Universe – earlier than previously believed, ...*"[Z12], kommentiert Richard Ellis, California Institute of Technology, USA (Ellis 2005a,b).

Bei einem angenommenen Alter des Universums von etwa 13,8 Milliarden Jahren hätten wir also nach etwa 450 Millionen Jahren bereits alte Sterne. Wie und wann sind die ersten Sterne entstanden? Dies müsste schon in den ersten hundert Millionen Jahren geschehen sein. In der Tat hat die Untersuchung einer der entferntesten bekannten Galaxien gezeigt, dass es bereits etwa 250 Millionen Jahre nach dem Beginn des Weltalls Sternentstehung gegeben haben muss (Hashimoto et al. 2018) . Diese extreme Galaxie hört auf den Namen MACS1149-JD1 und existierte bereits 500 Millionen Jahre nach dem Urknall. Die Frage nach dem Anfang der Sternentstehung rückt damit immer mehr in den Mittelpunkt der Erforschung des frühen Universums. Gerade auf diese Frage, so hoffen die Astronomen, wird das zukünftige JWST eine Antwort geben, denn es wird in der Lage sein, das Standardmodell zu testen.

Bouwens & Illingworth (2006) kommentieren die gegenwärtige Situation so: „*Ultimate elucidation of the galaxy buildup in the first 500 Myr awaits the James Webb Space Telescope.*"[Z13]

Einige Galaxien existieren bereits bei einer Rotverschiebung von $z = 9 - 10$, also nach weniger als 500 Millionen Jahren im gegenwärtigen Standardmodell (Bouwens et al. 2014). Sollte es viele Galaxien in noch größeren Entfernungen geben, hätte das Standardmodell ein ernstes Problem. Die Zeit seit dem Urknall wäre dann zu kurz, um aus den anfänglichen Dichtefluktuationen schon Galaxien zu bilden (s. Abschnitt 3.4). Das anfängliche Fehlen von kosmischem Staub zur Abfuhr von Wärme verstärkt das Problem.

3.2.7 Auf den Punkt gebracht

Auf der weiten Reise durch das Weltall haben wir die wesentlichen Strukturen kennengelernt. Obwohl das Weltall relativ wenig Masse enthält und deshalb ziemlich leer aussieht, ist die Materie dennoch in komplexen Sternensystemen, Galaxien und Galaxienhaufen geordnet. Zusammenstöße zwischen Galaxien innerhalb der Haufen können sehr wahrscheinlich die verschiedenen Gestalten von Galaxien erklären. Bei Kollisionen wachsen die großen Galaxien, während die Zahl der kleinen Galaxien abnimmt. Auch die Milchstraße beteiligt sich an diesem großen Fressen. Wenn die Rechnungen zutreffen, werden die beiden Magellanschen Wolken einmal in der Milchstraße aufgehen. Die Zahl der Galaxien im Weltall ist begrenzt. Zum Rand des beobachtbaren Weltalls nimmt ihre Zahl ab und nicht zu. Die frühesten Galaxien sind schon erstaunlich weit entwickelt und enthalten viele alte Sterne (s. Abschnitt 4.1.2).

Die Struktur des Weltalls bis etwa $z = 7$ ist gut gesichert. Darüber hinausgehende Erkenntnisse sind wegen der begrenzten Größe der Teleskope und damit deren begrenzter Leistungsfähigkeit eingeschränkt. Zukünftige größere Teleskope werden diese Grenze weiter hinausschieben können. Einige Wissenschaftler deuten sowohl die Rotverschiebung als auch die raumzeitliche Geschichte des Universums auf eine alternative Weise, die nicht mit dem Standardmodell vereinbar ist. Sie bestreiten allerdings nicht die großen Entfernungen im Weltall. Überall im Weltall zeigen sich die Strukturen von Ordnung und Individualität. Galaxien und Galaxienhaufen sind in allen Richtungen zu sehen. Doch ist jede Galaxie unverwechselbar. Auch die Bestandteile der Galaxien mit Sternen, Staub und Gas und mit den in ihnen ablaufenden Vorgängen sind gleichermaßen gut geordnet und andererseits auch sehr individuell. Es ist fraglich, ob es zwei Sterne gibt, die sich exakt gleichen. Zudem ist die interstellare Chemie hochgradig von der Rezeptur der Materie vor Ort abhängig und ebenso von den Eigenschaften des lokalen Strahlungsfeldes. Auf diese Weise manifestiert sich im Weltall eine bemerkenswerte Vielfalt der Erscheinungen. Ihre Ordnung wird mit der physikalischen Homogenität des Weltalls begründet, aber ihre Schönheit macht sprachlos. Der Begriff des Kosmos als wohlgestaltete Ordnung ist gerade vor dem Hintergrund des modernen Wissens durchaus angemessen.

Wird es ein grundsätzliches Problem mit den Zeiträumen geben, die für die Entwicklung der ersten Sterne nach gängiger Theorie zur Verfügung stehen? Das bleibt abzuwarten. Die Entwicklung der Astrophysik ist bislang stets spannend verlaufen. Es mehren sich die Vermutungen bei den Astronomen, dass die erste Generation der Sterne vielleicht gar nicht in Galaxien entstanden sei, sondern sich wegen der damaligen hohen Materiedichte überall im freien Weltraum gebildet haben könnte. Vielleicht gibt es noch viele Überreste von solchen Sternen zwischen den Galaxien und vielleicht könnten diese kompakten Reste ein Teil der rätselhaften Dunklen Materie sein, nach der allenthalben gesucht wird (obwohl aus guten Gründen im Vordergrund die Suche nach nicht-*baryonischer Materie* steht). Aber das ist ein neues Thema, und darum soll es in Abschnitt 3.3.2 gehen.

3.3 Dynamische Strukturen

3.3.1 Bewegung von Galaxien

So wie die Erde um die Sonne kreist, kreisen auch alle Sterne und alle anderen Bestandteile der Milchstraße um deren Zentrum. Wie die Bewegung aussieht, hatte schon Johannes Kepler herausgefunden. Isaak Newton dagegen entdeckte, warum die Massen umeinander kreisen: Das stabile Gleichgewicht zwischen Schwerkraft und Fliehkraft hält sie auf ihren Bahnen. Mit Hilfe genau dieser Gesetze schicken wir inzwischen Satelliten kreuz und quer durch das Planetensystem. Was im Kleinen vor unserer Haustür prima funktioniert, sollte, da es sich um fundamentale physikalische Gesetze handelt, auch im großen Maßstab gelten, zum Beispiel bei der Bewegung der Sonne um das Zentrum der Milchstraße. Auch diese Bewegung müsste man verstehen und berechnen können – dachten sich zumindest die Astronomen. Es stellte sich jedoch zur allgemeinen Verwunderung heraus, dass sich hinter dieser für Astronomen relativ simplen Rechenaufgabe eines der größten aktuell ungelösten Probleme der Astronomie verbirgt. Das ist erstaunlich, und es kam so:

Kompakt

- Sonne und Milchstraße auf der Waage
- Unerwartete Probleme beim Wiegen von Galaxien
- Rätselhafte Dunkle Komponente

Isaak Newton hat gezeigt, dass die Anziehungskraft der Sonne auf die Erde in dem Maße steigt, wie die Masse der Sonne sich vergrößert: Bei doppelter Masse wäre die Anziehung doppelt so stark. Um dennoch auf der Bahn zu bleiben, müsste die Erde eine höhere Fliehkraft entwickeln, sie müsste sich schneller um die Sonne drehen. Man kann sogar Zahlenwerte angeben, sodass sich aus der Bahngeschwindigkeit der Erde und aus ihrem Abstand von der Sonne dann die Masse der Sonne berechnen lässt. Man kann die Sonne quasi wie mit einer kosmischen Waage wiegen und das Ergebnis in Kilogramm angeben. Das ist eine tolle Methode und sie lässt sich immer dann anwenden, wenn Massen umeinander kreisen, deren Abstand bekannt ist. Zum Beispiel kann man damit Doppelsterne wiegen oder auch die ganze Milchstraße. Warum nicht! Die Masse der Milchstraße hat die Astronomen schon lange interessiert. Aber es gibt eine Komplikation. In der Milchstraße kreisen viele Massen auf unterschiedlichen Bahnen umeinander. Wie soll man das Newton'sche Gesetz dort anwenden?

Aber da naht schon die Hilfe. Bei genauerer Betrachtung der Schwerkraftgesetze zeigt sich nämlich, dass bei diesem Wiegeprozess nicht nur die Masse der Sonne gewogen wird, sondern die gesamte Masse, die sich innerhalb der Erdbahn befindet, genauer, innerhalb einer gedachten Kugel mit dem Durchmesser der Erdbahn. Also nicht nur die Sonne, sondern auch dazu die Planeten Merkur, Venus und noch die Erde, sogar noch der Staub, der sich zwischen den Planetenbahnen befindet. Nun ist hier aber noch gewisse Vorsicht geboten, da weder die Erde auf einer Kreisbahn um die Sonne läuft – die Bahn ist eine Ellipse – noch die beteiligten Massen gleichmäßig kugelförmig verteilt sind, wie es für einen genauen Wiegeprozess nötig wäre. Außerdem benutzt man als Kugelradius die große Halbachse der Erdbahn, was für den mittleren Abstand zur Sonne etwas zu groß ist. In der Praxis macht man damit aber beim Wiegen der Sonne nur kleine Fehler. Auch das Mitwiegen einiger Planeten, die irgendwo auf ihren Bahnen stehen, macht keinen nennenswerten Unterschied, weil die Sonne viel schwerer ist.

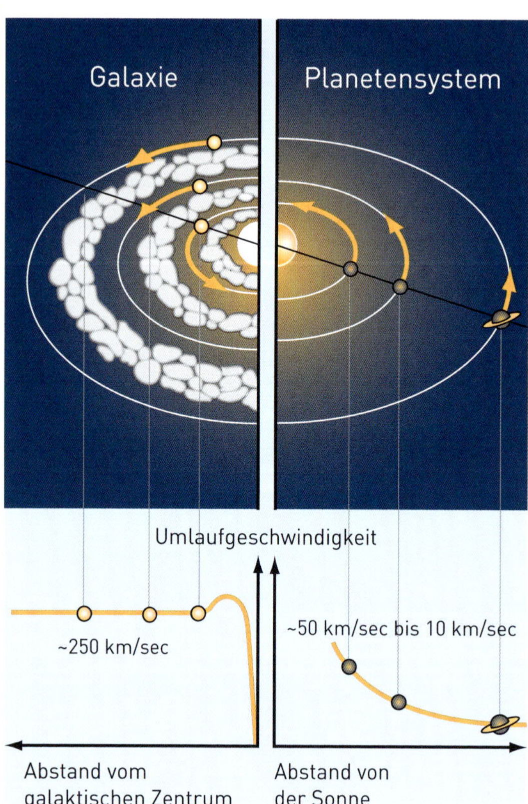

Abb. 3.30 Die Grafik illustriert den unterschiedlichen Verlauf der Umlaufgeschwindigkeiten in einer Galaxie bzw. im Planetensystem.

Damit steht der Bestimmung der Masse der Milchstraße fast nichts mehr im Wege, zumindest nicht der Bestimmung der Masse innerhalb der Bahn der Sonne um den Mittelpunkt der Milchstraße. Der Abstand der Sonne vom Zentrum beträgt etwa 26 000 Lichtjahre, ihre Geschwindigkeit ist etwa 250 km/s (Bland-Hawthorn & Gerhard 2016). Da die Bahn der Sonne nicht zu elliptisch ist, müsste man direkt die Milchstraßenmasse innerhalb der Sonnenbahn abschätzen können. Hier ist allerdings noch zu bedenken, dass die Masse der Milchstraße nicht kugelförmig verteilt ist. Der überwiegende Teil der Masse befindet sich in der Scheibe der Milchstraße, die eher einem flachen Zylinder gleicht. Eine solche zur Drehachse symmetrische Masseverteilung führt auf etwas andere Formeln, die für die Sonne und ihre Geschwindigkeit etwas kleinere Massen innerhalb der Sonnenbahn ergeben als die kugelförmige Masseverteilung.

Mit dem Ergebnis gaben sich die Astronomen aber noch nicht zufrieden. Warum nicht weitere Sterne wählen, die etwas weiter außen um das Zentrum kreisen? Aus deren Bahngeschwindigkeiten und Abständen vom Zentrum ergaben sich in der Tat größere Massenwerte, die die Gesamtmasse der Milchstraße besser repräsentierten. Die Astronomen wählten nun Sterne oder andere sichtbare Objekte, die zunehmend weiter vom Zentrum entfernt waren und bestimmten aus deren Bewegung die Milchstraßenmasse. Die Ergebnisse wuchsen und wuchsen. Der Verlauf der Bahngeschwindigkeiten für unser Planetensystem und für die Milchstraße wird in Abb. 3.30 verglichen. Zusätzliche Materie in den Spiralarmen und im Halo der Milchstraße sorgt dafür, dass die Bahngeschwindigkeiten der Sterne weiter außen nicht absinken. Schließlich gab es nur noch wenige sichtbare Körper am Rande der Milchstraße. Man konnte erwarten, dass dort die Milchstraße aufhöre, dass keine weitere Materie dazukäme und die Bahngeschwindigkeiten schließlich abnähmen. Da kam die Überraschung: Mit der Entfernung vom Zentrum stieg die Masse der Milchstraße unaufhörlich immer weiter an, selbst bei Abständen, bei denen nur noch vereinzelt Sterne leuchteten und keine schweren Staub-, Gas- und Molekülwolken mehr zu finden waren. Die Astronomen addierten nun die Massen aller Objekte, die sie in der Milchstraße identifizieren konnten, aber das Ergebnis war äußerst frustrierend: Die mit Hilfe des Newton'schen Gravitationsgesetzes bestimmte Masse der Milchstraße war 3- bis 10-mal so groß wie die Summe aller bekannten Objekte der Milchstraße zusammen. Da niemand gern an Newtons fundamentalen Gesetzen rüttelt, bedeutet diese Messung, dass wir nur einen kleinen Teil der Gesamtmasse der Milchstraße überhaupt sehen können, selbst nachdem die Inventur der Milchstraße mit aller Gründlichkeit verbessert wurde. Die Milchstraße besteht demnach aus noch mindestens einer Materieform, die wir aber bislang nicht beobachtet haben: der Dunklen Materie, wie sie genannt wurde. Abb. 3.31 zeigt ein Beispiel für eine solche Messung. Für die Spiralgalaxie NGC 3198 sind die gemessenen Bahngeschwindigkeiten von Sternen gegen deren Abstand vom Mittelpunkt der Galaxie aufgetragen. Die rote Kurve zeigt den erwarteten Verlauf, der sich aus der Verteilung nur der sichtbaren Materie ergibt. Die Bahngeschwindigkeiten der Sterne weiter außen sind deutlich höher als erwartet und lassen sich nur mit der Annahme erklären, dass die Gravitationskraft Dunkler Materie für eine zusätzliche Kraft sorgt, die sich dann in einer höheren Bahngeschwindigkeit zeigt.

Aber das war noch nicht alles. Es kam noch schlimmer. Die Untersuchung unserer Nachbargalaxien, zum Beispiel Andromeda, zeigte dieselben Ergebnisse. Wohin man nun auch schaute: Überall das gleiche Bild. Alle Galaxien scheinen von dieser geheimnisvollen Dunklen Materie durchdrungen zu sein. Als Nächstes untersuchte man die Bewegung ganzer Galaxien in Galaxienhaufen. Mit welchen Geschwindigkeiten bewegen sich die Galaxien gegeneinander? Welche Abstände haben sie voneinander? Der Astronom Fritz Zwicky vermaß schon in den 30er-Jahren des vergangenen Jahrhunderts den Coma-Galaxienhaufen. Wieder die Überraschung: Die Gesamtmasse des Coma-Galaxienhaufens ist ebenso um ein Vielfaches höher als die Massensumme aller Haufengalaxien. Neuere Messungen finden einen Faktor 10. Auch der Lokale Superhaufen mit dem Virgo-Haufen im Zentrum wurde untersucht. Es ergab sich wieder das gleiche Bild: Die aus der Schwerkraft bestimmte Masse einzelner Galaxienhaufen im Superhaufen überstieg die beobachtbare Masse um einen Faktor von etwa 50. Die Faktoren stiegen und damit auch die Ratlosigkeit.

Das Rätsel der Dunklen Materie steht bis heute und ist noch ungelöst. Einen so offensichtlichen Sachverhalt nicht erklären zu können ist unangenehm. Es bedeutet das Eingeständnis nicht nur des Nichtwissens, sondern mehr noch das Fehlen aussichtsreicher Hypothesen. Als hätte man seine Hausaufgaben nicht gemacht. Normalerweise haben kreative Wissenschaftler für vieles eine einleuchtende oder zumindest eine mögliche Erklärung. Die Schaffung widerspruchsfreier Modelle ist ihr Geschäft. Hier ist es anders. Hier gibt es keine schnellen Erklärungen. Wir müssen warten, bis die Nuss geknackt ist. Vielleicht ist es gut so, die eigene Verwunderung wieder zu spüren und die gehegte, gern vorgetragene Souveränität bei der Erklärung der Natur eine Zeitlang beiseite zu lassen und zu versuchen, den Knoten zu lösen.

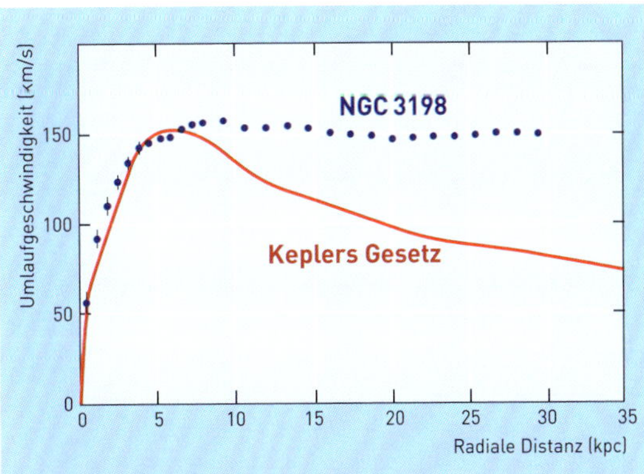

Abb. 3.31 Das Bild zeigt den erwarteten Kepler'schen Verlauf der radialen Umlaufgeschwindigkeiten und die tatsächlich gemessene Kurve in der Galaxie NGC 3198. Der flache Verlauf im Außenbereich deutet auf die Existenz einer zusätzlichen Massenkomponente hin. (Nach van Albada et al. 1985)

3.3.2 Dunkle Materie und Dunkle Energie

„Something out there holds swarms of galaxies together and keeps their stars from flying apart, but scientists still haven't learnt what this invisible substance is. Although I'm familiar with many names of God, this was the first time I have heard him called Dark Matter."[Z14]

(C. A. Bachelor, aus einem Leserbrief in „National Geographic", September 2005)

„To our eyes, stars define the universe. To cosmologists they are just a dusting glitter, an insignificant decoration of the true face of space."

„We don't know what these dark apparitions are, but they seem to be almost everything."

„As long as we have no evidence of dark matter in the lab, or a proven physical basis for dark energy the possibility remains that we are living under some profound misapprehension."[Z15]

(Stephen Battersby, Hebrew University of Jerusalem)

Da sich die Existenz der Dunklen Materie in fast allen extragalaktischen Systemen auf unterschiedlichen Längenskalen zeigt und es sich dabei um einen ziemlich einfachen physikalischen Zusammenhang handelt, sind kritische Rückfragen angebracht. Dabei muss man berücksichtigen, dass es hier nicht um 20%-Effekte geht, sondern ums „Eingemachte": Dunkle Materie wäre etwa 6-mal so häufig wie normale Materie (s. Abb. 1.14 und Abb. 3.31). Die kosmische Wiegemethode benutzt Geschwindigkeiten und Abstände und setzt stabile Bahnen und halbwegs achsen- oder kugelsymmetrische Masseverteilungen voraus. Die Relativgeschwindigkeiten werden mit großer Genauigkeit aus den Spektren der Sterne oder Galaxien abgelesen. Dies ist eine einfache, zuverlässige Methode, die schon bei der Bestimmung der Rotverschiebung angewandt wurde. Falls man bei einem Objekt nur eine Geschwindigkeitskomponente messen kann, weil es sich schräg zu uns bewegt, hilft das statistische Mittel über viele Objekte, zum Beispiel über viele Galaxien in einem Galaxienhaufen. Die Abstände werden mit Hilfe der schon vorgestellten kosmischen Distanzleiter inzwischen recht zuverlässig bestimmt. Soweit scheint alles in Ordnung, insbesondere mit den kurzen Distanzen zu Nachbargalaxien der Milchstraße.

Die beschriebene „Wiegemethode" beruht darauf, dass sich die Objekte in einem stabilen Gleichgewichtszustand befinden. Eine Galaxie braucht etliche Millionen Jahre, um ein solches Gleichgewicht zu erhalten. Ist sie gemäß einem Urknallszenario nach der Standardvorstellung entstanden, kann man wahrscheinlich davon ausgehen, dass sie im Gleichgewicht ist. Sind die Galaxien Ergebnisse eines Schöpfungsprozesses (egal wie lange dieser her ist), muss das nicht so sein. Der Prozess der Einstellung des Gleichgewichtszustandes könnte noch andauern. Kann es also sein, dass wir mit der vermeintlich Dunklen Materie einfach nur ein Ungleichgewicht messen, weil sich das Gleichgewicht noch nicht einstellen konnte?

Sind die Galaxien denn dynamisch stabile Gebilde? Man könnte behaupten, es gebe keine Dunkle Materie und sich die Konsequenzen überlegen. Dann hätten die Sterne der Milchstraße zu hohe Bahngeschwindigkeiten und ihre Zentrifugalkraft wäre zu groß. Sie wären nicht mehr durch die Schwerkraft gebunden und entfernten sich mit der Zeit immer weiter vom Zentrum der Milchstraße und bewegten sich schließlich im freien intergalaktischen Raum. Genauso erginge es den Galaxiengruppen und -haufen und sogar den Superhaufen. Die Konsequenz wäre die Auflösung aller großskaligen Ordnungsstrukturen im Weltall innerhalb nur weniger 100 Millionen Jahre. Weiterhin müsste man dann entweder annehmen, das Weltall hätte vor astronomisch kurzer Zeit einen hochkomplexen Anfangszustand eingenommen und befinde sich nun in einer Phase relativer Auflösung oder es gibt einen Nachschub an Materie, der den Bestand des Weltalls sicherstellt. Damit wären wir dann wieder beim Modell des stationären Universums. Gegen den ersten Punkt gibt es einen gewichtigen Einwand: Wenn sich die Ordnungsstrukturen auflösen, müsste dieser Prozess bei uns in der Nähe schon viel weiter fortgeschritten sein als bei fernen Galaxien, die wir in früheren Phasen ihrer Existenz sehen. Dies ist jedoch nicht der Fall. Der Einwand gilt nicht für das zweite Modell, da das Weltall in diesem Fall zeitlos aussieht. Ein weiterer Einwand besteht darin, dass im Augenblick keine astronomischen Indizien darauf hindeuten, dass sich die Strukturen der Galaxien tatsächlich auflösen und alles auseinanderfliegt. Das Fehlen solcher Indizien und die Vermeidung eines hochkomplexen Anfangszustandes vor relativ kurzer Zeit haben als Konsequenz die Aussage, die Bahnen von Sonne und Sternen seien stabil. Aus den stabilen Bahnen wiederum folgt konsequent die Existenz Dunkler Materie. Es sei denn, das *Newton'sche Gravitationsgesetz* gilt nicht allgemein für alle Massen und Radien. Die Möglichkeit, Korrekturterme am Gesetz der Schwerkraft anzubringen, wird diskutiert. Aber ohne direktere Indizien bleiben auch diese Vorschläge vorerst nur zweite Wahl.

Andererseits, was könnte die Dunkle Materie sein? Es ist gut, sich daran zu erinnern, dass die Dunkle Materie nicht erst weit draußen am Rande der Milchstraße existieren soll. Bereits die Sonne bewegt sich erheblich zu schnell (ca. 30 %). Die Dunkle Materie muss schon in der Sonnenumgebung existieren. Man benötigt eine Masseform, die mit den bisherigen Methoden nicht beobachtet werden kann, aber dennoch zur Masse beiträgt. Zum Beispiel Eierkohlen. Eierkohlen sind klein und kompakt, sie leuchten nicht und hätten so große Abstände voneinander, dass es auch nicht zu einer merklichen Lichtabschattung im intergalaktischen Raum käme und auch ihre Infrarotstrahlung nicht nachweisbar wäre. Eierkohlen entsprechen jedoch nicht der im Kosmos typischen Elementverteilung, deshalb könnte ein mit Kohlenstoff verschmutzter Wasserstoffeisball schon eher infrage kommen. Wären solche Bälle gegen Kollisionen oder gegen Einwirkungen des intergalaktischen Strahlungsfeldes stabil? Verdampft das interstellare Strahlungsfeld langsam die Oberfläche dieser Bälle? Größere Bälle wären da auf jeden Fall besser. Aber auch solche Eisbälle sind mit den gegenwärtigen Techniken unbeobachtbar, selbst wenn sie die Größe von kleinen erkalteten Sternen hätten. In der Tat sind Ideen im Umlauf, die Dunkle Materie im Rahmen des Standardmodells mit ausgebrannten Sternen der ersten Generation zu erklären, die sich im freien Weltall gebildet haben könnten, aber mittlerweile schon wieder verloschen sind.

Neben der normalen Materie werden auch andere Materieformen im Hinblick auf ihre Eignung als Kandidaten untersucht. Neutrinos wurden vorgeschlagen. Inzwischen ist experimentell bewiesen, dass sie eine Ruhemasse haben. Aber es gibt andere Probleme mit ihrem Verständnis, sodass sie zur Zeit nicht in Betracht gezogen werden. Es wurden die hypothetischen WIMPs (Weakly Interacting Massive Particles) eingeführt. Diese Teilchen sollen etwa 10-mal schwerer als Protonen sein, aber wie die Neutrinos nur sehr schwach mit normaler Materie wechselwirken. Es wird schon wegen der für sie geforderten Eigenschaften schwer sein, sie nachzuweisen, sollten sie existieren. Ein möglicher Favorit unter den Kandidaten ist zur Zeit kaum auszumachen. Mit Hilfe großer Beschleuniger, zum Beispiel am CERN, wird der Weg verfolgt, nach anderen, noch unbekannten Materieformen zu suchen, die nicht mit elektromagnetischer Strahlung wechselwirken. Auch dort wurde bislang jedoch noch kein aussichtsreicher Kandidat gefunden. Könnte es sich bei der Dunklen Materie nicht auch um eine große Zahl kleiner Schwarzer Löcher handeln? Durchaus. Allerdings sollte man dann eine sehr hohe Zahl kleiner Schwarzer Löcher erwarten. Insbesondere sollte man Gravitationswellen aus den Kollisionen solcher Objekte feststellen können. Bislang war diese Suche allerdings noch nicht erfolgreich (LIGO 2019). Es bleibt also spannend.

Ähnlich verhält es sich mit der Dunklen Energie. Im Gegensatz zur Dunklen Materie, die z. B. als „Klebstoff" für den Zusammenhalt der Galaxien sorgt, wird die Dunkle Energie wegen ihrer abstoßenden Wirkung für die beobachtete beschleunigte Expansion des Kosmos verantwortlich gemacht, die um die Jahrtausendwende entdeckt wurde. Zuvor wurde erwartet, dass die Gravitationswirkung der Massen zu einer Verlangsamung der Expansion des Kosmos und am Ende zu seinem Kollaps (Big Crunch) führt. Aber Messungen der Leuchtkraft und der Rotverschiebung weit entfernter Supernovae zeigten überraschenderweise das Gegenteil. Und während die Dunkle Materie in Galaxien klumpt, soll die Dunkle Energie völlig strukturlos sein. Während normale Energie, wie zum Beispiel Licht, der anziehenden Gravitationswirkung unterliegt, hat die Dunkle Energie eine abstoßende Wirkung; sie wirkt als Antigravitationskraft. Gerade wegen ihrer abstoßenden Wirkung bezeichnet man die neue Energieform als dunkel. Sie ist eben keine normale Energie wie helles Licht.

Es scheint fast, als wären unbekannte Kräfte die eigentlichen Herrscher im Universum. Denn entgegen der allgemeinen Meinung besteht es nicht hauptsächlich aus Sternen und interstellaren Gaswolken und den uns längst bekannten Kräften. Der Materietyp der Sterne aus baryonischer Substanz macht nur eine Kontamination von 5% vom Ganzen aus. Wenn also weder normale Materie noch Licht in Form von Röntgen- bis hin zu Radiowellen das Ganze bestimmen, was beherrscht dann unseren Kosmos? Wir können unsere Beobachtungen nur unter der Annahme der weitreichenden Existenz von Dunkler Materie und Dunkler Energie im Universum verstehen. Glücklicherweise macht sich auch diese Dunkle Komponente zumindest indirekt bemerkbar.

Kompakt

- Die zufällige Entdeckung der Mikrowellen-Hintergrundstrahlung
- Ihre systematische Vermessung durch *COBE*, *WMAP* und *Planck*
- Konsequenzen der Beobachtungen

Abb. 3.32 Die Hornantenne, mit der Arno Penzias und Robert Wilson 1965 die kosmische Mikrowellenstrahlung entdeckten. Von der Treppe am Empfängerhaus kann man auf die Größe der Antenne schließen. (© Bell Labs, AT&A Archive)

3.4 Elektromagnetische Hintergrundstrahlung

3.4.1 Mikrowellen-Hintergrundstrahlung

Die Nachrichten aus dem Weltall werden gewöhnlich per Licht verschickt, sodass wir nur auf diesem Wege Informationen über Vorgänge an fernen Orten erhalten. Das Licht verschiedener Farben, also verschiedener Wellenlängen, gibt uns Auskunft über die unterschiedlichsten physikalischen Vorgänge. Die Entdeckung der kosmischen Nachrichten im Mikrowellenbereich ist eine jener Zufälligkeiten, über die man sich verwundert die Augen reiben kann. Im Laufe der Entwicklung der Telegraphie bauten Arno Penzias und Robert Wilson 1965 bei der Bell Telefongesellschaft in Murray Hill, New Jersey, USA, einen empfindlichen Mikrowellenempfänger auf, der ursprünglich zur Satellitenkommunikation bestimmt war. Sie benutzten dazu eine drehbare Hornantenne mit beachtlichen Ausmaßen (Abb. 3.32). Sie hatten vor, Strahlung bestimmter Moleküle im Weltraum zu entdecken. Zu ihrer Überraschung fingen sie jedoch ein Signal auf, das eine merkliche Störung verursachte. Es kam am Himmel von überall her. Vielleicht wäre diesem Dreckeffekt keine weitere Beachtung geschenkt worden, hätten sie sich nicht solch eine Mühe damit gemacht, ihn loszuwerden und hätten nicht Robert Dicke und sein Team in der nahegelegenen Universität von Princeton zufällig davon erfahren. Diese Astrophysiker überlegten sich gerade ein Experiment zur Entdeckung der schon 1948 von George Gamov vorhergesagten Mikrowellenstrahlung.

Gamovs Überlegungen basierten auf der Erkenntnis, dass ein sich (infolge der als Expansion interpretierten Galaxienrotverschiebung) ausdehnendes Weltall früher einmal kleiner und deshalb auch heißer gewesen sein sollte. Zu einem sehr frühen Zeitpunkt, vor etwa 14 Milliarden Jahren, sollte es sogar verschwindend klein gewesen sein. Dieser Zeitpunkt wurde von britischen Astronomen Fred Hoyle 1949 etwas abfällig "Big Bang", also "Urknall" genannt. Bei diesem Begriff ist es dann geblieben. Seit diesem sehr frühen Zeitpunkt dehnt sich der Kosmos aus und kühlt sich dabei kontinuierlich ab. Solange die mittlere Temperatur im Kosmos noch über 3 000 Kelvin lag, war die Materie so heiß, dass viele Elektronen von den Wasserstoff- und Heliumatomen abgerissen waren und frei herumflogen. Diese freien Elektronen behinderten die Ausbreitung des Lichtes so sehr, dass ein Beobachter wie in einem heißen Nebel gesessen hätte. Mit der weiteren Abkühlung des Weltalls auf unter 3 000 K, etwa 400 000 Jahre nach dem postulierten Urknall, war das Gas dann kühl genug, dass die freien Elektronen mit den Wasserstoff- und Heliumkernen zu neutralen Atomen kombinieren konnten. Neutrale Gasatome wiederum behindern Licht fast nicht, sonst könnten wir keine Sterne durch die Erdatmosphäre sehen. Für einen Beobachter, wenn es ihn denn gegeben hätte, wäre der undurchdringliche Nebel immer weiter zurückgewichen und der Raumbereich der klaren Sicht hätte sich zusehends vergrößert. Die Nebelwand hätte sich in immer größere Entfernung zurückgezogen und die Strahlung von dort wäre mit zunehmender Expansion des Kosmos zudem immer kühler geworden. Nach George Gamovs 1956 aktualisierter Voraussage sollte die Temperatur der Strahlung inzwischen nur noch etwa 6 Grad über dem absoluten Nullpunkt betragen. Das war seine Voraussage als direkte Konsequenz der Expansion des Kosmos.

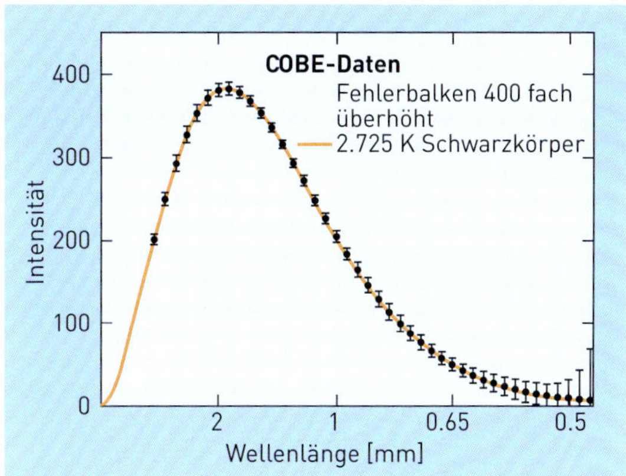

Abb. 3.33 Die vom *COBE*-Satelliten gemessene Farbverteilung (Spektrum) des Mikrowellen-Hintergrundes entspricht nahezu perfekt derjenigen eines schwarzen Körpers mit einer Temperatur von 2,725 K. (Mather 1990 und *COBE* Archiv)

Diese Strahlung nun wollten Robert Dicke und sein Team nachweisen, als sie eher beiläufig von den Experimenten und Messungen von Penzias und Wilson hörten. Sofort machten sie sich auf den Weg und lernten kurze Zeit später, dass die Strahlung, nach der sie suchten, bereits entdeckt war, ohne dass sich die Entdecker dessen bewusst waren. Was Arno Penzias und Robert Wilson für einen Dreckeffekt gehalten hatten, war 1978 immerhin den Nobelpreis wert.

Die Entdeckung der Mikrowellen-Hintergrundstrahlung hat großes Aufsehen erregt und in der Folgezeit wurde zunächst einmal versucht, zwei weitere Voraussagen über diese Strahlung nachzuweisen: Ihre Gleichmäßigkeit über allen Himmelsrichtungen und ihre charakteristische Farbverteilung, also ihr Spektrum. Das Spektrum sollte eine charakteristische Form haben, die in der Physik mit *Schwarzkörper-Strahlung* bezeichnet wird. Inzwischen wurden drei Satelliten gestartet, die alle nur das Ziel hatten, die besonderen Eigenschaften des Mikrowellen-Hintergrundes zu messen. *COBE* vermaß die Strahlung über den gesamten Himmel mit hoher Empfindlichkeit, aber begrenzter Winkelauflösung, also begrenzter Bildschärfe. Die Ergebnisse waren bereits beeindruckend. Das von *COBE* gemessene Spektrum in Abb. 3.33 zeigt in der Tat eine so perfekte Form der Strahlung eines schwarzen Körpers, wie sie selbst im Labor sonst nur selten gemessen wird.

Die charakteristische Temperatur dieser Strahlung beträgt 2,726 K und liegt damit erstaunlich nahe an dem von Gamov vorhergesagten Wert von etwa 6 K. Auch die Richtungsunabhängigkeit der Strahlung, dargestellt in Abb. 3.34 oben, ist perfekt. Es hat sehr genauer Messungen bedurft, um Abweichungen von der charakteristischen Temperatur überhaupt zu messen. Die Karte in Abb. 3.34 oben zeigt lokale Temperaturabweichungen im Bereich von nur 0,0002 K.

Warum sind diese anfänglichen Dichteschwankungen so interessant? Die Idee ist, dass im gängigen Modell aus einer perfekt gleichmäßig verteilten Materie nie eine Materieverklumpung entstehen kann, die letztlich zur Bildung von Sternen und Galaxien führt. Die perfekt verteilte Materie ist in der Tat im labilen Gleichgewicht. Die geringste Störung führt dazu, dass sich Dichteunterschiede ausbilden, die durch die Gravitationskraft verstärkt werden, sodass sich nach einiger Zeit richtige Materieverklumpungen bilden können, die durch die Eigengravitation zusammengehalten werden und schließlich zu Sternen und Galaxien kontrahieren. Solche Stö-

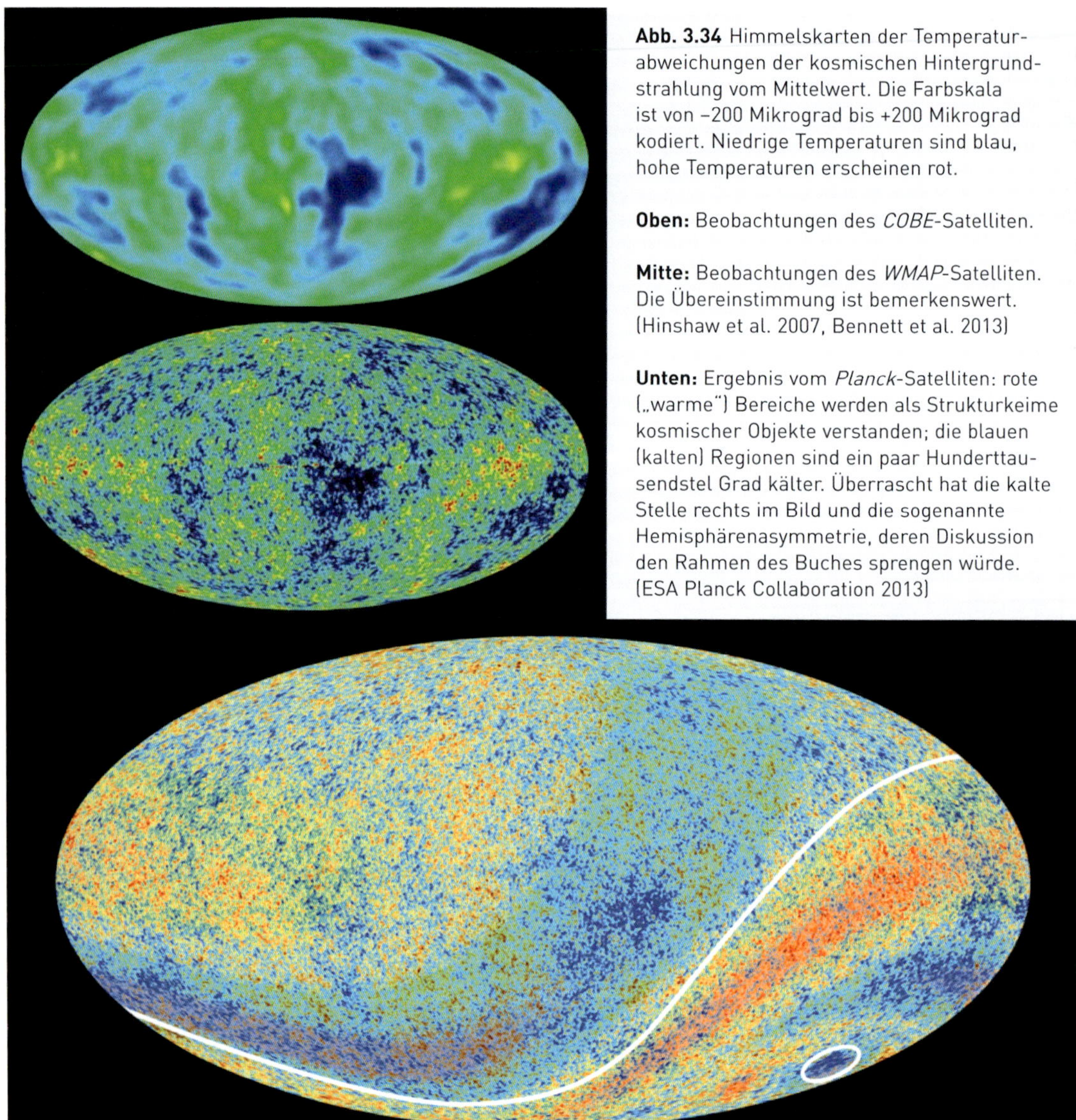

Abb. 3.34 Himmelskarten der Temperaturabweichungen der kosmischen Hintergrundstrahlung vom Mittelwert. Die Farbskala ist von −200 Mikrograd bis +200 Mikrograd kodiert. Niedrige Temperaturen sind blau, hohe Temperaturen erscheinen rot.

Oben: Beobachtungen des *COBE*-Satelliten.

Mitte: Beobachtungen des *WMAP*-Satelliten. Die Übereinstimmung ist bemerkenswert. (Hinshaw et al. 2007, Bennett et al. 2013)

Unten: Ergebnis vom *Planck*-Satelliten: rote („warme") Bereiche werden als Strukturkeime kosmischer Objekte verstanden; die blauen (kalten) Regionen sind ein paar Hunderttausendstel Grad kälter. Überrascht hat die kalte Stelle rechts im Bild und die sogenannte Hemisphärenasymmetrie, deren Diskussion den Rahmen des Buches sprengen würde. (ESA Planck Collaboration 2013) rungen können beispielsweise bereits durch kleine Quanteneffekte verursacht werden. Je stärker die Verklumpung schon zu Beginn der Durchsichtigkeit ist, je höher also der Temperaturkontrast im Mikrowellen-Hintergrund, desto früher können sich nachfolgend Sterne und Galaxien bilden und desto mehr Spielraum hat man, im kosmischen Entwicklungsmodell den Übergang von der gleichmäßig verteilten Materie zu den Galaxien unterzubringen.

Die geringen beobachteten Dichteschwankungen haben die Theoretiker jedoch in arge Bedrängnis gebracht, denn sie bedeuten, dass es den Modellen folgend noch langer Zeiträume bedurfte, um die ersten Sterne zu bilden. Wir haben außerdem schon in Abschnitt 3.2 gesehen, dass bereits die ältesten beobachtbaren Galaxien alte Sterne enthalten, die sich schon in den ersten etwa 200 Millionen Jahren nach dem Urknall gebildet haben müssen. Hier lernen wir, dass das Weltall etwa 400 000 Jahre nach dem Urknall noch sehr homogen gewesen sein muss. 200 Millionen Jahre sind für eine kontinuierliche Vergrößerung der Dichteschwankungen eine äußerst kurze Zeit. Ohne weitere Gesichtspunkte könnte es im Modell für die Bildung der Sterne zeitlich eng werden. In der Zwischenzeit wurde ein neuer Satellit, *WMAP*[1], gestartet, der nicht nur die Messungen von *COBE* bestätigen sollte, sondern den Mikrowellenhintergrund auch mit verbesserter Winkelauflösung kartiert hat. Das Ergebnis des ersten Messzyklus zeigt Abb. 3.34 Mitte. Die sehr gute Übereinstimmung der beiden Karten unter Berücksichtigung der verschiedenen Winkelauflösungen ist bemerkenswert und gibt den Daten ein hohes Maß an Vertrauenswürdigkeit. Durch den *Planck*-Satelliten wurde kürzlich der Mikrowellenhintergrund mit gegenüber *WMAP* nochmals deutlich erhöhter Auflösung aufgenommen (Abb. 3.34 unten).

Ob das gegenwärtige Standardmodell, mit dem die meisten Astronomen arbeiten, der Stern- und Galaxienentwicklung im Kosmos unter diesen Umständen in der Zukunft unverändert gerecht werden kann, ist derzeit noch offen. Wir werden einige Aspekte in Kapitel 4 genauer betrachten.

Man kann sich fragen, ob die flächige Verteilung der Temperaturschwankungen in Abb. 3.34 zufällig ist oder ob sich aus ihr weitere Informationen gewinnen lassen. Im Rahmen des Standardmodells ist dies tatsächlich möglich. Es zeigt sich, dass die verschiedenen Gebiete unterschiedlicher Temperatur zueinander nicht zufällig verteilt sind, sondern bestimmte Winkelabstände bevorzugen. Im Rahmen des Modells vom expandierenden heißen Kosmos konnten die Astronomen aus Abb. 3.34 weitreichende Schlüsse ziehen, die hier nur zusammengefasst werden können. Ihre Ableitung würde über den Rahmen dieses Buches hinausgehen (s. Abb. 3.35).

a) Die Geometrie des Weltalls ist flach; der Weltraum ist euklidisch und nicht gekrümmt.
b) Etwa 5 % der Energie im Weltall liegen in der Form von Materie vor, wie wir sie kennen.
c) Etwa 27 % der Energie liegen in Form Dunkler Materie vor, deren Natur unbekannt ist.
d) Etwa 68 % der Energie liegen in einer unbekannten Form von nichtmaterieller Energie vor, die daher Dunkle Energie genannt wird.

[1] NASA, Wilkinson Microwave Anisotropy Probe Website, http://map.gsfc.nasa.gov

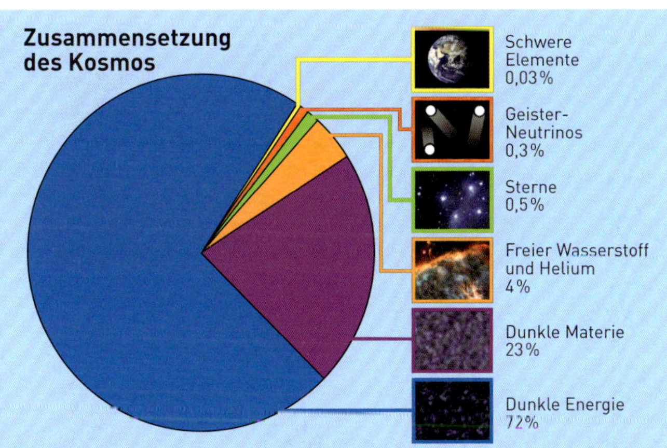

Abb. 3.35 Darstellung der Zusammensetzung der Energie im Kosmos. Die Anteile mögen untereinander noch ein bisschen schwanken; die Größenordnungen sind jedoch korrekt.

Diese zunächst merkwürdigen und ziemlich unverständlichen Ergebnisse lassen wir hier so stehen und werden sie in Kapitel 4 eingehender beleuchten.

Bislang haben wir den Mikrowellenhintergrund nur im Rahmen des Standardmodells erläutert, weil dies die gängigste Interpretation der Messungen ist. Nun ist jedoch mit der Entdeckung der Mikrowellenstrahlung noch nicht automatisch klar, dass es sich auch um den Effekt handelt, den George Gamov vermutete. Penzias und Wilson hätten dann etwas ganz anderes entdeckt, das vielleicht mit der Expansion des Weltalls überhaupt nichts zu tun hätte. Es ist aber auch sehr klar, dass eine gleichmäßig über den Raum verteilte Strahlung geradezu notwendig wird, wenn man akzeptiert, dass das Weltall expandiert, das heißt wenn die Rotverschiebung im Sinne einer Dopplergeschwindigkeit interpretiert wird. Nun stimmen aber nicht alle Wissenschaftler der These vom Urknall und einem heißen frühen Universum zu; wir hatten schon als Alternative das stationäre Weltall genannt, das von einigen Wissenschaftlern propagiert wird. In diesem stationären Modell muss der Mikrowellenhintergrund anders interpretiert werden, denn es hat ja in diesem Modell keine heiße Phase des Weltalls gegeben, da das Weltall sich wohl ausdehnt, aber trotzdem immer gleich aussehen soll.

In der Tat war die Interpretation der allgegenwärtigen kosmischen Mikrowellen zunächst ein Problem für das Modell des stationären Universums. Es gibt aber auch andere Erklärungsmöglichkeiten. Diese werden wir in Kapitel 4 bei der Diskussion alternativer Kosmologien beleuchten.

3.4.2 Hintergrundstrahlung im Röntgenbereich

Die Geschichte der Hintergrundstrahlung im Röntgenbereich ist nicht so dramatisch wie die des Mikrowellenhintergrundes. Da kosmische Röntgenstrahlung – zum Glück für uns Erdbewohner – nicht vom Erdboden aus beobachtet werden kann, schlug die Geburtsstunde der Röntgenastronomie im Jahre 1962, als eine Aerobee-Rakete mit drei Geigerzählern an Bord innerhalb von nur sechs Minuten Messzeit starke Röntgenstrahlung aus der Richtung des Sternbildes Skorpion beobachtete und außerdem diffuse Röntgenemission über den ganzen Himmel entdeckte. Verantwortlich für dieses Projekt war Riccardo Giacconi, der 2002 den Nobelpreis für die Entwicklung der Röntgenastronomie erhielt. Richtig bewundern konnte man die kosmische Röntgenhintergrundstrahlung aber erst durch eine Aufnahme des Mondes durch den deutschen Röntgensatelliten *ROSAT* knapp 30 Jahre später (Abb. 3.36). Der Röntgen-Hintergrund erscheint dort als heller Hintergrund, der von der unbeleuchteten Seite des Mondes abgeschattet wird, was seine Existenz beweist.

Die Natur des diffusen kosmischen Röntgen-Hintergrundes war lange Zeit rätselhaft, weil es keine offensichtliche Ursache für ihn gab. Dafür kursierten mehrere Vermutungen: Es könne sich zum Beispiel um das Ergebnis von Begegnungen

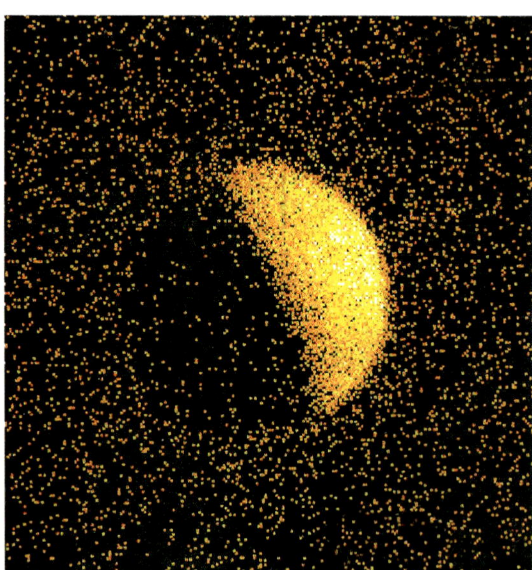

Abb. 3.36 Aufnahme des Halbmondes mit dem Röntgensatellit *ROSAT*. Man sieht nicht nur die helle beleuchtete Seite des Mondes, sondern auch die unbeleuchtete. Diese ist dunkler als der Hintergrund und beweist, dass der kosmische Röntgen-Hintergrund wirklich existiert. Übrigens ist auch die unbeleuchtete Seite des Mondes im Röntgenlicht nicht vollständig dunkel. Diese Bremsstrahlung wird wahrscheinlich durch schnelle Elektronen erzeugt. (Schmitt et al. 1991)

zwischen hochenergetischen Photonen und dem Mikrowellen-Hintergrund handeln. Solche Begegnungen sind zwar selten, aber der Weltraum wäre ja groß genug. Als weitere Möglichkeit wurde *Bremsstrahlung* von intergalaktischem Gas diskutiert. Es könne sich auch um Strahlung von diskreten Objekten am Himmel handeln, die jedoch so klein sind, dass sie mit den Röntgenteleskopen nicht aufgelöst werden können. Letztere Vermutung wurde von Giacconi schon zu Beginn favorisiert und damit hatte er auf das richtige Pferd gesetzt.

Inzwischen ist die Auflösungskapazität der Röntgenteleskope so gut und auch ihre Sammelfläche so groß, dass ihre Abbildungsqualität an die kleinerer optischer Teleskope heranreicht. Abb. 3.37 zeigt einen direkten Vergleich zwischen einer *ROSAT*-Aufnahme aus dem Jahre 1991 und einer Aufnahme mit dem neuen europäischen Röntgensatelliten *XMM-Newton* aus dem Jahr 2003. Die schärferen Bilder zeigen deutlich mehr Quellen, bei denen es sich meist um entfernte Galaxien handelt. Die Röntgenstrahlung dieser Galaxien kann erfreulicherweise insgesamt den Röntgen-Hintergrund erklären. Eigentlich etwas enttäuschend. Kein kosmologischer Krimi an Rande des Universums, sondern eine eher profane Erklärung für ein 40 Jahre altes Rätsel. Vielleicht nicht ganz. Warum senden denn einige Galaxien sehr viel mehr Röntgenstrahlung aus als andere, wie zum Beispiel unsere Milchstraße, und warum sehen viele dieser Galaxien im sichtbaren Licht eher unauffällig aus? Für die starke Röntgenemission sind wahrscheinlich die Schwarzen

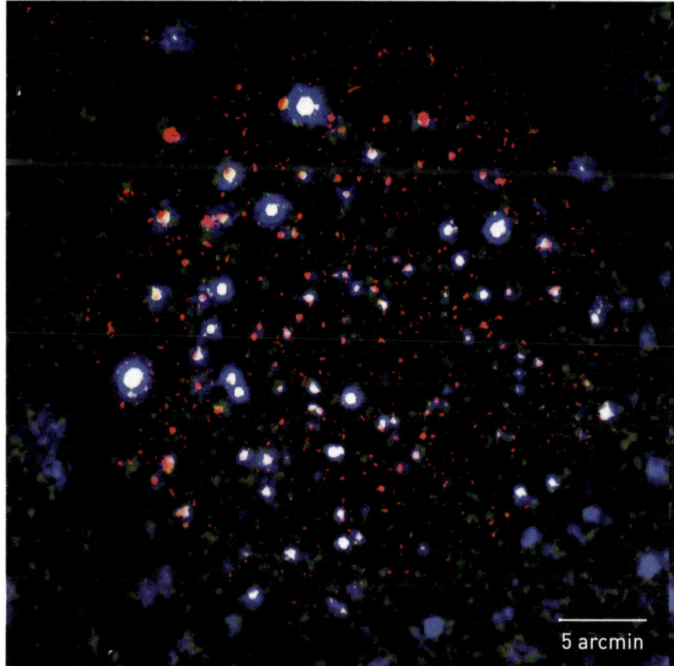

Abb. 3.37 Zwei langbelichtete Aufnahmen desselben Gebietes am Himmel im Röntgenlicht. Oben *ROSAT*, unten *XMM-Newton*. Die *XMM-Newton*-Aufnahme aus dem Jahre 2003 ist deutlich schärfer als das ältere *ROSAT*-Bild. Kurzwellige und langwellige Röntgenstrahlung sind durch blaue und rote Farben dargestellt. Farbstiche sind dabei unvermeidbar. Fast alle sichtbaren Objekte sind Galaxien. (Max-Planck-Institut für extraterrestrische Physik)

Löcher in den Zentren dieser Galaxien verantwortlich, das heißt, nicht die Schwarzen Löcher selbst, die sind ja dunkel. Aber durch ihre immense Schwerkraft zerreiben sie alle Materie in ihrer Umgebung und heizen sie dabei so stark auf, dass neben sichtbarer und ultravioletter Strahlung auch riesige Mengen hochenergetischer Lichtstrahlung in den Weltraum geschickt werden. Die dichten Staubwolken in der Nähe der Zentren der Galaxien entlang der Sichtlinie absorbieren alles sichtbare Licht und auch einen Großteil der UV-Strahlung, um sie als Infrarotstrahlung wieder abzugeben. Die Röntgenstrahlung aber hat genug Energie, um auch dichte Staubwolken zu durchdringen. Röntgenstrahlung ist deshalb unser direkter Draht zu den meisten Schwarzen Löchern in anderen Galaxien. Da die Röntgenstrahlung nur ausgesandt wird, solange Materie sich dem Schwarzen Loch nähert und in der Akkretionsscheibe wie in einer Mühle zerrieben wird, entspricht deren Intensität natürlich direkt auch dem Nachschub. Weil dieser nicht kontinuierlich eintrifft, sondern eher häppchenweise – hier ein Stern, dort eine interstellare Wolke – flackert die Röntgenstrahlung ständig, sie entspricht sozusagen der Kalorienzufuhr des Schwarzen Loches. Diese flackernde Röntgenstrahlung ferner Galaxien ist eines der direktesten Indizien für die Existenz Schwarzer Löcher – mit Ausnahme des Schwarzen Loches vor unserer Haustür im Mittelpunkt der Milchstraße. Es gibt bislang keinen anderen Prozess, der ein solches Verhalten zufriedenstellend erklären kann. Damit entpuppt sich der kosmische Röntgen-Hintergrund als eine der wesentlichsten Zutaten zum Verständnis und zur Theorie der Entwicklung Schwarzer Löcher in Galaxien. So gesehen hat auch die Röntgen-Hintergrundstrahlung einen gebührenden Platz erhalten.

Auf den Punkt gebracht. Die Entdeckung des Mikrowellenhintergrundes und seine genaue Vermessung durch *COBE*, *WMAP* und *Planck* war und ist äußerst wichtig für die Entwicklung der Theorien über den Kosmos, ganz unabhängig von seiner genauen Interpretation. Im Rahmen des Urknall- oder auch Standard-Modells wird diese 3K-Strahlung als letzter Sichthorizont des überschaubaren Universums zur Zeit der Bildung neutraler Atome interpretiert (wenn die postulierten Perspektiven von Gravitationswellen unberücksichtigt bleiben; s. Abschnitt 3.5). Aus der Temperaturverteilung der Strahlung am Himmel werden weitreichende Folgerungen für die Anteile normaler (baryonischer) Materie, Dunkler Materie und einer noch geheimnisvolleren Dunklen Energie gezogen. Im Rahmen des quasistationären kosmologischen Modells wird die 3K-Strahlung von intergalaktischen Metallnadeln emittiert (Kapitel 4.2.1). Auch weitere mit der 3K-Strahlung zusammenhängende Phänomene scheinen noch erklärt werden zu können. Die Konsequenzen der Existenz des Mikrowellenhintergrundes und seiner Fluktuation sind aber für viele Wissenschaftler unbefriedigend: Entweder müssen sie an die Existenz kosmischer Eisennadeln glauben oder daran, dass wir 95 % der Materie des Weltalls nicht sehen können und auch bislang keinen blassen Schimmer davon haben, um was es sich handeln könnte. In Anbetracht dieser bemerkenswerten Schieflage wollten einige Zeitgenossen an Einsteins Verständnis der Gravitation rütteln – und haben sich dabei die Zähne ausgebissen, denn in der Physik herrscht die sogenannte Einsteinigkeit. Deshalb ist man mit unterschiedlichen Instrumentarien unterwegs, um Licht in die Dunkle Komponente zu bringen:

- Da ist das CERN mit seinem Beschleuniger gefragt,
- das sogenannte Alpha-Magnetic-Spektrometer auf der Internationalen Raumstation *ISS* verfolgt im Weltraum dieses Anliegen,
- ESA hat entschieden, mit der Mission *Euclid* sich der Sache anzunehmen,
- NASA entwickelt die Mission *WFIRST*, die seit kurzem *Nancy Grace Roman* Space Telescope heißt und etwa 2026 starten soll,

um nur einige Anstrengungen zu nennen.

3.5 Das Beben der Raumzeit: Erste Beobachtung von Gravitationswellen

Kompakt

- Am Anfang stand die Skepsis
- Einsteins ART setzt sich durch
- Das Abenteuer des experimentellen Nachweises

Nachdem Einstein seine Allgemeine Relativitätstheorie (ART) formuliert hatte, hinterließ er zunächst einmal eine Spur von Skepsis bei seinen Kollegen. Zu ungewöhnlich, zu radikal erschien ihnen seine Idee, ganz abgesehen davon, wie sie denn zu beweisen gewesen wäre. Noch bei der Verleihung des Nobelpreises an ihn im Jahr 1922 wird ihm gesagt, er habe den Nobelpreis *trotz* seiner Relativitätstheorie erhalten. Zwar erfuhr seine Theorie eine gewisse Anerkennung, weil die von ihm vorausgesagte Ablenkung von Sternenlicht in der Nähe der Sonne anlässlich der totalen Sonnenfinsternis vom 29. Mai 1919 tatsächlich beobachtet werden konnte, jedoch nicht so wie vorausgesagt (Dyson, Eddington & Davidson 1920)[2]. Eben weil die durch die ART vorausgesagten Effekte winzig und sehr schwer zu messen waren, dauerte es bis 1974, bis ein weiterer vorausgesagter Effekt zum ersten Mal nachgewiesen werden konnte: die Gravitationswellen.

Jede Masse erzeugt ein Gravitationsfeld um sich herum, dessen Stärke mit dem Abstand zur Masse abnimmt. Große Massen erzeugen starke Felder, kleine Massen wie die Erde erzeugen schwache Felder. Die Schwerkraft, die wir wahrnehmen – alle Gegenstände möchten nach unten fallen – ist gerade der Reflex des Gravitationsfeldes der Erde. Die Größe der Schwerkraft hängt dabei nicht nur von der Masse der Erde ab, sondern auch von der Masse des angezogenen Körpers:

5 kg Kartoffeln werden fünfmal so stark angezogen wie 1 kg Äpfel. Das zeigt bereits ein Blick auf die Waage.

Das Gravitationsfeld verursacht nicht nur die Schwerkraft, es verformt auch den Raum. Anschaulich gesprochen erzeugt eine Masse in seiner Umgebung eine Delle im Raum. Eine kleine Masse erzeugt dabei wieder eine kleine Delle, eine große Masse eine merkliche Delle. Eine Delle im Raum macht sich so bemerkbar, dass ein Lichtstrahl an einer Delle nicht mehr geradeaus läuft, sondern, ohne ersichtlichen Grund eine Kurve nimmt: Seine Ausbreitungsrichtung wird abgelenkt. Die Ablenkung beträgt in der Nähe der Sonne weniger als 1 Bogensekunde und kann deshalb nur während einer totalen Sonnenfinsternis beobachtet werden. Abb. 3.38 illustriert den Effekt. Die Raumkrümmung nimmt genauso wie auch die Schwerkraft mit der Entfernung von der Sonne ab. Bildlich gesprochen hat die Delle im Raum einen sehr flachen Rand, der theoretisch so weit reicht wie das Licht der Sonne.

Interessant wird es nun, wenn zwei schwere Massen umeinander kreisen, etwa zwei Sterne (Abb. 3.39). Rein klassisch würde ein naher Beobachter in der Bahnebene des Doppelsternsystems eine Variation des Gravitationsfeldes als periodische Schwankung der Schwerkraft bemerken. Einmal stehen beide Sterne in Blickrichtung des Beobachters hintereinander, ein andermal nebeneinander. Das Quadrupolmoment dieser periodischen Schwankung der Schwerkraft kann man als Welle, als Gravitationswelle, auffassen. Die ART sagt voraus, dass ein solches Doppelsternsystem in der Tat Gravitationswellen abstrahlt und außerdem, dass diese Gravitationswellen Energie transportieren. Bildlich

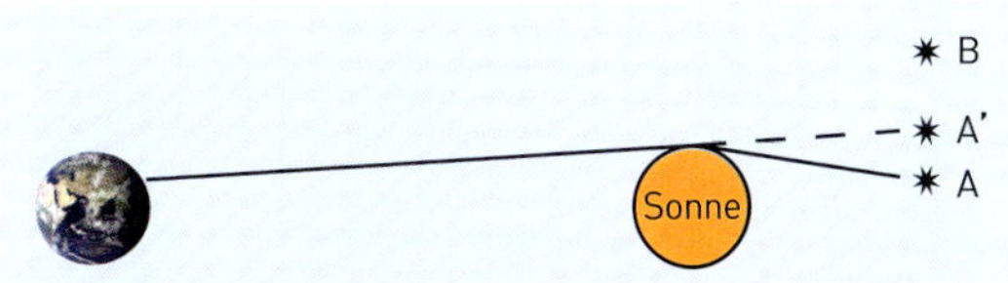

Abb. 3.38 Das Gravitationsfeld der Sonne verursacht eine Ablenkung des Lichtes, das von Stern A ausgesandt wird. Wegen der Ablenkung erscheint der Stern bei A'. Stern B dient als Positionsreferenz, um den Ablenkwinkel zu bestimmen. (http://www.astronomische-vereinigung-augsburg.de/artikel/physik-und-kosmos/art-test-teil-1/)

[2] Inzwischen und mit verbesserten Instrumenten stimmen Vorhersage und Rechnung überein.

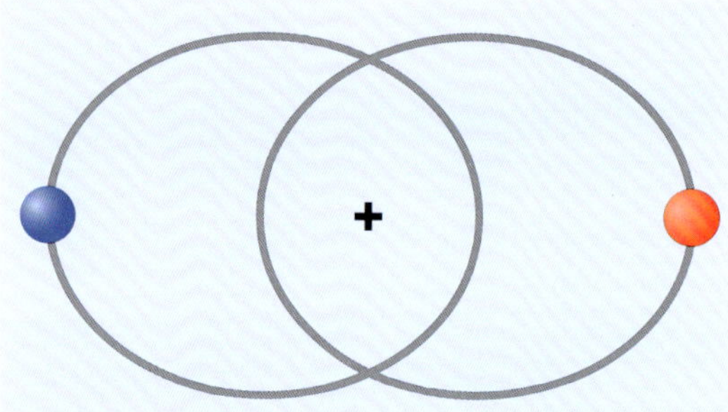

Abb. 3.39 Zwei Sterne, die einander umkreisen, erzeugen bei einem Beobachter, der das Doppelsternsystem von der Seite betrachtet, also etwa von rechts, periodisch in ihrer Stärke variierende Gravitationsfelder. Die Schwerkraft des Systems schwankt dabei periodisch um kleine Beträge. Die periodische Variation der Schwerkraft kann als eine periodische Raumverformung angesehen werden. Diese nennt man Gravitationswellen. Der Allgemeinen Relativitätstheorie zufolge transportieren die Quadrupolmomente der Gravitationswellen Energie. (https://commons.wikimedia.org/wiki/File:Doublesystar.gif)

gesprochen erzeugen die oben genannten Dellen im Raum infolge der Bewegung beider Sterne Deformationswellen des Raumes, die sich mit Lichtgeschwindigkeit ausbreiten. Solche Deformationswellen verbiegen alle Körper auf ihrem Weg periodisch. Kreise werden also periodisch in Ovale (Ellipsen) verformt, wie in Abb. 3.40 gezeigt. Der Grad der Verformung ist dabei kleiner als der Durchmesser von Elementarteilchen, was den Nachweis solcher Raumverbiegungen sehr erschwert.

Im Jahr 1974 beobachteten die beiden Amerikaner Russell Alan Hulse und Joseph Taylor den *Millisekundenpulsar* PSR B1913+16 mit dem Arecibo-Radioteleskop. Er rotiert etwa 17-mal pro Sekunde um die eigene Achse und umkreist dabei einen unsichtbaren *Neutronenstern* etwa alle acht Stunden. Durch fortgesetzte Beobachtungen des Pulsars konnten Hulse und Taylor zeigen, dass sich die Umlaufszeit beider Sterne umeinander mit der Zeit ändert (Abb. 3.41). Die Beobachtungen legten nahe, dass sich beide Körper aufeinander zubewegen, genauso, als wenn das System Energie verlöre. Als die Autoren den gemessenen Energieverlust mit dem von Einsteins ART geforderten Energieverlust durch Abstrahlung von Gravitationswellen verglichen, erlebten sie eine Überraschung: Die von der ART geforderte Änderung der Umlaufszeit passte haargenau zur Beobachtung (blaue Kurve in Abb. 3.41). Die extrem gute Übereinstimmung wurde von vielen Wissenschaftlern als erste, wenn auch indirekte Bestätigung für die Existenz von Gravitationswellen angesehen. 1993 erhielten beide den Nobelpreis für Physik für ihre Entdeckung.

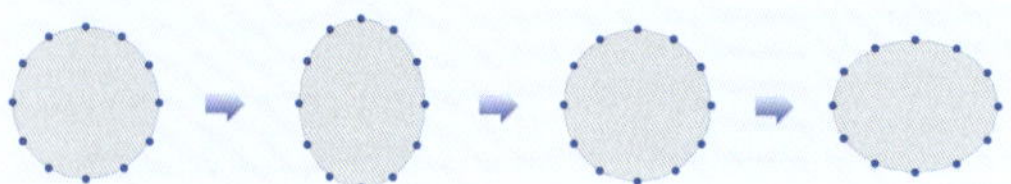

Abb. 3.40 Periodische Verformung eines Ringes kleiner Kugeln unter dem Einfluss einer periodischen Gravitationswelle. (https://commons.wikimedia.org/wiki/File:Gravwav.gif)

Der direkte Nachweis von Gravitationswellen stellte sich als äußerst mühsames und anspruchsvolles Abenteuer heraus. Der Amerikaner Joseph Weber stellte sich als erster der Herausforderung und entwickelte aus einem im Vakuum an dünnen Drähten aufgehängten

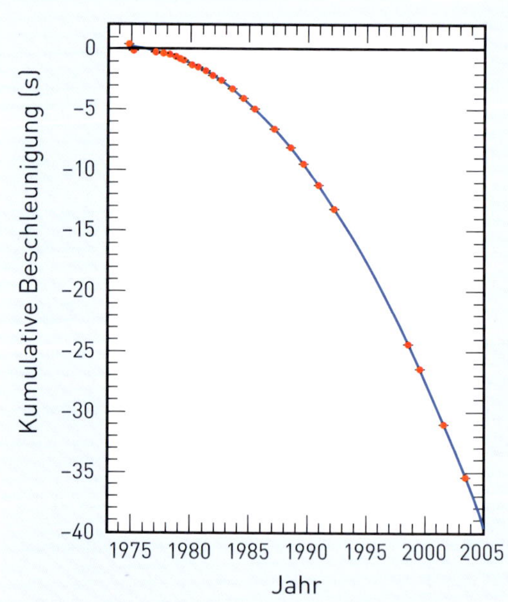

Abb. 3.41 Die zeitliche Beschleunigung der Umlaufsdauer des Pulsars PSR B1913+16 um seinen Begleiter ist durch die roten Punkte mit winzigen Fehlerbalken dargestellt. Der Trend zeigt die Abnahme der Bahnenergie genauso, wie sie als durchgezogene blaue Kurve durch Einsteins Allgemeine Relativitätstheorie vorhergesagt wird. (Nach Weisberg & Taylor 2005, 25)

Abb. 3.42 Joseph Weber, der Wegbereiter der Gravitationswellendetektion, mit einem seiner Gravitationswellendetektoren in den frühen 1960er-Jahren. Obwohl Weber glaubte, mit einigen seiner Detektoren Gravitationswellen nachgewiesen zu haben, blieben die Kollegen skeptisch. (University of Maryland USA)

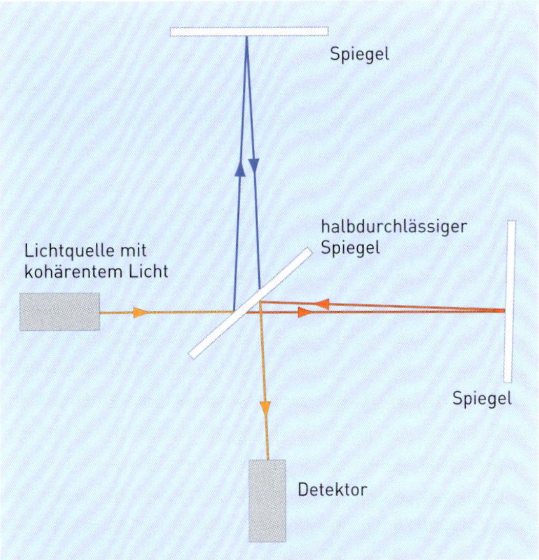

Abb. 3.43 In einem klassischen Interferometer wird das Licht eines Lasers mit einem halbdurchlässigen Spiegel geteilt und jeder Teilstrahl in zwei zueinander senkrecht stehende Arme reflektiert. Am Ende jedes Arms reflektiert je ein Vollspiegel das Licht so zurück, dass beide Teilstrahlen auf dem Detektor miteinander interferieren. Eine Dehnung oder Stauchung in einem der Arme relativ zu dem anderen macht sich als geringe Verschiebung des Interferenzmusters auf dem Detektor bemerkbar. (https://commons.wikimedia.org/wiki/File:Michelson-Morley.svg)

Zylinder aus Aluminium einen Gravitationswellendetektor, den er mit Piezosensoren versah, um Änderungen der Geometrie des Zylinders zu messen. Er stellte mehrere Detektoren auf und schaute nach gleichzeitigen Signalen in mindestens zwei seiner Detektoren (Abb. 3.42). Durch Einführung verschiedener Verbesserungen war er schließlich in der Lage, eine relative Längenänderung von etwa $1{:}10^{19}$ zu messen. Diese bemerkenswerte Empfindlichkeit entspricht der Längenänderung um ein Zehntausendstel des Durchmessers eines Protons. Als gravierender Nachteil seines Gerätes muss genannt werden, dass es nur für bestimmte Frequenzen von Gravitationswellen empfindlich war. Er deutete einige schwache koinzidente Ereignisse als Entdeckung von Gravitationswellen an, doch seine Zeitgenossen blieben kritisch.

Es dauerte weitere 50 Jahre, bis die Technik des Laser-Interferometers weit genug entwickelt war, um einen weiteren ernsthaften Versuch zu unternehmen. Bei dieser Technik vergleicht man die Längenänderung zweier senkrecht zueinander stehender Strecken. Die durch Gravitationswellen hervorgerufene ovale Verformung wird den Raum in eine Richtung strecken und in die Richtung senkrecht dazu stauchen. Diese Deformation des Raumes kann durch ein Interferometer hinreichender Empfindlichkeit (Abb. 3.43) detektiert werden. In Deutschland entwickelte sich *GEO600* in Hannover zum Zentrum der Gravitationswellendetektion (z. B. Winkler, Danzmann & Grote 2007). Verschiedene internationale Gruppen fanden sich zu einer Kollaboration „Laser-Interferometer-Gravitationsobservatorium" (*LIGO*) zusammen und errichteten in den USA zwei räumlich weit voneinander entfernte Interferometer. Dabei sind die beiden Arme jedes Interferometers je 4 km lang und enthalten eine Laser-Lichtleistung von je 100 kW. Mit diesen beiden Anlagen wurde im September 2015 zum ersten Mal gleichzeitig ein deutliches Signal beobachtet, das den Beginn der Gravitationswellenastronomie markiert (Abbott et al. 2016). Die Signalform entsprach recht genau dem, was man von zwei Schwarzen Löchern erwartet, die sehr eng umeinander kreisen und schließlich ineinander stürzen. Es sind bislang keine anderen Prozesse bekannt, die ein solch deutliches Signal hervorbringen können.

Abb. 3.44 zeigt die Signale der beiden Interferometer phasenrichtig aufeinandergelegt und um die Lichtlaufzeitdifferenz zwischen beiden Standorten korrigiert. Die Übereinstimmung zwischen dem roten und dem blauen Signal ist bemerkenswert. Unter der Voraussetzung, dass es sich bei dem Vorgang in der Tat um die Verschmelzung zweier Schwarzer Löcher handelt, kann man den Vorgang relativistisch korrekt modellieren und erhält dann folgendes Bild: Zwei Schwarze Löcher, etwa 36 und 29 Sonnenmassen schwer, verschmelzen zu einem einzigen Schwarzen Loch von etwa 62 Sonnenmassen. Die Differenz von 3 Sonnenmassen zwischen dem Ausgangs- und dem Endprodukt wird innerhalb von Bruchteilen einer Sekunde als Gravitationsenergie abgestrahlt. Das Ereignis fand in einer Entfernung von etwa 410 Mpc statt. Die Richtung kann man nicht angeben, nur einen Ringbereich am Himmel.

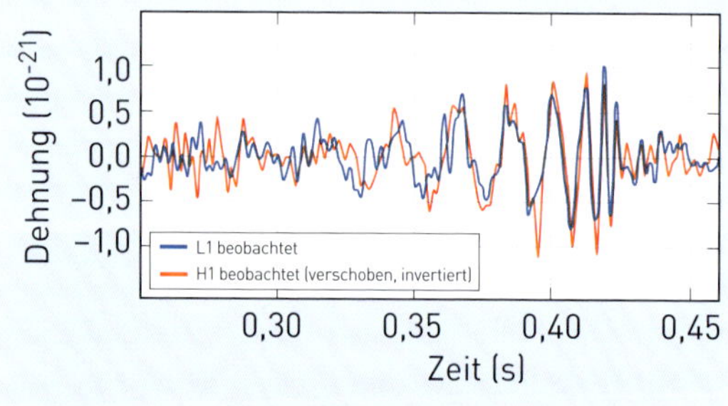

Abb. 3.44 Entdeckung einer Gravitationswelle. Nach rechts ist die Zeit ab einem beliebigen Nullpunkt aufgetragen, nach oben die Dehnung des Raumes in Einheiten von $1{:}10^{-21}$. Die beiden Messkurven wurden an den beiden Interferometern unabhängig voneinander gemessen. Sie wurden zeitlich so gegeneinander verschoben, dass der Laufzeitunterschied zwischen den beiden Anlagen ausgeglichen wurde. Die Frequenz der Welle und auch ihre Amplitude nehmen zu, um dann sehr schnell abzubrechen. (Nach Abbott et al. 2016)

Nach diesem bemerkenswerten Beginn geht es in der Gravitationswellenastronomie inzwischen Schlag auf Schlag. Nicht nur wurde die Empfindlichkeit der beiden *LIGO*-Interferometer deutlich gesteigert, sondern nun ist auch das italienische *VIRGO*-Interferometer Teil des Verbundes, sodass auch die Richtung der Quellen wesentlich genauer bestimmt werden kann: Der Ringbereich schrumpft auf zwei Flecken zusammen. Während der ersten gemeinsamen Messkampagne aller drei Gravitationswellendetektoren zwischen April und Oktober 2019 wurden allein 39 Ereignisse sicher nachgewiesen (Abbott et al. 2021). Das entspricht im Mittel einem Ereignis in weniger als fünf Tagen! Mit den Entdeckungen geht es inzwischen also wie beim Brezelbacken. Wenn man alle Ereignisse hinzurechnet, die nur sehr schwach und verrauscht beobachtet wurden, dann muss die Raumzeit des Universums ständig hin- und her wackeln; wir leben also mit permanenten Raumzeitbeben.

Diese Entdeckung von Gravitationswellen ist in mehrfacher Hinsicht bemerkenswert:

Sie ist eine Meisterleistung physikalischer Experimentierkunst und das Ziel einer 60-jährigen technischen Entwicklung.

Während der bisherigen Messkampagnen wurden viele Verschmelzungen von Schwarzen Löchern und auch von leichteren Neutronensternen beobachtet. Die Einzelmassen der Doppelquellen lagen dabei zwischen 1.5 bis mehr als 80 Sonnenmassen.

Die Häufigkeit solcher Ereignisse hat erhebliche Konsequenzen für die Theorie der Bildung individueller Schwarzer Löcher und damit für die Geschichte der Sternentstehung im frühen Universum. Während die Astrophysiker zuschauen, wie die Fallzahlen steil ansteigen, beginnt bereits das große Nachdenken über deren Konsequenzen.

Aus der Modellierung der Gravitationswellensignale für jedes Ereignis kann man auch auf dessen Entfernung schließen. Schwarze Löcher werden ja nur durch ihre Masse und ihre Rotation (Richtung der Drehachse und Stärke der Drehung) beschrieben. Sie sind ganz einfache Gebilde. Ihre mögliche elektrische Ladung spielt bei den Betrachtungen meist keine Rolle. Für zwei umeinander kreisende Schwarze Löcher hat man dann vier Parameter plus ihren gegenseitigen Abstand. Mit diesen fünf Größen und der Allgemeinen Relativitätstheorie von Einstein kann man den gesamten zeitlichen Verlauf des Verschmelzens beider Schwarzer Löcher beschreiben, ganz ähnlich wie wir dies bereits bei der Annäherung des Pulsars an seinen Begleiter in Abb. 3.41 gesehen haben. Bei der Beobachtung eines solchen Ereignisses muss man nun noch bedenken, dass sich das Weltall zwischen dem Aussenden der Gravitationswellen und dem Empfang bei uns ausgedehnt hat, sodass die Rotation verlangsamt erscheint. Außerdem hat sich die Gravitationswelle infolge der Entfernung abgeschwächt. Der Vergleich zwischen der Beobachtung und der Theorie liefert damit neben den anderen Größen auch die Rotverschiebung (Interpretation der Rotverschiebung als kosmische Expansion) und daraus die Entfernung, wenn man die Hubble-Konstante anwendet.

Es zeigt sich, dass die auf diese Weise bestimmte Entfernung jedoch keine unabhängige Entfernungsmessung darstellt. Für die Bestimmung der Entfernung nehmen die Autoren ein räumlich flaches Universum mit einem Masseanteil von 31 % (sichtbare plus Dunkle Materie) sowie eine bestimmte Hubble-Konstante an (Abbott et al. 2021 Anhang C). Man könnte Gravitationswellen in der Tat für unabhängige Entfernungsmessungen verwenden; dann benötigte man jedoch zusätzlich eine unabhängig gemessene Rotverschiebung. Diese konnte zum Beispiel aus optischer Spektroskopie der Muttergalaxie bestimmt werden, aus der die Gravitationswellen kamen. Aber das wäre natürlich wie ein Sechser im Lotto. Ein Gravitationswellenereignis dauert nur Sekundenbruchteile (s. Abb. 3.44), ganz zu schweigen von der notwendigen Zeit für die Datenauswertung. In dieser Zeit kann niemand ein Fernrohr ausrichten. Also ein hoffnungsloser Fall? Nicht ganz. Manchmal fällt den Astrophysikern das Glück auch einmal in den Schoß.

Am 17. August 2017 etwa um die Mittagszeit bemerkte der Gamma-Strahlen-Monitor des *Fermi*-Satelliten in der Erdumlaufbahn einen kosmischen Ausbruch hochenergetischer Gammastrahlen und löste Alarm aus. Solche Ereignisse werden mehrmals pro Woche gemessen und sind an sich kein Aufreger. Spannend wurde es aber, als einige Zeit danach die Mitteilung über eine Gravitationswelle von den *LIGO/VIRGO* Interferometern eintraf, die zwei Sekunden vor dem kosmischen Gammablitz stattgefunden hatte. Als sich dann noch herausstellte, dass beide Ereignisse aus derselben Himmelsgegend kamen, wurde aus der Spannung Hektik und ein Alarm an optische Teleskope wurde abgesetzt.

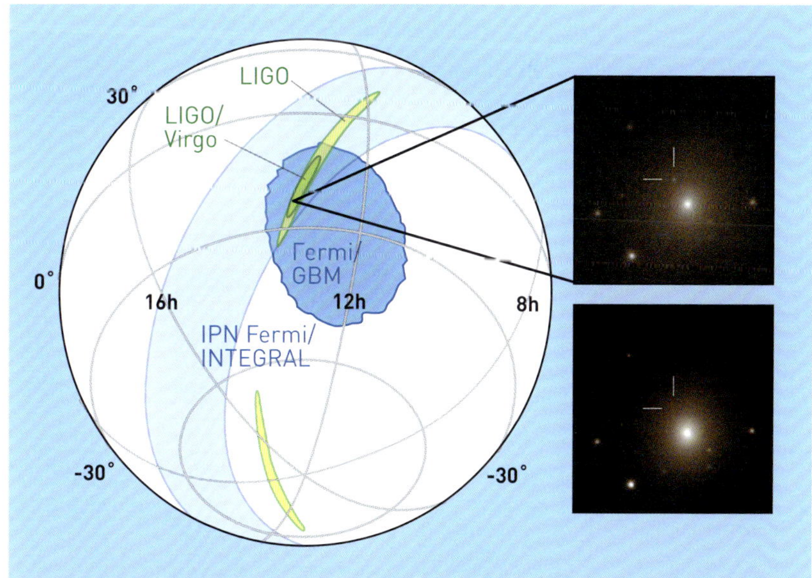

Abb. 3.45 Die gleichzeitige Detektion eines Gravitationswellenereignisses durch drei räumlich getrennte Interferometer erlaubt es, den Ort der Quelle relativ präzise am Himmel zu bestimmen (links). Das Ereignis am 17. August 2017 konnte so zeitnah in der Nähe der Galaxie NGC 4993 lokalisiert werden, sodass sogar ein optisches Signal sichtbar war. Dies zeigt das Bild rechts oben im Vergleich zu einer früheren Aufnahme rechts unten. (Nach LIGO Science Collaboration et al. 2017a)

Das 1m-*Swope*-Teleskop auf einem Berg in Chile rasterte mit seinem großen Gesichtsfeld die ganze Himmelsgegend ab und wurde nach einigen Stunden tatsächlich fündig. Abb. 3.45 zeigt links die wahrscheinlichen Orte für das Ereignis, wie sie die verschiedenen Instrumente gemessen haben und rechts oben die Entdeckungsaufnahme in der Galaxie NGC 4993, rechts unten ein älteres Vergleichsbild derselben Galaxie. Weitere neue Quellen wurden in der ganzen Gegend nicht beobachtet. Aus der Kenntnis der Rotverschiebung der Galaxie, die dann noch um deren Eigenbewegung korrigiert werden musste, konnte dann die Entfernung der Quelle der Gravitationswellen ohne Verwendung der Hubble-Konstante berechnet werden. Das Ergebnis stimmt exzellent mit der aus der Rotverschiebung und der Hubble-Konstante bestimmten Entfernung von 41 Mpc für NGC 4993 überein. Nun ist 41 Mpc noch keine wirkliche kosmologische Entfernung, jedoch zeigt die Veröffentlichung des Ergebnisses im renommierten Journal *Nature* die Bedeutung der Bestätigung kosmischer Entfernungsskalen (LIGO Scientific Collaboration et al. 2017b).

Falls es gelänge, weiter entfernte optische Galaxien als Quellen von Gravitationswellen zu identifizieren, könnte man mit dieser Methode auch größere Entfernungen im Weltall bestimmen, die völlig unabhängig sind von den anderen gängigen Verfahren, die wir bereits vorgestellt haben. Schon jetzt haben wir, wenn auch nur für eine Galaxie, einen weiteren Maßstab für die Vermessung des Weltalls an die Hand bekommen.

Diese Entdeckung hat ein „neues Fenster" zur Beobachtung des Weltalls aufgestoßen. Wenn die Empfindlichkeit der Anlagen noch weiter gesteigert werden kann, wird es möglich sein, eine Vielzahl von Phänomenen zu beobachten, über die wir mit herkömmlichen Teleskopen keine Informationen erhalten.

Es wurde bereits erwähnt, dass *LISA Pathfinder* Prinzipien eines neuen „Teleskoptyps" für die Detektion von Gravitationswellen aktuell im Weltraum erprobt hat. Die Folgen dieses „neuen Fensters zum Weltraum" sind heute nicht zu übersehen. Die Situation ist vergleichbar mit dem ersten Blick Galileis durch sein Teleskop im Jahre 1610, der eine Explosion von neuen Erkenntnissen nach sich zog, zumal wir heute – insbesondere mit Mitteln der Raumfahrt – ein geradezu ideales Beobachtungsumfeld für Gravitationswellen haben.

LIGO detektiert typischerweise sehr gewaltsame – und damit seltene – Ereignisse, die Wellen mit hoher Frequenz emittieren. Das zukünftige weltraumgestützte Projekt *LISA* wird in der Lage sein, Wellen viel kleinerer Frequenzen zu detektieren, die im Vorfeld eines Verschmelzens von Objekten oder auch ganz anderer Vorgänge zu erwarten sind. Das heißt, dass ein Beobachten und Charakterisieren von Objekten und Prozessen über einen Zeitraum von Stunden verglichen mit Millisekunden bei *LIGO* möglich sein sollte. Dies kann bildhaft damit verglichen werden, dass *LIGO* die große Trommel hört, während *LISA* das ganze Orchester wahrnehmen sollte.

Astronomie ist in diesen Tagen wieder einmal äußerst spannend!

Albert Einstein schreibt während seiner Gastprofessur an der Princeton University eine Gleichung zur Dichte der Milchstraße an die Tafel, aufgenommen am 14.1.1931. (dpa)

4. Kosmologische Modelle

Der Spagat zwischen Daten und Modellen

Kompakt

- Die Rolle der Modelle
- Entdeckung der Dunklen Komponente

Der Sternenhimmel hat die Menschheit schon immer fasziniert. Der prachtvolle Anblick der auf- und untergehenden Sonne, die wechselnden Mondphasen und die stille Prozession der Sterne über das dunkle Himmelsgewölbe bieten seit jeher ein grandioses Schauspiel – und ein faszinierendes Rätsel gleichermaßen. Immer größere Teleskope enthüllen immer mehr Details.

Der eigentliche Durchbruch der Weltraumforschung wurde mit Satelliten und Raumsonden erreicht. Unvergessen sind die detailreichen Bilder, welche die *Voyager*-Raumsonden auf ihrem Weg quer durch das Planetensystem zur Erde funkten, die gestochen scharfen Aufnahmen der Raumsonde *Galileo* von der bizarren Welt des Jupiters und seiner Monde, die überraschenden Szenen von *Cassini-Huygens* und die jüngsten Exkursionen der Mars-Landegeräte in der Stein- und Sandwüste des roten Nachbarplaneten. Neben Höhepunkten der jüngsten Planetenforschung faszinieren die Entdeckungen in der Sternenwelt mit großen Weltraumteleskopen über den gesamten Spektralbereich des Lichts mit ihren spektakulären Einblicken. Wir werfen einen Blick in aktive Gebiete, die für Sternentstehungszonen gehalten werden und sehen das Ergebnis von Sternexplosionen und Galaxienzusammenstößen, wie sie sich in ihren bizarrsten Formen vor uns auftun. Hochaufgelöste Bilder führen uns Objekte einer großartigen Schöpfung in vielfältigsten Formen vor Augen, die uns bisher vielleicht nur als ein wenig beachtetes Lichtgefunkel am Himmel galten. Gleichzeitig geht es darum, den sich aus einem glatten Mikrowellen-Hintergrund ergebenden schockierend homogenen frühen Kosmos mit seinen geringen Dichteschwankungen in der Größenordnung von popeligen 0,005% mit dem hochstrukturierten Kosmos in Einklang zu bringen, den uns insbesondere das *Hubble*-Weltraumteleskop bis heute vor Augen führt und der zukünftig spektakulär durch das James-Webb -Teleskop ausgebaut wird.

Deshalb wird es richtig spannend, wenn nun unter Einbeziehung neuester Erkenntnisse Fragen über den Ursprung des Kosmos in Form von Modellen bedacht werden. Denn dies erweist sich als schwerer Brocken. Es kann vorab schon einmal festgestellt werden: In den frühen 90er-Jahren des vergangenen Jahrhunderts schien es so, als wäre diese Umsetzung von Beobachtungsdaten in ein Entstehungsmodell vollständig durchführbar. Es gab das Urknallmodell mit der einen oder anderen gewagten Annahme, aber als das einmal akzeptiert war, machte der

Rest mehr oder weniger Sinn. Die kosmische Geschichte klingt zwar einfach, ist aber ein Buch voller Rätsel: Der Kosmos startet aus unerfindlichen Gründen in einer extrem heißen und dichten Energiebrühe. Durch einen ungeklärten Prozess, genannt „Inflation", expandierte er während Bruchteilen einer Sekunde mit überlichtschneller Geschwindigkeit zu kosmischen Dimensionen. Es ist also keine Explosion, wie der von dem profiliertesten Gegner des Modells, Fred Hoyle – zur Verulkung dieses Modells[1] – eingeführte Begriff „Big Bang" nahelegt, sondern eher eine geradezu sprunghafte Expansion des Raumes, der dadurch erst aufgespannt wird. Sobald der Beschleunigungsprozess vorbei war, startete das Universum seine sogenannte „Coast Phase": Es driftete auseinander. Rund 400 000 Jahre nach dem Urknall, ein Wimpernschlag in kosmischen Zeitskalen, war das Raumzeit-Gefüge nur von wenigen „Dichtefalten" durchzogen. Die Gravitation verstärkte diese Kräusel im weiteren Verlauf und das Universum verklumpte schließlich, bis der heute sichtbare hochstrukturierte Kosmos mit seinen Sternen, Galaxien, deren Haufen und Superhaufen entstand. Ironischerweise wird die Genese des Weltalls von einer unsichtbaren Übergröße dominiert, den Dunklen Komponenten (Dunkle Materie[2] und Dunkle Energie[3]). Der Anteil der dunklen kosmischen Materie ist erheblich und übersteigt die Masse aller Sterne und Galaxien um etwa das Sechsfache (Abschnitt 3.3.2). Dabei lässt sich zur Natur dieser kosmischen Kunstmasse bislang nur sagen, dass sie aus elektrisch neutralen, aber Masse tragenden Elementarteilchen bestehen soll, die mit ihrer Umgebung über die Schwerkraft wechselwirken. Gesehen hat sie noch niemand. Daher der Name. Falls diese Materieform nicht existiert, käme noch die Modifikation des Newton'schen Gravitationsverständnisses infrage.[4]

Um 1993 war das Anliegen populär, die Abbremsung der jetzigen Expansionsrate durch die Massendichte im Universum genau zu bestimmen. Die Bestimmung der Dichte war eine klare Fragestellung, deren Ergebnis allerdings genau in die andere Richtung ging. Wir reden daher heute – mit guten Argumenten – nicht von der Abbremsung der Expansionsbewegung des Kosmos, sondern vielmehr von deren Beschleunigung. Die Kosmologen fanden heraus, dass fast 70 % (Planck Collaboration 2015a) der Energie im Universum aus einer Anti-Gravitationskraft, genannt Dunkle Energie, bestehen muss. Diese Dunkle Energie wird daher für die aktuelle beschleunigte Expansion des Weltalls verantwortlich gemacht. Das war ja so weit in Ordnung, nur weiß bislang niemand, was darunter zu verstehen ist. Einige sprechen von Einsteins kosmologischer Konstanten, ohne genau zu wissen, was sich dahinter verbergen könnte. Andere sprechen von einem mysteriösen Ding, genannt *Quintessenz*. Aber wenn eine Sache auch einen Namen hat, so ist sie damit noch nicht verstanden. Zusätzlich wurde auch die String-Theorie bemüht – welche nur dann funktioniert, wenn wir unserer Wirklichkeit zumindest sechs zusätzliche Dimensionen zubilligen, die aber weder gesehen noch mit heutigen Mitteln vermessen werden können. Einige Strings sollen Membranen in anderen Dimensionen enthalten. Berühren sie sich gelegentlich, dann passieren explosionsartig Dinge wie unser Universum. Es gibt auch Vorstellungen, nach denen wir in einem Quantenschaum (Wheeler[5]) von unbegrenzten Möglichkeiten eingelagert sind. Danach wäre unser Universum ein kleines Bläschen im großen Schaumbad des Über-Universums, genannt Multiversum.

Aus dem Gesagten kann sicher geschlossen werden, dass wir in einer kosmologisch interessanten Zeit leben. Man kann aber auch den Eindruck einer Verwirrung nach dem Motto „Alice in Wonderland meets Stephen Hawking" nicht ganz vermeiden. Jedenfalls ist es zu verstehen, wenn in der amerikanischen Zeitschrift „Astronomy"

1 Im Rahmen einer Radiosendung 1949
2 Diese wurde bereits 1932 von Jan Hendrik Oort diskutiert (Oort 1932).
3 Dieser Begriff wurde 1999 von Michael S. Turner geprägt (Turner 1999).
4 Diese Theorie ist unter dem Namen MOND bekannt. S. dazu z. B. McGaugh (2011).
5 John Archibald Wheeler hat diesen Ausdruck 1955 geprägt, der später unter der englischen Bezeichnung Quantum foam oder auch Spacetime foam Einzug in die Fachliteratur fand. Nachgewiesen wurde der Quantenschaum bislang aber nicht.

vom Juli 2004 in Anbetracht einer relativ offenen Situation – man könnte es auch deutlicher Erklärungsnotstand nennen – der Astronom Bob Berman seinen Kollegen aus der Kosmologie gar zu einer Auszeit rät. Er brachte einen weiteren Vorschlag, nämlich die Astronomie-Zeitschrift in zwei Teile zu gliedern. Im ersten Teil hätten Dinge Platz wie Optik, Softwareentwicklungen, Planeten- und Sternbeobachtung, also Wissenschaft. Der zweite Teil würde mit einer Warnung beginnen, die auch für das Nachfolgende gelten mag:

„*Warning: The following contains contemporary cosmology. Reading it can produce disorientation and confusion. Nobody knows what's going on and nothing you read here is likely to be true*“[Z17] (Bob Berman 2004).

4.1 Das Urknallmodell

Kompakt

- Umfeld des Standardmodells
- Drei Epochen der Kosmosgeschichte
- Der stark strukturierte Kosmos

4.1.1 Beschreibung des Modells

> »Das Universum ist seine eigene Mutter ... Wir glauben, dass das Universum nicht aus dem Nichts entstand, sondern von etwas abstammt, und dieses Etwas ist es selbst.«
> R. Gott und LiXin Li

In der Kosmologie geht es um das ehrgeizige Ziel, mit wissenschaftlicher Methodik die Entstehung, Entwicklung und letztlich das zukünftige Schicksal des gesamten Universums zu beschreiben. Es gab schon immer konkurrierende Vorstellungen über den Ursprung des Universums, aber je klarer, reduzierter – und anerkannter – das anfängliche Axiomen-System ist, desto eher werden die daraus abgeleiteten Konsequenzen als „theoriefähig“ akzeptiert. Die Generation unserer Urgroßeltern glaubte vorwiegend an ein statisches Universum. Die Menschen folgten immer noch dem 2000-jährigen Dogma des Aristoteles. Erst als Albert Einstein 1917 seine taufrische Allgemeine Relativitätstheorie auf den ganzen Kosmos anwenden wollte, erlebte er eine böse Überraschung: Es gab keine mathematische Lösung, die einem zeitlich unveränderlichen Kosmos entsprach. Seine Gleichungen lieferten ihm stets ein unter der gewaltigen Schwerkraft kollabierendes Universum. Geradezu verzweifelt bemüht, das All zu stabilisieren, führte Einstein als Gegengewicht zur übermächtigen Gravitation einen neuen Term ein, die sogenannte kosmologische Konstante, was er später als die größte Eselei seines Lebens wieder zurücknahm. Interessanterweise machte Edwin Hubble im gleichen Zeitraum über den Doppler-Effekt (Abschnitt 4.1.2) seine Entdeckung eines expandierenden Kosmos. Das statische Weltmodell Fred Hoyles steht bis heute als exponiertester Gegenentwurf gegen das Standardmodell, welches das bekannteste und am besten untersuchte Modell der Kosmologie ist. Seit der versuchten Verballhornung durch Fred Hoyle wird das Standardmodell auch als Urknallmodell bezeichnet. Es soll im Folgenden genauer beschrieben werden.

Das Standardmodell. Das Standardmodell beruht auf zwei Hauptannahmen: der Gültigkeit der Allgemeinen Relativitätstheorie und der Gültigkeit des kosmologischen Prinzips. Was bedeutet das?

Die Allgemeine Relativitätstheorie (ART) wurde 1916 von Albert Einstein fertiggestellt; sie erweiterte die Newton'sche Theorie der Gravitation. In der Newton'schen Gravitationslehre wird z. B. das Licht durch die Anwesenheit schwerer Massen nicht beeinflusst, da Lichtteilchen keine Masse haben. Das ist bei der ART anders. Die neue Theorie der Gravitation hat zudem den Vorteil, dass sie im Gegensatz zur Newton'schen Theorie mit der speziellen Relativitätstheorie vereinbar ist (s. auch Beitrag von R. Helbing im Anhang A). Die Newton'sche Theorie, wenn auch in vielen Anwendungen durchaus brauchbar, erfüllt diese Bedingung nicht und gilt darum im Prinzip nur bei niedrigen Geschwindigkeiten und schwachen Gravitationsfeldern. In der ART ist zudem neu, dass der Raum durch anwesende Materie und Energie verbogen oder „gekrümmt" wird, was wir bereits bei den Gravitationswellen gesehen haben (Kap. 3.5) und was z. B. bedeutet, dass ein Lichtstrahl in der Nähe eines starken Gravitationsfeldes (z. B. der Sonne) abgelenkt wird. Ein solches Verhalten hat weitreichende Konsequenzen für das Standardmodell, da auch das Universum als Gesamtes „gekrümmt" sein könnte, was bei den Beobachtungen berücksichtigt werden müsste.

Die Feldgleichungen der ART, die beschreiben, wie der Raum in Anwesenheit von Energie und Materie gekrümmt ist, sind allerdings so kompliziert, dass sie ohne vereinfachende Annahmen niemals auf das Universum anwendbar sind. Als Vereinfachung wurde darum das bereits in Kapitel 3 erwähnte Kosmologische Prinzip eingeführt: Das Universum sei auf der größten Längenskala homogen. Es habe also im Mittel überall die gleiche Materiedichte. Es sei außerdem isotrop, das heißt, es sehe in jede Richtung gleich aus. Beide Eigenschaften zusammen bedeuten, dass sich das Universum unabhängig vom Standort des Beobachters und auch unabhängig von seiner Blickrichtung auf genügend großen Skalen immer gleich darstellt. Es gibt keinen ausgezeichneten Ort im Universum, wenn die betrachtete räumliche Umgebung nur groß genug gewählt wird. Dabei bestehen selbstverständlich lokale Unterschiede in der Materiedichte und -beschaffenheit. Das Kosmologische Prinzip ist das Prinzip, welches die einfachste mathematische Behandlung von Einsteins Feldgleichungen zulässt.

Löst man nun die Feldgleichungen der ART unter Annahme der Gültigkeit des Kosmologischen Prinzips, so ergeben sich die sogenannten Friedmann-Gleichungen, die das Grundgerüst des Standardmodells bilden. Die Friedmann-Gleichungen lassen keine stabilen statischen Lösungen zu. Also muss das Universum sich entweder ausdehnen oder kontrahieren (d. h. zusammenziehen). Nun war seit den 1920er-Jahren durch die Arbeiten von Hubble und seinem Mitarbeiter Humason bekannt, dass nahe Galaxien jenseits der Lokalen Gruppe im Mittel rotverschoben sind (s. Abschnitt 3.2.5). Deshalb sah man sich mit einem sich ausdehnenden Universum konfrontiert. Daraus folgt der Rest der Geschichte des Universums fast automatisch: Wenn das Universum sich heute ausdehnt, so muss es in der Vergangenheit kleiner gewesen sein. Rechnet man weit genug zurück, so gelangt man an einen Punkt, an dem die gesamte Materie auf engstem Raum verdichtet war (Singularität). Aufgrund der hohen Dichte waren die Temperaturen sehr hoch, sodass man sich das Geschehen als einen gewaltigen, undurchsichtigen Feuerball vorstellen muss. Dieser heiße Beginn wird gewöhnlich als „Urknall" bezeichnet.

Die Geschichte des Universums gemäß Standardmodell lässt sich grob in vier Abschnitte

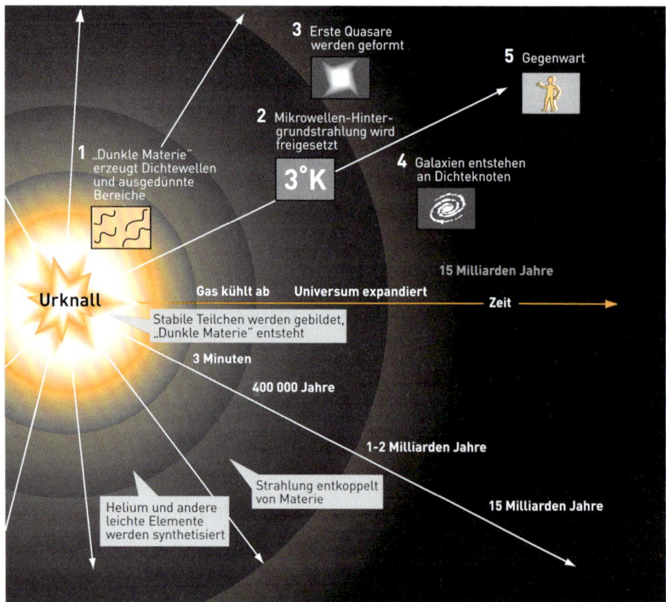

Abb. 4.1 Schematische Darstellung der Geschichte des Universums nach dem Urknallmodell mit der Anmerkung von Meilensteinen seiner Entwicklung.

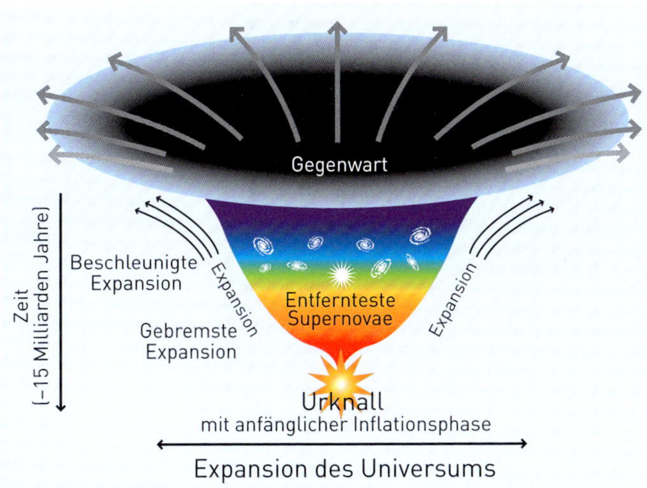

Abb. 4.2 Darstellung der dynamischen Entwicklung mit
- der anfänglichen Inflationsphase nach dem Big Bang
- der sich anschließenden Abbremsung durch die im Kosmos vorliegenden Massen
- einer neuerlichen Beschleunigungsphase abgeleitet aus Supernovae-Beobachtungen.

einteilen, die im Folgenden nacheinander kurz beschrieben werden, um ein zusammenhängendes Bild, wie in Abb. 4.1 und 4.2 schematisch dargestellt, zu geben:

- Der unbekannte Anfang („Urknall" mit seinen Expansionsstufen)
- Das heiße, undurchsichtige Universum
- Die Bildung großräumiger Strukturen
- Die Gegenwart (s. Kapitel 3)

Der unbekannte Anfang. Beginnen wir damit, dass kein Kosmologe weiß, ob das Universum einen Anfang hatte und wie es gegebenenfalls begann. Dennoch gibt es gewisse Gedankenkonzepte dazu:

1. Manche Autoren, darunter auch Stephen Hawking, spekulieren über die Möglichkeit, dass das Universum aus dem Nichts entstanden sei. Die Existenz gewisser Naturgesetze – woher sie auch immer kamen – soll ausgereicht haben, dass der Kosmos „von alleine" entstand. Dies ist allerdings eine beispiellose Überschätzung der Bedeutung der Naturgesetze. Diese beschreiben die Abläufe der Naturvorgänge, sie rufen selbst aber keine Wirkungen hervor. Die Newton'schen Gesetze der Mechanik haben noch nie eine einzige Billardkugel in Bewegung versetzt. Aus diesem Grund werden solche Vorstellungen über eine Entstehung aus dem Nichts zu Recht vielfach kritisiert.

2. Eine weitere Vorstellung über den Ursprung unseres Universums – nicht zuletzt wegen einer großen Zahl bemerkenswerter Feinabstimmungen – setzt ein ewig existierendes „Überuniversum" oder Multiversum voraus. Aus diesem sollen durch den Quanten-Tunneleffekt oder den Zerfall eines metastabilen Vakuums immer wieder neue Universen entstehen, die sich nach dem Urknallmodell entwickeln. Das ursprüngliche Mutteruniversum wird als ewig betrachtet, dessen Ursprung nicht weiter erklärt wird. Damit wird die Frage nach dem Anfang auf eine Überebene verlagert und bleibt dort unbeantwortet.

3. Aus der Welt des Mikrokosmos kennen wir die Gesetze der Quantenmechanik, die besagen, dass unser Verständnis des Zustands eines Systems unvermeidlich nur mit einer gewissen Wahrscheinlichkeit vorhergesagt werden kann. Die Energiefelder des Vakuums werden deshalb fluktuieren, selbst im leeren Raum, der aber erst aufgespannt werden musste. Da also entgegen herkömmlichen Vorstellungen das Vakuum kein leerer Raum ist, sondern eher ein schäumendes Meer virtueller Teilchen, können über diese Vakuum-Fluktuationen[6] virtuelle Teilchen aus dem Nichts herauskommen und dahin wieder verschwinden, indem sie kurzzeitig Energie vom Vakuum leihen. Diese Fluktuationen sollen sich frühzeitig auf die Dunkle Materie übertragen haben, und aus diesen Fluktuationen sollen später einmal Galaxien entstanden sein.

[6] Die Vakuumfluktuationen sind direkte Folge der Vakuumenergie. Der sogenannte Casimir-Effekt – eine anziehende Kraft zwischen zwei leitenden Platten im Vakuum – wurde von Hendrik Casimir als Konsequenz von Vakuumfluktuationen 1948 vorhergesagt und 1956 auch beobachtet.

4. Während einer rasanten inflationären Startphase, die nur Milliardstel Bruchteile einer Sekunde gedauert hat, soll sich das Universum von Nadelspitzengröße um den Faktor 10^{30} zu kosmischen Dimensionen ausgeweitet haben (Liddle 1999). Als Ursache wird ein bislang unbekanntes Kraftfeld diskutiert. Die Notwendigkeit einer solchen inflationären Ausdehnung des Universums ergibt sich im Rahmen des Standardmodells aus der beeindruckenden Gleichförmigkeit der kosmischen Hintergrundstrahlung und der Beobachtung, dass der Raum unseres Universums nicht gekrümmt ist. Die Temperatur der kosmischen Hintergrundstrahlung beträgt mit großer Genauigkeit konstant 2,7 Grad Kelvin, unabhängig von der Richtung, aus der sie auf der Erde eintrifft. Ohne inflationäre Phase wären weit entfernte Bereiche des Universums in der Vergangenheit jedoch nie miteinander in Kontakt gekommen und es hätte kein Temperaturausgleich stattfinden können. Auch die Abwesenheit einer Raum-Krümmung spricht für eine inflationäre Ausdehnung des Universums. Andernfalls hätte die Energiedichte des frühen Universums extrem fein auf die sogenannte kritische Dichte abgestimmt sein müssen. Eine Vorstellung, die modernen Kosmologen aufs Äußerste widerstrebt.

Das heiße, undurchsichtige Universum. Nach der inflationären Phase dehnte sich das Universum nun „gewöhnlich" nach den Vorhersagen des Standardmodells (Friedmann-Gleichung) aus. Die Temperatur war dabei immer noch sehr hoch, begann aber langsam im Zuge der Expansion zu sinken. Aufgrund der hohen Temperaturen war die vorhandene Wärmestrahlung in einem strengen Gleichgewicht mit der heißen „Materie-Energiebrühe" aus Elementarteilchen, überwiegend Protonen und Elektronen. Weil die vorhandenen Lichtteilchen (Photonen) ständig durch die heißen, schnellen Elektronen auf einen regelrechten Zickzack-Kurs abgelenkt werden, war das Universum zu diesem Zeitpunkt undurchsichtig; ähnlich wie das Licht in einer Nebelbank. Die Photonen konnten sich wegen der kurzen freien Weglängen noch nicht „frei bewegen". Schließlich war die Temperatur des Universums durch die Expansionsbewegung so weit gesunken, aber immer noch genügend heiß, dass die vorhandenen Protonen und Neutronen zu Atomkernen fusionieren konnten. Danach kühlte sich das Universum weiter ab, bis die Temperaturen so gering waren, dass sich die vorhandenen freien Elektronen mit den entstandenen Atomkernen kombinieren und neutrale Atome bilden konnten. So bildeten sich im Kontext dieses Modells neutraler Wasserstoff und weitere leichte Elemente wie zum Beispiel Helium und Lithium. Bei diesem Vorgang verschwanden auch die freien Elektronen, die in starker Wechselwirkung mit der Strahlung standen. Das Licht konnte sich nun und zum ersten Mal in der jungen kosmischen Geschichte ungestört geradlinig über große Entfernungen bewegen und das Universum wurde damit durchsichtig. Man sagt, die Hintergrundstrahlung entkoppelte sich von der Materie und änderte ihre spektrale Zusammensetzung ab dem Zeitpunkt nicht mehr. Die sich nun frei ausbreitende übrig gebliebene Strahlung ist uns schließlich nach weiterer Abkühlung bis zum heutigen Tag in der Form des sehr homogenen kosmischen Mikrowellenhintergrundes mit genau bestimmter Temperatur erhalten ge-

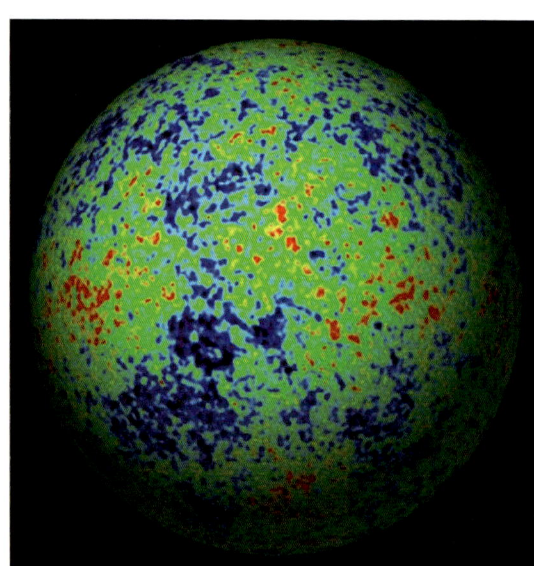

Abb. 4.3 Die mit *WMAP* gemessenen Temperaturfluktuationen projiziert auf eine Kugel. In den blauen und roten Bereichen liegt die Temperatur über bzw. unter dem Mittelwert von 2,7 K. (NASA/*WMAP*-Team)

blieben. Abb. 4.3 zeigt nochmals das bereits in Abschnitt 3.4 eingeführte Fleckenmuster der verbliebenen kleinsten Temperaturschwankungen von der Größenordnung von lediglich einigen Hunderttausendstel Grad.

Die Bildung großräumiger Strukturen. Bis zum Zeitpunkt der Entkoppelung von Licht und Materie gab es noch keine schweren Elemente, keine Sterne, keine Galaxien, keine größeren Strukturen, sondern nur neutrale, leichte Atome. Wie aber sind die großräumigen Strukturen im heutigen Universum wie Galaxien und Galaxienhaufen entstanden?

Die Materie im Universum war (wie durch den Mikrowellenhintergrund angedeutet) anfangs sehr gleichmäßig verteilt, aber nicht perfekt gleichmäßig. Man nimmt an, dass es bereits kleine Schwankungen in der Dichte gab (Dichtefluktuationen). Teilweise wird davon gesprochen, dass die anfänglichen Quantenfluktuationen des Vakuums sich in den Dichtefluktuationen der Dunklen und der normalen (baryonischen) Materie abbilden. Nun wird durch theoretische Berechnungen der Strukturbildung nahegelegt, dass sich die Gebiete mit leicht erhöhter Dichte allmählich unter ihrer eigenen Gravitation zusammenballten. Gleichverteilte Materie befindet sich nur in einem labilen Gleichgewicht, weshalb die geringste Störung im Verlaufe der Zeit für eine Verklumpung sorgen sollte. Dadurch entstanden größere Ansammlungen von Massen, die wiederum weitere Materie durch die Gravitation anzogen. Der Dunklen Materie soll dabei eine zentrale Rolle zukommen, da diese zuerst aus dem Strahlungsfeld auskoppelte. Durch diesen vereinfacht dargestellten Prozess sollen sich schließlich die großräumigen Strukturen gebildet haben und somit allmählich – nach dem sogenannten Dark Age – auch die ersten Galaxien und die Sterne.

Vor einigen Jahren startete die „Millennium-Simulation", die in der Folgezeit um ähnliche Rechnungen ergänzt wurde. Inhalt der Simulation war die Entwicklung der großräumigen Materieverteilung nach der Entkopplung der Strahlung von den Atomen. Die als Startwert verwendete Materieverteilung zu diesem Zeitpunkt, ca. 400 000 Jahre nach dem Urknall, wurde aus dem Mikrowellenhintergrund geschlossen. Das Ergebnis stimmt beeindruckend gut mit der mit Teleskopen erfassten großräumigen Galaxienverteilung überein: Die anfangs sehr homogene Materie klumpt zu Galaxienhaufen und Galaxien-Superhaufen zusammen. Die Klumpen sind durch filamentartige Strukturen höherer Galaxiendichte verbunden, dazwischen gibt es riesige Hohlräume, die nahezu keine Materie beinhalten (Springel et al. 2005).

QR-Code 4.1: Simulation der Entwicklung der großräumigen Materieverteilung nach der Entkopplung der Strahlung von den Atomen

Im Standardmodell ist ungeklärt, ob die ersten Sterne in Galaxien aufstrahlten, wie wir es heute kennen, oder ob sie sich im freien Weltall in der reichlich vorhandenen Materie bildeten, noch bevor Galaxien Zeit hatten, Gestalt anzunehmen. Hier gibt es inzwischen leichte Fortschritte. Die Suche nach den ersten Galaxien ist unter anderem dank dem *Hubble*-Weltraumteleskop und seiner aktuellen Instrumentierung, insbesondere der Wide Field Camera 3 *(WFC3)*, inzwischen möglich geworden. Die Ergebnisse zeigen, dass ein bedeutender Anteil der Sterne in den ältesten Galaxien, die wir finden, bereits einen signifikanten Anteil von schweren Elementen aufwies. Die ältesten Galaxien, die wir finden, können also nicht die Brutstätten der ersten Sternengeneration gewesen sein. Deshalb wird zurzeit angenommen, dass die ersten Sterne sich bereits vor der Bildung der Galaxien in kleineren Zusammenballungen Dunkler Materie (englisch: Dark Matter Halos) gebildet haben müssen (Abb. 4.4; Bromm & Yoshida 2011). Der obere Teil der Abbildung ist die Grundlage für die untere Darstellung.

Wenn diese Überlegungen zutreffen, müsste man die ersten Galaxien ab einer Rotverschiebung von etwa $z = 15$ sehen. Das gerade gestartete und entfaltete James Webb Space Telescope *JWST* sowie die neuen 40m-Teleskope am Boden sollten in der Lage sein, diesen Galaxienhorizont, wenn er existiert, zu sehen.

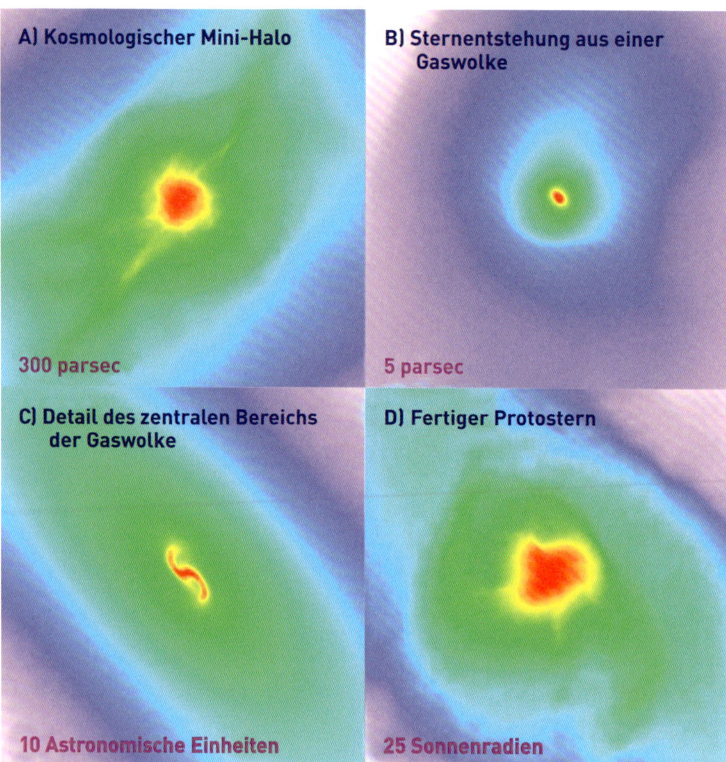

Abb. 4.4 Oben: Simulierte Gasverteilung um einen Proto-Stern (aus Bromm et al. 2009):
A) großräumige Gasverteilung um einen kosmologischen Mini-Halo
B) der Gravitation unterliegende Wolke, aus der ein Stern entsteht
C) zentraler Bereich dieser molekularen Wolke
D) endgültiger Proto-Stern
Unten: Bildung der ersten Galaxien aus kleineren Zusammenballungen von Dunkler Materie. In diesen Halos bildeten sich bereits die ersten Sterne.

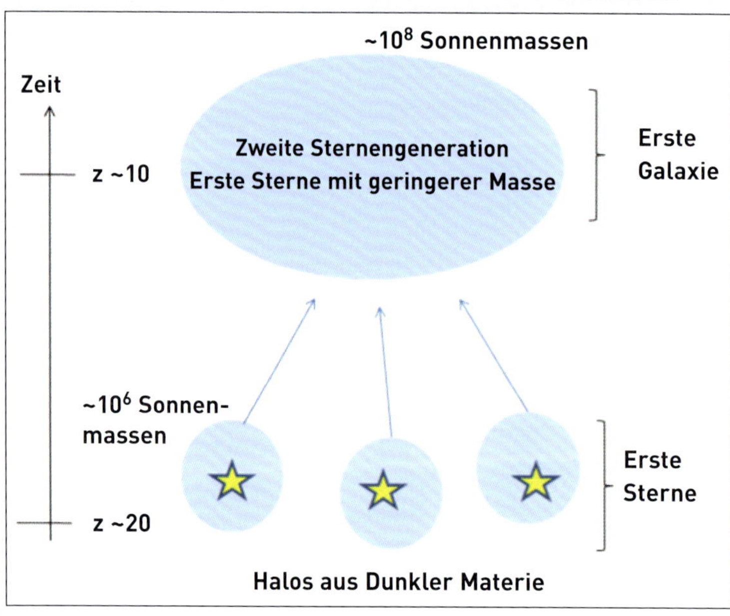

Die Bildung der ersten Sterne ist dabei noch unverstanden, da der Staub und die Molekülwolken, die bei der uns bekannten Sternbildung eine tragende Rolle spielen, zum damaligen Zeitpunkt noch gar nicht existierten. Die schwereren Elemente wurden von den Sternen ja erst im Laufe der Zeit erzeugt.

Das Aufleuchten der ersten Sterne stellte ein wichtiges Ereignis im frühen Universum dar. Im Weltall wurde es nun wieder hell, nachdem die zunehmende Expansion des jungen Universums zu dessen Abkühlung und damit zu abnehmender Helligkeit geführt hatte. Die Strahlung der ersten Sterne transportierte Energie in die neutralen Gaswolken und setzte dort einen Prozess in Gang, der zu einer lebhaften chemischen Entwicklung der Materie im Weltall führen sollte. Sie führte außerdem zu einer Aufheizung der interstellaren Gaswolken und sogar zu einer Ionisation der kosmischen Materie, der sogenannten Reionisation. Außer den ersten Sternen trugen ebenso die ersten Schwarzen Löcher zur „Erleuchtung" des frühen Universums bei, weil das von ihnen aufgesammelte Gas vor dem Verschwinden im Schwarzen Loch eine intensive Strahlung abgibt (Smith & Bromm 2019). Die Strahlung der Sterne, auch derjenigen, die wir nachts am Himmel sehen, hat sich jedoch nicht mit der Strah-

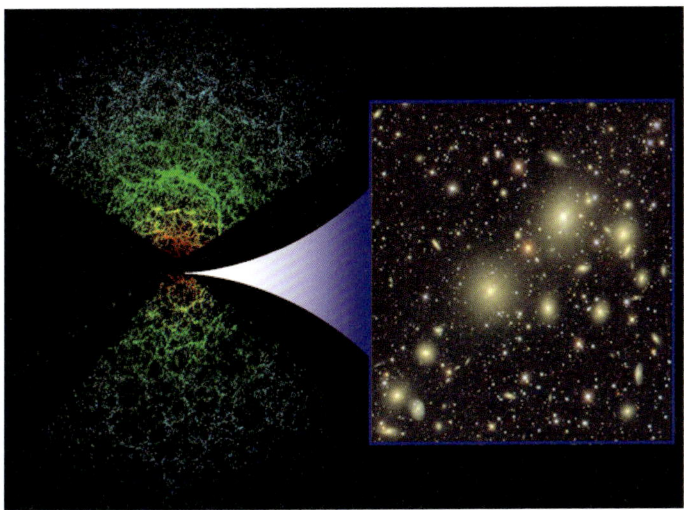

Abb. 4.5 Dieser sogenannte Sloan Digital Sky Survey (SDSS) stellt die räumliche Struktur von Millionen von Galaxien dar. Galaxien wurden zuerst in zweidimensionalen Bildern aufgenommen (s. rechts), um sie dann durch Entfernungsvermessung räumlich darstellen zu können. Mindestens zwei Fragen stellen sich:
1. Kann diese Kosmosstruktur als isotrope und homogene großräumige Verteilung, wie in der Standard-Kosmologie gefordert, gelten?
2. Legt die angedeutete zirkulare Struktur nahe, dass unsere Galaxie als Zentrum gelten darf? (Quelle: http://www.astronomy.com/asy/objects/images/3d_galaxy_map_500.jpg)

lung des Hintergrundes vermischt und kann von ihr bis heute unterschieden werden.

Nach der Strukturbildung wurde das Universum mit Sternen und Galaxien bevölkert, die wir heute mit guten Teleskopen beobachten können. Unser gegenwärtig sichtbares Universum ist stark strukturiert, was uns die großen Weltraumteleskope täglich überzeugend vor Augen stellen. In „Landkarten vom All" stehen große Ansammlungen von Galaxien und Galaxienhaufen riesigen Leerräumen gegenüber (Abb. 4.5). Es wird deutlich, dass die Materie im Universum höchstens auf der größten Längenskala gleichmäßig verteilt ist. Dieser Umstand hat auch schon Bedenken bezüglich der Anwendbarkeit des Kosmologischen Prinzips aufkommen lassen, auf dem das Standardmodell gegründet ist (Ellis 2011).

In den Sternen werden durch Kernfusion die schweren Elemente gebildet und durch Masseverlust in den Spätphasen des Sternenlebens zum großen Teil in den interstellaren Raum freigegeben. In Supernova-Explosionen werden darüber hinaus noch sehr schwere Elemente erzeugt und ebenfalls freigesetzt. Dies führt zu einer Anreicherung von schweren Elementen in interstellaren Wolken, aus denen dann wiederum Sterne mit einem zunehmend höheren Anteil an schweren Elementen entstehen. Um neu entstehende Sterne herum bilden sich in späteren Sterngenerationen Akkretionsscheiben[7] aus Gas und Staub, die schließlich zu Planetensystemen führen. So entstand nach diesen kosmologischen Vorstellungen das Universum, das wir heute beobachten können.

4.1.2 Theorie und Beobachtung

Es gibt keinen Rand des Universums; man kann nicht vom Rand des Universums herunterfallen. „Es gibt keinen Punkt im Weltall, von dem ich sagen kann: Hier hat alles begonnen, hier lasst uns ein Denkmal setzen", spottete der ehemalige Direktor des Max-Planck-Instituts für Astrophysik in Garching, Rudolf Kippenhahn. Vielmehr sind Raum und Zeit überall entstanden, also auch direkt vor unserer Nasenspitze.

Kompakt

- Verschiebung der Linien in Sternenspektren
- Mikrowellenhintergrund
- Elementverteilung im Kosmos
- Weitere Auffälligkeiten

7 Akkretion ist ein englischer Terminus. Akkretieren bedeutet: auf- oder einsammeln oder anreichern.

Carl Friedrich von Weizsäcker wird diese Warnung zugesprochen: *„Eine Gesellschaft, die meint, den Anfang der Welt mit einem Knall erklären zu können, sagt mehr über sich selbst als über die Welt."*

Die Standardtheorie von einem Urknall verrät uns nicht, was geknallt haben soll, warum es geknallt haben soll und was sich ereignete, bevor es geknallt hat (nach Brian Greene). Trotz ihres Namens beschreibt sie den Urknall selbst eigentlich gar nicht. Es handelt sich deshalb in Wirklichkeit um eine Theorie über die Folgen des Urknalls. Gerhard Börner, ehemaliger Professor an der Universität München: „Die Spekulationen über den Anfang des Universums sollte man wie eine Art Experiment sehen. Physiker probieren aus, wie verschiedene Ansätze grundlegender Theorien mit einem Modell des Universums in Einklang gebracht werden können. Dies unterscheidet sich mitunter nur wenig von Science Fiction ..." Auf die Frage, welche drei kosmologischen Fragen er von einer allwissenden kosmischen Fee denn beantwortet haben wollte, meinte er: Was war vor dem Urknall? Wie ist das Leben entstanden? Und woher wissen Sie das eigentlich?

Das Reden von der Urknall-Singularität erklärt nichts, sondern bedeutet vielmehr das Ende aller Erklärungen. Sie ist nur ein mathematischer Grenzwert und muss nicht notwendigerweise eine Entsprechung in der Wirklichkeit gehabt haben. Insofern ist die Rede vom Urknall auch ein Hinweis auf eine Singularität in unserer Erkenntnisfähigkeit.

Es ist nicht einfach, das Kosmologische Prinzip zu rechtfertigen. Anhand der Galaxienverteilungskarten des Universums (Abb. 4.5) wird deutlich, dass das Universum höchstens ab einer Größenskala von einigen Hundert Megaparsec (etwas mehr als eine Milliarde Lichtjahre) homogen ist. Da in diesen Karten wegen des Rückblicks in der Zeit gar kein gleichzeitiges Bild des Universums aufgenommen werden kann, fließen Vorannahmen mit ein. Auch der sehr isotrope Mikrowellenhintergrund wird manchmal als Beleg für die Homogenität und Isotropie des Universums herangezogen. Dessen Deutung ist aber auch modellabhängig. Eine unabhängige Prüfung des kosmologischen Prinzips war bisher nicht möglich und wird wahrscheinlich auch nicht möglich sein.

Das Standardmodell der Kosmologie ist durchgängig ein System von mathematisch-physikalischen Gleichungen. Mit diesen Gleichungen wird die Entwicklung des Universums von seinen Anfängen bis heute berechnet. Manchmal gibt es auch verschiedene konkurrierende Theorien, wie zum Beispiel bei der Beschreibung der Inflation. In den Gleichungen des Standardmodells gibt es feste Größen, die für diese Entwicklung entscheidend sind. Man nennt sie „kosmologische Parameter". Neben den bereits in Kapitel 3 angesprochenen Energiedichten von Dunkler Materie, Dunkler Energie und der normalen baryonischen Materie findet sich unter anderem die Hubble-Konstante zur Beschreibung der Expansion des Raumes. Im Folgenden soll daher ein kritischer Abgleich zwischen den theoretischen Vorhersagen aus dem Standardmodell und den Beobachtungen in Bezug auf

a) Verschiebung der Linien in Sternspektren und Entfernungsmessung
b) Mikrowellenhintergrund
c) Elementverteilung im Kosmos
d) Große Strukturen

durchgeführt werden. Zunächst werden die neuesten Beobachtungen vorgestellt und ihre Deutung im Rahmen des Standardmodells diskutiert. Aus einzelnen Beobachtungen können nur einige der kosmologischen Parameter bestimmt werden, nicht alle. Erst wenn man mehrere unabhängige Beobachtungen zusammennimmt, erhält man alle. Dabei ist interessant, ob dort, wo es Überlappung gibt, die mit verschiedenen Methoden ermittelten Werte der kosmologischen Parameter zusammenpassen oder nicht. In einem zweiten Schritt wird unser Augenmerk auf „störende", zum Standardmodell nicht oder schlecht passende Daten gelenkt, bevor das Ganze noch einmal von einer übergeordneten Warte aus reflektiert wird.

a) Verschiebung der Linien in Sternspektren und die Entfernungsmessung

Historisches zum Doppler-Effekt. Der Dopplereffekt kann heute leicht verifiziert werden. Man denke nur an die Veränderung des Hupsignals eines vorbeifahrenden Autos, was in Abb. 4.6 schematisch analog für Lichtwellen dargestellt ist. Bewegt sich das Auto auf uns zu, so erscheint uns der Ton höher, und tiefer, wenn es sich entfernt. Doch zu Christian Johann Dopplers Zeiten (1803-1853) war die Welt noch langsam. Das schnellste Fahrzeug war die damals erst in Betrieb genommene Eisenbahn. Tatsächlich prüfte nur drei Jahre nach Dopplers Veröffentlichung der holländische Physiker Christoph H. D. Buys-Ballot den Dopplereffekt an der Eisenbahnstrecke von Utrecht nach Marsden: Ein Trompeter stand auf einem offenen Eisenbahnwagen und mehrere Musiker mit „geeichtem" Gehör standen am Bahndamm. Das Experiment war nicht einfach, denn der enorme Lärm der Lokomotive störte. Jedoch hörten die Musiker den Ton genauso verfälscht, wie es Dopplers Formeln vorhersagten. Als sorgfältiger Physiker wiederholte Buys-Ballot das Experiment mit den Musikern auf der Plattform des Zuges und dem Trompeter am Bahndamm. Das Ergebnis konnte bestätigt werden.

Es zeigte sich später, dass der Effekt auch für Licht gilt.

In der Astronomie wird dieses Prinzip auf drei Beobachtungsfälle angewandt:

a) Aus einem unverschobenen Spektrum wird auf eine (relativ zum Beobachter) ruhende Galaxie geschlossen,
b) ein rotverschobenes Spektrum wird als Flucht- (oder Expansions-) Bewegung interpretiert,
c) ein blauverschobenes Spektrum weist auf eine Annäherung des betreffenden Objekts hin.

Fall b) ist die allgemeine Situation im Kosmos jenseits der Lokalen Gruppe.

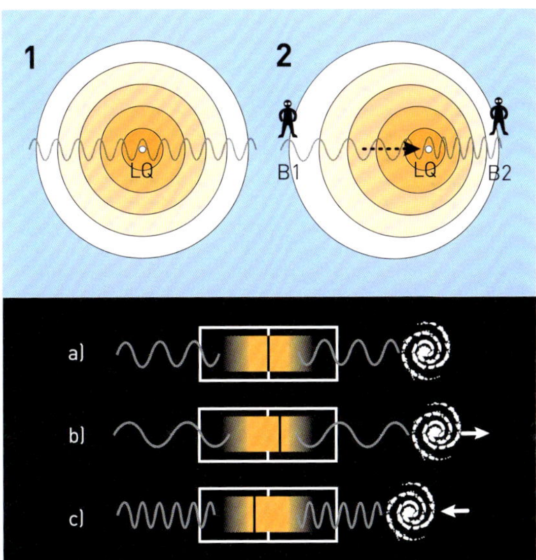

Abb. 4.6 Oben: Prinzipbild des Doppler-Effekts: 1. Ruhende Lichtquelle LQ; die Wellen breiten sich mit derselben Frequenz nach allen Richtungen gleichmäßig aus. 2. Die Lichtquelle LQ bewegt sich relativ zu den beiden Beobachtern B1 und B2; B1 erhält die Wellen kleinerer Frequenz, B2 solche mit höherer Frequenz.
Unten: Analogie im Weltraum: Fall a) Die Galaxie ruht relativ zum Beobachter: Das Spektrum ist nicht verschoben; Fall b) Die Galaxie entfernt sich vom Beobachter: Das Spektrum ist zum Roten hin verschoben (Wellenlänge ist gedehnt); Fall c) Die Galaxie bewegt sich auf den Beobachter zu: Das Spektrum ist zum Blauen hin verschoben (Wellenlänge ist gestaucht).

Rotverschiebung, Blauverschiebung und Doppler-Effekt

In den Jahren 1910-1920 entdeckte Vesto Slipher mit einem 24"-Teleskop charakteristische Signaturen in Spektren von Galaxien. Diese Entdeckung führte zu einer weiteren unerwarteten Beobachtung: Bei der Untersuchung schon einer kleinen Anzahl von Galaxien zeigte sich, dass deren Spektrallinien zum Roten hin verschoben waren. Wird diese Rotverschiebung in Verbindung mit dem Doppler-Effekt gebracht, folgt daraus eine Fluchtbewegung der Galaxien. 1913 berichtete Vesto Slipher, dass sich die Andromeda-Galaxie aufgrund einer Blauverschiebung des Spektrums mit 300 Kilometern pro Sekunde entlang der Sichtlinie auf die Sonne zu bewege (Slipher 1913). Auf diese Weise wurde das System der gravitativ gebundenen Lokalen Gruppe von Galaxien als größere Einheit gravitativ gebundener Objekte um unsere Milchstraße erkannt.

Diese Beobachtungen wurden von Anfang an von vielen Astronomen mit dem Doppler-Effekt verbunden, wobei dieser sich auf relative Bewegungen von Quelle und/oder Beobachter stützt. Allerdings ist hier aus den folgenden Gründen Vorsicht geboten:

- Wenn man die Expansion des Kosmos so versteht, dass Objekte durch den Raum fliegen, dann wäre die prinzipielle Interpretation über den Doppler-Effekt richtig.
- Kosmologen und Astrophysiker argumentieren jedoch, dass die Materie im Kosmos in Bezug auf den sie umgebenden Raum im Wesentlichen „ruht". Anders ausgedrückt: Es ist nicht notwendigerweise die Materie, die in Bewegung ist, sondern der Raum, der sich ausdehnt (= kosmologische Rotverschiebung).

Letzteres meint, dass mit der Expansion des Raumes jede in ihm befindliche Materie einfach mitbewegt wird. Deshalb bewegt sich nicht notwendigerweise die Materie, sondern weiterer Raum erscheint zwischen Objekten, was in Summe den Eindruck erweckt, dass sich Materie bewegt. Kosmologen erklären dieses Phänomen der Expansion des Raumes gerne mit dem Modell eines Ballons, auf dessen Oberfläche Punkte markiert sind. Wird der Ballon aufgeblasen, so scheinen die Punkte in Bewegung zu sein, wobei sie nur von der Expansion der Ballonoberfläche mitgetragen werden. Jedenfalls bewegen sich die einzelnen Punkte nicht wirklich. Analog können Galaxien relativ zum umgebenden Raum ruhen, scheinen jedoch auseinanderzufliegen aufgrund der Expansion des Mediums um sie herum. Im täglichen Leben wird der Doppler-Effekt fälschlicherweise nicht von der kosmologischen Rotverschiebung unterschieden. Das geht teilweise bis hinein in Fachartikel. Es mag Ignoranz sein oder eben auch Ausdruck dessen, dass es nicht möglich ist, die Bewegung des Raumes oder die individueller Objekte wirklich voneinander zu unterscheiden.

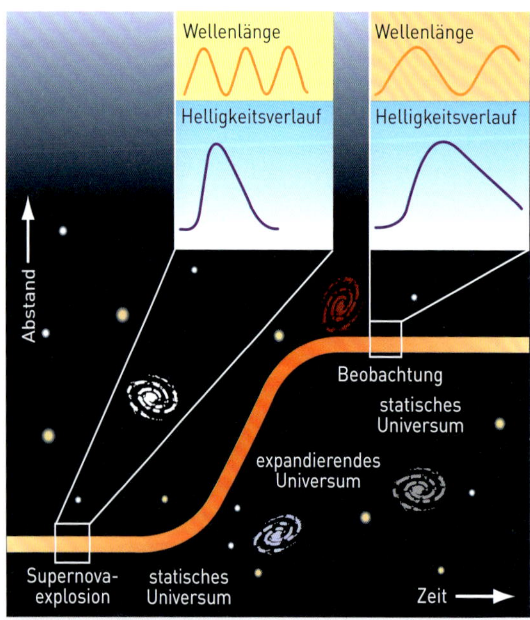

Abb. 4.7 In einem spekulativen Modelluniversum, das nur während einer bestimmten Phase expandiert, sonst aber konstant bleibt, erscheint die Lichtkurve einer Supernova zeitlich gedehnt, auch wenn kein Doppler-Effekt vorliegt. So wird klar: Der Ursprung der Rotverschiebung liegt in der Expansion des Alls. (Aus SuW-Special Nov. 97, S. 114)

Der amerikanische Kosmologe Edward R. Harrison (1983) hat anhand des folgenden Beispiels gezeigt, dass dies keine Haarspalterei ist:

Man stelle sich einen Kosmos vor, der zunächst während der Aussendung des Lichts, zum Beispiel einer Supernova in einer fernen Galaxie, stationär ist. Während das Licht auf seiner Reise zum Beobachter unterwegs ist, expandiere der Kosmos nun, um aber vor Ankunft der Strahlung beim Beobachter wieder in eine stationäre Phase überzugehen. Da sich Strahlungsquelle und Beobachter bei Aussendung und Empfang des Lichts in Ruhe befinden, sollte kein Doppler-Effekt beobachtbar sein. Tatsächlich würde man jedoch eine Rotverschiebung durch Expansion während der Lichtausbreitung sehen! Dieser Zusammenhang ist in Abb. 4.7 skizziert.

Doch nicht alle Kosmologen waren mit dieser Erklärung der Rotverschiebung – und damit der Deutung durch eine Expansion des Raumes und seiner Entstehung nach dem Urknallmodell – einverstanden. Das Licht könnte, so eine alternative These, auf seinem langen Weg zu uns – durch zunächst noch unbekannte Prozesse – Energie verlieren („ermüden") und damit langwelliger werden. Gegen diese Ermüdungstheorie sprechen allerdings Untersuchungen von zwei internationalen Forscher-Teams an Supernovae Typ Ia (Leibundgut et al. 1996, Goldhaber et al. 1997), die beide die Streckung des Lichts durch Dehnung des Raumes unterstützen. Zu ihren Beobachtungen an der Supernova 1995 K schreiben die Autoren Leibundgut et al.: ... [diese Sternexplosion] „ist die langsamste Supernova Ia, die jemals beobachtet wurde; wir schreiben dieses nicht den Eigenschaften der Supernova zu, sondern der Zeitdilatation (zeitliche Verlangsamung der Lichtkurve durch die Expansion des Raumes)." Goldhaber et al. haben dieses Resultat durch Vermessung der Lichtkurven von sieben Supernovae mit Rotverschiebungen zwischen z = 0,35 und 0,46 bestätigt (z ist ein aus dem Hubble-Gesetz abgeleitetes Maß für die Entfernung, s. Kasten 3.5 in Abschnitt 3.1.5). Es dauert bei entfernteren Supernovae nicht nur länger bis zum Erreichen des Maximums als bei nahegelegenen, sondern das Streckungsverhältnis von Lichtkurve und Wellenlängen stimmt exakt überein. Und das ist genau das, was zu erwarten ist, wenn die Ursache für die Dehnung der Lichtkurve die Expansion des Raumes ist. Würde das Licht auf dem Weg zu uns ermüden – gäbe es also keine Expansion –, so würden die Lichtkurven ferner Supernovae sich in ihrem zeitlichen Verlauf dagegen nicht von denen der nahen Supernovae unterschieden.

Der Supernova-Typ Ia hat, wie wir schon in Abschnitt 3.1.4 sahen, die angenehme Eigenschaft, sich sehr einheitlich zu verhalten. Nach der Explosion nimmt die Helligkeit zwei Wochen lang rasch zu, um dann über Monate hinweg langsam abzufallen. Die maximale Helligkeit und die Zeitdauer bis zum Helligkeitsmaximum ist bei allen Supernovae dieses Typs so gut wie gleich, weshalb sie sich als Standardkerzen zur Entfernungsbestimmung eignen. Die feinen Unterschiede werden über Einsortierung in Untergruppen mit bekannten Eigenschaften abgefangen, sodass diese Unterschiede das Endergebnis nicht negativ beeinflussen (s. Kapitel 3.1.4 und auch Astier 2012).

Mit Hilfe des aus den Supernova-Lichtkurven ermittelten Zusammenhangs zwischen der aus der Helligkeit abgeleiteten Entfernung und der Rotverschiebung schlossen Adam Riess, Brian Schmidt und Saul Perlmutter Ende des vergangenen Jahrhunderts (Riess et al. 1998, Perlmutter & Schmidt 2003), dass sich die Expansion des Universums momentan nicht weiter verlangsamt, sondern vielmehr beschleunigt. Dieses Ergebnis kam einigermaßen überraschend. Im Rahmen des Standardmodells funktioniert das nur, wenn Dunkle Energie vorhanden ist, und zwar mehr als doppelt so viel wie Dunkle und normale Materie. In Abb. 4.8 sieht man, dass die Energiedichte der Dunklen Energie deutlich größer als Null sein muss, damit die Supernova-Daten zum Standardmodell passen. Für diese Entdeckung erhielten Riess, Perlmutter und Schmidt 2011 den Nobelpreis.

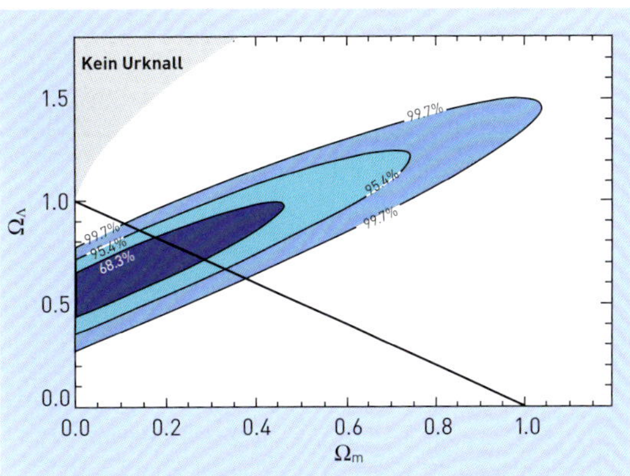

Abb. 4.8 Aus Supernovae-Daten abgeleitete Anteile Dunkler Energie Ω_Λ und Dunkler Materie Ω_m an der Energiedichte des Universums (nach Conley et al. 2011). Der dunkelblaue Bereich gibt den wahrscheinlichsten Wertebereich wieder. Der Schnittpunkt der schwarzen Kurve mit der dunkelblauen Fläche verdeutlicht, dass der Anteil Dunkler Energie Ω_Λ viel größer ist als der der Dunklen Materie Ω_m. Die schwarze Kurve ergibt sich wegen $\Omega_\Lambda + \Omega_m = 1$.

b) Mikrowellen-Hintergrund

Ein wichtiger Pfeiler des neuen Bildes ist der Mikrowellen-Hintergrund. Er wird im Kontext eines Urknallszenarios gelegentlich als Genom des Kosmos oder als Rosetta-Stein der Kosmologie bezeichnet: So wie der Rosetta-Stein dank der eingravierten Schriftzeichen einst die Interpretation der ägyptischen Hieroglyphen ermöglichte, sollen im Mikrowellen-Hintergrund wichtige kosmologische Kenngrößen festgehalten sein. Sie erlauben es, Alter, Zusammensetzung, Expansionsrate und Geometrie des Universums innerhalb des Modells abzuleiten.

Im Abschnitt 3.4.1 haben wir schon gesehen, dass in den Temperaturfluktuationen, die der Mikrowellenhintergrund noch heute in verschiedenen Richtungen aufweist, alle wichtigen kosmologischen Kenngrößen verschlüsselt vorliegen. Um die Fluktuationen auf der Himmelssphäre zu charakterisieren, macht man eine Zerlegung in Winkelfrequenzen, d.h. man schaut, welche „Korngröße" mit welcher Stärke vorhanden ist. Die Korngröße ist dabei der Durchmesser – gemessen als Winkel – eines Emissionsgebietes am Himmel. In der Praxis geht man etwa so vor, dass man einen Kreis mit einem gewählten (Winkel-)durchmesser über die Karte schiebt und die mittlere Intensität in dem Kreis für jede Position auf der Karte aufzeichnet. Danach wählt man einen anderen Kreisdurchmesser und wiederholt die Prozedur. Es macht keinen Sinn, die Kreise kleiner zu wählen, als es der räumlichen Auflösung des jeweiligen Teleskops entspricht. Der größte wählbare Kreis wäre der ganze Himmel. Auf diese Weise erhält man nun für jeden gewählten Kreisdurchmesser eine Verteilung der Mittelwerte der Intensitäten über den Himmel. Die Fluktuation dieser Verteilung ist für jeden gewählten Durchmesser verschieden. Man erhält also einen Fluktuationswert pro gewähltem Kreisdurchmesser. Ein sehr körniges Bild hätte also bei kleinen Kreisen eine höhere Fluktuation als bei großen. Dies ist die Winkelverteilung.

Anhand eines Ausschnitts wird in Abb. 4.9 sichtbar, wie sich die Auflösung der Himmelskarte der drei Weltraumteleskope *COBE*, *WMAP* und *Planck* unterscheidet. Wenn man den *WMAP*- und den *Planck*-Ausschnitt vergleicht, sieht man, dass das Bild schärfer wird, aber die Formen ähnlich sind, d.h. die *WMAP*-Auflösung hat ausgereicht, um die stärkste Körnigkeit zu bestimmen.

Kleine Kreise in der Fluktuationsanalyse entsprechen hohen Multipolmomenten in Abb. 4.10. Neben dem Hauptmaximum (bei vergleichsweise großem Kreisdurchmesser) gibt es Nebenmaxima, die im Spektrum periodisch sind, also höhere Harmonische darstellen. Sie werden darauf zurückgeführt, dass sich im frühen Universum, noch vor der Entkopplung von Strahlung und Materie (hatten wir am Beginn des Kapitels), Verdichtungen und Verdünnungen der Materie

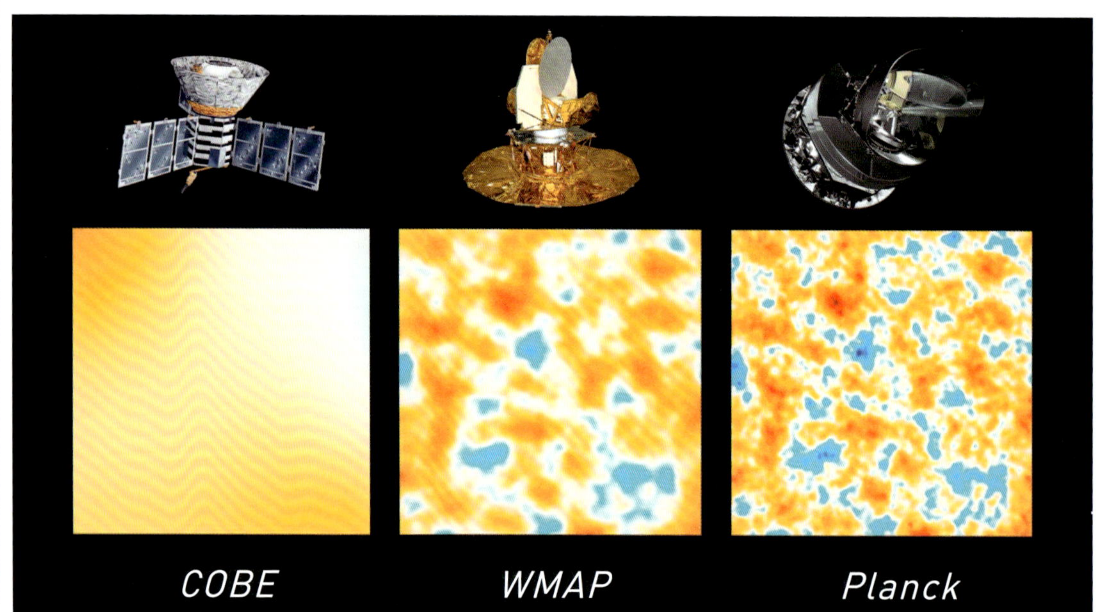

Abb. 4.9 Temperaturschwankungen der kosmischen Hintergrundstrahlung vermessen durch die drei Raumsonden *COBE*, *WMAP* und *Planck*. Mit jeder neuen Raumsonde konnten die Temperaturschwankungen noch besser aufgelöst vermessen werden. Die sehr gute Übereinstimmung der *WMAP* und der *Planck*-Karte zeigt die ausgezeichnete Qualität der Beobachtungen. (NASA/JPL-Caltech/ESA, http://photojournal.jpl.nasa.gov/catalog/PIA16874)

ausgebildet haben könnten. Mit Gravitations- und Druckkräften entstand ein schwingungsfähiges System mit Eigenfrequenzen. Gemäß dem Standardmodell sieht man im Mikrowellenhintergrund den bei der Entkopplung von Strahlung und ruhemassebehafteter Materie eingefrorenen Schwingungszustand.

Außer den Temperatur-Leistungsspektren werden auch solche für die Polarisation gemessen. Auch hier sieht man eine Folge von Maxima und Minima. „Dank *WMAP* sind jetzt praktisch alle grundlegenden kosmologischen Parameter auf rund zehn Prozent oder genauer bestimmt", sagt Ruth Durrer, Professorin für theoretische Kosmologie an der Universität Genf.

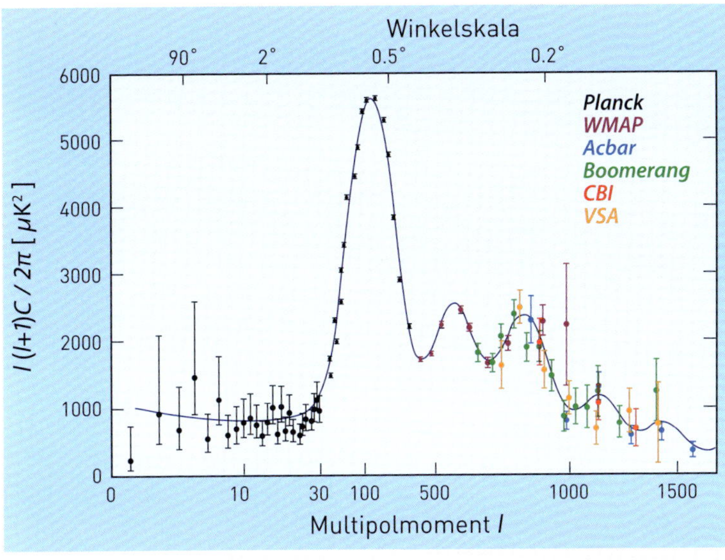

Abb. 4.10 Leistungsspektrum der Temperaturschwankungen der kosmischen Hintergrundstrahlung, gemessen durch die Raumsonde *Planck*. Kleine Werte von l stehen für große Winkel, große Werte von l für kleine. Die Punkte repräsentieren die Messwerte. Die Fehlerbalken der einzelnen Punkte sind vielfach kleiner als die Punktgröße. Die durchgezogene Kurve repräsentiert das beste abgeleitete Modell. (Nach Wikipedia aktualisiert mit Planck-Daten (Planck-Collaboration 2020))

Zum ersten Mal lässt sich jetzt ein Steckbrief unseres Universums schreiben (s. Abschnitt 3.4.1). Die aktuell besten Werte sind (Planck Collaboration 2015a und 2020):

- Alter: 13,8 Milliarden Jahre
- Raum: flach
- Erste Sterne: 550 Millionen Jahre nach dem Urknall
- Inhalt: 5 % sichtbare Materie, 26 % Dunkle Materie, 69 % Dunkle Energie

Die Ergebnisse der Satelliten *Planck* und *WMAP* sind eindrucksvoll und ein Meilenstein in der Kosmologie. Die Übereinstimmung der modellierten Kurve mit den hochgenauen Messwerten in Abb. 4.10 sind bemerkenswert. Dennoch fällt es schwer, sich dem allgemeinen Enthusiasmus anzuschließen. Der große weiße Fleck auf der Gesamtkarte des Universums wurde keinesfalls getilgt, sondern vielmehr nur dunkel eingefärbt. Denn es ist ja alles andere als eine Kleinigkeit, wenn der Gesamtkosmos nun bestätigte 95 % einer unbekannten dunklen Materie-/Energie-Komponente enthält.

Abb. 4.11 Das Neueste über eine neue Materieform: Die Dunkle Materie ist möglicherweise nicht die letzte Komponente, die eingeführt wird, um das Universum zu erklären.

Es ist bemerkenswert, dass anfangs die Antimaterie nach dem Verständnis der Physik reichlich im Weltraum vorgelegen haben sollte, nun aber verschwunden ist. Dagegen wird völlig überraschend ein geradezu übermächtiger dunkler Materieanteil gefunden bzw. erschlossen, der den gesamten sichtbaren Kosmos zu einer kleinen Kontamination schrumpfen lässt. Die Darstellung in Abb. 4.11 karikiert die Verhältnisse: Ein intellektuell wirkender Typ unterbreitet dem staunenden Publikum die neuesten Neuigkeiten über eine neue Materiekomponente im Weltraum, die dem Experten für seine Theorienbildung aber mächtig egal zu sein scheint.

Sogar in der Fachwelt hat die Freude über das neue Modell des Weltalls, das die Kosmologen zu ihrem eigenen Erstaunen harmonisch vereint, einen bitteren Beigeschmack. „Wir können zwar präzise Messungen durchführen, wir haben gute Daten", sagt Ruth Durrer, „aber wir verstehen sie nicht" (Durrer 2003). Die Ergebnisse widersprechen so ziemlich allen Vorstellungen, die man vor zwanzig Jahren über das Weltall hatte. Die Messungen sind inzwischen hochgenau, wie Abb. 4.10 deutlich zeigt. Aber sind sie auch zuverlässig?

Mikrowellen als Strahlung eines Urknallereignisses („Echo des Urknalls") sind auf ihrem Weg zu uns von einer Reihe von Effekten überlagert. Es ist ein wahres Detektivspiel, aus der auf unseren Detektoren ankommenden Strahlung das herauszufiltern, was ursprünglich aus den Tiefen des Alls kommt.

So gab es nach der Veröffentlichung der ersten Runde der *Planck*-Ergebnisse eine Arbeit des *WMAP*-Teams (Larson et al. 2015), in dem als Ursache für die leicht unterschiedlichen Ergebnisse zwischen *Planck* und *WMAP* Fehler in der Messung und Auswertung der Daten bei *Planck* vorgeschlagen wurden. In den *Planck*-Veröffentlichungen von 2015 nun ist die Differenz zwischen *WMAP* und *Planck* kleiner geworden, es wurden auch explizit Fehler in der Auswertekette verbessert, die in der Arbeit von Larson angesprochen worden waren, sodass die Ergebnisse beider Missionen inzwischen miteinander vereinbar sind (Planck Collaboration 2020).

Viel Mühe wird auch darauf verwendet, Mikrowellenstrahlung von anderen Quellen als dem Hintergrund zu erfassen, wie zum Beispiel Synchrotronstrahlung von freien Elektronen, die im galaktischen Magnetfeld abgelenkt werden. Bei der *WMAP*-Mission wurde sogar eine neue Strahlungsquelle entdeckt, nämlich die Strahlung von rotierendem Staub (Bennett et al. 2003). Auf die Strahlung, die gemäß dem Standardmodell vom Urplasma ausgeht, wirken auf dem Weg zu uns auch noch verschiedene Effekte. Dazu gehört die Wirkung der Gravitation auf die Photonen der Mikrowellen-Hintergrundstrahlung. Bei hohen Winkelfrequenzen (feinkörnig in der Karte) konnte so eine Korrelation zwischen der Gravitationsablenkung (Lensing) des Mikrowellen-Hintergrunds und der Materieverteilung festgestellt werden.

Ein weiterer interessanter Effekt ist der Sunyaev-Zel'dovich-Effekt.

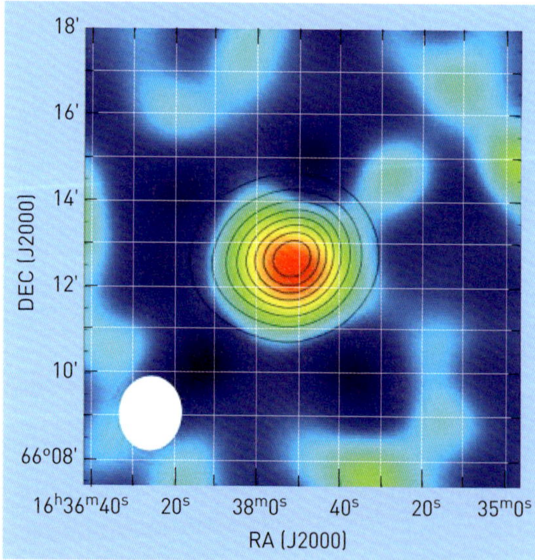

Abb. 4.12 Der hier gezeigte Himmelsausschnitt zeigt die Umgebung des Galaxienclusters Abell 2218. Die dunklen Konturen sind 28,5 GHz-Radiodaten, gemessen mit dem BIMA-Interferometer. Sie repräsentieren die Niveaus konstanter negativer Intensität, also eines Defizits von Hintergrundstrahlung, verursacht durch den Sunyaev-Zel'dovich-Effekt. Die eingefärbten Bereiche sind Röntgenemissionen von heißem Gas, wie sie von *ROSAT* gesehen wurden. Dabei steht dunkelblau für geringe und rot für hohe Intensität. Die Koinzidenz zwischen den dunklen Konturlinien und dem Gebiet maximaler Röntgenemission ist ausgezeichnet. (NASA)

Sunyaev-Zel'dovich-Effekt. Wie verändert sich die Strahlung des Mikrowellenhintergrunds durch die Wechselwirkung mit Materie? Eigentlich sollte dies wegen der geringen Materiedichte im Weltall nicht vorkommen. Dennoch sieht man eine Wechselwirkung, wenn die Mikrowellenstrahlung einen Supergalaxienhaufen passiert. Galaxien in Supergalaxienhaufen mit Hunderten bis Tausenden von Mitgliedern sind in dünnes, aber sehr heißes intergalaktisches Gas eingebettet, das sich durch seine Röntgenemission verrät. Passieren nun Photonen des Mikrowellenhintergrunds dieses Gebiet, so spielt die Kollision zwischen den ankommenden Photonen und den Elektronen des heißen Gases, die Compton-Streuung heißt, eine entscheidende Rolle (Myers et al. 2004). Bei diesen Kollisionen wird statistisch kinetische Energie des Elektrons auf das Photon übertragen. Dieser Energiegewinn steigert nun nicht die Geschwindigkeit des Photons – es bewegt sich ja bereits mit Lichtgeschwindigkeit –, sondern verkürzt dessen Wellenlänge. Das Photon wird relativ blauer. Der Effekt der Compton-Streuung ist allerdings sehr klein. Carlstrom et al. (1996) nutzten Radio-Interferometer zur Beobachtung von Photonen mit einer Wellenlänge bei 1 cm (Abb. 4.12). Wenn ein solches Photon das Gas eines Supergalaxienhaufens passiert, so ist sein typischer Energiegewinn nur 0,05 %, was bisher an 1203 Galaxienhaufen nachgewiesen wurde (Planck Collaboration 2015f). Trotzdem ist diese kleine Änderung bedeutsam. Bei Beobachtungen in Richtung eines Galaxienhaufens wurde tatsächlich ein Defizit von Mikrowellenphotonen gesehen. Die fehlenden Photonen wurden durch Compton-Streuung auf andere Energieniveaus bewegt und gehen dadurch dem Mikrowellenbereich verloren. Das heißt, im Radiobereich wird der Mikrowellenhintergrund hinter einem Galaxienhaufen dunkler. Das ist nur ein Beispiel einer systematischen Veränderung des Mikrowellenhintergrunds.

Überraschungen auf der Mikrowellenhintergrund-Himmelskarte. In den letzten Jahren entwickelte sich die Kosmologie aus einer ziemlich spekulativen Angelegenheit gerade durch die hochgenaue Vermessung des Mikrowellenhintergrunds zu einem Forschungsfeld, dem genaue Daten zur Verfügung stehen. Neben dem allgemeinen, anderweitig diskutierten Unbehagen über Dunkle Materie und Dunkle Energie hat der Mikrowellenhintergrund selbst aber auch noch Überraschungen parat.

Bei den niedrigen Winkelfrequenzen des Spektrums, also den sehr groben „Korngrößen", gibt es Auffälligkeiten. Das Standardmodell macht für diesen Bereich des Spektrums keine genauen Vorhersagen: Die erlaubte Streuung ist sehr groß, da die Hintergrund-Effekte in diesem Bereich durch die lokale kosmische Umgebung bedingt sind, und diese ist inhomogen. Deshalb bestreiten die *WMAP*-Wissenschaftler, dass die Auffälligkeiten überhaupt als solche zu kennzeichnen sind (Bennett et al. 2011). Die *Planck*-Veröffentlichungen zu diesem Thema sind offener (Planck Collaboration 2015b): Obwohl die Signifikanz im Rahmen des Standardmodells grenzwertig ist, sehen sie genug Motivation, den Auffälligkeiten Aufmerksamkeit zu schenken, könnten sie doch dazu beitragen, unser Verständnis über das, was man bisher glaubt verstanden zu haben, hinauszuführen. Andererseits geben sie an, dass diese Auffälligkeiten kaum Einfluss auf die kosmologischen Parameter haben. Doch um welche Auffälligkeiten handelt es sich? Sie sind hier aufgelistet:

- Bei niedrigen Winkelfrequenzen beobachtet man ein nur schwaches Signal.
- Man beobachtet eine sehr schwache Korrelation zwischen der Ebene der Ekliptik und einigen Modi der Mikrowellenstrahlung (Quadrupol (l = 4) / Oktupol (l = 8)).
- Die Stärke der Fluktuationen unterscheidet sich geringfügig zwischen ekliptischer Nordhalbkugel und Südhalbkugel.
- Kalter Fleck

Die möglichen Erklärungen sind sehr unterschiedlich. Sie reichen von nicht erfassten, mit dem Sonnensystem zusammenhängenden Strahlungsquellen bis zum Eindringen eines Nachbaruniversums. Wegen ihrer geringen Signifikanz lassen wir sie hier unkommentiert stehen.

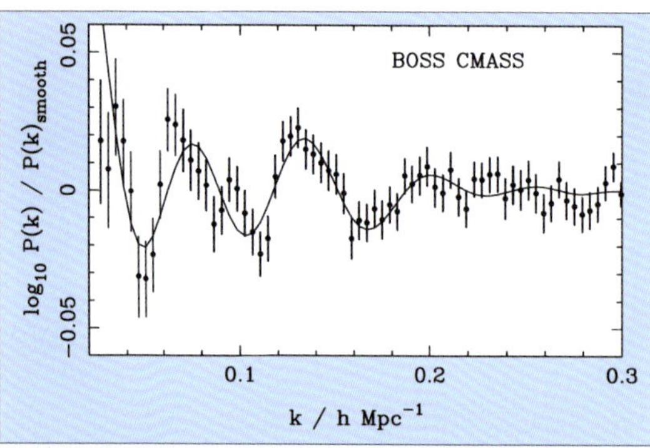

Abb. 4.13 Schwankungen in der Abstandsverteilung von Galaxien am Himmel. Die hier nachgewiesenen charakteristischen Schwankungen der Abstände von Galaxien voneinander wird auf Dichtewellen im frühen Universum (sogenannte baryonische akustische Oszillationen) zurückgeführt. Nach rechts ist die Wellenzahl aufgetragen, nach oben die relative Häufigkeit von Galaxien mit diesem Winkelabstand. (Aus Anderson et al. 2012)

c) Kosmologie mit großräumigen Strukturen

Nach dem Standardmodell bildeten sich die heute bestehenden großräumigen Strukturen des Universums aus den Inhomogenitäten im Urplasma, die im Mikrowellenhintergrund sichtbar sind. In diesem gibt es einen Winkelabstand am Himmel, bei dem die Inhomogenität am größten war: Es ist das Hauptmaximum des Winkelfrequenzspektrums. Nach Berechnungen auf der Grundlage des Standardmodells müsste in der großräumigen Materieverteilung der Galaxien, die wir heute sehen, ebenfalls ein solches Hauptmaximum in der Abstandsverteilung vorhanden sein: ein charakteristischer Abstand, bei der die großräumige Materie besonders inhomogen ist. Mit Hilfe der großen Galaxiendurchmusterungen wurde nach diesen baryonischen akustischen Oszillationen (BAO) gesucht. Percival et al. (2007) wurden fündig; sie fanden das Hauptmaximum bei ca. 150 Mpc. Die Messungen wurden von Anderson et al. (2012) mit einer größeren Gruppe von Galaxien wiederholt und führten zum gleichen Ergebnis (s. Abb. 4.13), das konsistent mit der Erwartung aus dem Standardmodell ist (s. auch Alam et al. 2017).

Kosmologie mit Galaxienhaufen. Außer der Beobachtung der Galaxien, der Änderung der Mikrowellen-Hintergrundstrahlung (Sunyaev-Zel'dovich-Effekt) und der Röntgenstrahlung des heißen Elektronengases lassen sich darüber hinaus Gravitationslinseneffekte nutzen, um die Entfernung und vor allem die Masse der Galaxienhaufen abzuschätzen. Wieder ergibt sich, dass die Galaxien selbst nur einen kleinen Anteil beitragen, während das heiße Elektronengas und vor allem die postulierte Dunkle Materie den Löwenanteil ausmachen.

Aus der Häufigkeit und Massenverteilung von 439 Galaxienhaufen kam die *Planck*-Arbeitsgruppe auf ähnliche Werte für den Anteil der Dunklen Materie an der Gesamtmasse des Universums sowie für die Materiedichtestreuung auf einer bestimmten Skala wie die Werte, die mit Hilfe des Mikrowellen-Hintergrunds für diese Parameter herausgekommen waren. Obwohl diese Methode nur begrenzt genau ist, zeigt sie doch eine Konsistenz innerhalb des Standardmodells (Planck Collaboration 2015e).

Wir hatten bereits kurz angesprochen, dass Photonen des Mikrowellen-Hintergrundes unabhängig davon, ob sie per Sunyaev-Zel'dovich-Effekt an den heißen Elektronen von Galaxienhaufen gestreut werden, nach dem Standardmodell auf ihrem Weg zu uns eine Veränderung durch die Gravitationsfelder erfahren, die sie auf diesem Weg durchqueren. Zum einen ändert sich ihre Energie beim Durchfliegen eines sich mit der Zeit ändernden Gravitationsfeldes („Integrierter Sachs-Wolfe-Effekt" genannt), außerdem werden sie durch die Gravitationsfelder in ihrer Bahn abgelenkt (Gravitationslinseneffekte). Das *Planck*-Team hat großräumige Strukturen, die bei großen Galaxiendurchmusterungen gefunden wurden, mit den Mikrowellenhintergrunddaten verglichen und beide Effekte nachweisen können (Planck Collaboration 2015c und Planck Collaboration 2015d). Die aus diesen Nachweisen ermittelten kosmologischen Parameter passen zu denen, die aus dem Leistungsspektrum der Temperaturfluktuationen geschlossen wurden.

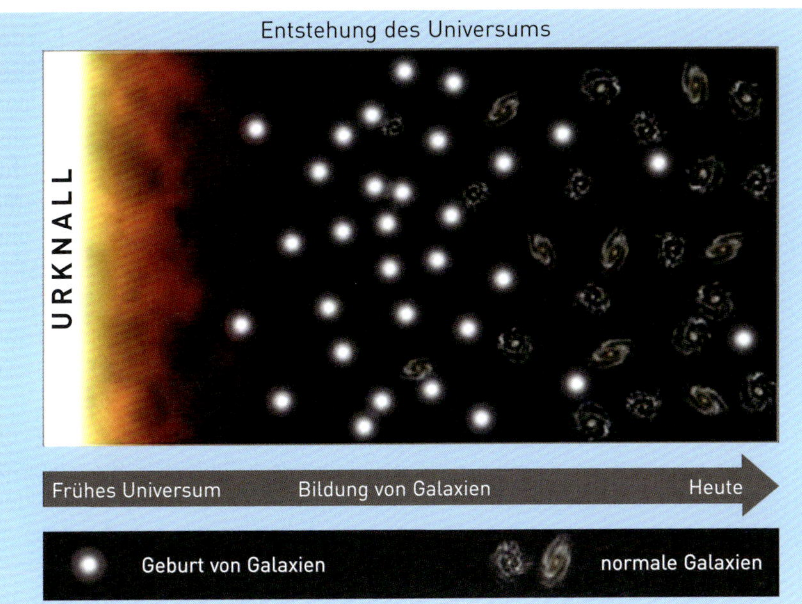

Abb. 4.14 Diese Darstellung verdeutlicht den Rückgang der „Galaxien-Geburtenrate" in unserem Universum. Im jungen Universum war die Entstehung massiver Galaxien (weiße Kreise) an der Tagesordnung. Mit der Zeit wurden solche Ereignisse immer seltener und die existierenden Galaxien alterten und wurden der Milchstraße ähnlich (Spiralen). (NASA)

Ungereimtheiten bei Galaxien und großen Strukturen

1. Junge Galaxien zwischen alten Sternsystemen. Es ist die allgemeine Einschätzung der Kosmologen, dass die Entstehung größerer Galaxien – wie in Abb. 4.14 schematisch dargestellt – abgeschlossen ist und insbesondere in der Frühphase des Universums vor rund zehn Milliarden Jahren stattfand. Allerdings hat der amerikanische Satellit *Galaxy Evolution Explorer* (Start im April 2003) unter bislang mehreren Tausend untersuchten Galaxien einige Dutzend massereiche Exemplare gefunden, die sich offenbar in der Frühzeit ihrer Entwicklung befinden, obwohl sie nur zwei bis vier Milliarden Lichtjahre von uns entfernt sind. Die Astronomen glauben, dass sie sich vor höchstens 100 Millionen bis zu einer Milliarde Jahren gebildet haben.

Junge Galaxien fallen durch ihr von ultravioletter Strahlung geprägtes Erscheinungsbild wie funkelnde Diamanten auf. Die als „Ultraviolet Luminous Galaxies" bezeichneten Objekte galten in unserer Nähe als bereits ausgestorben, sodass die jetzt entdeckten Objekte gleichsam als lebende Fossilien betrachtet werden müssen. Das alternde Universum wird auf bislang unerklärliche Weise gleichsam mit Frischzellen versorgt. Jedenfalls können nun größere Galaxien im Frühzustand aus wesentlich geringerer Distanz beobachtet werden, auch wenn diese Entdeckungen das Entwicklungsbild des Kosmos stören.

„Wir sind jetzt in der Lage, Vorfahren unserer Milchstraße viel detaillierter zu beobachten", sagt Tim Heckman von der John Hopkins University. „Es ist, als hätten wir ein lebendes Fossil in unserem Vorgarten gefunden. Wir dachten, diese Art von Galaxie wäre ausgestorben."[8]

„Wir wissen, dass es einmal riesige junge Galaxien gegeben hat, aber wir dachten, dass sie wie unsere Milchstraße alle alt geworden seien. Wenn das nun tatsächlich junge Galaxien sind, heißt das, dass es in Teilen des Universums immer noch Brennpunkte der Galaxienentstehung gibt", sagt Chris Martin vom California Institute of Technology, der zuständig ist für die Forschungen des *Galaxy Evolution Explorer*[9].

Was genau die Verjüngungsereignisse verursacht haben könnte, wird weiter untersucht (Marino et al. 2011). Ein möglicher Mechanismus sind die immer wieder auf kosmischen Zeitskalen stattfindenden nahen Begegnungen von Galaxien, die die eingefahrenen Bahnen der Staub- und Gaswolken stören und zu neuer Verklumpung und Sternbildung führen können.

8 Raumfahrer.net/news 21.12.2004

9 Raumfahrer.net/news 21.12.2004

Kürzlich durchgeführte Simulationsrechnungen stützen diese Hypothese (Mapelli, Rampazzo & Marino 2015).

2. Störungen des hierarchischen Aufbaus von Strukturen. Gegenwärtige Vorstellungen zur Galaxienentwicklung gehen von einem hierarchischen Zusammenschluss von kleineren Sternverbänden zu immer größeren Strukturen aus. Deshalb sollten im frühesten Universum keine massiven Galaxien existieren. Beobachtungen mit dem *FORS2*-Instrument des *VLT* (Very Large Telescope) im Jahre 2004, gefolgt von neueren Beobachtungen haben dieses Bild infrage gestellt (Cimatti et al. 2004). Sie entdeckten vier sehr ferne Galaxien bei Rotverschiebungen von etwa $1{,}6 < z < 1{,}9$, die mehrfach massiver sind als unsere Milchstraße und damit ebenso massiv wie die massereichsten Galaxien im heutigen Universum. Allerdings wird ihre Entstehung zu einer Zeit angesetzt, als das Universum erst 2 Milliarden Jahre alt war. Die Untersuchungen mit dem *Hubble*-Weltraumteleskop zeigen, dass deren Strukturen mit heutigen massiven elliptischen Galaxien mehr oder weniger identisch sind oder zumindest ähnlich aussehen.

„Our new study now raises fundamental questions about our understanding and knowledge of the processes that regulated the genesis and evolutionary history of the Universe and its structures"[10, Z18] (A. Cimatti, Leiterin des Teams)

Diese Beobachtungen stehen nicht allein, wie unter anderem Tanaka und Kollegen inzwischen zeigen konnten (Tanaka et al. 2013). Sie entdeckten eine Gruppe von Galaxien bei $z = 2{,}16$, die sich noch einmal deutlich früher gebildet haben muss als die von Cimatti et al. identifizierten Galaxien. Zur möglichen Erklärung der schnellen Bildung dieser Galaxien im Rahmen des Standardmodells diskutieren sie verschiedene Thesen. Kurz darauf haben Watson et al. (2015) nun eine staubreiche Galaxie bei einer sehr hohen Rotverschiebung von $z = 7$ gefunden. Nun wird Staub erst in Sternen durch Fusion von Wasserstoff und Helium zu schwereren Elementen gebildet. Dazu äußert sich Co-Autor Knudsen wie folgt: „Diese erstaunlich staubige Galaxie scheint es sehr eilig gehabt zu haben, ihre erste Sternengeneration zu machen."[11]

3. Riesige Galaxienhaufenstruktur im tiefen Kosmos. Astrophysiker des Astronomischen Instituts in Potsdam haben mit Hilfe von *XMM-Newton* Röntgenstrahlen von heißem Gas zwischen den Galaxien eines alten Galaxienhaufens entdeckt (Mullis et al. 2005). Er trägt den Namen XMMU J2235. Die Intensität der Strahlung war allerdings so schwach, dass bei einer zwölfstündigen Messung nur 280 Photonen gezählt wurden, im Schnitt also alle zweieinhalb Minuten ein Lichtteilchen! Zum Vergleich: Beim Anblick einer in der Entfernung des Mondes platzierten herkömmlichen 100-Watt-Glühbirne würden unsere Augen etwa die gleiche Anzahl von Licht-

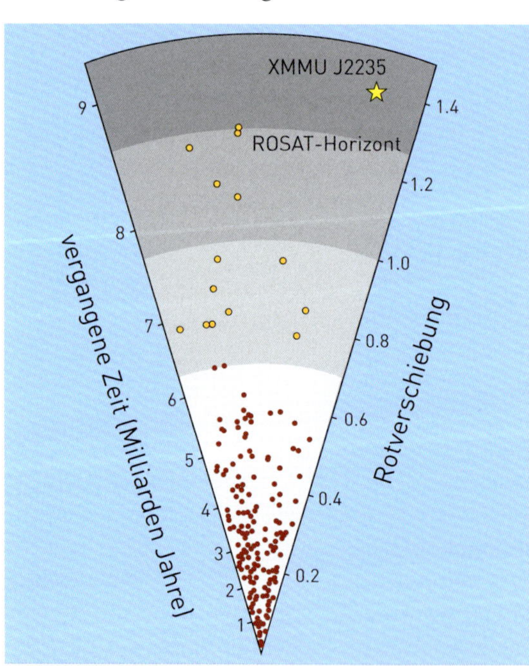

Abb. 4.15 Schematisches Diagramm der räumlichen Verteilung bekannter Galaxienhaufen über ihre Entfernung. Der Beobachter befindet sich in der Spitze des Kreisausschnitts und schaut nach oben zurück in die kosmische Vergangenheit. Der neu entdeckte Galaxienhaufen ist mit XMMU J2235 bezeichnet und ist rechts oben im Bild markiert. Er erschließt einen neuen Entfernungsbereich in der Röntgenastronomie, der weit hinter der bisher bekannten, als *ROSAT*-Horizont bezeichneten Grenze liegt. (ESO)

[10] http://www.eso.org/public/news/eso0422/

[11] http://www.eso.org/public/news/eso1508/

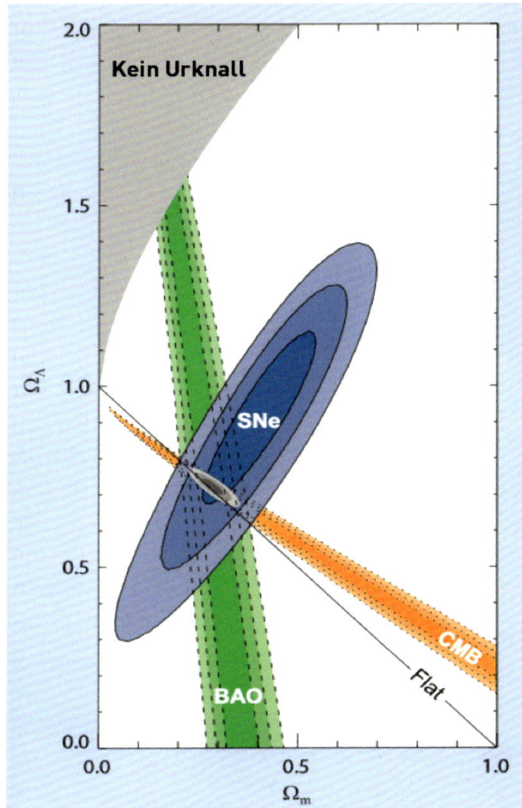

Abb. 4.16 Auswertungen im Rahmen des Standardmodells für die Energiedichten von Dunkler Energie (Ω_Λ) und Dunkler Materie (Ω_m) aus Supernovae-Entfernungsmessungen (SNe), dem Mikrowellenhintergrund (CMB) und der Dichteverteilung großräumiger Strukturen (BAO) (Kowalski et al. 2008, Fig. 15). Die Abbildung zeigt die wahrscheinlichsten Werte für jeden Beitrag in Bezug auf die Dunkle Energie und die Dunkle Materie.

teilchen sammeln. Diese extrem geringe Strahlung galt als erstes Indiz für die große Entfernung der Quelle. Mit dem *VLT* der Europäischen Südsternwarte (ESO) wurden bei nachfolgenden Beobachtungen der Haufenmitglieder im nahen Infrarot eine Rekord-Rotverschiebung von z = 1,4 und damit eine Rekordentfernung von neun Milliarden Lichtjahren gefunden. Die Masse des Haufens wurde auf ungefähr hundert Billionen Sonnenmassen oder 1000 Milchstraßenmassen abgeschätzt. Da offensichtlich bereits zu dieser frühen Zeit die Struktur des Galaxienhaufens vollständig ausgeprägt war, handelt es sich um einen alten Galaxienhaufen in einem noch jungen Universum. In Abb. 4.15 ist die Entfernung der neu entdeckten Galaxienhaufen zusammen mit anderen bereits bekannten aufgetragen. Inzwischen sind allerdings weitere Galaxienhaufen mit aktiver Sternentstehung in noch größerer Entfernung gefunden worden. Der Galaxienhaufen mit der Bezeichnung SPT-CLJ2040-4451 wurde durch Anwendung des Sunyaev-Zel'dovich-Effektes bei z = 1,478 entdeckt (Bayliss et al. 2014). Strazzullo et al. (2019) berichten von zwei Galaxienhaufen mit Rotverschiebungen von z = 1,52 und 1,72. Andreon et al (2014) identifizierten einen Galaxienhaufen bei z = 1,8, dessen Licht 10 Milliarden Jahre unterwegs war und mit einer Masse von wiederum etwa 1 000 Milchstraßenmassen. Er befindet sich am oberen Rand der Abb. 4.15 und dort wird seine Position als Rekordhalter besonders deutlich. Nach gängiger Zählung hat man also bereits 3,7 Milliarden Jahre nach dem Urknall komplette Galaxienhaufen vorliegen, deren Mitglieder zum Teil bereits komplexe Sternentstehungsepisoden hinter sich gebracht haben.

Zusammenschau von Supernovae, Mikrowellenhintergrund und größräumigen Strukturen. Abb. 4.16 ist aus Kowalski et al. (2008) entnommen. Sie zeigt, wie sich die Anpassungen für die Energiedichten von Dunkler Energie (Ω_Λ) und Dunkler Materie (Ω_m) aus drei verschiedenen und unabhängigen physikalischen Prozessen überlappen. Dadurch lassen sich die Anteile der Dunklen Energie und der Dunklen Materie recht genau eingrenzen. Zwar wird jeder der drei Prozesse Supernovae-Entfernungsmessung (SNe), Mikrowellenhintergrund (CMB) und Dichteverteilung großräumiger Strukturen (BAO) für sich im Sinne des Standardmodells ausgewertet. Wegen der Verschiedenheit der Prozesse ist es dennoch nicht selbstverständlich, dass es überhaupt einen Überlappungsbereich gibt. Dies spricht zweifelsohne für das Standardmodell. An diesen Werten hat sich in den vergangenen Jahren nichts Grundsätzliches verändert (s. auch Abb. 4.8).

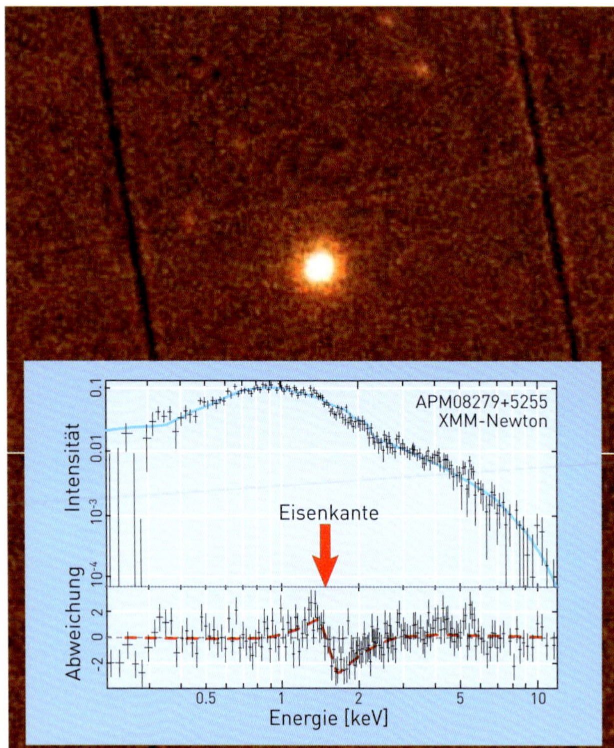

Abb. 4.17 Der Quasar APM08279+5255, aufgenommen mit dem *XMM-Newton*-Teleskop der ESA, zusammen mit seinem Spektrum, das eine ausgeprägte Eisenlinie zeigt.

Wie bereits berichtet, entstehen im herkömmlichen Bild die leichten Elemente bis zu Spuren von Lithium kurze Zeit nach dem Urknall während der ersten Abkühlung des Kosmos. Der Aufbau schwererer Elemente erfolgt dagegen im Sterninnern oder durch Supernovae. Damit sollten tief im Universum in dessen Frühzeit vor allem Objekte ohne schwere Elemente zu finden sein, zumindest aber mit einem sehr viel geringeren Anteil als in der Nachbarschaft unserer Milchstraße (Nomoto, Kobayashi, & Tominaga 2013). Nun gibt es Störungen dieses einfachen Bildes. Es geht um weit entfernte Objekte mit einem auffallend hohen Anteil schwerer Elemente. Nachstehend soll repräsentativ für dieses Altersparadoxon ein Beispiel der ESA-Röntgenmission *XMM-Newton* genannt werden:

XMM-Newton hat anhand spektraler Daten gezeigt, dass der Quasar APM08279+5255 1,5 Milliarden Jahre nach dem Urknall dreifach mehr Eisen enthielt als unsere viel später entstandene Sonne (Hasinger, Schartel & Komossa 2002). Die Ergebnisse sind in Abb. 4.17 dargestellt. Die Interpretation geht in zwei Richtungen:

- Entweder gibt es eine bislang unbekannte, viel effektivere Bildung von Eisen, z. B. in den ersten Sterngenerationen am späteren Ort des Quasars.
- Oder das Universum war bereits älter, als der Quasar das Licht aussandte.

Nachfolgende Untersuchungen haben inzwischen nicht nur das Alter dieses Quasars bestätigt (Friaça, Alcaniz & Lima 2005), sondern kommen ebenso zu dem Schluss, dass hier ein so ernstes Problem für das Alter des Universums vorliegt, dass die Hubble-Konstante nochmals überprüft und gegebenenfalls korrigiert werden müsse (Lima, Jesus & Cunha 2009). Weitere und detailliertere Einblicke in die Frühzeit der Elementsynthese soll nun die Nachfolgemission *XEUS* (X-Ray Evolving Universe Spectroscopy) ermöglichen, die heute unter dem Namen *Athena* (Advanced Telescope for High-Energy Astrophysics) bekannt ist und von der ESA für einen Start im Jahre 2028 vorgesehen ist.

Es sei angemerkt, dass wir in unserem heutigen Universum keine Antimaterie in größeren Mengen nachweisen können. Man kann sie allerdings in Teilchenbeschleunigern in geringen Mengen herstellen und findet sie auch in der kosmischen Strahlung. In der hypothetischen Teilchenbrühe des Urknalls müssen sich die Teilchen in gegenseitigem Gleichgewicht befunden haben, wobei von jedem Teilchen auch die Antiteilchen vorhanden waren. Als sich das Universum abkühlte, zerstrahlten die Teilchen mit ihren Antiteilchen. Warum aber blieb überhaupt Materie übrig? Man behilft sich mit der Annahme, es habe eine „Symmetriebrechung" gegeben, dass also während der Abkühlung ein Überschuss von Materieteilchen zu Ungunsten der Antimaterie entstanden ist. Der Grund für einen solchen Überschuss ist jedoch weiterhin unklar (Olive & Peacock 2013).

4.1.3 Kesselflicken am Urknallmodell

So bezeichnete Riccardo Scarpa von ESO vor einigen Jahren in Chown (2005) die Anpassungsprozedur und fuhr fort, dass der Versuch des Adaptierens kosmologischer Modelle an die Beobachtungen nun ein unakzeptables Niveau erreicht habe. Er nannte damals die Gründe für das Scheitern:

- die Temperatur des heutigen Kosmos (s. oben)
- die (beschleunigte) Expansion des Kosmos (Dunkle Energie als Anti-Gravitationskraft)
- die pure Existenz von Galaxien (Dunkle Materie als Klebstoff)

Das Urknallmodell scheiterte, so Scarpa weiter, in seinen Prognosen und konnte nur durch Einführen von Kunstgriffen zusammengehalten werden:

- Inflation für die erste Beschleunigung
- Dunkle Materie für die Etablierung und Erhaltung von Großraumstrukturen
- Dunkle Energie für das beschleunigt expandierende Universum

Es mag etwas übertrieben sein, stimmt aber im Kern, wenn er konstatierte: *„Big Bang predictions are consistently wrong and are being fixed after the event. So much so, that is todays ‚Standard Model' of cosmology.“*[719]

Als Begründung für die Kritik führt der Artikel folgende Beobachtungen an:

Ultraweit entfernte Galaxien sollten wir in einem jungen Alter sehen; das *Spitzer*-Teleskop zeigt uns Galaxien aus einem angegebenen Kosmosalter von 600 Millionen und 1 Milliarde Jahren. So junge Galaxien sollten voll von jungen Sternen sein, die durch ihr typisch bläuliches Licht auffallen sollten. Sie tun es nicht. *„It turns out these galaxies aren't young at all.“*

Steinhardt et al. (2016) bestätigen diese Beobachtung: *„Wir beobachten, dass die jungen, sehr rotverschobenen Galaxien und auch die massereichsten jungen Galaxien sehr normal aussehen [also nicht jung], was im schärfsten Widerspruch steht zu theoretischen Modellen über die Klumpung Dunkler Materie.“*

Spitzer-Beobachtungen legen andererseits nahe, dass es Sterne in fernsten Galaxien gibt, die älter als ihre Galaxie erscheinen. Zudem sind in größten Entfernungen bereits Cluster und Supercluster von Galaxien zu sehen, wobei nach üblichem Verständnis eine solche Strukturbildung mehr als eine Milliarde Jahre dauern sollte. Wenn hier die Wirkung Dunkler Materie herangezogen wird, muss Folgendes angemerkt werden:

a) Hinweise auf Dunkle Materie werden an Orten gefunden, wo Kosmologen sie nicht erwarten würden.

b) Im Gegensatz zu normaler Materie gibt Dunkle Materie keine merkliche elektromagnetische Strahlung ab, daher der Name. Das bedeutet, dass eine Ansammlung Dunkler Materie nicht ohne Weiteres kollabieren kann, weil sie die Energie nicht abführen kann, was aber für eine gravitative Kontraktion erste Voraussetzung ist.

Insgesamt scheint es etwas gewagt, ein umfassendes Weltmodell auf der Analyse ultrawinziger Temperaturfluktuationen im sichtbaren Kosmos von der Größenordnung von lediglich Hunderttausendstel Grad abzustützen, selbst wenn man diese Fluktuationen heutzutage sehr gut und konsistent messen kann. Es ist zwar eine Stärke, dass Beobachtungen von Phänomenen, die (scheinbar) nichts miteinander zu tun haben, alle in dieselbe Richtung deuten (s. Abb. 4.16). Und wir nennen das unsere beste Theorie. Vergegenwärtigt man sich noch, dass wir von Effekten innerhalb der Welt von nur 5 % sichtbarer Materie sprechen, so führt uns das doch zu erheblichen Zweifeln. Nie wurde ein so weit reichendes Modell auf so schwachen Beinen aufgesetzt! Die Kosmologie ist eben kein leichtes Pflaster.

Es sollte deutlich geworden sein, dass das Standardmodell in erster Linie ein theoretisches Konzept ist, das erst mit wenigen Daten hinterlegt ist. Es versucht, die marginalen Daten über die Geschichte des Universums unter Zuhilfenahme bekannter physikalischer Gesetze widerspruchsfrei zu modellieren. Aus diesem Grund sagt das Standardmodell höchstens aus, wie der Ablauf des Universums ausgesehen haben *könnte*. Weiter beruht das Standardmodell auf theoretischen Prinzipien, wie beispielsweise dem kosmologischen Prinzip. Diese Prinzipien wurden gelegentlich auch abgelehnt oder erweitert, wie das z. B. in der Steady-State-Kosmologie getan wurde. Als Konsequenz resultierten daraus andere Kosmologien. Aber auch die Rekonstruktion der Geschichte des Universums ist durch theoretische Überlegungen geleitet. Diese wurden angestellt, ohne dass umfassende astronomische Beobachtungsdaten zur Verfügung standen, die Einblicke in die zu erforschenden Bereiche gegeben hätten. Im Nachhinein mussten die theoretischen Vorstellungen häufig modifiziert oder erweitert werden (z. B. durch den Einbezug von Dunkler Materie und Dunkler Energie, einer Art Antigravitationskraft), wenn sie denn überhaupt geprüft werden konnten. Die Theorien sind also sehr flexibel und es gibt meist keine harten Prüfmöglichkeiten. Die Beobachtungsmöglichkeiten sind in vielen Fällen stark eingeschränkt und erfordern eine komplexe Analyse. Insgesamt stehen den vielen theoretischen Überlegungen und Extrapolationen immer noch vergleichsweise wenige Beobachtungsdaten gegenüber, die ihrerseits wieder fehleranfällig sind. Die gute Nachricht ist: Wir haben mittlerweile unglaublich viel dazugelernt, vor allem durch das *Hubble*-Weltraumteleskop, durch das *Spitzer*- und durch das *Herschel*-Teleskop. Wir haben die großräumigen Strukturen mit Teleskopen gesehen und mit Computern deren Bewegungen rechnerisch modelliert und eine Entwicklung dieser Strukturen und ihrer Galaxien gesehen. Trotzdem bleiben noch große Lücken, dies gilt vor allem für Dunkle Materie, Dunkle Energie und Inflation. Eine Lücke scheint sich allerdings inzwischen mit der wiederholten Entdeckung von Gravitationswellen zu schließen. Mit dem James Webb Space Telescope verbinden sich ähnliche Hoffnungen.

Das alles zeigt nicht nur, dass das Bewusstsein für die Vorläufigkeit dieser Modelle bei den Kosmologen durchaus vorhanden ist und nicht etwa unter den Tisch gewischt wird: Es handelt sich eben um Modelle, die vorläufig sind. Es zeigt sich aber auch, dass wir uns in der Kosmologie eventuell auf ein verändertes Modell zubewegen und das aktuelle Modell erst ausdiskutiert und widerlegt werden muss, bevor ein neues, modifiziertes zugrunde gelegt werden kann. Die Vorläufigkeit der Erklärungsmuster ist keine Schwäche der Astrophysiker und Kosmologen, sie ist vielmehr Teil ihrer Arbeit und sollte deshalb nicht gegen sie verwendet werden. Wohl aber sollte in der Öffentlichkeit die Vorläufigkeit kosmologischer Modelle herausgestellt und nicht von gesicherten Fakten gesprochen werden, ein Appell, der eher an die Journalistik zu richten ist.

Natürlich gibt es auch Ansätze alternativer Kosmologien. Ein Beispiel ist die Quasi-Steady-State-Kosmologie (s. u.). Diese Alternativen wurden natürlich nicht im selben Maße untersucht und ausgearbeitet wie das Standardmodell. Allerdings ist das kaum erstaunlich, wenn man bedenkt, dass solche Kosmologien häufig von einzelnen Kosmologen entwickelt wurden und ohne ausgiebige Forschungsmittel entstanden sind. Es kann nicht ohne Weiteres gesagt werden, wie stark die Erklärungskraft einer solchen alternativen Kosmologie wäre, wenn dasselbe Ausmaß an personellem und finanziellem Aufwand aufgewendet worden wäre wie im Standardmodell. In einigen Fällen ist es erstaunlich, wie gewisse Beobachtungsdaten auch alternativ interpretiert werden können.

Manche Experten kritisieren am Standardmodell, die Astronomen hätten übersehen, dass 99,99 % der Materie im Universum in Form von Plasma vorliegen, das durch elektromagnetische Kräfte kontrolliert wird. Dennoch bestehen die Astronomen darauf, dass Gravitation die einzig dominierende Größe auf großen Entfernungsskalen ist. Es ist so, als ob die Ozeanographen den Aspekt der Hydrodynamik ignorieren würden. Deshalb lautet die Forderung: Um Fortschritte zu erzielen, wird eine Theorie gefordert, die sowohl der Elektrodynamik als auch der Gravitation Rechnung trägt und deren Test mit Beobachtungsdaten rigoroser gehandhabt wird (Chown 2005).

Insgesamt ist das Standardmodell heute dennoch das beste Modell zur Beschreibung des Universums. Viele Wissenschaftler sehen in den neueren Beobachtungen eine gewisse Bestätigung ihrer Ideen und eine Konvergenz der Parameter. Aber obwohl es sich gerade wegen seiner relativ hohen Zahl an freien Parametern, die durch die Theorie nicht vorgegeben sind, als ausreichend flexibel erwiesen hat, um auch an neue Beobachtungsdaten angepasst werden zu können, schwächt die Flexibilität des Standardmodells andererseits jedoch auch seine Erklärungskraft. Außerdem benötigt die Theorie an einigen Stellen ein bemerkenswertes „fine-tuning", um unser gegenwärtiges Universum zu erklären. Ein Beispiel dafür ist der heutige Wert der kosmologischen Konstante. Die Geschichte ist also noch keineswegs zu Ende.

4.2 Alternative Kosmologien

Kompakt

- Von der Steady-State-Kosmologie zur QSSC
- Vorhersagekraft der QSSC
- Ähnliche Vorhersagen führen zu anderem Kosmos

4.2.1 Stand der Diskussion

Angesichts der teilweise spekulativen Basis seiner Annahmen und der weit reichenden Aussagen des Standardmodells gab es bereits in der ersten Hälfte des 20. Jahrhunderts unter führenden Wissenschaftlern eine gewisse Unzufriedenheit. So waren Hermann Bondi, Thomas Gold und Fred Hoyle beispielsweise nicht mit der Raumzeit-Singularität eines Urknalls einverstanden. Auch nahmen sie es nicht als selbstverständlich an, dass die physikalischen Gesetze und Bedingungen immer dieselben waren, was im Standardmodell zwar angenommen, aber nie begründet wurde. Es ist nur die einfachste aller möglichen Annahmen.

Wer nun meint, dass es angesichts der geschilderten Fakten sicher genügend alternative Kosmologien gibt, muss hier enttäuscht werden. Die meisten Konzepte sind – aus welchen Gründen auch immer – mit ihren Entwicklern gestorben bzw. verkümmert, zuweilen wurden sie auch durch die Beobachtungen überholt. Dennoch ist es bemerkenswert, dass Fred Hoyle mit seinen Partnern aus den gleichen Daten mit seiner Quasi-Steady-State-Theorie ein alternatives Konzept ausgearbeitet hat.

Die Steady-State Cosmology (SSC) beruht auf dem perfekten kosmologischen Prinzip. Es besagt, dass das Universum nicht nur homogen und isotrop bezüglich des Raumes, sondern auch bezüglich der *Zeit* sei. Das bedeutet, dass sich das Universum unabhängig vom Standort nicht nur immer gleich darbietet, sondern sich auch nicht mit der Zeit ändert. Die SSC wurde ausgearbeitet und erlaubte nachprüfbare Voraussagen. Dadurch wurde sie in den 1950er-Jahren zum Konkurrenten des Standardmodells. Allerdings erlitt sie Rückschläge, von denen sie sich nicht mehr erholen konnte.

1993 erlebte sie jedoch eine Renaissance in Form der Quasi-Steady-State Cosmology (QSSC), welche von Fred Hoyle, Geoffrey Burbidge und Jayant Narlikar vorgeschlagen wurde (Hoyle, Burbidge & Narlikar 1993). Diese Forscher führten zu den bereits erwähnten Randbedingungen eine fundamentale Eigenschaft der Physik ein: die Skalen-Invarianz, was bedeutet, dass eine physikalische Theorie dieselbe bleibt, auch wenn die Gleichung mathematisch auf eine neue Skala transformiert wird. Damit wurde die Allgemeine Relativitätstheorie in der Weise verallgemeinert, dass sie die Skalen-Invarianz erfüllt.

Der neu entwickelte Ansatz hatte noch eine weitere Eigenschaft: Er lässt die Erschaffung von Materie zu. Dies ist ohne Verletzung der Energieerhaltung möglich, indem die Energie in einem so genannten C-Feld in Balance gehalten wird. Materie wird überall dort erzeugt, wo das C-Feld groß genug ist. Das ist explosionsartig in der Nähe sehr massiver Körper der Fall („Minibangs").

In Summe lässt dies das Universum als Ganzes expandieren. Das geschieht aber nicht stetig, sondern zyklisch. In aktiven Phasen dehnt sich das Universum schneller aus, womit der Wert des C-Felds sinkt, die Produktion lässt nach und umgekehrt. Die Folge ist ein zyklisches Verhalten der Expansion. Entscheidend ist aber letztlich, ob diese modellierten Prozesse auch beobachtbar sind.

Rotverschiebung. Die Rotverschiebung wird analog erklärt wie im Standardmodell, wenn wir annehmen, dass wir uns in der QSSC gerade in einem Zyklus befinden, in dem sich das Universum ausdehnt. Dadurch kommt die Rotverschiebung zustande.

Gravitationswellenhintergrund. Im Standardmodell wird ein Gravitationswellenhintergrund vorhergesagt. Narlikar et al. (2015) haben nun ebenfalls einen solchen Hintergrund vorhergesagt, der aus den in der QSSC vorhandenen Minibangs stammt. Die Voraussagen unterscheiden sich für Standardmodell und QSSC. Derzeit sind die Detektoren noch nicht genau genug, um einen solchen Gravitationswellenhintergrund nachzuweisen. Für die Zukunft darf man gespannt sein, ob – falls überhaupt etwas gemessen werden kann – er mehr der QSSC- oder der Standardmodellprognose ähnelt.

Mikrowellenhintergrund. Er stammt bei der QSSC vom Sternenlicht vergangener Zyklen, das an intergalaktischem Eisen- und Kohlenstoffstaub, den so genannten Whiskers, gestreut wird. Die Whiskers sollen die intergalaktische Strahlung vieler Wellenlängen absorbieren, um sie dann als Mikrowellenstrahlung wieder zu emittieren. Die Existenz solcher Whiskers wird dabei postuliert. Gesehen hat sie allerdings noch niemand. Durch die Ausdehnung des Universums nimmt im momentanen Zyklus die Energiedichte der vorhandenen Hintergrundstrahlung aufgrund der Rotverschiebung ab. Das wird wettgemacht, indem intergalaktischer Staub thermalisiert wird. Das UV-Licht junger Sterne wird durch Absorption und Re-Emission von diesem besonderen Staub als thermische Strahlung in die beobachtete Mikrowellenstrahlung verwandelt, sodass es nicht notwendigerweise als Relikt eines frühen Universums herangezogen werden muss. Auf diese Weise erhält die Hintergrundstrahlung ihr Schwarz-Körper-Spektrum, das sich als eine elementare Eigenschaft des Mikrowellenhintergrunds erwiesen hat. Berechnet man im Rahmen der QSSC die erwartete Temperatur des Mikrowellenhintergrundes, so erhält man eine gute Übereinstimmung mit der Beobachtung. In der QSSC ist es also im Gegensatz zum Standardmodell möglich, die Temperatur des Mikrowellenhintergrundes aus der Theorie abzuleiten. Gleichzeitig gibt es eine gewisse Evidenz für besagte Whisker. Es lassen sich sogar die richtigen Größenordnungen der Fluktuationen des Mikrowellenhintergrundes voraussagen. Man nimmt hier allerdings an, dass sie direkt von Inhomogenitäten großer Galaxienhaufen stammen.

Man darf nicht verschweigen, dass die Zahl der Verfechter einer Steady-State-Kosmologie seit der Entdeckung des Mikrowellenhintergrundes deutlich abgenommen hat, weil für viele Wissenschaftler die Annahme, es gebe nadelförmige Metallkristalle, zu exotisch klang. Dennoch wird die Theorie des quasistationären kosmologischen Modells weiter ausgebaut; mit einer ziemlichen Hartnäckigkeit (vigorous exposition and defence), wie Sydney Leach (2011) bemerkt. Im Jahr 2003 erschien eine Veröffentlichung, in der gezeigt wird, wie die Verteilung der Temperaturschwankungen ebenso auch im Rahmen der QSSC erklärt werden kann. Sie beginnt mit den Worten:

„The quasi-steady state cosmology (QSSC) has been proposed ... as an alternative to the standard hot big bang model. This cosmology does away with the initial singularity, and does not have any cosmic epochs when the universe was very hot. The synthesis of light nuclei and the origin of the microwave background radiation ... have therefore been explained by different physical processes than those invoked in the hot big bang"[Z16] (Narlikar et al. 2003). Obwohl nur wenige an der QSSC arbeiten, wird sie immer noch weiterentwickelt[12].

[12] Sie nimmt in dem Buch „Current Issues in Cosmology", das einen wissenschaftlich fundierten, aber dennoch kritischen Überblick über die gegenwärtige Kosmologie

Eine Aktualisierung der Argumente erschien nochmals im Jahre 2007 (Narlikar, Burbidge & Vishwakarma 2007). In der Arbeit erklären die Autoren, die nun aktualisierte QSSC könne die beobachteten Eigenschaften der Mikrowellen-Hintergrundstrahlung erklären und sei damit wieder eine Alternative für die Standardkosmologie. Kurz darauf stellte sich heraus, dass Daten der Weltraummission *WMAP* allerdings auf kleinen Winkelskalen zu Ungereimtheiten geführt haben (Narlikar et al. 2008), sodass Pecker et al. (2015) in einem aktuelleren Paper wieder die Vorzüge der lokalen Interpretation der Mikrowellenstrahlung hervorheben.

Dem widerspricht Edward Wright von der Universität von Kalifornien in Los Angeles jedoch sehr deutlich (Wright 2015). Er führt sehr systematisch alle Beobachtungen vor, die die QSSC nicht erklären kann oder denen sie widerspricht, darunter viele Details der kosmischen Mikrowellenstrahlung. Insbesondere die Messwerte in Bild 4.10 werden von der QSSC bei Weitem nicht so gut erklärt wie von dem Standardmodell. Daher hält auch das Modell eines stationären Universums in seiner neuesten Form den aktuellen Beobachtungen nicht stand, wie man feststellen muss.

Es ist erstaunlich, dass sowohl im Standard-Modell als auch in der QSSC dieselben Voraussagen für bereits vorhandene Beobachtungen gemacht werden, obwohl für die Erklärung der Phänomene völlig unterschiedliche Konzepte angenommen wurden. Somit liefert die QSSC ein wichtiges Beispiel zur Demonstration, dass in der Kosmologie mehrere Interpretationen für bestimmte Beobachtungen existieren. Die Hypothesen können jeweils zumindest zeitweilig sogar in sich stimmige Bilder liefern, die allerdings zu völlig verschiedenen Universen führen.

Die Diskussion um die QSSC zeigt außerdem sehr schön, wie durch die Verfügbarkeit neuer Beobachtungen zwischen konkurrierenden Hypothesen entschieden werden kann. Konnten vor 40 Jahren noch viele Hypothesen nebeneinander bestehen, so ist dies gegenwärtig angesichts der Datenlage nicht mehr der Fall. Daher wird es für die QSSC künftig noch schwerer, ernst genommen zu werden. Dies zeigt ein Drittes: Wissenschaftliche Theorien brauchen den wissenschaftlichen Streit, das Hin und Her guter Argumente, den Zweifel und auch persönliche Überzeugungen. Nur durch die gemeinsame Anstrengung vieler schält sich schließlich, wenn es gut läuft, eine physikalisch basierte Theorie heraus, die als einfachste Erklärung die meisten Beobachtungen oder gar alle in einem stimmigen Bild zu vereinen vermag.

gibt, großen Raum als mögliche Alternative ein (Current Issues in Cosmology, by Jean-Claude Pecker, Jayant Narlikar, Cambridge, UK: Cambridge University Press, 2011).

4.2.2 Lineare Expansion

Hat also das Standardmodell weitestgehend „gewonnen“? Keineswegs. Das Standardmodell befindet sich weiterhin auf dem Prüfstand. Wir erinnern uns: Nach einer Phase schneller Expansion, der Inflation, soll die Expansion des Universums nun infolge der Gravitationswirkung der Materie im Weltraum abbremsen. Da die Energiedichte gerade der kritischen Dichte entspricht, was äquivalent dazu ist, dass der Weltraum eine flache euklidische Geometrie besitzt, würde die Expansion dann gerade nach unendlicher Zeit zum Stillstand kommen, falls die gesamte Energie in Form von Materie vorliegen würde. Nun sieht es ja so aus, als ob sich die Expansion des Weltalls seit „Kurzem“ wieder beschleunigt (s. Kapitel 4.1.2), da ein Teil der Energie in Form Dunkler Energie vorliegt. An dieser Expansionsgeschichte des Universums im Standardmodell haben einige Kosmologinnen und Kosmologen Zweifel angemeldet. Man sieht, dass auch ein Nobelpreis nicht vor kritischen Nachfragen schützt. Die Kolleginnen und Kollegen fragen, ob man wirklich eine beschleunigte Expansion annehmen muss oder ob es nicht auch eine lineare Expansion tun würde.

Schauen wir uns nochmals die verschiedenen möglichen Expansionsgeschichten des Universums gemäß dem Standardmodell an. Abb. 4.18 zeigt verschiedene Szenarien, abhängig von den Werten für die Energie- und Materiedichte Ω_m und für die Dunkle Energie Ω_Λ. Auf der waa-

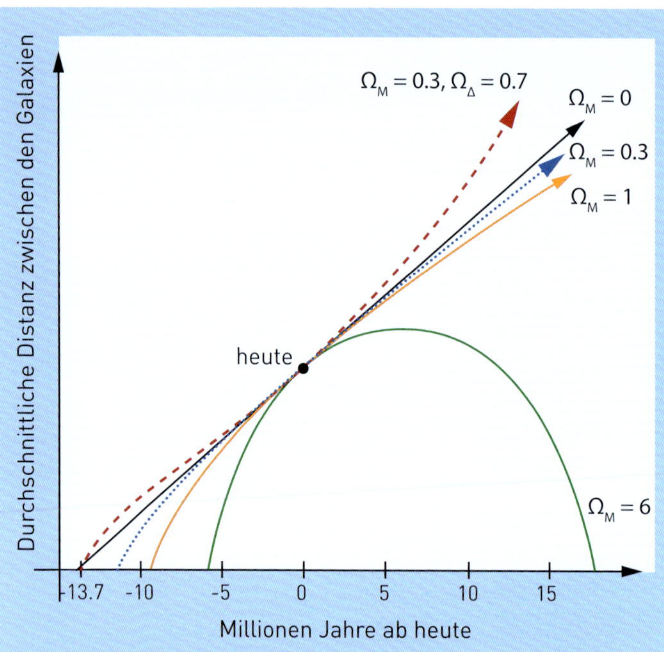

Abb. 4.18 Zeitliche Entwicklung der Ausdehnung des Universums in beliebigen Einheiten für verschiedene kosmologische Modelle als Funktion der Energie- und Materiedichte Ω_m und der Dunklen Energie Ω_Λ. Dabei beziehen sich Ω_m und Ω_Λ auf die Verhältnisse zwischen den angenommenen Dichten von Materie bzw. Dunkler Energie und der kritischen Dichte für ein flaches Universum, in der die Materiedichte den Wert $\Omega_m = 1$ hat. Eine genauere Betrachtung des Bildes erfolgt im Text. (Casado 2020)

gerechten Zeitachse ist die Gegenwart mit „0" markiert. Der Urknall geschah links von der Gegenwart vor etwa 13,7 Mrd. Jahren, nach rechts haben wir weitere Milliarden Jahre für die mögliche Zukunft. Die vertikale Achse beschreibt den typischen Abstand zweier Galaxien infolge der Ausdehnung des Raumes. Die oberste gestrichelte Kurve beschreibt das Standardmodell. In diesem dehnt sich das Weltall zunächst mit hoher Geschwindigkeit aus (die Kurve beginnt bei -13,7 Mrd. Jahren steil), dann sinkt die Ausdehnungsgeschwindigkeit (Steilheit der Kurve) etwas ab, um dann künftig wieder anzusteigen. Dieser erneute Anstieg der Expansionsgeschwindigkeit ist der Effekt, den Riess, Schmidt und Perlmutter mithilfe ihrer Supernovae-Beobachtungen gefunden hatten. Der Wechsel von Abbremsung in Beschleunigung soll dabei bei etwa z = 0,5 in der Vergangenheit liegen, also vor etwa 5 Mrd. Jahren eingesetzt haben (Riess et al. 2004).

Die durchgezogene schwarze Linie beschreibt dagegen ein Weltall ohne Materie und Energie, also ein leeres Universum. In einem solchen Universum beginnt die Ausdehnung mit dem Urknall und setzt sich dann linear gleichmäßig fort, weil sie weder durch Gravitation gebremst, noch durch Dunkle Energie beschleunigt wird. Die gepunktete blaue Kurve beschreibt ein Universum mit einer Materie- und Energiedichte, wie wir sie im Standardmodell (obere Kurve) haben, allerdings ohne die Wirkung der Dunklen Energie, also ohne abstoßenden Beschleunigungseffekt. Auch dieses Weltall wird sich immerwährend ausdehnen, wenn auch nicht so schnell. Die orangene Linie darunter beschreibt die Ausdehnung eines Universums ohne Dunkle Energie, aber mit einer Materie- und Energiedichte, die genau der kritischen Dichte entspricht. Die Ausdehnung dieses Weltalls wird nach unendlicher Zeit zum Stillstand kommen, die Kurve also im Laufe der Zeit in eine Waagerechte abbiegen. Die untere grüne Kurve schließlich beschreibt ein Weltall mit hoher Materie- und Energiedichte, das sich ausdehnt, um dann infolge der starken Gravitationskräfte wieder zu kollabieren.

Bei der Betrachtung des Bildes 4.18 wird unmittelbar deutlich, dass erst durch die Entdeckung der beschleunigten Expansion des Weltalls die von Einstein aus Verlegenheit eingeführte Kosmologische Konstante Λ wieder eine wesentliche Bedeutung erhält, denn sie beschreibt die Dunkle Energie, die die erneute Expansion verursacht. Dabei ist überhaupt nicht klar, ob die Konstante überhaupt konstant ist. Sie heißt zwar aus historischen Gründen so, aber so richtig nachgeprüft hat dies bislang niemand. Es war mehr so eine stillschweigende Annahme. Bereits bei der Modellierung der inflationären Phase direkt nach dem Urknall zeigte sich, dass der Λ-Term nicht konstant sein konnte, zumindest nicht während der Inflation (Guth and Lightman 1998, Ray et al. 2011). Einsteins Konstante erweist sich damit als Joker, der jeweils so eingesetzt wird, wie es die Theorie gerade erfordert, um sie an die Beobachtungen anzupassen. Juan Casado von der Universität Barcelona kommentiert denn auch: *„In this description the role of Λ is still unclear, since it appears and disappears as required“*[Z20] (Casado J. 2020). Die Kosmologen, die die beschleunigte Expansion in Zweifel ziehen, verweisen darauf, dass die Physik der Supernovae gerade im jungen Universum vielleicht noch nicht ganz verstanden sei und geringe noch nicht berücksichtigte Entwicklungseffekte bei den Supernovae die Beschleunigung vielleicht wieder überflüssig machen. In jedem Falle wäre auch eine lineare Expansion (durchgezogene Kurve in Abb. 4.18) mit den Supernovae-Beobachtungen kompatibel. Nun entspricht eine lineare Expansion gerade nicht unserem materiellen Universum, doch erscheint zumindest die Expansion des Universums in neuerer Vergangenheit verträglich mit einer linearen Expansion zu sein.

Diese Kesselflickerei (s.o.) hat einige Kosmologen bewogen zu überlegen, ob nicht auch andere und einfachere Modelle als das Standardmodell die Beobachtungen erklären können.

„The discovery of quasars at redshifts z > 5 – 6 ... represents an enduring mystery ... that ... is inconsistent with the timeline in ΛCDM“ (Melia 2019).

Eine naheliegende Überlegung zur Überprüfung der Verhältnisse zwischen Rotverschiebung und Entfernung ist es, die sichtbare Ausdehnung von Galaxien und Galaxienhaufen gegenüber ihrer Rotverschiebung zu betrachten. Man nimmt dazu an, dass etwa Galaxienhaufen in der Regel eine runde Geometrie zeigen, also sphärisch sind, also etwa wie Kugelsternhaufen. Wenn man nun den scheinbaren Durchmesser entfernter Galaxienhaufen misst und mithilfe der Rotverschiebung des Haufens in einen absoluten Durchmesser verwandelt, dann sollte dieser Durchmesser identisch sein mit dem Durchmesser, den man in Blickrichtung auf Grund der Variation der Rotverschiebung der einzelnen Galaxien misst, die wegen der Haufengröße etwas näher und etwas entfernter stehen. Man erwartet nun, dass der Querdurchmesser der Haufen aufgrund von Raumexpansionseffekten nicht identisch ist mit dem Längsdurchmesser der Galaxienhaufen. Aus der Kugel wird also so etwas wie ein Ei. Das Verhältnis der beiden Durchmesser sagt etwas über die Entwicklung der Raumzeit aus und ist völlig unabhängig von der individuellen Galaxienentwicklung. Diese Methode wird Alcock-Paczynski-Test (AP-Test) genannt. Fulvio Melia und Martín López-Corredoira führten diesen Test durch (Melia & López-Corredoira 2015) und schließen aus dem Ergebnis, dass das Standardmodell unvereinbar mit dem AP-Test ist. Der AP-Test ist dagegen viel besser mit einer linearen Expansion des Universums vereinbar, das praktisch ohne Dunkle Energie auskommt und in der sich der Raum linear mit der Zeit vergrößert. Statt vom Standardmodell spricht man stattdessen vom linearen oder vom „R_h = ct Universum“ (Melia 2007, 2015).

Ein weiterer Test des Standardmodells benutzt Quasare, die nochmals deutlich heller als Supernovae sind und die daher nochmals weiter hinausreichen, die allerdings erst einmal wieder kalibriert werden müssen. Dazu benutzt man eine Korrelation zwischen der Helligkeit der Quasaren im Röntgenlicht und im ultravioletten Licht. Diese Korrelation wird mithilfe von etwa 1600 Quasare etabliert (Melia 2019). Wieder ergibt sich, dass das gleichmäßig expandierende „R_h = ct Universum“ die Nase vorn hat. In den letzten 10 Jahren hat sich eine lebhafte Diskussion um die Frage entwickelt, ob das Weltall mehr dem Standardmodell folgt, oder dem R_h = ct Modell. Casado (2020) beleuchtet eine ganze Reihe alternativer Modelle und kommt zum Schluss, dass sich aus den vorliegenden Beobachtungen nur unter sehr vorteilhaften Annahmen eine beschleunigte Expansion des Weltalls herauslesen lässt. Die Situation ist gegenwärtig unentschieden und es braucht weitere Beobachtungen und Vergleichstests.

Eine weitere Merkwürdigkeit in Abb. 4.18 betrifft im Standardmodell (obere Kurve) die räumliche Dichte der Materie plus der Strahlungsenergie, was man insgesamt als positive Energiedichte bezeichnet. Wegen der Energieerhaltung bei gleichzeitiger Ausdehnung des Raumes nimmt diese Energiedichte ständig ab. Gleichzeitig bleibt trotz Expansion des Raumes die Dichte der Dunklen (negativen) Energie konstant. Gegenwärtig haben beide Energieformen etwa die gleiche Energiedichte. Kosmologen fragen, warum das so ist. So Josef Sultana von der Universität Malta: „*...both components today have comparable energy densities, and it is unclear why we happen to live in this narrow window of time.*" (Sultana 2016). Leben wir also in einem besonderen kosmischen Zeitabschnitt? Dazu passt eine merkwürdige Beobachtung in Abb. 4.18. Die seit dem Urknall vergangene Zeit wurde zu etwa 13.7 Mrd. Jahren bestimmt. Auch aus der Hubble-Konstanten H_0, die ja die aktuelle Expansion des Weltalls misst, kann man das Alter des Weltalls bestimmen: $1/H_0 = 13{,}7$ Mrd. Jahre. Beide Zeiten stimmen recht genau überein, allerdings nur zum gegenwärtigen Zeitpunkt. Zu einem früheren Zeitpunkt oder zu einem späteren wäre diese Übereinstimmung nicht gegeben. Warum denn dies ausgerechnet? Der spanische Theoretiker Juan Casado fragt: „*Is this just another fortuitous meaningless coincidence?*"[Z21] (Casado 2020).

Wir haben uns ja daran gewöhnt, dass die Erde gerade nicht an einem ausgezeichneten Ort oder zu einer ausgezeichneten Zeit existiert. Ist es diesmal anders oder irrt sich das Standardmodell hier oder dort? Wir werden es hoffentlich erfahren.

4.2.3 Abnehmende Lichtgeschwindigkeit

Die kosmologische Inflation kurz nach dem Urknall wurde ja postuliert, um mehrere Merkwürdigkeiten unseres Weltalls zu erklären: a) Der Weltraum hat eine euklidische Geometrie, ist also mathematisch „flach"; b) das Weltall ist auf großen Skalen homogen und isotrop; c) im Weltall haben sich dennoch Strukturen gebildet, etwa Galaxien und Galaxienhaufen. Während der Phase der Inflation wurde das Weltall „glattgezogen", wodurch es homogen und isotrop wurde. Es wurde aufgebläht, wodurch die Krümmung des Raumes gegen Null ging, sodass es eine euklidische Raumgeometrie annahm. Nach der Inflation und mit der Bildung der Dunklen Materie begann die Strukturbildung, gestartet durch Quantenfluktuationen im Raum. Ein ganz ähnlicher Effekt kann erzielt werden, wenn man annimmt, die Lichtgeschwindigkeit habe kurz nach dem Urknall einen viel höheren Wert als heute gehabt und verringere sich mit der Expansion des Weltalls stetig. Die spezielle und die allgemeine Relativitätstheorie von Einstein verlangt ja nicht, dass die Lichtgeschwindigkeit c stets einen bestimmten Wert hat, sondern nur, dass dieser Wert unabhängig vom Bewegungszustand des Beobachters gilt und die höchste Geschwindigkeit ist, mit der Informationen übermittelt werden können. Dies hat auch Einstein so gesehen (Einstein 2012).[13] Diese Freiheit haben einige Theoretiker genutzt, um einen solchen Gedanken zu einer Theorie auszubauen. Eine neuere Arbeit mit einigen Verweisen findet man bei Casado (2003). Diese Arbeit ist jedoch bislang nicht in einer Zeitschrift erschienen, was wohl auch darauf zurückzuführen ist, dass die Lichtgeschwindigkeit inzwischen als Fundamentalkonstante gilt. Casado sagt eine Abnahme der Lichtgeschwindigkeit um 1 m/s in 140 Jahren voraus. Eine solche Abnahme sollte sich leicht messen lassen, doch macht Casado darauf aufmerksam, dass eine solche Messung nicht mit Atomuhren durchgeführt werden kann, weil diese wiederum von c abhängen; deren Maßstab verändert sich ebenfalls mit c. Man müsste die Lichtgeschwindigkeit daher mechanisch bestimmen. Ein weiterer Grund für die mangelnde Begeisterung der Kosmologie-Gemeinde wird ebenso darin liegen, dass eine zeitliche Veränderung erhebliche Konsequenzen nicht nur für die Kosmologie, sondern auch für die Physik im Weltraum hätte, weil sie die Feinabstimmung der Naturkonstanten direkt berührt.

[13] Zitat S. 1062: Dagegen bin ich der Ansicht, dass das Prinzip der Konstanz der Lichtgeschwindigkeit sich nur insoweit aufrechterhalten lässt, als man sich auf raumzeitliche Gebiete von konstantem Gravitationspotential beschränkt.

Weitere Entwicklungen. Es gibt Versuche, weitergehende Modelle auf der Basis des Standardmodells und der Quantenphysik zu entwerfen. Der finnische Physiker Stig Sundman arbeitet bereits seit einigen Jahren an einer Theorie des Universums, die auf der Quantenelektrodynamik beruht. Es geht ihm dabei vor allem um das Verständnis des sehr frühen Universums. Vieles ist noch spekulativ, jedoch hat er inzwischen verkündet, das Masseverhältnis zwischen Myonen und Elektronen in Übereinstimmung mit dem Literaturwert berechnet zu haben. In Sundman (2013) entwickelt er Ideen, wie in seinem Modell in Erweiterung des Standardmodells die Entstehung von Materie beschrieben werden könnte.[14]

Fazit. Die Diskussion um die beste Beschreibung des expandierenden Weltalls dauert an: Während die einen nach Dunkler Materie suchen, sprechen die anderen über „Dunkle Aussichten für Dunkle Materie" (Eckhardt & Garrido Pestaña 2020). Während die eine Gruppe auf der Dunklen Energie besteht, behauptet die andere, sie sei zur Erklärung der Beobachtungen unnötig. Während die Vertreter des Standardmodells behaupten, zwischen der Bildung der ersten Sterne und der Beobachtung der ersten Galaxien und Galaxienhaufen liege genügend Zeit, sind die Kritiker hier anderer Meinung. Manoj Yennapureddy und Fulvio Melia von der Universität Arizona, USA, kommentieren die Situation so (Yennapureddy & Melia 2018): *„The surprisingly early appearance of massive galaxies challenges the standard model, and the halo mass function estimated from galaxy surveys ... appears to be inconsistent with the predictions of ΛCDM, giving rise to what has been termed „The Impossibly Early Galaxy Problem"* [Z22] (Steinhardt et al. 2016). Im Moment ist also wieder einmal sehr viel Platz neben dem Standardmodell für alternative Erklärungen; diese Situation entspricht aber durchaus noch dem üblichen 'zwei Schritte vor, einen zurück' in der Kosmologie. Bleiben wir gespannt.

Creation Pointer

Ein Modell kann nie verifiziert, sondern nur falsifiziert werden. Daher gibt es viele Modelle, die alle das Gleiche beschreiben können. Nur intelligente Experimente können Modelle ausschließen. Hypothesen testen: Das ist die eigentliche Aufgabe der Physik. Mehr kann sie nicht leisten.

[14] Über den Fortschritt seiner Arbeiten gibt seine Webseite Auskunft: http://www.physicsideas.com

Ein gelungenes Portrait aus Licht und Gravitation aufgenommen von der Raumsonde *Cassini-Huygens*: Der Saturnmond Titan ragt riesig über dem Ringsystem auf, dessen messerscharfe Kante sichtbar ist. Das Ringsystem selbst ist nur in seiner Schattenprojektion auf Saturn sichtbar. Mindestens zwei weitere Monde sind zu erkennen. (Cassini Imaging Team, SSI, JPL, ESA, NASA)

5.

Von Planeten und ihren Systemen

»Wir dachten, wir wüssten, was Planeten sind, aber nun haben wir festgestellt, wie fantasielos unsere Vorstellungen waren.«
Laurence A. Soderblom, Geologe

Kompakt

- Der Aufbruch ins Sonnensystem
- Fragen nach dem Ursprung des Lebens

Wir haben auf dem Planeten Terra die Schwelle zum 3. nachchristlichen Jahrtausend überschritten, und noch immer haben seine Bewohner trotz intensiver Suche (s. z.B. Abb. 5.1) keinen Kontakt zu anderen Lebensformen im Universum (exobiologisches Leben; Abb. 5.2) herstellen können. Doch erstaunlicherweise zweifelt kaum einer daran, dass es da draußen noch andere gibt: Außerirdische, Aliens, ETs oder kleine grüne Männchen/Weibchen. Als Begründung für außerirdische Existenzen wird im Allgemeinen die große Zahl von Sternen im Universum angeführt. Allein in unserer Galaxie wird von mehr als 100 Milliarden Sternen ausgegangen und man rechnet mit ebenso vielen Galaxien im sichtbaren Kosmos. So lautet denn die allgemeine Argumentation, dass es bei diesem gewaltigen Reservoir von 10^{22} bis 10^{24} Sternen (eine 1 mit bis zu 24 Nullen; die Angaben schwanken aus naheliegenden Gründen) aus rein statistischen Gründen noch andernorts im All Leben geben muss (s. Kasten 5.1). Ein erster Schritt zur Konkretisierung einer Antwort muss deshalb die Suche nach extrasolaren und speziell nach erdähnlichen Planeten jenseits unseres Sonnensystems sein. Übergeordnete Auswahlkriterien für Planeten, die Leben ähnlich unserem tragen könnten, sind:

- erdgroße Objekte auf nahezu kreisförmigen Bahnen um den Zentralstern
- Lage innerhalb der habitablen, bewohnbaren Zone eines Sterns

Abb. 5.1 Die Raumsonde *Voyager 1* befindet sich in der Zwischenzeit jenseits des Randes unseres Sonnensystems, wo die Heliosphäre auf das interstellare Medium trifft. Seit 2012 ist die Heliopause überschritten und die Raumsonde befindet sich im interstellaren Raum. Das Ende der wissenschaftlichen Aktivitäten der Sonde ist um das Jahr 2025 vorgesehen.

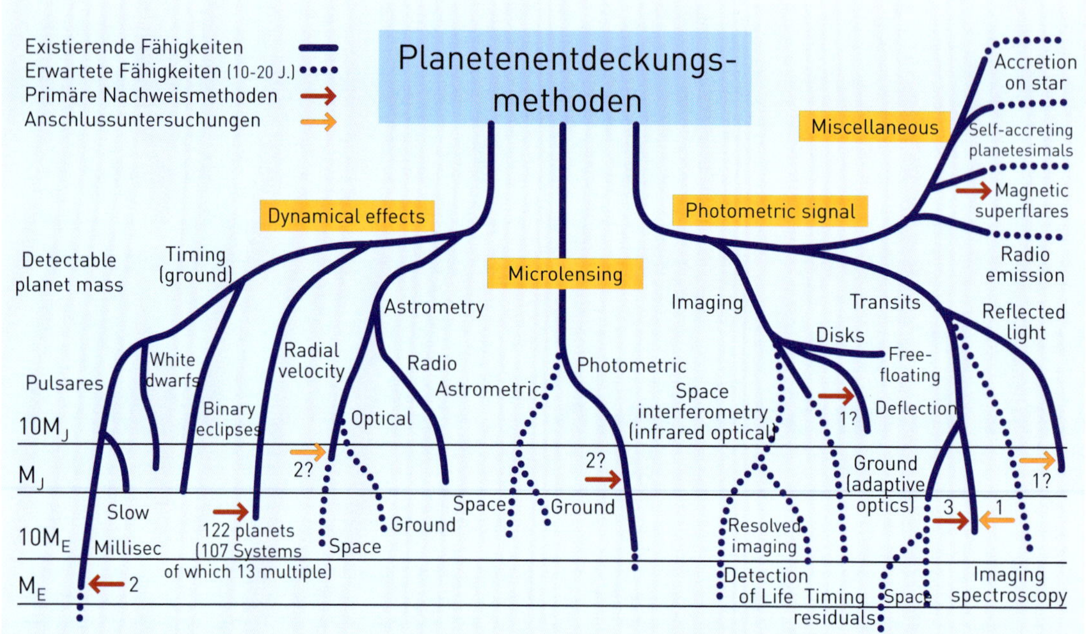

Abb. 5.2 Zusammenfassung von Planeten-Entdeckungsmethoden in dem sogenannten Perryman Tree, die teilweise bereits heute Anwendung finden. M_J = Jupitermasse; M_E = Erdmasse. (Nach M. Perryman 2011, 2018)

- entsprechende Zusammensetzung der Atmosphäre mit Sauerstoff, Kohlendioxid und Methan, was aber nur als notwendige, nicht aber hinreichende Voraussetzung für Leben im All gilt
- flüssiges Wasser

Abb. 5.2 zeigt die kaum überschaubare Fülle von Methoden, die im Rahmen von rund 60 bodengestützten und 15 weltraumgestützten Messkampagnen verfolgt wird. Es gibt heute kaum noch eine Weltraumerkundungsmission, die nicht im Zusammenhang mit der Suche nach außerirdischem Leben steht.

Kasten 5.1: **Der rätselhafte Ursprung des Lebens**

Ist Leben ein Trick der Chemie, der nun einmal irgendwann und irgendwie auf der Erde passierte, und damit ein lokales Phänomen? Oder ist das Geheimnis des Lebens in den Naturgesetzen verborgen verankert und damit universell? Oder keines von beiden?

Auf die Frage nach der Entstehung des Lebens hat die Naturwissenschaft keine verifizierbare empirische Antwort. Im Gegenteil. Unser Wissen über die Chemie der Lebewesen legt hier eine grundsätzliche Grenze von Naturprozessen nahe: Ein natürlicher, prozesshafter, ungesteuerter Weg vom Nichtleben zum Leben scheint verbaut zu sein. Der Übergang von Materie zu Leben und Geist ist für die Laborchemie und -biologie trotz großer Anstrengungen bis auf den heutigen Tag ein großes Geheimnis. Es ist das am wenigsten verstandene Kapitel in den Abhandlungen von Ursprungsfragen. Wir wissen nicht, wie es zum „big jump" kam, der aus (organischem) Rohmaterial zum biologischen Material als Lebensbaustein führte. Große Moleküle, genannt polyzyklische aromatische Kohlenwasserstoffe, werden zu Grundbausteinen des Lebens gezählt; sie sind das Material eines verbrannten Toasts oder von Autoabgasen. Mit Hilfe des *Spitzer*-Teleskops können sie bis in eine Zeit zurückverfolgt werden, als der Kosmos ein Viertel seines Alters hinter sich hatte. Das soll knapp 10 Milliarden Jahre weiter zurückliegen als alle bisherigen Funde dieser Moleküle (Yan 2005).

Als wir junge Studenten waren, galt noch jeder Vertreter von exobiologischem Leben als relativ abgehoben. Heute ist die Exobiologie eine Disziplin mit wachsendem Zulauf. Die Suche nach Leben im Universum spielt in den Begründungen für Weltraummissionen sowohl bei der NASA als auch bei der ESA eine Schlüsselrolle, ohne dass es auch nur eine Andeutung einer direkten Evidenz dafür gäbe. Was ist also in der Zwischenzeit passiert? Eigentlich war es nur die Entdeckung einer weiten Spanne von Umweltbedingungen, in der Leben existieren kann. Nachstehend sollen einige stichwortartig genannt werden:

- an vulkanischen Öffnungen am Meeresboden
- in totaler Finsternis mittels chemischer Energie anstelle von Sonnenlicht
- bei Temperaturen deutlich über dem Siedepunkt von Wasser
- in relativ konzentrierten Säuren, die bereits die menschliche Haut angreifen
- in extremer Kälte und extremen Strahlungsbedingungen, z. B. auf dem Mond

Da es offensichtlich eine unübersehbare Fülle von Lebensformen gibt, muss es ja auch einen Ursprung dafür geben. Nun argumentieren die meisten Naturwissenschaftler weltimmanent, also ohne Eingriff von außen. Daher können sie nur den Zufall, lange Zeiträume und Naturgesetze als Argumente heranziehen. Im Umfeld des Themas dieses Buches sind die Minimalanforderungen der Exobiologen an Leben das mögliche Vorhandensein von Wasser, Energie und Zeit. Um dem Zufall für die Biogenese an anderen Orten im Weltall Vorschub zu leisten, beziehen sie sich auf die große Anzahl existierender Sterne im sichtbaren Kosmos, womit in der Tat die Wahrscheinlichkeit für günstige, lebensfreundliche Bedingungen wächst. Gleichzeitig muss klar sein, dass die Existenz von noch so vielen (sonnenähnlichen) Sternen und anderen Aspekten keine Begründung für die Entstehung extraterrestrischen Lebens sein kann, ebenso wenig wie das Vorhandensein von Wasser die Existenz einer Waschmaschine begründet.

Wenn nun im Text dennoch argumentativ dieser Spur gefolgt wird, dann nur, um zu zeigen, dass selbst bei einer solchen Annahme die Wahrscheinlichkeit allein für günstige Bedingungen verschwindend klein wird, was die Raffinesse und Einmaligkeit unseres Systems unterstreicht.

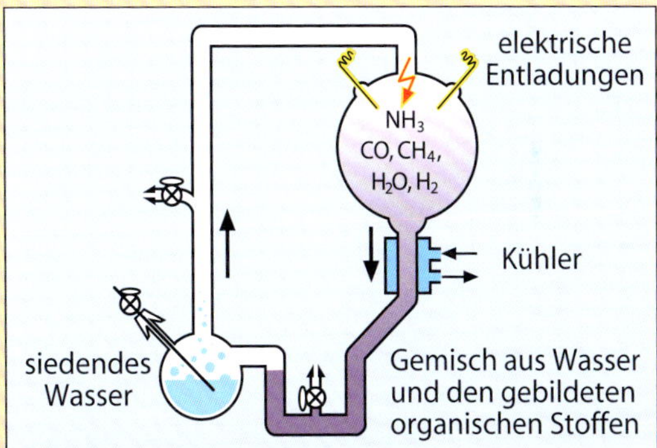

Bild 1 Der klassische Versuchsaufbau, wie er erstmals von Stanley Miller 1953 eingesetzt wurde. Damit konnte die Bildung organischer Verbindungen aus anorganischen Stoffen unter mutmaßlichen Uratmosphären-Bedingungen nachgewiesen werden. Nach anfänglicher Euphorie über die Versuchsergebnisse hat sich längst Ernüchterung breitgemacht, da sich gezeigt hat, dass auf diesem Wege ohne steuernde Eingriffe keine lebensnotwendigen Makromoleküle entstehen können.

5.1 Am Anfang war der Staub: Über Staubscheiben und Protoplaneten

Kompakt

- Die Jagd nach extrasolaren Planeten
- Ihre Anfänge in protoplanetaren Scheiben
- Die ersten Entdeckungen und Überraschungen
- Entdeckung extrasolarer Planeten führt zum Verlust der Planetenentstehungstheorie

Ein geschichtlicher Überblick. Der *Millisekundenpulsar* mit dem (unvergesslichen) Namen PSR B1257+12 in rund 1300 Lichtjahren Entfernung sendet Radiowellen aus, deren kleinste periodische Schwankungen neugierig machten (Wolszczan 1994). Sie lassen sich durch die Gravitationswirkung zweier den

Neutronenstern umkreisender Objekte von einigen Erdmassen erklären. Die Gravitationskraft dieser umkreisenden Objekte lässt den Pulsar ein wenig um den gemeinsamen Schwerpunkt herumpendeln. Dies führt dazu, dass die vom Pulsar in ungeheuer regelmäßiger Folge abgegebenen Radioblitze um rund eine tausendstel Sekunde (!) verfrüht bzw. verspätet auf der Erde ankommen. Diese winzigen Schwankungen werden als Indiz für die Anwesenheit von Planeten gewertet. Aus der sinusförmigen Periodizität der Änderungen konnte eine Umlaufzeit, die etwaige Größe der Objekte und die *Inklination* der Bahnebenen abgeschätzt werden. Im Laufe der Planetensuche wurden in der Zwischenzeit insgesamt mehrere Tausend extrasolare Planeten entdeckt. Eine Aktualisierung zeigt der Filmclip QR-Code 5.1. Man feiert inzwischen die 5 000. Entdeckung

Kasten 5.2: **Der schnelle Planetenbildungsprozess**

Bisher galten einige Millionen Jahre als typische Zeitskalen für einen Planetenentwicklungsprozess. Wenn nun aber Entdeckungen modelliert werden müssen, wonach die Objekte mehr als 10-fache Jupitermassen im Abstand Sonne-Erde auf sich vereinen, dann muss man sich in der harschen Umgebung junger Sterne etwas Besonderes einfallen lassen, um dies modellieren zu können. Zwei grundsätzliche Möglichkeiten werden diskutiert:

1. die Entstehung in einem größeren Abstand mit späterem Transfer zu geringerer Entfernung

2. ein rascher Planetenbildungsprozess in der beobachteten Position

Letzterem wurde aus physikalischen Gründen der Vorzug gegeben, was insgesamt heißt, dass der durch hochenergetische Vorgänge ausgelöste *Sputterprozess* (Abtragen von bereits akkumuliertem Material durch hochenergetische Teilchen) langsamer sein muss als der zu modellierende Planetenbildungsprozess, sodass es am Ende zu einem schnellen Planetenaufbau kommt. Wenn sich große Gasplaneten nicht schnell bilden, so wird es sie wahrscheinlich überhaupt nicht geben. Simulationen an der Universität Zürich (Mayer et al. 2002) zeigten, dass sich ein Planetenbildungsprozess für die beschriebenen Verhältnisse von bislang typischen einigen Millionen Jahren auf 300 bis 400 Jahre verkürzen lässt. Dazu hat man in der Umgebung eines jungen Sterns z. B. das Verhalten von einer Million Teilchen mit einer Dichtevariation von 10^{-14} g/cm^3 - 10^{-8} g/cm^3 bis zu einer Entfernung von 20 Astronomischen Einheiten simuliert. Die Ergebnisse sind in Bild 1 gezeigt: Schon nach wenigen Umdrehungen der protoplanetaren Scheibe bilden sich spiralförmige Arme aus, die dann fragmentieren und in den Verwirbelungen zu Massenansammlungen führen, die als Planetenbildungskeime dienen können.

Die Frage nach der Geschwindigkeit der Planetenbildung hat gerade bei massiven Sternen nochmals eine besondere Problematik entwickelt. Sobald solche massereichen Sterne zu leuchten beginnen, senden sie eine solch intensive Strahlung und einen solchen Sternenwind aus, dass dadurch das gesamte leichte Material aus ihrer Umgebung hinweggeblasen wird. Nur die Planeten bleiben übrig. Zu diesem Zeitpunkt muss die Planetenentstehung daher bereits abgeschlossen sein. Keine leichte Aufgabe für die Theoretiker, denn wir finden Planeten auch um massereiche Sterne (Mayer et al. 2002).

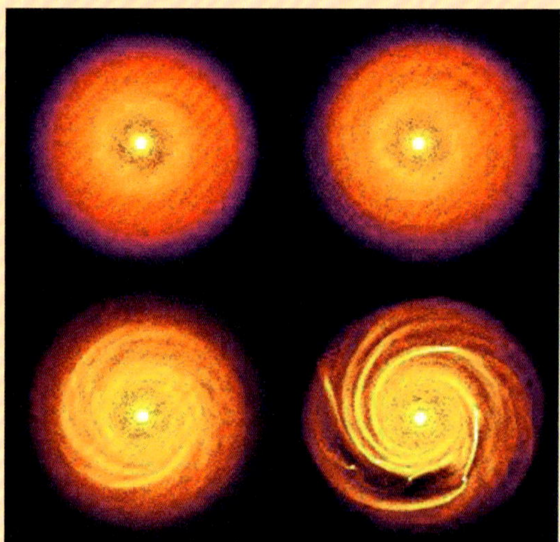

Bild 1 Simulierte Verwirbelungen einer protoplanetaren Scheibe. Bereits nach wenigen Umdrehungen bilden sich spiralförmige Strukturen und Verwirbelungen aus, die als Planentenentstehungskeim dienen können. Die Gas-Staub-Scheibe ist etwa 20 AE groß. (Aus Meyer et al. 2002)

eines Exoplaneten nach einer rund 30-jährigen Forschungsgeschichte (Stand 21. März 2022). Das Video des QR-Codes 5.2 demonstriert den geschichtlichen Ablauf der Entdeckung von Exoplaneten seit 1992.

Als typisches Planetenentstehungsgebiet gilt die Umgebung junger Sterne. Diese bilden mit ihrer extrem großen Aktivität – ihrer hochenergetischen Strahlungsumgebung und ihren Teilchenströmen – eine harsche Weltraumumgebung. Dieser können besonders silikatische Planetenkörper wie unsere inneren Planeten widerstehen. Große Gasplaneten müssen einen größeren Sicherheitsabstand einhalten, ohne andererseits in die zu sehr ausgedünnten Teile der ursprünglichen protoplanetaren Scheibe in größerem Abstand zu geraten. Gleichzeitig ist ein schneller Planetenbildungsprozess erforderlich, wie im Kasten 5.2 ausgeführt wird.

Im Sommer des Jahres 2004 verkündete die ESO das erste mögliche Bild eines extrasolaren Planeten – wenn auch noch im Laufe von mindestens einem Jahr durch Untersuchung der Bahndynamik sicherzustellen

QR-Code 5.1: NASA bestätigt 5 000 Exoplaneten

QR-Code 5.2: Entdeckung von Exoplaneten seit 1992

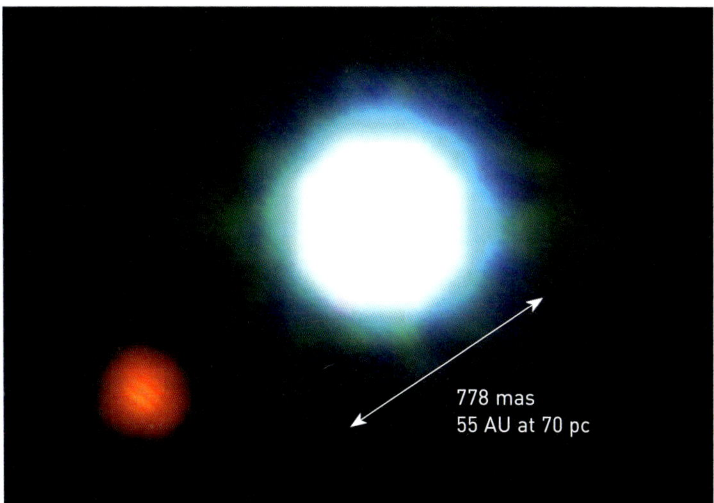

Abb. 5.3 Möglicherweise das erste Bild eines extrasolaren Planeten von ESOs 8,2 m *VLT* (Very Large Telescope) Yepun-Teleskop auf dem Paranal in Chile aufgenommen. Der rund 230 Lichtjahre entfernte Zentralstern 2M1207 ist allerdings ein Brauner Zwerg mit etwa 20 Jupitermassen, der für Kernreaktionen zu massearm ist und deshalb durch Kontraktion Abstrahlenergie gewinnt. Das Begleitobjekt ist mehr als hundertmal lichtschwächer und wurde durch das mit *adaptiver Optik* unterstützte NACO-Instrument aufgenommen. Keine der bislang erhaltenen Beobachtungsdaten widersprechen seiner Natur als extrasolarer Planet, dessen Größe mit fünf Jupitermassen angegeben wird. Wegen der noch nicht vollständig aufgelösten Unsicherheit nennen ihn die Astronomen vorsichtig ein Giant Planet Candidate Companion (GPCC). Die Winkeldistanz beider Objekte beträgt 778 Milli-Bogensekunden. Das Bild ist eine Zusammensetzung von drei Aufnahmen im nahen Infrarotbereich. (ESO 2004, 2005)

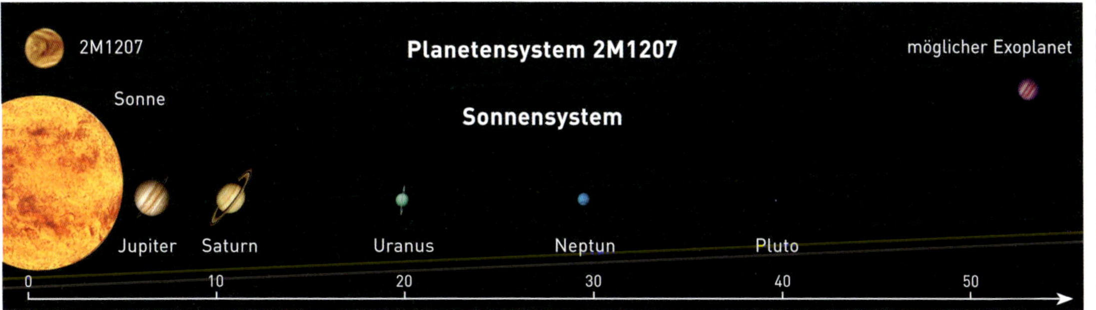

Abb. 5.4 So würden sich Entfernungen des obigen Systems in den Verhältnissen unseres Planetensystems abbilden.

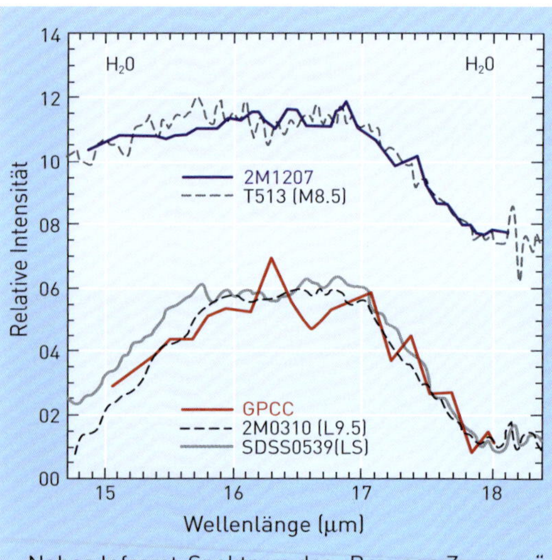

Abb. 5.5 Infrarotspektrum des ersten abgebildeten Exoplaneten und seines Sterns. Oben das Zentralobjekt 2M1207 (blaue Kurve) und darunter das lichtschwächere GPCC (rote Kurve) im Vergleich zu anderen ähnlichen Objekten. Die Ähnlichkeit der Kurven bestätigt den jeweiligen Charakter. Das Abfallen der Kurven rechts und links wird als Spuren von Wasserdampf in den Atmosphären der Objekte gedeutet. (ESO 2004)

war, dass es sich nicht um ein Hintergrundobjekt handelt. Dies erfolgte dann mit dem Very Large Telescope *VLT* der ESO (Chauvin et al. 2004, ESO 2005). In Abb. 5.3 ist das Bild des Zentralsterns mit seinem mutmaßlichen Begleiter in einer Bildkomposition und mit dem spektralen Fingerabdruck wiedergegeben. Dieser Schnappschuss gelang nur, weil der vermutlich jupiterähnliche, rund 230 Lichtjahre entfernte Himmelskörper gar keinen richtigen Stern umkreist, sondern nur einen sog. „*Braunen Zwerg*“: Bei diesem Exoten mit dem Namen 2M1207 handelt es sich um eine „Sternfunzel“, deren Glutofen mangels Masse nie richtig gezündet hat und folglich nur schwach glimmt. Deshalb leuchtet der zentrale Braune Zwerg nur hundertmal heller als sein Begleiter (Chauvin et al. 2004). Da der Braune Zwerg nicht als Stern gilt, ist der Exoplanet streng genommen gar keiner. Aber sehen wir von solchen Details ab. Die räumlichen Verhältnisse sind in Abb. 5.4 maßstäblich in die Gegebenheiten unseres Planetensystems eingetragen und demonstrieren, dass der Planet noch außerhalb der Plutobahn umläuft. Eine erste spektrale Untersuchung ergab sogar Spuren von Wasserdampf in seiner Atmosphäre (Abb. 5.5), eine Interpretation, die man aber wegen der geringen Qualität der Spektren noch als Kaffeesatzleserei bezeichnen musste. Chauvin et al. (2012) zeigen weitere Ergebnisse.

Normale Sterne hingegen strahlen viele Millionen Mal heller als ihre düsteren Begleiter. Neben einer fernen Sonne eine Kugel von der Größe und der Position der Erde zu erspähen entspricht etwa der Herausforderung (von der Erdkrüm-

Abb. 5.6 Bild des *Hubble*-Weltraumteleskops vom Stern β-Pictoris und seiner staubigen Umgebung. Deutlich ist ein Infrarotexzess in der Scheibenebene zu beobachten. Das Zentrum ist wegen seines gleißenden Lichts ausgeblendet. (STScI 1998)
Unten: Das Team von Astronomen benutzte das NAOS-CONICA-Instrument am *VLT* der ESO, um die Staubscheibe von β-Pictoris zusammen mit einem Exoplaneten zu vermessen. Der hier sichtbare Exoplanet umkreist β-Pictoris so nahe wie Saturn unsere Sonne. (ESO and Lagrange 2010)

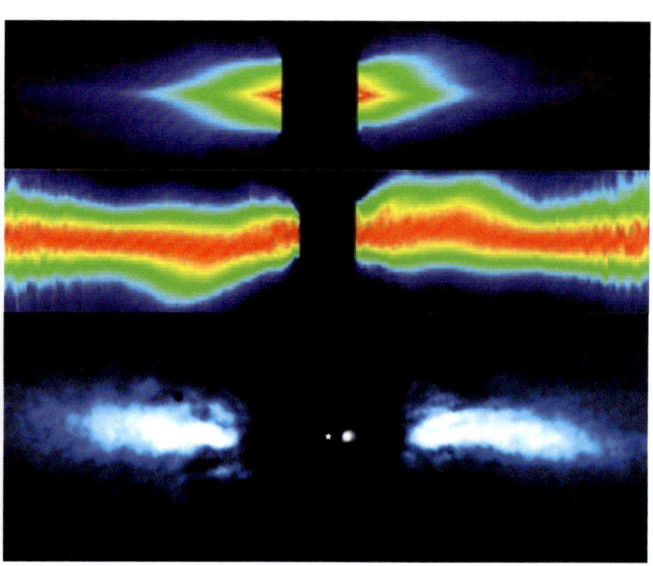

mung einmal abgesehen), von Berlin aus ein Glühwürmchen zu erkennen, das in Kairo neben einem Scheinwerfer flattert. Große Hoffnungen werden deshalb mit neuartigen Technologien verbunden, die für zukünftige Beobachtungen von extrasolaren Planeten zum Tragen kommen werden (s. Kasten 5.3) und bei denen genau das möglich gemacht werden soll: Es ist die Doppel- bzw. Mehräugigkeit eines Teleskops, indem man mehrere Teleskope zu einem größeren zusammenschaltet. Dabei fangen z.B. bei dem im Herbst 2004 auf dem Mount Graham in der Wüste von Arizona in Betrieb genommenen *LBT* (Large Binocular Telescope) beide jeweils 8,4 m großen Parabolspiegel gleichzeitig das Licht ferner Objekte auf. Wenn zwei Lichtwellen entsprechend überlagert werden, kommt es zu einer Verstärkung. Für die Planetensuche in den Tiefen des Alls können die Lichtwellen jedoch auch so überlagert werden, dass sie sich gegenseitig aufheben, was als *Nulling* bezeichnet wird. In diesem Fall verschwindet der helle Zentralstern wie von Zauberhand – und das ihn umkreisende dunkle und bis dahin überstrahlte Objekt wird plötzlich sichtbar.

Dagegen sind zirkumstellare Staubscheiben um junge Sterne seit Langem Gegenstand astrophysikalischer Untersuchungen. Das klassische Beispiel hierfür ist nicht zuletzt die von dem Infrarotsatelliten *IRAS* und dem *Hubble*-Weltraumteleskop genauer untersuchte Staubscheibe um den Stern β-Pictoris mit einer Gesamtmasse von rund 1000 Erdmassen; Abb. 5.6 gibt den Vergleich einer

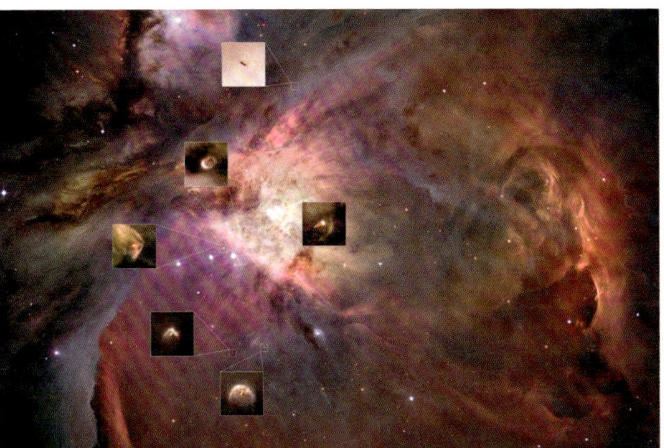

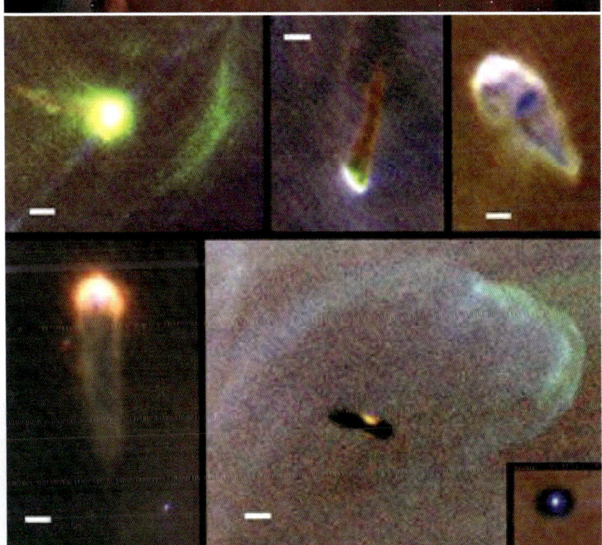

Abb. 5.7 Aufnahmen von protoplanetaren Scheiben im Orion, die von den Winden junger Sterne entsprechend geformt werden.
Oben: Übersicht (*ESA*/*Hubble* 2009)
Unten: Details (Robberto et al. 2013)

Kasten 5.3: **Aufbruch zu den letzten Antworten**

Ein wenig großspurig klingt der Anspruch, den die NASA mit ihrem „Origins"-Programm verbindet. Sicher ist dagegen, dass die Anwendung neuer Technologien immer auch dazu führte, dass Lehrbücher umgeschrieben werden mussten. Das *Hubble*-Weltraumteleskop war hierfür sicher nicht das letzte Beispiel. Diesmal geht es aber auch darum, dass möglicherweise die Art und Weise verändert wird, wie der Mensch über das Universum und seinen Platz darin nachdenken wird.

Sicher sind das kühne Ziele, die dem neuen Ansatz der NASA vorauseilen: Sieben Sternwarten im Weltraum und eine für ein Infrarot-Teleskop umgebaute Boeing 747 (*SOFIA* Stratosphären-Observatorium für Infrarot-Astronomie) sind dabei die Träger großer Hoffnungen. Es geht natürlich wieder um das große Geheimnis: Wie ist das Universum entstanden?
Etwas konkreter wird diese Urfrage heruntergebrochen auf die nach wie vor anspruchsvollen Ziele:

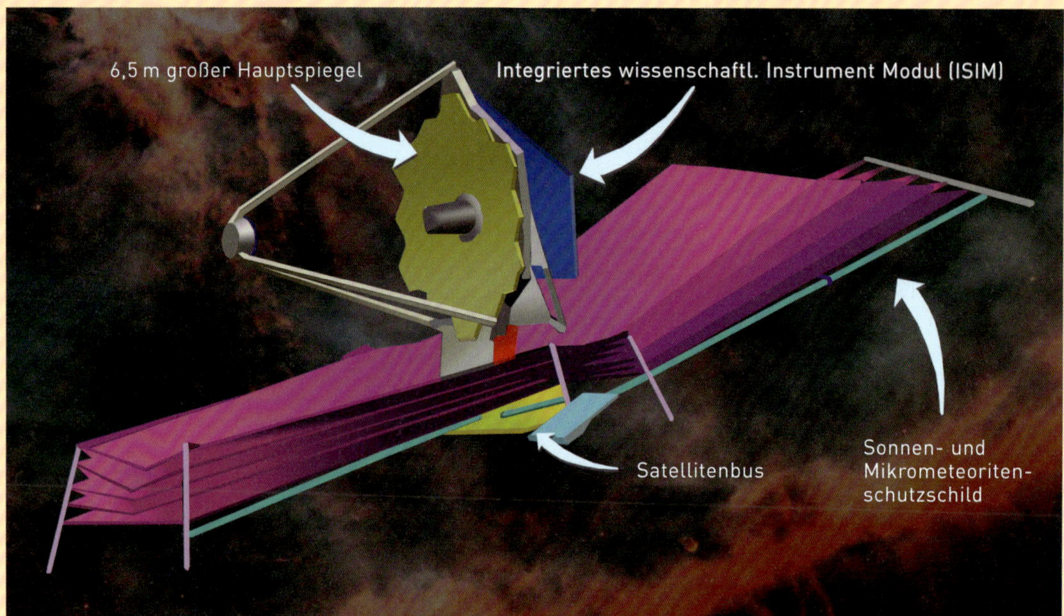

Bild 1 Konfiguration des *JWST*-Observatoriums als Nachfolger des bereits legendären *Hubble*-Weltraumteleskops. Im Schatten eines aufwendigen Sonnen-Thermalschutzschilds, der auch Mikrometeorite von der empfindlichen Optik abhalten soll, befindet sich das offene Teleskop mit seinen Fokalinstrumenten. (NASA)

- Wie verlief die Galaxienbildung?
- Wie bildeten sich die Sterne und die Planeten?
- Gibt es anderswo Welten ähnlich unserer Erde?
- Gibt es dort möglicherweise Spuren von Leben?

Die NASA hat erkannt, dass die durch die Columbia-Katastrophe weiter dezimierte und zudem gealterte – und nun seit 2011 aussortierte – Shuttle-Flotte zusammen mit einer dicht neben der Erde aufgehängten Raumstation die Faszination der Bevölkerung (und die der Kongressabgeordneten) auf Dauer nicht aufrecht erhalten kann. Aber die Suche nach Antworten auf die ganz großen Fragen in den Tiefen des Alls soll das nun leisten. Fernziel des Origins-Programms ist es nämlich nicht nur, erdähnliche Planeten mit sauerstoffhaltiger Atmosphäre um fremde Sonnen aufzuspüren, sondern diese auch noch so scharf abzubilden, dass letztlich die Konturen einzelner Kontinente auszumachen sind. Die Hoffnung ist, dass die Perspektiven solcher Bilder der Weltraumerkundung eine bislang nicht erreichte Popularität verleihen sollen.

Bild 2 Das Geschwader von DARWIN mit bis zu acht Satelliten, von denen sechs 1,5 m große Infrarot-Teleskope tragen, von denen einer für das interferometrische Zusammenführen der Lichtsignale und einer für die Kommunikation mit der Erde verantwortlich sein wird. In Abhängigkeit vom Budget können die Anzahl und die Größe der Teleskope sich noch ändern, ohne das Prinzip dabei aufzugeben.

Origins-Missionen der ersten Generation. Sie fliegen teilweise bereits: Das *Hubble*-Weltraumteleskop, die kleineren Teleskope von Wire (Wide-

Field Infrared Explorer) und FUSE (Far Ultraviolett Spectroscopic Explorer) für den Infrarotbereich und das ferne Ultraviolett, das vom Flugzeug getragene *SOFIA*-Infrarot-Teleskop und die Infrarot-Mission *Spitzer*-Weltraumteleskop mit seinem 85 cm großen, kryogen (inzwischen aber nur noch passiv) gekühlten Teleskop für den Spektralbereich von 3,6 bis 160 µm Wellenlänge. Schließlich noch das Fern-Infrarot-Weltraumteleskop *Herschel* (seit 2013 beendet). Das wissenschaftliche Interesse am Infrarotbereich rührt daher, dass

- entfernte Objekte mit ihren rotverschobenen Spektren in diesem Bereich liegen,
- damit die potenziellen Geburtsstätten von Sternen trotz ihrer Staubwolken gut zugänglich sind,
- in diesem Bereich die auf lebensfreundliche Bedingungen hindeutenden Linien liegen.

Obwohl bei dieser ersten Generation von Satelliten und Instrumenten keine revolutionären technischen Errungenschaften zum Tragen kommen, sind die bislang erreichten Ergebnisse durchaus bemerkenswert.

Origins-Missionen der zweiten Generation. Der Start dieser Missionen ist in den ersten beiden Jahrzehnten dieses Jahrhunderts vorgesehen. Wie und wann auch immer die Erfolgsgeschichte des *Hubble*-Weltraumteleskops zu Ende geht: Heute ist bereits der Bau des *JWST* (James Webb Space Telescope) als Nachfolger für das *Hubble*-Weltraumteleskop abgeschlossen, der Start erfolgreich durchgeführt und die Inbetriebnahme im Lagrange Punkt L2 erfolgreich absolviert. Basis der Mission ist der mit über 6,5 m bislang größte Spiegel für ein Weltraumteleskop, der zudem erst im Weltraum entfaltet worden ist. Der Wellenlängenbereich wird auch hier aus besagten Gründen das Infrarotfenster zum Kosmos sein. Bild 1 gibt einen Eindruck von der aktuellen Konfiguration des neuen Weltraumteleskops. Analog zum kooperativen Charakter des *Hubble*-Weltraumteleskops wird auch hier die ESA ein Fokalinstrument als Beteiligung bereitstellen.

Andere Missionen des Origins-Programms betreten technisch sogar völliges Neuland für Weltraummissionen: Um die Abbildungsqualität und die räumliche Auflösung noch weiter zu steigern, sollen im Weltraum mehrere Spiegel optisch zu einem Weltraum-Interferometer zusammengeschaltet werden, wobei mehrere hochgenau positionierte Einzelspiegel ein großes Teleskop simulieren. Nach Vorläufermissionen der NASA und ESA zur Erprobung der anspruchsvollen Technologie wird die NASA mit dem TPF (Terrestrial Planet Finder) die erste große Anwendung im Hinblick auf die Suche nach fremden, erdähnlichen Planeten starten: Gegenwärtig wird von zwei separaten Observatorien ausgegangen, die interferometrisch hochgenau gekoppelt werden.
Die ESA-Entsprechung nennt sich *DARWIN*, die in Bild 2 schematisch dargestellt ist: Bis zu vier Satelliten mit Teleskopen von jeweils 3–4 m Durchmesser sollen nach aktueller Planung um den Lagrange-Punkt L2 kreisen, jener Umlaufbahn rund 1,5 Millionen Kilometer „hinter dem Mond", wo sich die Gravitationskräfte gerade so die Waage halten, dass die Satelliten dort wie die Erde in einem Jahr um die Sonne kreisen.

Das von jedem Teleskop gesammelte Licht wird in einem Satelliten interferometrisch verknüpft, während ein weiterer Satellit als Master Spacecraft für alle Kommunikation zur Erde und zurück eingesetzt wird (die Anzahl der Satelliten wird aus Kostengründen nach unten zu korrigieren sein). Die Mission wurde auch aus Kostengründen in ihrer Priorisierung reduziert.

Mit einem Trick, den die Experten „Nulling" nennen, soll das im Allgemeinen gleißend helle Licht des jeweiligen Zentralsterns „ausgelöscht" werden, womit der Blick auf dunklere Objekte in unmittelbarer Nähe glücken sollte. Gleichzeitig werden die Objekte im Infraroten spektroskopiert, um nach für Leben verdächtigen Molekküllinien zu spähen.

Origins-Missionen der dritten Generation. Langfristiges Ziel ist nun die flächige Abbildung von zuvor (hoffentlich) entdeckten „Erden". Das ist bis heute pure Science Fiction. Hier bedarf es eines hochpräzisen Formationsfluges mehrerer Teleskope, die zusammen ein virtuelles Teleskop mit einem äquivalenten Teleskopdurchmesser von über 300 Kilometer großen Sammelflächen bilden. Auch wenn das erst ein Programm für unsere Enkel ist, so soll es doch im Auge behalten werden. Jedenfalls, einen Namen hat die Mission bereits: *Planet Imager*. Ob Organismen auf solchen Planeten leben und wie sie gegebenenfalls aussehen mögen, dies wird jedoch auch diese Mission kaum beantworten können.

QR-Code 5.3: Ein Exoplanet umkreist den Stern β-Pictoris im Sternbild Sculptor am südlichen Sternhimmel.

Hubble-Weltraumteleskopaufnahme aus dem Jahre 1998 mit einer neuen, bodengebundenen Aufnahme mit Hilfe des *VLT* wieder. Der QR-Code 5.3 führt uns zur Position von β-Pictoris im Sternbild Sculptor (Malerstaffelei) am südlichen Sternhimmel und zeigt, wie ein Exoplanet um diesen Stern kreist. Ein erster, direkter Nachweis.

Im Mai 1991 gelang die spektroskopische Entdeckung silikatischer Strukturen bei Objekten im Orion-Nebel. Das *Hubble*-Weltraumteleskop hat uns Bilder übermittelt, die nahelegen, dass es dort in einem Sternentstehungsgebiet junge Sterne mit einem Staubgürtel gibt, die als protoplanetare Scheiben verstanden werden können. Sie sind aus naturwissenschaftlicher Sicht eine notwendige Voraussetzung für Planetenentstehung. Während sich im Mittelpunkt von Scheiben das Material zu einem Stern verdichtet, verklumpt es in den Außenbereichen zu Planeten. Abb. 5.7 zeigt typische Exemplare protoplanetarer Scheiben, die in der Nähe junger Sterne durch ihre heftigen Sternwinde ihre stromlinienförmige Struktur erhalten. Glaubt man den beteiligten Wissenschaftlern, so lautet die Argumentation folgendermaßen:

A) Ist ein junger Stern von einer zirkumstellaren Staubscheibe umgeben, so verbindet man diese generell mit der Vorstellung von einem potenziellen Planetenentstehungsgebiet. In dieser ko-rotierenden Staubscheibe können sich Wirbel bilden, in denen es wiederum zum Aufbau von Planetenkörpern durch Anlagern von Staubteilchen kommen kann. Bei der Bildung von Monden stellt man sich die Vorgänge im Wesentlichen analog vor (der große Erdmond ist offensichtlich eine Ausnahme).

Trotz der großen Anzahl von mehr als 170 Monden bei den Planeten von >10 km und <2000 km (ohne Pluto und Monde um Planetoiden in unserem Planetensystem) kann dies bislang nur an einem der vielen Monde offensichtlich festgestellt werden: Das eigentliche Vorzeigebeispiel ist der Saturnmond Atlas, der in Abb. 5.8a mit seinem feinkörnigen Äquatorwulst gezeigt wird.

Abb. 5.8a Der Saturnmond Atlas als fliegende Untertasse zeigt einen Äquatorwulst, der an angelagerte, feinkörnige Staubteilchen erinnert, die aus der zirkumpolaren Staubscheibe stammen können (links Seitenansicht, rechts Draufsicht). (NASA/JPL)

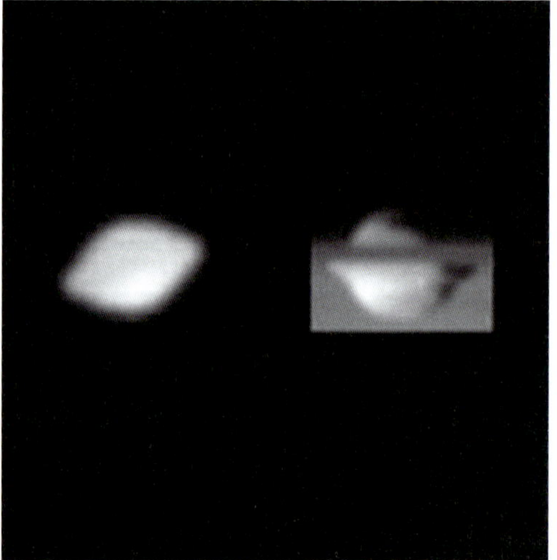

Abb. 5.8b Der Saturnmond Pan, eingebettet in das Ringsystem. Auch hier deutet sich ein Äquatorwulst an, der an aufgesammelten Staub erinnert. (NASA/JPL)

Der Mond Atlas ist ungefähr 46 x 38 x 19 km groß. Die Höhe des Äquatorwulstes misst zwischen drei und fünf Kilometer. Er sieht aus wie ein feinkörniger Kieshaufen. Der Saturnmond Pan könnte ein weiteres Beispiel für ein Aufsammeln von Staubmaterial sein; allerdings kann Abb. 5.8b auch täuschen, zumal beide Monde in einem sehr speziellen Planetenstaubring liegen, wo die Unterscheidung zwischen einem sogenannten *Schäfermond* und aufgesammeltem Staub nicht einfach ist. Sollte jedoch im Saturnstaubring eine Art Planetenbildungs-/Mondbildungsprozess vor unserer planetaren Haustüre zum Zuschauen stattfinden, sind beide Monde zu nennen.

B) Handelt es sich um eher ältere Sterne von einigen 100 Millionen bis zu zwei Milliarden Jahren, so können die Staubringe wegen des hohen Alters keine protoplanetaren Scheiben mehr sein. Bei einer Ausdehnung von bis zu 1000 AE wird daher von einem indirekten Nachweis von Kuipergürtel-Objekten gesprochen. Prominente Beispiele sind Sterne, die etwas massereicher als unsere Sonne sind: Wega, der hellste Stern im Sternbild der Leier, Fomalhaut als hellster Stern im Sternbild der Südlichen Fische und β-Pictoris, zweithellster Stern im Sternbild „Malerstaffelei".

Der Anteil der Sterne mit protoplanetaren Scheiben verändert sich mit dem Alter der Sterne. Zu Beginn hat fast jeder Stern unabhängig von der Masse eine solche Scheibe. Die massiven Sterne verlieren sie zuerst. Nach etwa 10 Millionen Jahren sind sie generell verschwunden (Lada et al. 2003). Bisherige Beobachtungen zeigen, dass etwa 40 % aller sonnenähnlichen jungen Sterne protoplanetare Scheiben haben. Sie zeigen eine große Variationsbreite ihrer physikalischen Eigenschaften.

- Die Massen schwanken zwischen einer tausendstel und einer ganzen Sonnenmasse.
- Die Radien der Scheiben reichen von 10 bis 300 AE.
- Die Temperaturen variieren zwischen −220 °C und +130 °C, wobei der äußere Rand kälter ist als der Innenbereich.

Wir finden noch heute Auswirkungen dieses Temperaturgefälles in unserem Planetensystem: Im inneren Teil bestehen die Objekte vorwiegend aus hitzeresistentem Material wie Silikaten und Eisen, während jenseits von vier bis fünf Astronomischen Einheiten (AE) flüchtige (volatile) Elemente und deren Verbindungen dominieren, insbesondere im Kuipergürtel mit seinen Eiskörpern. Dies dokumentiert eindrücklich das erwähnte Temperaturgefälle. Die Systematik wird allerdings gestört durch den Jupitermond Io als vulkanaktivstes Objekt im Planetensystem, durch Triton als den größten Mond des Neptun mit seinen Eisvulkanen und durch den Saturnmond Enceladus mit seinem stetigen Strom feiner Eisteilchen, die er in den Planetenraum abgibt. Neuerdings kommt noch der Zwergplanet Pluto mit seinem offensichtlich warmen Kern dazu, der immerhin so warm sein soll, dass zähes, aber noch mobiles Wassereis aus mehreren Austritts-

Abb. 5.9 Vulkane im inneren Planetensystem im Vergleich zu irdischen Vulkanfeldern.

Abb. 5.10 Das Radarbild der Raumsonde *Cassini* zeigt einen Überflug über die Region Sotra Facula auf Titan, wo sich die Eisvulkane befinden. Das vertikale Relief wurde zur Verdeutlichung etwa zehnfach überhöht. (NASA 2017)

spalten hervorquoll. Es bildeten sich domartige Erhebungen; s. Kap. 5.4.4. Daher wird bei diesen Monden je eine interne Heizung durch „Gezeitenreibung" bzw. durch interne Wärmequellen zur Erklärung herangezogen. Sie wird beim Jupitermond Io zurückgeführt auf die gravitativen Einflüsse des Gasriesen und seiner benachbarten Galileischen Monde, die Io regelrecht durchwalken sollen. Dabei ergeben sich allerdings einige derzeit unbeantwortete Fragen:

- Wie kommt der Neptunmond Triton, bei dem auch eine Form von Eisvulkanismus beobachtet wurde, zur notwendigen Energie, obwohl er noch wesentlich weiter von der Sonne entfernt ist und keine Entsprechung dieser Verhältnisse bei Jupiter hat?
- Im Dezember 2004 wurde bekannt (Jewitt & Luu 2004), dass Quaoar, der größte Kleinplanet im Kuipergürtel, der jenseits der Neptunbahn als 1260 Kilometer großes Objekt seine Bahn zieht, kristallines Wassereis und Ammoniumhydrat beherbergt. Da diese Stoffe nur bei höheren Temperaturen entstehen als sie derzeit auf Quaoar herrschen, gehen die Experten von einer Entstehung in seinem Innern aus. Sie sollen durch einen Einschlag freigelegt worden oder aber könnten durch Vulkanismus an die Oberfläche gelangt sein. Selbst Merkur zeigt nach Ergebnissen der NASA-Mission *Messenger* Hinweise auf Vulkanismus (Head et al. 2008); s. Abb. 5.9. Damit zeigen alle inneren Planeten Spuren von Vulkanismus.
- Untersuchungen des Saturnmondes Titan ergaben Hinweise auf „Eisvulkanismus", dessen Motor in großer Entfernung von der Sonne ebenfalls rätselhaft erscheint; s. Abb. 5.10. Damit hätten Merkur, Venus, Erde, Mars, Io und Triton mehr oder weniger deutliche Hinweise auf Vulkanismus.
- Jüngste Untersuchungen zeigen, dass beim Saturnmond Enceladus ein stetiger Strom von

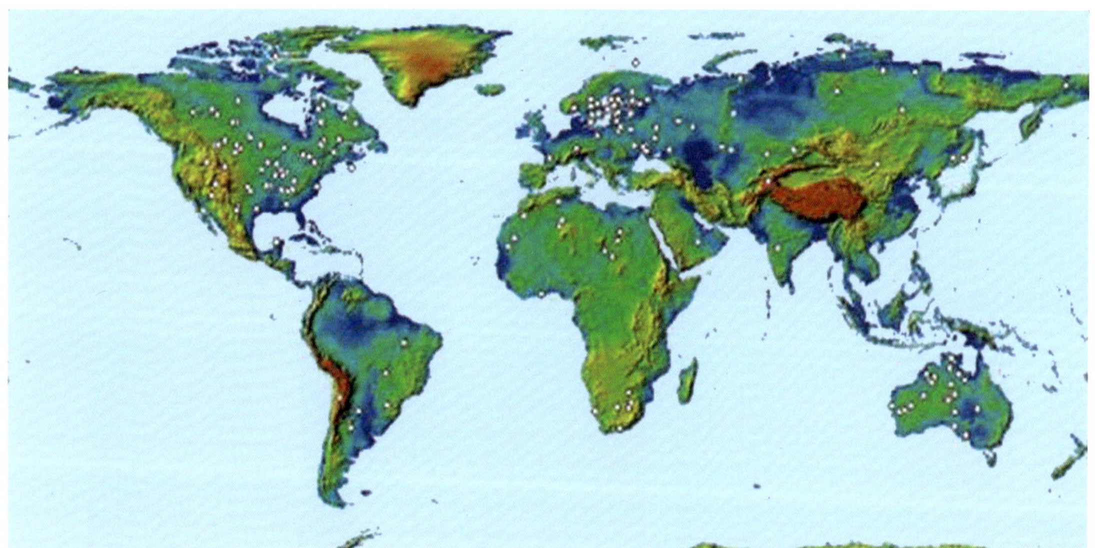

Abb. 5.11 Verteilung von Einschlägen auf der Erde. (Lunar and Planetary Laboratory, University of Arizona)

Eispartikeln freigesetzt wird. Natürlich setzt man auch hier auf innere Wärmequellen, obwohl diese bei einem 500 km großen Objekt schon längst ausgekühlt sein müssten. Eine andere Möglichkeit besteht darin, dass wieder Gezeitenkräfte des Saturn und der anderen Monde Einfluss nehmen.

Mit dem *Keck*-Teleskop auf Hawaii konnten Mitte 2004 auch mit bodengestützten Teleskopen in solchen zirkumstellaren Staubscheiben bei AU Microscopii (AU Mic) mehrfache Verklumpungen festgestellt werden. Sie werden als Ergebnis gravitativer Wirkung von unsichtbaren, neu entwickelten Planeten interpretiert. AU Mic ist nur halb so groß wie unsere Sonne und nur 1/10 so leuchtstark. Allerdings deuten Beobachtungen an, dass der Staub auf ausgeprägten elliptischen Bahnen umläuft.

Akzeptiert man das geschilderte Bild der Planetenentstehung, dann sollte man erwarten, dass es nach Ausbildung der Planetenkörper mit den übrig gebliebenen Brocken zu Kollisionen kommt, deren Häufigkeit mit der Zeit abnimmt. Nun sind Planetenoberflächen geradezu beredte Zeugen solcher Kollisionen, indem Oberflächen teilweise bis zur Sättigung bekratert sind. Glücklicherweise schützen die Erde einige Raffinessen, z. B. die Wirkung des massiven Planeten Jupiter als Kometenschutzschild oder auch ihre Atmosphäre. Trotzdem blieb die Erde nicht von Einschlägen verschont. Abb. 5.11 zeigt die Kraterverteilung auf unserem Planeten, während Kasten 5.4 eine entsprechende Hintergrundinformation gibt.

Auf den Punkt gebracht. Mit der Entdeckung dichter Staubscheiben, die typischerweise neu entstandene Sterne umgeben, ist der Planetenbildungsprozess zum Gegenstand empirischer Untersuchungen geworden. Zunächst ließen sich globale und statistische Eigenschaften zirkumstellarer Scheiben studieren: ihre Häufigkeit, ihre mittleren Temperaturen und chemischen Zusammensetzungen. Mit deren Kenntnis lässt sich die Frage angehen, wie Planeten entstehen könnten. Wie das in der Praxis läuft, ist damit noch nicht geklärt. Die globalen Eigenschaften der Scheiben können als Randbedingungen für numerische Modelle ihrer zeitlichen Entwicklung dienen, aber diese Modelle bleiben mehrdeutig und müssen dem Vergleich mit detaillierten Beobachtungen unterworfen werden.

Creation Pointer

„Allein, es schafft keine Erleichterung, wenn ich bedenke, dass wir uns so über die ungeheure, geradezu unendliche Weite des äußersten Himmels wundern müssen, als vielmehr über die Kleinheit von uns Menschen, die Kleinheit dieses unseres so winzigen Erdkügelchens.

Johannes Kepler, Astronom

Unser Planetensystem war bis vor einigen Jahrzehnten das einzige, von dem wir wussten. Das hat sich mit der Entdeckung von extrasolaren Planeten in den letzten Jahren deutlich geändert. Mit dem Stand vom 12. Mai 2016 waren 3 406 Exoplaneten in 2 550 Systemen bekannt, darunter 577 Systeme mit zwei bis sieben Planeten sowie über 2 000 Planetenkandidaten (Schneider 2015). Diese Zahl hat in der Zwischenzeit deutlich

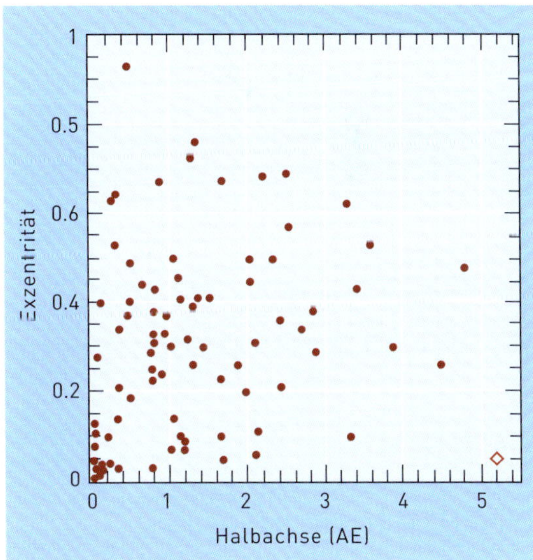

Abb. 5.12 Zweidimensionale Darstellung der Halbachsen von extrasolaren Planeten zusammen mit der Exzentrizität ihrer Bahnen. Das Quadrat rechts unten repräsentiert die Position von Jupiter als Vertreter unseres Sonnensystems. Es ist offensichtlich, dass die Verhältnisse in unserem Sonnensystem jenseits der Verteilung liegen, die bislang beobachtete Exoplaneten zeigen. (Nach Beer et al. 2004)

zugenommen. Wir reden nun von 5 000 Exoplaneten (Stand 21. März 2022). Allerdings handelt es sich bisher nur um indirekte Nachweise, eine Tatsache, die sich durch Einsatz neuer Technologien schnell ändern kann. Bisherige Kenntnisse zeigen eine unübersehbare auffällige Häufung von „Hot Jupiters", also auffallend großen Objekten, die in ungewöhnlich engen Bahnen um ihre Sonnen umlaufen. Aber auch Objekte kleiner als unsere Erde wurden schon ausgemacht.

Es ist nicht verwunderlich, wenn große Planetenkörper wegen des Auswahleffekts leichter gefunden werden. Aber das Überraschende ist die Existenz großer Gasplaneten in größerer Sonnennähe als die Erde und meist mit deutlich höherer Exzentrizität ihrer Bahn. Wenn z.B. in Abb. 5.12 die große Halbachse und die Exzentrizität von Planetenbahnen in einem Diagramm aufgetragen werden und die Werte mit denen des Jupiters als Vertreter unseres Systems verglichen werden, so fällt der ganz andere Charakter der Verhältnisse auf. Diese Entdeckung hat zusammenfassend zu folgender Feststellung geführt: Wir mögen zwar extrasolare Planetensysteme entdeckt haben, verloren aber gleichzeitig unsere Planetenentstehungstheorie. Denn auf die extrasolaren Systeme ist sie wegen ihrer Andersartigkeit im Vergleich zu unserem

Kasten 5.4: **Bedrohung irdischen Lebens durch Einschlagsvorgänge**

Die Grenzgröße für ein Objekt mit einem weitreichenden Schadenspotenzial für die Erde hängt entscheidend von seiner chemischen Zusammensetzung und physikalischen Konsistenz ab. Heute wird davon ausgegangen, dass der Meteoritenkrater in Arizona mit seinem Durchmesser von 1,2 km durch ein metallisches Objekt von 50 m Durchmesser bei einer Kollisionsgeschwindigkeit von 20 km/s entstand. Die freigewordene Energie entsprach rund 25 Megatonnen TNT. Aufgrund der schützenden Funktion der Atmosphäre hätte ein silikatisches Objekt ähnlicher Größe den Transit durch die Atmosphäre nicht heil überstanden und wäre in der Atmosphäre in einer Explosion aufgebrochen und aufgelöst worden. Möglicherweise ist das Tunguska-Ereignis in Sibirien 1908 durch einen solchen Vorgang entstanden. Wenn auch das Objekt selbst nicht den Boden erreichte, so hat die Explosionswelle doch etwa 2 000 km^2 Waldfläche zerstört. Glücklicherweise sind nur 3 % der Population von möglichen Einschlagsobjekten metallischer Natur, weshalb 50 m große Objekte eher Tunguska-ähnliche Auswirkungen haben würden. Trotzdem wären beide Typen von Impaktoren in der Lage, im schlimmsten Fall eine Stadt zu zerstören (von Veränderungen in der Atmosphäre abgesehen). Kleinere und damit häufiger auftretende Objekte werden durch die Wirkung der Atmosphäre nahezu unschädlich gemacht. Berechnete Häufigkeiten für Objekte mit > 50 m Durchmesser variieren um etwa eine Größenordnung zwischen einem Ereignis pro 10 000 bzw. 1 000 Jahren (Stuart 2003). Tab. 1 zeigt prognostizierte Häufigkeiten von Einschlägen und deren Auswirkung auf die Erde in Abhängigkeit von der Größe einschlagender Objekte.

Tab. 1 Berechnete Häufigkeit von Einschlägen auf der Erde mit ihren potenziellen Auswirkungen in Abhängigkeit von ihrer Masse

Objektgröße (m)	Mittlere Einschlagsrate (Jahr)	Freigesetzte Energie Megatonnen (TNT)	Kraterdurchmesser (km)	Mögliche Auswirkungen Vergleichbares Ergebnis
30	200	2	–	Feuerball, Schockwellen, ger. Schaden
50	2500	10	<1	Tunguska-Explosion oder kleiner Krater
100	5000	80	2	Größte H-Bombenexplosion
200	47000	600	4	Zerstörung von nationalem Ausmaß
500	200 000	10 000	10	Zerstörung von europäischem Ausmaß
1000	600 000	80 000	20	Viele Millionen Tote, globaler Effekt
5000	20 Mio.	10 Mio.	100	Milliarden Tote, globaler Klimawechsel
10 000	100 Mio.	80 Mio.	200	Auslöschung der menschlichen Zivilisation

System nicht anwendbar. Ist also unser Planetensystem eine markante Ausnahme?

Jedenfalls zeigt allein die Vielfalt der Objekte unseres Planetensystems, dass die Planetenentstehung ein sehr vielschichtiger Prozess ist, der nicht einfach zu modellieren ist. Seine Erforschung ist eine echte Herausforderung für die Astrophysiker. Repräsentativ für die Verwunderung der beteiligten Wissenschaftler ein Zitat (Couper & Henbest 2002): „... *the planet hunters became increasingly uncomfortable. They had confirmed, to everyone's satisfaction, that stars have planets in tow. But these were not like the obedient worlds of our Solar System, with nice near-circular orbits and gas giants located at decent distance from their parent star. These were planets from hell – and they were breaking all rules.*"[Z23]

Nach der geschichtlichen Behandlung von Staubscheiben, Protoplaneten und der Entdeckung erster extrasolarer Planeten wird der aktuelle Stand extrasolarer Planetensysteme in Abschnitt 5.3 aufgenommen. Zunächst folgen aber Betrachtungen zu unserem Planetensystem als bisher einzige Referenz.

5.2 Über den Ursprung unseres Planetensystems

Kompakt

- Über globale Voraussetzungen eines erdähnlichen Planeten
- Fakten einer Innenansicht
- Das ungelöste Chondren-Problem

5.2.1 Über globale Voraussetzungen eines erdähnlichen Planeten

Wenn wir – wie üblicherweise geschehen – als Ausgangspunkt unserer Überlegungen das Prinzip der Durchschnittlichkeit für unser Planetensystem voraussetzen, sodass die Erde und das Planetensystem eher den Normalfall in unserer Galaxie darstellen, kommen wir im Rahmen entwicklungsbasierter Modellierungen zur nachfolgend erläuterten Argumentationsfolge: Wir nehmen zunächst als Argumentationsrahmen an, dass wir wüssten, wie Leben entstanden sei, obwohl es für die Laborchemie und -biologie nicht nur weiterhin ein großes Geheimnis ist, sondern viele naturwissenschaftliche Erkenntnisse aus der Chemie dagegen sprechen. Unter dieser Annahme muss ein Stern sehr lange strahlen, bis im herkömmlichen evolutionären Bild intelligentes Leben entstehen kann, nämlich einige Milliarden Jahre.

Nun wird die Lebensdauer eines Sterns von seiner Masse bestimmt, denn seine Leuchtkraft hängt vom Gleichgewicht zwischen Schwerkraft und Strahlungsdruck ab. Je schwerer ein Stern ist, desto größer ist die Schwerkraft und damit die Temperatur und somit die Fusionsrate im Innern des Sterns. Damit verbrennt ein schwerer Stern seinen Brennvorrat schneller und ist deshalb heißer als ein kleinerer, leichterer Stern. Ein Stern, der doppelt so schwer ist wie die Sonne, strahlt nur 1 Milliarde Jahre, während die Sonne ca. das Zehnfache eines normalen Sterns leuchten soll. Der Stern muss jedenfalls die richtige Temperatur einstellen, damit sich in seiner Umgebung Leben bilden kann. Da die Temperatur und die Strahlungsleistung eines Sterns ebenfalls von seiner Masse abhängen, darf er nicht zu klein sein. Kleinere Sterne als 0,8 Sonnenmassen scheiden daher genauso aus wie Sterne mit mehr als 1,4 Sonnenmassen, weil hier das Argument der zu kurzen Lebensdauer für die Lebensentwicklung zieht.

Nur Planetensysteme um Sterne wie unsere Sonne, sogenannte G-Sterne, haben nach evolutionärem Verständnis gute äußere Voraussetzungen, dass sich Leben entwickeln kann. Es wird heute von rund 5 - 8 % von G-Sternen im Universum ausgegangen. Größere Sterne leben nicht lange genug – sie verpulvern ihren Brennstoff –, die kleineren sind zu leuchtschwach. Nun könnte man als freien Parameter den Abstand des besagten Planeten variieren. Objekte, die jedoch zu nahe um einen Stern kreisen, werden von dessen Schwerefeld erfasst und in eine gebundene Rotation gezwungen, sodass sie ihrem Stern immer die gleiche Seite zuwenden. Diese wird dabei einseitig heiß, die gegenüberliegende Seite dagegen gefriert. Aufgrund des entstehenden Temperaturgefälles wird auch der Übergangsbereich zwischen beiden nicht gerade wohnlich sein. Selbst wenn der Planet seine Atmosphäre halten könnte, was bei einer intensiven Bestrahlung nicht einfach sein sollte, werden im Übergangsbereich heftigste Stürme auftreten, die einen Temperaturausgleich erreichen wollen. Dazu kommt, dass leichte Sterne nicht stabil strahlen; ihre UV-Strahlenausbrüche sind lebensfeindlich.

Ein weiteres Argument kommt hinzu: Es muss sich um G-Sterne der zweiten oder dritten Generation handeln, denn die ersten Sterne entstanden nach klassischem Verständnis aus reinen Wasserstoff- und Heliumwolken; die schwereren Elemente mussten erst noch im Sterninnern synthetisiert werden. Etwas anderes gab es am Anfang über ein Urknallmodell nicht. Deshalb konnten diese Sterne noch keine silikatisch aufgebauten Planeten bilden. Zunächst muss es um die Produktion schwerer Elemente im Fusionsofen der ersten Sterngenerationen gehen. Wie kommen dann die Erzeugnisse aus dem Sterninnern wieder zurück ins interstellare Medium, um nun als mit schwereren Elementen angereichertes Grundmaterial für die nächste Generation von G-Sternen bereitzustehen?

Hier kommen die schweren Sterne oberhalb acht Sonnenmassen ins Spiel. Sie haben schließlich die Eigenschaft, gegen Ende ihrer Existenz in einer gewaltigen Explosion das interstellare Medium mit den Erzeugnissen ihrer Fusionsöfen anzureichern (s. Kapitel 6), zumal große Sterne durch ihre enorme Schwerkraft sehr effektive Brutreaktoren für alle chemischen Elemente jenseits des Heliums sind. Solche Supernova-Explosionen sind so gewaltig, dass ihr Leuchten noch in einer Entfernung von 12 Milliarden Lichtjahren auszumachen ist. Diese Explosion beschleunigt die beteiligte Materie derart, dass das Medium zwischen den Sternen durch diese Schockfront lokal zusammengepresst wird. Dies führt dort zu einer Erhöhung der Schwerkraft, wodurch die Bildung neuer Sterne ausgelöst werden kann. Wenn dieses Bild stimmt, dann ist eine Supernova für eine evolutive Entwicklung von Leben unerlässlich, aber sie ist gleichzeitig für alles bestehende Leben in einem Umkreis von 30 Lichtjahren auch sehr gefährlich bis tödlich. Denn eine Supernova ist mit sehr intensiver, harter Röntgenstrahlung verbunden, die Leben abtöten kann.

Es gibt Hinweise, dass 750 000 Jahre vor der Entstehung unseres Sonnensystems unsere Sonne durch eine solche Supernova geboren worden sein könnte. Dies wird aus der chemischen Zusammensetzung von Meteoriten, die uns zugeflogen sind, abgeleitet. Ihre radioaktiven Isotope von Magnesium und Aluminium lassen sich nur durch Kernprozesse während einer Supernova erklären. Diese Sichtweise führt zu dem Schluss, dass das Leben aus chemischen Elementen besteht, die von mindestens einer, aber wahrscheinlich zwei Sterngenerationen erbrütet wurden. Die Sonne durfte dann aber seit ihrem Bestehen keiner Sternexplosion zu nahe gekommen sein; das Sonnensystem durfte seit seiner Geburt keine Sternentstehungsregion gekreuzt haben.

Natürlich benötigte das Leben vor allem Kohlenstoff, das einzige Element, das im interessanten Temperaturbereich von kleiner als 100 °C zur Bildung langer Molekülketten in der Lage ist. Dies stand jedoch nicht zu jeder kosmischen Zeit zur Verfügung, denn in den Frühphasen des Universums fehlten die schwereren Elemente. Irgendwann in der Zukunft werden auch keine neuen Sterne mehr entstehen und das Feuer der bestehenden wird erlöschen. Die Sternentstehungsrate wird als bereits zurückgehend eingestuft. Auch der Kosmos hat aus dieser Sicht sein demografisches Problem. Daraus folgt auch, dass wir mit unserem privilegierten Planeten nicht nur an einem privilegierten Ort, sondern auch in einer privilegierten Zeit leben.

Auf den Punkt gebracht. Planetenentstehung ist keine Disziplin, die eben auf die Zeitachse zwischen Stern- und Lebensbildung zu stellen ist, sondern ein äußerst komplexer Vorgang, der uns die heute bereits sehr zahlreichen Planeten jeweils als Unikate darstellt. Wir sind damit keinesfalls Nebenprodukt eines Sternentstehungsprozesses. Wir wollen vielmehr in der Welt kosmischer Objekte und der mechanischen Abläufe ein Beziehungsmuster in den Vordergrund holen, das sich unseren naturwissenschaftlichen Methoden entzieht. Wir finden offensichtlich Gestaltungskräfte für Feinabstimmungen im Universum, die wir als Voraussetzungen für naturwissenschaftliches Arbeiten ansetzen. Sie sind genial angelegt und lassen uns erst naturwissenschaftlich arbeiten. Sie bringen letztlich auch Sinn in das Geschehen der Welt.

5.2.2 Fakten einer Innenansicht

Zunächst soll als Ergebnis der Altersbestimmungen festgestellt werden, dass erstaunlicherweise die Analysen des ältesten Erdgesteins, der Mineralien vom Mond und verschiedener Meteorite, die uns zugeflogen sind, innerhalb einer Variationsbreite von einigen 100 Millionen Jahren (was im Vergleich zu den diskutierten Zeiträumen von 4,6 Milliarden Jahren relativ klein ist) alle grob dasselbe Modellalter ergeben: viereinhalb Milliarden Jahre. Dazu wurde in geeigneten Proben die Anreicherung der Zerfallsprodukte radioaktiver Elemente mit sehr langen Halbwertszeiten herangezogen. Dies gilt als Indiz dafür, dass die Entstehung der festen Körper (bezüglich einer heute weitgehend akzeptierten kosmischen Zeitskala) praktisch gleichzeitig und sehr rasch erfolgte.

Welche Möglichkeiten bestehen, um einen so weit zurückliegenden Vorgang auf der Basis natürlicher, physikalischer Prozesse zu rekonstruieren? Dies ist sicher nur annähernd zu erreichen durch:

- Analogieschlüsse aus Beobachtungen anderer Sterne
- plausibles Zusammenfügen von Einzelszenen zu einem Film, genannt Planetenentstehung
- Fernerkundungs- und *in-situ-Messungen* in unserem Planetensystem

Wenn ein großes Teleskop wie das *Hubble*-Weltraumteleskop zur Verfügung steht und gezielt junge Sterne mit zirkumstellaren Staubscheiben beobachtet werden können, in deren Zentren helle Massenkonzentrationen feststellbar sind, kann man hoffen, das live zu beobachten, was sich früher einmal bei unserem Planetensystem abgespielt haben könnte. Jedenfalls ist dies heute die beste Spur, um die gestellte

Abb. 5.13 Kantenansicht von protoplanetaren Scheiben im Orion-Nebel, aufgenommen mit der WFPC Wide Field Planetary Camera des *Hubble*-Weltraumteleskops. (STScI, McCaughrean et al. 1995, 1996)

Frage „beobachtend“, also mit dem Instrumentarium der Naturwissenschaft, anzugehen. Ein Beispiel für ein solches Objekt sind Beobachtungen des *Hubble*-Weltraumteleskops im Orion-Nebel. Abb. 5.13 zeigt uns Objekte, die als Kantenansicht protoplanetarer Scheiben um einen Stern gelten können. Detailliertere Untersuchungen bestätigen das Bild, indem im Bereich der Staubscheibe ein deutlicher Infrarot-Anteil, genannt Infrarotexzess, von aufgeheiztem Staub gemessen werden kann. Nach heutiger Erkenntnis kann festgestellt werden, dass die Staubscheiben nur relativ kurzlebig sind, denn bei älteren Sternen konnten die Astronomen keinen Infrarotexzess nachweisen: Entweder spiralt das Material aus Gas und Staub allmählich in den Stern oder es dampft mit der Zeit ab.

Durch zahlreiche Entdeckungen von Eiskörpern jenseits von Neptun sah die International Astronomical Union (IAU) die Notwendigkeit, eine neue Definition für einen „Planeten“ einzuführen: Die neue Definition legt fest, dass die Zahl der „Planeten“ unseres Sonnensystems (jetzt acht, ohne Pluto) sich wohl nie mehr ändern wird.

Ein „Planet“ ist ein Objekt, das
a) sich auf einer Bahn um die Sonne bewegt
b) so viel Masse hat, dass es durch die eigene Schwerkraft nahezu rund ist
c) es in der Umgebung der Bahn keine kleineren Objekte mehr gibt

Ein „Zwergplanet“ ist ein Objekt, das
a) sich in einer Bahn um die Sonne bewegt
b) so viel Masse hat, dass es durch die eigene Schwerkraft nahezu rund ist
c) die Umgebung seiner Bahn nicht von kleineren Objekten befreit hat.

Alle anderen Objekte, außer den Monden der Planeten und Zwergplaneten, werden „Kleine Objekte im Sonnensystem“ genannt.

Eine globale Charakterisierung unseres Planetensystems zeigt folgende Grundtypisierung; sie wird durch die schematische Darstellung in Abb. 5.14 unterlegt:

- Bis zu einem Abstand von rund 2 AE finden wir im inneren Bereich des Planetensystems die sogenannten erdähnlichen Planeten: Merkur, Venus, Erde und Mars.

Abb. 5.14 Schema unseres Planetensystems. Im Gegensatz zu den Abständen sind die Durchmesser skaliert. Das rechte Bild zeigt die übergeordnete Struktur der Kuipergürtelobjekte und der postulierten Oort'schen Wolke.

- Dann folgt der Asteroidengürtel von bis zu rund 1000 Kilometer großen Gesteins- und Metallkörpern.
- Daran schließt sich die Domäne der Gasriesen an: Jupiter, Saturn, Uranus und Neptun.
- Jenseits der Gasplaneten haben wir den Zwergplaneten Pluto mit seinem fast ebenso großen Mond Charon. Bedingt durch seine ausgeprägt elliptische Bahn befindet er sich zeitweise innerhalb der Neptunbahn.
- Das nächste Element in der Reihe ist der Kuipergürtel mit seinen typischerweise 100 Kilometer großen Eis- und Gesteinsbrocken, von dem möglicherweise erste Objekte nachgewiesen wurden (s. Abschnitt 5.5).
- Jenseits davon in einem respektablen Abstand von bis zu 100 000 AE Entfernung befindet sich die aus einer Indizienkette abgeleitete Oort'sche Wolke. Diese wird postuliert, um den mit unterschiedlichsten Bahninklinationen einfallenden langperiodischen Kometen gerecht zu werden, ohne dass sie je direkt als Kometenreservoir nachgewiesen wurde. Der Nachweis sollte auch wegen der Größe des Abstandes, der mit typischerweise 10 Kilometer kleinen Größe der Objekte und der geringen Reflektivität der Oberflächen äußerst schwierig sein (Abschnitt 5.5).
- Die meisten Körper bewegen sich in derselben Richtung um die Sonne, wie die Sonne sich selbst um ihre eigene Achse dreht. Für die wenigen Ausnahmen gibt es unterschiedliche Erklärungen.

Diese globalen Daten sind kompatibel mit der Annahme, dass sich das Planetensystem einmal aus einer rotierenden Staubscheibe gebildet haben könnte. Erstaunlich dabei sind allerdings die genauen Feinabstimmungen, die bei Detailuntersuchungen offensichtlich werden.

Gestern glaubten wir noch, dass dann, wenn in Teilbereichen einer solchen zirkumstellaren Wolke die Gravitation größer ist als der Druck aufgrund der thermalen Bewegung der Gasmoleküle, es zu einem Kollaps kommt. Hydrodynamische Computersimulationen zeigen, dass die umgebende Wolke zu einer dünnen, rotierenden Scheibe verflacht, in deren Zentrum die Sonne steht. Aus dieser Sicht ist die Scheibe der Geburtsort der Planeten. Nun musste das Modell des Planetenbildungsprozesses zugunsten der Anlagerung von Staubteilchen durch inelastische Stöße und die Haftung aneinander verfeinert werden: Staub klumpt zusammen, sinkt zur Mittelebene der protoplanetaren Scheibe ab und baut sich dort durch weitere Anlagerungen zu Protoplaneten auf, was als kollisionsgetriebenes Wachstum bezeichnet werden kann. Erst bei Überschreiten einer kritischen Masse konnten die Protoplaneten auch Gas anziehen und sich zu Gasplaneten entwickeln. Die Asteroiden- und die Kuipergürtelobjekte sind dann nur die übriggebliebenen Planetesimale, die sich nicht zu Planeten verbunden haben – vielleicht, weil die Gravitationskraft des großen Jupiters dies verhindert hat.

Die Skizze einer Planetenentstehung in zirkumstellaren Scheiben eines sonnenähnlichen Sterns vom kleinsten Teilchen bis hin zu planetengroßen Körpern muss heute also etwas differenzierter dargestellt werden (Pfau 2001; seither haben sich die Vorstellungen von den Prozessen nicht zu sehr geändert):

Phase 1: Kondensation. Im dichten Gas einer zirkumstellaren Scheibe bilden sich Makromoleküle und Festkörperteilchen aus, die in Richtung Scheibenebene sedimentieren. Die dabei ablaufenden Prozesse sind stark dichte- und temperaturabhängig und werden somit vom Abstand zum Zentralgestirn kontrolliert.

Phase 2: Koagulation. Brown'sche Bewegungen führen Teilchen zusammen, die wegen der kleinen Relativgeschwindigkeit von maximal einigen Zentimetern pro Sekunde aneinander haften. Dabei erfolgt der Aufbau von 100 Mikrometer großen Teilchen in wenigen Jahren. Dieser Prozess lässt sich experimentell nachvollziehen.

Anmerkung: Experimente zeigen, dass Staubteilchen nicht in Kugeln, sondern in länglichen Gebilden zusammenwachsen. Das lässt erwarten, dass Planetesimale sehr porös sind. Den Experimenten zufolge können sie bis zu 80 % Hohlräume enthalten. Das würde auch etwa dem Bild eines ursprünglichen Kometenkerns entsprechen, der ja aus dieser Urmaterie aufgebaut sein soll.

Phase 3: Agglomeration. Hier geht es um das Zusammenbacken von Sub-Millimeter-Teilchen zu 100 bis 1000 m großen Planetesimalen in ca. 100 000 Jahren; die Kenntnisse über diesen hypothetischen Prozess sind noch wenig fundiert.

Phase 4: Akkretion. Die in Phase 3 gebildeten Planetesimale sind in der Lage, unter gravitativer Wirkung weiteres Material aufzusammeln und so zu Planetengröße zu wachsen.

Phase 3 fällt mit dem Versiegen des Materiestroms aus der interstellaren Molekülwolke und dem Eintritt des Sterns in die aktive T-Tauri-Phase mit ihren starken Sternwinden zusammen. Deshalb müssen die Konglomerate bereits so weit entwickelt sein, dass sie den Prozess des Aufklarens (Entfernen von Gas und Staub zwischen den Objekten) unbeschadet überstehen. Aufgrund neuerer Beobachtungen müssen die in extrasolaren Planetensystemen ermittelten Ausnahmen (s. Abschnitt 5.1) gesondert behandelt werden.

Zur Unterstützung eines schnellen Planetenbildungsprozesses wurde der Begriff eines protoplanetaren Hurricans eingeführt. Danach könnten vielleicht in einer Scheibe magnetische Wirbelstürme entstehen, die sich entfernt mit Hochdrucksystemen in der Erdatmosphäre vergleichen lassen. Staub würde in Wirbel hineinströmen und sich darin sammeln. Auf diese Weise würden die protoplanetaren Hurricans wie Verstärker der Planetenentstehung fungieren.

Computersimulationen gelten heute dank immer leistungsfähigerer Rechner als wichtiges Werkzeug der Planetenforschung. Dennoch sind die Vorgänge in einer protoplanetaren Scheibe so vielfältig und laufen auf einer so weiten Größenskala ab, dass sie sich mit Simulationen allein nicht vollständig beschreiben lassen (s. Abschnitt 5.3). Astronomische Beobachtungen und in jüngerer Zeit auch Laborexperimente müssen Fakten liefern, um die Vielfalt der theoretisch denkbaren Szenarien realistisch einzuschränken.

Auf den Punkt gebracht. Obwohl man bei Schlussfolgerungen vom Allgemeinen auf das Spezielle nie ganz sicher sein kann, ist die astrophysikalische Evidenz für das grobe heute vorherrschende Bild durchaus beeindruckend. Es besagt, dass auch unser Sonnensystem aus einer rotierenden Wolke entstanden sein könnte, die aufgrund ihrer eigenen Schwerkraft kollabierte und zumindest zeitweise aus einem zentralen Protostern mit einer ihn umhüllenden protoplanetaren Scheibe aus Staub und Gas bestand. Die Auflösung der Scheibe wird mit der Entstehung der Planeten aus einem Teil des Materials der rotierenden Scheibe einhergegangen sein. Allerdings sind solche Prozesse spekulativ, weil indirekt erschlossen, und es gibt viel Unerforschtes in ihrer Abfolge und über ihre Auswirkungen aufeinander. Daher gibt es schmerzliche Lücken insbesondere im Verständnis der Entwicklung der Staubkomponente bis hin zu einem Planeten. Das sollte nicht zu sehr verwundern: Allein unsere Erde – baut man sie wie geschildert aus Staubkörnern auf – enthält rund 10^{42} ursprüngliche Staubkörner, die alle auf dem Weg zur Bildung dieses Planeten transportiert, aufgeheizt, verklumpt, verändert, vielleicht wieder zerstört und wieder aufgebaut wurden. Dabei geht es um eine Größenzunahme von rund 35 Größenordnungen. Kein Wunder, dass sich der Versuch einer Rekonstruktion als hochgradige Detektivarbeit entpuppt. Das ist der Weg der Wissenschaft zu mehr Erkenntnis. Es könnte aber auch ganz anders gewesen sein, denn die großen Fragen sind geblieben:

- Auf welche Weise und wo konzentrieren sich die Staubpartikel in der protoplanetaren Scheibe?
- Unter welchen Bedingungen lagern sich die Staubteilchen an, um Koagulate zu bilden?
- Wie und unter welchen Bedingungen kommt es zur Anlagerung von Staubteilchen an und um Konglomerate?
- Wie kommt es zum Aufwachsen von Staub? Welche Bedingungen braucht eine Agglomeration?
- Wie erfolgt die Umwandlung der Agglomerate in Planetesimale?
- Auf welche Weise entstehen aus Planetesimalen planetare Körper?

Im Grunde genommen kann heute recht gut erklärt werden, wie Staubteilchen bis zur Größe von einem Meter wachsen. Wie sich dann in einer weiteren Stufe Planetesimale und weiter die Planeten bilden, ist jedoch ziemlich unklar. Bei diesen Größenskalen tritt das Problem auf, dass die Körper heftig miteinander kollidieren können. Dann bleiben sie aber nicht aneinander haften, sondern zerstören sich gegenseitig. Ein grundsätzlich schwieriger Aspekt sind die Zeitskalen. Planeten müssen sich nämlich in kurzer Zeit bilden, denn Beobachtungen unterschiedlich alter Sterne haben gezeigt, dass der Staub in den protoplanetaren Scheiben ein bis zehn Millionen Jahre nach der Entstehung des Sterns nicht mehr nachweisbar ist. Innerhalb dieses Zeitraums müssen sich schon Körper von einigen Kilometern Größe geformt haben, die sich allerdings auf astronomischen Aufnahmen nicht leicht finden lassen. Ein Planet der Jupiterklasse benötigt aber für die Bildung des zehn Erdmassen schweren Gesteinskerns etwa zehn Millionen Jahre – und noch einmal so lange, um eine mächtige Gashülle um sich aufzubauen. Wie das geht, ist den Astronomen unklar. In den engen Bahnen, auf denen nun mehrfach jupitergroße Planeten gefunden werden, reichen weder die Zeit noch die Materiemengen in den Scheiben aus. Deshalb wurde der Begriff der Migration eingeführt, der besagt, dass sich größere Planeten weiter außen bilden müssen (jenseits des sogenannten Eissublimationsradius in >150 Millionen Kilometern Entfernung), um dann später nach innen zu wandern. Die Situation bleibt nach wie vor offen. Planetenentstehungs-Experten reden jedenfalls – trotz unseres sehr simpel klingenden Bildes – vom Bau eines Wolkenkratzers im Auge eines Orkans, was mitnichten eine einfache Baustelle ist.

5.2.3 Das ungelöste Chondren-Problem

Neben den vielen genannten offenen Fragen stört ein zentrales Problem das vereinfachte Bild. Es ist eine Botschaft, die uns Meteoriten übermittelt haben, eine Informationsquelle also, die wir in diesem Zusammenhang noch nicht berücksichtigt haben. Bei Meteoriten handelt es sich größtenteils um Trümmerstücke aus dem Asteroidengürtel. Sie werden allgemein als Zeugen aus der Ära der Urplaneten angesehen. Auffallend ist die Größe der Bandbreite ihrer Eigenschaften: Einige ähneln irdischen Gesteinen, andere bestehen fast nur aus Metall. Es gibt Meteoriten mit einem auffallend homogenen chemischen Aufbau und solche, die ausgesprochen komplex aufgebaut sind: Bis auf kleinste Skalen hinab findet man dort unterschiedliche chemische Zusammensetzungen. Befriedigende Erklärungen dafür gibt es nicht.

Nun finden sich in ansonsten einfach strukturierten Meteoriten häufig Kügelchen aus aufgeschmolzenem Silikat von wenigen Millimetern Größe. Teilweise beträgt der Anteil dieser sogenannten Chondren nahezu 80 %, in anderen sind es nur einige Prozente. In Abb. 5.15 wird gezeigt, dass Chondren in eine ganz feinkörnige Matrix eingebettet sind und damit von einer starken kurzzeitigen Aufheizung zeugen.

Laboruntersuchungen zeigten, dass die beobachteten mineralogischen und chemischen Eigenschaften dieser Chondren durch kurzzeitige Erhitzung von wenigen Minuten auf 1500 °C, gefolgt von einer langsamen Abkühlphase auf negative Celsius-Temperaturen, reproduziert werden können. Die Bedeutung dieser Erkenntnis ist sehr weitreichend: „Wenn etwa 50 % dieses primitiven Gesteins, das einen wesentlichen Teil des protoplanetaren Nebels bildete, durch solche Aufheizprozesse geprägt ist, dann müssen diese Prozesse sehr häufig auftreten, also für

Abb. 5.15 Beispiel der dunklen Matrix mit rundlichen – hier farbigen – Chondren im Dünnschliff des Meteoriten Krymka. (Archiv G. Morfill)

den physikalischen und chemischen Zustand des präsolaren Nebels typisch gewesen sein", so Gregor Morfill, ehemaliger Direktor am Max-Planck-Institut für extraterrestrische Physik in Garching in „Sterne und Weltraum Special" vom November 1997. „Die Planetenforscher haben zwei prinzipielle Möglichkeiten gefunden, die Chondren und ihr häufiges Auftreten zu erklären. Aber beide Erklärungsversuche bringen bisher noch ungelöste Probleme mit sich", so Morfill weiter. Ohne die Alternativen im Detail auszuführen, seien sie nachstehend zumindest angerissen:

- Chondren entstanden in heißen Regionen der präsolaren Scheibe, also in Sonnennähe. Dort war es sicher heiß genug, um das Silikat zu schmelzen. Aber dann musste das Material irgendwie in weiter entfernte, kalte Regionen geschleudert werden, auf Distanzen von mehreren AE, also dorthin, wo sich der Asteroidengürtel befindet. Aufgrund von Beobachtungen an den Chondren musste rund die Hälfte diesen „Reisezyklus" durchmachen. Dieses „Transportproblem der Chondren" ist bis heute ungelöst.
- Alternativ gehen die Experten davon aus, dass die Chondren dort erzeugt wurden, wo sie heute anzutreffen sind: im Asteroidengürtel. Dann muss die Aufheizung ein sehr kurzlebiges, aber häufiges Phänomen gewesen sein. Irgendein zyklischer, kurzfristiger Heizprozess muss das Gas und den Staub um mehr als 1000 °C aufgeheizt haben. Man spricht hier vom ungelösten „Energieproblem der Chondren".

Weitere Vorstellungen gehen über magnetische Ausbrüche, über Gasreibung in Stoßwellen und Auswurfmaterial aus Kollisionen zwischen Planetesimalen bis hin zu elektrostatischen Entladungen – also Blitzen. „Ein offensichtlich so allgegenwärtiger, häufiger und normaler Prozess wie die Bildung der Chondren sollte aber, rein intuitiv, nicht allzu exotisch sein" (G. Morfill). Ist es aber, und das wirft Fragen nach Alternativen auf. Aber selbst nach Jahrzehnten gibt es kaum Einigkeit darüber, welche Modelle korrekt sind. Von laufenden und zukünftigen Raumsonden mit Probenrückführungen von Asteroiden erhofft man sich weitere Aufschlüsse.

Auch in rückgeführtem Staub vom Kometen Wild-2 wurden erstaunlicherweise mineralische Teilchen, zum Beispiel Olivine, gefunden, die dort, wo Kometen entstehen, nicht entstanden sein können. Auch hier wird ein radialer Transport von in Sonnennähe entstandenen Mineralen in das äußere Sonnensystem diskutiert, wo sie sich mit den dort überwiegenden Eispartikeln vermischten.

Kompakt

- Prinzipien der Exo-Planetensuche
- Bemerkenswerte Vielfalt

5.3 Extrasolare Planetensysteme

5.3.1 Planetensuche ist der neue Hype

In den letzten Jahrzehnten haben verschiedene Forschungsprogramme eine Fülle von Daten über Exoplaneten geliefert. Die Wissenschaftler, die für die *Kepler*-Sonde verantwortlich waren, kamen sogar auf die Idee, übers Internet Interessierte für die Auswertung mit einzubinden. Die menschliche Fähigkeit, Muster zu erkennen, ist der automatischen Suche in schwierigen Fällen überlegen. Die ehrenamtlichen Planetenjäger konnten so einige Dutzend neue Planeten-Kandidaten identifizieren. Auch die Presse widmet dem Thema extrasolarer Planeten viel Raum: Immer wieder liest man davon, dass erneut ein Planet, der eine zweite Erde sein könnte, in den Tiefen des Weltalls entdeckt wurde (sog. extrasolare Planeten). Bei der Fülle von Neuentdeckungen stellt sich die Frage, wie denn das in so kurzer Zeit möglich wurde und ob man bei den grundlegenden Fragen weitergekommen ist. Dem wollen wir nun nachgehen.

5.3.2 Wie findet man extrasolare Planeten?

Wie hat man die Jahrtausende lang uns verborgen gebliebenen Planeten nun entdeckt? Was weiß man heute über sie? Wie weiter oben schon ausgeführt, überstrahlt das Licht eines Sterns das Licht der Planeten so sehr, dass sie aus großer Entfernung in der Regel nicht mehr detektierbar sind. Für eine Beobachtung günstig ist, wenn die Planeten sehr groß und von ihrem Zentralgestirn weit entfernt sind. Es hilft ebenfalls, wenn sie heiß sind, sodass sie durch ihre ausgeprägte Wärmestrahlung heller sind und im infraroten Wellenlängenbereich gefunden werden können. Ein solches System konnte tatsächlich ausgemacht werden (Abb. 5.16): Vier große Planeten umkreisen den Stern HR8799 in Entfernungen zwischen 15 und 68 astronomischen Einheiten AE (Marois et al. 2008). Der innerste dieser Planeten hat also einen etwas kleineren Abstand zu HR8799 als Uranus von der Sonne. Die Bewegungsabläufe der vier Planeten werden im QR-Code 5.4 dargestellt. Aus ihrer Helligkeit, die für verschiedene Wellenlängenbereiche ermittelt wurde, werden Temperaturen zwischen 600 °C und 900 °C geschlossen. Bisher wird kontrovers diskutiert, wie groß die Massen der Planeten sind. Hier kommen Sternentwicklungsmodelle ins Spiel, mit deren Hilfe das Alter für den Stern und seine Begleiter berechnet werden, die zwischen dreißig Millionen und einer Milliarde Jahren liegen. Wird ein niedriges Alter angenommen, wären jupitergroße Körper noch warm vom Planetenbildungsprozess, HR 8799 hätte also vier Planeten. Im Fall des hohen Alters wären Planeten abgekühlt, die Begleiter von HR 8799 wären dann Himmelskörper, schwerer als Planeten, sogenannte Braune Zwerge. Es gibt noch eine Handvoll weitere direkt abgebildete Systeme. Auch bei diesen dreht sich die Diskussion darum, ob es sich um Planeten oder um Braune Zwerge handelt. Von den Planeten um HR8799 konnte deren Licht spektral analysiert werden. Aus der Anwesenheit bestimmter Linien wurde geschlossen, dass die Planeten Kohlenmonoxid und Wasserdampf in ihrer Atmosphäre haben. Dazu eine Bemerkung zur Häufigkeit der chemischen Elemente im Kosmos: Die nach den Elementen Wasserstoff und Helium nächsthäufigen sind Sauerstoff und Kohlenstoff, danach kommen Neon, Stickstoff, Magnesium, Silizium und Eisen. Es ist also nicht verwunderlich, auf Verbindungen dieser Elemente wie Wasser, Kohlenmonoxid, Methan oder Ammoniak zu stoßen.

QR-Code 5.4: Die Dynamik der Bewegungsabläufe der vier Planeten werden im Filmclip dargestellt.

Die überwiegende Mehrzahl von Planeten wurde mit zwei sich ergänzenden Verfahren entdeckt: der Radialgeschwindigkeitsmethode und der Transitmethode. Für beide Methoden ist eine Detektion einfacher, wenn die Planeten groß und schwer sind

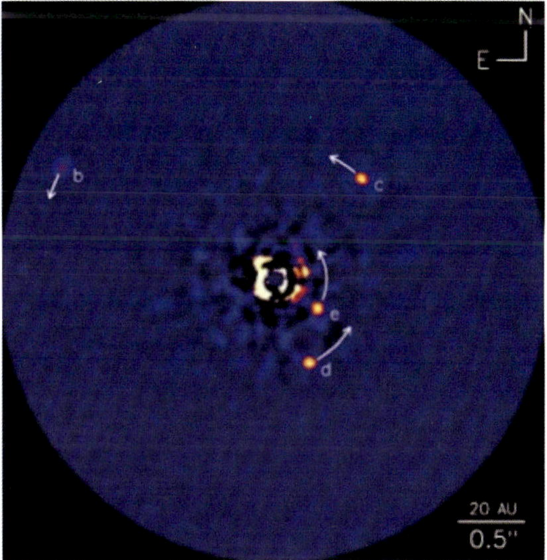

Abb. 5.16 Direkte Abbildung der vier Planeten des Sterns HR8799. Den in der Mitte des Bildes befindlichen, mit einer Maske ausgeblendeten Stern HR8799 umkreisen die vier mit b, c, d und e bezeichneten Planeten. (NRC-HIA, C. Marois, and Keck Observatory, Marois et al. 2008)

sowie in engen Bahnen um ihren Stern kreisen. Bei der Radialgeschwindigkeitsmethode wird die periodische Änderung der Geschwindigkeit eines Sterns längs der Sichtlinie Erde-Stern gemessen, der durch die Schwerkraft seiner Planeten um den gemeinsamen Schwerpunkt kreist. Diese Geschwindigkeit misst man mit Hilfe der Spektrallinien des Sterns, die sich aufgrund des Dopplereffekts periodisch verschieben. Aus der Amplitude der Geschwindigkeitsvariation lässt sich nun eine Untergrenze für das Massenverhältnis zwischen Planet und Stern angeben. Wäre die Orientierung der Ebene, in der der jeweilige Planet um seinen Stern kreist, zur Sichtlinie bekannt, könnte man das Massenverhältnis selbst und nicht nur die Untergrenze bestimmen. Neben dem Massenverhältnis erhält man noch die Umlaufdauer sowie weitere Bahnparameter. Die Masse eines Sterns wird übrigens mit Hilfe seines Spektrums und mit Sternmodellen bestimmt. So erhält man die Untergrenzen der Massen der Planeten.

Eine zweite, ebenso wichtige Methode misst die Abnahme der Helligkeit des Sterns, wenn ein Planet, von der Erde aus gesehen, vor der projizierten Sternscheibe vorüberzieht (Abb. 5.17). Von der Erde aus konnten in den Jahren 2004 und 2012 z. B. Venus-Transits beobachtet werden. Die Helligkeitsvariationen durch die Transits von Planeten bei anderen Sternen sind mit auf der Erde stehenden Teleskopen schwierig zu detektieren, da sie durch atmosphärische Störungen überdeckt werden. Durch die Benutzung von Weltraumteleskopen konnte aber diese Einschränkung überwunden werden. Die französische Sonde *Corot* hat bis zu ihrem Ausfall ca. 30 Exoplaneten vermessen und 200 Planeten-Kandidaten aufgespürt. Die NASA-Mission *Kepler* hat diese Werte weit übertroffen: ca. 2326 Planeten wurden näher charakterisiert, ungefähr 4696 Kandidaten (Stand 9. Juni 2016) identifiziert. Die *Kepler*-Mission wurde verlängert, konnte aber wegen einer Fehlfunktion der Lageregelung nur bis zum 15. Mai 2013 fortgeführt werden. Mittlerweile läuft eine weniger anspruchsvolle Nachfolgekampagne. Neben einigen Größen, die die Umlaufbahn um den Stern beschreiben, erhält man mit der Transitmethode vor allem den Radius des Planeten. Sie besitzt noch einen „Nachbrenner“: Beobachtet man mehrere bis viele wiederholte Transits, kann man über die Variation der Transitzeiten auf weitere Planeten schließen, da diese durch ihre Anziehungskraft die Bahnen der Transitplaneten leicht ändern. Zudem ist es damit möglich, die Massenverhältnisse der Planeten relativ zum Stern zu bestimmen und, bei Kenntnis der Sternmasse, deren Massen selbst.

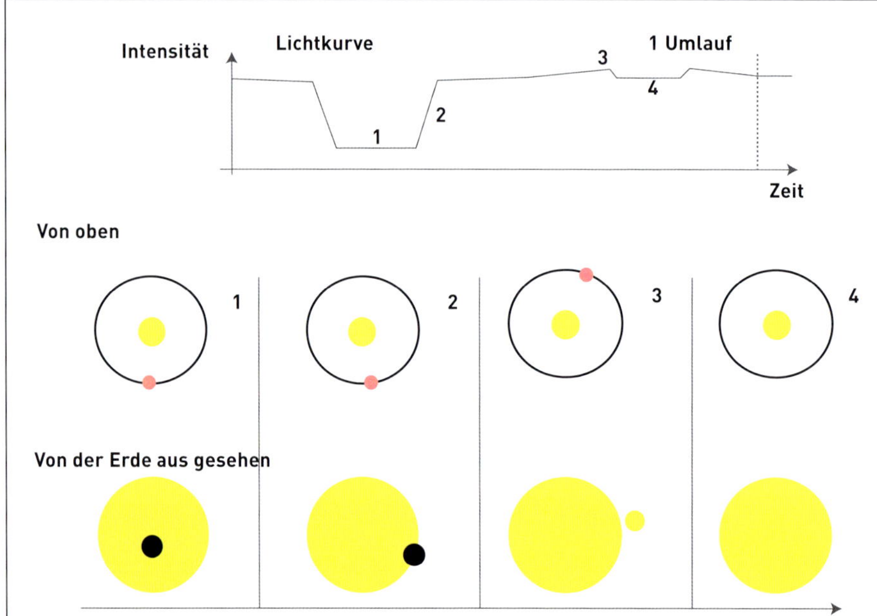

Abb. 5.17 Schematische Darstellung der Transitmethode: Zieht ein Planet längs der Sichtlinie Stern zu Erde vor dem Stern vorbei, verdeckt er einen Teil des Sterns und das bei uns ankommende Sternenlicht wird etwas schwächer (1). Bei relativ großen Planeten kann man auch die Verdunkelung des Planeten durch den Stern (4) beobachten.

5.3.3 Überraschende Entdeckungen

Zunächst fanden die Beobachter große Planeten der Jupiterklasse, die sehr nah um ihren Stern kreisen. Das war eine große Überraschung, die sie nicht erwartet hatten. In unserem Sonnensystem liegt der sonnennächste Gasriese Jupiter fünf Astronomische Einheiten (AE) vom Zentralgestirn entfernt, während manche sogenannte heiße Jupiter in wenigen Stunden im Abstand von 0,01 AE ihren Stern umrunden, dreißigmal näher als der sonnennächste Planet Merkur. Und damit nicht genug: Etliche dieser Planeten haben Bahnen, die zur durch die Rotation des Sterns definierten Bahnebene extrem geneigt sind. Sie ziehen ihre Bahn über die Pole des Sterns, andere laufen rückwärts um den Stern. Entstehungsmodelle besagen, dass sich Gasriesen nur in größerer Entfernung vom Stern bilden können. Nur dort ist genügend Eis vorhanden, sodass sich genügend schnell Planetenkerne bilden können, die das Gas aufsammeln, bevor Sternwinde alles Gas weggeblasen haben. Die Suche nach Erklärungen ist die Hauptaufgabe der Wissenschaft und so wird auch in diesem Fall daran gearbeitet: Wenn der jupitergroße Planet einen weiter außen liegenden, ebenfalls massereichen Begleiter auf einer gegen die eigene Bahn geneigten Bahn spürt, kann es zu einer so starken Beeinflussung kommen, dass er wie ein Komet in Sternnähe umgelenkt wird. Dort unterliegt er der Gezeitenwirkung des Sterns, die dazu führt, dass die Bahn wieder nahezu kreisrund wird.

Ebenso überraschend wie die heißen Jupiter sind Planeten, die um Doppelsternsysteme kreisen. Auch bei diesen wurde schon festgestellt, dass sie, und diesmal wegen der großen Störungen durch die beiden Sterne, nicht dort entstanden sein können, wo sie heute sind.

Es kristallisiert sich mit zunehmender Anzahl der entdeckten Planeten heraus, dass Systeme mit mehreren, auch kleineren Planeten normalerweise eine gemeinsame Bahnebene haben, so wie es aus den klassischen Modellen, die eine Bildung aus einer Staubscheibe voraussetzen, erwartet werden würde.

Mittlerweile zählt man rund 5000 (Stand 21.03.2022; NASA Exoplanet Archive) bestätigte extrasolare Planeten, dazu kommt noch eine etwas größere Zahl von Planeten-Kandidaten, von denen der allergrößte Teil voraussichtlich noch bestätigt werden kann. Es stellt sich heraus, dass die meisten gefundenen Planeten den Klassen der neptungroßen Planeten und der Super-Erden

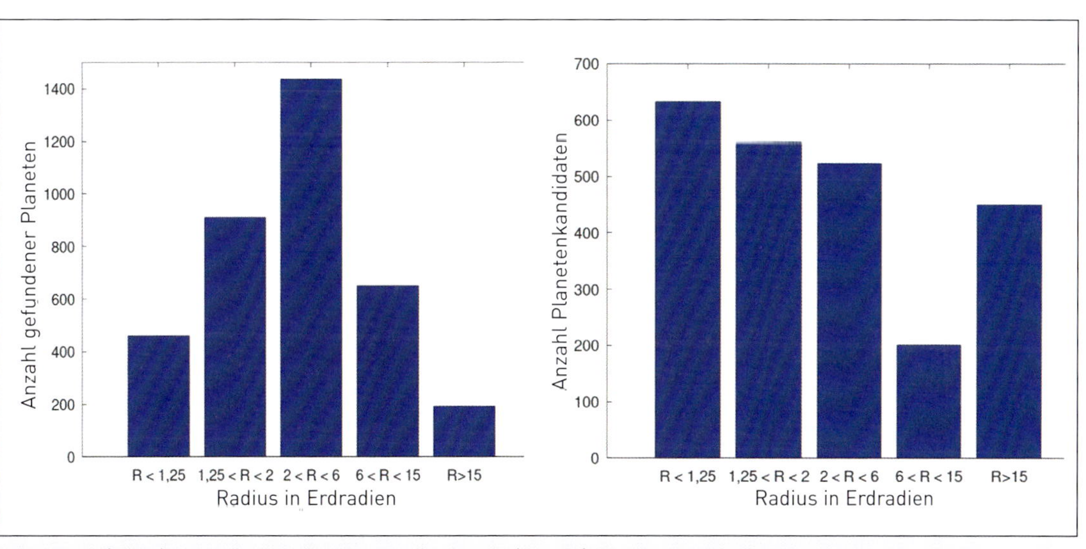

Abb. 5.18 (links) Anzahl gefundener Exoplaneten bzw. **(rechts)** Exoplanetenkandidaten aufgeteilt nach Größe des Planeten (zum Vergleich: Jupiter = 11 Erdradien, Neptun = 4 Erdradien). (Daten von exoplanet.eu; Diagramme: persönliche Mitteilung von A. Ehrmann)

Methode	Erfassung	Erfasste Planeten
Transit	Planetenradius; bei mehreren Planeten im System über Umlaufzeitenvariationen Rückschluss auf relative Massen	≥ Erdgröße; bis 200 Tage Umlaufdauer; bis einige hundert Parsec Entfernung von der Erde
Radialgeschwindigkeit	Minimale Planetenmasse wird ermittelt	≥ Neptunmasse; bis einige Jahre Umlaufdauer; bis ca. 100 Parsec
Direkte Abbildung	Spektrum	≥ Jupitergröße; ab mehrere Jahre Umlaufdauer; bis ca. 100 Parsec nur heiße Planeten
Microlensing	Planetenmasse	≥ Erdmasse; ein bis mehrere Jahre Umlaufdauer; ca. 2000 bis 4000 Parsec

Tab. 5.1 Typische Nachweismethoden für extrasolare Planeten unterschiedlicher Eigenschaften

angehören (Abb. 5.18). Ob sich der Trend, dass es mehr kleinere Planeten als größere gibt, in Richtung der Klasse der erdgroßen oder gar noch kleineren Planeten fortsetzt, ist noch unklar: Die benötigte Technik ist einfach noch nicht vorhanden, um erdgroße Planeten zuverlässig zu finden. Als besonderes Problem stellte sich heraus, dass Sterne größeren Helligkeitsschwankungen unterliegen, als bisher angenommen wurde. Die *Kepler*-Mission, die mit dem Anspruch angetreten ist, erdgroße Planeten um sonnenähnliche Sterne zu finden, konnte deshalb nicht ganz das große Ziel erreichen, auch wenn einige erdgroße und sogar kleinere Planeten gefunden wurden. Ein weiteres Ergebnis ist, dass Planeten in nahen wie in mittleren Umlaufbahnen bis zu etwa einhundert Tagen gleich häufig vorkommen. Über weitere Umlaufbahnen kann man noch nicht so viel sagen, da noch nicht genügend Daten vorhanden sind.

Mit Hilfe der gesammelten Daten lässt sich bereits abschätzen, wie häufig Planeten um Sterne sind. Das Ergebnis ist: Sterne haben normalerweise Planeten. Kleine Sterne haben zwar selten große Gasplaneten, aber kleinere Planeten wie die Super-Erden sind bei allen Sternen häufig. Während die Transit- und die Radialgeschwindigkeitsmethode nur auf Sterne in unserer näheren galaktischen Umgebung anwendbar sind, hat man mit anderen Methoden wie dem Microlensing auch schon Planeten in größerer Entfernung detektieren können. In Tab. 5.1 sind die wichtigsten Nachweismethoden zusammen mit typischen Eigenschaften der jeweiligen Exoplaneten zusammengefasst.

Eine weitere Überraschung war die Entdeckung von Lagrange-Körpern bei Exoplaneten. Lagrange-Körper sind in unserem Planetensystem kleine Körper, die etwa 60° vor oder hinter Planeten auf deren Bahnen laufen. Sie besetzen gewöhnlich die Lagrange-Punkte 4 und 5, die vom französischen Mathematiker Lagrange genau wie der bereits erwähnte Lagrange-Punkt 2 als weitere Gleichgewichtspunkte bei den Planeten existieren. Beim Jupiter heißen sie Griechen und Trojaner. Nun sind Lagrange-Körper nur einige 100 m groß, sodass sie noch viel schwerer zu entdecken sind als Exoplaneten. Dennoch ist dies gelungen, indem man die Lichtkurven aller bekannten Transit-Exoplaneten phasenrichtig aufeinanderkopierte. Nach Mittelung von über mehr als 1000 Lichtkurven konnte eine Einsenkung jeweils 60° vor und nach dem Transit festgestellt werden (Angerhausen 2015). Diese Entdeckung liefert wichtige statistische Informationen über die Häufigkeit von kleinen Körpern in Exoplanetensystemen und damit weitere Randbedingungen für Entstehungstheorien von Planetensystemen.

5.3.4 Buntes Potpourri von Eigenschaften

Für Planeten, für die Masse und Radius ermittelt wurden, kann damit auch die mittlere Dichte berechnet und diese somit einer Kategorie wie Gesteins- oder Gasplaneten zugeordnet werden.

Im inneren Sonnensystem bilden Merkur, Venus, Erde und Mars die Klasse der Gesteinsplaneten, die alle eine ähnliche Dichte um 4 - 5 g/cm³ haben. Daneben gibt es als weitere Klasse die das äußere Sonnensystem beherrschenden großen Gasplaneten Jupiter, Saturn, Uranus und Neptun mit Dichten zwischen 0,7 g/cm³ und 1,6 g/cm³. Natürlich gibt es Modelle über den inneren Aufbau der Planeten im Sonnensystem, aber mangels Daten sind viele Fragen noch offen.

Dagegen ist das Spektrum unter den extrasolaren Planeten viel breiter (Abb. 5.19). Unter ihnen wurden viele Planeten entdeckt, die nur in geringem Abstand ihren Stern umlaufen und daher sehr heiß sind. Unter diesen gibt es infolge der Hitzeeinwirkung sogenannte aufgeblasene Planeten mit Radien so groß wie Jupiter, deren Dichte jedoch unter 0,3 g/cm³ liegt. In vergleichbarer Nähe wurden jedoch gleichfalls Planeten hoher Dichte gefunden: Corot-7b und Kepler-10b. Ihre Dichte ist größer als die der Planeten im Sonnensystem, sie liegt bei 8 - 10 g/cm³; man vermutet bei ihnen einen großen Eisenanteil. Sie umkreisen ihren Mutterstern in so kurzer Distanz, dass man sogar über die Existenz von Lava-Ozeanen auf den ihrem Stern zugewandten Oberflächen spekuliert. Sie gehören zu den Super-Erden.

Ein weiteres, sehr interessantes System ist Kepler-36 (Carter et al. 2012). Hier umkreisen zwei Planeten in sehr nahe beieinander liegenden Umlaufbahnen wie ungleiche Brüder ihren Stern. Der innere Planet hat den anderthalbfachen Durchmesser im Vergleich zur Erde, der andere ist 3,7-mal so groß wie sie. In ihrer Dichte unterscheiden sich die beiden beträchtlich: Der kleinere Planet hat eine Dichte von 7,5 g/cm³, der größere von nur 0,9 g/cm³. Wie können ein Gasplanet und ein Gesteinsplanet so nahe beieinander sein? Nach den gängigen Entstehungsmodellen müssten sie weit voneinander entfernt entstanden sein und erst später in ihre jetzigen Bahnen gefunden haben. Einer anderen These zufolge liegt zwischen den beiden Planeten gerade eine Schwelle, unterhalb derer der eine seine ursprüngliche Gashülle verloren hätte, der andere aber nicht. Kepler-11 wiederum ist ein System mit sechs entdeckten Planeten, die in 10 bis 118 Tagen um einen sonnenähnlichen Stern kreisen. Man hat herausgefunden, dass die genauer vermessenen fünf inneren Planeten dieser Gruppe zwar Super-Erden mit Massen zwischen 1,9 Erdmassen und 8 Erdmassen sind, jedoch nur geringe Massendichte von 0,6 - 1,8 g/cm³ haben. So etwas sind wir aus unserem Sonnensystem ebenfalls nicht gewohnt: Kleinere Planeten sind bei uns Gesteinsplaneten; und Mars hat mit 3,9 g/cm³ die geringste Dichte unter ihnen.

Anhand der Größe und der Dichte werden Modelle für die Zusammensetzung der Planeten erzeugt. Generell hat sich gezeigt, dass die Bandbreite möglicher Zusammensetzungen sehr groß ist.

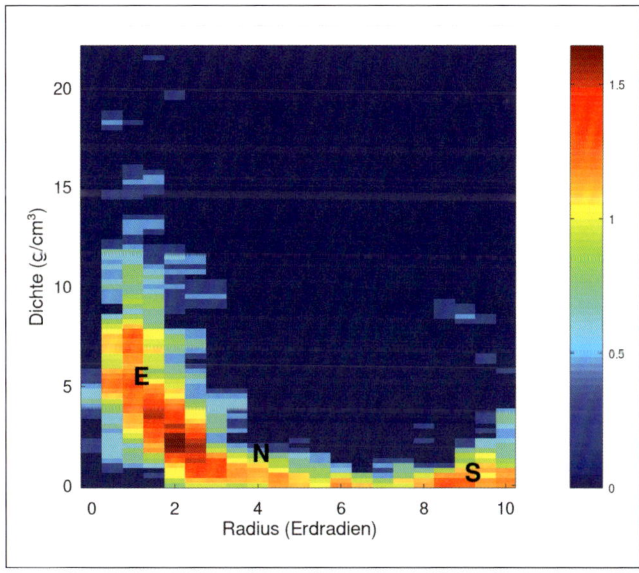

Abb. 5.19 Die Verteilung der Dichte von vermessenen Exoplaneten in Abhängigkeit von ihrem Durchmesser. Die Verhältnisse von Erde (E), Neptun (N) und Saturn (S) sind ebenfalls eingezeichnet. Die Farbskala ist logarithmisch skaliert; Dunkelblau bedeutet, dass keine Planetendaten vorliegen, während dunkelrot das Maximum der Häufigkeit gefundener extrasolarer Planeten anzeigt. Man sieht, dass unterhalb etwa Neptungröße die Verteilung möglicher Dichten sehr groß wird. Nach heutigem Verständnis liegt das daran, dass es in diesem Durchmesserbereich sowohl Gesteinsplaneten wie die Erde als auch Planeten mit einer dicken Gashülle gibt. (Daten von exoplanet.eu; Diagramm: persönliche Mitteilung von A. Ehrmann)

In Bezug auf die Super-Erde um den Roten Zwerg GJ1214, der nur 1/6 der Masse unserer Sonne hat, wurden schon weitergehende Forschungsarbeiten durchgeführt und Modelle mit möglichen Zusammensetzungen simuliert. Der Planet bewegt sich in einer Entfernung von seinem Stern, in der die Gleichgewichtstemperatur zwischen 393 Kelvin und 555 Kelvin liegt und seine mittlere Dichte nur 1,5 g/cm^3 beträgt. Er könnte ein Mini-Neptun mit Wasserstoff-Helium-Gashülle sein oder aber eine Wasserwelt, die hauptsächlich aus gasförmigem, flüssigem und festem H_2O besteht, oder ein Felsenplanet mit einer ausgedehnten Atmosphäre aus Wasserstoff. Um in der Frage der Beschaffenheit der Planeten weiterzukommen, müssen Spektren aufgenommen werden, aus denen die chemische Beschaffenheit der sichtbaren Atmosphäre geschlossen werden kann. Derzeit ist man jedoch nur in der Lage, von großen und heißen Planeten solche Spektren zu bekommen. Solche großen und heißen Planeten kommen aber nicht als potenzielle Orte für Leben in Frage.

Die Frage nach der chemischen Zusammensetzung führt uns nun zurück zum Ausgangspunkt des Kapitels, der Frage nach belebten Planeten. Der einzige uns bekannte belebte Planet ist die Erde. Die Suche nach – auch primitivstem – Leben im Sonnensystem war bislang erfolglos, und die Aussichten, wirklich extraterrestrisches Leben zu finden, sind ziemlich schlecht, da alle größeren Körper des Sonnensystems mit irdischen Mikroben bereits kontaminiert sind. Somit hat sich die Exoplanetenforscher-Community stillschweigend geeinigt, nach erdähnlichen Planeten sonstwo zu suchen. Hauptkriterium für die Einstufung als ein solcher ist die Anwesenheit von flüssigem Wasser auf der Oberfläche. Der für die Existenz von flüssigem Wasser notwendige Temperaturbereich schränkt den Bereich um einen Stern stark ein: Ist es zu heiß, ist nur Wasserdampf vorhanden, ist es zu kalt, gibt es nur Wassereis. Aus der abgestrahlten Energie eines Sterns lässt sich nun berechnen, in welchem Abstand ein Planet gerade so viel Strahlungswärme aufnimmt, dass auf ihm Wasser flüssig wäre (sofern es überhaupt Wasser dort gäbe). Welche Temperatur auf der Oberfläche eines Planeten wirklich herrscht, hängt allerdings ebenfalls sehr stark von seiner Atmosphäre ab. Zum einen wird ein bestimmter Anteil der Strahlungswärme sofort in den Weltraum zurückreflektiert, zum anderen ist die An- oder Abwesenheit von Treibhausgasen sehr wesentlich für die Oberflächentemperatur, wie bereits ein Blick auf Venus zeigt.

Die Entfernungszone um den Stern, in der flüssiges Wasser auf erdgroßen Planeten möglich ist, wird als „habitable Zone" bezeichnet. Für erdgroße Planeten um sonnenähnliche Sterne sind Informationen über die Atmosphäre oder auch nur die Dichte derzeit lediglich in Ausnahmefällen zu bekommen, falls überhaupt. Bei kleinen Sternen wie GJ1214 (Spektralklasse M) sieht es günstiger aus. Die habitable Zone liegt näher am Stern, der Stern ist kleiner und leichter, und deshalb sind Planeten leichter zu detektieren. Da M-Sterne lichtschwächer sind, ist die Chance größer, auch von kleineren Planeten spektrale Information zu erhalten. Die Nähe zum Stern hat allerdings auch Nachteile. Berechnungen legen nahe, dass sich durch die starken Gezeitenkräfte gebundene Rotation einstellt: Die Planeten wenden ihrem Stern immer die gleiche Seite zu, wie wir es vom Mond her kennen. Außerdem sind kleine Sterne viel aktiver: Ausbrüche hochenergetischer Strahlung oder „UV-Stürme" wären eventuell gefährlich für das zu suchende Leben auf solchen Planeten. Die Diskussion ist nicht abgeschlossen; manche Forscher erwarten ein ausgeglicheneres Klima durch die Anwesenheit von Kohlendioxid in der Atmosphäre, andere meinen, es reiche, wenn auf der „Sonnenseite" des Planeten ein Bereich mit flüssigem Wasser existiere, auch wenn der Rest des Planeten eine Eiswüste wäre. Das Reizvolle an der Situation ist, dass bereits die nächste Generation der Teleskope wie das *JWST* (James-Webb-Space-Telescope) Spektren von solchen Planeten aufnehmen könnte, wodurch eine Fülle neuer Daten über ihre Eigenschaften verfügbar würde. Damit könnte man dem Ziel, etwas über die notwendigen, aber nicht hinreichenden Bedingungen für eine Lebensfreundlichkeit auszusagen, näherkommen und müsste also nur Jahre und nicht Jahrzehnte warten.

Derzeit wird viel Forschungsarbeit in die Modellierung von Planetenatmosphären und

-aufbau gesteckt, obwohl genügend verlässliche Beobachtungsdaten, mit denen man diese Modelle überprüfen könnte, noch nicht in Sicht sind. Große Teleskop-Projekte, die das ermöglichen könnten, wie *Darwin* oder *Terrestrial Pathfinder* wurden wegen Geldmangel oder technischer Probleme erst einmal aufgeschoben. Trotzdem ist die Sehnsucht nach Entdeckung einer zweiten Erde, nach den Außerirdischen, groß! Leben ist immer viel spannender als die Abwesenheit von Leben.

Inzwischen kann man aber die Frage beantworten, wie viele Planeten es in unserer Milchstraße gibt, die innerhalb der habitablen Zone umlaufen und deren Oberflächenschwerkraft etwa so groß ist wie die der Erde, wobei man eine Abweichung von 20 % nach oben und unten zulässt. Von den 100 Milliarden Sternen der Milchstraße sind etwa 50 % Einzelsterne und von diesen wiederum 10 % langzeitstabil. 5 % von diesen sind wiederum sonnenähnlich, liegen also im selben Massebereich wie die Sonne. Die *Kepler*-Mission lehrte uns, dass mindestes 3 % dieser Sterne mindestens einen erdähnlichen Planeten in ihrer Ökosphäre haben. Die Multiplikation aller dieser Anteile ergibt etwa 8 Millionen solcher erdähnlicher Planeten (bezogen auf Wasser und Temperatur). Bei geschätzten 100 Milliarden Galaxien wären dies wiederum etwa 1 Trillion ($1 \cdot 10^{18}$) solcher Planeten im Universum. Das ist eine unvorstellbare Zahl. Wenn wir wieder das Beispiel mit den Salzkörnern und der Badewanne bemühen: Es entspricht einem Quader von 100 m Höhe, 120 m Breite und 1 km Länge voller Salzkörner.

Dennoch ist, nüchtern betrachtet, die Frage nach dem außerirdischen Leben heute noch genauso unentschieden wie im 16. Jahrhundert.

Auf den Punkt gebracht. Die Entdeckungen von extrasolaren Planeten in den letzten Jahren haben die Frage, ob die Existenz von Planeten um Sterne an sich etwas Besonderes ist, eindeutig beantwortet: Es ist normal, dass Sterne Planeten haben. Die große Verschiedenheit und – verglichen mit unserem Sonnensystem – extremen Zustände haben aber sehr überrascht und viele Modellvorstellungen zu ihrer Entstehung, die man sich vorher gemacht hatte, ad absurdum geführt. Die Gemeinschaft der Forscher musste wieder einmal erleben, dass sie das Unbekannte nicht gut vorhersagen konnte und viel zu sehr auf das eine lange bekannte Beispiel, unser Sonnensystem, fixiert war.

Insgesamt gesehen ist die Bandbreite an unterschiedlichen Planetensystemen viel größer als ursprünglich erwartet. Man hat sie auch um unterschiedlichste Objekte entdeckt, um Riesensterne, um „Sternleichen", also Weiße Zwerge und Neutronensterne, und mit ziemlicher Sicherheit auch um entstehende Sterne. Die Anzahl gefundener Planeten ist inzwischen groß genug, um statistisch relevante Aussagen über charakteristische Eigenschaften ihrer Systeme zu machen.

Die Frage nach Leben außerhalb unserer Erde bleibt weiter offen und wird auch in nächster Zeit noch nicht beantwortet werden können. Und sollte man extraterrestrisches Leben nachweisen können, ist noch lange nichts darüber gesagt, wie es entstanden ist.

Kompakt

- Woher kommt Merkurs hohe Dichte?
- Globale Gestaltung durch Einschlagsvorgang?
- Gibt es Eis auf Merkur?
- Merkurs rätselhaftes Magnetfeld

5.4 Aktuelle Fragestellungen der Planetologie

Dank eines unglaublichen Angebots an Hochtechnologie können Astronomen heute in schier unendliche Tiefen der Raumzeit blicken. Hunderte von riesigen Teleskopen, ausgestattet mit raffiniertester Optik, hochstabilen mechanischen Elementen und hochintegrierter Elektronik, ermitteln Informationen selbst aus wenigen Lichtquanten, die nach unvorstellbar langer Reise bei uns ankommen. Fußballfeldgroße und teilweise interferometrisch zusammengeschaltete Radioteleskope sammeln Nachrichten aus Gegenden des Universums, in denen es für das menschliche Auge zappenduster ist. Das milliardenteure *Hubble*-Weltraumteleskop zeigt nach wie vor unverschämt klare Strukturen, wo vorher nur Gewusel zu erkennen war. Nicht zuletzt ist es gelungen, mit Satelliten alle unsere Planeten direkt anzufliegen und vor Ort zu untersuchen.

Es war ein langer Weg, bis Raumsonden mit ausgefeilter Bordautonomie das Bild unserer Planeten von ziemlich unscharfen Bildscheibchen in neue Welten von teilweise fremdartiger Schönheit verwandelten. Die Welt der Planeten war zuvor aus dem Fokus des Interesses geraten, weil die Beobachtungszeit großer Teleskope eher den majestätischen Weiten des Kosmos gewidmet wurde. Observatorien hatten gar ein ungeschriebenes Gesetz, dass nicht mehr als zehn Prozent der Beobachtungszeit dem Studium der Planeten zukommen sollte. Mit dem Raumfahrtzeitalter hat sich das grundlegend geändert. Mit diesen neuartigen Forschungsmöglichkeiten sollten aber nicht nur die Kenntnisse über den Aufbau unseres Planetensystems ausgebaut bzw. verbessert, sondern auch die Vorstellungen über die Entstehung und den Werdegang unserer kosmischen Heimat untermauert werden.

5.4.1 Merkur im Fokus

Merkur gilt als Vertreter der erdähnlichen Planeten als Schlüssel zum Verständnis der Inneren Planeten Venus, Erde und Mars. Merkur repräsentiert alle Extreme:

- Er ist der Kleinste seiner Art.
- Er ist der dichteste Planetenkörper.
- Ihm wird die älteste Oberfläche zugeschrieben.
- Er hat neben der Erde als einziger ein globales Magnetfeld.
- Bei Tagestemperaturen von bis zu plus 420° C schmelzen Metalle wie Blei und Zink und bei Nachttemperaturen von bis zu minus 180 °C gefrieren Kohlendioxid und Methan.
- Er hat mit rund 600 °C die größte Tag-Nacht-Temperaturdifferenz.
- Er zeigt in seiner Nord- und Südpolgegend auffallend helle Radarreflexe, ohne dass man heute genau weiß, was sich dahinter verbirgt.
- Aufgrund seiner Bahndynamik ist ein Tag rund doppelt so lang wie ein Jahr.
- Er ist am wenigsten erforscht.

In den Jahren 1974/75 hat die amerikanische Raumsonde *Mariner 10* Merkur erstmals besucht (Mariner 10 1975) und dabei immerhin 45 % der Oberfläche kartografiert. In den Jahren 2011 bis 2015 erforschte *Messenger* den sonnennächsten Planeten. Dies wird bald ausgeweitet werden können, zumal die Raumfahrtbehörden ESA und JAXA bereits mit *BepiColombo* anrücken.

Warum hat Merkur eine so hohe spezifische Dichte?

Alle erdähnlichen Planeten besitzen einen dichten, eisenhaltigen Kern, der von einem Mantel aus Magnesium- und Eisensilikaten umgeben ist. Der Mantel besteht aus Gesteinen, deren Mineralien einen niedrigeren Schmelzpunkt haben als das darunterliegende Material. Die spezifische Dichte eines Planeten reflektiert das Gleichgewicht zwischen dem eisenhaltigen Kern, dem silikatreichen Mantel und der Kruste. Merkurs Dichte von 5,4 g/cm³ impliziert, dass mindestens 60 % des Planeten metallisches Eisen sein sollten – das ist doppelt so viel wie bei der Erde. Es gibt im Wesentlichen drei Theorien, die versuchen, die auffällige Metallhäufigkeit und die hohe spezifische Dichte des Merkur zu erklären:

Theorie 1: Die Bedingungen im protoplanetaren Nebel (vgl. Abschnitt 5.2.2) in der Frühzeit unseres Sonnensystems favorisierten das Zusammenlagern von Teilchen hoher spezifischer Dichte, womit die zentrale Anreicherung mit Metallen erklärt wird. Dieser Prozess hätte die Zusammensetzung der Kruste nicht beeinflusst, weshalb diese vergleichbar mit den anderen terrestrischen Planeten sein sollte.

Theorie 2: Die enorme Hitze der relativ nahen Sonne ließ in der Frühzeit des Planeten einen Teil der äußeren Gesteinsschicht verdampfen, wodurch ein insgesamt metallreicher Planetenkörper zurückblieb. Diese Theorie lässt erwarten, dass die Oberfläche abgereichert ist in Bezug auf leichtflüchtige natrium- und kaliumhaltige Elemente.

Theorie 3: Der noch junge Planet war während eines heftigen Bombardements in der Frühzeit des Planetensystems von einem gewaltigen Einschlagsereignis betroffen, wodurch die äußere Kruste und Teile des oberen Mantels weggesprengt wurden (eine favorisierte Theorie für die Erdmondentstehung folgt diesem Muster). Damit sollten die Elemente einer ursprünglichen Kruste (Silizium, Aluminium und Sauerstoff) deutlich abgereichert sein.

Die Merkursonden haben unter anderem die Aufgabe, mit ihren Messungen Unterscheidungskriterien zwischen diesen Theorien zu finden.

Gestalt der Oberfläche

Die von *Mariner 10* empfangenen Bilder zeigen uns eine Oberfläche vergleichbar mit der des Erdmondes: Sie ist mit Kratern übersät, Multiring-Becken und Lavaströme sind zu sehen. Krater von 100 Metern Durchmesser sind die kleinsten noch auflösbaren Strukturen. Die größten Krater haben Durchmesser von bis zu 1300 Kilometern. Das Caloris-Becken ist die größte zusammenhängende Oberflächenstruktur. In Abb. 5.20 sind die Ringwälle des Kraterrands zu sehen. Es ist wahrscheinlich das Ergebnis eines Zusammenstoßes mit einem Projektil von 100 Kilometern Durchmesser. Die von diesem *Impakt* ausgelösten Schockwellen liefen durch den ganzen Plane-

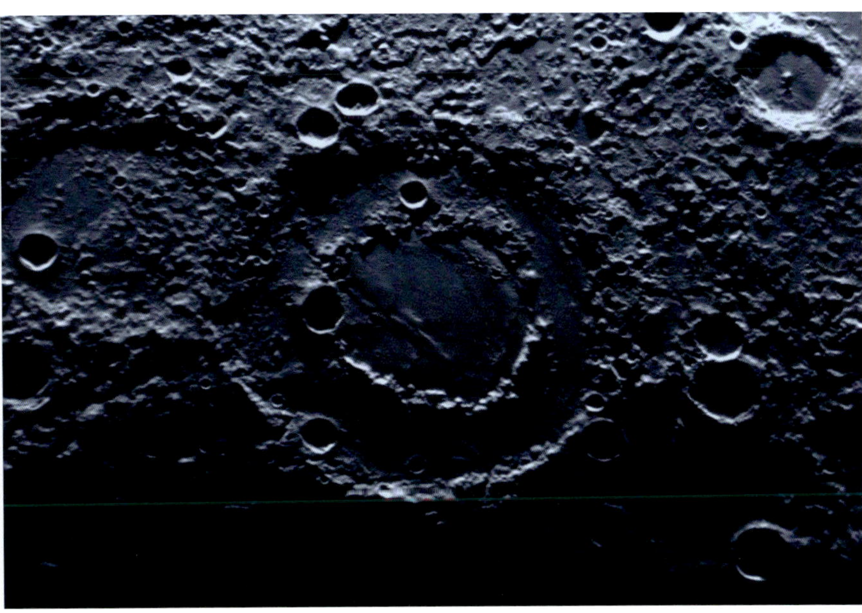

Abb. 5.20 Ringförmige Strukturen des Caloris-Beckens als größter zusammenhängender Oberflächenstruktur auf Merkur. Die durch einen Einschlagsvorgang ausgelösten Schockwellen liefen durch den ganzen Planetenkörper hindurch, um auf dessen Gegenseite ein chaotisch aussehendes Relief zu hinterlassen. (NASA/JHU APL/CIW)

tenkörper und verursachten auf der Gegenseite des Planeten ein raues, chaotisches Terrain (Antipoden des Caloris-Beckens). Damit hat dieser Einschlagsvorgang den Planeten Merkur bis fast an seine Belastungsgrenze beansprucht. Nach dem Einschlag füllte sich das Becken teilweise mit Lava. Entsprechende Computersimulationen zeigen, dass gewaltige Mengen glutflüssiger Materie viele Kilometer hoch in den schwarzen Himmel über Merkur geschleudert wurden, während gleichzeitig verheerende Bebenwellen rund um den Planeten rasten, sich auf der Gegenseite des Planeten trafen, sich gegenseitig verstärkten und schließlich verebbten. Zurück blieb eine 580 000 Quadratkilometer große Fläche, die noch heute die gewaltigen Kräfte erahnen lässt, eine bizarr-chaotische Landschaft, die an den Kampfplatz von Titanen erinnert.

Gibt es Eis auf Merkur?

Zunächst scheint diese Frage unsinnig, und die Antwort kann nur negativ ausfallen, gleicht doch die Tagestemperatur mit bis zu +420 °C eher einer Hölle und zudem besitzt Merkur doch nur eine extrem dünne Atmosphäre – wegen der geringen Dichte spricht man eher von einer Exosphäre – hauptsächlich aus Helium, Natrium und Spuren von Sauerstoff. Dennoch haben Wissenschaftler vom Caltech in Kalifornien 1991 ungewöhnlich helle Rückreflexe von Radarstrahlen aus den Polgebieten erhalten; sie werden in Abb. 5.21 im Vergleich zu einer optischen Aufnahme von der gleichen Region gezeigt. Die starke Reflexion sprach für eine Substanz, die die Planetenforscher in der Gluthölle des Merkur als Letztes erwartet hatten: Wassereis. Diese Beobachtung könnte durch Eisvorkommen auf oder unmittelbar unter der Oberfläche herrühren, zumal wegen der fast senkrecht zur Bahnebene stehenden Rotationsachse des Planeten die Kraterböden dieser Region nie direkt vom Sonnenlicht erreicht werden (Vaas 1994). Es wird spekuliert, dass die Temperaturen dort nie höher als −160 °C werden und bis zu −210 °C tief fallen. Könnten sie damit Kältefallen für Ausgasungsprodukte des Merkur sein? Oder wurde das Eis von Kometen angeliefert, die mit Merkur zusammengestoßen sind? *Messenger* hat solche Radarreflexe untersucht und festgestellt, dass die Strukturen mit einer dünnen Staubschicht belegt sind, die organische Komponenten enthalten (McNutt et al. 2010).

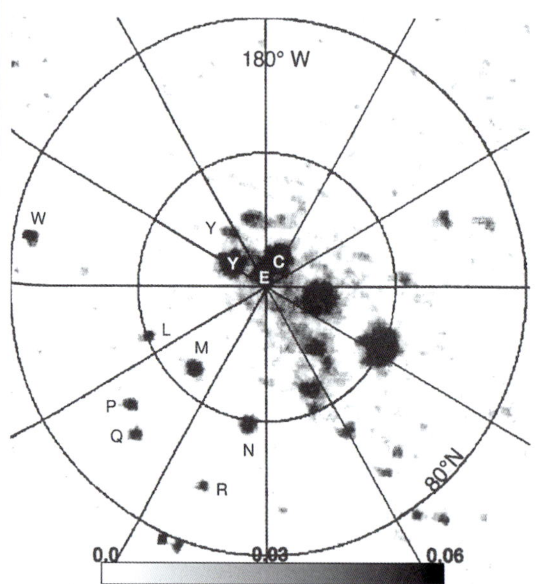

Abb. 5.21 Eiskrater auf dem sonnennächsten Planeten. Links sind die Radarreflexe der Polregion zu sehen, die rechts auf dem optischen Foto durch die entsprechenden Buchstaben markiert sind. Leider liegt die optische Aufnahme von Mariner 10 teilweise im Schatten. (Links: Caltech 1991; Harmon et al. 1994; rechts: Harmon et al. 1994; NASA 1974)

Es ist höchste Zeit, dass Merkur wieder einmal Besuch bekommt! Das Neutronenspektrometer von *BepiColombo* wird sich speziell der Frage nach Wassereis widmen. Seine Ankunft in der Umlaufbahn des Merkur wird im Dezember 2025 erwartet.

Merkurs rätselhaftes Magnetfeld

Neben der Oberflächenchemie bleibt wohl der Zusammenhang mit dem bipolaren Magnetfeld rätselhaft. *Mariner 10* konnte es nicht umfassend genug charakterisieren. Es wird jedoch der Vergleich mit dem Dipolfeld der Erde zugrunde gelegt, welcher das Merkur-Magnetfeld als irdische Miniaturausgabe behandelt. Auf globaler Skala kann es wie ein gewaltiger Stabmagnet in seinem Innern betrachtet werden. Mond und Mars haben kein globales Dipol-Magnetfeld; ihr Magnetfeld ist in lokalen Gesteinsformationen „eingefroren". Dabei ist nicht geklärt, wie solche lokalen Magnetfelder entstehen und es ist erst noch zu klären, welchen Beitrag lokale Magnetfelder bei Merkur leisten könnten.

Wenn jedenfalls der innere Kern aus Eisen besteht, dann wird er seit langer Zeit erstarrt sein, ein Vorgang, der mit den großen Schrumpfungsstrukturen an der Oberfläche verbunden sein könnte: Großräumige Verwerfungen auf der Oberfläche von bis zu 300 Kilometern Länge und drei Kilometern Höhe werden als Spuren globaler Schrumpfung aufgrund dieser Abkühlung des Planeteninnern gedeutet. Dabei ist Merkur der kleinste der Planeten. Wie kann er trotzdem ein Magnetfeld bilden? Oder ist ein früheres Magnetfeld in seinem eisenhaltigen Material „eingefroren"? Warum ist dies angesichts der langen Zeiträume noch nicht abgebaut? Nun wird gemutmaßt, dass für die Magnetfelderzeugung z. B. eine Eisen-Schwefelverbindung als eine flüssige Schale über dem inneren Kern existieren könnte. Das sind Klimmzüge, die eine Langzeitstabilität eines Merkurmagnetfeldes fordert.

Der japanischen Raumfahrtbehörde sind diese grundsätzlichen Fragen eine ganze Magnetosphärensonde wert; sie wird die ESA-Mission *BepiColombo* flankieren; weitere Informationen zu *BepiColombo* bietet der QR-Code 5.5. Bereits die NASA-Mission *Messenger* hat durch ein *Laser-Altimeter* die Anwesenheit eines festen Eisenkerns durch Messungen der *Libration* entscheiden können.

QR-Code 5.5: Übersicht über die Anforderung an den Satelliten *BepiColombo* zusammen mit einer Illustrierung des Missionsverlaufs

Auf den Punkt gebracht: Die extremen Verhältnisse bei Merkur machen es nicht einfach, diesen Planeten in das generelle Entwicklungsschema des Sonnensystems einzuordnen. Der außergewöhnlich hohe Anteil an Eisen lässt viele Fragen offen. Der gewaltige Eisenkern soll 75 % seines Gesamtdurchmessers einnehmen. Die Erkenntnis, dass ein 100 Kilometer großes Objekt seine Oberfläche entscheidend geprägt hat, stellt die Frage in den Raum, woher dieses Objekt gekommen sein soll. Von Experten wird dafür das „Große Bombardement" verantwortlich gemacht. Durch Interaktion mit den großen Gasplaneten sollen vor 3,9 Milliarden Jahren viele kleinere Himmelskörper abgelenkt und auf Kollisionskurs mit den inneren Planeten gekommen sein.

So sträubt sich also schon der erste Planet gegen anerkannte Planetenbildungstheorien und die Versuche, die offenen Fragen zu beantworten, sind bisher nicht befriedigend bzw. eindeutig geklärt. Viele Hoffnungen auf Antworten ruhen auf *BepiColombo*, eine ESA-JAXA-Mission, die 2018 gestartet wurde und ab Ende 2025 Merkur im Detail ins Visier nehmen soll.

Kompakt

- Sonne als Energiequelle erfährt Langzeitveränderung
- Venus und Mars entwickeln höllische Temperaturen bzw. eine Eiswüste
- Erde müsste durch „intelligenten" Treibhauseffekt thermal stabilisiert worden sein

5.4.2 Venus – Erde – Mars: Beispiel einer ungewöhnlichen Temperaturgeschichte

Sterne – und damit auch unser Zentralgestirn, die Sonne – beziehen nach heutigen Vorstellungen ihre Strahlungsenergie aus einem thermonuklearen Fusionsprozess, der tief in ihrem Innern abläuft. Dieser Prozess wird als Teil der Elementsynthese verstanden, der zum Aufbau schwererer Elemente im Kosmos führt. Daraus folgt auch, dass sich die chemische Zusammensetzung eines Sterns im Laufe seines Lebens ändert. Deshalb sollen nachfolgend die Konsequenzen am Beispiel unserer Sonne diskutiert werden, denn die stetigen Änderungen im Sonneninnern führen zu einer allmählich helleren bzw. heißeren Sonne, vor allem in Anbetracht der zugrundegelegten langen Zeitskalen. Der Radius der Sonne hat etwa um 10 %, die Oberflächentemperatur um rund 3 % zugenommen. Das hat Auswirkungen auf die Planeten, für welche die Sonne die einzige effektive Energiequelle ist. Um das Element der Spekulation möglichst klein zu halten, beschränken wir die Diskussion auf die Erde und deren inneren und äußeren Nachbarn, für deren Verhältnisse wir noch am ehesten Anhaltspunkte aus der Vergangenheit haben.

Nach evolutionären Vorstellungen erschien auf geheimnisvolle – jedenfalls auf bis heute nicht erklärbare – Weise vor rund 3,5 Milliarden Jahren Leben auf der Erde. Seither muss nach gängigen Sternentwicklungsmodellen die Helligkeit der Sonne um rund ein Viertel gestiegen sein (Sagan & Chyba 1997). Wenn man dies so gelten lässt, ergeben sich daraus beträchtliche Engpässe in den thermalen Randbedingungen für die Entwicklung des Lebens auf der Erde. Im Gegensatz dazu nehmen Biologen und Geologen im Allgemeinen nahezu konstante mittlere Temperaturen über die letzten 4,5 Milliarden Jahre auf der Erde an. Aus astronomischer Sicht muss jedoch von einer signifikanten Temperaturerhöhung unseres Zentralgestirns ausgegangen werden, sodass eine gewagte Hypothese aufgestellt werden muss: Irgendwelche Faktoren sollten durch eine Balance in der Erdatmosphäre für relativ konstante Bedingungen auf der Erde gesorgt haben. Unter heutigen atmosphärischen Bedingungen würde nämlich eine Reduktion der durchschnittlichen Sonnenleuchtkraft um 1 bis 2 % auf der Erde zur großflächigen Vereisung führen, während eine Zunahme um rund 2 % heftige atmosphärische Turbulenzen wie Hurrikans, Tornados etc. auslösen würde. Dies ist als das „Paradoxon der jungen Sonne" bekannt. Entweder sind die Sonnenmodelle falsch oder unser Klima ist bemerkenswert widerstandsfähig gegen (äußere) Änderungen. (Auszug aus der Projektbeschreibung für die *Eddington*-Weltraummission der ESA: *„Either the solar models are wrong or our climate is remarkably resistant to change."*[Z24])

Nehmen wir an, dass sich die *Albedo* der Erdoberfläche nicht geändert hat (sonst würde die Fähigkeit der Abstrahlung in der einen oder anderen Weise beeinflusst werden), dann sollten die Temperaturverhältnisse auf der Erde aus dieser Sicht konstant sein. Diese Annahme ist sicher im Einzelnen nicht realistisch, kann aber für unsere groben Überlegungen vereinfacht so einmal gelten. Mit der theoretisch abgeleiteten Erhöhung der Sonnenleuchtkraft um 25 % im besagten Zeitraum erhalten wir eine Anhebung der Temperatur auf der Erde von durchschnittlich 18 °C. Da die momentane Durchschnittstemperatur etwa 15 °C beträgt, müsste die durchschnittliche Temperatur vor 3,5 Milliarden Jahren bei deutlichen Minusgraden gelegen haben. Das bedeutet, dass zur Zeit der angenommenen Lebensentstehung der größte Teil der Erde gefroren war, abgesehen von kleineren tropischen Zonen mit Plustemperaturen. Wenn dies so stimmt, dann war ein weitaus größerer Teil der Erdoberfläche hoch reflektierend, was die Menge der absorbierten Wärmeenergie reduziert und so zu sicher noch tieferen Temperaturen als eben erwähnt geführt hätte.

Traditionell wird das Paradoxon aufgelöst durch die Annahme eines dynamischen Treibhauseffekts auf der Erde. Dieser hätte die Erde trotz leuchtschwächerer Sonne anfänglich warm gehalten. Dabei soll die Treibhauswirkung jeweils gerade so eingestellt gewesen sein, dass sie die Wirkung der wärmer werdenden Sonne kompensierte, wobei die Entwicklung des Lebens dabei selbst eine entscheidende Rolle spielte. Allerdings würde die Temperaturhistorie der Erde eine sehr delikate Balance erfordern. Jede anhaltende Abweichung hätte zu Klimakatastrophen führen können oder müssen, von denen sich die Erde nicht wieder hätte erholen können. Simulationen am Potsdam-Institut für Klimaforschung (PIK) untersuchten den maximalen CO_2-Gehalt in der Atmosphäre, um die Erde vor einem „Schneeball-Zustand" zu bewahren. Der Erstautor der Studie, Hendrik Kienert, argumentiert mit einem CO_2-Gehalt, der 1400-mal höher gewesen sein soll als im vorindustriellen Zeitalter (Kienert et al. 2012). Frühere Studien gingen von einer 200-mal höheren Konzentration aus. Möglicherweise sind die Nachbarplaneten Venus nach innen und Mars nach außen Beispiele, um mehr Licht in diese Szenarien zu bringen.

Planetologen stufen Venus und Mars als Planeten des „Grüngürtels" um unsere Sonne ein. De facto werden sie als dessen innere und äußere Begrenzung gesehen. Die geringere Entfernung der Venus von der Sonne gab diesem Planeten eine höhere Anfangstemperatur, jedenfalls höher als die der Erde, die dann zu einem ausgeprägten Treibhauseffekt führte. Als Ergebnis hat heute die Oberfläche der Venus mit ihrer dichten Atmosphäre mit knapp 500 °C die höchste Planetenoberflächentemperatur in unserem Sonnensystem. Ohne die atmosphärische Hülle wäre die Oberflächentemperatur gerade etwa +50 °C.

Im Gegensatz dazu ist Mars heute ein recht kalter Planet mit dünner, unwirtlicher Atmosphäre, auf dessen Oberfläche selten positive Temperaturwerte auftreten. Es gibt jedoch sehr starke Hinweise, dass in seiner jungen Geschichte einmal mächtige Wasserströme flossen, was auf wärmere Verhältnisse hinweist[1]. Die meisten Planetologen gehen davon aus, dass dies vor rund 3,8 Milliarden Jahren stattfand. Damals war jedoch die Sonne rund 25 % leuchtschwächer als heute. Das passt nicht zu der Vorstellung, dass früher auf dem Mars Wasser geflossen ist.

Damit wird deutlich, dass das Problem der frühen Sonne auch ein Problem für Mars ist und nicht auf eine sich entsprechend verändernde Erdatmosphäre reduziert werden kann, selbst wenn deren Atmosphäre „intelligent" auf Änderungen der Sonne hätte reagieren können.

Auf den Punkt gebracht. In diesem Buch wird nicht systematisch durch das Planetensystem gegangen, um dessen Problematik umfassend zu diskutieren. Das wäre zu umfangreich und muss an anderer Stelle erfolgen. Es soll aber stichprobenartig gezeigt werden, dass dort, wo Lösungsansätze für die Verhältnisse eines Planeten in einen Gesamtkontext gestellt werden, sich z. T. schier unlösbare Widersprüche ergeben:

- Warum sollte die Marsoberfläche zu einer Zeit wärmer gewesen sein, als die Sonne deutlich leuchtschwächer war?
- Warum sollte die Erdatmosphäre die zunehmende Sonnenenergie „intelligent" kompensieren können, während der sonnennächste Nachbar – die Venus – daran scheiterte?
- Welche Wahrscheinlichkeiten haben solche Zufälle?

Creation Pointer

Man hat den Eindruck, dass der Erfolg einer neuen Weltraummission nicht an der Beantwortung von dieser oder jener Frage gemessen wird, sondern ob sie uns interessante neue Fragen hinterlassen hat, die man sich zuvor nie stellte. Ein Zeichen für die Raffinesse und Komplexität der wahren Verhältnisse.

Die Komplexität der Verhältnisse der Planeten sollte hier am Beispiel der am besten bekannten Planeten – da sie uns benachbart sind – gezeigt

[1] z. B. http//www.space.com/scienceastronomy/solarsystem/mars_floods_020621.html

werden. Die Unsicherheiten werden erwartungsgemäß für weiter entfernte Planeten nicht kleiner. Unsere mit Hightech ausgestatteten Satelliten haben uns eine Fülle von Daten zugefunkt, die es einzuordnen gilt. Sie haben bereits Anlass zu manchem Wandel gegeben und sein Schrittmaß deutlich erhöht, das Haltbarkeitsdatum von lieb gewordenen Vorstellungen nochmals verkürzt. Die über Jahrzehnte geführten kontroversen Diskussionen über Geologie, Astrophysik, Planetologie, Klimatologie und Atmosphärenwissenschaften machten das Paradoxon der jungen Sonne zu einer der großen offenen Fragen der Paläoklimatologie. Dies zeigt uns erneut die weiten Maschen unserer Modelle, durch die Manches unversehens hindurchfällt.

Kompakt

- Die Suche nach Wassereisvorkommen
- Atmosphärische Methankonzentrationen über Wassereisvorkommen
- Disput über Methanentstehung: organisch oder anorganisch?

5.4.3 Rushhour beim Roten Planeten

Die Suche nach Leben irgendwo im All hat für viele Irdische einen außerordentlich hohen Reiz – vielleicht, weil sich die Einsamkeit im Kosmos nur schwer ertragen lässt. Und natürlich hat man den erwartungsvollen Steuerzahler rund um den Globus mit diesem Motiv zur Begründung von einer Serie von Marsmissionen bewegt. Fakt ist, dass der direkte Nachweis von außerirdischem Leben – sollte er je möglich sein – von keiner der jetzt laufenden Missionen geleistet werden kann. Allerdings ist die Suche nach günstigen Voraussetzungen für Leben zentraler Teil des Programms. Eine wesentliche Voraussetzung ist dabei das Wasser, und zwar in seiner flüssigen Form. Es gibt sicher Hinweise auf Wassereisvorkommen auf verschiedenen Planeten- und Mondoberflächen, aber man kann heute quer durchs ganze Planetensystem reisen, ohne auch nur auf eine Wasserpfütze auf der jeweiligen Oberfläche zu stoßen – außer auf dem Wasserplaneten Erde. So haben die beiden amerikanischen Rover *Opportunity* und *Spirit*

Abb. 5.22 Ein Feld von Eisschollen auf der Marsoberfläche, das durch Staubbedeckung vor rascher Sublimierung geschützt ist. Die Aufnahme stammt von der Raumsonde *Mars Express*. (ESA / DLR / FU Berlin)

auf zwei gegenüberliegenden Landeplätzen des Mars überzeugende Hinweise auf frühere Wasservorkommen gefunden. Die NASA hatte die Tiefebene Meridiani für die Landung von *Opportunity* gewählt, weil dort große Vorkommen an Roteisenerz (Hämatit) vermutet wurden, das in Gegenwart von Wasser oder vulkanischer Aktivität entsteht. Steve Squyres, Chefwissenschaftler der Mars-Rover, nannte die Stelle die „Hämatit-Hauptstadt des Sonnensystems". Es hat sich gezeigt, dass Wasser nicht nur in der Frühzeit geflossen sein könnte; es gibt auch Hinweise auf spätere Vorkommen, z. B. durch lokales Aufschmelzen von Eis bei Vulkanausbrüchen. Abb. 5.22 gibt darauf Hinweise. Die damit verbundene Argumentation folgt nachstehender Logik:

- Es gibt junge Feuerberge.
- Sie verursachen ein lokales Aufschmelzen von Wassereis.
- Vulkanasche konserviert Eisschollen durch Bedeckung und reduziert somit die Sublimationsrate.

Interessanterweise wurde eine Korrelation zwischen Wassereisvorkommen und höherem Methangehalt in der Atmosphäre festgestellt, was zunächst einen organischen Ursprung des Methans begünstigen würde.

Neben den Hämatitfunden als geochemische Evidenz gelten zahlreiche Grabensysteme als geologische Zeichen für Wasser. Abb. 5.23 zeigt mit einem Canyon im Hellas-Becken einen ausgetrockneten Flusslauf, dessen bläulich erscheinende Farben als Sedimentablagerungen interpretiert werden. Eisvorkommen waren zuvor schon an den Polen nachgewiesen worden. Diese Tatsache mag ein interessantes Auswahlkriterium für spätere (bemannte?) Landungen liefern, aber mit einer möglichen Lebensentstehung hat das keinen nachweisbaren Zusammenhang.

Nichtsdestotrotz wird mit stetiger Regelmäßigkeit davon ausgegangen, dass zumindest notwendige Voraussetzungen für Lebensentstehung (s. Kasten 5.5) die Elemente Sonnenlicht, Wasser und eine auf Kohlenstoff basierende Chemie gewesen sein müssen. Viele Argumentationen laufen gar darauf hinaus, dass dort, wo diese

Abb. 5.23 Formation im Hellas-Becken, die sehr an einen ausgetrockneten Flusslauf erinnert. Die bläulich erscheinenden Regionen werden als Sedimente interpretiert. Die Aufnahme stammt von der Raumsonde *Mars Express*. (ESA, DLR, Neukum 2004)

Elemente zusammenkommen und man ihnen genügend Zeit gibt, Lebensentstehung gar nicht vermeidbar ist. Es wird von Lebensentstehung als einem puren Planetenoberflächenphänomen gesprochen, das bei Zusammentreffen einer Energiequelle und einer passenden Planetenoberfläche gar nicht zu verhindern sei. Der Filmclip QR-Code 5.6 zeigt interessante Oberflächenphänomene in 3D-Aufnahmen, ohne Spuren von lebensnotwendigem, flüssigem Wasser zu zeigen. In einem Interview von „Die Zeit" vom 29. Januar 2004 wurde die führende deutsche Biologin Gerda Horneck auf die Frage nach Lebensentstehung angesprochen (als Exobiologin vertritt sie übrigens eine Disziplin, deren Gegenstand noch gar nicht nachgewiesen ist). Die Frage von Christoph Drösser betraf ein sehr zentrales Anliegen, das jeden bewegt, der sich mit diesem Fragekom-

QR-Code 5.6: Interessante Oberflächenphänomene in 3D-Aufnahmen (3D-Brille benutzen)

plex beschäftigt: „Aber der Übergang von der unbelebten zur belebten Materie ist noch nirgends beobachtet worden." Darauf Horneck: „Deswegen untersuchen wir auch die Frage, ob das Leben von einem Planeten zum anderen transportiert werden kann. Und es sieht so aus, dass das durch Meteoriten innerhalb des Sonnensystems möglich ist." – Als ob dies das Problem der Lebensentstehung lösen würde; das ist doch nur ein Verschiebebahnhof!

- Im Laufe der Geschichte haben wohl einige Marsmeteoriten, die als Auswurf (*Ejekta*) eines Impaktvorgangs die Marsoberfläche verlassen konnten, den Weg zur Erde gefunden und wurden von dieser aufgesammelt. Im Gebiet der Antarktis wurden sie gefunden. Sie wurden aufgrund der Isotopenverhältnisse von Gaseinschlüssen identifiziert, die so auch von den ersten amerikanischen Landegeräten *Viking 1* und *2* vor Ort gemessen wurden.
- Nun haben Fernerkundungssatelliten in der Zwischenzeit – trotz Verwitterung und Erosion – auf der Erdoberfläche rund 160 Einschlagskrater identifiziert; jährlich kommen mehrere Neuentdeckungen hinzu. Wenn die Erde also bereits von Marsbrocken über Impaktvorgänge erreicht wurde, dann ist der umgekehrte Weg von irdischen Brocken zum Mars auch nicht ausgeschlossen.
- Die heute praktizierte aufwendige Sterilisation von irdischen Landegeräten vor ihrer Reise zum Mars nützt möglicherweise nicht entscheidend, da diese Erdmeteoriten die Marsoberfläche bereits mit Lebensspuren infiziert haben könnten. Dass einfache Lebewesen diese Reise überstehen können, gilt als nachgewiesen. (Die im April 1967 gestartete Mondsonde *Surveyor 3*, die erfolgreich auf dem Mond landete, wurde im Zuge der *Apollo 12*-Mission besucht. Teile der Sonde wurden von den Astronauten Conrad und Bean demontiert und im November 1969 zur Erde zurückgeführt. Dabei wurden u. a. noch lebende Bakterien entdeckt.)

Wegen der ursprünglich sehr lockeren Handhabung der Lander-Sterilisation ist G. Horneck auch der Überzeugung: „Ich glaube, dass schon einige *Bacillus subtilis*-Sporen dort oben (auf Mars) sitzen." Jedenfalls gibt sie sich nüchtern in Bezug auf Suche von Lebensspuren auf der Marsoberfläche, dessen Oberfläche durch die dort ankommende aggressive UV-Strahlung der Sonne Lebensprozesse, wie wir sie kennen, unmöglich macht. Dazu kommt das Fehlen eines ausgeprägten Magnetfelds, weshalb auch energiereiche, kosmische Strahlung ungehindert eindringen kann. *„No chance of life at the Red Planet's surface"*, kommentiert A. Ananthaswamy in New Scientist vom 3. April 2004.

Deshalb wurden große Hoffnungen auf die Radar-Untersuchungen des europäischen *Mars Express* gesetzt, die gegen Ende der globalen Kartografierung anstand. Sie sollten im Marsinnern, jedenfalls unter der sichtbaren Oberfläche, „Oasen" für Leben ausmachen. Jüngere geologische Aktivitäten lassen den Schluss zu, dass es im Innern noch heute Speicher mit flüssigem Wasser geben mag. Wie tief diese liegen sollen, weiß niemand – jedenfalls zu tief für bohrende Roboter. Es können bis zu kilometertiefe Bereiche sein. Und sie wären auch gegen gefährliche Strahlung und hochenergetische Teilchen geschützt.

Neuere Untersuchungen zeigen keine eindeutigen Trends. ESAs *Mars Express* hat mit dem Radarinstrument *MARSIS* Hinweise auf Sedimente geliefert. *„We interpret these as sedimentary deposits, maybe ice-rich"*, sagt Jérémie Mouginot. *„It is a strong new indication that there was once an ocean here"* (Mouginot et al. 2012). *„I don't think it could have stayed as an ocean long enough for life to form."*[Z25] Die ausgewiesenen Eisschichten reichen in eine Tiefe von mehreren Kilometern. Auch der NASA-Rover *Curiosity* hat an der Oberfläche des Gale-Kraters ähnliche Erkenntnisse gewonnen (Ming et al. 2014). Aber die große Frage bleibt: Wohin ging das ganze Wasser?

Tiefflug über die Wüstenwelt

Neben schönen Szenen mit bislang unerreichter Brillanz haben die Marsuntersuchungen eine interessante Spur aufgenommen. Es geht um den Nachweis von Methan. Auf der Erde stammt fast sämtliches Methan in der Atmosphäre von

Bakterien, die organisches Material verarbeiten und das Gas als Nebenprodukt erzeugen. Fossiles Methan kann auch von unterirdischen Öllagern stammen und durch Brüche oder andere Öffnungen nach außen diffundieren. Die einzige Möglichkeit, Methan auf anorganischem Weg freizusetzen, ist über Vulkanismus oder geothermische Reservoirs. Allerdings haben Orbiter um den Mars keinerlei Hinweise auf gegenwärtigen Vulkanismus gefunden.

Das ist sicher eine sehr interessante Entdeckung, was immer ihre Erklärung sein mag. Sie wurde von drei Gruppen unabhängig gemacht. Allerdings liegen die nachgewiesenen Mengen mit 10,5 ppm an den jeweiligen Nachweisgrenzen der Instrumente, weshalb die Ergebnisse als vorläufig gelten müssen. Mehrere Erklärungen werden diskutiert:

- Es kann sich um primordiales Methan handeln, das allmählich aus dem Innern diffundiert. Allerdings müssten Reservoirs angenommen werden, die sich über 4 Milliarden Jahre nicht erschöpften.
- Vulkanismus oder geothermische Reservoirs können anorganische Quellen für Methan bilden. Allerdings hat das Thermal Emission Imaging System *Themis* an Bord von *MARS Odyssey* keine Hinweise auf heiße Spots ausmachen können, die als Auslöser zu erwarten waren.
- Kometen wurden als Quellen diskutiert, die rund 1 % Methan enthalten. Aber es wurden keine Einschläge beobachtet, die mit einer entsprechenden Regelmäßigkeit den Mars mit Methan beliefern würden, um solche Methanvorkommen immer wieder zu erneuern.

Nachdem solche anorganischen Lösungsansätze unwahrscheinlich klingen, käme also noch die Möglichkeit von „fossilem Methan" in Frage, das von ehemaligen Lebensformen auf Mars stammen könnte. Allerdings zeigen Rechnungen von Krasnopolsky von der Catholic University of America in Washington DC und seinem Team, dass selbst beim Zusammenwirken sämtlicher erwähnter Quellen der nachgewiesene Methanlevel um den Faktor 30 geringer sein sollte. Dazu kommt, dass Methan im intensiven Sonnenlicht einer Marsatmosphäre nicht länger als einige hundert Jahre überleben kann, da es mit Hydroxyl-Ionen reagiert und Wasser und Kohlendioxid erzeugt. *„The fact that methane is present on mars means that there must be a (recent) source."*[Z26] (V. Formisano vom Institute of Physics and Interplanetary Space in Rome in NewScientist, Apr. 2004).

Allerdings sind in zwei extremen Umgebungen hier auf der Erde methanerzeugende Mikroben entdeckt worden: einmal unter kilometerdickem Eis von Grönland und außerdem in heißem, trockenem Wüstensand in den USA. Das legt zumindest den Verdacht nahe, dass ähnliche Organismen auch auf dem Mars gelebt haben mögen. Wissenschaftler haben auf unserem Planeten bereits in 90 m Tiefe 10-mal mehr Methan gefunden, als nach Modellen erwartet wurde. Damit könnte die Methanerzeugung auf dem Mars auch auf Mikroben zurückgeführt werden. Allerdings sollte zu deren Nachweis ein Bohrloch von 150 m bis 8 km gebohrt werden können, was zu unseren Lebzeiten sicher nicht zu erwarten ist. Möglicherweise könnte auch ein Ersatz darin bestehen, dass in der Nähe eines Kraters weniger tief gebohrt wird (Kral 2005).

Entscheidend in dieser offenen Situation ist die Unterscheidung zwischen organisch und anorganisch erzeugtem Methan. Das kann anhand des Kohlenstoffs geschehen, indem die Verhältnisse zwischen ^{12}C und ^{13}C gemessen werden. Das europäische Landegerät *BEAGLE 2* war zwar mit einem solchen Instrument ausgestattet, es hat aber wohl seinen Abstieg in der Marsatmosphäre unglücklicherweise nicht überlebt. Damit bleibt nur die Möglichkeit, örtliche Variationen im Methangehalt, so weit es geht, auszumachen, um so mögliche Quellen einzukreisen und bei zukünftigen Marsmissionen ein Gerät zur Isotopenmessung nicht zu vergessen. Neuere Simulationen am Max-Planck-Institut für Chemie in Mainz und der Universitäten in Utrecht und Edingburgh zeigen alternativ auf eine ganz andere Quelle für Methan hin. Werden kohlenstoffhaltige Verbindungen in Meteoriten unter Marsbedingungen mit UV-Licht bestrahlt, so werden ansehnliche Mengen an Methan erzeugt (Keppler et al. 2012). Damit ergeben sich aus Hinweisen auf Methan auf dem Planeten Mars nicht notwendigerweise Hinweise auf dortiges Leben.

Mars hat bereits eine intensive Phase von Erkundungen hinter sich, wobei etwa die Hälfte der Missionen scheiterte oder ihr Messziel nicht erreichte. Nachstehend sind die bisherigen globalen Ergebnisse zusammenfassend gelistet:

- Evidenz für flüssiges Wasser in der Historie des Planeten durch Nachweis von Flussbetten
- Organischer Kohlenstoff wurde im Marsgestein gefunden
- Methan in der Marsatmosphäre nachgewiesen
- Mars wurde als geeigneter Planet für (ehemaliges) Leben deklariert
- Es gibt Evidenzen für eine dichtere Atmosphäre in der Vergangenheit
- Bedingt durch die dünne Atmosphäre ist Strahlung auf dem Mars ein Risiko für (höheres) Leben

Die beiden NASA-Rover *Curiosity* und *Oppor-*

Kasten 5.5: **Leben auf dem Mars**

Die Suche nach Leben jenseits der Erde adressiert die tiefste aller naturwissenschaftlichen Fragestellungen. Zwei grundlegende Ansätze werden zur Zeit diskutiert:

1. Erste Lebensformen entstanden spontan aus unbelebter Materie unter erdähnlichen Bedingungen.
2. Es gibt einen Transportmechanismus für Leben von einem kosmischen Platz zum andern.

Zu 1.: Es wird von einem spontanen Übergang aufgrund eines chemischen Glücksfalls ausgegangen, der so unwahrscheinlich ist, dass er kein zweites Mal passiert.
Zu 2.: Man nimmt eine „Formel fürs Leben" an, die (noch) verborgen in den Naturgesetzen steckt, sodass ein „Lebensprinzip" in der Natur wirkt, das automatisch Materie und Energie in Richtung Lebensentstehung zwingt. Jedoch hat bislang niemand darstellen können, dass der biologische Zustand der Materie ein unvermeidbares oder gar ein automatisch zu erwartendes Produkt aus Physik und Chemie ist – im Gegenteil: Viele chemische Gesetzmäßigkeiten sprechen unerbittlich dagegen. Das könnte die Idee von einem Transportmechanismus motivieren (sog. Panspermie, s. u.).

Bei dem offenen Stand der Dinge wäre natürlich der Nachweis einer „zweiten Genesis" – einem anderen Platz mit Leben – von unschätzbarer Bedeutung. Aus heutiger Sicht bietet Mars die beste Aussicht, Lebensspuren jenseits der Erde zu finden. Allerdings sind Erde und Mars keine biologisch isolierten Systeme. Zwischen ihnen gibt es einen langen Austausch von Material in Form von Gesteinsbrocken ihrer Oberflächen, die aus Einschlagsvorgängen von Asteroiden und Kometen stammen. Mikrobische Organismen sind nun einmal in Steinen zu finden und zum anderen ist so eine Reise im interplanetaren Raum kein Problem. Damit würde sich Leben auf dem Mars nur als ein anderer Zweig des Lebens auf der Erde darstellen und wäre kein neuer Lebensstammbaum.

Sollte es diese Überkreuz-Befruchtung der beiden Planeten gegeben haben, so ist für die naturwissenschaftliche Diskussion offen, wo sie entstand. Mars wird dabei als der favorisierte Platz gehandelt, da er wegen seiner Größe schneller abkühlte und das Leben früher starten konnte. Dazu kommt, dass durch die geringere Masse (kleinere gravitative Linse) das frühe Bombardement durch herumvagabundierende Brocken geringer ausfiel. Und am Ende wären wir doch alle Marsianer?!

Es kann noch kurz angemerkt werden, dass ein „Transportmechanismus für Leben" unter der Bezeichnung Panspermie von Fred Hoyle und Chandra Wickramasinghe kultiviert wurde, die davon ausgehen, dass es gegenseitige Befruchtung von Planetenwelten gibt, ohne damit den Ursprung des Lebens zu klären. Heute verdächtigt Chandra Wickramasinghe den Kometen 67P/Churyumov-Gerasimenko, was andere Experten für äußerst spekulativ halten. Offensichtlich haben Untersuchungen am Kometen dies auch nicht bestätigt.

tunity bestätigten, dass Mars eine angemessene Chemie zeigt, die lebende Mikroben nach unserem Verständnis mindestens brauchen. *Curiosity* wies Schwefel, Stickstoff, Sauerstoff, Phosphor und Kohlenstoff nach. Diese Elemente werden als Schlüssel für Leben verstanden und aus der Untersuchung von Staubproben aus Bohrungen in feinkörnigem Sedimentgestein extrahiert.

Wegen der Aktualität werden hier noch einige weitere Marsmissionen angesprochen. Mit ihnen wird weitgehend technologisches Neuland betreten und sie haben deshalb das Potenzial aufregender Ergebnisse, die allerdings bei Drucklegung dieser Auflage noch nicht zur Verfügung standen; sie unterstreichen den internationalen Wettlauf um den Mars, zumal sie alle in der 2. Hälfte des Juli 2020 starteten:

- Vereinigte Arabische Emirate:
  Orbiter *al-Amal* zur Untersuchung der Atmosphäre
- Volksrepublik China:
  Orbiter, Lander und Rover *Tianwen-1*
- Vereinigte Staaten von Amerika USA/NASA:
  Rover *Perseverance*, der an seiner Unterseite den Kleinhubschrauber *Ingenuity* als Technologie-Demonstrator der Mars 2020 - Mission trug

Auf den Punkt gebracht. Mars mag als Geschwisterplanet der Erde bezeichnet werden, was aber eher mit seiner Nähe und seiner Geologie als mit seinen Eigenschaften zu belegen ist. Wegen des Fehlens einer schützenden Atmosphäre und Magnetosphäre ist (höheres) Leben auf seiner Oberfläche sicher nicht zu erwarten, weshalb sich die Suche nun auf tiefer liegende Ökonischen mit Hilfe von Radargeräten konzentrieren mag. Interessant ist sicher der eindeutige Nachweis von Wassereisvorkommen, das in wärmeren Perioden wesentlich zur Gestaltung der Oberfläche beigetragen haben mag.

Auf die Darstellung der Jupiterwelt, die mit ihren interessanten Monden einem Mini-Planetensystem gleicht, musste aus Platzgründen verzichtet werden. Das ist zugegebenermaßen ein schmerzvoller Schnitt, denn Jupiter zeigt sich so, als wolle er uns unterhaltsame Lehrstunden in Physik, Chemie und Geologie erteilen: Er lässt seine vier großen Monde, die ihn in seiner Äquatornähe relativ nahe umkreisen, als schrille Darsteller ein buntes Schauspiel aufführen. Von den vielen kleinen Monden und dem interessanten Ringsystem ganz zu schweigen.

Auch Uranus, den blauen Neptun und den bizarren Pluto müssen wir übergehen. Keiner dieser Kandidaten (außer Pluto) wurde vor kurzem von einer Weltraummission besucht und sie stehen so eben hinten an. Anders ist es mit Saturn, der von der Doppelsonde *Cassini-Huygens* besucht wurde und von dessen Welt noch laufend neue Ergebnisse abgeleitet werden.

5.4.4 Saturn – Herr der Ringe

Kompakt

- Saturn – ein Miniplanetensystem?
- Über das Rätsel seiner Ringe
- Titan – ein außergewöhnlicher Mond

Als Vertreter der Gasplaneten soll Saturn diskutiert werden. Durch ein einmaliges Ringsystem, interessante Monde und weil er mittels einer der größten planetaren Raumsonden seit Juli 2004 untersucht wurde, nimmt er unbestritten eine Sonderstellung ein. Das Saturnsystem wird heute als eine Art Miniplanetensystem angesehen, da wir bislang mehr als 61 Monde kennen, die ihn umkreisen. Der mit dem QR-Code 5.7 ausgewiesene Filmclip zeigt als Originalaufnahmen von der Raumsonde *Cassini-Huygens* den eindrucksvollen Tanz einiger Monde um Saturn. Das Saturnsystem bildet gleichsam ein natürliches Labor, um das dynamische Verhal-

QR-Code 5.7: Die Raumsonde *Cassini* hat den Tanz von Monden um den Saturn beobachtet.

ten eines Ringsystems aus Gas und Staub zu beobachten, aus dem sich Planeten geformt haben sollen. Mit Hilfe der aufwändigen Instrumentierung von *Cassini-Huygens* kann das Verhalten des Ringsystems im Einzelnen studiert werden. Darüber hinaus wird erwartet, dass bessere Teleskope in der Zukunft das detaillierte Studium von Staubscheiben oder protoplanetaren Scheiben um andere Sterne ermöglichen. Eine vorläufige Diskussion fand bereits in Abschnitt 5.2.2 statt.

Es hat fast 25 Jahre gedauert, bis nach dem legendären Vorbeiflug der *Voyager*-Sonde Saturn wieder Besuch bekam. Er erfolgte mit der NASA-Sonde *Cassini*, die Huckepack den europäischen Beitrag in Form der Titan-Sonde *Huygens* trug. Nach einer 3,5 Milliarden Kilometer langen Reise kam der kleinbusgroße Satellit im Sommer 2004 an seinem Ziel an: *Cassini* durchstieß im Schutze seiner High Gain Antenna zwischen dem G- und F-Ring die Ringebene vom Süden kommend, um dann von seinem Motor punktgenau abgebremst zu werden (beim Passieren der Ringebene wurde die Sonde von bis zu 200 000 mikrometergroßen Teilchen mit 50 000 km/h getroffen, wobei aber auch einige 100-mal größere dabei waren). Sonst wäre *Cassini* am Saturn vorbeigeflogen und irgendwo im Planetenraum abgedriftet. Aber nun haben wir die bislang detailliertesten Ansichten des ausgeprägtesten Ringsystems im Sonnensystem.

Rätsel um die Ringe

Durch die Entdeckungen der *Voyager*-Sonden haben sich Planetenringe als Bestandteil aller äußeren Planeten herausgestellt (bis auf Pluto, der bahndynamisch kein richtiger Planet ist und seit 2006 als Kleinplanet oder Zwergplanet bezeichnet wird). Obwohl die Ringe ziemlich unterschiedlicher Natur sind und unterschiedliche Ursachen haben mögen, eines ist ihnen gemeinsam: Es sind alles Kurzzeitphänomene und es ist sicher bemerkenswert, dass es sie gerade dann gibt, wenn wir technisch in der Lage sind, sie zu untersuchen. Abb. 5.24 zeigt die Systematik des Saturnringsystems mit seiner historisch begründeten Abfolge. Neben manchem Erwarteten, wie z. B. durch die Gravitation von durch Monde erzeugten Wellen in den Staubringen, hat die ungewöhnlich scharfe Begrenzung von Ringen überrascht. Heute geht man von rund 100 000 einzelnen, scharf voneinander abgegrenzten Unterringen aus. Als *Voyager 1* 1980 als erste Details der Ringe zufunkte, sprach man von

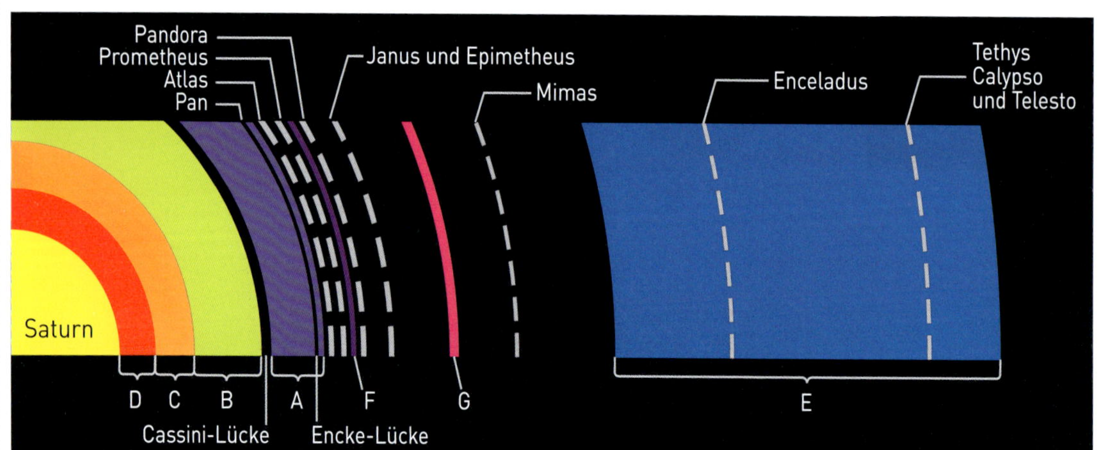

Abb. 5.24 Systematik des Saturnringsystems mit seiner historisch begründeten Abfolge der Ringsystem-Teilbezeichnung. Gestrichelte Spuren deuten die Bahnen der Monde an. (NASA/JPL)

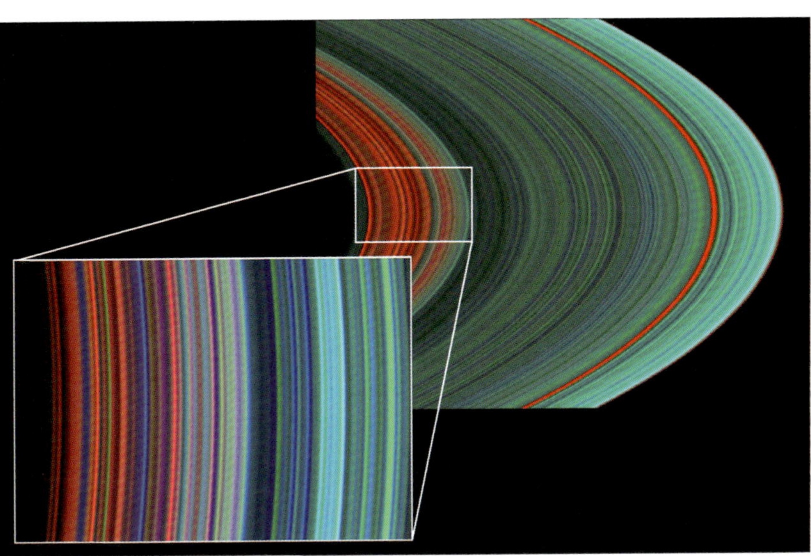

Abb. 5.25 Darstellung des A-Ringes, im Ultraviolett-Bereich aufgenommen. Die blaue Färbung des Falschfarbenbildes deutet auf Wassereis hin, während eine silikatische Komponente mit roter Färbung dargestellt wird, die sich auch in der rechts befindlichen Encke-Lücke zeigt. Das eingefügte Bild stammt vom C- und B-Ring und zeigt eine deutlich komplexere Struktur. (NASA/JPL/ Space Science Institute, 2004)

seinem Ringsystem als einer „Langspielplatte". Die heute festgestellte Anzahl der Ringe macht schlicht sprachlos.

Da es ständig zu Kollisionen zwischen den Ringteilchen kommt, sollten die Kanten der Ringe im Laufe der Zeit eher verwaschen sein. Es gab auch Beispiele für das Zusammenklumpen von Teilchen. Spektrale Untersuchungen zeigen, dass die Ringe zu 99 % aus Wassereis bestehen (Battersby 2004). Saturns F-Ring besteht zusätzlich aus einer Materiekomponente, die sich auch auf dem Mond Phoebe zeigt, Saturns äußerstem Mond. Es ist wahrscheinlich eine silikatische Beimischung. Sie wird im Amerikanischen mit „dirt" bezeichnet. Abb. 5.25 zeigt eine Falschfarbenaufnahme des A-Rings im Ultraviolett-Bereich. Die chemischen Fingerabdrücke deuten auf unerwartet reine Eiskörner hin, die Richtung Zentrum gewisse silikatische Beimischungen erhalten. Zur Cassini-Teilung am linken Bildrand hin zeigt sich durch die deutliche Zunahme roter Farbe der höhere Anteil der „Verschmutzung" ähnlich der rechten Seite in der Encke-Lücke. Das eingefügte Bild zeigt mit dem C- und B-Ring noch ein deutlich komplexeres Muster.

Bei den Ringteilchen wird von fels- bis berggroßen Eiskörpern und silikatischen Beimischungen ausgegangen, auf deren Oberfläche nun Eiskristalle oder sonstige Körner mit Hilfe des Visual and Infrared Mapping Spectrometer dargestellt werden konnten. Erste Beobachtungen zeigen, dass sie sich von sehr kleinen puderähnlichen Teilchen bis zu cm-großen Brocken bewegen, wobei die größeren Teilchen sich auf die äußeren Bereiche konzentrieren (Abb. 5.26). Im Insert der Abbildung sind zwei Dichtewellen abgebildet, die durch Begleitmonde erzeugt wurden.

Saturn ist wahrscheinlich der ungewöhnlichste Planet unseres Sonnensystems. Dafür sorgt insbesondere sein ausgefallenes Ringsystem. Der Durchmesser des von der Erde aus sichtbaren Teils beträgt 280 000 Kilometer, das sind etwa zwei Drittel der Entfernung Erde – Mond. Der sehr schwache E-Ring hat gar einen Durchmesser von 600 000 Kilometern. Die vertikale Ausdehnung – zumindest die der hellen inneren Ringe – liegt hingegen deutlich unter 1 000 Metern. Es ist absolut erstaunlich, welch hochgradige Ordnung dort im Wechselspiel von Magnet- und Gravitationsfeldern über Jahrmillionen vorliegt.

Wenn ein solches Ringsystem nicht schon immer den Saturn begleitet hat, sondern erst im Laufe der Saturngeschichte hinzukam, ist es zunächst nicht verwunderlich, dass es auch wieder verschwindet. Inzwischen wurden neue Erkenntnisse über das Ringsystem veröffentlicht (O'Donoghue et al. 2018). Das Besondere an der Arbeit dieser Autorengruppe ist eine bisher unerreichte Bandbreite von Ergebnissen, die in die Auswertungen eingeflossen ist: Angefan-

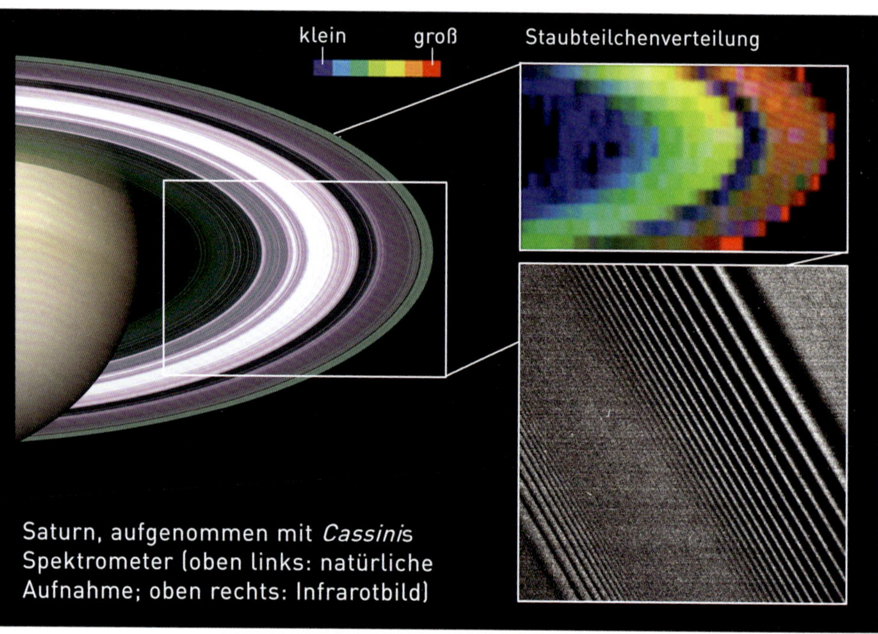

Abb. 5.26 Das Ringsystem des Saturn wird von haus- bis berggroßen Objekten aufgebaut. Mit dem Visual and Infrared Mapping Spectrometer kann die Größenverteilung von Staubteilchen auf diesen Objekten dargestellt werden. Das eingefügte Bild zeigt Wellen (waagrechte Strukturen), die von Begleitmonden erzeugt durch den A-Ring laufen. (NASA/JPL)

gen von Daten der *Pioneer 11*-Mission aus dem Jahre 1979, weiterhin von *Voyager 1* und 2, von *Cassini-Huygens* zusammen mit aktuellen Beobachtungsdaten der größten erdgebundenen Teleskope. Die Daten zeigen, dass der Rückbau der Ringe viel schneller geht als bisher vermutet. Es sollte allerdings nicht verwundern, dass all diese Daten – schon wegen der wechselnden Einflüsse (z. B. dynamische Sonnenaktivität und wechselnde Öffnung des Saturnrings in Bezug auf die Sonne) – nicht vollumfänglich stimmig sind, aber grundsätzlich von einer – in kosmischem Sinne – raschen Flüchtigkeit des Ringsystems zeugen. In einer Veröffentlichung (O'Donoghue et al. 2018) wird insbesondere auf die Vermessung des Ionisierten Moleküls H_3^+ in der Ionosphäre des Saturn-Mutterkörpers abgehoben. Je mehr wassereishaltiges Ringmaterial auf den Mutterkörper fällt, desto stärker ist die Emission von H_3^+ im infraroten Wellenlängenbereich.

Die neuen Untersuchungen wurden am 10 m-*Keck*-Teleskop auf dem Mauna Kea in Hawaii durchgeführt, in denen das Maximum der Emission von H_3^+ in der Ionosphäre des Saturn mit dem Einfall von Wassereis korreliert wird. Die einfallende Menge beläuft sich dabei auf der Basis von Modellen auf 432 bis 2870 kg/s.

Die bisher geschilderten Einflüsse beziehen sich insbesondere auf den inneren Teil des Ringsystems. Mit dem im fernen UV-Licht messenden Ultraviolet Imaging Spectrograph (UVIS) auf der Raumsonde *Cassini-Huygens* wurden die im Saturnsystem vorkommenden Elemente erfasst. Beim Auswerten der Daten fiel ein ultraviolettes Leuchten von atomarem Sauerstoff besonders auf, das sich in einer Ebene um den Saturn bis zu zehn Saturnradien in den Weltraum erstreckte. Mögliche Ursachen könnten eine plötzliche Kollision von Staubpartikeln sein oder eben ein Meteoriteneinschlag. So fand das UVIS-Team um Axel Korth (ESA 2018) vom MPS für Sonnensystemforschung an der Universität Göttingen eine Häufung atomaren Sauerstoffs im Bereich des E-Ringes bei 3,7 Saturnradien auf der sonnenabgewandten Seite des Planeten. Die Anzahl atomarer Sauerstoff-Atome war extrem hoch. Sie betrug bis zu etwa 1 Million Tonnen Sauerstoff. Dieser Sauerstoff bildet sich relativ schnell und entweicht nach einigen Monaten ebenso schnell in den interplanetaren Raum.

„Sollte sich die aus den H_3^+-Messungen ermittelte Rate als typisch erweisen, würde allein dieser Verlust ausreichen, um das Ringsystem innerhalb von rund 300 Millionen Jahren verschwinden zu lassen. Es deutet sich allerdings an, dass dieser Ringregen nur einen Teil der verschwindenden Masse ausmacht. Zusätzlich kommt eine Mixtur an beträchtlichen Mengen Methan, Ammoniak, molekularem Stickstoff sowie Kohlenmonoxid und -dioxid dazu. Rechnet man alle bekannten Verluste zusammen, überstehen die Ringe wegen dieser „schmutzigen Dusche" und anderer Verlustprozesse womöglich keine 100 Millionen Jahre als Worst Case Szenario. Das mit den organischen Verbindungen vermischte Wassereis fällt in rund zehnfach höherer Konzentration auf den Planeten als von den bisherigen Modellen prognostiziert," berichtet Hunter Waite vom Southwest Research Institute.

Zusammenfassend können zwei überraschende Befunde beim Saturn-Ringsystem festgehalten werden: Zum einen die chemische Komplexität des Ringregens und zum anderen die schiere Menge dieses Regens und die damit verbundene kurze Lebenserwartung des Ringes. Möglicherweise dürfen wir uns glücklich schätzen, in einer Zeit zu leben, in der wir das Saturnringsystem in seinen besten Jahren erleben, während wir die anderen Staubringe bei Jupiter, Uranus oder Neptun gerade verpassten, die heute nur schwache Ringe bzw. Ringlets zeigen. Allerdings müssen für eine sichere Prognose mögliche Recyclingprozesse besser verstanden werden.

Titan, ein außergewöhnlicher Mond

Mit einem Besuch bei Titan, dem Freisetzen der Atmosphärensonde *Huygens* an Weihnachten 2004 und deren Landung auf dem Saturnmond nach drei Wochen verbinden Wissenschaftler die Vorstellung einer Zeitreise in die Vergangenheit unserer Erde vor einigen Milliarden Jahren. Dort sollte dann das vom Universum am besten gehütete Geheimnis untersucht werden – woher wir kommen. Nein, tiefer hat man die Ziele nicht gehängt.

Titan, größer als der Planet Merkur und der Kleinplanet Pluto, ist der einzige Mond mit einer ausgeprägten stickstoffreichen Atmosphäre, die kohlenstoffbasierte Komponenten enthält. Damit sollte Titan ein Modell der jungen Erdatmosphäre repräsentieren, auch wenn es auf ihm mit −179,4 °C deutlich kälter ist und damit sicher kein flüssiges Wasser erwartet werden kann.

Zur Vorbereitung der Landung ist es gelungen, im Licht, für das die gelbliche Atmosphäre transparent ist, aus 34 000 Kilometern einen Blick auf die Mondoberfläche mit einer Auflösung von bis zu 10 Kilometern zu gewinnen. Es scheint, als sei die Oberfläche eher durch tektonische Prozesse als durch Impaktvorgänge geformt worden. Es wurde eine großräumige, H-förmige, wahrscheinlich tektonisch geformte Struktur ausgemacht und man konnte etwas sehen, was wie ein 1000 Kilometer großer Krater aussieht. Zusätzlich wurde ein Cluster von Methan-Wolken entdeckt, die sich Richtung Südpol bewegten.

Bislang dachten Wissenschaftler, dass die hellen Gebiete auf Titan mit Wassereis und die dunklen mit Hydrokarbonaten in Verbindung zu bringen seien. Aber spektrale Untersuchungen haben nun gezeigt, dass es sich genau umgekehrt verhält. Die große, helle Zone in Abb. 5.27 mag ein Methansee anstelle eines Eisbergs sein.

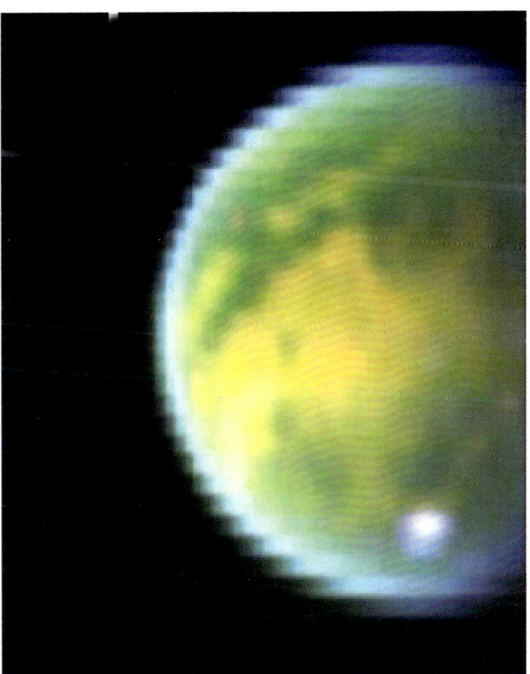

Abb. 5.27 Cassinis Visual and Infrared Mapping Spectrometer hat in diesem Falschfarbenbild bislang unbekannte Details an der Titan-Oberfläche zutage gebracht. Die gelben Bereiche deuten hydrokarbonreiche Regionen an. Grün weist auf eher vereiste Bereiche hin. Methan-Wolken erscheinen weiß. (NASA/JPL)

Die Landung und ihre Ergebnisse

Die Bilder von *Voyager* und die damaligen Erfolge mit der *Giotto*-Mission (s. Kasten 5.6) waren für die ESA die Grundlage, dieses abenteuerliche Unterfangen einer Landung auf einem fernen Mond vorzunehmen, von dem man bislang nicht mehr als ein paar Schnappschüsse hatte und dessen Oberfläche weitgehend von einer langweilig erscheinenden Atmosphäre verhüllt war: Ein bisschen heller im Süden als im Norden war ein bisheriges Ergebnis. Nach dem Verlust des Landegeräts *BEAGLE* auf dem Mars war man auf alles gefasst. Jedenfalls wurde mit dem erzielten Erfolg nicht gerechnet.

Die europäische Atmosphärensonde *Huygens* ist sieben Jahre lang huckepack auf der amerikanischen *Cassini*-Sonde gereist, um sich zu Saturn vorzuarbeiten. An Weihnachten 2004 stand die Trennung an und in 1 270 Kilometern Höhe über der Oberfläche begann der Atmosphäreneintritt. *Cassini* diente als Relais-Station zur Erde und konnte bis zur Erschöpfung der Batteriekapazität von *Huygens* 72 spannende Minuten lang Daten senden. Dass die NASA vergaß, einen Übertragungskanal freizuschalten, konnte glücklicherweise weitgehend durch erdgebundene Radioteleskop-Beobachtungen wettgemacht werden, welche die Trägersignale der *Huygens*-Sonde abhören konnten. Der Landeplatz war in einer Region der Nordhalbkugel, also im dortigen Winter.

Woran wird nun die Erdähnlichkeit dieses Mondes festgemacht?

- Titans Oberfläche wurde vermutlich eher durch tektonische Prozesse als durch Bekraterung geformt und wird als noch heute aktiver Körper angesehen.
- Seine Oberfläche ist weitgehend kraterfrei, was mit der dichten Atmosphäre und mit Erosionsprozessen zu tun haben mag; sie ist von organischen Molekülen bedeckt.
- Vieles spricht für die Ausbildung von Wolken, aus denen gelegentlich flüssiges Methan ausregnen kann; die Atmosphäre ist stark methangesättigt.
- Der letzte „Regen" soll nur wenige Erdenjahre zurückliegen; eine Jahreszeit auf Titan dauert jeweils 7,5 Erdenjahre.
- Es mehren sich Hinweise, dass es auf Titan analog zur Erde einen „hydrologischen" Zyklus mit Ausregnen, Sammeln und Verdunsten von Flüssigkeit gibt. Allerdings liegen die Temperaturen um rund 200 °C tiefer als auf dem Blauen Planeten.
- Bilder während des Absinkens von *Huygens* in der Atmosphäre lassen Täler erkennen, die in eine größere Küstenlinie einmünden. Diese ist

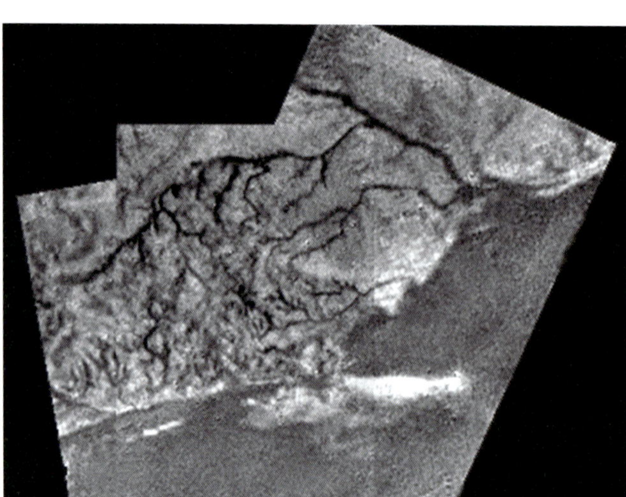

Abb. 5.28 Szene der Titan-Oberfläche während des Abstiegs der *Huygens*-Sonde in der Atmosphäre. Deutlich zu sehen sind dunkle Flusstäler, die in eine offene „Küstenlinie" münden. (ESA, 2005)

Abb. 5.29 Eis- und Gesteinsschollen, von *Huygens* nach der Landung auf weichem Grund auf Titan aufgenommen. (ESA, Jan. 2005)

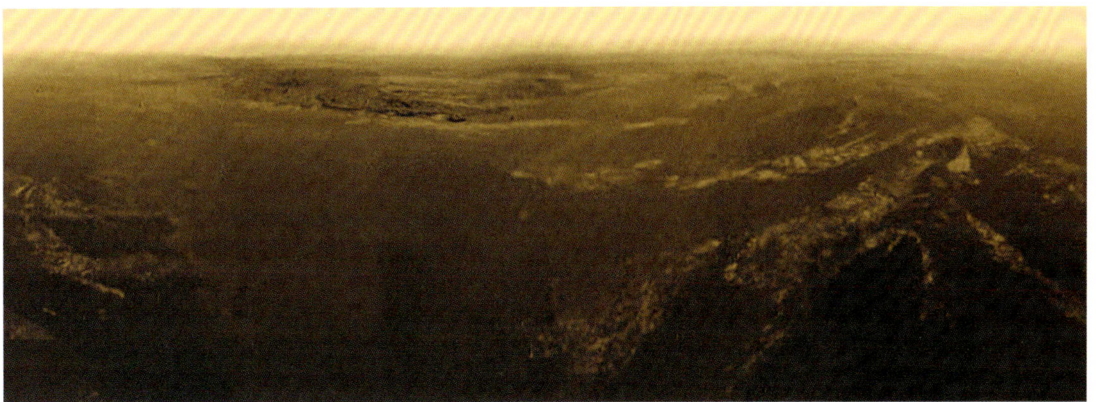

Abb. 5.30 Panoramabild von Titan, entstanden durch Zusammenfügen von Einzelszenen. (ESA, Jan. 2005)

in Abb. 5.28-5.30 zusammen mit einem Bild nach der Landung auf „feuchtem" Grund und einer Panoramaaufnahme wiedergegeben.

- Täler wurden möglicherweise von schnell fließenden „Gewässern" ausgewaschen.
- Die Oberfläche an der Landestelle, die in ihrer Konsistenz mit „feuchtem Sand" verglichen wird, war einige Zentimeter unter der festen Oberfläche mit flüssigem Methan gesättigt, was aus sprunghaftem Anstieg des Methangehalts von bis zu 30% durch Abwärme der Sondenelektronik geschlossen wurde.
- Eine Enttäuschung war sicher, dass die erwarteten Methanseen nicht sichtbar waren.

J. Staude meint dagegen im Editorial der März-Ausgabe 2005 von „Sterne und Weltraum": „Titan ist eine fremde Welt. Das in den Medien oft wiederholte Argument, auf Titan könnten wir studieren, wie die Erde am Anfang ihrer Entwicklung ausgesehen hat, erweist sich als grundfalsch, denn nun steht fest: Während auf der Erde die Autofahrer den Sauerstoff aus der Luft holen und das Benzin aus der Tankstelle, ist es auf Titan genau umgekehrt – kein guter Platz fürs Leben!" Über lange Zeiträume ist die Gashülle des Titan nicht stabil; der Mond verliert Gas aus seiner Atmosphäre ins All, da seine Schwerkraft nur ein Siebtel der irdischen beträgt. Während der letzten 4,5 Milliarden Jahre soll er schon drei Viertel seiner Atmosphäre verloren haben, was an der Abreicherung von Stickstoff-14 festgemacht wird. Der Verlust soll durch Nachlieferung aus dem Innern wettgemacht werden. Auch das Methan in der Atmosphäre ist aufgrund der UV-Strahlung der Sonne langfristig nicht stabil; sein Langzeitverhalten wird ebenfalls mit dem Argument der Nachlieferung aus dem Mondinnern gesichert. Da Titan keine UV-blockierende Ozonschicht wie die Erde hat, kann diese Strahlung tief in die Atmosphäre eindringen und dabei photochemische Reaktionen auslösen. Die dabei entstehenden Bruchstücke (Radikale) schließen sich zu immer längeren und komplexeren Molekülen zusammen. Der dabei freigesetzte Wasserstoff kann von Titan nicht gehalten werden und entweicht ins All. Nach und nach – so die Vorstellung – verklumpen sich die Kohlenwasserstoffmoleküle und bilden schließlich feinste Schwebeteilchen, die dann „ausregnen" und die Oberfläche mit einer dunklen Schicht anreichern. Kommt es zu Methan-Regen, so werden diese Teilchen zusammengeschwemmt und mit dem Methan in tiefer liegende Regionen gespült. So kommt es zur Anreicherung in den dunklen Tälern und auf den Böden der Abflusskanäle.

Die Bestätigung der Analogie mit der Erde reicht von einer dicken Atmosphäre, Wolken, Gebirgsketten, Seen, Regen (auf den geschlossen wurde, ohne ihn allerdings direkt beobachtet zu haben) und möglichen geologisch aktiven Gebieten – abgeleitet von der geringen Anzahl von Einschlagskratern, bis hin zu Oberflächenstrukturen – die Eisvulkanismus nahe legen (Coustenis & Hirtzig 2009).

Huygens hat viele Fragen aufgeworfen. *Cassini*

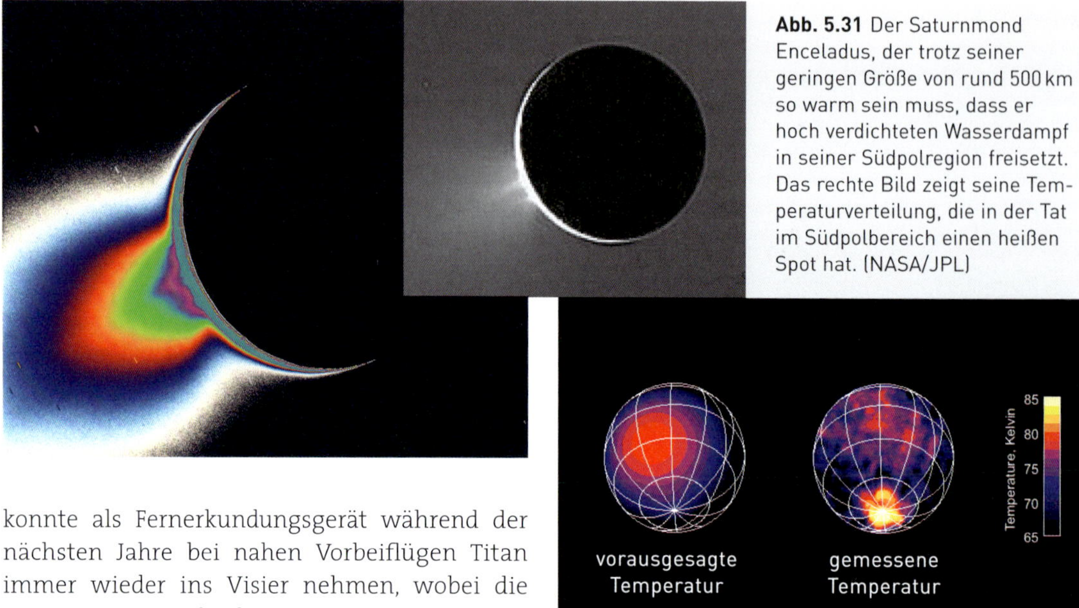

Abb. 5.31 Der Saturnmond Enceladus, der trotz seiner geringen Größe von rund 500 km so warm sein muss, dass er hoch verdichteten Wasserdampf in seiner Südpolregion freisetzt. Das rechte Bild zeigt seine Temperaturverteilung, die in der Tat im Südpolbereich einen heißen Spot hat. (NASA/JPL)

konnte als Fernerkundungsgerät während der nächsten Jahre bei nahen Vorbeiflügen Titan immer wieder ins Visier nehmen, wobei die *Huygens*-Daten als die sogenannten Ground-Truth-Daten dienen.

Der Kometenmond. *Cassini* hat auch den Mond Enceladus untersucht. Dabei wurden Eisteilchen entdeckt, die aus der Südpolregion stammen und in den Weltraum ausgeworfen werden, was in Abb. 5.31 zu sehen ist. Die geologische Aktivität rührt daher, dass Wasserdampf unter hohem Druck aus den Spalten gepresst wird. Damit sich Teilchen bilden können, muss allerdings der Wasserdampf eine gewisse Dichte haben – und das lässt auf relativ warme Temperaturen auf Enceladus schließen. In einem Fall lässt sich die pilzförmige Wasserdampfwolke bis in eine Höhe von ca. 186 km über der Mondoberfläche

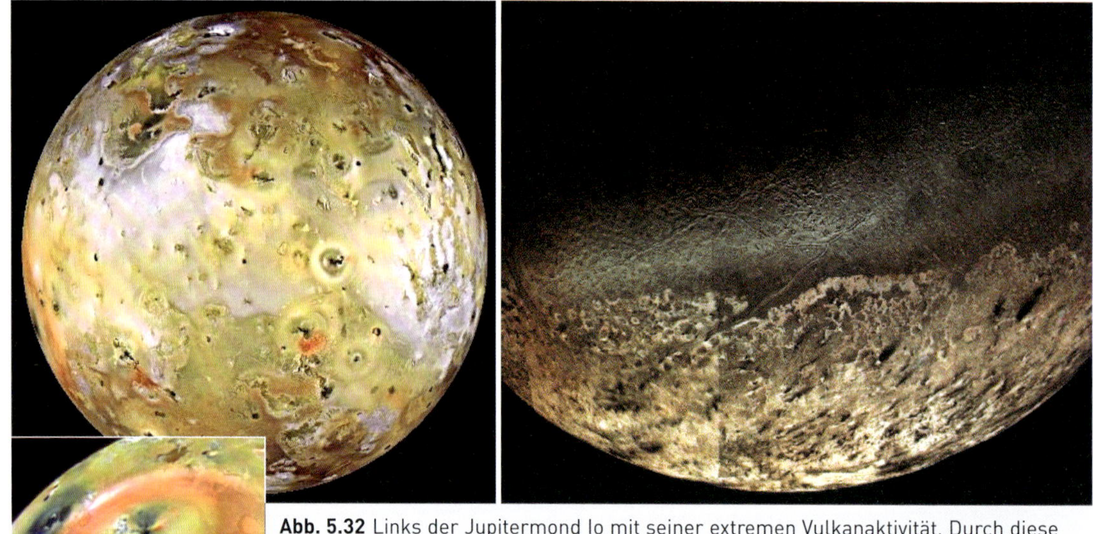

Abb. 5.32 Links der Jupitermond Io mit seiner extremen Vulkanaktivität. Durch diese Aktivität muss in etwa 100 Jahren die Oberfläche neu kartografiert werden. Das rechte Bild zeigt die Südhalbkugel des Neptunmondes Triton, auf der Südwinde Schmauchspuren von Vulkanaktivität auf der Oberfläche in Form dunkler Streifen abgelegt haben. (NASA)

verfolgen. „In gewisser Weise ähnelt die Aktivität von Enceladus der eines Kometen", sagte Torrence Johnson vom Jet Propulsion Laboratory der NASA, „allerdings ist die Energiequelle für geysirartige Ausbrüche bei Kometen das Sonnenlicht, während Enceladus innere Wärmequellen haben muss." Abb. 5.32 zeigt noch weitere Beispiele aus dem Planetensystem, das durch seine Aktivität überrascht. Das ist auf der linken Seite der vulkanaktivste Mond im Planetensystem überhaupt, der Jupitermond Io, und daneben die Südhalbkugel des Neptunmondes Triton, der selbst in 30-fachem Sonnen-Erde-Abstand noch eine Art „Eisvulkanismus" betreibt.

Welche Energiequellen diesen Vulkanismus betreiben, ist aber noch rätselhaft. Möglicherweise heizt radioaktiver Zerfall das Innere des kleinen Mondes auf. Bei einem Durchmesser von nur 500 Kilometern müsste Enceladus aber eigentlich schon lange ausgekühlt und geologisch tot sein, genau wie andere Körper seiner Größe. Es könnte allerdings auch sein, dass sich die Gezeitenkräfte des Saturn und der anderen Monde so verstärken, dass das Innere von Enceladus aufgeheizt wird.

Pluto mit warmem Kern? Sollte sich das neuerliche Szenario bestätigen, dann könnte es auf dem Zwergplaneten Pluto eine bisher einzigartige Form des Eisvulkanismus geben: Er soll nach neuesten Untersuchungen einen warmen Kern haben, der immerhin so warm sein soll, dass zähes, aber noch mobiles Wassereis aus mehreren Austrittsspalten hervorquoll. Es bildeten sich domartige Erhebungen.

Gleichzeitig bedeutet dies auch, dass Pluto in seinem Inneren tatsächlich wärmer ist als lange angenommen. Denn diese Wärme ist die Voraussetzung dafür, dass Wassereis beweglich genug ist, um zumindest langsam an die Oberfläche quellen zu können. Im Laufe der Zeit verschmolzen die einzelnen Dome zu einer hügeligen Landschaft.

„Das Herausquellen von eisigem Material auf die Oberfläche eines Himmelskörpers mit extrem niedrigen Temperaturen, geringem Atmosphärendruck und wenig Schwerkraft, kombiniert mit

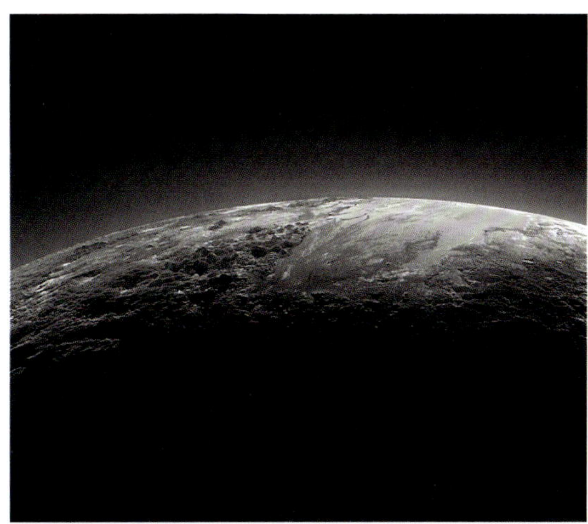

Abb. 5.33 Blick auf eine eisige Vulkanregion auf dem Zwergplaneten Pluto. (NASA/Johns Hopkins University Applied Physics Laboratory/Southwest Research Institute)

der Häufigkeit flüchtiger Eise auf Plutos Oberfläche machen ihn einzigartig unter allen bisher erkundeten Orten im Sonnensystem", konstatieren die Wissenschaftler (Singer K N et al. 2022). Abb. 5.33 zeigt eine eisige Vulkanregion auf dem Zwergplaneten Pluto. Dies lässt allerdings die zentrale Frage offen, wie er sich einen warmen Kern erhalten oder zulegen konnte – und das am Rande unseres Sonnensystems.

Auf den Punkt gebracht. Es ist sicher äußerst spektakulär, was uns die *Cassini-Huygens*-Mission übermittelte. Sie war auf lange Sicht die letzte große Planetenmission. Es ist kein Zufall, dass sie gerade den interessantesten und schönsten Planeten untersucht – und doch durch und durch eine sterile Welt. Ob sich die Hoffnungen erfüllen, tiefere Einblicke in die Vergangenheit unseres Systems zu bekommen, bleibt abzuwarten: Die Ähnlichkeiten, aber auch die Gegensätze zur Erde halten sich in etwa die Waage.

Creation Pointer

Schon heute steht fest, dass uns kaum eine Planetenwelt ein solch gut ausgestattetes Labor zum Studium raffiniertester Verhältnisse bietet – Saturn ist ein Bilderbuch der Phantasie eines unübertroffenen Designers.

Kompakt

- Klein, flüchtig und doch allgegenwärtig
- Diskussion möglicher Reservoirs
- Fragen nach der Herkunft bleiben offen

5.5 Kometen – Spielbälle der Sonne

In einem mehrere Milliarden Jahre alten Planetensystem haben Kometen schon immer einiges Kopfzerbrechen ausgelöst, da sie erklärtermaßen

- Überbleibsel aus der Frühzeit des Sonnensystems darstellen sollen,
- zudem mit typischerweise einigen Kilometern Größe relativ kleine Eiskörper sind,
- durch ihre elliptischen Bahnen immer wieder an der Sonne vorbeigeführt wurden, wobei sie durch Sublimation periodisch Material verlieren, was sich in einem bis zu Millionen Kilometer ausgedehnten Staubschweif eindrucksvoll darstellt,
- wegen des Materialverlustes typischweise nur etwa 100 Sonnenvorbeiflüge überstehen.

Abb. 5.34 Der im Jahre 1997 erschienene Komet Hale-Bopp. Deutlich sind die beiden Schweife zu sehen: Das bläulich gefärbte Gebiet ist der sogenannte Plasmaschweif, der eher milchige Teil der Staubschweif. Im hellen Kopf befindet sich punktförmig der Kometenkern. (Elmar Rixen)

Trotz der beständigen Verluste tauchen die Kometen bis auf diesen Tag häufig am Nachthimmel auf. Wenn sie auch nicht alle gleich spektakulär sind, so sind sie sozusagen allgegenwärtig. Abb. 5.34 zeigt den Kometen Hale-Bopp mit seinem ausgeprägten Staub- und Plasmaschweif während seiner spektakulären Erscheinung im Jahre 1997. Allgemein werden die Kometen in eine kurzperiodische (Umlaufzeit < 200 Jahre) und eine langperiodische (Umlaufzeit > 200 Jahre) Kometenpopulation aufgeteilt. Die beiden Gruppen unterscheiden sich zudem charakteristisch bezüglich der Inklination ihrer Bahn: Kurzperiodische Kometen bewegen sich nahe der Ekliptik, während die langperiodischen Kometen alle Winkel einnehmen können. Abb. 5.35 stellt das beste bislang erhaltene Bild eines Kometenkerns dar, nämlich den von der NASA-Raumsonde *Stardust* Anfang 2004 aufgenommenen Kometen Wild 2. Es ist eine Fotomontage von den Gasjets, die vom Kern ausgehen, und einer hochaufgelösten Aufnahme vom soliden Kern. Aber am 6. August 2014 hat die ESA-Sonde *Rosetta* diese Aufnahme überboten. Ihr wird nach der Zusammenstellung aktueller Fragen der Kometenphysik der Kasten 5.6 gewidmet.

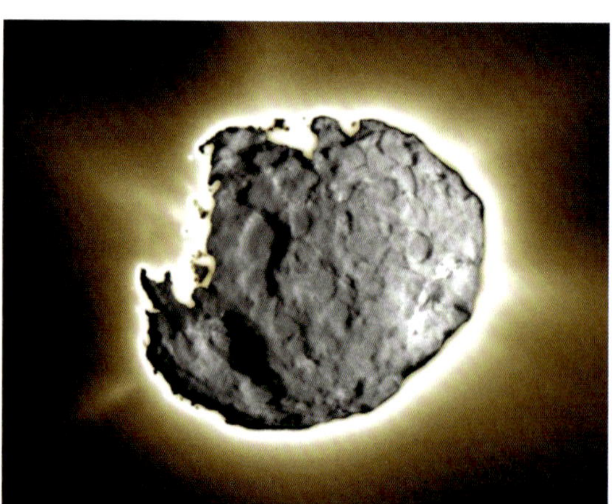

Abb. 5.35 Bislang beste Abbildung eines Kometenkerns: die des Kometen Wild 2 in einer Bildkomposition. Zu sehen sind die vom Kern ausgehenden Gasjets, überlagert von einem Bild des Kometenkerns. Dieser zeigt gut erhaltene Krater als Zeichen zahlreicher Zusammenstöße. Gleichzeitig wird deutlich, dass der Kometenkern nicht wie eigentlich erwartet ein relativ loses Aggregat von Staub und Eis, sondern ein solide aussehendes Objekt ist. (NASA, Januar 2004)

5.5.1 Aktuelle Fragen der Kometenphysik

Wegen der ständigen Verlustprozesse in Sonnennähe von typischerweise ein bis zehn Metern des Durchmessers pro Umlauf ist die Lebensdauer der Kometen ziemlich kurz. Da sie trotzdem in großer Zahl existieren, muss es ein Reservoir in großer Entfernung von der Sonne geben, das unser Planetensystem mit diesen Objekten ständig beliefert. Beim üblicherweise akzeptierten Alter unseres Sonnensystems dürfte es sonst längst keine Kometen mehr geben. Jan Oort hat 1950 aus den großen Halbachsen ihrer Bahnellipsen auf eine nach ihm benannte Kometenwolke am Rande unseres Sonnensystems geschlossen, die sich bis zu rund 100 000 AE ausdehnen soll. Sie soll der Quellort der langperiodischen Kometen sein. Die Vorstellung ist, dass verschiedene gravitative Störungen gelegentlich Objekte in ihrer Bahn stören und ins Sonnensysteminnere lenken. Allerdings bleibt die Oort'sche Wolke so lange ein Postulat, bis sie sicher nachgewiesen ist, was wegen der großen Entfernungen und der Kleinheit der Objekte im dunklen Weltraum nicht einfach sein wird. Der bislang beste Hinweis auf eine Kometenwolke um einen Stern mag ein Bild vom Helixnebel in Abb. 5.36 sein: Zu sehen ist das abkühlende Überbleibsel eines Roten Riesen mit der Bezeichnung NGC 7293, den das *Spitzer*-Weltraumteleskop aufgenommen hat. Das verbliebene Objekt wird Planetarischer Nebel genannt. Sein Zentralstern ist überraschenderweise von einer Trümmerwolke aus Staub umgeben, die sich durch helles Infrarot-Leuchten bemerkbar macht. Daran schließen sich nach außen kometenähnliche, knotenartige Gasmassen an, die durch intensive UV-Strahlung zum Leuchten angeregt werden. Es deutet an, wie Kometen, die den dramatischen „Sternentod“ überlebten, den besagten Stern mit Staub umhüllen. Die Experten gingen davon aus, dass der sterbende Riese allen Staub in der Nähe des Sterns weggefegt hätte. Nun stellt sich die Frage, woher er kommt. Kate Su und ihre Kollegen vermuten, dass miteinander kollidierende Kometen neuen Staub in der Nähe des Weißen Zwergs freigesetzt haben (Su et al. 2007).

Abb. 5.36 Infrarot-Bild des Helixnebels: Der Zentralstern NGC 7293 ist von einer Staubwolke umgeben, die von einer umgebenden Kometenwolke stammen muss. (NASA, JPL-Caltech, Kate Su [Steward Obs., U. Arizona] et al. 2007)

Doch selbst wenn es die Oort'sche Wolke geben sollte, bleibt die Frage, weshalb die Bahnen der kurzperiodischen Kometen nur gering gegen die Ekliptik geneigt sind. Da kein effektiver Mechanismus für Inklinationsänderungen bekannt ist, hat Gerard Kuiper für die kurzperiodischen Kometen den nach ihm benannten Kuipergürtel (Kuiper Belt) in einer Entfernung von 30-50 AE eingeführt. Im Jahre 1992 hat das *Hubble*-Weltraumteleskop mit 1992 QW1 das erste Objekt in einer Entfernung von 44 AE ausfindig gemacht. Heute sind rund 900 Objekte aus dem mutmaßlichen Kuipergürtel bekannt. Sie werden als Trans-Neptun-Objekte (TNOs) bezeichnet.

Die Zahl der neuentdeckten TNOs pro Jahr wird in Abb. 5.37 dargestellt. Sie werden unterteilt in klassische KBOs (CKBOs = classical KBOs = klassische Kuipergürtel-Objekte) und die zerstreuten KBOs (SKBOs = scattered KBOs). Dabei sind ca. 10 % aller KBOs SKBOs (Korevaar 2004). Der Unterschied liegt in der Bahnexzentrizität und der Periheldistanz (kleinster Abstand der Bahn von der Sonne). Die SKBOs kommen nahe an Neptun heran und sind daher gefährdet, von Neptun aus der Bahn geworfen zu werden. Die CKBOs dagegen bewegen sich auf nahezu kreisförmigen Bahnen in sicherer Distanz zu Neptun.

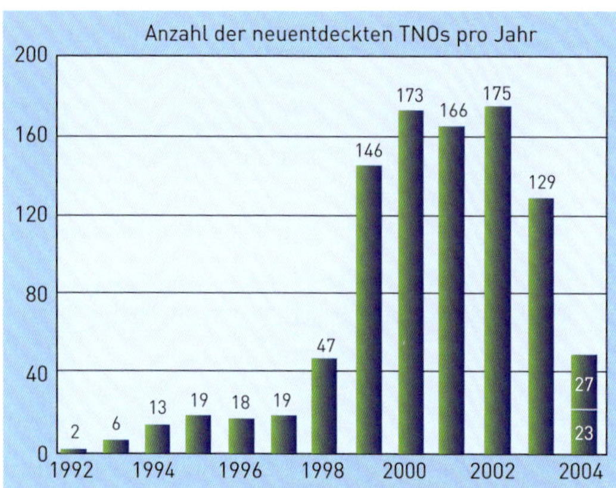

Abb. 5.37 Verteilung der Anzahl der entdeckten TNOs pro Jahr in der Zeit von 1992-2004. Der Balken bei 2004 ist das Ergebnis einer Hochrechnung auf der Basis der bis Mitte Juni 2004 entdeckten Objekte. (Minor Planet Center, Cambridge, MA, USA)

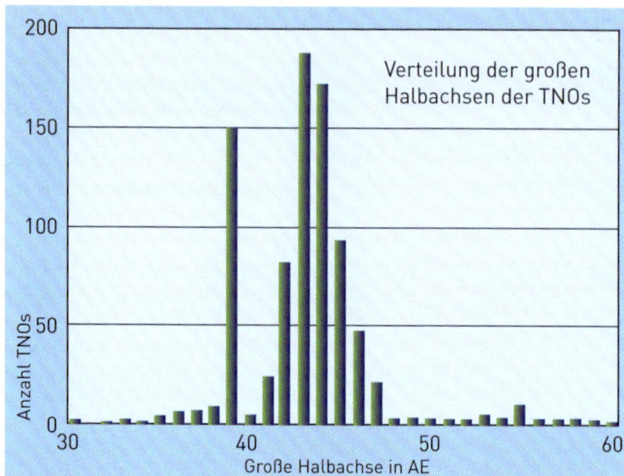

Abb. 5.38 Verteilung der großen Halbachsen der Umlaufbahnen von ca. 900 bis heute bekannten TNOs. Deutlich zu erkennen ist die Resonanz bei 40 AE und der abrupte Abfall bei < 50 AE. (Minor Planet Center, Cambridge, MA, USA)

Damit ergibt sich die Frage, ob diese Objekte tatsächlich Quelle kurzperiodischer Kometen sind oder ob es sich nicht einfach um TNOs (Trans Neptune Objects) handelt, die keine direkte Beziehung zu Kometen haben. Die Bezeichnung TNOs betont die Beobachtung, während die Bezeichnung KBOs eine Deutung enthält. Bleiben wir zunächst bei der Bezeichnung TNO, um deren Charakteristik zu diskutieren; danach kann schnell ihre mögliche Verwandtschaft zu Kometen beurteilt werden.

1. Verteilung der großen Halbachsen

Sie ist in Abb. 5.38 dargestellt. Daraus lassen sich zwei Befunde ableiten:

- Es gibt ein relativ enges Band zwischen 40 und 50 AE, in dem sich fast alle diese Objekte bewegen.
- Es gibt eine Häufung der TNOs bei 40 AE. Das sind die sogenannten Plutinos; sie haben alle dieselbe Halbachse und damit Umlaufzeit wie Pluto, die 1,5-mal länger als die des Neptun ist. Sie bildet mit Neptun eine stabile Resonanz. In diesem Sinne ist Pluto ein großes TNO.

2. Rund 1 % der TNOs sind Doppelobjekte („Binaries“)

Bislang wurden acht TNO-Binaries gefunden, die umeinander kreisen. Dabei ist erwähnenswert, dass Pluto mit seinem fast gleichgroßen Begleiter auch ein solches Doppel bildet.

3. Die geringe Inklination der TNOs

Bei 80 % der TNOs beträgt die Inklination < 15°. Damit können sie als „Gürtel“ charakterisiert werden.

4. Die Größe der TNOs

Diese wird von der scheinbaren Helligkeit unter Annahme von Distanz und Albedo abgeleitet. Dabei wird von der Albedo von Kometen ausgegangen, wobei ältere Kometenkerne sehr dunkel sind. Bei höherer Albedo sind also die geschätzten Durchmesser eher zu groß. Die größten TNOs werden auf 1500 km geschätzt. Damit würde Pluto zu Recht als das bisher größte TNO betrachtet.

5. Das spektrale Verhalten der TNOs

Das populäre Modell für einen Kometen ist ein „schmutziger Schneeball“. Spektralanalysen von TNOs zeigen ähnliche Signaturen, allerdings mit einem wichtigen übergeordneten Unterschied: TNOs sind eher rötlich, während Kometenkerne eher bläulich sind.

Auf den Punkt gebracht. Wenn es bislang auch chancenlos ist, die Hypothese der Oort'schen Wolke zu verifizieren und damit eine Quelle für langperiodische Kometen durch Beobachtung direkt sicherzustellen, stellt sich nun für den viel näheren Kuipergürtel die Frage, ob wenigstens dieser nachweisbar ist. Sind also die beschriebenen TNOs als Objekte des Kuipergürtels Vertreter bzw. Vorläufer kurzperiodischer Kometen?

- *Größe.* TNOs sind etwa 10 bis 100-mal größer als typische Kometenkerne. Über Kollisionen könnte dies geändert werden. Allerdings sind die Stoßraten sehr gering. Wegen der Nähe zu Neptun ist auch in einem alten Planetensystem nicht zu erwarten, dass viele Körper aus der Entstehungsphase übriggeblieben sind. Neptun hätte sie längst aus der Bahn geworfen.
- *Verteilung.* Abb. 5.37 zeigt, dass die Anzahl der TNOs jenseits von 45 AE schnell abfällt. Sollte es an den heutigen Beobachtungsmöglichkeiten liegen (das heißt, wir entdecken eher die großen Körper), sollte der Abfall deutlich gemächlicher erfolgen. Weitere TNOs müssten deshalb viel weiter entfernt oder eben viel kleiner sein.
- *Farbe.* Die plausibelste Erklärung für eine Änderung der allgemeinen Färbung vom Rötlichen der TNOs zum Bläulichen der Kometen sind wiederum Kollisionen, durch die die Außenschicht abgetragen und das chemisch anders aufgebaute Innere offengelegt würde. Doch auch hier stimmt die kleine Kollisionsrate eher bedenklich.
- *Binaries.* Ein größeres Rätsel jedoch stellt die Paarbildung innerhalb der TNOs dar, die immerhin für 1% der Objekte beobachtet wird, wobei die Komponenten vergleichbar groß sind.

Diese Liste zeigt, dass es trotz zahlreicher Untersuchungen eine ganze Reihe von grundsätzlichen Fragen und Geheimnissen gibt, welche die Frage nach einem Reservoir für Kometen in einem Langzeitkosmos umgeben. Beim Stand der heutigen Erkenntnis kann sicher behauptet werden, dass die Trans-Neptun-Objekte nur deshalb als Kometenquelle betrachtet werden, weil es sonst (bislang) keine schlüssige Erklärung für die Existenz kurzperiodischer Kometen gibt. Überzeugend ist diese Lösung angesichts der o.g. Beobachtungen an ihnen aber auch nicht.

Wurden die Kometen bislang als schmutzige Schneebälle verstanden, so haben Beobachtungen mit dem im infraroten Spektralbereich arbeitenden *Spitzer*-Teleskop gezeigt, dass Kometen auf ihren Bahnen regelrechte Trümmer-

Kasten 5.6: **Ergebnisse anspruchsvoller Kometenmissionen**

Giotto. Lange Zeit schien das Motto der ESA zu sein: Immer der NASA nach ... und diese behandelte ESA in Kooperationsprojekten gerne als Juniorpartner. Mit Kometenmissionen hat sich ESA international jedoch als Weltraumagentur auf Augenhöhe mit NASA profiliert. *Giotto*, eine Sonde mit einer Relativgeschwindigkeit von 70 km/s, im Abstand von knapp 600 km vom Kometen Halley in einer Distanz zur Erde von 7,8 Millionen Kilometern sicher vorbeizuführen, war durchaus bemerkenswert – und erfolgreich. Es war daher mehr als eine Schrecksekunde, als kurz vor der nächsten Annäherung der Sonde an den Kometen die Funkverbindung zur Erde abriss: Ein relativ großes Staubteilchen hatte die Peripherie des sogenannten Staubschutzschildes getroffen und die rotationsstabilisierte Sonde ins Taumeln gebracht. Dadurch wurde die Richtung der Antennenkeule der Hochleistungsantenne so verändert, dass sie nicht mehr auf die Erde traf. Dafür reichte bereits eine Ablage von 1°. Das alles erfolgte vor den Augen von über 50 Fernsehstationen aus mehr als 35 Ländern – und vor 2500 geladenen Gästen bei ESOC in Darmstadt. Ich (NP) hatte das Vergnügen, bei einer Livesendung des Schweizer DRS-1 den Schutzschild der Sonde – die sogenannte schusssichere Weste – zu vertreten, als mir in diesem Moment – in einem Kauderwelsch aus Englisch und Schwyzerdütsch – Mikrophone wie gefährliche Dolche unter die Nase gehalten wurden. Alle wollten sie von mir Auskunft, weshalb der Datenstrom genau im spannendsten Moment abriss. Glücklicherweise waren vorhaltend Nutationsdämpfer in die Sonde eingebaut, die schnell halfen, das Taumeln der Sonde zu kompensieren, und die

Datenraten schwollen wieder von einem Datenrinnsal zu einem kontinuierlichen Datenstrom an. Aber spannend war das schon! Hier folgen einige zusammenfassende Ergebnisse:

Ergebnisse zweier Instrumente:

- Halley Multi-colour Camera *HMC*: In der Erwartung, auf einen „Schmutzigen Schneeball" zu stoßen, war die Kamera auf den hellsten Punkt ausgerichtet – und der war einer von mehreren Jets, sodass nicht der Komet, sondern Staubjets an der Peripherie im Zentrum der Bilder standen. Nach jahrelanger Auswertung der Bilddaten konnten jedoch die bislang besten Bilder eines Kometenkerns sichtbar gemacht werden. Im Allgemeinen war die Oberfläche des Kometen dunkler als frischer Asphalt.

- Particle Impact Analyzer *PIA: PIA* auf der ESA-Sonde *Giotto* und *PUMA* als nahezu baugleiche Instrumente auf den russischen Sonden *Vega 1* und 2 sind zusammen zu diskutieren. Theoretische Vorstellungen zu Plasmen bei Hochgeschwindigkeitseinschlägen erwiesen sich als falsch. Dennoch gelang es, eine konsistente Beschreibung des Ionenbildungsverhaltens zu erzielen und daraus Masse und Dichte sowie elementare und isotopische Zusammensetzungen des Staubes abzuleiten. Es wurden zwei Klassen von Teilchen identifiziert; die einen sind die sogenannten CHON-Teilchen mit vorwiegend Kohlenstoff, Wasserstoff, Sauerstoff und Stickstoff. Die andere Klasse besteht aus mineralbildenden Elementen wie Natrium, Magnesium, Silizium, Eisen und Kalzium. Darüber hinaus konnten Hinweise auf die molekulare Konstitution der organischen Komponente des Staubes gewonnen werden (Kissel & Krueger 1987). Sie wurden dahingehend interpretiert, dass biologische Vorläufermoleküle aus dem All dem irdischen Leben auf die Sprünge halfen. Sie werden aus Gründen einer systemtheoretischen Analyse mit Wasser gar als Starter-Kit fürs Leben betrachtet (Kissel & Krueger 1987).

„We discovered that a comet is not really a ‚dirty snowball' since dirt is dominant, not ice",[Z27] sagte Horst Uwe Keller vom Max-Planck-Institut für Aeronomie, Katlenburg-Lindau; Leiter des HMC-Teams.

Allgemeine Ergebnisse:

- Die Oberfläche des Kometenkerns ist sehr irregulär gestaltet mit Hügeln und Tälern.
- Der Kometenkern hat eine sehr poröse Textur mit einer Dichte von 0,3 g/cm^3, was ein Drittel von der des Wassers bedeutet.
- Sieben Jets wurden identifiziert, die bis zu drei Tonnen Material pro Sekunde freisetzten.

Nach dem erfolgreichen Encounter mit Halley wurde *Giotto* noch für einen weiteren Vorbeiflug an dem Kometen Grigg-Skjellerup fit gemacht. Leider war die HMC-Kamera nicht mehr einsetzbar, aber acht von elf Instrumenten konnten noch aktiviert werden. Die Distanz zum Kometenkern während des Vorbeiflugs war kleiner als 200 km.

Rosetta. Jenseits von Halley spielten sich noch weitere Kometenmissionen ab. Wir wollen uns hier wegen der Aktualität auf die *Rosetta*-Mission konzentrieren. Sie war ein Wissenschaftskrimi mit mehreren Folgen – ein Roter Faden durch meine (NP) professionelle Lebensarbeitszeit. Schon vor dem Start der Kometensonde *Giotto* liefen Ende der 1970er-Jahre am Heidelberger Max-Planck-Institut die Vorarbeiten für eine detailliertere Untersuchung von Kometen, die als eine Art lebendes Fossil unseres Planetensystems verstanden werden (Pailer et al. 1982). Nach dem durchschlagenden Erfolg von *Giotto* sollte ursprünglich in einer kooperativen Mission mit NASA ein Bohrkern eines Kometen auf die Erde zurückgebracht werden. Leider kam es 1986 zum tragischen Unglück des Space Shuttle *Challenger*, sodass die NASA aus budgetären Gründen aus diesem Vorhaben ausstieg. Über sich selbst hinausgewachsen führte ESA das Vorhaben weiter, indem das Motto „Wir bringen ein Stück Komet ins Labor" abgeändert wurde in „Wir fliegen ein Labor zum Kometen". Sprich, ein Landegerät wurde der *Rosetta*-Mission als Ergebnis internationaler Anstrengung beigestellt. Der Filmclip QR-Code 5.8 zeigt die Phasen der Mission über den Verlauf von 12 Jahren.

QR-Code 5.8: *Rosetta*-Mission

Beim Einsatz der sensiblen Secondary Ion Mass Spectroscopy (SIMS) war es entscheidend, die für die Sammlung von Staub benutzten Sammelflächen in einem sauber kontrollierten Zustand zu haben. Damit konnte eindeutig zwischen „mitgebrachter" Chemie (unvermeidlicher Untergrund) und der Zusammensetzung der gesammelten Staubteilchen unterschieden werden.

2004 wurde *Rosetta* endlich auf den Weg gebracht, nachdem die *Ariane 5* bei der vorlaufenden Startkampagne mit vier Satelliten an Bord über den Sümpfen von French Guyana wegen einer Fehlfunktion gesprengt werden musste (Unfallursache war u.a. ein in der Treibstoffleitung der Rakete vergessener Putzlappen). Diese letzte – durch Ursachenforschung erzeugte – Verzögerung erforderte für die fertiggestellte *Rosetta*-Sonde noch das Anpassen an einen neuen Kometen, weil der zuerst vorgesehene Komet natürlich nicht auf uns wartete: Man wechselte nach längeren Diskussionen um einen Start mit der russischen Proton-Rakete den Kometen, nämlich von Wirtanen auf 67P/Churyumov-Gerasimenko (Kurzform „Tschuri") und startete eben später.

Noch lag der Weltraumbahnhof Kourou in French Guyana an jenem Morgen des 2. März 2004 in der ersten Dämmerung des Tages, als eine Rakete von ebendemselben Typ *Ariane 5* auf einem Feuerstrahl abgestützt um 8:17 Uhr in den bewölkten Himmel jagte. Nach einigen Vorbeiflügen zum Schwungholen für die Reise in die Tiefen des Alls – es war ein ausgewachsenes Planetenbillard – kam *Rosetta* im November 2007 nochmals zu einem letzten Farewell an der Erde vorbei. Ich war mit meinem Teleskop im Garten hinterm Haus (s. Anhang) auf der Suche nach einem kleinen bewegten Lichtpünktlein, dem ich nochmals „hinterherwinken" wollte. Leider hat in unseren Breiten der bewölkte Himmel dies verhindert.

Zwischen den Jahren 2008 und 2010 kam es zur Kreuzung des Asteroidengürtels. Das war in den Anfängen der Raumfahrt wegen der höheren Anzahl an Objekten durchaus gefürchtet. Heute jedoch stimmt man Startzeitpunkt und Bahn extra auf ein Rendezvous mit dem einen oder anderen Asteroiden ab:

- Die relativ eintönige Reise durch das Dunkel des Raumes verlangt nach Abwechslung.
- Die Instrumente an Bord können zu Kalibrationszwecken erstmals aktiviert werden.
- Es kommt zur Erforschung von bislang unbekannten Objekten.

Die Geschwindigkeit von *Rosetta* beträgt nun beachtliche rund 54 000 km/h. Nach dem Vorbeiflug am Asteroiden Steins näherte sich *Rosetta* dem Asteroiden Lutetia bis auf einen Abstand von rund 3 000 km. An der Oberfläche war ein 57 km großer Krater schnell zu erkennen, während ansonsten die Oberfläche mit großen Gesteinsbrocken gepfeffert ist. Bild 1 zeigt einen fotogenen Schnappschuss seiner Oberfläche an der Licht-Schattengrenze. Wegen seiner relativ hohen Dichte von 3,4 g/cm^3 erwartete man ein metallreiches Objekt. Allerdings sah die Oberfläche dafür sehr untypisch dunkel aus. Deshalb wird Lutetia als Zwischenglied zwischen sogenannten „Rubble Piles" (Kies/Schutthaufen) wie z. B. dem Asteroid Steins und erdähnlichen Planeten angesehen. Nach diesen vorläufigen Höhepunkten ging's ab in die Tiefe des Raumes. Im Oktober 2012 erreicht *Rosetta* ihren sonnenfernsten Punkt: Rund 840 Millionen Kilometer trennen sie nun von den wärmenden Strahlen der Sonne. Die Energie der 64 m^2 großen Solargeneratoren reicht nur noch, um das Vehikel einigermaßen warm und die Borduhr am Ticken zu halten.

20. Januar 2014: Nun war es soweit. Wissenschaftler und Journalisten rund um die Welt haben sich zum Wake-up-Event der ESA beim ESOC (European Space Operation Center) in Darmstadt getroffen. Nach einigen Plenar-Dis-

Bild 1 Der Asteroid Lutetia an der Licht-Schatten-Grenze aufgenommen. Er gilt als Zwischenglied zwischen sogenannten Rubble Piles (Asteroiden als „Schutthaufen") und erdähnlichen Planeten. (ESA/ESOC/MPS)

Bild 2 Das erste Bild von „Tschuri“ am 21. März 2014 anhand der OSIRIS-Kamera an Bord von *Rosetta*: Noch trennen 5 Millionen Kilometer *Rosetta* und Komet. Gezeigt ist der Kugelsternhaufen M 107 und rechts daneben der als Punkt erkennbare Komet im Zentrum des Kreises. (ESA 2014, MPS for OSIRIS-Team MPS, UPD, LAM, IAA, SSO, INTA, UPM, DASP, IDA)

kussionsrunden sollte nun die Zeit gekommen sein, dass irgendwo im Weltraum knapp 815 Millionen Kilometer von der Erde entfernt ein Wecker klingelte und somit das erste Signal der Sonde auslöste. Es sollte dann nach gut 45 Minuten von der Goldstone-Antenne in Kalifornien aufgefangen werden. Wir blickten eine gefühlte Ewigkeit lang auf eine grüne, gezackte Kurve auf den Bildschirmen, auf denen bisher nur Rauschen zu sehen war. Um 18:30 Uhr wurde das Signal erwartet. Nun war es schon 19:00 Uhr. Die Nervosität stieg. Endlich entstand auf dem Bildschirm der ersehnte Peak, der über das Rauschen hinausragte.

Am 21. März 2014 zeigte sich „Tschuri“ erstmals auf den Bildern der *OSIRIS*-Kamera an Bord von *Rosetta*. Die Aufnahme gleicht zunächst der eines Amateur-Astronomen, der den Kugelsternhaufen M 107 in der Konstellation Schlangenträger fotografierte. Aber den hatte man nun nicht im Blick. Das Interesse galt einzig und allein einem Pünktlein, das man ansonsten übersieht und das eigentlich nicht zu diesem Bildausschnitt gehört: Der Komet „Tschuri“ hatte nun sichtbar für *OSIRIS* die Bühne betreten. Es ist nach einer 10-jährigen Reise durch den dunklen Weltraum etwas ganz Besonderes, endlich den Lichtpunkt zu sehen, für den man ein halbes Forscherleben investierte. Aber noch trennten rund 5 Millionen Kilometer Raumsonde

Bild 3 Das ist also des Kometen Kern: Der Kometenkern von 67P/Churyumov-Gerasimenko aus ca. 100 km Entfernung: Es war ein bewegender Moment, als Holger Sierks vom Max-Planck-Institut für Sonnensystemforschung in Göttingen die ersten hochaufgelösten Bilder des Kometen den Kometenexperten als historisches Ereignis vorführte. Noch vor kurzer Zeit war dieses Objekt ein einzelner verwaschener Lichtfleck im dunklen Weltraum. (ESA/ESOC)

und Komet, und der Komet deckt im Bild nur den Bruchteil eines Pixels ab (Bild 2).

6. August 2014: Nach einer 6,4 Milliarden Kilometer langen Reise sollte an diesem Tag das erste von Menschenhand gemachte Objekt in eine gebundene Bahn um einen Kometenkern einschwenken und sich ihm auf 100 km annähern. Im Laufe der Annäherung von *Rosetta* an den Kometen wurde das bisher bestaufgelöste Bild des Kometenkerns sichtbar, welches naturgemäß in vielerlei Hinsicht überraschte (Bild 3).
Weder Kugel noch Kartoffel: Erstmals wurde die zuvor bereits erkannte quietscheentenähnliche Gestalt des Kerns in voller Schönheit sichtbar. Wir haben es mit einem komplexen Körper zu tun, der sicheres Landen nicht gerade erleichtert.
Die Vielgestaltigkeit der Oberfläche lässt Konturen erkennen, die von zigarrenascheähnlicher Konsistenz über Katzenstreu bis hin zu steinhart gefrorenem Eis reicht.
Die Zeit bis zur Landung galt nun der geschickten Auswahl des bevorzugten Landeplatzes, der nicht nur wissenschaftlich interessant sein sollte, sondern auch ein sicheres Landen und das Laden der Sekundärbatterien durch Sonnenlicht ermöglichte. Das nächste Ereignis bei ESOC war die mit Spannung erwartete Landung des Landegeräts *Philae* auf dem Kern des Kometen 67P/Churyumov-Gerasimenko.

12. November 2014: Ich trat als sogenannter „Jungsenior" meine letzte Dienstreise an. Ziel war wieder einmal jener ziemlich unverdächtige Gebäudekomplex in einem Industriegebiet in Darmstadt in einer Straße, die nach dem Freigeist und Erfinder Robert Bosch benannt wurde. Heute werden dort hochfeine Dynamikrechnungen angestellt, alle europäischen Satelliten betreut, Roboterärmchen im Weltraum bewegt, Landebeine in der Nähe ferner Welten ausgefahren, Kometen gejagt, Planetenoberflächen angebohrt – um nur Einiges zu nennen. Im Gegenzug liefern die Satelliten und Landegeräte Daten vom Feinsten, über denen Wissenschaftler brüten und die ständig unser Weltbild verändern und verfeinern.
Auf einem der vielen bunten Bildschirme bei ESOC drehte sich seit Wochen ein Objekt: „Tschuri", Zielkomet von *Rosetta*. Es ist nicht ganz überraschend, aber doch bemerkenswert, dass sich dieses Teil nicht nur unablässig dreht, sondern auch stinkt, was an seinem Kohlenstoff- und an seinem Ammoniakgehalt liegen mag. Üblicherweise denkt man, solche Objekte im Weltraum seien eine geruchsneutrale Sache, aber das stimmt nicht. Der ESA-Astronaut Alexander Gerst hat sich z. B. von der Raumstation ISS aus über den Geruch des Weltraums ausgelassen. Und der muss es ja wissen, hat er es doch dort 165 Tage ausgehalten. Er twitterte: „Für mich riecht der Weltraum nach einer Mischung aus Walnuss und Bremsbelägen meines Motorrads." Da haben wir's aus berufenem Munde. – Aber vielleicht sprach er auch vom Geruch im Innern der Raumstation?!
In jenen Tagen wurde von ESOC aus etwas gesteuert, was bisher niemand tat: erster Landungsversuch auf einem Kometenkern. So etwas hautnah mitzuerleben, Teil davon zu sein, das grenzte an eine seismographische Erschütterung eines Forscherlebens, das sich über Jahrzehnte mit Kometen, ihren Stäuben und nicht zuletzt mit *Rosetta* beschäftigte.
Die letzte der fünf „GO/NOGO Decisions" wurde positiv beschieden und damit der Landevorgang unwiderruflich eingeleitet. Das Landegerät *Philae* war mit *Rosetta* wie ein siamesischer Zwilling über zehn Jahre verbunden und wurde nun abgekoppelt. Alles lief auch hier „rosettamäßig". Die nächsten Schritte waren die beiden Farewell-Fotos: Einmal hat *Osiris* von *Rosetta* aus das Landegerät auf seinem Weg zwischen Himmel und Komet fotografiert und umgekehrt. Das Bild vom Landegerät mit den ausgeklappten Landebeinen ist in Bild 4 gezeigt. Es ist fast wie Hollywood – nur eben besser! Für unsere *Rosetta*-Sonde gab es noch einen entscheidenden Schritt: Da *Rosetta* auch als Relaisstation für die Funkstrecke zu *Philae* zu dienen hatte, musste diese erst etabliert werden – was wieder „rosettamäßig" gut gelang. Damit konnte einer erfolgreichen Landung (fast) nichts mehr im Wege stehen (ein Wegfall des Kaltgassystems zum Andrücken des Landers an die Kometenoberfläche wurde deshalb kleingeredet, da „Tschuri" eine größere Gravitationskraft als Wirtanen (war der zuerst für *Rosetta* vorgesehene Zielkomet) hatte und man dem Harpunensystem, bestehend aus zwei Harpunen, eine Kompensation zutraute (allerdings musste dies auch alle Sicherheitsanforderungen von Arianspace erfüllen, zumal die Harpunen im Nutzlastladeraum der Rakete direkt auf die Treibstofftanks gerichtet waren ... und in Sachen Sicherheit gibt es keine Toleranz!).
Nach langem Fiebern gab es endlich das Signal der Landung: Landebein hat Komet berührt;

Impulsübertrag auf Landebein innerhalb der Spezifikation. Der Jubel kannte kaum Grenzen! Der ESA-Generaldirektor Jean-Jacques Dordain schluckte auffällig am Mikro und gab es dann – tief gerührt – frei für Jean-Pierre Bibring, den Lander-Wissenschaftler. Es geht einem schon unter die Haut, wenn ESA-Größen in aller Öffentlichkeit das Taschentuch brauchen ... Das hast du nicht alle Tage.

Danach blickte man längere Zeit auf etwas ratlose Gesichter im Kontrollraum, ohne genau zu wissen, was da gerade abgeht. Aber es lag Spannung in der Luft. Das war fühlbar. Es wurde gelandet, aber irgendwas stimmte nicht. Die Lage war so wenig klar, dass man nach einem Verschieben des letzten Meetings des Tages mit der Bekanntgabe des ersten Panorama-Bildes vom Lander auf den nächsten Tag vertröstet wurde, zumal *Rosetta* nun unter dem Horizont des Kometen zu fliegen kam und damit keine Datenverbindung mehr bestand. Der *Philae*-Manager Stephan Ulamec gab nur noch bekannt: „We landed. We landed twice ...". So wurden wir nach diesem aufregenden Tag ins Bett geschickt:

- Wie ist die erhaltene Information zu verstehen?
- Was ist mit dem Landegerät passiert?
- In welchem Zustand befindet es sich?
- Wird die Wiederaufnahme der Funkverbindung klappen; reden Orbiter und Lander auch am nächsten Tag wieder miteinander?
- etc.

Bild 4 Mit vielen Aaaaaahhhhs und Oooooohhhs wurde dieses Bild wahrgenommen: Philae streckt alle Dreie von sich und scheint bereit zu sein, dem Kometen direkt zu begegnen. (N. Pailer)

Es stellte sich heraus, dass zwei zentrale Untersysteme für ein gelingendes Landen ausfielen: das bereits bekannte Kaltgassystem, mit dem das Landegerät aktiv auf die Oberfläche des Kometenkerns gedrückt werden sollte, und das Harpunensystem, mit dem die Verankerung nach der ersten Berührung erfolgen sollte. Aus diesen Gründen wurde nicht nur einmal, sondern in Summe dreimal gelandet. Und zum Glück war die Gravitationskraft des nun größeren Kometen dabei sehr hilfreich. Im äußersten Notfall hätte man mit dem Verschwinden des Landegeräts rechnen müssen. Trotz unvorhergesehener Ereignisse konnten ca. 80 % der Missionsziele von *Philae* erreicht werden. Seither ruht das Landegerät an einem nicht genau bekannten Ort, der dunkler und kälter sein muss als der ursprünglich vorgesehene, was wiederum den Missionsplanern Hoffnung machte, dass sich im Zuge der Annäherung des Kometenkerns an die Sonne dies ändern würde. Tatsächlich wurden nach mehreren vergeblichen Kontaktversuchen mit dem Landegerät am 13. Juni 2015 aus einer Entfernung von mehr als 300 Millionen Kilometern in einem 80 Sekunden langen Kontakt die ersten der rund 8000 Datenpakete über *Rosetta* als Relais-Station auf der Erde empfangen: Man spricht wieder miteinander!

Möglicherweise verhinderte ein Gegenstand (Abschattung) zwischen der Antenne von *Philae* und *Rosetta* einen stabilen Empfang, was man durch eine entsprechende Bahnveränderung von *Rosetta* zu verhindern suchte, sodass die vollständige keulenförmige Charakteristik des Signals zugänglich wurde. Der nicht vorgesehene, nun aber kühlere Landeplatz würde es erlaubt haben, Messungen möglicherweise bis Oktober weiterzuführen, was leider nicht mehr zustande kam.

Mit meinem Selbstbau-Teleskop erfüllte ich mir am Ende noch einen lang gehegten Traum: Sollte es möglich sein, einen fünf Kilometer grossen Kometenkern in 280 Millionen Kilometern Entfernung von meinem Garten aus abzulichten, dann wollte ich das tun. Bild 5 zeigt schließlich das Objekt der Begierde durch Überlagerung von fünf Aufnahmen mit je 80 s Belichtung gegen 5:15 Uhr an jenem 16. November 2015. Ein guter Teil meines Forscherlebens hat sich um die paar leicht aufgehellten Pixel gedreht. Und das besagte Landegerät *Philae* mag aufgrund der Kometenaktivität während des Periheldurchgangs (es werden immerhin knapp 10 m pro Umlauf von der Kometenoberfläche abgetragen) schon Teil des angedeuteten Kometenschweifes geworden sein – falls es sich nicht doch noch um die Jahreswende meldet ... Leider haben sich diese Hoffnungen nicht erfüllt. Was sich aber in den letzten Tagen der *Rosetta*-Mission – nämlich am 2. September 2016 – noch glücklicherweise ergeben hat, war die Entdeckung des *Philae*-Landegeräts auf dem Kometen.

Man muss sich vorstellen, dass *Rosetta* nur noch bis zum 30. September 2016 den Kometenkern umrundete, um dann auf demselben zu landen. Und dann hat sie auf den letzten Drücker das bislang vermisste, kühlschrankgroße Landegerät in einer Felsspalte auf dem Kometen in rund 670 Millionen Kilometern Entfernung von der Erde ausgemacht, wie es in einer Felsspalte unter einem Felsvorsprung nach einem ca. zweistündigen, ungeplanten Flug letztlich zur Ruhe kam! Damit konnten die bislang fehlenden Standortdaten mit den Messungen von *Philae* in den richtigen Kontext gestellt werden.

Bild 5 Durch Überlagerung von fünf Aufnahmen von jeweils 80 sec zeigt sich der Komet in Form von ein paar leicht aufgehellten Pixeln auf dieser Aufnahme mit einem selbstgebauten Newton-Teleskop. Darum hat sich ein guter Teil meines Forscherlebens gedreht ... (N. Pailer)

Vorläufige Ergebnisse

a) Die ausgesprochen dunkle Oberfläche des Kometenkerns reflektiert nur wenige Prozent des Sonnenlichts. Es wird vermutet, dass sich Wassereis unter der Schicht aus zuvor akkumuliertem, dunklem Staub befindet. Mit der hochauflösenden *Osiris*-Kamera hat man bisher nur vereinzelt kleine helle Flecken gesehen, die von darunter liegendem Eis stammen können. Damit ist erneut das „schmutzige Schneeball-Modell" widerlegt. Bedingt durch die hohe räumliche Auflösung der *Osiris*-Kamera wurden unter der Oberfläche des Kometenkerns schachtartige Hohlräume entdeckt, die zum Teil eingestürzt sind. Bereits die beiden NASA-Missionen *Deep Impact* und *Stardust* zeigten Andeutungen solcher Schächte. Möglicherweise handelt es sich um ein typisches Kometenmerkmal. Nähere Information könnte das Experiment *Consert* liefern: Komponenten dieses Instruments sind sowohl auf *Rosetta* als auch auf *Philae* untergebracht. Ziel ist es, mit Hilfe von Radiowellen die innere Struktur des Kometenkerns zu erkunden. Dafür wird ein Radiosignal von *Rosetta* durch den Kometenkern auf den Landeplatz von *Philae* und zurück gesendet. Es stellte sich heraus, dass oberflächennahe Bereiche deutlich verändert wurden, während innere Bereiche noch die ursprüngliche Struktur hatten.

b) „Comets water life" (Kometen sorgen für das notwendige Wasser für Leben(sentstehung)): Das war das Motto der Mission. Erste Untersuchungen zeigen, dass die gemessenen Isotopenverhältnisse (= „Fingerabdrücke") dem deutlich widersprechen. Die Frage nach der Herkunft von Wasser auf unserem Planeten ist deshalb weiterhin ungelöst, weil nach den heutigen Vorstellungen der Planetenentstehung auf der Erde vermutlich Temperaturen bis zu 1000 °C auftraten. Deshalb muss Wasser nachträglich auf unseren Planeten gelangt sein. Kometen wurden immer als verdächtige Kandidaten gehandelt.

Das Instrument *Rosina* an Bord von *Rosetta* untersuchte das vom Kometenkern abdampfende Wasser. Dabei stellte sich heraus, dass der Komet mehr als dreimal höheren Anteil an schwerem Wasserstoff (Deuterium) hat als das Wasser auf

unserem Planeten (Altwegg et al. 2015). Das schließt die Hypothese aus, dass Kometen dieses Typs Wasser auf die Erde brachten, und das wiederum wirft weitere Fragen auf.
2011 hatte das Weltraumteleskop *Herschel* den Kometen Hartley-2 untersucht. Die Begeisterung war groß, als sich gleiche Anteile von Deuterium zeigten, wie wir das von dem Wasser in unseren Ozeanen kennen. Bezeichnenderweise gehören Hartley-2 und 67P/Churyumov-Gerasimenko zu den Kometen der Jupiter-Familie. Fragen: Wie können zwei Kometen aus derselben Familie im Kuipergürtel so unterschiedliche Anteile von schwerem Wasser aufzeigen? Sind die Gründe in einer „Kometenwanderung" zu suchen, die stattfand, bevor die heutigen Bahnen eingenommen wurden? Kamen die Kometen aus unterschiedlichen Regionen und erzeugten auf unserem Planeten einen mittleren Anteil von schwerem Wasser? Sind Asteroiden verdächtige Kandidaten? Müssen gar unsere Vorstellungen der Planetenbildung zurück aufs Reißbrett? Das Video QR-Code 5.9 gibt eine Zusammenfassung der wissenschaftlichen Ergebnisse von *Rosetta* (Stand Ende 2019).

QR-Code 5.9: Das Video fasst die bisherige Auswertung wissenschaftlicher Daten von *Rosetta* zusammen (Stand Ende 2019).

c) Mikroorganismen auf Kometenkern? Im Rahmen der Panspermie-Theorie standen Kometen schon immer im Verdacht, Leben auf die Erde gebracht zu haben. Und nun soll tatsächlich einer Theorie von Astronomen zufolge die Oberflächenstruktur des Kometenkerns typisch sein für die Existenz von Mikroorganismen?! Der Komet biete gar mikroskopisch kleinen Lebensformen bessere Bedingungen als die „Arktis und die Antarktis auf der Erde". Und selbst die dunkle Oberfläche könne als „Hinweis auf Leben" gedeutet werden. Chandra Wickramasinghe vertrat die Auffassung, dass möglicherweise Mikroorganismen mit der Entstehung von „Taschen mit Hochdruckgasen" dafür gesorgt haben könnten, dass darüber liegendes Eis gesprengt und organische Teilchen herausgeschleudert worden seien. – Die Phantasie kennt kaum Grenzen. Fakt ist, dass organische Komponenten bereits bei *Giotto* nachgewiesen wurden, die als sogenannte „building blocks" für Mikro-Organismen gedient haben können. Jedenfalls ist selbst ein möglicher Erklärungsversuch für Lebensentstehung über eine Panspermie-Theorie nur ein Verschiebebahnhof.

Einzelheiten können hier anhand folgender Adresse unter „Projekte" vertieft werden: http://www.amazingspace.de.

strecken in Form von soliden Staubteilchen mit einer typischen Größe von einem Millimeter hinterlassen. Damit hätten diese Staubteilchen den größten Anteil am Massenverlust der Kometen und das „schmutzige-Schneeball-Modell" könnte sich bald überlebt haben und durch ein „staubiges-Steine-Modell" (= „Kieshaufen") zu ersetzen sein.

5.6 Diskussion bemerkenswerter Besonderheiten

Kompakt

- Planetare Ringe
- Kometen
- Dicke Staubschicht auf dem Mond
- Sonnenrotation
- Retrograde Bewegungen
- Planetare Magnetfelder
- Bemerkenswerte Gegebenheiten

Da in diesem Buch der gesamte Kosmos im Blickfeld ist und die Planeten auf ein Kapitel eingegrenzt sind, soll diversen Fragestellungen aus unserem Planetensystem durch eine zusammenfassende Bewertung Rechnung getragen werden.

- Beim Verständnis der Verhältnisse unseres Planetensystems müssen wir mit einer großen Einschränkung umgehen: Wir haben nur ein einziges, das im Detail untersucht werden kann. Das ist auch nach der Entdeckung zahlreicher extrasolarer Planetensysteme so.
- Planeten haben sich als sehr individuelle Objekte herauskristallisiert und sind deshalb nicht ohne Weiteres in eine Entwicklungsreihe zu stellen, wobei vorhandene Unsicherheiten Spielraum für unterschiedliche Erklärungen lassen, die ihrerseits aber (noch) offen bleiben müssen. Die Disziplin der „Vergleichenden Planetologie" hat jedenfalls dadurch deutlich an inhaltlicher Substanz verloren.
- Übergeordnete Aspekte sind durchaus plausibel mit der Vorstellung einer protoplanetaren Scheibe und ihren physikalischen Konsequenzen zusammenzubringen, während eine ganze Reihe von Befunden erneut Fragen aufwirft und vertraut gewordene Konzepte teilweise empfindlich stört. Dies meint, dass bei vereinfachender, grober Betrachtung die Verhältnisse einigermaßen stimmig sind, während eine ganze Reihe von Befunden im Detail in verschiedene Richtungen weist. Ob es sich bei den nachfolgenden Problemen um Details oder eher um Grundsätzliches handelt, mag der Leser selbst entscheiden.

a1) Planetare Ringe

Sie sind erklärtermaßen Kurzzeitphänomene. Da sie aber nicht von Anfang an zusammen mit den Planeten existieren mussten, sind die daraus abgeleiteten Schlüsse für deren Alter nicht zwingend. Es ist jedoch bemerkenswert, dass sie bei allen vier Gasplaneten gleichzeitig zu beobachten sind (und zwar gerade dann, wenn wir technisch in der Lage sind, sie zu beobachten, und das, obwohl für sie verschiedene Ursachen angenommen werden müssen). Genauer gesagt zeigt Neptun nach Aufnahmen von *Voyager 2* sogenannte Ringbögen, Ringsegmente oder Ringwürste im Adams-Ring. Es sind jedenfalls drei ungewöhnliche Materieverdickungen, die sogenanten Arcs. Diese Ansammlungen von Ringmaterial, auch Liberté, Egalité und Fraternité genannt, können Folgendes bedeuten:

- Die Ringteilchen hatten noch nicht die Zeit, sich über die ganze Bahn zu verteilen.
- Neuere Beobachtungen mit dem *Keck*-Teleskop werten sie als Zeichen für einen Rückgang des Ringsystems.
- Als Ursache der Arcs sind vermutlich Resonanzen mit bislang nicht entdeckten Monden verantwortlich. Bemerkenswerterweise umlaufen die Verdickungen den Planeten deutlich langsamer als berechnet.

a2) Saturn-Ringsystem

Das Ringsystem erschien bisher als der charakteristische Bestandteil des Saturn in unserem Sonnensystem und hat die Fantasie von Dichtern und Denkern seit seiner Entdeckung gleichermaßen befeuert. Nun zeigen neueste Daten offensichtlich, dass dieses Ringsystem ausnahmsweise einmal nicht in das Bild einer Resteverwertung eines Planetenbildungsprozesses passt. Nach neuesten Daten von der *Cassini-Huygens*-Mission ist das Ringsystem dafür viel zu jung.

Die neu gewonnenen Daten stammen vom letzten riskanten Manöver, das der in die Jahre gekommenen Saturn-Mission *Cassini-Huygens* zugemutet wurde: Ein erstmaliger Flug durch die Lücke des Planetenstaubrings von Nord nach Süd am 26. April 2017, bis die Sonde am 15. September 2017 in den dichten Wolken des Saturn durch Reibungshitze in der Saturnatmosphäre verglühte.

Bereits erste in-situ-Messungen durch die *Voyager*-Sonde 1980 hatten einerseits viele Details zu Tage gebracht, andererseits viele Rätsel hinterlassen. Hier brachte nun *Cassini-Huygens* mehr Klarheit. Die offenen Fragen betreffen die Intensität des Staubeinfalls auf das Saturnsystem, die Gesamtmasse des Ringsystems und die Helligkeit des Ringsystems.

Fragestellungen

1. Intensität des Staubeinfalls auf das Saturnsystem. Ein konstanter Regen interplanetarer Mikrometeorite vom äußeren Rand unseres Planetensystems sollte seit Milliarden von Jahren auf das Saturn-Ringsystem fallen. Erwartungsgemäß sollten diese dunklen Teilchen die ursprünglichen hellen und gut reflektierenden Wassereisteilchen des Ringsystems im Laufe ihres Bombardements dunkel färben.

Wie schnell sich dieser Prozess auswirkt, hängt natürlich von der Einfallsrate des Staubes ab, die bisher nicht viel mehr war als ein „best guess".

Nach etwa zwölf Jahren intensiven Messens und Analysierens hat nun der Cosmic Dust Analyzer (CDA) – eines der zwölf Instrumente an Bord von *Cassini-Huygens* – für diese Abschätzung eine solide Basis gebracht – und das Ergebnis ist *„inconsistent with an old ring"*, wie es Sascha Kempf von der University of Colorado in Boulder kommentierte. Der Staubfluss von außen auf den Ring ist etwa zehn Mal höher als zuvor gedacht und legt aufgrund erster und soweit bester Abschätzungen ein Ringalter von 150 Millionen bis maximal 300 Millionen Jahren nahe. *„Our measurements are the most direct way you can measure it"*, fügt Kempf hinzu. *„There is not much you can do about it. It has to be young"* (Kempf et al. 2017).

Demnach existierte vor einigen Hundert Millionen Jahren kein Ring. Saturn hat dieses Juwel (wie es genannt wird) erst sehr spät in seinem „Leben" bekommen. Sollten Astronomen – nach den üblichen Altersvorstellungen – zur Zeit der

Abb. 5.39 Der ankommende Komet Shoemaker-Levi wurde durch die Gravitationskraft des Jupiter in 21 Bruchstücke zerlegt, die dann nacheinander in die Jupiteratmosphäre eindrangen und zerstört wurden. Das rechte Bild wurde im infraroten Spektralbereich aufgenommen. (NASA/JPL)

Dinosaurier gen Himmel geblickt haben, so hätten sie nur einen „nackten", eher langweiligen Saturn ohne seinen „Heiligenschein" gesehen. Wir müssen lernen, dass ein zum alten Saturn gehöriger Ring wohl einen Ursprung jüngeren Datums hat, was so keiner erwartet hat.

b) Kometen

Die heutige Existenz der relativ kurzlebigen Kometen in einem alten Planetensystem wirft ungelöste Fragen auf. Grundsätzlich werden sie für (relativ) unmodifizierte Objekte aus der Planetenentstehungsphase gehalten („lebende Fossilien"). Sie unterliegen als relativ kleine, vorwiegend aus volatilen Elementen bestehende Körper Verlustprozessen durch:

- Materialabtrag bei jedem Sonnenvorbeiflug: einige Meter bis hundert Meter bei typischen Objektgrößen von einigen Kilometern
- Zusammenstöße mit Planeten- und Mondoberflächen; z.B. Komet Shoemaker-Levi mit Jupiter im Jahre 1994

Die Abb. 5.39 zeigt links die Kette von Bruchstücken, wie sie auf Jupiter zugeflogen sind, und rechts eine der Auswirkungen in Jupiters Atmosphäre:

Wie ein blaues Auge schwebt das Ergebnis eines Zusammenstoßes in der Atmosphäre.

- Änderung der Bahn durch nahe Vorbeiflüge an großen Planeten, sodass sie das Planetensystem verlassen. Es gibt dagegen keine Chance, dass uns Kometen aus anderen Systemen erreichen. Nach heutigem Wissen gibt es in unserem Planetensystem keine Quelle für neu entstandene Kometen, sodass Verlustprozesse nicht wettgemacht werden.

Eine bis in unsere Zeit reichende Kometenpopulation kann nur aufrechterhalten werden durch das Postulat einer weit entfernten Kometenwolke als Langzeitreservoir. Jan Oort hat sie 1950 aus der Beobachtung von Kometenbahnen und aus der Notwendigkeit, ein Reservoir zu haben, eingeführt. Wegen der typischen Inklinationsverhältnisse der Kometenbahnen wurde von Gerard Kuiper außerdem der nach ihm benannte Kuipergürtel eingeführt.

Es hat sich zwar öfter bewährt – und dies gehörte zu den Highlights der Physik – Aspekte aufgrund von Beobachtungen zu postulieren, um entsprechende Untersuchungen einzuleiten. Ob dieser Erfolg auch der Oort'schen Wolke und dem Kuipergürtel einmal zukommen wird, gilt es nachzuweisen. Denn die Verhältnisse von kleinen, dunklen Körpern in großer Entfernung von bis zu 100 000 AE entziehen sich (bislang) einem direkten Nachweis. Dagegen könnten große Kuipergürtel-Objekte als Proto-Kometen in einem Abstand < 40 AE nachweisbar sein.

Mit der Entdeckung des „transneptunischen" Eiskörpers QB1 im Jahr 1992 und den vielen anderen, die ihm folgten, gab es Beweise für die Existenz einer Population kleiner Eiskörper, die sich jenseits der Umlaufbahn des Planeten Neptun befindet.

Obwohl die Schätzwerte sehr unterschiedlich sind, gibt es Schätzungen zufolge mindestens 70.000 „transneptunische" Objekte, die sich zwischen 30 und 50 AE von der Sonne entfernt befinden und einen Durchmesser von mehr als 100 km haben.

Jenseits von 50 AE gibt es möglichweise mehr Korper dieses Typs, aber in jedem Fall ist ihre Lokalisierung mit aktuellen Detektionstechniken sehr schwierig. Die Beobachtungen zeigen auch, dass sie innerhalb einiger Grade oberhalb oder unterhalb der Ekliptikebene begrenzt sind. Diese Objekte werden als KBOs (Kuiper Belt Objects) bezeichnet.

Die Untersuchung des Kuiper-Gürtels ist sehr interessant, weil er primitive Objekte aus den ersten Phasen der Akkretion des Sonnensystems enthalten soll und weil er, wie die postulierte Oortsche Wolke, die Quelle für kurzperiodische Kometen zu sein scheint.

c) Dicke Staubschicht auf dem Mond

Im Raum zwischen den Planeten vagabundieren Objekte unterschiedlichster Größe. Begünstigt durch die Gravitationswirkung von Planeten und Monden stoßen sie mit diesen immer wieder in einem Impaktvorgang zusammen. Freie Oberflächen ohne Atmosphäre sind davon unmittelbar betroffen. Der aus diesen kraterbildenden Prozessen stammende oder direkt aufgesammelte interplanetare Staub bedeckt zunehmend die entsprechenden Oberflächen. Planeten- und Mondoberflächen werden so zu „Geschichtsbüchern" für die Astrophysiker. Die aufgesammelte Menge ist als Funktion der Zeit teilweise direkt messbar oder genügend genau abschätzbar. Rechnet man die Menge auf besagte Milliarden Jahre hoch, so sollte sich auf dem Mond eine mehrere Meter dicke Staubschicht abgelegt haben. Jedoch haben z. B. menschliche Fußspuren auf dem Mond nur wenige Zentimeter losen Staubes gezeigt. Aus dieser Sicht scheint der Mond jünger zu sein als bislang ermittelt. Es gilt jedoch heute als allgemein akzeptiert, dass sich mit der Zeit insbesondere unter den Temperaturschwankungen auf der Mondoberfläche die zunächst lose Staubschicht in einer Art kaltem Sinterprozess verfestigt hat. Damit kann nicht mit der unerwartet dünnen Schicht gegen hohe Alter argumentiert werden, weil eben für einen guten Teil davon angenommen wird, dass er in sogenannte Brekzien unter der losen, obersten Staubschicht umgewandelt wurde.

d) Sonnenrotation

Im Falle der Bildung unserer Sonne aus einem Urnebel sollte diese entsprechend ihrer Kontraktion immer schneller rotieren wie die Tänzerin bei einer Pirouette (Sterne zeigen gelegentlich polare Jets, um den zunehmenden Drehimpuls abzuführen). Das zu erwartende Ergebnis wäre eine schnell rotierende Sonne. Tatsächlich bewegt sie sich eher behäbig mit einer Umdrehung am Äquator in 24 Tagen und 16 Stunden. Diese langsame Rotation bedeutet, dass die Sonne mit ihrer 745-fachen Masse der um die Sonne umlaufenden Körper nur rund 0,5 % des gesamten Drehimpulses im Planetensystem repräsentiert.

Nun wird das Bild stimmig gemacht durch die Annahme einer Koppelung über das Magnetfeld, welche die Rotation der Sonne verlangsamt und die Rotation des restlichen Materials zur Planetenbildung beschleunigt. Das ist ein delikates Problem, das selbst durch jahrelange Arbeit nicht befriedigend gelöst ist. Es muss nüchtern festgestellt werden, dass die Verteilung des Drehimpulses der beteiligten Objekte nicht gut mit der Vorstellung einer protoplanetaren Scheibe übereinstimmt. Um die Sache noch ein bisschen komplizierter zu machen: Die Sonnenachse ist um mehr als 7° gegen die Ekliptik geneigt.

e) Retrograde Bewegungen

Aus der Entwicklungsvorstellung von Planeten aus einer protoplanetaren Scheibe würde man erwarten, dass alle Objekte im gleichen Drehsinn umlaufen und rotieren. Das tun sie aber nicht:

- Die Venus rotiert retrograd, und zwar mit relativ langsamer Geschwindigkeit, während ihre obere Atmosphäre sich relativ schnell um den Planeten bewegt.
- Uranus liegt mit seiner Rotationsachse in der Ebene der Ekliptik und rollt sich ab wie ein Wagenrad.
  Gerne wird von Planetenrotationsachsen als von Flipflops gesprochen, deren Ausrichtung sich spontan ändern kann. Die Erde würde glücklicherweise durch die Gravitationswirkung ihres außergewöhnlich großen Mondes stabilisiert. In diesem Sinne befände sich Uranus in einer transienten Phase, während die Venus dies bereits hinter sich hätte. Aber es könnte auch ganz anders gewesen sein.
- Es gibt eine Reihe von Monden, die sich wie interplanetare Geisterfahrer verhalten, indem sie entgegen dem allgemeinen Drehsinn umlaufen. Gewöhnlich bringt man das zusammen mit eingefangenen Objekten. Wenn sie dann allerdings auf sehr kreisrunden Bahnen umlaufen wie der Neptunmond Triton, dann ist das zumindest sehr bemerkenswert.

f) Planetare Magnetfelder

Sie werden klassisch mit einem Dynamoeffekt im Innern der Planeten in Verbindung gebracht: Komplizierte Bewegungen geschmolzener, elektrisch leitender Materie erzeugen einen magnetischen Dipol, dessen Achse leicht gegenüber der Rotationsachse geneigt ist, was für die Erde und Jupiter gegeben ist. Bei Saturn dagegen sind beide Achsen identisch.

Vor *Voyager* gab es keine bestätigten Messungen zu Magnetfeldern von Uranus und Neptun. Die Messungen mit *Voyager* fielen so ungewöhnlich aus (exzentrische Lage, mit über 50° eine auffallende große Neigung zur Rotationsachse des Planeten), dass dafür ein anderer Effekt herangezogen wurde. Es wird von oberflächennahen Schichten gesprochen, die dafür verantwortlich sein sollen. Die Entstehungsweise ist damit allerdings nicht geklärt.

g) Bemerkenswerte Gegebenheiten

- **Ungewöhnlich austarierter Abstand zwischen Sonne und Erde**

Eine heißere und gleichzeitig weiter entfernte Sonne könnte grundsätzlich für den gleichen Temperaturhaushalt der Erde sorgen, wie wir ihn kennen. Allerdings würde sie dabei gleichzeitig mehr ultraviolette Strahlung erzeugen, was verheerende Folgen für das Leben auf der Erde hätte. Dagegen würde eine nähere, kühlere Sonne zu viel Infrarot- und zu wenig optische Strahlung erzeugen, womit Prozesse der Photosynthese beeinträchtigt würden. Damit steht die Erde in einem bemerkenswert abgestimmten Verhältnis zu einer für den Erhalt des Lebens unabdingbaren Sonne.

Würde die Erde z.B. auf einer etwas engeren Bahn um die Sonne kreisen, wäre deren Einstrahlung größer. Es wäre wärmer und es würde mehr Wasser aus den Ozeanen verdunsten. Die Luft enthielte mehr Wasserdampf, der den Wärmefluss nach außen behindern würde. Die Erde würde zu einem Treibhaus. Ein größerer Abstand würde eine Abkühlung und damit eine Vereisung einleiten, die sich dabei noch selbst verstärken würde. Denn die Polkappen würden sich vergrößern, womit die lokale Reflektivität erhöht und noch mehr Wärmestrahlung ungenutzt in den Weltraum zurückreflektiert werden würde. Schließlich noch eine Anmerkung für Ästheten: Für das grandiose Schauspiel einer totalen Sonnenfinsternis müssen Sonne und Mond ungefähr die gleiche Winkelgröße besitzen, was einer guten Abstimmung der Kombination zwischen Abstand und Größe von Sonne und Mond bedarf. Die Durchschnittswinkelgröße von Sonne und Mond ist praktisch identisch – nur ein erstaunlicher Zufall?

- **Bemerkenswerte Wirkung von Erdatmosphäre und Erdmagnetosphäre**

Die strahlenabsorbierende Funktion der Atmosphäre wurde bereits in Abschnitt 1.2 diskutiert und illustriert. Das für den Astronomen zunächst Störende – nämlich die Beschneidung des Informationszugangs durch Absorption hochenergetischer Strahlung – erweist sich als lebenserhaltendes Moment, das die Beobachtung (auch des Gefilterten) erst möglich macht. Wäre dieser Schutz durch unsere Atmosphäre nicht gegeben, würden wir nicht nur permanent geröntgt werden; Leben würde ausgerottet, der Planet Erde sterilisiert werden. Die Erdmagnetosphäre schützt uns auch vor dem ständigen Bombardement durch Sonnenwind, die Erdatmosphäre vor Meteoriten, die je nach Größe und Beschaffenheit während ihres Fluges durch die Atmosphäre zerstört, zerkleinert oder abgelenkt werden können. Letztlich wirkt die Atmosphäre wohltuend und ausgleichend auf die sich ausbildenden Tag- und Nachttemperaturen und ist notwendig für die Wettermaschine der Erde. Von dem Rausch der Farben eines Sonnenuntergangs, den sie über dem Meer erzeugt, einmal ganz abgesehen.

Der Schutzschild der Atmosphäre wird nun noch effektiv unterstützt und erweitert durch die Wirkung der Magnetosphäre, deren Ursache unser Erdmagnetfeld ist. Sie umgibt schützend unsere Umgebung zum Weltraum hin, während die Erde mit Überschallgeschwindigkeit durch den Sonnenwind – einen von der Sonne freigesetzten Teilchenstrom – rast. Es ist kein (höheres) Leben auf einem Planeten ohne Magnetosphäre denkbar. Zudem sind die trichterförmigen Öffnungen an den Polen der Erdmagnetosphäre Voraussetzung für das grandiose Schauspiel des Polarlichts, das „Feuer am Himmel“.

- **Das nasse Element**

Wir können durch das ganze Planetensystem reisen und werden auf keiner der zahlreichen Planeten- oder Mondoberflächen auch nur eine Wasserpfütze finden. Wasser ist aber unbedingt notwendige Voraussetzung für das Leben, wie wir es kennen. Wir finden es deshalb nicht nur dort, wo Ozeane und Meere sind, sondern überall auf der Erde. Im Vergleich zu den Sandsteppen des Mars oder den Steinwüsten des Mondes ist selbst die Sahara noch ein nasser Schwamm. Wasser finden wir an jedem Ort der Erde. Die Wolken bringen es mal da, mal dort hin. Mal regnet es, mal schneit es; sogar in den Wüsten fällt Tau.

Auf der Erde befinden sich insgesamt ungefähr 1,4 Milliarden Kubikkilometer Wasser in einem unaufhörlichen Kreislauf. Der Anteil des Wassers in der Atmosphäre beträgt weniger als ein Hunderttausendstel des Gesamtwasservorrats, ist aber für das Klima und damit für das Leben von grundlegender Bedeutung. Jene 13 000 Kubikkilometer Wasser in der Atmosphäre sind als Wasserdampf vorhanden und würden – auf die Erde verteilt – eine Wasserhöhe von nur 25 Millimetern ergeben. Da die mittlere Niederschlagsmenge bei 970 Millimetern liegt, bedeutet dies, dass das atmosphärische Wasser jährlich etwa 30-mal ausgetauscht wird. Damit ja nichts von dem kostbaren Nass verloren geht, gibt es eine Art eingebaute Wasserdampfsperre: Im Bereich von 5 bis 20 Kilometern Höhe gefriert der Wasserdampf in Form von Eiskristallen aus. Sie sinken infolge der Schwerkraft ab. Auf diese Weise wird geradezu blockadeartig das Abdampfen von Wasser in den Weltraum verhindert, und wir erhalten einen wohltemperierten, lebensfreundlichen Wasserplaneten, der aber zunehmend von denen bedroht wird, für die er gemacht wurde.

- **Kosmische Effekte beeinflussen das Wetter**

Neuere Untersuchungen haben zudem gezeigt, wie gar kosmische Effekte unser Wetter beeinflussen können. Es geht dabei um kosmische Strahlung, hochenergetische Teilchen, die von explodierenden Sternen irgendwo in unserer Galaxie ausgespuckt werden. Sie können Einfluss nehmen auf die Temperatur unserer Erde (Hogan 2004). Dabei sollen kosmische Teilchen beim Eindringen in unsere Atmosphäre die Moleküle als Stoßpartner ionisieren, was dann im Ganzen gesehen Anlass zu Wolkenbildung gibt. Bei reduziertem Teilchenfluss werden folglich weniger Wolken gebildet, was zur Erwärmung der Erde beiträgt. Untersuchungen von Satellitendaten der letzten 20 Jahre zeigen, dass das Wolkenmuster über eine Periode von rund 10 Jahren variiert und somit nahe bei dem 11-jährigen Sonnenfleckenzyklus liegt. Eine vermehrte Sonnenfleckenhäufigkeit lässt die Feldstärke des solaren Magnetfeldes wachsen. Kosmische Strahlen werden daran effektiver abgelenkt. Damit werden bei höherer magnetischer Feldstärke weniger kosmische Strahlen die Erde erreichen und weniger Wolkenbedeckung auslösen.

Am Ende des Kapitels zu Planetensystemen soll noch eine Postkarte gezeigt werden, welche die japanische Asteroidensonde *Hayabusa* Ende 2005 von sich aufgenommen hat: Sie flog – die Sonne im Rücken – auf den Asteroiden Itokawa zu, während ihr Schattenwurf auf der Asteroidenoberfläche abgebildet wurde (s. unten). In Abb. 5.40 wird das Szenario gezeigt. Nach einer Reise von rund einer Milliarde Kilometern sollte das kleine Landegerät abgesetzt werden; aber Landungen auf fremden Oberflächen sind kein Pappenstiel. Letztlich ist *Hayabusa* zweimal auf dem Asteroiden Itokawa gelandet, ohne dass man sicher war, ob das Aufsammeln von Staub gelungen war. Trotz mehrerer Syste-

mausfälle ist es der JAXA auf abenteuerliche Weise gelungen, am 13. Juni 2010 die 20 kg schwere Wiedereintrittskapsel von der Raumsonde abzutrennen. Sie wurde in der australischen Woomera Prohibited Area zur Landung gebracht. Die nachfolgenden Untersuchungen zeigten, dass die aufgesammelten Teilchen tatsächlich vom Asteroiden stammten. Aufgrund dieses großen – insbesondere technischen – Erfolgs hat sich die JAXA auf eine Nachfolgemission eingelassen. Sie hat 2018 den Asteroiden 1999 JU3 erreicht und zwei Jahre später - nämlich Ende 2020 - eine Bodenprobe zur Erde zurückgebracht. Diese Portion von einem Teelöffel voll Asteroidenstaub soll Aufschluss geben über das mögliche Vorhandensein organischen Materials. Im Fokus stehen Aminosäuren als Bausteine des Lebens. Analysen sollen auch zeigen, ob Asteroiden bei Einschlägen Wasser zur Erde gebracht haben mögen. Die Untersuchungen werden allerdings noch Jahre dauern.

Der rund 700 m x 300 m große Asteroid Itokawa hat überrascht: Im Gegensatz zu Eros mit 33 km Größe sieht man fast keine Krater. Ein Argument könnte die kleine Größe sein. Mit rund einem Fünfzigstel seiner Größe im Vergleich zu Eros könnte der Körper recht jung sein und mag deshalb noch nicht das feine Puder auf der Oberfläche erzeugt haben. Ein anderer Punkt könnte auch sein, dass die Sonne beim Abtransport des feinen Materials eine Rolle spielte, nämlich durch ihre UV-Strahlung: Es könnten Elektronen aus dem Oberflächenmaterial herausgeschlagen worden sein, die dann aufgrund elektrostatischer Kräfte davonschwebten. Manche halten gar einen großen Einschlag als Ursache für möglich, wobei dieser auch andere Spuren hinterlassen haben müsste.

- **Kleinkörper im Planetensystem**

Die meisten Asteroiden und Kometen in unserem Planetensystem sind lediglich eine Nummer im MPCAT, dem Minor Planet Catalogue. Er enthält aktuell schon über 1 Million Einträge und fast täglich kommen weitere Objekte hinzu.

Im Fokus der Astronomen stehen die sogenannten NEOs, die Near Earth Objects, also Himmelskörper, die der Erde gelegentlich sehr nahe kommen. Einige sind zusätzliche PHOs, nämlich

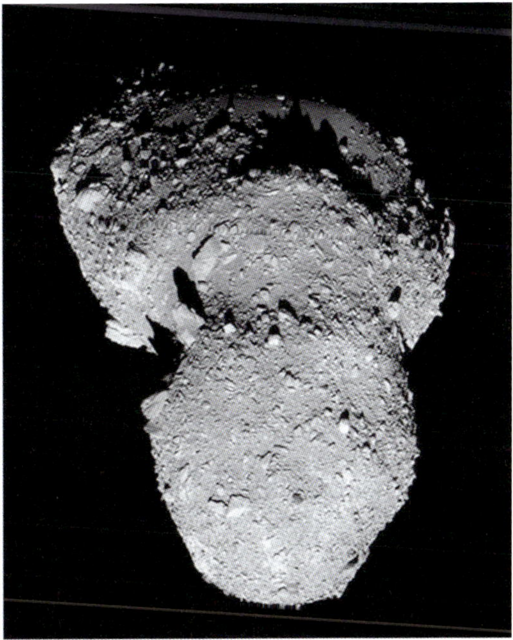

Abb. 5.40 Der Asteroid Itokawa, auf dessen Oberfläche die Silhouette der Raumsonde Hayabusa projiziert wurde. Das Bild auf der rechten Seite zeigt die außergewöhnlich schroffe Oberfläche des Asteroiden, die wegen des Fehlens einer Staubschicht und von Einschlagskratern auf ein junges Alter schließen lässt. (JAXA)

Abb. 5.41 Die asphaltschwarze Oberfläche des Kometen 67P/Churyumov-Gerasimenko dargestellt in einer überbelichteten Szene. Man beachte das hohe Detail der Aufnahme. (ESA/MPS)

Potentially Hazardous Objects, also potenzielle Kandidaten für eine Kollision mit der Erde. Ein solches PHO ist z. B. der Asteroid Bennu. Er wurde 1999 als Vagabund zwischen Mars und Erde auf einer stark elliptischen Bahn entdeckt. Mit knapp 500 Metern Durchmesser und einer Masse von 7,6 Millionen Tonnen ist er als potenzieller Kollisionspartner der Erde eine ernst zu nehmende Bedrohung. Nun wurde Bennu von der Raumsonde *OSIRIS-REW* besucht. Im Oktober 2020 sammelte sie erfolgreich 60 Gramm Material auf. Geplant ist, dieses Material im September 2023 zur Erde zurückzubringen.

Die Astronomen vermuten, dass Bennu aus Material entstanden ist, das Asteroiden bei ihren Zusammenstößen hinterlassen haben. Eine andere Vermutung ist, dass Bennu ein ausgebrannter Kometenkern sei. Dies könnte eine Erklärung für seine extrem kleine Dichte von kaum mehr als die von Wasser sein. Auffallend ist allerdings, dass Bennu aktiv ist und Material ausstößt (Jiang 2020). Dies ist für einen uralten Asteroiden gelinde gesagt befremdlich. Ist Bennu also jünger als gedacht?

Andere Kleinkörper sind die TNOs (Trans Neptune Objetcs), die sich üblicherweise zwischen der Neptunbahn und dem Kuipergürtel bewegen. Nach dem Besuch von Pluto setzte die Raumsonde *New Horizons* ihre Reise Richtung Kuipergürtel fort, um auf das 2014 mit dem *Hubble-Teleskop* aufgespürte Objekt Arrokoth zu stoßen. Die Astronomen waren von den ersten Bildern überrascht, die Arrokoth als Schneemann, bestehend aus zwei zusammengesetzten Objekten zeigten (esr hat damit durchaus Ähnlichkeit mit dem Kometen 67P/Churyumov-Gerasimenko, dessen äußere Form sich als Schwimmente zeigte). Man geht davon aus, dass beide Teile zur gleichen Zeit entstanden, dann zunächst gravitativ gebunden umeinander kreisten, um schließlich durch einen inelastischen Stoß zusammenzufinden. Auch diese Beispiele zeigen, dass unser Planetensystem immer gut ist für Überraschungen.

- **Kometen – Wasserlieferanten für den Planeten Erde?**

Es muss auffallen, dass alle bislang besuchten Kometen dunkler sind als frischer Asphalt. Abb. 5.41 zeigt den stark überbelichteten Kern des Kometen 67P/Churyumov-Gerasimenko. Das kann ein Auswahlprozess sein, zumal Kometenmissionen wegen der Unplanbarkeit nie mit „frischen" Kometen durchgeführt werden können. Da aber Kometen im Allgemeinen als Wasserlieferant (und mit ihren organischen Molekülen als Lieferant für Bausteine des Lebens) auf der jungen Erde gelten, wären hoch reflektierende Eisoberflächen eher zu erwarten gewesen. Als Vorbehalt könnte gelten, dass sich die besuchten periodischen Kometen bereits eine Anhäufung von Stäuben in Form einer Kruste zugelegt haben und der Eisanteil einfach tiefer liegt. Die bei *Rosetta* vorgesehene „Tomographie" des Kometen im Rahmen von *Consert* sollte darüber Aufschluss geben. Es zeigte sich, dass die Porosität im Innern höher ist als in oberflächennahen Schichten. Dies lässt darauf schließen, dass das Innere des Kometenkerns noch pristinen Charakter aufweist (Wlodek Kofman et al. (2020)).

Chemische Untersuchungen von *ROSINA* zeigen bereits jetzt, dass das Verhältnis von Deuterium (Wasserstoff mit einem zusätzlichen Neutron) zu normalem Wasserstoff D/H von dem terrestrischen Wert um ca. Faktor 3 abweicht (Altwegg et al. 2015). Damit sind Kometen weniger verdächtig als Asteroiden, Wasserlieferant der frühen Erde gewesen zu sein.

Trotz gewisser Komplikationen bei der Landung konnten in den ersten Stunden alle zehn Instrumente auf *Philae* aktiviert werden. Über die Konsistenz der Kometenoberfläche am – bislang unbekannten – Ort der Landung wurde durch die Art des Aufpralls eine gewisse Festigkeit derselben sichergestellt. Die Festigkeit wurde dann auch vom Instrument *CASSE* ermittelt. Das Magnetometer *ROMAP* hat das Magnetfeld des Kometen untersucht und die *ROLIS*-Kamera hat Nahaufnahmen der Oberfläche geliefert. Es musste festgestellt werden, dass der Bohrer zur Entnahme von Bodenproben offensichtlich leider in die „Luft", das heißt in den leeren Raum, gebohrt hat.

Auch gab es die Hoffnung, dass die Solarpanele im Laufe von Monaten so viel Energie sammeln könnten, dass *Philae* nochmals zum Leben erweckt werden und Messungen in größerer Sonnennähe machen könnte, wobei allerdings die Chancen dramatisch klein waren. Schließlich kam kein Kontakt mehr zustande.

h) Extrasolare Planeten

Offensichtlich ist es normal, dass Sterne Planeten haben. Die große Zahl der bisher entdeckten extrasolaren Planeten unterstreicht dies beeindruckend. Es gibt gar Doppelsternsysteme mit extrasolaren Planeten. Nur ist ihr Nachweis schwierig, vor allem, wenn es sich um kleinere Objekte handelt. Sie haben sich weitgehend als interessante Individuen gezeigt. Jedenfalls sind es keine Objekte von der Stange oder simple Kopien unseres Planetensystems. Die Mehrheit dieser Planeten befindet sich auf sehr exzentrischen Bahnen, die darum keine stabilen Temperaturverhältnisse bieten können und schon deshalb als nicht habitabel gelten müssen. Richtig schwierig werden weitergehende Untersuchungen, die möglicherweise Signaturen von Wasser, Ozon und Kohlendioxid nachweisen sollen. Wir können offensichtlich nichts dafür: Leben sucht immer nach Leben und diese Komponenten könnten zumindest als Hinweise gelten. Wir stehen erst am Anfang eines langen Weges.

(Digital Stock/NASA)

6. Spuren der Schöpfung

»Nach dem Genesisbericht hat das Universum eine Geschichte hinter sich, die physikalisch nicht beschreibbar ist.«
Norbert Pailer
»... nicht geworden, sondern gemacht.«

Kompakt

- Wege zu einem „persönlichen" Kosmos
- Statuswechsel der Schöpfung und Phasenübergang in der Physik
- Beispiele anthropischer Kosmologie

Jeder Mensch lebt in „seinem" Kosmos, in der Gesamtheit seiner Vorstellungen und Überzeugungen darüber, wie er selbst und die Wirklichkeit um ihn herum zustande kamen. Diese lebenstragenden Grundüberzeugungen sind in der Regel nur zum Teil wissenschaftlich begründet. Sie basieren vielfach auf sehr persönlichen Erfahrungen, die wir in den Begegnungen mit unserer Umwelt gewonnen haben. In diesem Zusammenhang ist unter Umwelt die umfassendste Wirklichkeit gemeint, die jeder Person gegenübersteht.

Können oder wollen wir uns auf den Standpunkt einlassen, den Kosmos (*unseren* Kosmos) nur aus der naturwissenschaftlichen Sicht zu betrachten, ihn auf objektive Inhalte zu reduzieren? Das kann in letzter Konsequenz nicht der Weg sein. Ein solches Vorgehen entspricht meist nicht dem Anspruch an uns selbst, denn wir begegnen unserer Umwelt in der Regel nicht nur in objektivierbaren Bezügen. Im Folgenden bringen wir, die Autoren, die Struktur des Universums, das Standardmodell und all das zuvor Gesagte mit unseren persönlichen Überzeugungen zusammen bzw. konfrontieren es damit. Denn eine Disziplin, die mit ihrem methodischen Instrumentarium nicht einmal eine Ansammlung von Farben von einem Kunstwerk unterscheiden kann und nicht in der Lage ist, Ganzheiten zu erfassen, kann nicht einen Alleinerklärungsanspruch für diese Welt erheben. Der Grundfehler einer Beschränkung auf eine naturwissenschaftliche oder auf eine theologisch orientierte Position besteht darin, von einem einzigen Zugang zur Wirklichkeit auszugehen. Dem ist zu widersprechen: Es gibt mindestens zwei grundsätzlich verschiedene Arten, sich der Wirklichkeit zu nähern. Und beide haben ihr Recht, sie müssen auch aufeinander bezogen werden, dürfen jedoch nicht vermischt werden. Wir müssen unterscheiden zwischen dem naturwissenschaftlichen Denken (und seinen methodisch bedingten Grenzen) und dem existenziellen Verstehen.

So bin ich beim naturwissenschaftlichen Denken in der Beobachterrolle, ich habe Distanz zu den Dingen, die ich untersuche. Ich führe Experimente durch, die auf Wiederholbarkeit angelegt sind. Ich bleibe im Muster „Ursache und Wirkung" und meine Grundfrage lautet: „Wie erkläre ich es?" In diesen Bereich gehören Sätze wie „Ich glaube nur, was ich sehe" oder: „Der Mensch besteht aus chemischen Substanzen."

Beim existenziellen Verstehen suche ich einen persönlichen Zugang, ich bin selbst Betroffener, suche Sinn und will verstehen, denn es geht mich persönlich an. Ich will die Erkenntnisse in Beziehung setzen zu meinem Leben und meine Grundfragen lauten: „Woher komme ich, woher kommt die Welt? Was bedeutet es für mich? Für die Gemeinschaft, in der ich lebe?" In diesen Bereich gehören Sätze wie „Ich liebe dich" oder: „Gott schuf den Menschen zu seinem Bilde." Es geht um das Geheimnis, das das Leben trägt und ihm Sinn schenkt.

Wenn es um ganzheitliche Belange unserer Welt geht, ist derjenige die einzig richtige Adresse, der glaubwürdig und umfassend sagt: „Ich bin das A und O, Anfang und Ende."

In der Bibel werden Himmel und Erde als Schöpfung bezeichnet. Schöpfung bedeutet in diesem Kontext unter anderem: Himmel und Erde sind gewollt, sie sind nicht von allein entstanden; jemand, nicht von vornherein Teil des Universums, steht ihm gegenüber, hat es erschaffen, und es wäre sonst gar nicht im Dasein. Die Bibel berichtet, dass die Erde und ihre Lebensbedingungen anfänglich optimal für Pflanzen, Tiere und Menschen waren. Viele Einzelheiten dieses Schöpfungsvorgangs teilt sie uns nicht mit. Die Bibel stellt fest, dass Himmel und Erde aus „Nichts" geworden sind, sie schildert den Ablauf im Überblick. Die Charakterisierung von Himmel und Erde als „Schöpfung" steht nicht nur in der Schöpfungsgeschichte am Anfang der Bibel, sondern wird bis zum letzten Buch der Bibel immer und immer wiederholt. Im Dekalog (die Zehn Gebote, s. 2. Mose 20, 11) wird betont, dass die Schöpfung in sechs Tagen (... da ward aus Abend und Morgen der nächste Tag), astronomisch nur ein Augenblick, entstanden ist, als Begründung für die Sieben-Tage-Woche. In diesem Sinne sind sechs Tage im Vergleich zu den in der Kosmologie diskutierten Zeitskalen ein Nichts oder ein Hohn und daran gibt es nichts abzumildern. Sechs Tage verhalten sich zum Weltalter der Standardkosmologie etwa wie 1 zu 1 Billion. Wie kann das möglicherweise verstanden und eingeordnet werden? Versucht man, den biblischen Schöpfungsbericht und das Standardmodell oder auch die genannten Alternativen zusammenzudenken und Spuren der Schöpfung in unserer Welt zu finden, dann ergibt sich ein gewisser Klärungsbedarf. Untersuchen wir also einige dieser Fragen.

6.1 Die Gottesfrage im Kontext diskutierter Argumente

Die Himmel erzählen die Herrlichkeit Gottes, und das Himmelsgewölbe verkündet seiner Hände Werk. Psalm 19,1

Hinführend sollen einige grundlegende Feststellungen im Hinblick auf die Schönheit des Kosmos als Hinweise auf einen Schöpfer getroffen und seine Faszination konkreter gefasst werden, denn bei allen naturwissenschaftlichen Erklärungsversuchen mit ihren Alternativen ist das Staunen über die Beschaffenheit des Kosmos genau die Schnittstelle, wo sich Denken und Glauben berühren. Die Welt ist nicht einfach „schön – dank Photoshop".

Zunächst ist bemerkenswert, dass ein christliches Gottesverständnis Voraussetzung für die Begründung naturwissenschaftlichen Arbeitens war. Darauf wurde schon in Abschnitt 1.1 hingewiesen. Es gibt zwar eine beeindruckende historische Sammlung astronomischen Wissens in den nahöstlichen und asiatischen Ländern, aber dieses Wissen wurde nicht in eine systematische Wissenschaft umgesetzt. Der Grund dafür war wahrscheinlich die dort vorherrschende Vorstellung der Einheit von Gott und Natur: Wenn die Natur keinen Gesetzgeber hat, gibt es auch keine Naturgesetze zu entdecken, zumal man mit Göttlichem nicht experimentiert. Damit fehlte nicht die Fähigkeit, sondern schlicht die Motivation für naturwissenschaftliches Arbeiten.

→ **Feststellung:** Das Primat der christlichen Theologie im christlichen Abendland war keinesfalls Hemmschuh für die Entwicklung der Naturwissenschaft, wie heute oft grundlos und geschichtsvergessen behauptet wird, sondern vielmehr Begründung und Motor. Wir stoßen

Abb. 6.1 Galileo Galilei war einer von vielen klassischen Forschern, die Gott als Autor der Bibel und der Schöpfung sahen. (edukalife / svpwiki)

im Kosmos auf eine großartige, auf Naturgesetzen abgestützte Ordnung, der nicht einmal eine Schneeflocke entkommt! Eine solche Ordnung ist für Christen kein Widerspruch zur Existenz eines Schöpfers, sondern wird im Gegenteil geradezu von einem weisen und fähigen Schöpfer erwartet und somit als Hinweis auf seine Existenz gewertet.

Die Motivation berühmter Forscher wie Galilei, Kepler, Newton, Pascal, Faraday oder Maxwell – um nur einige zu nennen – war sicher Neugier, aber für sie diente naturwissenschaftliches Arbeiten in erster Linie der Verherrlichung des Schöpfers. Lob Gottes aufgrund der Schöpfung ist in der Bibel an vielen Stellen zu finden und spiegelt sich in Bekenntnissen dieser Wissenschaftler:

Galileo Galilei (Abb. 6.1) versteht in Übereinstimmung mit biblischen Aussagen die beiden Offenbarungswege Gottes, indem er die Bibel als Gottes persönliche und die Natur als Gottes allgemeine Offenbarung sieht: Natur und Bibel haben einen gemeinsamen Autoren.

→ **Feststellung:** Sobald wir die Fakten beider Erkenntniswege richtig verstehen und zusammenbringen, sind wir der Wahrheit am nächsten. Aus dieser Sicht sollten sich Theologen mehr mit der Naturwissenschaft vertraut machen und Physiker mehr die Bibel lesen.

Johannes Kepler (Abb. 6.2) verknüpfte am Ende seines Werkes „Harmonices Mundis“, in dem er sein 3. Kepler'sches Gesetz veröffentlichte, nach den beiden soeben genannten Erkenntniswegen seine wissenschaftliche Arbeit mit seinem persönlichen Glauben: „Ich habe die Herrlichkeit deiner Werke den Menschen, die meine Ausführungen lesen werden, geoffenbart, soviel von ihrem unendlichen Reichtum mein enger Verstand hat fassen können.“

→ **Feststellung:** Johannes Kepler war nicht die Woche über Astronom und am Sonntag Christ, sondern konnte beides in unnachahmlicher Weise verknüpfen und in tiefer Demut vor dem großen Ganzen der Schöpfung stehen, weil er in ihr den Schöpfer wiedererkannte, der sich ihm in der Bibel offenbart hat. Irgendwie eine Anwendung der obigen Aussage von Galileo Galilei.

Abb. 6.2 Johannes Kepler verknüpfte seine wissenschaftliche Erkenntnis mit seinem gelebten Glauben. (edukalife / svpwiki)

Das Element der Faszination. Die Vielfalt, Schönheit und Funktionalität der (sichtbaren) Schöpfung, die aus insgesamt rund zwei Dutzend Elementarteilchen bzw. geringen Anregungszuständen von Feldern und deren Varianten besteht, ist unbeschreiblich, macht schlicht sprachlos – oder gibt Anstoß zum Glauben an den Gott, der sich uns in der Bibel offenbart hat.

Die Botschaft der Sterne ist im Wesentlichen ihr Licht. Es ist bemerkenswert, welche Informationsfülle die Astronomen aus dem elektromagnetischen Spektrum saugen konnten. Wir betrachten dieses Sternenlicht, nachdem es durch die Weiten des Alls gereist ist, indem irgendwann Photonen die Netzhaut unserer Augen erreichen, dort kleine elektrische Netzhautströme auslösen, die dann unser Gehirn (das womöglich komplexer als der Kosmos ist) in Bilder verarbeitet. Ein Wunder an sich, das schlicht sprachlos macht – oder Anstoß zum Glauben gibt.

In Abschnitt 3.3 wurde die Dunkle Komponente von 95% im Weltraum angesprochen, die gebraucht wird, um die Beobachtungen zu erklären. Sie wird „dunkel" genannt, weil wir bislang nichts über ihre grundlegende Natur wissen. Wir wissen nur, dass die Dunkle Energie als Anti-Gravitationskraft für die beobachtete beschleunigte Expansion des Kosmos verantwortlich gemacht wird und die Dunkle Materie als Klebstoff für den Zusammenhalt innerhalb einer Galaxie interpretiert wird. Daraus folgt, dass alles Sichtbare, alle Materie, alle Sterne und auch die (Materie des) Menschen zusammengenommen als eine verschwindend kleine Kontamination von 5 % des Kosmos anzusehen sind. Und das in der ältesten naturwissenschaftlichen Disziplin im 21. Jahrhundert! Alles Sichtbare – nur eine kleine Kontamination des uns umgebenden Ganzen? – von wegen „Ich glaube nur, was ich sehe"! Damit haben wir im naturwissenschaftlich orientierten Gedankengebäude mindestens drei absolut grundlegende und notwendige, aber durchaus kritisierbare Elemente: die Herkunft der Naturgesetze, den Zufall und die Dunkle Komponente. Es sind die Fragen des Kosmos, die der Mensch nie gelernt hat zu stellen. Damit bleibt der Nachthimmel das geheimnisvolle Jagdrevier der Naturwissenschaftler, der Philosophen und der Theologen.

Eine weitere erstaunliche Tatsache ist, dass sich die Natur so gut mit mathematischem Regelwerk beschreiben lässt. Es war der legendäre Mathematiker Kurt Gödel, der von der Schönheit des mathematischen Regelwerks der Physik sprach. Ist Mathematik vielleicht eine Sprache mit Erinnerung an die Schöpfung? Die Gravitation zwischen zwei Massen zum Beispiel lässt sich in einer einfachen Formel fassen, die besagt, dass die Kraft proportional zu beiden sich anziehenden Massen und umgekehrt proportional zum Quadrat der Distanz zwischen beiden Massen ist. Dieses einfache Gesetz beschreibt die Bahnen der Planeten um die Sonne, hält die Saturnringe in ihren Bahnen, hält Sterne beieinander und beschreibt die Struktur und Bewegung von Galaxien. Das wirft unwillkürlich die Frage auf, wer hier richtig nachgedacht hat. Insbesondere gibt es die sogenannten Naturkonstanten, die bedingen, wie stark die verschiedenen Naturkräfte im Verhältnis zueinander sind. In unserem Kosmos sind ihre Werte so fein aufeinander abgestimmt, dass Atome, Sterne und Leben existieren können, während bereits kleine Änderungen in diesem System dies unmöglich machen würden.

Nach dem modernen Verständnis der Naturphilosophie können die Naturgesetze die ganze Wirklichkeit beschreiben und erklären. Dieser Ansatz leugnet Gott zwar nicht ausdrücklich, schließt ihn aber doch von vornherein in den Überlegungen über Herkunft und Geschichte des Weltalls aus. Im experimentellen Bereich kann dieser Ausschluss methodisch begründet werden, doch wird vielfach diese Voraussetzung ignoriert und naturwissenschaftliche Erkenntnis fälschlicherweise gegen Gott verwendet. Das geht heute oft so weit, dass Glaubende als kaum tauglich für die naturwissenschaftliche Forschung angesehen werden. Zu dieser naturalistischen Sichtweise, die – wie wir sehen werden – nicht mit Naturwissenschaft gleichgesetzt werden darf, haben zwei historische Entwicklungen beigetragen:

a) Die Aufklärung führte zu einer Überbewertung des Erkenntnisfilters „Gehirn" und man ist deutlich vom ganzheitlichen „Denken mit dem

Herzen" abgerückt, das die Bibel in den Vordergrund stellt.

b) Die Erfolge naturwissenschaftlichen Arbeitens führten fälschlicherweise bei vielen zur Überzeugung, dass die naturwissenschaftliche Erkenntnis mit Wahrheit und Realität gleichzusetzen und allein für alle relevanten Fragen zuständig sei. Aber es geht bei Naturwissenschaft nicht um Wahrheit, sondern um „nachweislich konsistentes Wissen" über Vorgänge, die ohne Eingriffe von außen ablaufen. Wer also Gott am Anfang des Weges bereits ausklammert, kann nicht erwarten, dass er am Schluss herauskommt. Weder positiv noch negativ; das wird oft als „Methodischer Atheismus der Naturwissenschaft" bezeichnet. Zeitgenossen schließen daraus gerne: Wenn man also erfolgreiche Naturwissenschaft ohne Gott machen kann, dann brauche ich auch keinen für mein Leben. Dabei werden zum einen die durch die Methode der Naturwissenschaft bedingten Grenzen ignoriert und es stellt zum anderen eine (unerlaubte) Grenzüberschreitung von einer bloßen Methode zu einem dogmatischen Atheismus dar.

Wir können Erkenntnisgrenzen innerhalb des naturwissenschaftlich Erforschbaren verschieben, aber wir können grundsätzliche Grenzen durch Naturwissenschaft nicht überschreiten. Und an diesen Grenzen „muss" dann jeder seine Entscheidung für sein Weltbild treffen. Der Mensch muss für eine ganzheitliche Sicht seinen Wahrnehmungskreis über Naturwissenschaft hinaus erweitern.

Naturwissenschaftliches Arbeiten führt nicht automatisch zur Wahrheit, sondern bestenfalls zu einer widerspruchsfreien Erklärung für Beobachtetes aufgrund von Naturgesetzen. Naturwissenschaftler verfolgen heute den Ansatz, den Kosmos und seine Geschichte ohne Wunder, ohne Eingriff von außen, ohne Schöpfungsakt zu erklären und die irdische Physik auf den Himmel anzuwenden. Sollten sie je eine Theorie zur geschlossenen Beschreibung der Kosmosgeschichte („Weltformel") gefunden haben, stünden sie am Ende ihrer Hauptaufgabe. Pierre Laplace argumentierte in diesem Sinne Napoleon gegenüber.

Wenn vor einigen Jahren Stephen Hawking ins gleiche Horn blies, dann offenbart dies nur ein mangelhaftes Nachdenken über methodische Vorentscheidungen und außerdem, dass hier mit einem falschen Gottesbild, nämlich mit dem Bild des Lückenbüßer-Gottes, umgegangen wird. Nach diesem Bild hat Gott so lange eine Existenzberechtigung, wie noch keine mathematisch-physikalische Erklärung für ein Messergebnis gefunden wurde. Der biblische Gott ist dagegen von ganz anderem Format! Als Schöpfer hat er das Unviersum und seine Gesetzmäßigkeiten erschaffen, die Naturwissenschaftler entdecken und beschreiben können und auf deren Basis sie Erklärungen suchen. Was mit diesen Gesetzen letztlich erklärt werden kann und wo Grenzen liegen, ist selbst Gegenstand der Forschung.

→ **Feststellung:** Wir respektieren, dass eine Reihe von Naturwissenschaftlern einen Erklärungsweg ohne Schöpfer sucht, erwarten aber zu Recht, dass sie (und die interessierte Öffentlichkeit) sich ihrer Einschränkung bewusst sind und dass man sich – schon allein aus Gründen intellektueller Redlichkeit – dann auch konsequent an die methodischen Spielregeln hält und am Ende keine Aussagen über die Existenz oder Nicht-Existenz Gottes macht, da sie von vorneherein ausgeschlossen wurde. Dieses klare und sehr einfache Wahrnehmungsmuster wird leider nicht von allen Naturwissenschaftlern so akzeptiert und erst gar nicht in den Medien reflektiert, weshalb sich heute die öffentliche Diskussion ausschließlich um „Schöpfung ohne Schopfer" dreht (Börner 2002).

Dabei ist es aber keineswegs so, dass Naturwissenschaft ohne Voraussetzungen und Hypothesen auskommt. Denn der Ursprung der Naturgesetze oder der Information in der Natur wird dabei nicht hinterfragt. Vielmehr liegt dem materialistisch arbeitenden Naturwissenschaftler ein Weltbild zugrunde, das genausowenig beweisbar ist wie der Glaube an einen Schöpfer.

→ **Feststellung:** Naturwissenschaft kann nie voraussetzungslos betrieben werden, und da außerdem gewisse Vereinfachungen vorgenommen werden müssen, können damit keine endgültigen und umfassenden Ergebnisse erzielt werden. So kann man sämtliche biologischen und biochemischen Reaktionen z.B. eines Gänseblümchens verstehen; dem Aspekt seiner Schönheit wird es uns nicht näherbringen, aber auch seine ursprüngliche Entstehung ist eine ganz andere Frage.

Erstaunlicherweise haben gerade Erkenntnisse der Physik in Form der Quantenphysik und der Relativitätstheorie Türen geöffnet und Wege zu Beschreibungen von Phänomenen gewiesen, die absolut überrascht haben, weil sie total aus dem Verständnis des klassischen Denkmusters herausfallen. Im Anhang beleuchtet Reinhard Helbing in einem Gastbeitrag für mathematisch und physikalisch Interessierte einige dieser Phänomene etwas genauer. Ein Beispiel für ein solch überraschendes Verhalten ist die Verschränkung von Teilchen.

Einstein hat uns gezeigt, dass die Lichtgeschwindigkeit die höchste Geschwindigkeit zur Informationsausbreitung ist. Das führt uns zu folgendem Gedankenexperiment:

Wenn wir „verschränkte Teilchen" (= „eineiige Elementarteilchen-Zwillinge") haben, wird man durch Vermessen des einen Teilchens gleichzeitig die Eigenschaften des – wie wir sagen – verschränkten anderen Teilchens kennen. Beispiel: Wir haben in der Quantenmechanik zwei Bälle, der eine rot, der andere grün. Beide sind verschränkt und beide sind in je einer Schachtel verschlossen. Wegen der Verschränkung hat ein Ball jeweils die Komplementärfarbe des anderen. Wenn nun eine Schachtel geöffnet wird und die Farbe des einen Balls festgestellt wird, so weiß man auch die Farbe des anderen Balls, der weit entfernt sein kann. Das ist trivial. Nun kann sich nach dem Verschließen der Schachtel mit anschließendem Schütteln und dem erneuten Öffnen die Farbe des Balls verändert haben, was der um Lichtjahre entfernte andere Ball sofort „weiß" und die Komplementärfarbe annimmt. Solche Experimente sind inzwischen mit Elementarteilchen oder mit Licht vielfach durchgeführt worden. Dabei sind die Farben und das Schütteln natürlich nur Metaphern.

Aus den Ergebnissen schließen Fachleute Folgendes (New Scientist, 3. August 2013, Seite 32-36 „Reality Check. Something is fundamentally wrong with our understanding of the quantum universe"): *„If we accept quantum theory as the most fundamental description of reality that we have, it means that the space-time itself is not fundamental, but emerges from a deeper, currently inscrutable quantum reality."*[Z28]

Popularität des Urknallmodells. Es gibt beeindruckende Evidenzen, die für die Richtigkeit des Urknallmodells sprechen. Einzelheiten wurden diskutiert. Es gibt aber auch Schwachstellen und Lücken. Bei genauerem Betrachten erinnert es an ein falsch zugeknöpftes Hemd: Da passen die Knöpfe in die Knopflöcher, aber der Ansatz ist – und bleibt – schief, weshalb Alternativen gesucht werden müssen. So gibt es z.B. für die direkt nach dem Urknall angenommene Inflation (explosionsartige Ausdehnung des jungen Universums) keine plausible physikalische Erklärung. Der Beweisdruck für die Richtigkeit des Urknallmodells ist in Anbetracht der großen Unsicherheit bei der Dunklen Komponente ausgesprochen hoch. Die angesprochene Festlegung freier Parameter im mathematischen Regelwerk der Physik geschieht in Anlehnung an das Urknallmodell, weshalb man sich zu Recht fragen kann, ob damit nicht die Tür zu neuer, alternativer Erkenntnis verrammelt wird. So gibt es heute Universitäten, die Institute anschließen, um nach einer „Neuen Physik" zu suchen. Nachstehend finden sich zusammenfassend die besprochenen Argumente, welche die Vorläufigkeit naturwissenschaftlicher Erkenntnisse unterstreichen:

- Die heutige Naturwissenschaft startet mit Hypothesen, die nicht hinterfragt werden, und schließt Wunder aus: Naturwissenschaft startet nie voraussetzungslos, Naturwissenschaft endet nie umfassend. Deshalb entledigt sich Wissen ohne Glauben seiner eigenen Grundlage.
- Das Regelwerk der Mathematik hat viele freie Parameter; sie werden im Rahmen des Urknallmodells so festgelegt, dass sie das Modell unterstützen, anstatt diese Freiheiten zu nutzen, nach Alternativen für das Urknallmodell zu suchen.

- Es gibt bereits an Universitäten angeschlossene Institute[1], die ob der offenen Situation nach „neuer Physik" suchen, was nicht der erste Weg der Physiker ist, sondern eher Zeichen für einen außergewöhnlich hohen Entscheidungsdruck. Die Inflation und die bestehende Unsicherheit mit 95 % Dunkler Komponente im Kosmos unterstreichen beeindruckend, wie lückenhaft noch unser Verständnis des uns umgebenden Universums ist.
- Quantenmechanische Prozesse lehren uns, dass unsere Raumzeit selbst nicht fundamental ist, sondern aus einer tieferen, gegenwärtig unergründlichen (Quanten-)Wirklichkeit hervorgeht.

> »Das Universum ist in etwas noch Umfassenderes, Transzendentes eingebettet, das es gewollt hat.«
> Arnold Benz: Astrophysik und Schöpfung, Patmos 2009, 132

Albert Einstein: „Was würden Sie sagen, wenn meine Berechnungen ergeben würden, dass es Ihren Gott nicht gibt?"

Kardinal Faulhaber: „Dann würde ich geduldig warten, bis Sie Ihren Rechenfehler gefunden haben."

6.2 Phasenübergang: Verlust der Geschichte

Entspricht die in 1. Mose 1 beschriebene Schöpfung der Welt, so wie wir sie kennen? Ja und nein. Ja, weil dies eben die Erde ist und der Himmel, den wir sehen. Nein, weil das meiste von der ursprünglichen Schöpfung nicht mehr existiert, sondern tragisch vom Menschen verschuldet verloren gegangen ist. Das Verlorengegangensein und die mögliche Wiederherstellung des ursprünglichen Zustandes der Schöpfung sind zentrale Themen jüdischen und christlichen Glaubens und Lebens. Nach den Aussagen der Bibel sehen wir die Schöpfung nicht mehr in dem Zustand, in dem sie geschaffen wurde. Der „Sündenfall" – die vom Menschen verschuldete Trennung von Gott – führte zum Verlust des idealen Schöpfungszustandes. Dadurch traten Veränderungen – wir nennen das Phasen- oder Statuswechsel – ein, die vorher unbekannt waren, Tod, Trennung, Krankheit, körperliche Veränderungen (Schmerzen bei der Geburt, Pflanzenfresser werden zu Fleischfressern etc.).

Man kann solch einen Statuswechsel mit dem aus der Naturwissenschaft bekannten Begriff des Phasenübergangs vergleichen. Dabei geht ein physikalisches System von einem Zustand in einen anderen über. Bei der Eisschmelze, auch ein Phasenübergang, ändert sich der Ordnungszustand des Systems. Die Information über die Eiskristallstruktur geht dabei verloren. Könnte es sein, dass solch ein Statuswechsel, der Verlust des Schöpfungszustandes, in der Geschichte passiert ist und auch Einfluss auf die Physik genommen hat? Der Physiker könnte das Eintreten des Todes und der Unordnung als sprunghafte Erhöhung des Grades der Unordnung oder der Entropie bezeichnen. Wenn eine solche Entropieerhöhung tatsächlich stattfand und damit die „Physik der Schöpfung" das Element der hohen Entropie im heutigen Sinne nicht kannte (die Dinge waren hochgradig geordnet), ist zu erwarten, dass wir nicht bis zum Schöpfungszeitpunkt zurückschauen bzw. zurückmodellieren können. Dann wäre die entsprechende Information beim Phasenübergang verloren gegangen. Aus der Struktur des Wassers können wir eben nicht ohne Weiteres auf die Struktur des Eises schließen. In der Bibel finden sich Hinweise auf solch eine Deutung: Paulus sagt dazu einmal in 1. Kor. 13,12 im Hinblick auf die zukünftige Schöpfung, dass wir sie vorerst nur verzerrt wahrnehmen können, wie durch einen gesprungenen Spiegel. Gilt dies vielleicht auch für die erste Schöpfung? Der Rückschluss auf einen Urzustand wäre dann nur noch vage möglich, wenn überhaupt.

Auch die Wand des Mikrowellenhintergrundes stellt einen solchen Phasenübergang dar. Das Austreten der ersten Lichtquanten aus

[1] z. B. https://www.tagesspiegel.de/wissen/anna-ijjas-zweifelt-den-urknall-an-warum-das-universum-viel-kleiner-werden-koennte-als-ein-virus/25337304.html

der „Energiebrühe" eines Urknallszenarios zu einem Zeitpunkt t_0 + 400 000 Jahre würde auch hier unser Vordringen zu den Anfängen behindern. Hiermit ist selbstverständlich nicht gesagt, dass die Entkopplung von Strahlung und Materie im Urknallszenario dem Zeitpunkt des Sündenfalls entspricht. Dies würde sowohl dem Kontext einer Urknalltheorie als auch dem des Schöpfungsberichts der Genesis widersprechen. Wir möchten lediglich darauf hinweisen, dass es in beiden Betrachtungsweisen Begrenzungen der Beobachtungsmöglichkeiten eines Anfangs gibt.

Wenn wir also dem Bericht der Genesis glauben, unterliegen dann nicht darüber hinausgehende alternative Schlüsse über die Anfänge und das Verständnis vom Detail der Abläufe einer Fehlinterpretation oder Spekulation? Haben die heute beobachtbaren Phänomene möglicherweise die Erinnerung an die Vergangenheit verloren? Es wäre dann nur möglich, die Uranfänge in relativ unscharfen Konturen nachzubilden. Es gibt Facetten der Wirklichkeit, die jenseits einer experimentellen Überprüfung oder gar Verifizierung und jenseits der Grenzen menschlichen Denkens liegen. Eine Wirklichkeit, die nicht den Kategorien von Raum und Zeit angehört oder die schon jenseits einer entsprechenden Phasengrenze liegt, entzieht sich nicht nur dem Experiment, sondern auch einer Extrapolation und ist der naturwissenschaftlichen Methode daher nicht zugänglich. Grundsätzlich müssen wir damit rechnen: Mit der Schöpfung berühren wir ein Geheimnis, für das wir letztlich keine wissenschaftliche Sprache haben. Im Folgenden gehen wir daher davon aus, dass unser Verständnis des Urzustands direkt nach der Schöpfung unvollständig ist.

Lohnt es sich dennoch, nach Spuren der Schöpfung zu suchen? Gibt es Hinweise, die wie ein Schattenwurf noch die Schöpfung ahnen lassen? Es gibt sie, aber sie sind für den nicht zwingend erkennbar, welcher der Offenbarung der Bibel nicht traut. Nur wer gelernt hat bzw. bereit ist, die Welt mit den Augen der Bibel zu sehen, findet überall Spuren der Schöpfung. Wer Gott nicht in jeder Blume sieht, findet ihn nirgendwo.

> »Niemand ist so taub wie der, der nicht hören will, und niemand so blind wie der, der nicht sehen will.«
> C. H. Spurgeon

Es ist eine wichtige und beliebte Frage, die Frage nach dem Alter der Schöpfung. Wir können – da wir an unsere Erfahrungen gebunden sind – „Alter" nicht ohne Entwicklung denken. Das ist in einem Schöpfungsszenario anders. Mit unserer Erfahrung – und auch mit unseren Methoden – hätten wir uns am Alter Adams einen Tag nach seiner Erschaffung total vertan. Einmal hatte er keine Mutter, die ihn umsorgte, zum anderen hat er gleich anspruchsvolle Aufgaben bekommen: Kategorisierung der Tier- und Pflanzenwelt. Auch im Neuen Testament begegnen wir Schöpfungsvorgängen. Als der Aussätzige geheilt wurde, war seine Haut von jetzt auf gleich absolut jugendlich, weil total gesund und frisch. In diesem Sinne täuscht uns Schöpfung und lässt unsere Altersbestimmungsmethoden ins Leere laufen. Sind damit nicht heutige Altersangaben in einem Schöpfungsszenario Makulatur? Wäre nicht die Beobachtung von einer bunten Mischung von jung und alt erscheinenden Phänomenen das eigentlich Typische?

6.3 Universum nach Maß

> »Wenn wir ins Universum hinausblicken und erkennen, wie viele Zufälle in Physik und Astronomie zu unserem Wohle zusammengearbeitet haben, dann scheint es fast, als habe das Universum in gewissem Sinne gewusst, dass wir kommen.«
> Freeman Dyson, Kosmologe

Im folgenden Abschnitt wird es darum gehen, beispielhaft darzulegen, dass selbst in dem in diesem Buch kritisch betrachteten Ansatz eines Urknallmodells Spuren sichtbar werden, die auf komplexe, geniale Zusammenhänge hinweisen.

Das Kopernikanische Weltbild hat den Menschen aus dem Zentrum des Planetensystems verdrängt. Das wurde von manchen als Abdrängen des Menschen in die Bedeutungslosigkeit, als Kränkung, empfunden (was allerdings für den Physiker nur eine Koordinatentransformation bedeutet). Das sogenannte Anthropische Prinzip scheint dem Menschen zumindest im Erkenntnisprozess jedoch wieder einen zentralen Ort zuzuweisen.

Die Anthropische Kosmologie. Im Zuge detaillierter Untersuchungen des Kosmos kamen überraschende Zusammenhänge zwischen uns als lebenden Beobachtern und den Eigenschaften des Kosmos zutage: Auf einem der buchstäblich zahllosen kosmischen Objekte, der Erde, gibt es eine beobachtende Intelligenz. Wie muss aus naturwissenschaftlicher Sicht das dazugehörige Universum aussehen, das Beobachter beherbergen kann? Diese Frage wird im gängigen Bild durch die folgende Logik sukzessive heruntergebrochen:

- Intelligenz setzt Leben voraus.
- Leben braucht als elementare Grundlage zumindest eine ganze Palette chemischer Elemente jenseits der leichten Elemente Wasserstoff und Helium.
- Schwere Elemente entstehen nach dem Standardmodell durch thermonukleare Fusion leichter Elemente.
- Thermonukleare Fusionen laufen im Innern von Sternen ab und benötigen einige Milliarden Jahre, um größere Mengen schwerer Elemente zu produzieren.
- Eine Zeitspanne von mehreren Milliarden Jahren steht aber nur in einem Universum zur Verfügung, das entsprechend alt ist.

Daher kann aus naturwissenschaftlicher Sicht die Antwort auf die Frage, warum das heute von uns beobachtete Universum so alt ist, nur lauten: Weil sonst die Menschheit in ihm nicht existieren könnte. Es darf aber auch nicht viel älter sein, weil sonst andere Randbedingungen ungünstiger werden.

Das ist ein Beispiel einer anthropischen, auf den Menschen bezogenen Formulierung, in der die Existenz von intelligentem Leben im naturalistischen Bild mit den Eigenschaften des Kosmos in Zusammenhang gebracht wird. Genauere Untersuchungen dieses Zusammenhangs zeigen, dass im Rahmen des Standardmodells als Vorbedingung für Leben bestimmte Eigenschaften nicht nur bezüglich der Größenordnung der meist angenommenen Zeiträume passen („Milliarden Jahre"), sondern dass darüber hinaus eine ganze Anzahl hochpräziser Feinabstimmungen von Gesetzen und Naturkonstanten vorliegt, ohne die kein Leben möglich wäre. Diese Feststellung fordert zur Deutung heraus: Leben wir in einem Universum nach Maß?

Unser Universum scheint so beschaffen zu sein, dass in ihm interessante Dinge geschehen können. Es ist sehr leicht, sich andere Welten vorzustellen, die sozusagen Totgeburten wären, weil sich nach den in ihnen herrschenden Gesetzen nichts Bemerkenswertes hätte entwickeln können. Selbst in einem entwicklungsbasierten Weltall lassen sich allein aus der Tatsache, dass es uns als kohlenstoffbasiertes Leben um einen Stern der Spektralklasse G umlaufend gibt, einige Grundzüge des Weltalls und Einschränkungen für die Werte physikalischer Konstanten ableiten.

Beispiele für Feinabstimmungen. Inzwischen kennt man eine größere Anzahl solcher Feinabstimmungen:

- zwischen Expansionsrate und Schwerkraft im Kosmos
- die Naturkonstante der Starken Wechselwirkung
- die Sommerfeld'sche Feinstrukturkonstante; bereits eine Änderung von nur 1% würde die Existenz von Hauptreihensternen im Hertzsprung-Russell-Diagramm (und damit von unserer Sonne) unmöglich machen.
- die kosmologischen Konstanten

Nachstehend sollen zwei Beispiele einer solchen Feinabstimmung skizziert werden. Wir schreiben darüber nicht unbedingt deshalb, weil wir glauben würden, dass die Dinge so abgelaufen sein müssen, sondern eher, um zu zeigen, wie komplex und genial Zusammenhänge in der Schöpfung eingerichtet sind und dass sie selbst in dem modellhaften Ansatz eines Urknallszenarios nicht zu übersehen sind.

a) Synthese des Kohlenstoffs

Im Rahmen gängiger Urknallvorstellungen ist es höchst erstaunlich, wie durch die Synthese schwerer Elemente der für das Leben benötigte Kohlenstoff entstanden ist. Wasserstoff, Helium und Anteile von Lithium werden als Ergebnis des Urknallszenarios angesehen. Schwere Elemente, auch Kohlenstoff, sollen erst später im Innern von Sternen bzw. Supernovae gebildet worden sein.

Drei Heliumkerne werden pro Kohlenstoffkern als Grundvoraussetzung benötigt:

$$^{4}He + {}^{4}He + {}^{4}He \rightarrow {}^{12}C$$

Dass gerade drei davon zusammenstoßen, ist sehr unwahrscheinlich, weshalb diese Reaktion auch zu langsam wäre. Dann wurde von E. E. Salpeter eine alternative Reaktion eingeführt, denn viel häufiger ist der Zusammenstoß von zwei ^{4}He-Kernen, die ^{8}Be produzieren:

$$^{4}He + {}^{4}He \rightarrow {}^{8}Be$$

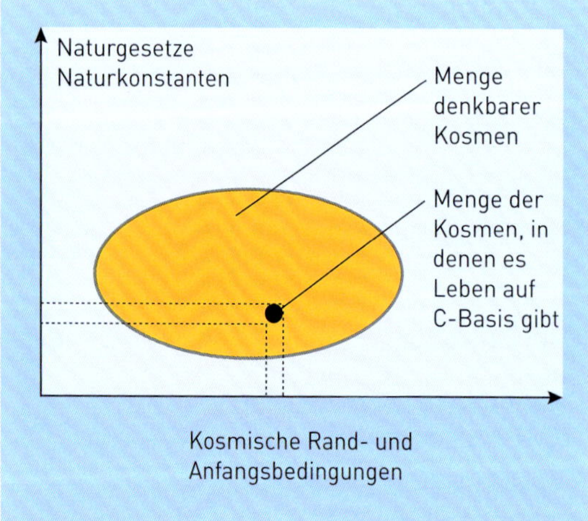

Abb. 6.3 Das Anthropische Prinzip als Filter. (Nach Hägele 1999)

Der Zusammenstoß eines Berylliumkerns mit einem weiteren Heliumkern liefert aber nicht notwendigerweise einen Kohlenstoffkern, denn durch die meisten Stöße wird Beryllium zerstört oder eben nur abgelenkt. Da Beryllium zudem eine Lebensdauer von nur 10^{-16} Sekunden hat, sind nicht viele Versuche möglich. Im Jahre 1954 erkannte der Kosmologe Fred Hoyle, dass zudem auch diese Reaktion nicht genügend ergiebig ist, es sei denn, sie läuft resonant ab. In der Tat fusionieren Helium und Beryllium zu Kohlenstoff, weil der Kohlenstoffkern in seinem Anregungsspektrum bei genau der richtigen Energie eine Resonanz hat, welche die Bildungswahrscheinlichkeit drastisch erhöht.

$$^{8}Be + {}^{4}He \rightarrow {}^{12}C$$

Das bedeutet Folgendes: Da der angeregte Kohlenstoffkern nur ganz bestimmte Energieniveaus annehmen kann, läuft die Reaktion nur dann mit genügend hoher Ausbeute ab, wenn die Energie der Stoßpartner ^{8}Be und ^{4}He zusammen gerade einem erlaubten Energieniveau des Kohlenstoffs entspricht, wenn sie also in Resonanz sind. Fred Hoyle sagte nun aufgrund der Tatsache, dass Leben auf der Kohlenstoffbasis existiert, ein noch unentdecktes Energieniveau des Kohlenstoffkerns voraus. Dieses wurde später tatsächlich gefunden und liegt nur 4 % über der Summe der Massenenergie der Stoßpartner. Dieser merkwürdige „Zufall“ kommt durch ein sehr kompliziertes Zusammenspiel der Kräfte der Starken Wechselwirkung in den Kohlenstoffkernen zustande. Der fehlende Energiebetrag wird leicht durch die kinetische Energie der Kerne aufgebracht.

Fast noch merkwürdiger ist, dass der Kohlenstoff nicht nach einem entsprechenden Schema sofort zu ^{16}O weiterreagiert und dann gar nicht vorhanden wäre:

$$^{12}C + {}^{4}He \rightarrow {}^{16}O$$

Tatsächlich hat ^{16}O ein „resonanzverdächtiges“ Energieniveau. Dieses ist aber für eine ergiebige Reaktion um 1% (!) zu niedrig. Diese Differenz kann hier nicht durch kinetische Energie ausgeglichen werden, da Letztere immer positiv ist.

Fred Hoyle war vom Erfolg seiner anthropischen Voraussage so beeindruckt, dass er bekannte: „Nichts hat meinen Atheismus so sehr erschüttert wie diese Entdeckung“ (Wilkinson 1993).

Spätestens seit der Formulierung der Quantentheorie sind sich die Naturwissenschaftler bewusst, dass der Vorgang und der Einfluss des Messprozesses in der Theorie mitbedacht werden muss. Für die Kosmologie bedeutet dies, dass keine Theorie aufgestellt werden sollte, welche die Existenz eines Beobachters nicht zulassen würde. Damit wirkt das Anthropische Prinzip als Filter für mögliche Theorien, wie in Abb. 6.3 dargestellt.

Der entscheidende Befund ist, dass dieser Filter über die Entwicklung des Kosmos fast nichts durchlässt. Betrachtet man die Menge denkbarer Kosmen, die durch unterschiedliche Naturgesetze und -konstanten und verschiedene Rand- und Anfangsbedingungen gekennzeichnet sind, so ist die Teilmenge der Kosmen, in denen Leben auf Kohlenstoffbasis vorkommt, verschwindend gering. Wenn für die bloßen, elementarsten Bausteine des Lebens bereits ein so raffiniertes Fine Tuning nötig ist, dann liegt der Verdacht nahe, dass es vielleicht doch nicht so ein bedeutungsloses Zufallsprodukt ist, für das man es gerne hält.

> »Man spricht von Feinabstimmung des Universums in Bezug auf Leben.«
> Michael Brantner

b) Die Schwache Wechselwirkung

Im naturwissenschaftlichen Bild wird davon ausgegangen, dass die schweren Elemente jenseits von Helium im Innern großer Sterne durch Kernfusion entstehen. Zusätzlich muss aber das Problem gelöst werden, wie diese Elemente zugänglich werden, sprich dem Interstellaren Medium beigemischt werden, was über den Mechanismus von Sternexplosionen, den so genannten Supernovae, passiert.

Gehen wir für unsere Überlegungen von einem Stern mit rund 25 Sonnenmassen aus, in dessen Zentrum sich Eisen (Eisen ist das schwerste Element, das über Fusion synthetisiert werden kann) in der Größenordnung einer Sonnenmasse gebildet hat. Da der Strahlungsdruck im Innern durch abklingende Fusion nachlässt, wird dieser Stern instabil. Auf sein Inneres stürzt die äußere Sternmasse ein, was die Elektronen und Protonen des Eisenkerns zu Neutronen zusammenpresst. Damit haben wir einen Neutronenball von einer Sonnenmasse im Zentrum, aber sein Volumen ist extrem bis auf die Größe des Mount Everest zusammengepresst worden: Mit bis zu 15 % der Lichtgeschwindigkeit stürzt sich die äußere Sternmaterie in Form einer Stoßfront auf diesen Kern, der sich nun allerdings kaum mehr komprimieren lässt – und prallt zurück. Dieser Rückstoß erzeugt gewaltige Temperaturen und hohe Drücke, wodurch nun eine radiale Schockwelle nach außen läuft. Das passiert explosionsartig und wir kennen diesen Vorgang als Supernova.

Der Stern kann einen Durchmesser von der Größe der Jupiterbahn erreichen. Wenn die Schockwelle ihn durchläuft, dann trifft sie auf Widerstand und wird langsamer, muss sie doch rund 24 Sonnenmassen bewegen. Ohne Hilfe würde sie sich schnell totlaufen. Aber ihr folgt eine Flut von Neutrinos, die im Neutronenkern unter dem Druck der einfallenden Materie erzeugt wurden. Nun ist die Materie in der sich verlangsamenden Stoßfront so dicht, dass sie die Energie vieler Neutrinos absorbiert, wodurch sie neuen Schub bekommt – um den Stern zur Explosion zu bringen.

Bei dieser energiereichen Tätigkeit können sich viele Elemente bilden, die schwerer sind als Eisen. Eine Supernova scheint einige Wochen lang so hell wie eine ganze Galaxie normaler Sterne. Die Energie, die sie so hell macht, stammt aus der Radioaktivität instabiler Elemente, die zerfallen und nun stabilere und enggepackte Kerne bilden. Dieser intergalaktische Leuchtturm kann in unserem Beispiel mit rund 20 Sonnenmassen den Löwenanteil seiner Materie in den Raum stoßen und damit die angesprochenen schweren Elemente. Das Sternzentrum ist endlich vom lästigen Druck des restlichen Sterns befreit und begibt sich in Form eines rotierenden Neutronensterns zur Ruhe.

Die Geschichte fasziniert an sich. Doch wo bleibt nun das anthropische Moment? Es steckt im Neutrino-Ausbruch, durch den der Stern zur Explosion gebracht wird. Computersimulationen in den 1980er-Jahren haben gezeigt, dass die Schockwelle das Explodieren des Sterns allein nicht erklären kann und Neutrinos daran beteiligt sein müssen. Aber einige Experten waren skeptisch, weil eine erstaunliche „Feinabstimmung" der Eigenschaften der Neutrinos für diese Aufgabe Voraussetzung ist. Alles hängt von der Schwachen Wechselwirkung ab, einer der vier Grundkräfte. Wäre die Schwache Wechselwirkung etwas zu schwach, dann wäre selbst eine dichte Schockwelle für Neutrinos durchlässig und sie würden einfach durch den Stern hindurchfluten, wie sie es auch meist ungehindert durch die Erde tun, weil ihr Wechselwirkungsquerschnitt sehr klein ist. Wenn allerdings die Schwache Wechselwirkung etwas größer wäre, dann würden die Neutrinos in Reaktionen im Sterninnern selbst verwickelt und würden für die hier benötigte Aufgabe nicht zur Verfügung stehen.

Die Schwache Wechselwirkung muss genau richtig dosiert sein, damit genug Neutrinos aus dem Zentrum entweichen und mit der Schockwelle wechselwirken können. Verbliebene Zweifel an diesem Bild des Explosionsmechanismus wurden durch Untersuchungen an der unter Astronomen bekanntesten Supernova SN1987 A ausgeräumt: Die Energie und die Anzahl der Neutrinos, die der Supernova entkamen und vermessen wurden, entsprechen der Forderung der Modelle. Sie bestätigen den Mechanismus, dass in der Tat die Neutrinos die treibende Kraft liefern, die große, mit schweren Elementen durchsetzte Gasmassen in den Interstellaren Raum treiben kann. Im naturwissenschaftlichen Bild ist dies gar die Voraussetzung für die Entstehung von Planeten wie die Erde und was damit zusammenhängt (nach Gribbin & Rees 1994).

Viele weitere Beispiele sind am Ende von Kapitel 5 unter „Zusammenfassende Bewertung" im Hinblick auf unser Planetensystem gegeben; weitere werden bei Barrow und Tipler (1986), bei Ross (1993) und bei Börner (2002) diskutiert.

Kasten 6.1: **Zufall**

Zufälliges Geschehen kann im Rahmen der Methodik der Naturwissenschaft nicht gewertet und einbezogen werden. Wer ein Geschehen als plan- oder absichtslos bezeichnet, wie es der umgangssprachliche Zufallsbegriff („blinder Zufall") nahe legt, der verlässt den naturwissenschaftlichen Bereich. Es gibt allerdings Zusammenhänge, wo scheinbar zufälliges Geschehen sich als durchaus plan- und sinnvoll erweist, ohne gleich als solches erkannt zu werden.

Beispiel 1: Im Schachspiel ist die Zuglänge eines Läufers in den Schachregeln nicht festgelegt. Einem unkundigen Zuschauer werden in einem Spiel die Züge mit den Läufern zufällig erscheinen. Gerade dahinter verbirgt sich aber die Strategie, der Plan, die Absicht, das Know-how des erfahrenen Spielers! (Nach Mutschler 1997)

Beispiel 2: Der Autoverkehr hat viele Merkmale, die zufällig sind: die Typen vorbeifahrender Autos, deren Farbe, ihre Geschwindigkeiten, die Fahrzeugabstände etc. Sie sind für einen Betrachter am Straßenrand zufallsverteilt.
Aus der Sicht der einzelnen Autofahrer wäre es aber unsinnig, dieses Geschehen deshalb als plan- und sinnlos zu werten. Die Auswahl der Farbe, das Erreichen einer Geschwindigkeit, das Einhalten eines Fahrzeugabstandes sind Folgen von Entscheidungen. Jede einzelne Fahrt kam aufgrund eines Willensentschlusses zustande.

Auf die Naturwissenschaften bezogen heißt dies, dass einem (scheinbar) zufälligen Geschehen in einem erweiterten Deutungszusammenhang unter Umständen ein Sinn, ein Plan, zugeordnet werden kann (Hägele 1999).

»Die Zufälligkeit der Naturkonstanten kann ich als Wahl zu meinen Gunsten deuten.«
W. Pannenberg, Theologe

Dieses Fine Tuning wird von vielen entdeckt und anerkannt, aber unterschiedlich interpretiert, z. B. wird es mit der Vorstellung von Multiversen (Hypothetische Existenz vieler Universen) verbunden, unter denen das unsrige nur eines wäre. Da kann man sich zu Recht fragen, ob es wirklich nicht sparsamer geht! E. Tryon schrieb in diesem Sinne: *„Our Universe is simply one of those things which happen from time to time“*[Z29] (Tryon 1973). Diese Deutung der Feinabstimmung sieht richtig, dass auch Unwahrscheinliches gelegentlich passiert, wenn nur häufig genug entsprechende Versuche gestartet wurden. Sie gibt sich mit dem Zufall als Erklärung zufrieden. Nun ist der Hinweis auf Zufall (Kasten 6.1) keine Erklärung. Nach Kant ist er ein limitierender Begriff, der etwas verneint, ohne selbst eine konkrete Bestimmung zu haben. Zufall ist ein Nicht-Gesetz; er markiert eine Grenze der Berechenbarkeit. Natürlich hat eine Multiversen-Vorstellung den „Vorteil“, dass sie keine transzendente Welt braucht. Dafür behauptet sie allerdings die Existenz von etwas, wofür keinerlei konkrete Anhaltspunkte zu erwarten sind (s. auch Hägele 1999).

Andererseits: Warum sollte nicht eine transzendente Macht, ein Planer, hinter dem Kosmos stehen? Warum sollte eine Schöpfungsdeutung kategorisch ausgeschlossen werden? Zur Beschreibung von innerweltlichen Zusammenhängen mag es berechtigt sein, die Naturwissenschaft als eine Disziplin zu haben, in der Gott nicht als Kausalfaktor oder gar Lückenbüßer für Unverstandenes vorkommt. Es ist aber zu fragen, wie weit dieses methodische Prinzip bei den hier angesprochenen Grundsatz- und Grenzfragen sowie den Fragen nach dem Ursprung und der Geschichte des Kosmos noch angemessen ist. Wo wird die Frage nach Gott unausweichlich?

Creation Pointer

Bei diesen Feinabstimmungen handelt es sich nicht um Anpassungen, wie sie in der Evolutionsbiologie diskutiert werden. Sie sind nicht zweckmäßige Ergebnisse einer „kosmischen Evolution“, sondern im naturwissenschaftlichen Bild festgestellte, nicht tiefer begründbare Voraussetzungen für Leben.

Muss er nur als Anklageposition herhalten, wenn Katastrophen über uns hereinbrechen? Als Naturwissenschaftler sollte man sich Rechenschaft darüber geben, dass man zwar Naturgesetze formulieren und ihre Gültigkeit über die Zeit hinweg feststellen kann, dass man aber z. B. die zeitliche Konstanz nicht begründen oder garantieren kann. Wer beginnt, sich darüber zu wundern, wird vielleicht aufgeschlossen werden für die Aussage, die den Bestand der Gesetze als Willen Gottes formuliert nach dem Motto: *„... alles hat in ihm seinen Bestand“* (Kol. 1,13-17).

Aber selbst die anthropische Deutung eines Planers oder Designers hat ihre Grenze darin, dass sie nur wenig Spezifisches über den Designer zu sagen weiß. Dazu muss man sich als Ergebnis eines persönlichen Willensentschlusses an die Bibel wenden, in der dieser Designer sich uns offenbart und viele Dinge mitteilt, die sich der natürwissenschaftlichen Forschung entziehen.

6.4 Zum Verständnis des Genesisberichts aus kosmologischer Sicht

»Die verstehen sehr wenig, die nur verstehen, was sich erklären lässt.«
Marie von Ebner-Eschenbach

Wir erheben nicht den Anspruch, den Genesisbericht in Gänze und umfassend zu verstehen; ansonsten müssten wir ein Wunder erklären. Da er kein naturwissenschaftlicher Bericht ist, wohl aber allgemeinverständlich die durch Gott geschaffenen Werke aufzählt und eine Erschaffung durch das Wort bezeugt, werden hier insbesondere seine Kernaussagen weiter vertieft, wohlwissend, dass der Bericht in seiner Gesamtheit auf einer anderen Erkenntnisebene liegt, nämlich das Schöpferhandeln Gottes bezeugt. Aber eine theologische Aussage, die nichts über die konkrete Wirklichkeit zu sagen hat, wäre leeres Geschwätz – insbesondere wenn es um ein so grundlegendes Thema geht.

Wir begreifen den Genesisbericht als „Prophetie nach hinten“. Es handelt sich hierbei nicht

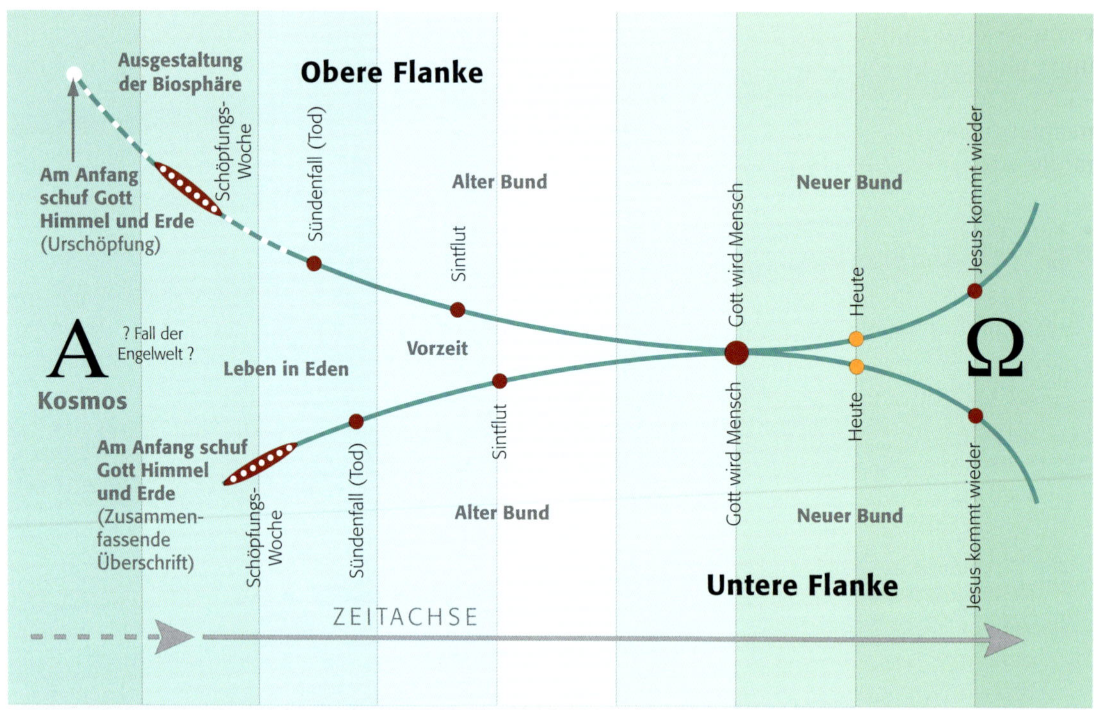

Abb. 6.4 Darstellung eines Schöpfungsdeutungsrahmens, der den Raum aufzuspannen versucht, in dem wir den Genesisbericht verstehen und Beobachtungsdaten einsortieren. Die Genesis ist in den Gesamtrahmen der Heilsgeschichte eingebunden dargestellt. Während die Heilsgeschichte weitgehend geschlossen dargestellt werden kann, soll das Aufweiten des Raumes am Anfang und am Ende der Zeit den natürlichen Unsicherheiten grafisch Rechnung tragen. Mit der Teilung des Bildes entlang des Zeitpfeils werden zwei verschiedene Deutungen zugelassen. Die Unterschiede beziehen sich vor allem auf den Beginn des Zeitpfeils (nach einem internen Positionspapier der Fachgruppe Physik & Kosmologie von Wort und Wissen zur Einordnung biblischer Kosmologien; vgl. auch Hilbrands 2004).

um eine Prophetie im herkömmlichen Sinne, die es zu erfüllen gilt und an deren Erfüllung man ihre Glaubwürdigkeit messen kann (denn die Schöpfung fand ja schon statt); mit „Prophetie" soll hier das Element der Offenbarung hervorgehoben werden. Gott teilt uns hier mit, was geschah. Der Genesisbericht ist so einzigartig wie der Vorgang, den er beschreibt. Der Bericht lässt, ähnlich der klassischen Prophetie, im Rahmen der ganzen biblischen Aussagen gewisse Deutungsräume und Interpretationsspielräume zu. Je weiter wir zu einem Uranfang vorstoßen, desto schwieriger werden Aussagen im Hinblick auf deren Eindeutigkeit, was in Abb. 6.4 durch die jeweilige Aufweitung am Anfang und Ende des Deutungsrahmens zum Ausdruck kommt. Zudem sollte „das oder jenes traue ich Gott zu" ersetzt werden durch „was gibt der Text her". Neben dem „Buch der Bibel" ist für uns das „Buch der Natur" eine weitere, wenn auch aus besagten Gründen nachgeordnete Erkenntnisquelle. Daten sollen uns also helfen, Interpretationsspielräume aus dem Genesisbericht einzuordnen. Es gilt, so dem Zeugnis von Gott als Schöpfer in unserer Zeit zu begegnen.

Wir sind uns des Folgenden bewusst: Gott ist in Jesus Christus Mensch geworden; er hat sich herabgelassen und sein Wort hineingegeben in die zeitbedingten Vorstellungsräume jener/unserer Zeit. Indem Gott sein Wort gefallenen, irrenden Menschen anvertraut, nimmt er es auf sich, dass dieses Wort auch einem verkürzten Verständnis und verschiedenen Deutungen preisgegeben wird. Eine reine naturwissenschaftliche Sicht ist im Genesisbericht nicht zu erwarten. Dennoch nehmen wir diesen Bericht ernst. Daher wollen wir durch umsichtigen Umgang vorschnelle Interpretationen zu vermeiden versuchen. Für uns ist es Ausdruck von Respekt und – um es mit einem alten Wort auszudrücken – Demut vor dem Wort, wenn wir dem, was wir meinen (heute) zu verstehen, einen Deutungsrahmen zuweisen, soweit er

- dem Inhalt und dem Charakter des Genesisberichts gerecht wird; dabei ist zu bedenken, dass es nicht zu allen heute gestellten naturwissenschaftlichen Fragen eine sprachlich-exegetische Punktlandung gibt,
  - weil es anerkanntermaßen Leerstellen gibt; d.h. dass nicht alle Vorgänge lückenlos beschrieben werden,
  - weil er eine literarisch unvergleichliche Schilderung ist,
  - weil er kein naturwissenschaftlicher Bericht sein will,
  - weil er Statuswechsel beschreibt, die gegebenenfalls mit Änderungen der physikalischen Eigenschaften einhergingen.
- dem überlieferten Text nicht widerspricht
- von (kosmologischen) Daten nahegelegt wird.

Wir legen dabei zwei Schöpfungsskizzen als Schöpfungsdeutungsrahmen zugrunde, dessen Freiräume wir nicht im Widerspruch zur biblischen Überlieferung sehen. Dieser Schöpfungsdeutungsrahmen ist in Abb. 6.4 skizzenhaft dargestellt.

a) Untere Flanke des Schöpfungsdeutungsrahmens

Nachstehende Ausführungen beziehen sich auf die untere Flankierung des Schöpfungsrahmens von Abb. 6.4. Wir gehen textgetreu am Genesisbericht entlang. Die Geschichte der Raumzeit beginnt mit der Erschaffung von Himmel und Erde am Tag 1. In den ersten drei Tagen der Schöpfungswoche wurde die Erde – die als existierend vorausgesetzt wurde (denn ihre Erschaffung wird nicht explizit erwähnt) – schrittweise durch Schöpfungs- und Scheidewerke („erschaffen" und „scheiden" sind die zentralen Verben) aus dem ungestalteten Tohuwabohu (ungeordneter, unbewohnbarer Zustand, s. 1. Mose 1,2) gebildet. Um für Meeres- und Landlebewesen bewohnbar zu sein, wird sie im weiteren Verlauf ausgestaltet und mit Leben gefüllt. Dies beinhaltet, dass die Sonne, der Mond und die Gestirne am Tag 4 geschaffen und zusätzlich zur Erde um dieselbe im Weltraum angeordnet wurden. Nimmt man die Größenordnung der in der Bibel geschilderten Alter der Geschlechter, so erhält man den Hinweis auf ein „Genesisalter" von rund 10 000 Jahren. Eine Unterstützung dieser Auslegung ist durch 2. Mose 20, 11 zu erhalten, wonach Himmel und Erde in sechs Tagen gemacht (hebr. *asah*) wurden (s. unter b). Der 1. Vers „Am Anfang schuf Gott Himmel und Erde" wird als Überschrift bzw. Zusammenfassung von 1. Mose 1 verstanden.

Problemzonen:

- Wenn ein Schöpfungstag die Spanne zwischen Morgen und Abend ist, dann müssen zunächst die Tage 1 bis 4 ein anderes, in Bezug auf die Position der Erde fest stehendes Licht gehabt haben, das die rotierende Erde beschienen hat. Dadurch bedarf es einer Rückprojektion des späteren Verständnisses für einen (Sonnen-)Tag. Es gab zwar Licht, aber es war wohl nicht das der Sonne.
- Adam (und die Vögel zu ihrer Navigation) konnte nach heutigem physikalischen Verständnis aus Lichtlaufzeitgründen erst nach längerer Zeit das Licht der ersten Sterne sehen; hier kann allerdings, so wie auch im nächsten Punkt, das Element der zwangsläufigen Täuschung einer „erwachsenen" Schöpfung berücksichtigt werden, deren physikalische Implikationen im Einzelnen offen bleiben müssen.

Ein viel diskutiertes Problem betrifft die Zeitspanne, welche das Licht von Sternen und Galaxien benötigt, um die Erde zu erreichen. Nach heutigem Verständnis benötigt selbst das Licht des erdnächsten Sterns Proxima Centauri mehr als vier Jahre, um uns zu erreichen. Adam hätte das Licht der ersten Sterne also erst nach längerer Zeit sehen können. Eine mögliche Lösung wurde von J. Lisle mit der sogenannten Lichtkegel-Gleichzeitigkeit vorgeschlagen. Diese macht sich die Tatsache zunutze, dass nach der Speziellen Relativitätstheorie die Gleichzeitigkeit zweier räumlich entfernter Ereignisse nicht eindeutig festgelegt ist. Es stellt sich daher die Frage, welche Definition von Gleichzeitigkeit die Bibel verwendet, wenn sie im Schöpfungsbericht von der Erschaffung der Sterne berichtet. Lisle (2006) schlägt vor, Gleichzeitigkeit nicht nach der in der Physik gebräuchlichen Einstein-Konvention, sondern die Lichtkegel-Gleichzeitigkeit aus Sicht eines Erdenbewohners zu verwenden. In dieser Konvention werden alle Ereignisse, die auf dem Rückwärts-Lichtkegel eines Beobachters liegen, als gleichzeitig definiert. Setzt man diese Konvention voraus, so trifft das Licht der Sterne gleichzeitig mit deren Erschaffung auf der Erde ein.

Der Ansatz der Lichtkegel-Gleichzeitigkeit löst jedoch nicht die Schwierigkeit, dass wir Sterne und Galaxien häufig in einem Zustand antreffen, der auf Millionen Jahre dauernde Vorgänge hinzudeuten scheint. Beispielsweise braucht ein im Inneren der Sonne angelaufener Fusionsprozess bis zu Millionen von Jahren, damit sich die erzeugte Energie allmählich bis an die Sonnenoberfläche vorarbeitet und dort als Strahlung mit Lichtgeschwindigkeit freigesetzt wird. Danach würden uns heute die Neutrinos (die mit Lichtgeschwindigkeit reisen) einen Fusionsprozess im Innern der Sonne signalisieren, aber wir würden noch immer vom „Licht der Schöpfung" leben. Die zu Adams Zeit im Sonneninneren erzeugten Photonen wären noch nicht bei uns angekommen. Hier kann allerdings ebenfalls das Element einer „erwachsenen" Schöpfung berücksichtigt werden, deren physikalische Implikationen auch hier offen bleiben müssen.

- Es widerspricht unserem heutigen physikalischen Verständnis, dass im leeren Weltraum die Erde installiert war, um die später die Sonne, der Mond und Sterne platziert wurden.
- Die physikalischen Gegebenheiten eines Kosmos und auch die zu erwartenden Lichtlaufzeiten und damit die Alter der Sterne und Galaxien passen nach den heutigen Gesetzmäßigkeiten und physikalischen Größen nicht in den erwähnten sehr kurzen Zeitrahmen.

Auch andere, von Abstandsmessungen unabhängige Größen weisen auf andere Gegebenheiten hin, was immer daraus zu schließen ist. Nachfolgend einige Beispiele:

1. Unser Sonnensystem reist mit rund 900.000 Kilometern pro Stunde um das Zentrum unserer Milchstraße und braucht für einen Umlauf rund 230 Millionen Jahre. Ein sehr junger Kosmos würde bedeuten, dass noch keine Galaxie im Weltraum je einen vollständigen Umlauf gedreht hat.
2. Es ist nicht leicht einzuordnen, wie eine junge, bewohnte Erde über 160 Einschlagsprozesse – erzeugt durch große Körper aus dem Weltraum – verkraften konnte, deren Spuren noch heute beobachtbar sind.
3. Ein weiteres eindrückliches Beispiel sind die Galaxien, deren Sternenverbund durch Gravitationswechselwirkung zusammengehalten wird. Nach der Einstein'schen Relativitätstheorie kann sich auch die Gravitationskraft höchstens mit Lichtgeschwindigkeit ausbreiten. Die Konsequenz ist, dass bei derart gewaltigen astronomischen Systemen wie den Galaxien Hunderttausende von Jahren nötig sind, damit sich die Gravitationskraft über die gesamte Galaxie ausbreiten kann. Hätte eine Galaxie zum Zeitpunkt ihrer Erschaffung keine bereits wirksame Wechselwirkung ihrer Gravitation, würde sie auseinanderfliegen.
4. Die beobachtete Wechselwirkung von Galaxien (s. Abb. 3.15) kann wegen der Endlichkeit der Lichtgeschwindigkeit und der Größe der Galaxien nicht auf kurzen Zeitskalen ablaufen.

b) Obere Flanke des Schöpfungsdeutungsrahmens

Der entscheidende Unterschied zwischen unterer und oberer Flanke in Abb. 6.4 liegt in der Tatsache, dass der 1. Vers: „Am Anfang schuf Gott Himmel und Erde ..." nicht als Überschrift oder Zusammenfassung (untere Flanke), sondern als „Urschöpfung" verstanden wird (obere Flanke), in der der Kosmos mit seinen Objekten eingerichtet wurde und damit die Erde als steriler Planetenkörper vorhanden war. Zudem ist es die einzige Stelle, wo die Erschaffung der Erde explizit genannt ist.

Angeregt wird diese Sichtweise nicht nur vom naturwissenschaftlichen Verständnis, sondern auch von der Tatsache, dass in diesem Zusammenhang für Schaffen das hebräische Wort *bara* verwendet wird, das in der Regel voraussetzungsloses, göttliches Schaffen bezeichnet. Da dieses Wort allerdings auch teilweise zusammen mit dem üblichen Wort für Schaffen, nämlich *asah*, verwendet wird, kann es nur hinweisend eingesetzt werden. Es ist damit kein eindeutiges Kriterium, um zwischen „Überschrift" und „Urschöpfung" zu unterscheiden. Jedenfalls ist V. 1 die einzige Stelle im Genesisbericht, wo im Zusammenhang mit der unbelebten Materie *bara* überhaupt Verwendung findet. Zusammen mit V. 1 im Johannesevangelium: „Am Anfang war das Wort und das Wort war bei Gott und Gott war das Wort ..." wird Gottes Logos als das Urmedium der Schöpfung deklariert. Diese Zuspitzung auf eine Nullpunktsituation, d. h. auf die Voraussetzungslosigkeit des Schaffens Gottes, wird mit *bara* zum Ausdruck gebracht, wo Gott das Subjekt ist und bewusst vermieden wird, von einem Material zu sprechen, aus dem Gott seine Werke geschaffen hat. Um die Bedeutung des hebräischen Wortes *bara* zu illustrieren, stellen wir uns einen Baum vor, der im Sinne eines Wunders plötzlich da ist und aus dem der Schreiner gemäß *asah* dann ein Bett herstellt.

Die Phase des Tohuwabohu in V. 2 (Darstellung eines unbewohnten, ungeordneten Zustandes) könnte mit der auffallend häufigen und dichten Bombardierung der Planeten- und Mondoberflächen mit Meteoriten in deren Frühphasen im Zusammenhang stehen, die in gewisser Weise Geschichtsbücher der Astrophysiker sind (s. Abschnitt 4.1). Die Schöpfungswoche würde sich in diesem Deutungsrahmen auf den Ausbau und die Ausgestaltung der vorhandenen, aber noch sterilen Erde beziehen, auf den Ausbau der Biosphäre. Das würde der Erde als „Fokus der Schöpfung" gerecht. Wenn nun am Tag 4 die Sonne und die Gestirne geschaffen *(asah)* wurden, muss dies in dieser Interpretation des Genesisberichtes ein Sichtbarwerden himmlischer Objekte meinen (ein irdischer Beobachter hätte das eine nicht vom anderen unterscheiden können), so wie das feste Land durch Wegschaffen des Wassers zum Vorschein kam. Noch heute ist beispielsweise auf der Venus oder dem Saturnmond Titan wegen ihrer dichten Atmosphären die Sonne nicht zu sehen. Dazu noch eine Anmerkung, die uns beispielhaft zeigen kann, dass in der Bibel dieses Bild eines (Ur-)Ozeans, der durch eine darüber liegende Wolkenschicht das Licht des Himmels bedeckt, aufgenommen wird:

Hiob 38,8+9: *„Wer hat das Meer mit Toren verschlossen, da es hervorbrach aus dem Schoß der Erde? Ich war's, ich hüllte es in dichte Wolken, als Windeln gab ich ihm den dichten Nebel."*

Der Beginn der Kosmos-Schöpfung lässt sich in der Interpretation nach der oberen Flanke grundsätzlich nicht datieren; vielleicht fehlt auch deshalb ein Hinweis auf diesen Aspekt in der Bibel. Damit hätte Gott vor nicht festzulegender Zeit Materie und Strukturen auf kosmischen Skalen (Sternhimmel mit seinen Galaxien und Planeten) aus dem Nichts geschaffen. Es war so etwas wie der Rohbau des Kosmos. Der Text sagt nichts von einem Urknall, er sagt nichts von einer Wasserwelt, nichts von einem Schwarzen oder Weißen Loch. Der Text spricht klar und einfach von „Himmel und Erde", die geschaffen wurden. Himmel meint dann nicht einfach die (leere) Raumzeit, sondern wie es z. B. in Psalm 8 steht: *„Wenn ich sehe den Himmel, deiner Finger Werk, den Mond und die Sterne ..."*

Sind die Problemzonen bei der „unteren Flanke" naturwissenschaftlicher Art, so sind sie bei der „oberen Flanke" exegetischer Natur:

- die Erschaffung von Sonne, Mond und Sternen am Tag 4 wird nun als „Sichtbarwerden" interpretiert. Zwar wird in diesem Vers das „schwächere" Wort *asah* für Schaffen verwendet, aber „sichtbar werden" wird damit im Alten Testament nie ausgedrückt (es gäbe dafür geeignete Begriffe im Hebräischen, die im Alten Testament verwendet werden) und scheint somit der sonstigen Verwendung des Wortes *asah* nicht gerecht zu werden.

- In 2. Mose 20,11 wird die Erschaffung des Himmels ausdrücklich in die Schöpfungswoche integriert. Zwar wird auch hier das Wort *asah* verwendet, aber wenn wir das dann mit „Ausgestaltung" übersetzen wollen, müsste hier von einem anderen Himmel die Rede sein als in 1. Mose 1 („sky" statt „heaven"). Das ist aber nicht der Fall, denn das Paar „Himmel und Erde" meint immer die Gesamtheit des (sichtbaren) Kosmos. Wir wollen den Mut haben, Dinge, die (im Augenblick) nicht zu klären sind, offen zu lassen.

Wenn allerdings nicht in Vers 1 des Genesisberichts auch die Erschaffung der Erde beschrieben wird, sucht man andere Hinweise vergebens. Im Vers 2 schwebte ja der Geist Gottes bereits über dem Wasser. Ist also die Erde (im „Rohbau") bereits vor der Schöpfungswoche vorhanden, ist jede weitere Diskussion über deren Alter und die mögliche Datierung der Schöpfungswoche (Ausbau der Biosphäre auf der bereits vorhandenen Erde?) aus mehreren Gründen aussichtslos.

Wir können und wollen uns nicht auf die „obere" oder „untere" Flanke festlegen. Es gibt dazu noch keinen Konsens. Wir lassen das Spannungsfeld zwischen beiden Sichtweisen bewusst bestehen und sprechen daher auch von einem Deutungsrahmen. Während die untere Flanke des Deutungsrahmens eher die exegetische Deutung betont, mag die andere Flanke eher mit der naturwissenschaftlichen Sichtweise kompatibel sein. Damit ist auch das Spannungsfeld zwischen einer textorientierten und einer interdisziplinären Auslegung angedeutet.

Nach dem Genesisbericht hat das Universum eine Geschichte hinter sich, die physikalisch nicht beschreibbar ist. Durch die vielen Beispiele eines Fine Tunings kann gezeigt werden, dass wir ein geniales Universum vor uns haben, das nicht nur durch seine Größe und Schönheit, sondern durch ausgesprochene Raffinesse besticht. Dessen Designer kann nicht selbst zu unserem Universum gehören, da er ja sonst auch der Naturgesetzlichkeit unterliegen würde. Zudem hat er eine Eigenschaft, die es in unserem Universum nicht gibt: Er ist überaus mächtig. Daher hat Einstein völlig recht, wenn er sagt: *„Der Alte würfelt nicht."* Er tut es nicht, denn er kennt ja schon das Ergebnis. Für ihn existiert kein Zufall, da dieser seiner Überzeitlichkeit widersprechen würde.

Zusammenfassung. Der Schöpfungsdeutungsrahmen wurde nicht deshalb eingeführt, um schließlich eine Lösung zu finden, die sich nicht mehr mit wissenschaftlichen Daten stößt, sondern aus dem Motiv heraus, zu verstehen, was der biblische Text aussagt und was er zulässt, ohne zu einem Widerspruch zu führen.

In der oberen Flanke des Schöpfungsdeutungsrahmens lassen sich erstaunlicherweise viele naturwissenschaftliche Informationen zwanglos einordnen. Damit hätte der Schöpfer z. B. durch die Schaffung von Prototypen in dieser Kosmos-Schöpfung einen Anfang gesetzt und so, wie sich Menschen und Tiere fortpflanzen, hätten wir auch die Neuentstehung von Sternen und Planeten (s. Kapitel 5) als eine entwicklungsbasierte Fortsetzung des Geschaffenen mit gewissen Variationen zu sehen, nach dem Motto: Es gibt Evolution, aber sie kann nicht alles. Das Entscheidende dabei ist: Sie ist nicht aus sich heraus kreativ, sondern hat allenfalls Kreativität verliehen bekommen. Sie hat zudem ihre Grenzen.

Es sollte nicht zu sehr verwundern, dass eine auf den Menschen gezielte Schöpfung sich auf dessen Wohnstatt, die Erde, konzentriert, deren Ausbau in der Schöpfungswoche beschrieben sein könnte. Der „Rest" des Kosmos ist aus der Sicht der Erde schmückendes Beiwerk, das als Abbild der Größe, Macht und des verschwenderischen Reichtums des Schöpfers angesehen werden kann.

Zu einer umfassenden Weltsicht gehört unabdingbar etwas, das sich z. B. durch die Anthropische Kosmologie besonders gut darstellen lässt – ein Sinn für Wunder. Uns scheint deshalb eine Welt voller Wunder eher wahrscheinlich als eine Welt, die so klein ist, dass unser Verstand sie fassen kann.

„Man kann das Weltgebäude nicht ansehen, ohne die trefflichste Anordnung in ihrer Einrichtung und die sicheren Merkmale der Hand Gottes in der Vollkommenheit ihrer Beziehungen zu erkennen." (I. Kant)

„... allein ich will meine Meinung lieber in Gestalt einer Hypothese vortragen und der Einsicht des Lesers überlassen, ihre Würdigkeit zu prüfen, als durch den Schein einer erschlichenen Überführung ihre Gültigkeit verdächtig zu machen, und indem ich die Unwissenden einnehme, den Beifall der Kenner verlieren." (I. Kant)

6.5 Zum Verständnis der Kosmologie aus der Sicht der Schöpfung

Das größte Konfliktpotenzial beim Versuch, die Schöpfung und moderne Kosmologie zusammen zu sehen, ergibt sich aus der Feststellung eines sogenannten Kurzzeitszenarios. Genügend Zeit vorausgesetzt, wäre es kein Problem, das Vorhandensein von Galaxien, Sternen und Planeten im Rahmen einer Entwicklungslinie zu sehen. Der Begriff Evolution darf in diesem Zusammenhang nicht mit einer Höherentwicklung, wie sie in der biologischen Evolution unterstellt wird, verwechselt werden. Es handelt sich bei dieser Evolution um die Anwendung von Naturgesetzen, die bei den richtigen Anfangsbedingungen über die entsprechend langen Zeiträume diese Objekte nach inzwischen gut verstandenen physikalischen Prozessen hervorrufen kann. Fehlen aber die Zeiträume, können diese Prozesse erst gar nicht abgelaufen sein, sondern sind ein Wunder, das nicht mehr nachvollzogen werden kann. Sechs Tage oder eine Sekunde: Im Vergleich zu den kosmischen Zeitskalen, die für eine Entwicklung nötig wären, ist das „ratz-fatz und fertig"! Keine Chance für Entwicklung, egal auf welcher Flanke des Rahmens von Abb. 6.4 wir uns bewegen. Deshalb ist das mitleidige Lächeln der Anhänger des Standardmodells und seiner Alternativen angesichts solch einer Idee zumindest nicht verwunderlich.

Oft wird die Frage gestellt: Handelt es sich um sechs Tage gemäß unserem Verständnis, also sechs vollständige synodische Rotationen (Morgen bis Morgen) der Erde? Das entspricht nach gegenwärtiger Tageslänge sechs vollständigen siderischen Rotationen um je 360° plus noch etwa 6°, weil die Erde auf ihrer Bahn um die Sonne inzwischen ein Stück weiter gewandert ist. Ein Erdentag ist zwangsläufig sowohl an die Existenz der Eigenrotation der Erde um sich selbst als auch die Existenz einer Erdbahn in Sonnennähe gekoppelt. In diesem Sinne setzt die Messung des ersten Tages bereits die Existenz der Sonne bzw. einer anderen uns nicht bekannten Lichtquelle voraus, wobei Letzteres eine Uminterpretation eines „Tages" innerhalb der Schöpfungswoche erforderlich macht, während die Tage jeweils mit gleichen Worten eingeleitet bzw. abgeschlossen wären. Dieser Interpretation schadet es nicht, falls die Tageslänge früher, d. h. vor dem Phasenübergang des Sündenfalls, nicht unserer entsprochen hätte. Selbst wenn die Erde nicht rotierte, d. h. der Sternenhimmel still stände, könnte es sich bei den sechs Tagen höchstens um einen Zeitraum von etwa sechs Jahren handeln, da in diesem Fall ein Tag genauso lang wie ein Jahr wäre. Aber auch damit ist im Verhältnis zur Standardkosmologie noch nichts gewonnen. Es gibt Versuche, das hebräische Wort für Tag im Sinne eines Zeitraums gleich einem Äon zu deuten. Jeder Tag wäre dann etwa 2,5 Milliarden Jahre lang. Man fragt sich dann aber zu Recht, warum solche Zeiträume als Bezugspunkte für die im Dekalog genannte Begründung der 7-Tage-Woche herhalten müssen. Außerdem ist bei jedem Schöpfungstag ausdrücklich von „Es wurde Abend, es wurde Morgen" die Rede. Der Dekalog ist in unseren Raum und in unsere Zeit gesprochen und Gott wusste sehr gut, dass jeder Hörer auf dieser Welt, der vor dem 21. Jahrhundert lebte, sich darunter den Zeitrahmen von sechs Tagen einer Woche vorstellen würde. Will man ihm nicht bewusste Täuschung unterstellen, dann bleiben nur noch wenige andere Deutungen (wobei man die Unsicherheiten eines Phasenwechsels nicht ganz vergessen darf).

Könnte es sich um ein übersetztes Zeitmaß handeln? Nach der Schöpfung der Welt befand sich die Schöpfung in einer Phase der Gottesnähe. Im Genesisbericht finden sich dazu bildliche Redeweisen: Gott ging in der Abendkühle im Garten umher. Die besondere Gegenwart Gottes bedeutet auch, dass in dieser Phase Gottes Welt und die neu geschaffene Welt eng miteinander verwoben waren. Das Zeitmaß Tag ist jedoch sehr eng an unsere Materie gebunden. Ohne die Existenz von Materie gibt es, soweit wir die Naturgesetze verstehen, weder Raum noch Zeit. Gott ist nicht an dieses Zeitmaß gebunden, er hat sein eigenes Zeitmaß, das in der Bibel oft mit Ewigkeit bezeichnet wird. Dabei handelt es sich nicht um eine große Zeiteinheit im Vergleich zum Tag, also nicht um eine Skalierung, sondern um eine völlig andere Qualität, für die wir keine Vorstellung haben. Es wäre also immerhin möglich gewesen, dass die Schöpfung sechs Gottestage gedauert hätte. Die ersten Menschen wären wegen ihrer Gottesgegenwart wahrscheinlich in der Lage gewesen, mit dieser Qualität von Zeit umzugehen. Mit der Gottesnähe verschwand auch der Zugang zu dieser Zeitqualität. Auch das Zeitempfinden des Menschen hätte dann beim Sündenfall einen Phasenübergang erlebt, und wir wären nicht mehr in der Lage, die ursprüngliche Bedeutung der sechs Tage zu ermessen. Die Sieben-Tage-Woche des Dekalogs wäre dann nur ein schwacher Abglanz, ein Schatten der ursprünglichen Bedeutung einer völlig anderen Zeitqualität. Deren Länge in unserer Zeit hätte dann fast nichts mehr mit der ursprünglichen Bedeutung gemein, außer der stetigen Erinnerung an die Tatsache der Schöpfung an sich. Damit wären dann die sechs Tage allerdings in ein Geheimnis gewandelt und an den Glauben verwiesen. Erst am Ende der Zeit würde es sich lüften.

Es gibt weitere Spekulationen über die mögliche Bedeutung der sechs Tage. Sie haben gemeinsam, dass der Zeitbegriff und die Einheit Tag in verschiedener Weise gedeutet werden. Auf eine ausführliche Darstellung muss hier verzichtet werden. Auch über die Bedeutung des hebräischen Wortes „Himmel" ist spekuliert worden. Es ist ein Pluralwort und muss genauer mit „die Himmel" übersetzt werden. Ist damit wirklich das Weltall gemeint, der Raum außerhalb der Erdatmosphäre? Oder müsste dieser Begriff nicht auch die Luft und Wolken, die gesamte Atmosphäre, mit einschließen, die Welt oberhalb der Reichweite der Tiere und Pflanzen, oberhalb der Berge? Egal wie im Einzelnen die Deutung der Begriffe Himmel und sechs Tage ausfällt, die direkteste Interpretation der sechs Tage sind sechsmal die Zeitspanne zwischen Morgen und dem folgenden Morgen und sie ist zugleich auch diejenige, die orthogonal zu den aktuellen wissenschaftlichen kosmologischen Modellen steht.

Wie kann es also gelingen, ein Modell des Universums zu bauen, das nach sechs Tagen den Anblick liefert, der dem heutigen entspricht? Dabei wird außerdem angenommen, dass dieser Schöpfungsakt vor erst einigen tausend Jahren, also kosmologisch kurzer Zeit, stattgefunden hat. Schon in vorherigen Kapiteln hatten wir gesehen, dass die einfache Setzung in Raum und Zeit das Element der Täuschung beinhaltet. Bereits das Licht von entfernten Sternen innerhalb unserer Milchstraße wäre gegenwärtig immer noch geschaffenes Licht, weil das Licht der Sternoberflächen uns innerhalb der kurzen Zeit von einigen tausend Jahren noch nicht erreicht haben könnte. Dies setzt natürlich die Konstanz der Lichtgeschwindigkeit voraus, zu der in Kapitel 2 Stellung bezogen wurde. Der Bibel nach hat Gott nach Ablauf der sechs Tage die Schöpfung als „sehr gut" bezeichnet. Es wäre sehr merkwürdig, wenn der größte Teil dieser Schöpfung zu diesem Zeitpunkt für die ersten Menschen Fiktion, eher einer Kinoleinwand gleich, und nicht wirkliche Schöpfung gewesen sein soll. Aus dieser Überlegung folgt, dass ein solches Modell das Element der Täuschung vermeiden sollte. Wenn dies gelänge, kann man weiter fragen: Was hätten wir erreicht, wenn ein solches Modell beschrieben werden könnte? Wir hätten die Ergebnisse der wissenschaftlichen Kosmologie mit der Bibel zusammengebracht und ein größeres Modell der Wirklichkeit entwickelt. Obwohl Spekulation, wäre es dann auch nicht ausgeschlossen, dass aus einem solchen Modell Hinweise folgen, die wiederum zu nachprüfbaren Vorhersagen innerhalb des rein wissenschaftlichen Teils des Modells führen.

Die gedankliche Durchdringung der Ergebnisse wissenschaftlicher Kosmologie und ihrer Theorien ist für sich schon schwer genug. Der Versuch, eine Sechs-Tage-Schöpfung mit einzubeziehen, überschreitet die Grenze menschlicher Vorstellung. Und doch gibt es Bemühungen. Horst W. Beck hat in seinen sich dem sperrigen Zeitproblem widmenden Publikationen zumindest Gedankenexperimente skizziert, wie

Denkhilfen erschlossen werden können (Beck 2003, 2005). Demnach enthält die physikalische Feldtheorie, die Burkhard Heim, ein Physiker aus Göttingen, Mitte der 1980er-Jahre entwickelte, Ansätze in genau diese Richtung. Die Theorie ist äußerst unanschaulich: Sie geht von in *Planck-Elementarlängen* gequantelten Raumstrukturen aus, die in sechs Dimensionen statt der üblichen vier (drei räumliche, eine zeitliche) eingebettet sind. Die Zahl der Dimensionen dieser Struktur wurde später auf Schwindel erregende 12 Dimensionen erweitert (Dröscher & Heim 1996). Die Planck'sche Elementarlänge von $1{,}6 \cdot 10^{-35}$ m ist dabei die kürzestmögliche physikalisch sinnvoll bezeichenbare Distanz, das heißt: auf der die physikalischen Gesetze unterscheidbare Ergebnisse liefern. Wird eine solche gequantelte Länge als Teil der Raumstruktur aufgefasst, so ergeben sich aus ihrer Einbettung in weitere Dimensionen im Rahmen der Heim'schen Feldtheorie ganz neue Aspekte. Die Welt, die wir mit unseren Sinnen wahrnehmen, erscheint als Projektion von Vorgängen in höheren Dimensionen. Den zeitlichen Abläufen ergeht es ebenso. Die 15 Milliarden Jahre, die wir heute im Weltall durchmessen, könnte man in diesem Sinne als Projektion aus einer höheren Dimension ansehen, deren eigene Länge wesentlich geringer sein könnte,

Kasten 6.2: **Persönliche Position**

»Intellektuelle Errungenschaften haben spirituelle Bedürfnisse weder gestillt noch beseitigt.«

Wir, die Autoren dieses Buches, sind in gewissem Sinne keine objektiven Berichterstatter – falls es das in diesem interdisziplinären und sicher nicht weltbildneutralen Umfeld überhaupt gibt. Wir haben dieses Thema als engagierte Astrophysiker und überzeugte Christen dargelegt mit folgenden Prinzipien:

- Es sollten nicht altbekannte Allgemeinplätze, die bereits in den Medien allgegenwärtig sind, vertreten werden; das hat uns zu einer gewissen „Einseitigkeit" der Themendarstellung veranlasst.
- Gerade Mehrdeutigkeiten der Interpretation und alternative Deutungsversuche astronomischer Daten bildeten die Schwerpunkte unserer Darstellung.
- Wir versuchten die Tatsache herauszuarbeiten, dass es ein konsistentes kosmologisches Bild nicht gibt, und folgten gleichzeitig den uns heute verständlichen Spuren des Genesisberichts, um naturwissenschaftliche Daten interdisziplinär einzuordnen. „Spuren" deshalb, weil Gottes Schöpfungshandeln ein Geheimnis ist und bleibt, weshalb wir einen Deutungsrahmen brauchen.
- Wir sind deswegen nicht von der Möglichkeit einer lückenlosen Darstellung der wirklichen Abläufe überzeugt, sondern vermuten vielmehr, dass sich eine solche nicht erreichen lässt, und gehen allenfalls von einem gewissen „Lüften des Schleiers des Geheimnisses der Schöpfung" aus.

So wie in der Musik nicht ein einzelner Ton isoliert die eigentliche Wirkung ausmacht, sondern die Gesamtheit des Orchesters, so soll die rein naturwissenschaftliche Sicht in die Spannung dessen eingebettet werden, was vorher war und danach kommen wird. Die Bibel zeichnet uns mit dem Bericht über die Anfänge eine der umfassendsten Darstellungen der Geschichte des Universums und der (Heils-)Geschichte des in ihn eingebetteten Menschen.

Daraus ergeben sich grundsätzliche Positionen. Richtig ist, dass die Naturwissenschaftler sich z. B. im kosmologischen Kontext die Aufgabe gestellt haben, die Ursprünge des Universums ohne Eingriff von außen darzustellen. Dass dies nicht dem wirklichen Ablauf entsprechen muss, ist für uns selbstredend und aus grundsätzlichen Erwägungen naheliegend (z. B.: Wer oder was gab den Auslöser zur Kosmosentstehung? Woher kommt die Information für die einfachsten, aber auch die komplexesten Vorgänge und Strukturen? Woher kommt das Bewusstsein des Menschen? Woher kommen die Naturgesetze [warum sind sie konstant und offensichtlich kosmosweit gültig?], woher der Raum, woher die Materie etc.?)
Naturwissenschaft und Bibel stehen nicht im Widerspruch zueinander; sie sind nicht im Wett-

streit. Sie sind in der Weise einander zugeordnet, als es durch die Schöpfung überhaupt erst Naturgesetze gibt, die wir erforschen und für Erklärungen heranziehen können, was dann zu wahrer Erkenntnis führt.
Aber deshalb können Naturwissenschaftler auch nicht (mehr) den Anspruch erheben, Wahrheit zu suchen (auch wenn dies weitgehend suggeriert und oft so dargestellt wird). Sie verfolgen im Sinne der Kosmologie vielmehr das Ziel, eine mögliche Vergangenheit und Zukunft des Kosmos möglichst konsistent mit heute bekannten Gesetzmäßigkeiten und Daten zu beschreiben. Wer das „System Naturwissenschaft" aus diesem Blickwinkel sieht, kann vieles besser einordnen. Er weiß, dass sich deshalb Naturwissenschaft nur auf die „berechenbare" Seite der Schöpfung begrenzt – Kosmologen sind „nur" Innenarchitekten.

Deshalb werden nachstehend nochmals die beiden unterschiedlichen Positionen mit ihren Prinzipien zusammenfassend einander gegenübergestellt:

a) Naturwissenschaft kann nur mit Entwicklung umgehen

- Es gibt keine voraussetzungsfreie Wissenschaft.
- Naturwissenschaftliches Arbeiten setzt natürliche Abläufe und Entwicklungen voraus; dies ist Teil seiner Methode.
- Naturwissenschaftliches Arbeiten ermöglicht nicht die Darstellung des wahren Ursprungsgeschehens.
- Ziel naturwissenschaftlicher Forschung ist unter anderem (nur) die Schaffung eines konsistenten Modellrahmens, in dem möglichst alle Erscheinungen auf der Basis von Naturgesetzen „erklärt" werden und aus dem Voraussagen über zukünftige Ereignisse abgeleitet werden können.
- Sollte Naturwissenschaft je zu einer solchen geschlossenen Darstellung des gesamten Kosmosgeschehens kommen, so kann sie dafür keine Gewähr auf Richtigkeit geben, womit der wirkliche Ablauf offen bleiben muss. Sie kann nur Möglichkeiten unter bestimmten Randbedingungen aufzeigen.

Mit der Naturwissenschaft verbindet sich historisch der Anspruch, sie allein habe die Kompetenz, alles in der Welt in seinen Zusammenhängen zu erfassen und zu erklären. Wir stehen vor dem Postulat: Alles in der Welt einschließlich ihres Ursprungs und Werdegangs müsse ohne einen Gott erklärt werden und für nichts dürfe er und sein Tun als Erklärungsgrund in Anspruch genommen werden. Alles muss auf weltimmanente Gegebenheiten zurückgeführt werden. Auch die biologische Evolutionslehre fügt sich klassisch in dieses geistige Klima ein.

In den physikalischen Theorien ist sicher kein Platz für Gott vorgesehen, das wäre auch ein wenig eng für den, den aller Himmel Himmel nicht fassen können. Wenn wir also Schöpfung als Erklärung zulassen, dann muss/kann das grundsätzlich zu einer anderen Position führen, als eine ausschließlich naturimmanente Betrachtung nahelegt. Es sollte also nicht verwundern, wenn sich dies zum Beispiel bei der Einschätzung der Alter bzw. Abläufe äußern würde. Alles andere würde eine Manipulation nahelegen. Dennoch bleiben die astronomischen Beobachtungsdaten auch für das Schöpfungsverständnis richtig und eine wichtige Informationsquelle.

b) Schöpfung kann im Kontext naturwissenschaftlicher Altersbestimmungsmethoden zu Täuschungen führen, wenn heutige Abläufe zurückgerechnet werden

- Ein schöpfungsrelevanter Kurzzeitbegriff („Genesisalter") kann nicht immer im Kontext der naturwissenschaftlichen Altersbestimmung („Geschichtsalter") verwendet werden. Damit kann ein alt erscheinendes Objekt durchaus ein junges Genesisalter haben. In Anwendung dieser Erkenntnis sollte eine bunte Mischung aus jung und alt erscheinenden Phänomenen in unserem Kosmos nicht zu sehr überraschen. Im Kontext von Schöpfung kann unser Altersbegriff nur täuschen.
- Mögliche Statuswechsel in der Schöpfung verkomplizieren das Bild.

Wenn es hier im Kontext der Schöpfung um den Verdacht der Täuschung geht, so muss dazu vorweg eine Unterscheidung gemacht werden. Dazu soll das Beispiel des geschaffenen Adam dienen: Er war am Tag seiner Erschaffung sicher kein Baby. Damit täuschte seine Erscheinung ein Alter vor, weil wir Alter mit Entwicklung verbinden, die in diesem Falle nicht stattfand. Im Gegensatz dazu wäre es eine echte Täuschung, wenn Adam im trauten Familienkreis seinen Kindern Erinnerungen aus seiner Kindheit hätte erzählen können. Sicher kann darüber gestritten werden, ob Adam einen Nabel und der Baum des Lebens Baumringe hatte. Unser Beispiel würde das eher verneinen. Die Rede von einer anderen Physik in den Anfängen der Kosmosgeschichte ist keine Erfindung der Genesis oder der Autoren dieses Buches. Phasen- oder Statuswechsel werden öfter in naturwissenschaftlichen Diskussionen angeführt. So haben Ergebnisse des *Hubble* Ultra Deep Field View im September 2004 einige Fragen aufgeworfen und dazu geführt, dass Andrew Bunker von der Exeter University seinen Eindruck folgendermaßen formulierte: „Another possibility is that physics was very different in the early Universe; our understanding of the recipe stars obeyed when they formed is flawed" (aus BBC-News vom 23. Sept. 2004 „*Hubbles* deepest shot is a puzzle"). Der biblische Bericht über die Kosmosgeschichte legt solche Statuswechsel nahe, z. B. beim Sündenfall. Aus dem bereits Gesagten ergeben sich Konsequenzen:

c) Vorläufiges Fazit

- Naturwissenschaftliches Arbeiten ist ein rein innerweltlicher Prozess, der uns allenfalls auf die Spur der Schöpfung bringen kann.
- Alternative Modelle können aus der Sicht der Kosmologie nicht auf Kurz- oder Langzeitaspekte verkürzt werden.
- Schöpfung täuscht immer Geschichte vor, die nie stattgefunden hat, wenn man nur Entwicklung unterstellt.
- Naturwissenschaft gibt nicht die grundlegenden Antworten, sondern flankiert sie.
- Ursprungsforschung erfordert zur Orientierung das Element der Offenbarung.

zum Beispiel nur sechs Tage. Diesen Gedanken haftet ohne Zweifel Spekulation an und sie werden von den meisten Physikern als unverständlich oder als fehlerhaft abgelehnt.

Die Projektion eines mehrdimensionalen Geschehens in unseren Raum und in unsere Zeit erinnert ein wenig an den schon oben besprochenen möglichen Phasenübergang zur Zeit des Sündenfalls mit dem damit verbunden Verlust von Gottesbeziehung. Die Bibel stellt fest, dass die Wiederherstellung der Beziehung des Menschen zu seinem Schöpfer nicht vom Menschen geleistet werden kann, sondern Gott kommt mit Jesus in unsere begrenzte Welt, damit wir wieder Anschluss an Gottes Welt finden. Die Wiederherstellung des ursprünglichen Schöpfungszustandes könnte unsere Augen auch für ganz neue Zusammenhänge und Dimensionen öffnen, die wir jetzt nur schattenhaft wahrnehmen. Viele, die meisten unserer Fragen, werden wegen unserer Verhaftung in dieser unserer Welt so lange offen bleiben. Mit der wissenschaftlichen Erforschung unserer Welt versuchen wir, dieser Erkenntnisgrenze nahe zu kommen. Jeder Mensch vermag subjektiv für sich Teile einer größeren Wirklichkeit zu entdecken. Aber erst am Ende der Zeit, verspricht Jesus, *„werdet ihr mich nichts mehr fragen"*.

Eine diesbezügliche, persönliche Stellungnahme der Autoren ist in Kasten 6.2 ausgeführt.

Öffnung von der Enge der klassischen Physik hin zum neuen Naturbild. (AdobeStock)

»Mathematik ist kein Produkt der Materie, passt aber erstaunlicherweise genial zur ihrer Beschreibung. Sie gehört zur Grundausstattung unserer Welt.«
Norbert Pailer

ANHANG A

Für mathematisch-physikalisch Bewanderte:

Von der Physik des 2. Jahrhunderts zum neuen Naturbild

Gastbeitrag von Prof. Dr. rer. nat. (em.) Reinhard Helbing, University of Windsor, Ontario, Canada

QR-Code 1: Die Animation, wie sich eine kleine ebene Fläche an eine gekrümmte „Landschaft“ anschmiegt

I Geometrien

In der Schule lernt man, dass der volle Kreis 360° hat. Die Mathematiker fanden es einfacher, die Länge des Kreisbogens auf dem Einheitskreis (Radius = 1) als Einheit für Winkel zu benutzen, meistens ohne einen Namen. Manchmal wird der Name „Radian“ benutzt. Vom Punkt (+1,0) geht man gegen den Uhrzeigersinn um den Drehpunkt (0,0). Damit wird: π/2 = 90°, Punkt (0,+1), π = 180°, Punkt (-1,0) und 2π = 360°, (Vollkreis), und so weiter.

Euklidische Geometrie. Die intuitive Geometrie der flachen Erdscheibe ist die *Euklidische Geometrie*, die üblicherweise in allen Schulen gelehrt wird. Die Summe aller drei Innenwinkel eines Dreiecks ist immer 180°. Es ist die idealisierte Geometrie auf einer starren und flachen Ebene von unendlicher Ausdehnung. Die gerade Linie ist der kürzeste Abstand zwischen zwei Punkten. In dieser Geometrie gibt es nur eine parallele Gerade durch einen gegebenen Punkt außerhalb einer beliebig vorgegebenen Geraden. Die beiden Parallelen schneiden sich nie! Für lokale Karten ist die Euklidische Geometrie eine angemessene Näherung.

Seit der frühen Jugend leitet uns die tägliche Erfahrung zur Auffassung, dass die Erde eine „flache runde Scheibe“ sei, die uns umgibt. Doch bereits um 350 v. Chr. vermutete Aristoteles, die Erde sei kugelförmig. Eratosthenes von Cyrene, geboren 276 v. Chr., bestimmte den Erdradius mit erstaunlicher Genauigkeit. Am Tag der Sommersonnenwende sah er mittags, dass die Sonne in Syene keinen Schatten warf, wohl aber in Alexandria, 800 km weiter nördlich.

Die Kugelform der Erde hat praktische Konsequenzen: Je höher das Auge des Beobachters, desto größer die „Scheibe“, die man überblicken kann. Eine Person mit einer Augenhöhe von etwa 1,65 m sieht den Horizont in etwa 4,6 km Entfernung. Es hilft sehr viel, wenn man auf einen Baum klettert oder einen langen Hals hat wie eine Giraffe. Eine Burg auf einem Berg von 120 m über einer flachen Ebene erspäht ggf. Freund oder Feind bereits in 40 km Entfernung.[1]

Projektionsmethoden der Kartographen. Indem man flache Schiefer-Ziegel tangential an benachbarten Punkten einer gekrümmten Fläche anbringt, kann man etwa das zwiebelförmige Dach eines bayrischen Kirchturms voll decken und dadurch gegen Regen und Umwelt schützen (Bild 1). Ganz ähnlich gehen Kartographen mit kar-

[1] Die Gleichung $R_{Horizont} = 3.6\sqrt{h}$ schätzt den Horizontradius in Kilometern recht gut ab, wenn h (in Meter) die Augenhöhe über der flachen Umgebung ist.

Bild 1 Zwiebelturm in Rumeltshausen. Die Aufnahme zeigt sehr schön, wie man durch ebene Schieferpatten eine gekrümmte Fläche abdecken kann, auch wenn die Schieferplatten an ihren Rändern dennoch etwas von der gekrümmten Fläche abstehen. Je kleiner die Schieferplatten, desto besser schmiegen sie sich an die gekrümmte Oberfläche. (Wikimedia/GFreihalter CC BY-SA 3.0)

Bild 2 Die roten Gummibänder auf der Vase folgen der gekrümmten Oberfläche der Vase und sind gleichzeitig die kürzesten Verbindungen zwischen den Ecken des Dreiecks auf der Vasenoberfläche. Die um die Vase herumgelegten Streifen verdeutlichen die Geometrie der durchsichtigen Vase. (© R. Helbing)

tographischen Abbildungen vor. Je kleiner und zahlreicher die gedachten Ziegel, desto besser die Verflechtung der Einzelheiten von einem Ziegel zum nächsten Nachbarziegel. Der QR-Code 1 zeigt dazu eine Animation.

Tatsächlich ist die Erde nahezu eine Kugel, leicht abgeflacht an den Polen, und damit ein bisschen wie ein Ellipsoid. Angesichts dieser Erdgeometrie fanden die Kartographen, dass es nicht leicht war, großräumige und genaue Karten zu produzieren. Sie mussten sich deshalb für eine der vielen möglichen Projektionen entscheiden, um die gekrümmte Erdoberfläche in einer flachen Ebene darzustellen. Die Kartographen spielen daher akkurate Abstände gegen akkurate Winkel aus, um eine leicht verständliche und druckreife Darstellung zu finden. Alle Projektionen sind schließlich Kompromisse: Entweder stimmen in der Projektion die Abstände oder die Winkel, oder keines von beiden so ganz genau.

Heutzutage gibt es sehr gute Panorama-Multibild-Verflechtungsprogramme, mit denen man klare und druckreife Karten erstellen kann.[2] Sie sind routinemäßig in Gebrauch für Bilder vom Mond und Planeten, die aus einer Vielzahl von Einzelbildern zusammengetragen werden.

[2] Etwa *Microsoft Image Composite Editor*

Abstandsmessung auf gekrümmten Oberflächen. Der kürzeste „Schritt-für-Schritt"-Weg zwischen zwei Punkten wird Geodäte genannt.

Typen von gekrümmten Oberflächen: Ein flaches Papierblatt trägt Euklidische Geometrie, selbst wenn es verknittert ist oder zu einem Kegel oder Rohr gerollt wird. Ein auf ein solches Papierblatt vor dem Aufrollen gezeichnetes Dreieck hat auch nach dem Aufrollen noch die Winkelsumme 180° und damit eine flache Geometrie. Eine Eischale dagegen ist *konvex* auf der Außenseite, während die Innenseite *konkav* ist. Beide Seiten haben dieselbe *sphärische (oder elliptische) Geometrie*.

Die kürzeste Verbindung, die Geodäte zwischen Punkt A und B, findet man am besten mit einem Gummiband! Strecke das Band von Punkt A nach Punkt B in einer Weise, dass es immer die Oberfläche berührt und frei auf der Oberfläche

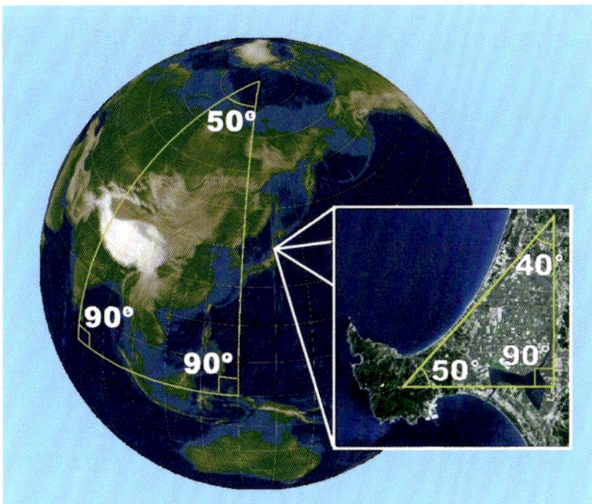

Bild 3 Lokal wie hier auf einer kleinen Landkarte beträgt die Summe der Innenwinkel im Dreieck stets 180°. Auf großen Skalen, bei denen die Krümmung der Erde eine Rolle spielt, gilt dies nicht mehr. Die Winkelsumme in dem sphärischen Dreieck links ist deutlich größer als 180°. (Wikimedia/Rohwedder, Sarregouset (CC BY-SA 3.0))

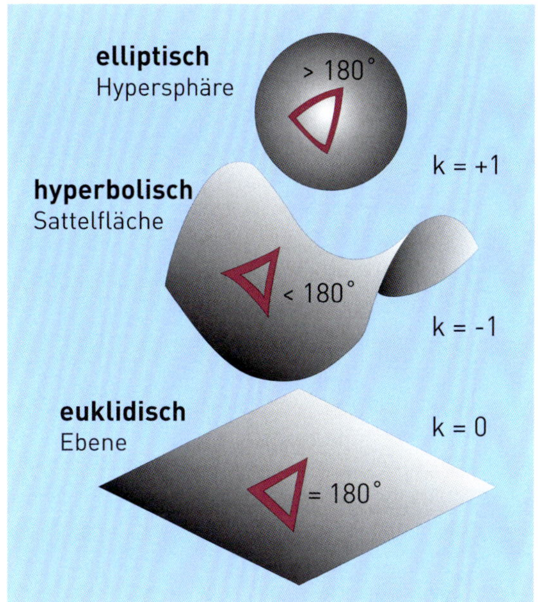

Bild 4 Die Winkelsumme von Dreiecken ändert sich je nach der Geometrie des Körpers, auf den sie gezeichnet werden. Auf einer Sattelfläche beträgt die Winkelsumme weniger als 180° und kann, je nach Ort und Größe des Dreiecks, verschiedene Werte annehmen. (Quelle: https://www.spektrum.de/astrowissen/lexdt_t04.html)

gleiten kann; s. Bild 2. Auf einer flachen oder konvexen Oberfläche gelingt das recht leicht, während es auf einer konkaven Fläche praktisch ziemlich unmöglich ist.

Der Geometrietyp kann sich von Region zu Region ändern, wie auch auf der Erdoberfläche. Jede Region kann von jeder Größe sein. Jeder Kieselstein und jedes Sandkorn hat seine spezielle Oberflächengeometrie. Eine konkave Fläche ist nicht immer zugänglich, wie etwa die Innenseite eines intakten Hühnereis. Wie die Erfahrung zeigt, kann man jedoch eine konkave Fläche in Gedanken auf der verborgenen konvexen Seite abtasten.

Nicht-Euklidische Geometrien: Sphärisch, hyperbolisch. In *sphärischer Geometrie* ist die Summe der Innenwinkel eines Dreiecks größer als 180°. Das Paradebeispiel ist die Geometrie auf der Erdoberfläche, wie sie in Bild 3 dargestellt ist. Starte am Nordpol der Erde, gehe immer nach Süden bis zum Äquator, drehe scharf rechts (90°) und gehe westlich durch 6 Zeitzonen, das ist 1/4 der Äquatorlänge. Drehe wieder scharf rechts (90°) und gehe nördlich bis zum Pol. Diese Reise beschreibt ein großes Dreieck. Die beiden Innenwinkel am Äquator sind zusammen bereits 180°, und der Innenwinkel zwischen der Startrichtung und der Rückkehrrichtung am Pol beträgt nochmal 90°. Die Innenwinkelsumme ist also 180° + 90° = 270°, eindeutig mehr als 180° in der Euklidischen Geometrie. Noch einfacher geht es, wenn man ein Dreieck auf ein gekochtes Ei malt!

Die Geodäte (kürzeste „Gerade") auf der Kugel ist damit der Großkreis, der Pfad mit der kleinsten Krümmung. Man sieht sofort, dass die Meridiane, also die Kreise, die durch die beiden gegenüberliegenden Pole gehen, Großkreise sind. Auch treffen sich alle Meridiane an den Polen. Man kann aber die Pole paarweise auf jeden beliebigen Punkt der Kugel verschieben. Daraus folgt, dass sphärische Geometrie überhaupt keine Parallelen kennt! Andere Beispiele für sphärische Körper sind: Bälle, Ballons, viele Früchte (Orangen, Wassermelone etc.).

Im Gegensatz dazu ist für *hyperbolische Geometrien*[3] die Innenwinkelsumme eines Dreiecks immer kleiner als 180°. Eine solche *Geometrie*

[3] https://de.wikipedia.org/wiki/Nichteuklidische_Geometrie und https://de.wikipedia.org/wiki/Hyperbolische_Geometrie

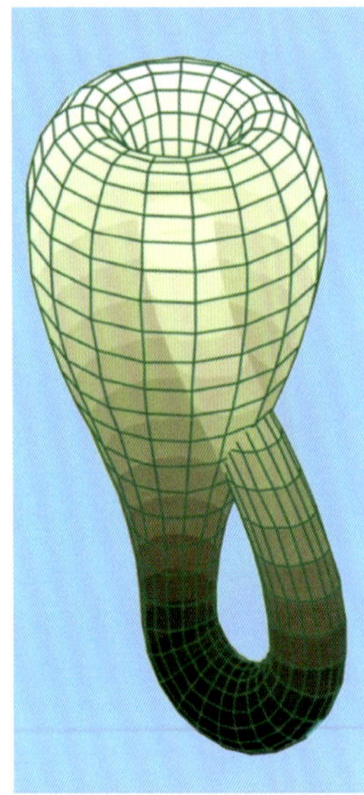

Bild 5 Die Klein'sche Flasche, benannt nach dem Mathematiker Felix Klein, hat weder Innen- noch Außenfläche. Dennoch kann man Wasser hineingießen. (Quelle: Wikimedia)

findet man auf einer Oberfläche, die einem Pferdesattel ähnelt (s. Bild 4 Mitte). Hier findet man eine konkave Richtung und eine konvexe Richtung zur gleichen Zeit. Die Richtung entlang des Pferderückens ist konkav, während die Beine des Reiters – zur Rückenlinie um 90° gedreht – in der konvexen Richtung liegen. Die Unterseite des Sattels zeigt diese Typen vertauscht, wie bei den Innen- und Außenseiten der Eierschale. Ein weiteres Beispiel ist der typische moderne Schalensitz im Auto. Betrachten wir wieder ein Dreieck: Markiere einen Punkt A in der Mitte ganz oben in der Nackengegend. Dann gehe senkrecht in der Mitte nach unten, solange die Rückgratkrümmung anhält. Markiere diesen Punkt als B. Gehe dann im rechten Winkel (90°) auswärts zum Rand des Sitzes und markiere den Punkt als C. Das gestreckte Gummiband zwischen A und C wird von den Seiten des Schalensitzes leicht nach innen gedrückt. Dadurch werden die Winkel an diesen Ecken verkleinert und die Innenwinkelsumme ist etwas kleiner als 180°.

Die hyperbolische Geometrie erlaubt unendlich viele Parallelen!

Weitere Beispiele für hyperbolische Geometrie: Sättel, der Hals einer klassischen Vase, die Rückenlehne eines „körpergerechten" Sitzes, Blätter gewisser Pflanzen (z. B. Aloe), der verschlankte Teil einer Birne, der Hals mancher Flaschen. Bild 5 zeigt die Klein'sche Flasche[4], die wie das Möbius-Band nur eine Oberfläche hat und nicht zwei wie normale Flaschen oder sonstige Körper wie etwa ein Tischtennisball.

Nicht-Euklidische Geometrien finden wir überall. Dabei ist nicht wesentlich, ob sie in einem anderen Raum eingebettet sind oder nicht. Der wichtige Punkt ist, dass jede Fläche ihre eigene und manchmal komplizierte Geometrie hat. Der kürzeste Abstand zwischen zwei Punkten ist immer wie oben definiert. Mathematiker haben sich darüber hinaus noch weitere nicht-Euklidische Geometrien ausgedacht, einige mit sehr ungewöhnlichen Methoden für die Abstandsmessung.

Auch im Universum kann man eine Vielfalt von komplizierten und verschlungenen Geometrien erwarten. Die Raumzeit etwa wird durch die Anwesenheit von schweren Massen zu solchen nichteuklidischen Geometrien verzerrt.[5]

II Spezielle Relativität

Um es einfach zu machen, arbeiten wir in orthogonalen (also rechtwinkligen) Koordinaten für die Raumkoordinaten (x,y,z) mit dem Nullpunkt **O** bei (0,0,0). Die Zeit in diesem System wird mit t bezeichnet. In ähnlicher Weise betrachten wir ein anderes System **O'** mit Koordinaten und Zeit durch einen Apostroph gekennzeichnet x',y',z',t'. Die Transformationsgleichungen beschreiben, wie sich die rechtwinkligen Raumkoordinaten x,y,z und Zeitkoordinate t transformieren, wenn ein Beobachter, der sich mit konstanter Geschwindigkeit v in der Richtung seiner x-Achse mit seiner raum-zeitlichen Position im System O = (x,y,z,t) bewegt, und ein anderer („ruhender") Beobachter in seinem System O' = (x',y',z',t') dieselben Ereignisse beobachtet.[6]

4 https://de.wikipedia.org/wiki/Kleinsche_Flasche

5 Ein Wurmloch als Abkürzung zwischen zwei sonst weit entfernten „Quadranten" des Universums könnte, wenn es je gefunden würde, rein von der Geometrie her verkraftet werden. Es müsste jedoch ein „Schwarzes Loch – Weißes-Loch-Paar" sein, zusammengeschweißt durch eine Singularität, welche die Umschaltung von „schwarz" nach „weiß" bewerkstelligt. Mehr im Artikel „Wurmloch", der von R. Helbing bezogen werden kann (rhelbQ@gmail.com).

6 Ohne Verlust der Allgemeingültigkeit wählen wir die

Als Reisender in einem Zug im bewegten System O' sieht man die vorbeiziehende Landschaft eingebettet in das ruhende System O. Dann findet man die folgenden Transformationsgleichungen:

Galileo-Newton (klassisch):

$x' = x - vt \qquad y' = y \qquad z' = z \qquad t' = t$,

mit den inversen Transformationen

$x = x' + vt \qquad y = y' \qquad z = z' \qquad t = t'$

Abstände in Raum und Zeit bleiben unverändert.

Für die Spezielle Relativitätstheorie findet man dagegen:

Lorentz-Einstein (Spezielle Relativität):

$$x' = \gamma(x - vt) \quad y' = y \quad z' = z \quad t' = \gamma(t - vx/c^2)$$

$$\text{mit } \gamma = 1/\sqrt{1 - \left(\frac{v}{c}\right)^2} \geq 1$$

Die inversen Transformationen lauten

$$x = \gamma(x' + vt') \quad y = y' \quad z = z' \quad t = \gamma(t' + vx'/c^2).$$

Während in der Galilei-Newton-Transformation die Zeit fein säuberlich vom Raum getrennt ist, erzwang Einsteins Spezielle Relativitätstheorie (SRT) die Erkenntnis, dass in Wirklichkeit der reguläre drei-dimensionale (orthonormale) Raum der Klassischen Physik (x,y,z) mit der eindimensionalen Zeit t zu einem vier-dimensionalen Kontinuum kombiniert wird. In anderen Worten, die Zeit ist nicht mehr der unschuldige Zuschauer und einfache Ordnungsparameter. Stattdessen ist die Zeit t' nun auch abhängig von x, wie die vierte Gleichung zeigt. Das heißt, dass die t'-Achse zwar immer noch in derselben Ebene liegt wie die zwei „alten" x- und t-Achsen, aber nun um einen gewissen Winkel zur alten t-Achse gekippt ist, wie dies in Bild 6 gezeigt ist.

x-Achse als die Richtung des Vektors v für die Geschwindigkeit. Das Vertauschen des ruhenden und des bewegten Beobachters bedeutet nur eine Änderung von *v* in -*v* und das Vertauschen der Apostrophen. Ebenso ist es kein Verlust der Allgemeingültigkeit anzunehmen, dass System O der ruhende Beobachter ist und der Beobachter in Bewegung ist O'.

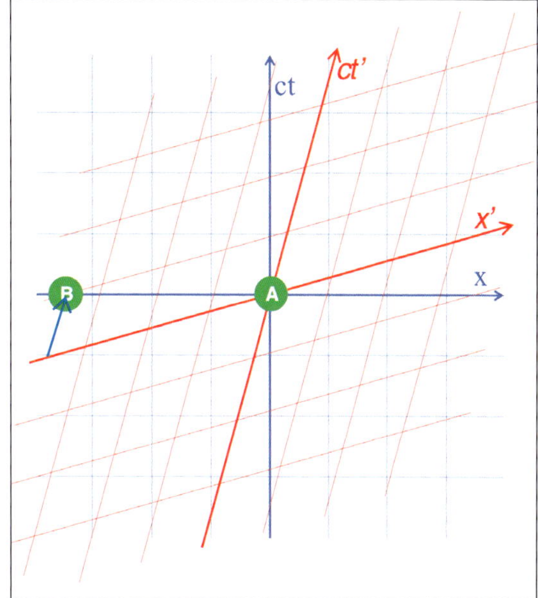

Bild 6 Das blaue Achsenkreuz zeigt nach rechts und links eine Raumrichtung und nach oben die Zeitrichtung als Lichtsekunden, was ähnlich dem Lichtjahr eine Entfernung markiert. Zwei Ereignisse A und B befinden sich an verschiedenen Orten, finden jedoch gleichzeitig statt, da für beide ct = 0 gilt. Im roten, bewegten Koordinatennetz ist die Raumachse x' nach oben geneigt und die Zeitachse ct' nach rechts. Je höher dessen Geschwindigkeit, desto stärker ist die Neigung. Dadurch erhält die Raumrichtung x' Zeitanteile aus ct und die Zeitachse ct' Raumanteile aus x. Raum und Zeit vermischen sich. Außerdem finden im roten Koordinatennetz A und B nicht mehr gleichzeitig statt, denn A und B liegen nicht mehr auf einer roten Linie parallel zu x'. Ein dünner blauer Pfeil von der x'-Achse nach B zeigt die Abweichung in Richtung ct'. Ereignis B findet im bewegten Koordinatennetz später statt als A.

Wie es sein sollte, sehen die inversen Transformationsgleichungen genauso aus wie die ursprünglichen. Die Apostrophen wechseln über und die Geschwindigkeit ***v*** wechselt das Vorzeichen und wird zum -***v***.

Ein räumlicher Abstand Δx, gemessen in Richtung der Bewegung ***v*** (x-Richtung), erscheint dem bewegten Beobachter als verkürzt gemäß

$$\Delta x = \Delta x'/\gamma .$$

Dabei sieht der bewegte Beobachter eine Strecke Δx', die in seinem bewegten System ruht, unverändert, die Strecke Δx im ruhenden System dagegen sieht er um den Faktor 1/γ verkürzt.

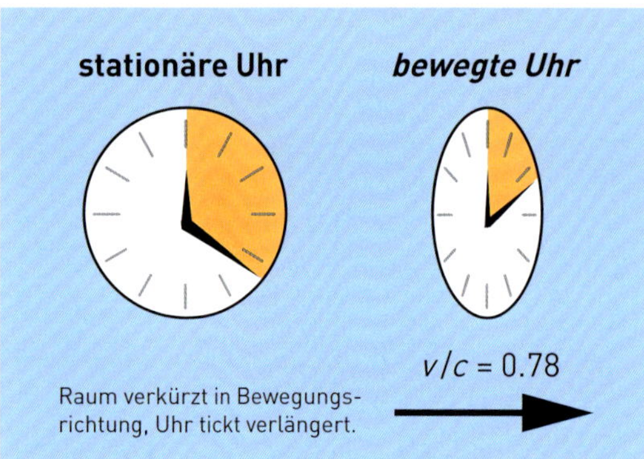

Bild 7 Ein bewegter Beobachter sieht die Uhr an seiner Wand ganz normal ticken (links). Die Uhr, an der er mit hoher Geschwindigkeit vorbeifliegt, erscheint dagegen in Bewegungsrichtung kürzer und außerdem scheint die Uhr nachzugehen (rechts).

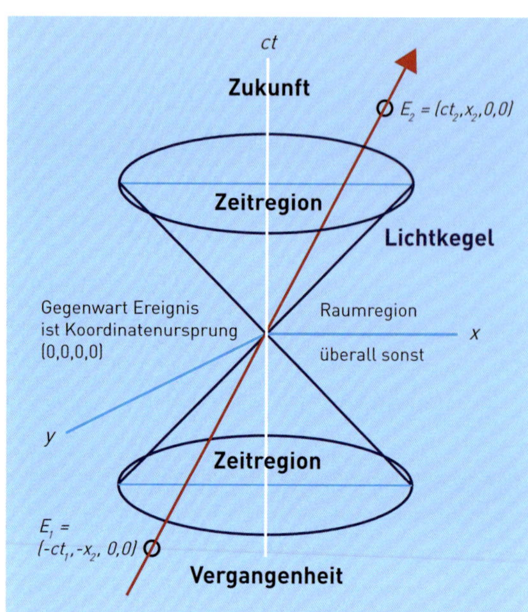

Bild 8 Die Lichtgeschwindigkeit als maximal mögliche Geschwindigkeit begrenzt den möglichen Weg etwa in x-Richtung, der nach einer Zeit t (nach oben aufgetragen) zurückgelegt werden kann. Diese Grenze wird durch die Steigung der roten Linien angedeutet: $1/c = \Delta t/\Delta x$. Überlichtgeschwindigkeit ergibt eine flachere Linie, Unterlichtgeschwindigkeit eine steilere. Innerhalb des dunkelblauen Lichtkegels liegen damit alle Ereignisse, über die wir jemals Informationen mit maximal Lichtgeschwindigkeit erhalten können.

Bei der Zeit ist es umgekehrt. Ein Zeitintervall wird um $\Delta t = \gamma\, \Delta t'$ verlängert.

Bild 7 illustriert nicht nur die Raumkontraktion in der Richtung der Bewegung des beobachteten Uhrenziffernblatts, sondern auch die Zeitdehnung: Während die ruhende Uhr eine Zeitspanne von etwa 21 Minuten zeigt, sind es nur etwa 12 Minuten auf der bewegten Uhr.

In den beiden Dimensionen orthogonal zur Bewegung bleiben die Abstände unverändert i.e.

$$\Delta y = \Delta y' \quad \text{und} \quad \Delta z = \Delta z'.$$

Grafische Darstellungen in mehr als drei Dimensionen sind dem menschlichen Gehirn fremd. Deshalb wird die z-Achse oft weggelassen. Wir machen es hier in Bild 8 genauso. Somit sind x und y Repräsentanten der zwei räumlichen Koordinaten und die Zeit t ist die dritte Grafikdimension, alle orthogonal und damit rechtwinklig zueinander. In diesen drei (für die Darstellung) oder vier (für die Wirklichkeit) Koordinaten bildet jedes Ereignis entlang der Zeit eine Weltlinie. Für jedes Startereignis auf dieser Weltlinie liegen alle möglichen Nachrichten und Wechselwirkungen innerhalb eines in die Zukunft geöffneten Kegels, dem *Lichtkegel*. Der Öffnungswinkel dieses Lichtkegels wird durch die Ausbreitung der Information in den Raum mit maximaler Geschwindigkeit, also der Lichtgeschwindigkeit c in jeder räumlichen Richtung, bestimmt. Die gesamte Zukunft für das Startereignis findet daher innerhalb dieses so gebildeten Kegels statt.

Spezielle Relativität und Rosinenbrot. Das menschliche Gehirn hat Schwierigkeiten, mehr als drei Dimensionen grafisch zu verarbeiten. Deshalb werden wir die dritte Raumdimension z zur Seite setzen und stattdessen als generelle Zeitachse benutzen. Damit verbleiben wir mit zwei räumlichen Dimensionen x und y. (Denken wir daran, dass x und x' die Richtungen sind, in denen sich die beiden reziproken Beobachter in entgegengesetzten Richtungen bewegen.) Das Schneidebrett ist gleichzeitig die (x,t)-Ebene und die (x´,t´)-Ebene. Der Scheibenschnitt geschieht senkrecht zur jeweiligen Zeitachse. Die y-Achse steht wie eine Kerze senkrecht auf dem Schneidebrett, die z-Achse wurde ganz weggelassen, um unser Gehirn zu entlasten. Bild 9 links zeigt eine solche Situation.

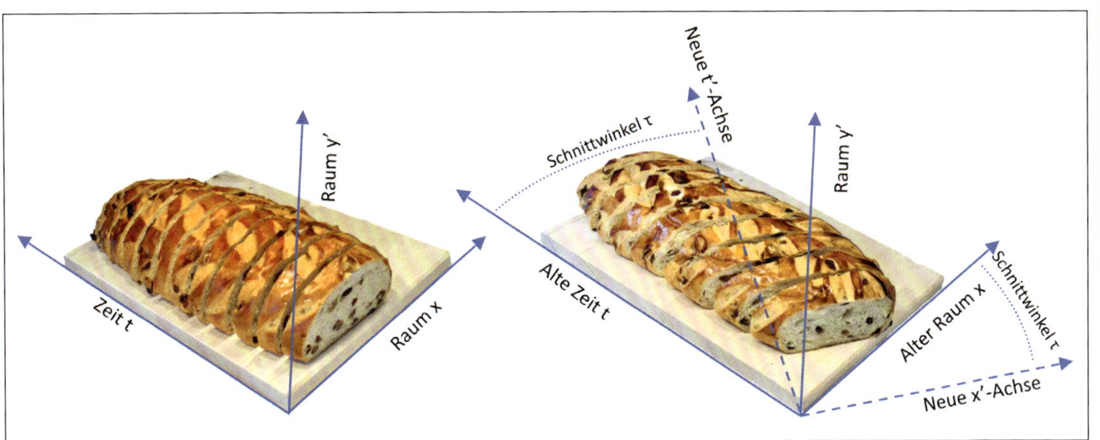

Bild 9 Die Rosinen in einem Rosinenbrot kann man sich als Folge von Ereignissen in Raum und Zeit vorstellen. Dabei lassen wir eine Raumachse weg und beschränken uns auf nur zwei Raumachsen x und y und die Zeitachse t. Im Bild links ist das Rosinenbrot senkrecht zur Zeitachse t geschnitten. Alle Rosinen in einer Scheibe stellen Ereignisse (Rosinen) dar, die gleichzeitig stattfinden. Für einen in x-Richtung bewegten Beobachter im Bild rechts sind Raum- und Zeitachse gekippt (t',x'). Das Rosinenbrot liegt noch genau wie vorher parallel zur x-Achse, wird aber nun senkrecht zur neuen Zeitachse t' geschnitten. Da das Rosinenbrot schräg geschnitten wird, enthält jede Scheibe nun andere Rosinenereignisse, die gleichzeitig stattfinden, als im linken Bild. © Krabbe

Jede eingebackene Rosine in den Rosinenbroten soll ein physikalisches Ereignis darstellen. Wir nehmen dann die Längsachse des Rosinenbrots als Zeitachse t und schneiden es in der üblichen Weise in Scheiben. Nun können wir jede beliebige Scheibe herausnehmen und sehen dann die Rosinen als Ereignisse im (x,y)-Raum zur Zeit t.

Wenn wir nun zum bewegten System übergehen, dann ist die „neue" t'-Zeitachse gegenüber der „alten" t-Achse gekippt, wie wir bereits bemerkten, und zwar um den Winkel τ gemäß der Formel[7]: $\tan \tau = \gamma \cdot v/c$.

Wenn man nun ein weiteres identisches Rosinenbrot im Schrägschnitt mit dem Kippwinkel τ schneidet, so findet man Rosinen, die durch den Schrägschnitt erfasst werden, während sich andere benachbarte Rosinen nun in der nächsten oder vorherigen Scheibe zeigen.

Das erklärt, warum in der Speziellen Relativitätstheorie die Gleichzeitigkeit zweier unabhängiger Ereignisse verloren geht. Ein kontinuierlicher Prozess ist dagegen wie eine eingebackene Wurst, die ihre eigene „Weltlinie" im vier-dimensionalen Raum hat. Kausalität bleibt also für Ereignisse erhalten, die voneinander abhängen, und Ereignisfolgen bleiben ebenso erhalten.

Diese einfache Demonstration zeigt nur den relativistischen Kippwinkel-Effekt der Zeitachse. Es zeigt nicht die Effekte, die durch den Faktor γ ins Spiel kommen: Die Verkürzung der Abstände in der Richtung der Bewegung und Zeitdilatation. Der γ-Faktor hat seinen Ursprung in der Konstanz der Lichtgeschwindigkeit für beide Beobachter.

Diese Effekte der Relativitätstheorie treten überall auf, wo es um hohe Geschwindigkeiten geht, bei kosmischer Strahlung genauso wie bei Raumfahrtmissionen. Sie erklären ebenso, warum Supernovae bei hohen gemessenen Fluchtgeschwindigkeiten (hohen Rotverschiebungen) scheinbar langsamer explodieren.

III Grundlagen der Quantentheorie

Quantisierung und Unbestimmtheit. Die Revolution geschah in den frühen Jahrzehnten des 20. Jahrhundert, also vor etwas mehr als einhundert Jahren. Max Planck[8] fand, dass der kleinste Energiebetrag E, der von Licht der Frequenz f elektromagnetisch ausgestrahlt werden kann, den Wert

7 Für eine Herleitung sei auf Physikbücher verwiesen.

8 Max Planck, deutscher Physiker, Nobelpreis für Physik 1918

$$E = h \cdot f$$

hat, wobei h eine Konstante ist (Plancks Konstante).

In gewisser Weise kann Plancks Konstante h als der „Penny des Universums" bezeichnet werden. Jedes Land hat eine kleinste Geldeinheit für geschäftliche Transaktionen. Die klassische Physik dachte nicht an solch einen kleinen „Penny". Die sonst so erfolgreichen Werkzeuge der Differentialrechnung erlaubten den Glauben an infinitesimale Schritte für alle Prozesse. Jedoch erlaubte Plancks Entdeckung, die die Quantentheorie begründete, eine solche Sichtweise nicht mehr. Durch die Quantisierung der Photonen als Energiepakete wird jedes fotografische Bild eine Ansammlung von vielen einzelnen Photoneneinschlägen. Das Doppelspaltexperiment im Wellentank im typischen Schulunterricht zeigt die Wirkung von konstruktiver und destruktiver Welleninterferenz. Wenn man ein ganz ähnliches Experiment mit Photonen und einem Doppelspalt durchführt, erhält man ebenso konstruktive und destruktive Welleninterferenz. Wenn man nun jedoch die Stärke der Lichtquelle soweit herunterdreht, dass nur noch einzelne Photonen nacheinander fliegen, sieht man, dass sich das Interferenzbild aus einzelnen Lichtblitzen aufbaut. Dies ist in QR-Code 2 als Video gezeigt. In diesem langsamen Aufbau des Bildes mit einzelnen Photonen zeigt sich die Quantisierung des Lichtes besonders schön.

QR-Code 2: Dieses schöne Video zeigt, wie in einem Doppelspaltexperiment einzelne Photonen das Beugungsbild als Streifenmuster aufbauen.

Eine weitere Abweichung von der klassischen Sichtweise ist in der Heisenberg'schen Unschärferelation formuliert[9], üblicherweise als

$$\Delta p \cdot \Delta x \geq h/2.$$

Die Größe Δp ist die Unbestimmtheit (Unsicherheit in der Bestimmung) des linearen Impulses und Δx ist die Unbestimmtheit (Unsicherheit in der Bestimmung) der Position x für einen Körper. Am einfachsten ist die Vorstellung, dass ein Ballon mit einer festgelegten Wasserfüllung in einem Loch in einer Wand steckt, sodass der Ballon auf beiden Seiten etwa die Hälfte des Wassers zeigt; s. Bild 10. Wenn man den Ballon auf der einen Seite zusammendrückt und verkleinert, schwillt die andere Ballonseite entsprechend an. Man kann also nie beide Seiten verkleinern. Das heißt, dass man nie beide Messwerte beliebig genau und gleichzeitig bestimmen kann. Genau genommen kann auf die oft gestellte Frage „Wo bist du jetzt genau und wie schnell fährst du jetzt genau?" in dieser Form keine sinnvolle Antwort mehr gegeben werden!

Jedoch ist es die Quantisierung, die den Unterschied zwischen „Sein oder Nicht-Sein" macht. Entweder man gibt den Penny aus oder nicht! Ob dieser Penny ausgeben wird oder nicht, ist jedoch nicht vorhersagbar, und damit sind wir bei einer dritten Abweichung von dem klassischen Verhalten. Man kann nur eine statistische Wahrscheinlichkeit[10] dafür angeben, ob der Penny ausgegeben wird oder nicht. Einstein mochte ein solches Verhalten gar nicht akzeptieren und soll „Gott würfelt nicht!" gesagt haben. Er konnte sich lange nicht von der klassischen Idee von totaler Kontrolle lösen. Obwohl der „Penny" so extrem klein ist, so hat er doch eine – wenn auch noch so extrem kleine – Körnigkeit in der Natur aufgezeigt, eben das, was der Begriff „Quantisierung" meint.

Das Experiment zur Messung der Planck-Konstanten ist recht einfach durchzuführen. Heute ist es Standard an vielen Universitäten und Schulen. Ich erinnere mich gut daran, wie wir die ersten 2½ signifikanten Stellen bestimmten. In internationalen SI-Einheiten (Meter, Kilogramm, Sekunde etc.) ist der aktuelle Wert von $h = 6{,}6260693 \times 10^{-34}$ Js, also mit 33 führenden Nullen hinter dem Komma.

In den Gesetzen der Quantisierung der Natur und in ihrer Unbestimmtheit liegt möglicherweise die Grundlage für unseren freien Willen,

9 Werner Heisenberg, deutscher Physiker, Nobelpreis für Physik 1932

10 Max Born, deutscher Physiker, Nobelpreis für Physik 1954 hat die statistischen Wahrscheinlichkeiten in die Quantentheorie eingeführt.

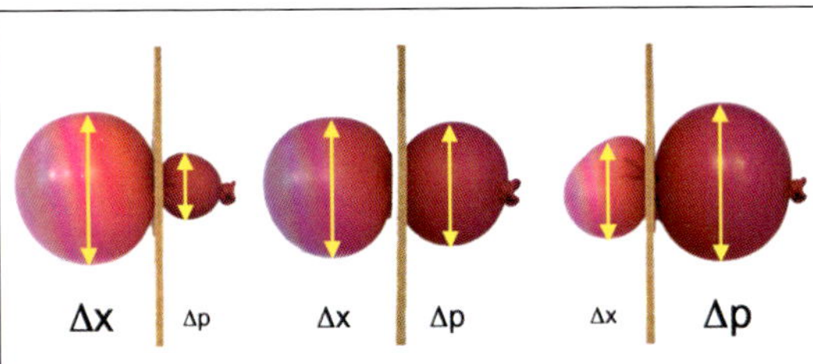

Bild 10 Ein Ballon wird durch ein Loch gesteckt und etwas mit Wasser gefüllt. Die linke Seite soll die Unsicherheit in der Ortsbestimmung eines Teilchens Δx darstellen, die rechte Seite die Unsicherheit in der Bestimmung der Geschwindigkeit oder des Impulses Δp. Genau wie man nicht gleichzeitig beide Seiten des Ballons zusammendrücken kann, kann man auch nicht gleichzeitig die Fehler der Orts- und der Geschwindigkeitsbestimmung beliebig klein machen. Macht man einen kleinen Fehler Δp in der Impulsbestimmung, so wird der Fehler für den Ort Δx umso größer (Bild links). Wird die Ortsbestimmung Δx genauer, so vergrößert sich die Unsicherheit bei der Bestimmung der Geschwindigkeit zwangsläufig (Bild rechts). © Krabbe

statt eines, gemäß klassischer Anschauung, notwendigen völlig vorprogrammierten Roboters. Dies bedarf keiner weiteren philosophischen Diskussion. Es ist einfach das Universum, in dem wir leben! Ob wir das mögen oder nicht!

Wie wäre es wohl in einer Welt mit denselben physikalischen Gesetzen, aber mit einer kleinen Lichtgeschwindigkeit c und einer großen Planck-Konstanten? Dann würden wir die Welt in einer völlig anderen Weise erfahren. Das Buch „Mr. Tompkins in Wonderland" beschreibt eine solche Welt, und es ist eine spannende Lektüre.[11]

Das Pauli-Verbot.[12] Die Quantenwelt hat noch weitere unerwartete Tricks parat, etwa das Pauli-Verbot. Betrachten wir ein System von vielen identischen Teilchen, etwa Elektronen, so ist die Gesamtwellenfunktion des Systems die Überlagerung aller einzelnen Wellenfunktionen. Jede Wellenfunktion beschreibt das mögliche Verhalten eines Elektrons vollständig; die Gesamtwellenfunktion all dieser Wellenfunktionen beschreibt das System komplett. Wenn nun zwei Teilchen in diesem System vertauscht werden, so ändert sich das System überhaupt nicht, da die Teilchen ja ununterscheidbar sind. Dennoch erzwingt diese Vertauschung eine neue Randbedingung für die Wellenfunktion und hat gewisse Konsequenzen.

Planeten, die um die Sonne kreisen, haben einen Bahndrehimpuls (einen Schwung) der Größe: $L = m \cdot v \cdot r$. Dabei ist m die Masse des Planeten, v seine Geschwindigkeit und r sein Abstand von der Sonne. Daneben haben Planeten auch noch einen Drehimpuls aufgrund ihrer Eigenrotation, die bei der Erde etwa 24 Stunden dauert: $S = 2/5\, m \cdot v \cdot r$. Wieder ist m die Masse des Planeten, jedoch bezeichnet nun v die Drehgeschwindigkeit am Äquator (40.000 km / 24 h) und r den Radius des Planeten.

So ähnlich ist es auch bei Atomen, genauer bei Elektronen in der Nähe von Atomkernen. Der gesamte Drehimpuls eines Elektrons besteht aus dem räumlichen Drehimpuls im regulären Raum x,y,z (wie ein Karussell) plus dem eigenen Drehimpuls des Elektrons. Der Eigendrehimpuls von Elementarteilchen heißt Spin. Der quantenmechanische Spin des Elektrons beträgt in quantenmechanischen Einheiten $s = {}^1/_2\, h$. Er findet in dem uns unzugänglichen Spin-Raum statt, angenäht am „Tuch" des regulären Raums wie an einem eleganten Paillettenkleid, aber doch grundverschieden.

QR-Code 3: Die überraschenden Eigenschaften eines Möbius-Bandes werden in diesem Video erläutert.

Im normalen dreidimensionalen Raum dreht sich ein Karussell nach einer Drehung um den Winkel 2π (360°) wieder in die gleiche Position. Im Gegensatz dazu ist im Spin-Raum eine Drehung um 4π (720°) nötig, wie auf einem Möbius Band (s. QR-Code 3). Wie ein Schlüsselring, wo man einen zweiten Vollkreis machen muss, um einen Schlüssel wieder abzunehmen. Das erklärt auch, warum dieser Raum für uns unzugänglich ist.

Und wir, wie flügellose Käfer an der zweidimensionalen Wand eines drei-dimensionalen Zimmers mit einer Lichtquelle im Zentrum, können nur die Schatten sehen, verursacht durch die

[11] https://de.wikipedia.org/wiki/Mr._Tompkins
englisch: https://en.wikipedia.org/wiki/Mr_Tompkins

[12] https://de.wikipedia.org/wiki/Pauli-Prinzip

Bild 11 Teilchen, die der Fermi-Dirac-Statistik gehorchen, sitzen am liebsten jeder in seinem eigenen Sitz (obere Reihe). Teilchen, die der Bose-Einstein-Statistik folgen, sind geselliger und wollen alle möglichst eng beieinander auf einem Sessel sitzen (untere Reihe).

Ereignisse im erleuchteten Zimmer. Einfach gesagt, erfahren wir die Schatten des Spin-Raumes als Zeit. Aber dies ist wieder ein anderes Thema.[13]

Außerdem trägt das Elektron noch die negative elektrische Elementarladung

$$e = -1.60217652 \cdot 10^{-19}\ \text{C}.$$

Die Spins von Elektronen können sich zueinander paarweise parallel oder antiparallel ausrichten und wie Personen je einen Quantensitz im regulären Raum in unserer normalen Gesellschaft besetzen, also je eine Person pro freiem Stuhl.

Am Ende führt dies zu den folgenden drei quantenmechanischen Verhaltensmustern (oder Statistiken, wie die Physiker sagen):

1. Wenn der Spin halbzahlig ist (wie bei Elektronen), dann kann jeder Quantensitz nur von einem Teilchen besetzt werden. Das identische Teilchen muss einen noch unbesetzten Quantensitz mit möglichst niedriger Energie E finden. Wenn einmal besetzt, ist der Sitz nicht mehr zugänglich für ein neues identisches Teilchen. Das ist wie in einem Kino, wo die Rücksitze einer Preisklasse zuerst belegt werden und auf jedem Platz nur eine Person sitzt (s. Bild 11 oben). Dies ist die **Fermi**[14]**-Statistik**.
2. Wenn der Spin ganzzahlig ist (wie bei Photonen), dann haben die identischen Teilchen kein Problem, alle in einem Quantensitz unterzubringen. Dies ist die **Bose**[15]**-Statistik**. Mit diesem Verhalten wollen solche Teilchen im Kino alle auf einem Platz sitzen, was ein ziemliches Gedränge zur Folge hat, aber auch die Superposition von Wellenfeldern ermöglicht (s. Bild 11 unten).
3. Die klassische **Boltzmann**[16]**-Statistik** ist die Theorie normaler Gase. Die Fermi- wie auch Bose-Statistik nähern sich der **Boltzmann-Statistik** für hohe Temperaturen oder niedrige Dichte an.

Fermionen – wie Elektronen in der Atomhülle – gehorchen daher dem Pauli-Verbot (nur ein Elektron auf einem möglichen Platz). Dadurch wird die Zahl der Elektronen in den Atomhüllen extrem begrenzt und auch deren Möglichkeiten, zwischen den Plätzen unterschiedlicher Energie hin- und herzuspringen und auf diese Weise Spektrallinien auszusenden. Die gesamte Tabelle der chemischen Elemente ist das Resultat dieser Regeln. Ohne Quantisierung und das Pauli-Verbot wären Atome und Moleküle gar nicht stabil; auf jeden Fall würden unsere Spektren, mit denen wir Sterne, Gase und Staub im Weltraum analysieren, völlig anders aussehen. Auch unsere Elemente wie Sauerstoff und Kohlenstoff könnten ohne das Pauli-Verbot nicht in dieser Form existieren.

IV Wellen

Früher dachte man, dass jede Welle ein Trägermedium benötigt. Das einfachste Experiment zeigt dies: Eine klingende Glocke unter einer gläsernen evakuierten Haube kann man sehen, aber nicht hören. Der einst vorgeschlagene reibungsfreie und alles durchdringende Äther als Träger für Lichtwellen löste sich allerdings als eine Fiktion auf. Das Vakuum

[13] Dies wird genauer in dem Artikel „Gedanken bezüglich der Energieskala in beiden Zweigen der Dispersionsrelation" ausgeführt, das vom Autor über rhelbQ@gmail.com erhältlich ist und sich für mathematisch-physikalisch Bewanderte (Gymnasium oder Fachhochschule) eignet.

[14] Enrico Fermi, italienischer Physiker, Nobelpreis für Physik 1938. https://en.wikipedia.org/wiki/Fermi-Dirac_statistics#Fermi-Dirac_distribution

[15] https://en.wikipedia.org/wiki/Satyendra_Nath_Bose, indischer Physiker

[16] https://en.wikipedia.org/wiki/Ludwig_Boltzmann, österreichischer Physiker

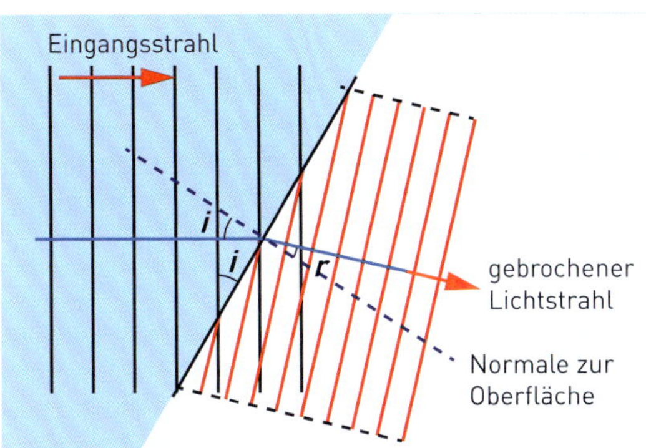

Bild 12 Die Beugung einer Welle an einer Grenzfläche, etwa Luft-Wasser. Im Wasser ist die Lichtgeschwindigkeit sehr viel geringer als in Luft, weshalb die Wellenberge näher zusammenrücken. Die Geschwindigkeitsänderung ist auch die Ursache für die Richtungsänderung der Wellenfront.

erwies sich als genug für die Ausbreitung elektromagnetischer Strahlung. Das Licht der Sonne und der Sterne durchdringt den luftleeren Raum, und wir alle sehen die Sonne und die Sterne am Himmel.

Jede Welle ist durch ihre Frequenz f und Wellenläge λ, die Richtung der Ausbreitung und die Phasengeschwindigkeit ***v*** bestimmt. Dann gilt

$f = v/\lambda$ und in einem optischen Medium

$$f = (v/n) / (\lambda/n) = v_n / \lambda_n .$$

Die Welle breitet sich im freien Raum oder auch in einem optischen Medium mit einem Brechungsindex n aus. Die Phasengeschwindigkeit v wie auch die Wellenlänge λ ändern sich von Medium zu Medium, aber die Frequenz bleibt erhalten. Für Licht in Vakuum ist $v = c$ und es wird als primäres Referenzmedium benutzt. Somit ist in einem Medium der Brechungsindex als $n = c/v_n$ definiert (Bild 12).

Lichtstrahlen/Trajektorien oder Wellenfronten sind nichts weiter als zwei komplementäre Bilder desselben Strahlungs- oder Wellenfeldes, wobei die Strahlen und Wellenfronten immer senkrecht zueinanderstehen.

Die allgemeine Gleichung für eine Welle ψ, die sich in Richtung x ausbreitet, lautet

$$\psi(x,t) = \sin(2\pi\cdot(x/\lambda - f\cdot t) + \phi), \text{ also}$$

$$\psi(x,t) = \sin(\mathbf{k}\cdot\mathbf{x} - \omega\cdot t + \phi).$$

Die Größe x ist der räumliche Abstand entlang des Strahles von dessen Ursprung, f ist die Frequenz des Lichtstrahls. Die willkürliche Konstante ϕ ist ein Phasenwinkel, der Anfangs- oder Randbedingungen bestimmt. Ein Wert von $\pi/2$ oder 90° verwandelt die Sinusfunktion in den Kosinus. Demnach wird eine räumliche Wellenausbreitung in einem Medium durch die Richtung ihres Wellenvektors **k** mit der Länge $2\pi/\lambda$ beschrieben. Dem gegenüber wird die Ausbreitung in der Zeit durch den zweiten Summanden mit der Frequenz f beschrieben. Anstelle der Frequenz f wird in der Regel die Größe $\omega = 2\pi f$ benutzt. [17]

Wellenfelder haben das Superpositionsprinzip eingebaut, was bedeutet, dass Wellen beliebig überlagert werden können und damit auch Wellengleichungen beliebig (allerdings phasengenau) addiert werden können. Dies erleichtert den Gebrauch der komplexen Notation erheblich.

Das Superpositionsprinzip erlaubt uns ein Konzert mit vielen Stimmen und Instrumenten voll zu genießen. Anderenfalls würden sich die Orgelpfeifen hintereinander verstecken und wären nicht hörbar, ähnlich wie ein sibirischer Tiger

Bild 13 Abbildung eines alten Flussdeltas im Jezero-Krater auf dem Mars, bei dem die künstlich eingebrachte Farblichkeit die Unterschiede in einem nichtsichtbaren Bereich des elektromagnetischen Spektrums darstellt. (© NASA)

[17] k und x sind fett gedruckt, um anzudeuten, dass es sich bei diesen Größen um Vektoren handelt. Der Punkt zwischen ihnen zeigt, dass hier ein Skalarprodukt zu bilden ist. Das Ergebnis des Produktes ist eine einfache Zahl.

im dichten Wald hinter den Bäumen versteckt bleibt. Wir würden Farben nicht so sehen, wie wir es tun. Zwar sind manche Leute und Tiere partiell farbblind und das sichtbare Spektrum ist sowieso sehr klein. Wir sehen weder Infrarot noch Ultraviolett. Doch das volle Spektrum existiert und enthüllt so manches. Also seien wir dankbar für Wellenfelder! Gerade die Astronomie baut fast ausschließlich auf den in den Wellenfeldern enthaltenen Informationen auf. Bild 13 illustriert dies anhand eines künstlich eingefärbten Bildes eines alten Flussdeltas im Jezero-Krater auf dem Mars, womit man geologische Zusatzinformationen hervorhebt.

V Persönlicher Kommentar

Ich mache mir oft Gedanken über die so verschiedenen Denkweisen der klassischen Physik und der modernen Physik unter dem Einfluss der sich weiterhin entwickelnden Theorien in Quantenmechanik, Relativitätstheorie und den Theorien der Elementarteilchen und vielen anderen mathematischen Konstruktionen. Mit einfachsten Worten:

Die **Klassische Physik** nahm Raum ganz einfach als eine unstrukturierte totale Leere an, die aber durch Koordinaten beschreibbar ist, und über dessen Herkunft die Naturwissenschaft nichts aussagt. Die flache Euklidische Geometrie kommt dann ganz natürlich ins Spiel. Andere Koordinatensysteme können dann den Gegebenheiten beliebig angepasst werden. Es gibt materielle Teilchen in fester Form, als Flüssigkeit und als Gas, die sich auf Trajektorien bewegen entsprechend der als absolut geltenden Gesetze der Physik, die am Ende des 19. Jahrhunderts als Basis aller anderen Wissenschaften galt. Im Prinzip war nun alles berechenbar, die Vergangenheit wie auch die Zukunft. Damit sah man das Universum als eine riesige Uhr. Einmal am Anfang aufgezogen, läuft sie einfach nach Plan ab bis zum Ende. Junge und Alte fühlten sich in einer Mausefalle gefangen ohne jede Hoffnung. Welchen Sinn kann ein solches Leben haben ...? Alle Prozesse wurden als eine kontinuierliche und unvermeidliche Folge von infinitesimalen Schritten gesehen, als Funktion des drei-dimensionalen Raumes und einer absoluten Zeit.

Die Quantenphysik des 20. Jahrhunderts zerbröselte dieses Bild in einer Folge von experimentalen Fakten. Es begann mit der unvermeidlichen Existenz der Planck-Konstante h, welche wir den „Penny des Universums“ genannt haben. Obwohl der Wert so außerordentlich klein ist, macht es doch den großen Unterschied. Doch das ist nicht alles! Die Heisenberg'sche Unbestimmtheit zerstört die absolute Vorhersehbarkeit und die Zukunft bleibt offen! Das bedeutet das Ende für den „Robotermenschen“ und macht freien Willen möglich! Einstein sagte „Gott würfelt nicht!" Ich kann nur sagen „Warum sollte er es nicht tun dürfen?" Wir gebrauchen Banken und andere Methoden für die einfachsten wirtschaftlichen Transaktionen. Wir haben keine Probleme, unsere ganze Wirtschaft auf gewissen statistischen Vorhersagen und Schlussfolgerungen zu begründen. Die gesamte Werbeindustrie lebt davon! Wir benehmen uns wie Fermionen, wenn wir ins Kino gehen und den Sitz auswählen sowie auch in anderen Verhaltensweisen. Seit unseren Zeiten in den Höhlen! *Mach schon! Mach mit!* Das ist die Welt heute und Hoffnung ist möglich! So wie Freiheit so oft mit Willkür und Verantwortungslosigkeit verwechselt wird, wird Prädestination mit Vorkenntnis verwechselt, denn der Schöpfer ist nicht an Zeit und Raum gebunden, wie wir es sind. Raum und Zeit sind vielmehr nun ein einziges „vier-dimensionales“ Kontinuum, das verbogen wird durch die Präsenz massiver Körper. Die Astronomie lebt im Vertrauen auf die universelle Zeit!

Habe ich gerade die Existenz Gottes und seine Macht als Schöpfer bewiesen? Naaah, zu einfach! Aber ... zumindest wird uns ein Brückenschlag in der Quantenphysik nahegelegt. Denken Sie darüber nach! Viele Wissenschaftler sagen deshalb „Ja“ zu Gott; ein treffendes Beispiel ist in Kasten A (s. Anhang B) anhand des Erlebens von Max Planck geschildert.

Anders als materielle Körper ist ein Wellenfeld ein „Etwas“ mit der Fähigkeit, in einer Vielfalt von Wellengruppen zu schwingen oder zu resonieren. Fast wie eine Harfe, die in der Ecke steht, unbenutzt und unbemerkt, deren Saiten zu resonieren beginnen, wenn im Raum ein Ton gespielt wird, der Schallwellen erzeugt.

In ähnlicher Weise sind es die asymptotischen Phasenverschiebungen in einem Streuexperiment, die alles beschreiben. Obwohl die massiven Teilchen ihre Trajektorien dynamisch durchlaufen, sind die Phasenverschiebungen stationär. Die sich bewegenden Partikel im Strahl haben Wellencharakter. Die Trajektorien stehen senkrecht auf den Wellenfronten. Ein stationäres Wellenfeld hat stille und schwingende stationäre Regionen, die sich nicht dynamisch verschieben. Beispiel: Das bekannte Doppelspalt-Experiment im Wellentank im Physik-Unterricht in der Schule. So sehe ich in allem ein Medium, das als irgendeine Welle schwingen und resonieren kann. Und so auch das Universum: Es singt![18]

[18] Die ungekürzte Version des Artikels „Moderne Physik in unserem Leben“ ist vom Autor über rhelbQ@gmail.com erhältlich und eignet sich für mathematisch-physikalisch Bewanderte (Gymnasium/Fachhochschule).

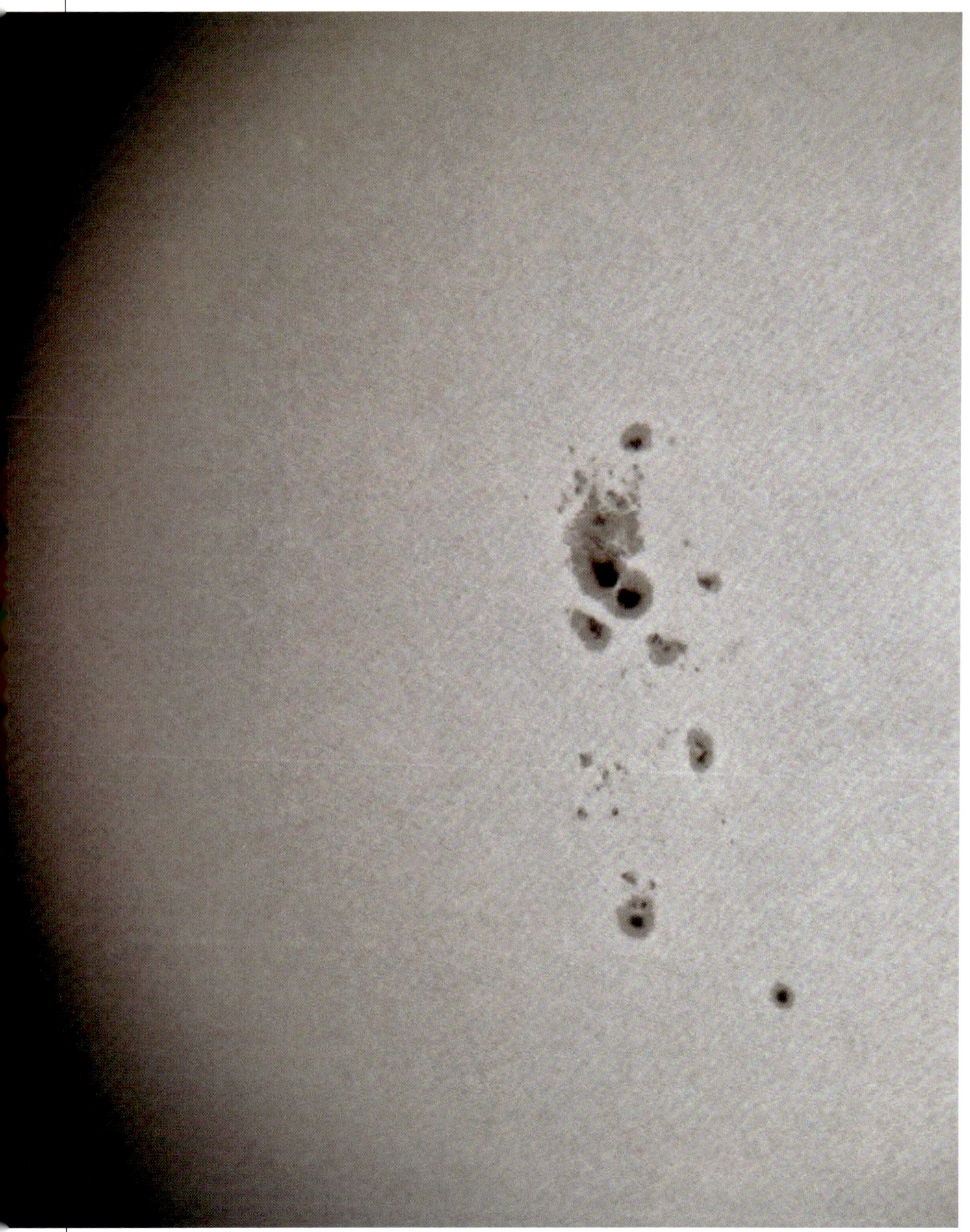

Der befleckte Stern: Ausschnitt aus der Sonnenscheibe mit ausgeprägter Sonnenfleckengruppe.
(Alle Abbildungen dieses Kapitels: Norbert Pailer)

»Die größte Offenbarung ist die einsame Stille unter einem sternenklaren Himmel. Sie ist das Beste von allem Glück der Welt.«
Norbert Pailer

ANHANG B

Für praktisch Orientierte:

In den Weltraum gelinst -

Wie man den Himmel zur Spielwiese macht

Die Kulisse steht. Das Wort Kosmos erinnert an Kosmetik. Diese ist im Allgemeinen als Hingucker gedacht. Das sollte beim Kosmos nicht anders sein, zumal er nach Worten von König David die Ehre Gottes erzählt. Natürlich sind wir von den vielen schönen bunten Bildern eines *Hubble*-Weltraumteleskops und denen anderer großer Sternwarten verwöhnt! Aber auch neuzeitliche Forscher sind von Gottes Offenbarungen in der Natur überwältigt. Max Planck ist nur eines von vielen Beispielen; s. Kasten A. Dennoch ist es ein nicht zu überbietendes Erlebnis, mit den eigenen Augen Himmelsereignisse zu beobachten und so mit der Schöpfung auf Tuchfühlung zu gehen. Da geben ein guter Feldstecher für die Übersicht und ein kleines Teleskop fürs Detail schon viel her. Eigene Beobachtungen haben durch die Entwicklungen insbesondere der Digitalfotografie enorm an Möglichkeiten und Bedeutung zugleich gewonnen. Es ist für die Astrofotografie ein echter Quantensprung! Astrofotografie für jedermann.

Insbesondere in ländlichen Gegenden, wo sich sowohl die Licht- als auch die Luftverschmutzung in tolerablen Grenzen hält, ist der Anblick des Sternhimmels immer noch ein Abenteuer. Man suche sich eine einsame Höhe, lege sich auf den Rücken, lausche den Geräuschen einer Nacht und schaue zu den Sternen – hinunter – und man mache sich klar, dass die Erdanziehung die einzige Kraft ist, die einen am Hinabgleiten in die unendlichen Tiefen des Alls hindert: Man sieht regelrecht, wie sich die rotierende Erde unter dem Sternenhimmel durchdreht. Das Band der Milchstraße, das sich über den Himmel zieht, der aufsteigende Mond, die Parade der Planeten, gelegentlich ein Komet, eine Sternschnuppe – und sogar bei Tag: Sonnenfleckengruppen und -finsternisse, Vorübergänge von Planeten vor der Sonnenscheibe – das alles bietet selbst die eigene Beobachtung!

Zunehmend viele schwärmen von diesem Hobby, das Verständnis für Optik, Mechanik, Wetter, Sichtbedingungen, Fotografie und Computer auf unterschiedlichen Niveaus verlangt und natürlich Kenntnisse über Astronomie. Andere trauen sich deshalb gleich gar nicht daran. Mit meinem kurzen Bericht möchte ich Mut machen, den Wundern des Sternhimmels mit eigenen Beobachtungen nachzuspüren. Wer beobachtungstechnische Aspekte vertiefen will, der wird mit Gewinn auf ein Buch zurückgreifen, dessen deutsche Fassung ich zusammen mit David Levi, dem mit rund 30 Kometenentdeckungen erfolgreichsten Kometenjäger, vor einigen Jahren erstellte: „Abenteuer Astronomie“. Dieses Buch ist im ersten Drittel ein interessantes Astronomie-Lesebuch; die restlichen zwei Drittel sind dem Aspekt der praktischen Nachtbeobachtung gewidmet und damit ist es auch ein ausgewachsenes Weltraum-Beobachtungsbuch. Hier sind nach jahreszeitlicher Folge gegliedert allen Sternbildern in alphabetischer Reihenfolge jeweils (Doppel-)Seiten gewidmet. Schnell er-

Kasten A: **Kurz-Essay zu Max Planck**

Mir steht vor allem Max Planck vor Augen, von dem man als äußerst angenehmem Zeitgenossen sprach. Durch seine Selbstlosigkeit ging ihm die Rede voraus, dass selbst die Luft im Raum besser wurde, sobald er ihn betrat.

Er hatte nicht die besten Startbedingungen. Als er sich nach dem Abitur mit seinem Interesse an Musik und Naturwissenschaften fürs Studium orientieren wollte, erwähnte er wohl bei seinem Musik-Gesprächspartner, dass er sich auch für Physik interessieren. Das veranlasste dann jenen Professor, ihn abzukanzeln und ihn »als für die Musik verloren« zu bezeichnen. Als er dann in Sachen Physik-Studium unterwegs war, wurde ihm von professoraler Seite gesagt, dass diese Disziplin eine voll ausgereifte Wissenschaft sei. Vielleicht gäbe es noch das eine Bläschen oder Stäubchen einzuordnen. Zu entdecken sei hier nichts mehr. In seiner Bescheidenheit war Plancks Reaktion, dass er nicht unbedingt Neues entdecken wolle, sondern er wolle die „Basics" besser verstehen.

Bei seinen Experimenten ging es um die Schwarzkörperstrahlung. Er führte wohl eine zunächst als „Hilfsgröße" verstandene Konstante h ein, aus der dann das Planck´sche Wirkungsquantum wurde. Von wegen: Die Natur macht keine Sprünge! Die Stabilität der Welt beruht gar auf der Möglichkeit von Sprüngen in ihrem Innersten – jedenfalls, solange diese nicht stattfinden.

Vorbei sind die Zeiten, in denen man von Elementarteilchen noch als Kügelchen dachte, die man sozusagen in die Hand nehmen kann. Atomare Objekte sind anders als die aus dem Alltag. Elektronen laufen nicht mehr auf Bahnen umher. Der Zustand eines Photons liegt nicht fest, solange es nicht beobachtet wird. Geschieht dies aber, dann wird ein Quantum ausgetauscht und der Zustand des Photons ist unwiderruflich verloren. Es ist ein anderes geworden. Um nur Einiges zu nennen.

Dabei muss man sich vorstellen, welch schweren Weg Max Planck persönlich zu schultern hatte! Seine Frau, Marie Merck, schenkte ihm vier Kinder, bevor sie 1909 starb. Alle vier Kinder starben. Bei seinem 2. Sohn, der von den Nazis ermordet wurde, hat Planck sein eigenes Leben angeboten. Aber seine verzweifelte Bitte wurde schlicht ignoriert. Ganz zu schweigen davon, dass sein Haus bei einem Bombenangriff in Flammen aufging. Dennoch ist von ihm überliefert, dass Physik zu Gott führen kann: „Für den Glaubenden steht Gott am Anfang, für den Physiker am Ende allen Denkens!" In beiden Fällen erkennt man sein Streben „Hin zu Gott" als Rückgrat seines Lebens.

Max Planck hat mit „seiner" Quantenphysik unser Verständnis für den „Weltinnenraum" mit allen Konsequenzen für den „Weltaußenraum" radikal verändert. Die Quantenphysik ist dabei teilweise zu einer Zumutung für den gesunden Menschenverstand geworden. Das haben bereits zuvor in Kap. 6.1 die Bemerkungen zu „verschränkten Teilchen", den sogenannten „eineiigen Elementarteilchen-Zwillingen" gezeigt. Sie ist zu einer Fortsetzung der Philosophie mit Hilfe der Mathematik geworden. Dennoch ist sie so real, dass die mit ihrer Hilfe konstruierten Produkte prächtig funktionieren und sich noch besser verkaufen; aber ihre Ideen und Theorien selbst bleiben so unbegreiflich wie am ersten Tag ihres Erscheinens.

So meint der Physiker Ernst Peter Fischer: „Großzügig ausgedrückt, erzwingt die Physik der Atome die Einbeziehung einer jenseitigen Welt oder von Transzendenz, auch wenn man so etwas eher im Bereich des Religiösen erwartet. Aber ein Wunder bleibt es trotzdem ... So kann verständlich werden, warum die Schöpfer der neuen Physik höchst emotional reagierten und sich verzweifelt und schockiert zeigten, als die Erklärungen der Natur immer geheimnisvoller wurden ... So wurden überzeugende, auf mathematische Sicherheiten angelegte, mit der Rationalität begründete und als abgeschlossen angekündigte Welterklärungen aufgegeben und durch irrational wirkende, von wahrscheinlich eintretenden Möglichkeiten handelnde, mit kreativen Elementen bestückte und durchgehend offenbleibende Denkweise ersetzt." Physik zwang uns bei genauerem Hinsehen zum Umdenken!

fährt man etwas über deren Ausdehnung am Abendhimmel in Form von Anzahl der Spanne gespreizter Finger bei ausgestrecktem Arm, über Objekte, die mit bloßem Auge verfolgt werden können, für welche ein Feldstecher gebraucht wird oder für die sich ein kleines Teleskop anbietet. Vieles wird über Illustrationen visuell erklärt. Nachtwanderungen am Abendhimmel – ein unverzichtbarer Führer für Interessierte. Ob man sich selbst einen lang gehegten Wunsch erfüllt oder dieses Abenteuer der abendlichen Spaziergänge am Nachthimmel zusammen mit den eigenen Kindern oder Enkeln durchführt, bleibt situationsbedingt. Jedenfalls ist das Buch nach dem Urteil eines Fachmanns „... diesbezüglich das Beste im deutschsprachigen Raum". Das über 280 Seiten starke Buch ist leider vergriffen, aber im Antiquariat noch erhältlich. Die Kulisse steht, das Werkzeug ist bereit; aber man darf kalte, klare Nächte nicht zu sehr scheuen – sie sind die besten, denn nur hier ist die Atmosphäre wasserarm!

Photonen aus meinem Vorgarten. Es war das erste Geld, das ich als Schüler in ein kleines Newton-Teleskop damals von Foto-Quelle investierte. Die ersten Erfahrungen begeisterten mich derart, dass der Wunsch immer drängender wurde, mich beruflich mit der Weltraumforschung auseinanderzusetzen (es ist also nie schlüssig abschätzbar, was eine Tuchfühlung mit der Schöpfung auslöst). Bereits ein 100 mm Ø großes Spiegelteleskop lässt die Welt gleich anders aussehen. Astrofotografie gewann für mich allerdings erst durch die Einführung von CCD-Kameras an Bedeutung. Selbst „aus der Hüfte" – d. h. ohne weitere Hilfsmittel – geschossene Fotos von Einzelheiten der Mondoberfläche durch das Okular meines kleinen Teleskops waren beeindruckend, wobei sogar eine einfache Handy-Kamera genügt. Bildgalerie 1 gibt einen kleinen Eindruck von den ersten Ergebnissen mit meiner CCD-„Knipse". Im Kasten B wird an die damalige Skepsis am Übergang zwischen Analog- und Digital-Fotografie erinnert, die längst überholt ist. Wenn damit

Bild 1 Beispiele für erste Aufnahmen: Mond, Saturn und Mars mit angedeuteten globalen Strukturen und der Polkappe mit meinem 100 mm Ø Newton-Teleskop und meiner CCD-Knipse aufgenommen.

Kasten B: **Eine kleine Hommage an die „Analogzeit"**

Anhänger der Analog-Fotografie sind teilweise Skeptiker gegenüber der Digital-Fotografie geblieben. Wer wie ich je seine eigene Dunkelkammer hatte und die Geburt eines Bildes durch Abwedeln und andere Tricks zwischen Essenzen, Dämpfen und dem Schemenhaften einer dunklen Laborwelt herbeiführte, der ahnt natürlich, was nun für ihn verloren ist, wenn er jetzt darauf verzichtet: die Dunkelheit, die Langsamkeit, das Prozesshafte, die Chemikalien, der Gestank und überhaupt das lange Warten auf das Bild. Diese Bilder trugen noch eine Handschrift ...

Nun soll das alles vorbei sein. Das Schleppen einer schweren (Mittelformat-) Kamera mit ihren voluminösen Objektiven. Das ganze Blitzgeschirr, ein reichhaltiges Sortiment von Rollfilmen. Jetzt soll also alles ersetzt werden durch Knöpfchendrücken an westentaschengroßen Kästchen, durch Instant-Bilder und durch integrierte Blitzfunzeln, die wahrhaft nicht dazu dienen, den Kölner Dom auszuleuchten ...

Der Bild-„Magie" ist es einerlei, ob sie in einer Giftküche mit Hilfe von Schwefel, Schweiß, Natrium, Brom, Salz und Silber entstanden ist oder in der Ursuppe des Pixelreichs. Sie rührt allenfalls daher, dass man sich im Schnittpunkt eines Bildes trifft: Der eine, der ein Foto macht, der andere, der es gerne anschaut. Und je einfacher ein Bild entsteht, desto besser sollte es sein.

auch die Nikon Coolpix 5700 gemeint ist, so ist der Ausdruck „Knipse" insofern gerechtfertigt, als auch diese als Kompakt-Kamera ein nicht entfernbares Objektiv mit allen aufnahmespezifischen Implikationen hat.

Gerne erinnere ich mich an meine Zeit als Doktorand, in der ich zum Zwecke eines kleinen Nebenverdienstes Nachtbeobachtungen für die interessierte Öffentlichkeit am Observatorium des Max-Planck-Instituts in Heidelberg anzubieten hatte. Ich vergesse nicht, wie schwierig es teilweise an einem Linsenteleskop war, den Mond mit seinen kontrastreichen Lichtverhältnissen zuverlässig mit einer Polaroidkamera abzubilden. Die CCD-„Knipse" hat mir nun die Belichtungsverhältnisse zuverlässig abgenommen. Gute Amateur-Aufnahmen, die noch vor Jahren professionell eingerichteten Instituten vorbehalten waren, stehen diesen heute in nicht mehr viel nach. Das motiviert für weitere Schritte.

Bild 2a Mein Beobachtungsplatz mit meinem „Beobachtungsbesteck" in unserem Garten; gelegentlich setze ich eine kleine Astro-Kamera ohne Voroptik ein; daher das Notebook auf dem Tisch. Aber alle nachstehenden Bilder wurden mit der CCD-Knipse aufgenommen.

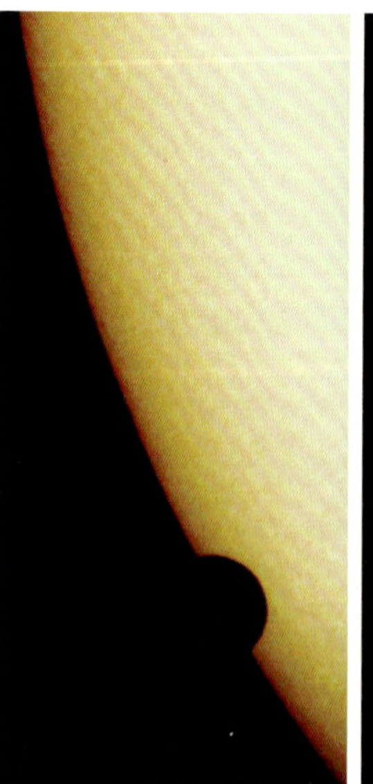

Bild 2b Die Sonne bekommt eine Delle; 8. Juni 2004, 7:28 MESZ (links).

Bild 2c Die Sonne zeigt in den Anfängen des Venustransits eine ausgeprägte Protuberanz; 8. Juni 2004, 8:08 MESZ. Man beachte die erstaunliche Dynamik der Sonne, die uns ansonsten recht gleichmäßig leuchtend vorkommt (rechts).

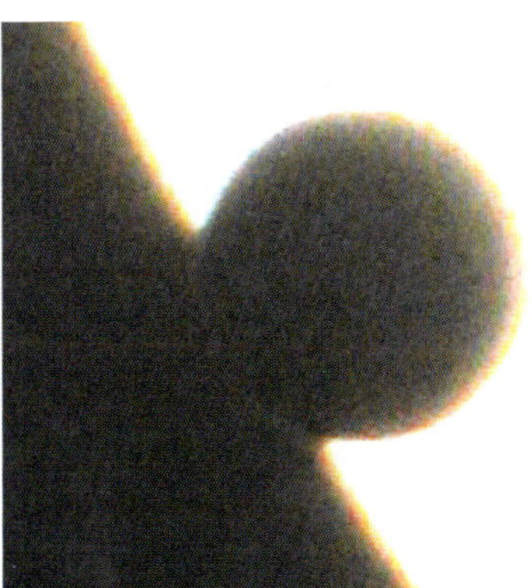

Bild 2d Ausschnitt aus der Sonnenscheibe: Im unbeleuchteten Teil deutet sich die Atmosphäre der Venus durch gestreutes Licht von der Sonne an (7:36 MESZ).

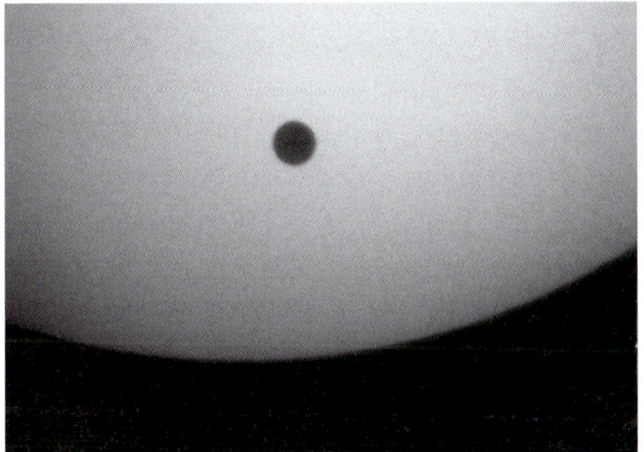

Bild 2e Ein schwarzes Loch in der Sonne; die Venus während ihres Transits vor der Sonnenscheibe.

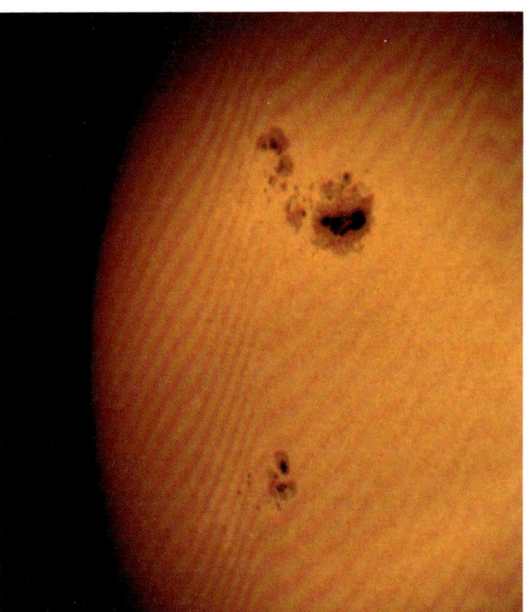

Bild 2f Sonnenfleckengruppe am 19. Juli 2004 um 20:01 MESZ; gleichzeitig ist die granulare Struktur der Sonnen-„Oberfläche" und deren Randverdunkelung angedeutet. Trotz der zeitlichen Nähe zum Sonnenfleckenminimum ist gelegentlich eine enorme Aktivität zu beobachten.

Ich nahm am 8. Juni 2004 unter blauem Himmel die Gelegenheit des astronomischen Jahrhundertereignisses für Europäer wahr, mit einem einfachen 200 mm Ø Spiegelteleskop asiatischer Herkunft (Neupreis ca. 200,– Euro ohne Montierung) und wieder mit meiner CCD-„Knipse" den Venustransit (Vorübergang der Venus vor der Sonnenscheibe) fotografisch zu dokumentieren. Dabei gelang es mir neben der Andeutung der Sonnengranulation und einem sogenannten Fa-

Bild 2g Gesamtansicht der Sonne mit der bekannten Randverdunkelung, einer kleinen Sonnenfleckengruppe und dem kleinen Planeten Merkur als „Mückendreck" darunter.

Bild 2h Ausschnitt mit Sonnenfleckengruppe und dem Planeten Merkur.

ckelgebiet auf der Sonne, über einen sogenannten H_{alpha}-Filter auch eine Sonnenprotuberanz aufzunehmen. (Sonnenprotuberanzen sind Materieströme, die vor allem am Sonnenrand als Bögen gut beobachtet werden können.) Leider war dabei das Bildfeld zu klein, um die Szene gemeinsam mit der Venus vor der Sonnenscheibe zu erhalten. Man kann offensichtlich nicht alles haben! Selbst mit einem kleinen Teleskop wird der äußerst dynamische Charakter unseres Zentralgestirns evident, obwohl es uns jahraus, jahrein erstaunlich gleichmäßig leuchtet und uns wärmt. Die obenstehende Bildgalerie 2a - 2f gibt einen kleinen Eindruck von dem Ereignis.

Ein Merkur-Transit nimmt sich dagegen wegen der kleineren Größe des Planeten und der größeren Entfernung weniger spektakulär aus. Als Beispiel sollen zwei Bilder des letzten Merkur-Transits vom 9. Mai 2016 dienen, die trotz teilweiser Bewölkung das Schauspiel in den Bildern 2g und 2h zeigen.

Der finale Kick. Durch glückliche Umstände hatte ich Zugriff auf gewisse Testobjekte von Entwicklungsvorhaben. Sie motivierten mich, ein eigenes Teleskop zu bauen. Es sollte selbst in (m)einem Ölkeller mit seiner reduzierten Infrastruktur möglich sein, ein Teleskopsystem nachzubauen, das im 17. Jahrhundert bereits von Newton entworfen wurde. Dabei hatte ich einen versierten Optiker als Partner an der Hand. Ich selbst war hochmotiviert, nach so vielen Jahren der Kopf- und Papiertätigkeit für Entwürfe von Weltrauminstrumenten einmal wieder meine praktischen Kenntnisse als ehemaliger Facharbeiter für Maschinenbau von vor rund 50 Jahren für eine astronomische Unternehmung zu aktivieren. Aus jener Zeit stammen noch eine kleine Bosch-Heimwerker-Bohrmaschine auf einem kleinen Bohrständer, ein paar Feilen, Schraubzwingen etc. Dazu kamen ein selbst gebauter Maschinenschraubstock und die Dekupiersäge unseres Sohnes. Einem ausgeprägten Minimalisten wie mir musste das genügen.

Mittels CFK-Teilen (Kohlefaserwerkstoff, der allerdings auch durch verleimtes Holz, Aluminium oder Ähnliches ersetzt werden kann) und einem Silizium-Keramik-Spiegel (kann auch mit entsprechenden Implikationen für die Lagerung des Spiegels und die Gesamtmasse des Teleskops ein Glasspiegel sein) war ich in der Lage, ein 360 mm-Ø-Newton-Spiegelteleskop zu bauen, das kaum mehr als 10 kg wiegt. Ein kurzer Bericht über den Bau soll als Anregung und Mutmacher für Interessierte mit ein paar Schlaglichtern dokumentiert werden. Im Internet gibt es einschlägige Seiten mit Bauanleitungen für Teleskope, meist sogenannte Dobsons. Das sind Newton-Teleskope mit manueller Nachführung auf einer sogenannten Rockerbox.

Kasten C: **Unterstützung eines guten Freundes**

Es war einmal ein guter Freund. Der wurde seit Längerem regelrecht von der Astronomie aufgerieben. Er kaufte sich ein 5"-Teleskop und einige Astronomie-Bücher. Jeden Tag las er darin, und er lernte mehr und mehr Sternnamen, und er konnte zunehmend mehr ihrer Positionen dahersagen. Er lernte während seiner Nachtbeobachtungen mit bedecktem Himmel, mit windigen Nächten, sommerlicher Hitze, sogar mit Schnakenstichen umzugehen. Er widerstand kältesten Nächten, in denen seine Finger vor Kälte blau anliefen. Bald verbesserte er sich mit einem 14"-Teleskop, er entschied sich zudem für Astrofotografie. Er besorgte sich eine komplette Ausrüstung: eine Kamera, Adapter, Filter, noch mehr Bücher. Obwohl seine Bilder nie großartig waren, schaffte er es immer, in ihnen Großartiges zu sehen.

Wenn gelegentlich Freunde vorbeikamen, so richtete er sein Teleskop z. B. zu bekannten Deep-Sky-Objekten, um sie ihnen vorzuführen. Diese wiederum fragten sicherheitshalber immer: „Du meinst dies kleine, unscharfe Ding?" Oder sie sagten: „Ich kann überhaupt nichts sehen." – Aber nichts entmutigte ihn; er konnte nie genug Himmel haben!

Ich bedaure meinen Freund und hoffe, dass er eines Tages wieder zurück zu einem gesunden Menschenverstand findet. Bis dahin werde ich ihn jeden Morgen, wenn ich mit verschlafenen Augen in den Spiegel schaue, freundlich grüßen.

Jeweils zwei Rohrteile dienten als Haupt- bzw. Fangspiegelzelle, die über drei 20 mm-Ø-CFK-Rohre verbunden wurden. Ein eigens dazu verleimtes Styrodur-Sandwich mit GFK-Platten (Glasfaser) diente als Montageplatte für den Hauptspiegel; s. Bildgalerie 3. Über drei verstellbare isostatische Montierungspunkte wurde der Hauptspiegel aufgesetzt. Es muss ja nicht so sein, dass man den Hauptspiegel selbst schleift und poliert, aber es ist eine Erfahrung wert (es soll Teleskopbauer geben, die so viel Ehrgeiz beim Schleifen und Polieren entwickelt haben, dass sie darüber die Nachtbeobachtung vernachlässigt haben). Es war nicht einfach, während des kalten Winters 2004/5 Klebungen, die ja bei Sandwich-Bauweise nicht vermeidbar sind, vernünftig auszuhärten zu lassen. Es ist bekannt, dass dies bei höheren Temperaturen zu erfolgen hat. Die Backröhre ist nicht nur relativ klein, sondern diese artfremde Anwendung löste bei meiner Frau aus naheliegenden Gründen nicht unbedingt Begeisterung aus. Deshalb warf ich für größere Teile unsere Sauna an, was auch keine typische Anwendung war, aber am Ende half. Trotz aller Bemühungen musste man sich mit Meinungen auseinandersetzen, wie im Kasten C angedeutet.

Auch den Okularauszug kann man selbst bauen. Habe ich aber nicht getan. Da man wäh-

Bild 3a Einsatz einer kleinen Dekupiersäge zum Herstellen der ersten GFK-Sandwichplatten im Juni 2004 zur Aufnahme des Hauptspiegels.

Bild 3b Das fertige Hauptspiegel-Montagesandwich: Auf die justierbare obere Plattform wird der Hauptspiegel mit seiner isostatischen Montierung befestigt. Die Ausrichtung des Hauptspiegels mittels eines Lasers ist die letzte Aktion vor einer Nachtbeobachtung.

Bild 3c Herstellungsaufbau der gewölbten GFK-Sandwichplatte als „Kunstwerk". Die Teile dienten dem Trimmen einer möglichst korrekten Verspannung.

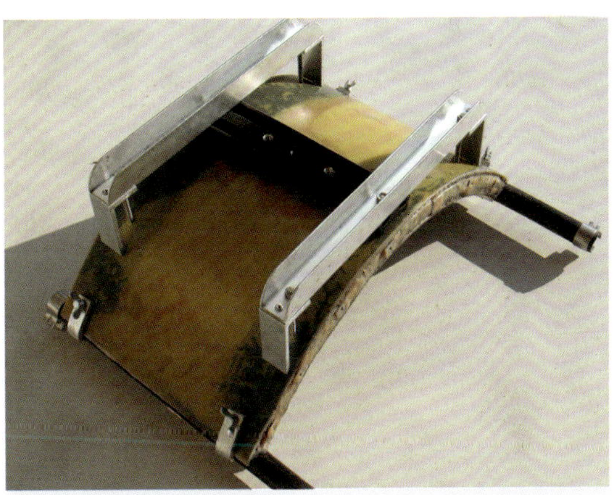

Bild 3d Rohbau der Sandwichplatte als Schnittstelle zur Teleskopmontierung.

Bild 3e Von unten nach oben:
- Die CFK-Hauptspiegelzelle mit dem GFK-Spiegelsandwich
- CFK-Streben zur Fangspiegelzelle
- Verschiebbare Sandwichplatte zur Montierung auf der Nachführung

Bild 3f Fertigstellung der Gesamtstruktur; nun ging es an die optischen Innereien.

Bild 3g Das (mühsame) Schleifen des Hauptspiegels.

Bild 3h Die optische Vermessung erfolgte mit dem Foucault'schen (1819-1868) Schneidentest, einer beeindruckend genauen Methode; durchführbar auf jedem Küchentisch – wenn man's kann.

rend der Beobachtung nicht gerne das Teleskop wegen der entsprechenden Störung berührt, sollte die Fokussierung motorisiert werden. Dies ermöglichte ein kleiner Motor, den ich mit dem Trafo meiner alten Modelleisenbahn betreibe (für einen Teleskopbau kann man fast alles brauchen, was ein gewachsener Haushalt hergibt, bis hin zu Fahrradspeichen zur Verspannung der Fangspiegelhalterung). Wegen der Streuung des Lichts an einem üblichen Aufnahme-Kreuz des Fangspiegels habe ich eine gekrümmte Aufnahme eingesetzt; das sollte helfen, die sonst üblichen „Strahlen" an Sternen zu vermeiden, die uns im Idealfall punktförmig erscheinen sollten. Die daran befestigte Fangspiegelzelle ist über drei Schrauben justierbar, an deren Ende zur feinfühligen Führung Kugeln eingesetzt sind. Der Fangspiegel – für mich ein weiteres (billiges) Kaufteil – wurde über eine Dreipunkt-Silikonklebung mit der Aluminiumstruktur verbunden, was in Bildgalerie 4 gezeigt wird.

Das Teleskop ist fertig, wenn es auch eine Dauerbaustelle bleiben wird! Mit dieser „Zeitmaschine" als Voyeur-Besteck hole ich die Sterne vom Himmel (Bild 4c) und setze mich den Wundern des Universums aus; s. Kasten D.

Bild 3i Einer der drei isostatischen Montierungspunkte für die justierbare Aufnahme des Hauptspiegels mit einem Teil eines Sektkorkens, der aus Anlass dieses Meilensteins frei wurde.

Bild 3j Der Hauptspiegel – mit Blende über dem Hauptspiegel für Planetenbeobachtung – ist integriert. Gleichzeitig sind alle Innenwände mit Velourstapete zur Streulichtreduzierung ausgelegt. Der dunkle Punkt in der Spiegelmitte (schwarzer Lochringverstärker) dient zur Ausrichtung der Gesamtoptik per Laser.

Bild 4a Vormontage der justierbaren Aufnahmestruktur für den Fangspiegel an einer gekrümmten CFK-Speiche. Links ist das innere Ende des Okularauszugs sichtbar.

Da bei dieser offenen Bauweise die empfindliche Optik ungeschützt offen liegt und man auch mit Streulicht bei Tageslicht zu kämpfen hat, wird mir meine Frau gelegentlich noch eine große, schwarze „Socke" als Überzieher nähen.

Das war ein kurzer Bericht über meine eigenen Nachtbeobachtungen und meinen Teleskopbau mit zugegebenermaßen ungewöhnlichen

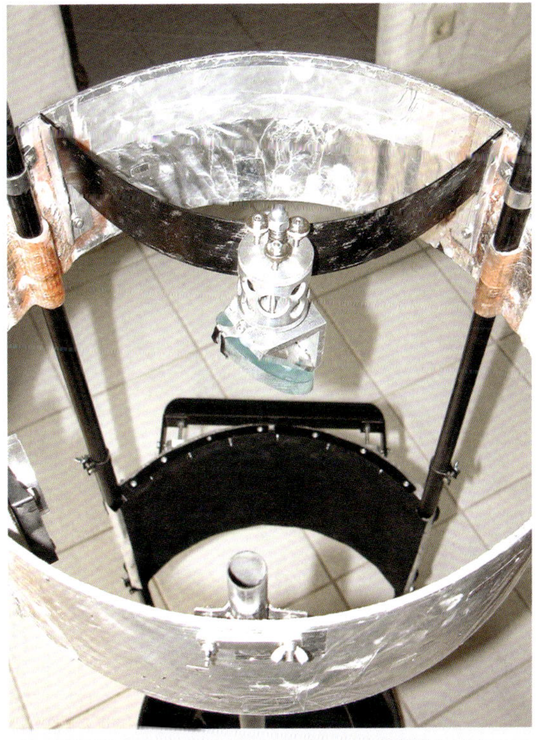

Bild 4b Der gesamte opto-mechanische Aufbau in der Vormontage; der Aufbau ist fertig für das „First Light"-Event im Juni 2005.

Bild 4c Das fertige Newton-Teleskop ist auf meiner Gartensäule montiert, die zuvor genau eingenordet wurde: Die Reise in den Weltraum kann beginnen.

Leichtgewichtskomponenten – ein Teleskop, das es so auf der Welt wohl kein zweites Mal gibt. Es ist nicht nur schön, sondern es funktioniert auch recht gut. Bei ersten Probemessungen Anfang Juni 2005 mit einem bislang unbedampften Hauptspiegel an einer 10 mm großen Stahlkugel als künstlichem „Kalibrierstern" in rund 200 m Entfernung war etwas zu sehen wie eine Ameise, die gut sichtbar über deren Kugeloberfläche krabbelte (ob so oder ähnlich die Anfänge des Ameisennebels waren?). Jedenfalls kein schlechtes Zeichen für mein System!

Man hat in meiner Umgebung gerne gewitzelt, dass ich mit meinem selbst gebauten Teleskop allenfalls einen Beitrag zum Thema Dunkle Materie leisten könne in dem Sinne, dass etwas mit hohem Anteil da sein soll, was ich aber trotz aller Anstrengungen nicht sehen kann. Sicher, dieses Teleskop wird nicht die Weltraumforschung revolutionieren, aber die mit ihm gemachten Bilder werden mir fast so viel bedeuten wie die vom *Hubble*-Weltraumteleskop; Beispiele gibt es auf meiner Homepage unter „Nightviews" zu sehen.

Kasten D: **Das gibt's doch nicht!**

Ist es nicht unglaublich? Wir blicken in einer sternenklaren Nacht zum Himmel. Und was wir sehen, ist Vergangenheit. Weit zurückliegende Vergangenheit, vermittelt durch die Gegenwart unserer augenblicklichen Beobachtung.

Wir sehen Objekte, deren Licht Millionen, ja möglicherweise Milliarden Lichtjahre zurückgelegt hat. Wir sehen die Objekte jetzt, aber so wie sie sich vor entsprechender Zeit befanden. Ein Blick in finstere Vergangenheit ...

Mehr noch: Wir sehen auch Objekte, die, sagen wir einmal, mehr als 2000 Lichtjahre entfernt sind. Wir sehen sie so, wie sie zur Zeit Platons oder Heraklits waren. Nicht aber, dass Platon oder Heraklit diese Objekte zu ihrer Zeit so hätten sehen können. Nein, auch sie haben dieselben Objekte in einem noch früheren Zustand beobachtet, und zwar in einem Zustand, der umgekehrt dem heutigen Beobachten prinzipiell verschlossen ist. Denn wie diese Objekte vor mehr als 4000 Jahren aussahen, kann für den heute wahrnehmbaren Blick nicht mehr verfügbar gemacht werden.

Und weiter: Wir sehen oder überblicken gleichzeitig riesige Zeitunterschiede. Wir sehen unsere Nachbarplaneten, wie sie vor wenigen Minuten ausgesehen haben, und gleichzeitig Galaxien von vor Jahrmillionen. Nirgendwo sonst gelangt der Zusammenhang von Raum und Zeit so unmittelbar in unser Erleben. Kaum anders kann Relativität so handfest fühlbar sein ... und einen guten Teil der beobachtbaren Sterne gibt es schon lange nicht mehr.

Bild 5 Sternentstehungsgebiet M 42 im Sternbild Orion

In jedem Fall wird sichtbar sein, was damals König David von Israel ohne Teleskop – aber anhand der Bibel – bereits erkannte:

תמים מספדים כבוד־אל

Die amerikanische Amateur-Astronomie-Bewegung hat vor rund 70 Jahren nach dem 2. Weltkrieg in Springfield, Vermont, mit diesem Motto begonnen:

„The heavens declare the glory of God"

Ich habe mir von meinem Sohn Oliver diesen Vers behutsam auf die freie Fläche von einer der drei Streben, welche die Haupt- mit der Fangspiegelzelle verbindet, malen lassen. Ob ich das in einsamen Nächten für mich erlebe oder im Zusammenhang mit meiner Vortragstätigkeit als Nachtbeobachtungsprogramm anschließe: Es soll das sichtbar werden, was auch da und dort in diesem Buch aufblitzen sollte:

Die Himmel erzählen die Ehre Gottes!

Stichwortverzeichnis

Adaptive Optik: Unter adaptiver Optik versteht man allgemein ein abbildendes optisches System, welches sich an optisch wirksame Veränderungen in seinem Strahlengang anpassen, „adaptieren“ kann. Bei der Anwendung von Teleskopen meint dies Veränderungen, hervorgerufen durch Dichteunterschiede entlang des Sehstrahls in der Atmosphäre. Adaptive optische Systeme sind aus drei Komponenten aufgebaut: Dem Wellenfrontsensor, einem Rekonstruktionsrechner und dem aktiven optischen Element. Entsprechend der Vermessung einer Wellenfront wird ein ganzes Set von Aktuatoren angesteuert, welches das Spiegelelement so formt, dass es die Veränderungen im Strahlengang kompensiert. Mit einem solchen System werden extrem scharfe Abbildungen erzielt und so Einflüsse der Erdatmosphäre auf die Abbildungsqualität eines optischen Systems kompensiert.

Akkretionsscheibe: Als Akkretion bezeichnet man einen Vorgang, bei dem Materie, etwa durch Gravitation, zusammengesammelt wird. In diesem Sinne kann bereits Staubsaugen als Akkretionsvorgang gelten. Im Weltall sammeln schwere Körper, insbesondere die Schwarzen Löcher, auf Grund ihrer starken Gravitationskraft Materie in ihrer Umgebung auf. Diese Materie, Gas- und Staubwolken, Sterne, was auch immer, fällt aber nicht geradewegs ins Zentrum wie ein Stein in den Brunnen, sondern zieht – bei zunehmender Geschwindigkeit – immer enger werdende Spiralbahnen. Dabei kollidieren die akkretierten Massen ständig miteinander und erhitzen sich dabei stark. Aufgrund dieser Kollisionen bildet sich außerdem eine dicke Scheibe heraus, in der sich die Materie immer schneller und mit steigender Temperatur nach innen bewegt. Der zentrale Teil dieser Akkretionsscheibe emittiert sehr intensiv in vielen Farben bis hin zur Röntgenstrahlung.

Albedo: Bezeichnung für das Verhältnis der von einem Körper diffus reflektierten zur senkrecht auffallenden Lichtmenge. Sie ist ein Maß für das Reflexionsvermögen eines Körpers.

AE Astronomische Einheit: Eine typische Längeneinheit in unserem Sonnensystem, die dem mittleren Abstand von der Erde zur Sonne entspricht. 1 AE bzw. AU (Astronomical Unit) = 149,597 870 Millionen Kilometer. Mittlerer Abstand deshalb, weil die Bahnform der Erde um die Sonne eine geringe Exzentrizität aufweist, sodass es bei einem Umlauf einen sonnennächsten (Perihel) und sonnenfernsten Punkt (Aphel) gibt. Wie viele wichtige astronomische Einheiten legt die Internationale Astronomische Union (IAU) solche Skalen fest. Die Skizze gibt einen Überblick der Entfernungen in unserem Sonnensystem in AE, wobei Pluto heute als Zwergplanet gilt.

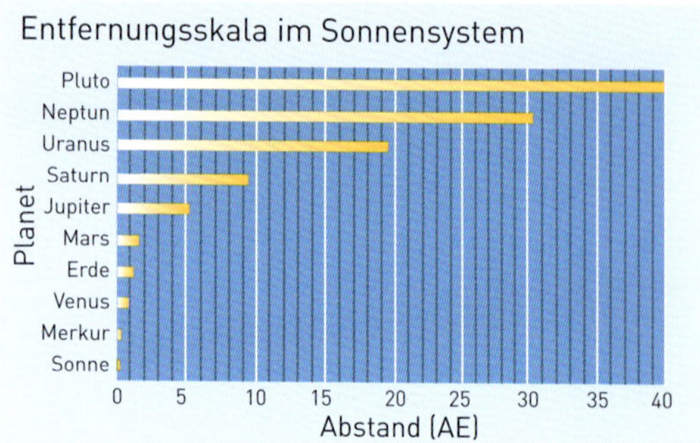

Axiom: Es bezeichnet klassisch ein unmittelbar einleuchtendes oder konventionell akzeptiertes Prinzip bzw. eine Bezugnahme auf ein solches und ist ein Grundsatz einer Theorie, der innerhalb derselben nicht begründet oder deduktiv abgeleitet wird.

Balken: Während Spiralarme großräumige gewundene Strukturen in Galaxien sind, kann man im Inneren von Spiralgalaxien häufig eine leuchtende gerade Struktur ausmachen. Dabei befindet sich das galaktische Zentrum in dessen Mitte. Dieser sogenannte Balken besteht sowohl aus Sternen als auch aus Wolken interstellarer Materie. Über die Entstehung von Balken weiß man noch recht wenig. Klar ist jedoch, dass das Gravitationsfeld der Galaxien mit solchen Balken Abweichungen von der Zentralsymmetrie zeigt und dass in diesen Balken Materie zum Zentrum der Galaxien strömt. Nahe Begegnungen zwischen Galaxien gelten als eine mögliche Ursache für die Ausbildung von Balken. Auch in der Zentralgegend der Milchstraße wurde vor Kurzem ein Balken entdeckt.

Baryonische Materie: Vom griechischen barys = schwer. Zu den Baryonen gehören alle Materiebausteine, die wie die Protonen und Neutronen aus Quarks bestehen und durch starke Kernkräfte zusammengehalten werden. Für die Gravitation normaler Materie sind überwiegend die Baryonen verantwortlich.

Brauner Zwerg: Ein Brauner Zwerg ist ein Himmelskörper, der mit einer Masse zwischen dem 13-fachen und 75-fachen der Jupitermasse eine Sonderstellung zwischen Planeten und Sternen einnimmt. Gleiches gilt für die im Inneren ablaufenden Prozesse, die keine Wasserstofffusion aufweisen. Braune Zwerge sind massereicher als planetare Gasriesen (z. B. Jupiter) und masseärmer als stellare Rote Zwerge (kleinste Sterne, in deren Zentrum Wasserstoffbrennen [Kernfusion von 1H] stattfindet). Etwa drei Viertel aller Sterne sind Rote Zwerge.

Bremsstrahlung: In der Antenne eines Radio- oder Fernsehsenders wird die elektromagnetische Strahlung erzeugt, indem die Elektronen im Metall sehr schnell hin und her bewegt werden. Es ist die ständige Beschleunigung und Abbremsung, die die Elektronen zur Aussendung von Radiowellen veranlasst. Bringt man die Elektronen im Vakuum auf viel höhere Geschwindigkeiten, werden sie beim Abbremsen innerhalb eines sehr kurzen Weges während des Bremsens Licht oder sogar Röntgenstrahlung aussenden. So funktionieren etwa Röntgengeräte. Die auf diese Weise erzeugte Strahlung heißt Bremsstrahlung.

Dopplergesetz: Das Dopplergesetz beschreibt eine scheinbare Frequenz- bzw. Wellenlängenverschiebung des Lichts oder des Schalls, die von einem Körper kommt, der sich relativ zum Beobachter bewegt. Das ist insbesondere bei einem expandierenden Universum für alle beobachtete Strahlung von kosmischen Objekten gegeben. Wenn das Objekt sich nähert – was im Universum nur im Lokalen Haufen vorkommt – dann wird sein Licht „komprimiert" und seine Wellenlänge erscheint kürzer, als wenn es in Ruhe ist. Wenn es sich entfernt, ist es genau umgekehrt und es wird zu längeren Wellenlängen – also zum Roten – hin verschoben. Rotverschiebung im Spektrum entfernter Galaxien wird als Hinweis einer Expansionsbewegung des Kosmos interpretiert. Auf Einzelheiten wird in Kap. 3.1.2 eingegangen..

Ejekta: Bei Zusammenstößen zweier Körper, insbesondere im Hochgeschwindigkeitsbereich, entstehen nicht nur Krater, sondern es bildet sich auch Auswurfmaterial, die so genannten Ejekta. Sie sind teilweise eine Mischung von Target- und Projektilmaterial. Je nach Energie des Einschlagsprozesses und/oder dem Einschlagswinkel, können Ejekta auf so hohe Geschwindigkeiten beschleunigt werden, dass sie das Schwerefeld des Körpers verlassen und sich frei im Raum bewegen. Das ist der Grund, weshalb z. B. auf der Erde Ejekta von Einschlagsprozessen auf dem Mars angekommen sind.

Entfernungsmodul: Die Differenz zwischen scheinbarer Helligkeit m und absoluter Helligkeit M (das ist die Helligkeit, die das Objekt in in 10 pc Entfernung hätte) heißt Entfernungsmodul. Aus ihm lässt sich über eine mathematische Formel direkt die Entfernung berechnen. Die Formel wird allerdings für große kosmische Entfernungen komplexer.

Extragalaktische Astronomie: Es wird von rund 100 Milliarden Sternen in unserer Galaxie ausgegangen. Alle Astronomie jenseits unserer Milchstraße wird als extragalaktische Astronomie bezeichnet. Rechnet man der Einfachheit halber mit 100 Milliarden Galaxien mal 100 Milliarden Sternen pro Galaxie, ergibt sich eine Anzahl von 10 Trilliarden Sternen, also eine 1 mit 22 Nullen.

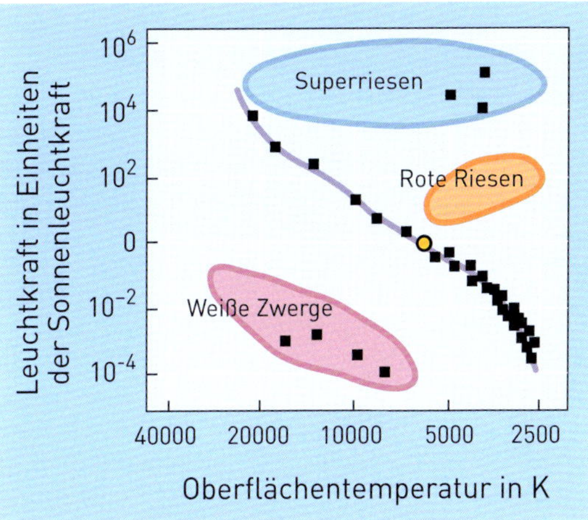

Hertzsprung-Russell-Diagramm: Diagramme, in denen ein Parameter, der ein Maß für die Helligkeit eines Sterns darstellt, gegen einen Parameter aufgetragen wird, der mit der Oberflächentemperatur zusammenhängt, werden Hertzsprung-Russell-Diagramme (HRD) genannt. Dabei haben sich Muster ergeben, die mit der Systematik der Sternentwicklung zusammenhängen: a) Hauptreihe: Sie zieht sich diagonal durch das Diagramm. Unsere Sonne ist ein typischer Vertreter. b) Rote Riesen: Dies ist eine zweite auffällige Häufung von großen, kühlen Sternen, die sich im HRD rechts oben anordnen. c) Weiße Zwerge: In der linken unteren Ecke gruppieren sich die heißen, kompakten Sterne. Die Systematik des HRD ist in der Skizze veranschaulicht, wobei ein Hauptreihenstern zu einem Roten Riesen wird, um dann in den Bereich der Weißen Zwerge zu wechseln. Die Position unserer Sonne ist als gelber Kreis auf der Hauptreihe zu erkennen.

Impakt: Bezeichnung für alle Einschlagsvorgänge. Im Weltraum handelt es sich dabei um Zusammenstöße von Relativgeschwindigkeiten von typischerweise 10 km/s. Sie hinterlassen Krater auf der Oberfläche des getroffenen Objekts und Ejekta, die austreten. Im Extremfall führen Impaktvorgänge zur Zerstörung beider Körper. Mit dem Fall des Saturnmondes Mimas treffen wir auf ein Objekt, das zum Beispiel durch einen Impaktvorgang nahezu an die Grenze seiner Belastbarkeit gekommen ist.

Inklination: Winkel zwischen der Bahnebene eines Planeten, Planetoiden oder Kometen und der Ekliptik (= Bahnebene der Erde um die Sonne). Bei einer Satellitenbahn ist es der Winkel zur Äquatorebene der Erde.

in-situ-Messungen: Messungen, die vor Ort passieren, indem z. B. zu Planeten oder deren Monden geflogen wird und Messungen vor Ort durchgeführt werden. Dies passiert dann mit miniaturisierten Geräten, die auf ein bestimmtes Messziel hin spezialisiert sind. Auf solche Messungen folgen meist Probenrückführungen, auf die dann das ganze verfügbare Arsenal von Laborinstrumentarien rund um den Globus angewandt werden kann.

Interstellarer Raum: Raum zwischen den Sternen. Er ist zwar sicher nicht leer, aber die dort vorhandene Materie ist extrem ausgedünnt. Sie besteht vor allem aus von den Sternen abströmenden Teilchen, wie Protonen und Elektronen. Es gibt aber auch kompliziertere Moleküle und Staub, die durch die Explosion schwerer Sterne (Supernovae) dazukamen.

JAXA: In Japan gab es bislang drei Raumfahrteinrichtungen:
- ISAS: Institute of Space and Astronautical Science
- NASDA: National Space Development Agency of Japan
- NAL: National Aerospace Laboratory of Japan

Seit Oktober 2003 sind diese Einrichtungen zusammengeführt worden unter der Bezeichnung JAXA: Japan Aerospace Exploration Agency. Durch diese Konzentration will sich Japan als moderne Industrienation auf die Erfordernisse des Weltraumzeitalters einstellen.

Kelvin: Damit wird die Basiseinheit der Temperatur nach deren Erfinder Lord Kelvin, der eigentlich William Thomson hieß, benannt. 0 K ist die absolut kleinste Temperatur, bei der jede molekulare Bewegung eingestellt ist. Die Kelvin-Skala ist genau wie die Celsius-Skala eingeteilt, das heißt, dass ein Temperaturunterschied von 25° C auch ein Temperaturunterschied von 25 K ist.

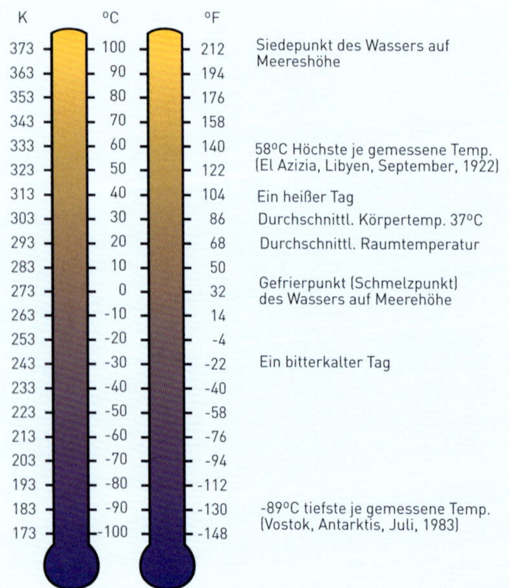

Laser-Altimeter: Flugzeug- oder satellitengetragene Instrumente zur Ermittlung von Höhenprofilen. Bei Landungen auf fremden Objekten im Planetensystem dient es als genaues Abstandsbestimmungselement.

Libration: Langsame Bewegung eines Planeten um die Position seiner Rotationsachse. Am Beispiel des Mondes sei dies illustriert: Aufgrund der gebundenen Rotation (die Umlaufzeit des Mondes um seine Rotationsachse ist gleich groß wie die Umlaufzeit des Mondes um die Erde) sollten wir von der Erde aus immer dieselbe Mondhalbkugel sehen. Dies ist aber nur näherungsweise richtig. In Wirklichkeit stellt man kleine Schwankungen sowohl in der Länge (d.h. bezüglich der Mond-Längengrade) als auch in der Breite (d.h. bezüglich der Mond-Breitengrade) fest. Die schwankende Bewegung des Mondes nennt man Libration. Die Libration in der Länge beträgt $7^0 53'$, die Libration in der Breite $6^0 40'$. Aufgrund der Libration können nach und nach von der Erde aus 59 % der Mondoberfläche und nicht nur 50 % gesehen werden.

Libration in der Länge: Ursache der Libration in der Länge ist die Ellipsenbewegung des Mondes um die Erde: Die roten Teile können aufgrund der Libration in der Länge gesehen werden (B), die grünen Teile würde man bei einer Kreisbahn um die Erde als Mittelpunkt sehen.

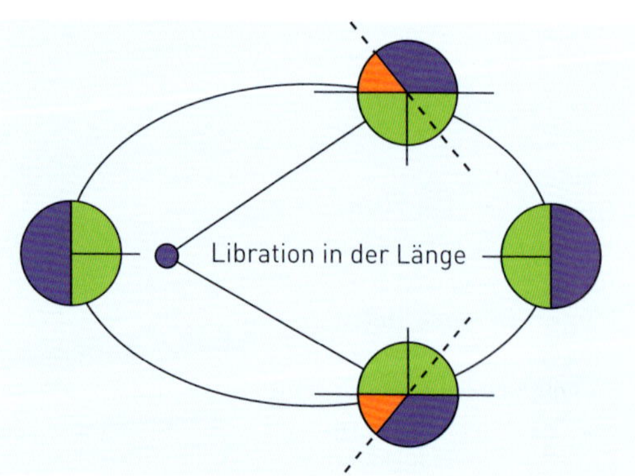

Libration in der Breite: Ursache der Libration in der Breite ist die Neigung der Mondachse zur Umlaufebene des Mondes um $6^0 40'$: Die roten Teile können aufgrund der Libration in der Breite gesehen werden, die grünen Teile würde man sehen, wenn die Rotationsachse des Mondes senkrecht zur Umlaufebene stehen würde.

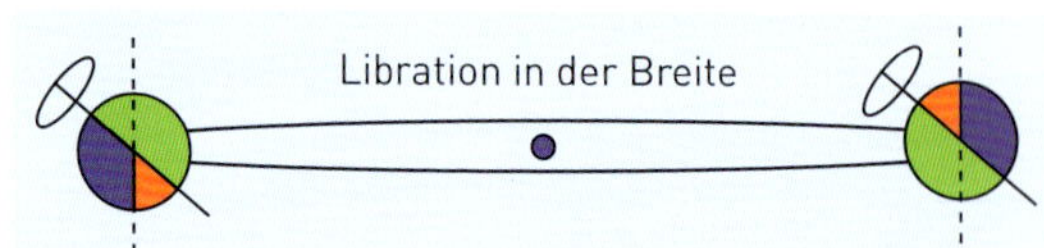

Lichtjahr: Eine in der Astronomie zur Angabe von Entfernungen benutzte Einheit (keine Zeiteinheit!). Ein Lichtjahr, deutschsprachig abgekürzt mit Lj, international mit lyr (engl. light year), ist definiert als die Wegstrecke, die Licht oder Strahlung generell im Vakuum in einem Jahr zurücklegt. Weil die Vakuumlichtgeschwindigkeit c mit 299 792 458 Millionen m/s sehr groß ist, ist ein Lichtjahr eine sehr große Distanz für irdische Verhältnisse, nämlich in vertrauten Einheiten 9,4605 Billionen Kilometer! Astronomisch ist ein Lichtjahr keine besonders große Distanz. Zur Einordnung: Der nächste Stern zur Sonne, Proxima Centauri, die C-Komponente des hellen Sterns alpha Centauri, ist 4,3 Lj entfernt; die Milchstraße, unsere Heimatgalaxie, hat einen Durchmesser von etwa 100 000 Lj; unsere Nachbargalaxie, der Andromedanebel ist 2,2 Millionen Lj entfernt und vermutlich das am weitesten entfernte Objekt, das man noch mit bloßem Auge ausmachen kann. Trotzdem ist es lediglich ein Angehöriger unseres an sich unscheinbaren Galaxienhaufens, der Lokalen Gruppe. Der nächste Galaxienhaufen zur Lokalen Gruppe, auf den sie sich auch zubewegt, der Virgo-Haufen, ist 75 Millionen Lj entfernt. Und schließlich ist die aktuell bestimmte Größe des Universums bei rund 14 Milliarden Lj. Es gibt abgeleitete Größen zum Lichtjahr auf kleineren Längenskalen, wie die Lichtsekunden, Lichtminuten, Lichtstunden, Lichttage und Lichtmonate, mit analoger Definition. So ist der Mond gerade etwa eine Lichtsekunde (etwa 300 000 km) und die Sonne 8 Lichtminuten entfernt. Auf diesen Skalen wird dann die AE gebräuchlicher.

Lokaler Haufen: Gravitation ist die weitreichendste Grundkraft in der Natur. Über sie werden sogar zu unserer Milchstraße benachbarte Galaxien gravitativ gebunden, d. h. sie bewegen sich nicht unabhängig voneinander. In diesem Sinne nennt man die Summe aller in unserer kosmischen Umgebung gravitativ gekoppelten Systeme den Lokalen Haufen. Zu ihm zählen rund 30 Galaxien in der Umgebung unserer Milchstraße.

L2-Orbit: Dies ist eine beliebte Satellitenumlaufbahn um einen virtuellen Punkt im Raum, der nach seinem Entdecker als zweiter Langrange-Punkt bekannt wurde. Er befindet sich in etwa 1,5 Millionen Kilometern Entfernung von der Erde in Anti-Sonnenrichtung. Einer der großen Vorteile dieser Bahn ist die Möglichkeit langer ununterbrochener Beobachtungen von Objekten, da die Sonne, die Erde und der Mond gemeinsam „hinter" dem Raumfahrzeug liegen. Die Umlaufzeit um die Sonne beträgt selbst in diesem größeren Abstand von der Sonne genau ein Jahr, denn Sonne und Erde ziehen gemeinsam. Im Laufe eines Jahres ist damit der Himmel lückenlos zugänglich. Zudem

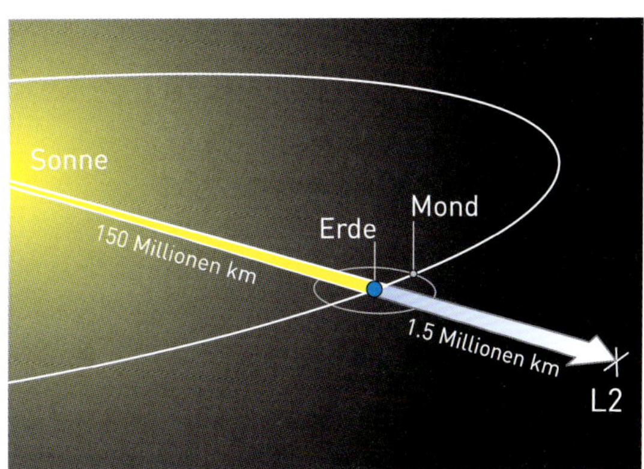

Dieses Bild zeigt die Position des L2-Punktes in Relation zu Sonne, Erde und Mond, um welchen bevorzugt astronomische Missionen stattfinden. Sie zeichnet sich durch ihre sehr gleichmäßige Beleuchtungssituation aus; einziger Nachteil ist ihre große Entfernung.

bietet die Umgebung dieser Bahn stabile thermale Bedingungen und sie hat konstante Strahlungsverhältnisse. Die aufzuwendenden Kräfte sind klein, um die korrekte Bahn einzuhalten. Das sind Gründe, weshalb diese Bahn für viele astronomische Missionen ausgewählt wurde. Nachteile sind: die große Entfernung, sprich die Kosten und die Zeit für den Transport und die relativ langen Kommunikationswege.

Magnitude: Schon in der Antike versuchten die Astronomen, die Helligkeit der Sterne zu bestimmen. Dazu wurden diese in sechs Helligkeitsklassen eingeteilt. Die Sterne erster Größe waren natürlich die hellsten, die zweiter Größe etwas schwächer, und schließlich die Sterne sechster Größe gerade noch mit dem bloßen Auge sichtbar. Diese Helligkeitsklassen bezeichnete man später als Magnituden, und sie bezeichnen bis heute die Helligkeit der Sterne, natürlich inzwischen erweitert zu schwächeren Sternen. Das führt zu dem in der Physik ungewöhnlichen Umstand, dass die Magnitude umso größer ist, je schwächer der Stern erscheint. Die schwächsten heute nachweisbaren Sterne liegen jenseits der 30. Magnitude.

Messierkatalog: Charles Messier, ein französischer Astronom im 18. Jahrhundert, suchte regelmäßig den Sternenhimmel nach Kometen ab. Dabei beobachtete er viele Objekte, die keine Sterne waren. Um sie nicht mit möglichen Kometen zu verwechseln, katalogisierte er diese überwiegend nebligen Objekte. Sein Katalog umfasst 110 Objekte bis zur Deklination −35°. Viele dieser Objekte sind auch für Amateure leicht beobachtbar.

Millisekundenpulsar: Ein Pulsar ist ein rotierender Neutronenstern, dessen Rotationsachse nicht mit der Magnetfeldachse übereinstimmt, sodass ein

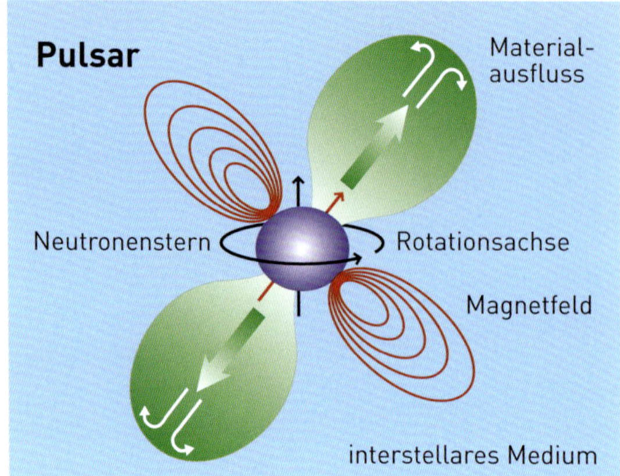

Doppelkegel (Bikonus) emittierter Strahlung wie bei einem Leuchtturm mit der Rotationsperiode des Sterns korotiert. In besonderen Fällen kann diese Strahlung die Erde treffen, was beim Beobachter den Eindruck gepulster Strahlung vermittelt. In der Abbildung ist die Rotationsachse des Pulsars schwarz, während die Magnetfeldachse rot dargestellt ist. Die roten Linien illustrieren die Pulsarmagnetosphäre in Form von Isokonturlinien des Magnetfeldes: Man erkennt eine dominant toroidale Magnetfeldtopologie, die aus der hohen Rotation und den gravitomagnetischen Kräften resultiert (gravitomagnetischer Dynamo). Die grünen Gebilde veranschaulichen die Strahlungskeulen, die immer wieder infolge der Rotation einen geeignet orientierten Beobachter treffen. Ein Millisekundenpulsar zeichnet sich durch seine schnelle Rotation aus. Die Verhältnisse sind in der Illustration zusammengefasst.

Naturbild: Durch die Kontrastierung der Begriffe Naturbild als Untermenge des Begriffs Weltbild hat nicht zuletzt der Physiker W. Heisenberg die über naturwissenschaftliche Darstellung erreichbare Einsicht ins Geschehen dieser Welt grundsätzlich eingegrenzt. Wenn also Wissenschaft ursprünglich die Wahrheit suchte, ist das nun eine deutliche Relativierung der Tragweite naturwissenschaftlicher Aussagen im Hinblick aufs Ganze. Es kommt nicht von ungefähr, dass dieser Umbruch gerade mit W. Heisenberg verknüpft wird, hat er doch durch seine nach ihm benannte Unschärferelation beim Lokalisieren atomarer Teilchen gerade gezeigt, wie beschränkt physikalische Methoden sind.

Neutronensterne: Dies sind stabile Endkonfigurationen, die aus dem Gravitationskollaps massereicher Sterne entstehen. Massereiche Sterne durchlaufen alle Brennstoffzyklen thermonuklearer Fusion, bis sie im Innern einen Eisenkern (vergleiche Nickel-Eisen-Kern der Erde) gebildet haben. Dieser weist typische Massen von 1,2 bis 1,6 Sonnenmassen auf. Allein in der Milchstraße gibt es mehr als 100 Millionen Neutronensterne (bei insgesamt einigen hundert Milliarden Sternen also anteilig im Promillebereich). Da weitere exotherme Reaktionen im Innern nach der Phase des Siliziumbrennens unterbleiben, ist bei massereichen Neutronensternen das hydrostatische Gleichgewicht des Sterns gestört: Der Strahlungsdruck (ebenso der Gasdruck, der über Strahlungstransport an den Strahlungsdruck koppelt) verringert sich im Sterninnern rapide, was zugunsten des Gravitationsdrucks geht. Die Konsequenz ist katastrophal: Der innere Teil fällt im Gravitationskollaps in sich zusammen, während die äußeren Schichten unter Beteiligung von Neutrinos in einer Supernova explodieren. Zahlreiche Neutronensterne kann man beobachten und kennt sie als Pulsare.

Nulling: Dies ist eines der Herzstücke der Multi-Teleskop-Observatorien zur Entdeckung extrasolarer Planetensysteme. Mit diesem System, einem sogenannten achromatischen Phasenschieber, wird das von mehreren Teleskopen eingefangene Licht in einer solchen Weise zur Interferenz gebracht, dass das Licht des gleißend hellen Zentralsterns nahezu vollständig ausgelöscht wird. Erst dadurch kann ein schwach leuchtender Planet, der diesen Stern in einem winzigen Winkelabstand umkreist, sichtbar werden. Zur Zeit werden mögliche Technologien und Materialien zur Verwirklichung dieses Prinzips im Weltraum untersucht.

Parsec: Abkürzung für Parallaxensekunde als astronomischer Längeneinheit. Ein parsec ist die Entfernung, in der der Erdbahnhalbmesser unter einem Winkel von einer Bogensekunde erscheint. Ein parsec = 3,2663 Lichtjahre = $30{,}857 \cdot 10^{12}$ Kilometer = 206 264,8 Astronomische Einheiten.

Planck'sche Elementarlänge: Es gibt eine ganze Reihe physikalischer Fundamentalkonstanten. Die Lichtgeschwindigkeit c ist eine davon. Aufgrund der gequantelten Natur wurde zu Ehren ihres Entdeckers, Max Planck, die kleinste messbare Länge mit $l = 1{,}616 \cdot 10^{-35}$ m angegeben.

Quasar: Abkürzung für eine quasi-stellare Radioquelle. Quasare gehören zur Klasse der QSOs, das sind quasi-stellare Objekte. Aufgrund der großen Rotverschiebung werden sie für die am weitesten entfernten Objekte im Kosmos gehalten. Möglicherweise sind diese geheimnisvollen Objekte mit Schwarzen Löchern in ihren Zentren besondere Phasen in der Entwicklung von Galaxien.

Rotverfärbung: Wenn das Licht von Objekten im Weltraum auf dem Weg zur Erde Staubwolken durchquert, wird das Licht zum Teil absorbiert und dadurch geschwächt. Die Absorption ist für blaues Licht viel stärker als für rotes Licht. Deshalb erscheinen solche Objekte gerötet. Die Rotverfärbung hat

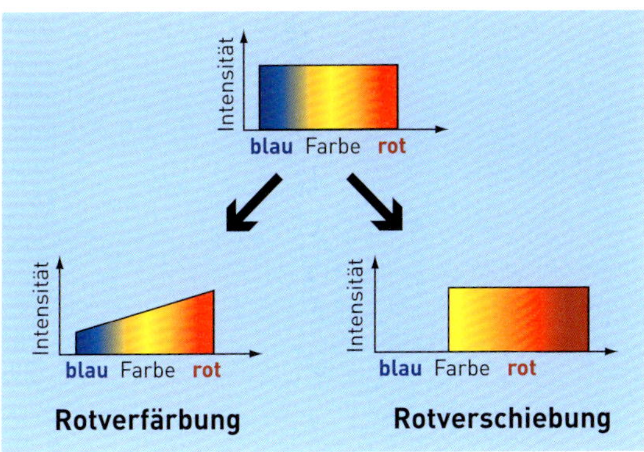

mit der Rotverschiebung jedoch nichts zu tun. Das Bild zeigt, wie Rotverfärbung und Rotverschiebung auf das Spektrum eines Objektes, zum Beispiel einer fernen Supernova, wirken. Die Rotverfärbung bewirkt eine deutliche Abschwächung des blauen und eine geringe Abschwächung des roten Lichtes. Die Rotverschiebung dagegen verursacht eine Verschiebung des gesamten Spektrums zum Roten hin, ohne Farben selektiv abzuschwächen.

Schwarzkörper-Strahlung: Einen Körper nennt man im physikalischen Sinne schwarz, wenn er alles Licht, das auf ihn fällt, absorbiert. Er reflektiert also kein Licht. Das bedeutet aber nicht, dass man ihn nicht sehen könnte. Er sendet vielmehr elektromagnetische Strahlung (Licht) aus. Eine glühende Kohle etwa ist schon ein recht guter Schwarzer Köper. Die Farbverteilung – das Spektrum – des emittierten Lichtes kann man berechnen, und es war das Verdienst von Max Planck, dies als erster getan zu haben. Die Rechnung stimmt mit dem Experiment perfekt überein. Das Erstaunliche dabei ist, dass die Farbverteilung des Spektrums nur von der Temperatur des schwarzen Körpers abhängt und sonst in der Rechnung nur Naturkonstanten vorkommen. Die Herleitung der Formel für die Farbverteilung der Strahlung Schwarzer Körper bereitete Max Planck übrigens einiges Kopfzerbrechen. Der Kunstgriff, den er schließlich einführte, erwies sich als der Beginn der Quantenmechanik und der Quantentheorie, die heute mit die wichtigsten Zweige der Physik darstellen.

Schwarzschild-Radius: Die Schwerkraft eines Schwarzen Lochs ist in seiner Umgebung so groß, dass selbst Licht nicht mehr entweichen kann, wenn es nahe genug am Schwarzen Loch abgestrahlt wird. Der Abstand vom Schwarzen Loch, bei dem das Licht gerade nicht mehr entweichen kann, wurde zuerst von dem deutschen Astronomen Karl Schwarzschild berechnet und deshalb nach ihm benannt. Dieser kritische Abstand hängt nur von der Masse des Schwarzen Loches ab.

Schwere Elemente: Wasserstoff und auch Helium sind mit großem Abstand die häufigsten Elemente im Weltall. Alle übrigen Elemente werden in der Astronomie unter dem Begriff der schweren Elemente gefasst, selbst wenn sie, wie zum Beispiel Kohlenstoff oder Sauerstoff, umgangssprachlich nicht als schwer gelten.

Spektrometer: Darunter versteht man generell ein Gerät, das Lichtstrahlung in seine Farben trennen kann. Während bei einem Spektrometer die Farben nacheinander gemessen werden, geschieht dies im Spektrographen gleichzeitig. In diesem Sinne ist auch das menschliche Auge ein Spektrograph, ebenso ein Farbfilm. Ein Teil der elektronischen Farbbildkameras wären dagegen Spektrometer, weil sie Farbfilter nacheinander verwenden.

Sputterprozess: Hier dienen hochenergetische Ionen dazu, dass Atome oder Moleküle durch Kollision so stark beschleunigt werden, dass sie sogar aus Festkörpern herausgeschlagen werden. Im Umfeld junger Sterne betrifft dies besonders ko-orbitierende Objekte.

Weltbild: Jeder Mensch hat ein Weltbild. Es hängt unmittelbar mit seinen Grundüberzeugungen zusammen. Ein Weltbild ist die Summe aller Begriffe, Vorstellungen und Einschätzungen, allen Wissens und Glaubens, aller Erfahrungen und Erkenntnisse, auf deren Grundlage jeder Mensch die Welt um sich herum begreift, und dem gemäß er seine Handlungen plant und Überzeugungen zum Ausdruck bringt. Mit dem eigenen Weltbild verknüpfen sich auch die Werte, die man als besonders wichtig einschätzt. Das Naturbild ist jedenfalls eine Untermenge des Weltbilds.

Zitate

Z1 S. 21: „Viele gegenwärtige astronomische Beobachtungen kommen zunehmend zu dem Schluss, dass ein entfaltetes, ausgebildetes, aktives, sich entwickelndes und expandierendes Universum als eine augenblickliche Schöpfung entstanden sein könnte." (ESO in Spaceflight, November 2004, Vol 45, No 11)

Z2 S. 32: „Ich betone noch einmal, dass Licht in dieser Form – als Teilchen – auftritt. Es verhält sich genauso, wie sich Teilchen verhalten. Das müssen sich vornehmlich diejenigen unter Ihnen einprägen, die in der Schule vermutlich etwas vom Wellencharakter des Lichts erzählt bekamen. In Wirklichkeit aber ist das Verhalten des Lichts das von Teilchen." (Deutsche Übersetzung aus: Feynman R, QED – Die seltsame Theorie des Lichtes und der Materie, Piper, München 1988, S. 26.)

Z3 S. 33: „Ich denke, ich kann sicher sagen, dass niemand die Quantenphysik versteht." (Richard P. Feynman in „Probability and Uncertainty – the Quantum Mechanical View of Nature", S. 129)

Z4 S. 33: „Sollte die Quantenphysik Sie nicht gewaltig geschockt haben, dann haben Sie sie noch nicht verstanden." (Niels Bohr in „Essays 1932–1957 on Atomic Physics and Human Knowledge")

Z5 S. 45: „Die Verteilung der Röntgenstrahlen ist nicht unterscheidbar von derjenigen näherer, älterer Quasare. Gleichermaßen war die relative Helligkeit von SDSSp J1306 im optischen Bereich und im Röntgenbereich ähnlich derjenigen der nahen Gruppe von Quasaren. Optische Beobachtungen lassen eine Masse für das Schwarze Loch von ungefähr einer Milliarde Sonnenmassen vermuten." (Roy & Watzke 2004 und Schwartz & Virani 2004)

Z6 S. 45: „Die beiden Ergebnisse scheinen anzudeuten, dass die Röntgenstrahlenerzeugung Schwarzer Löcher im Wesentlichen seit dem Beginn des Universums gleich blieb." (Roy & Watzke 2004 und Schwartz & Virani 2004)

Z7 S. 46: „Irgendwann zwischen 300 und 800 Millionen Jahren nach dem Urknall wurden die ersten Schwarzen Löcher geboren, die es schafften, über 1 Milliarden Sonnen zu verschlingen." (Britt 2003)

Z8 S. 46: „Diese und viele anderen astronomischen Beobachtungen führen zunehmend zu dem Schluss, dass ein reifes, aktives und expandierendes Universum im Rahmen einer spontanen Schöpfung entstanden sein könnte." (ESO 2004)

Z9 S. 75: „Wenn Supernovae Ia bezüglich ihrer [typbedingten] Streuungen im Lichtabfall und ihrer Eigenfarbe korrigiert werden, sind sie die zur Zeit besten Standard-Kerzen." (Saha et al.)

Z10 S. 95: „Quasare entstehen innerhalb von aktiven Galaxien und werden von diesen ausgestoßen. Deshalb sind buchstäblich aktive Galaxien die Eltern von Quasaren." (Arp et al.)

Z11 S. 98: „Der Punkt ist, dass Quasare ihrer mutmaßlichen Elterngalaxie korrekt zugeordnet und in deren Inertialsystem verschoben werden müssen,bevor der Karlsson Peak beobachtet werden kann." (Arp et al.)

Z12 S. 104: „Das eigentliche Rätsel ist, dass diese Galaxien bereits ziemlich alt aussahen, als das Universum erst 5 Prozent seines gegenwärtigen Alters erreicht hatte. Dies bedeutet, dass Sternentstehung sehr früh in der Geschichte des Universums begonnen haben musste – früher als man bislang glaubte, ..." (Ellis)

Z13 S. 104: „Endgültige Aufklärung der Galaxienentstehung in den ersten 500 Milliarden Jahren erwartet man mit dem James-Webb – Weltraumteleskop (Bouwens RJ & Illingworth GD (2006) Rapid evolution of the most luminous galaxies during the first 900 million years, Nature *443*, S. 189)

Z14 S. 104: „Etwas da draußen hält Schwärme von Galaxien zusammen und verhindert das Auseinanderfliegen ihrer Sterne, aber Wissenschaftler haben noch nicht verstanden, um was es sich bei dieser unsichtbaren Substanz handelt. Obwohl mir viele Namen für Gott geläufig sind, war dies das erste Mal, dass ich hörte, wie er Dunkle Materie genannt wurde." (C. A. Bachelor, aus einem Leserbrief in „National Geografic", September 2005)

Z15 S. 108: „Für unsere Augen definieren Sterne das Universum. Für Kosmologen sind sie nur ein staubiges Funkeln, eine unwichtige Dekoration des wahren Gesichtes des Raumes."
„Wir wissen nicht, was diese dunklen Erscheinungen sind, aber sie scheinen fast alles zu sein."
„Solange wir keine Evidenz für Dunkle Materie in unseren Labors oder eine bewiesene physikalische Basis für die Dunkle Energie haben, bleibt die Möglichkeit, dass wir einer fundamentalen Fehleinschätzung aufgelaufen sind."

Z16 S. 150: „Die quasi-stationäre Kosmologie (QSSC) ist ... als eine Alternative zum Standardmodell des heißen Urknalls vorgeschlagen worden. Diese Kosmologie wirft die anfängliche Singularität über Bord und hat auch keine kosmischen Epochen. in denen das Universum sehr heiß war. Die Synthese von leichten Kernen und der Ursprung der kosmischen Hintergrundstrahlung werden deshalb mit Hilfe anderer physikalischer Prozesse erklärt als mit jenen, die man für den heißen Urknall braucht." (Narlikar et al. 2003)

Z17 S. 127: „Warnung: Das Folgende enthält populäre Kosmologie. Sie zu lesen kann zu Irritationen und Verwirrung führen. Niemand weiß genau, was vor sich geht und nichts, was Sie hier lesen ist wahrscheinlich wahr." (Berman 2004)

Z18 S. 144: „Unsere neue Studie stellt nun die fundamentale Frage über unser Verständnis und unsere Kenntnis von Prozessen, welche die Genesis und die Entwicklungsgeschichte des Universums und seiner Struktur betreffen." (A. Cimatti, Team-Leiterin)

Z19 S. 147: „Urknall-Vorhersagen sind beständig falsch und werden an das Ereignis adaptiert. Das ist die heutige ‚Standard-Kosmologie'." (Marcus Chown)

Z20 S. 152: „In dieser Beschreibung (der Entwicklung des Universums, d. Ü.) ist die Rolle von Λ immer noch unklar, denn sie erscheint und verschwindet wieder, wie es gerade so passt." (Casado J. 2020)

Z21 S. 154: „Ist das nur ein weiteres glückliches und bedeutungsloses Zusammentreffen?" (Casado 2020).

Z22 S.155: „Das überraschend frühe Auftreten von massereichen Galaxien ist ein Problem für das Standardmodell, und die Halo-Massen-Funktion [die Klumpung dunkler Materie], die man aus Galaxiendurchmusterungen abschätzen kann ... ist inkonsistent mit den Vorhersagen des ΛCDM [Standardmodells], was zur Bezeichnung ‚Das Problem der unmöglich frühen Galaxien' führte." (Steinhardt et al. 2016)

Z23 S. 171: „... für die Planetenjäger wurde es zunehmend unbequem. Sie hatten zur allgemeinen Zufriedenheit sichergestellt, dass Sterne stets mit Planeten daherkommen. Doch erwiesen sie sich nicht so wie die ‚anständige Welt' unseres Sonnensystems mit schönen, fast kreisförmigen Bahnen und Gasriesen in einer angemessenen Entfernung von ihrem Mutterstern. Es waren vielmehr Planeten von der Hölle – und sie brachen alle Regeln." (Couper & Henbest 2002)

Z24 S. 190: „Entweder ist die Sonnenmodellierung falsch oder unser Klima ist bemerkenswert widerstandsfähig gegenüber Änderungen (der Sonne)." (Auszug aus der Projektbeschreibung für die *Eddington*-Weltraummission der ESA)

Z25 S. 194: „Wir interpretieren dies als Sedimentablagerungen, die vielleicht Eis enthalten. Dies ist ein bedeutender, neuer Hinweis, dass es einmal einen Ozean gegeben hat. Ich denke nicht, dass dieser Ozean so lange Bestand hatte, dass sich Leben formen konnte." (Mouginot et al. 2012)

Z26 S. 195: „Die Tatsache, dass es Methan auf Mars gibt, bedeutet, dass es eine (aktuelle) Quelle geben muss." (V. Formisano vom Institute of Physics and Interplanetary Space in Rome in NewScientist, Apr. 2004)

Z27 S. 210: „Wir entdeckten, dass ein Komet nicht wirklich ein ‚schmutziger Schneeball' ist, weil Schmutz dominant ist, nicht Eis." (Horst Uwe Keller vom Max-Planck-Institut für Aeronomie, Katlenburg-Lindau; Leiter des HMC-Teams)

Z28 S. 232: „Wenn wir die Quantentheorie als die fundamentalste Beschreibung akzeptieren, die wir zur Beschreibung unserer Wirklichkeit haben, heißt dies, dass die Raumzeit selbst nicht fundamental ist, sondern aus einer tieferen, gegenwärtig unergründlichen Quantenrealität hervorgeht." (New Scientist, 3. August 2013)

Z29 S. 239: „Unser Universum ist einfach eines der Dinge, die von Zeit zu Zeit geschehen." (Tryon 1973)

Literatur

Verwendete Abkürzungen

A&A Astronomy & Astrophysics
AJ Astronomical Journal
ApJ Astrophysical Journal
ApJL Astrophysical Journal Letters
ApJS Astrophysical Journal Supplement
arXiv Auf der Webseite https://arxiv.org die angegebene Artikel id eingeben. Über diese Seite können auch viele andere der hier gelisteten Artikel gesucht und eingesehen werden.
MIT Massachusetts Institute of Technology
MNRAS Monthly Notices of the Royal Astronomical Society

Kapitel 1

Britt RR (2003) The New History of Black Holes: 'Co-evolution' Dramatically Alters Dark Reputation. Space News, 28. Jan 2003, http://www.space.com/scienceastronomy/blackhole_history_030128-3.html.

ESO (2004) Spaceflight *45*, 11, November-Ausgabe, im Nachrichtenteil.

Hecht E (2002) Optics, 4th ed. Addison Wesley, San Francisco.

Roy S & Watzke M (2004) Precocious Supermassive Black Holes Challenges Theories. CXC, Release 04–12. http://chandra.harvard.edu/press/04_releases/press_112204.html.

Schwartz D & Virani S (2004) ApJL *615*, L21–L24.

Stix M (2003) On the time scale of energy transport in the sun. Solar Physics January *212*, 3–6.

Windhorst R & Yan H (2004) Candidates of $z \sim 5.5$-7 Galaxies in the HST Ultra Deep Field. ApJL *612*, L93.

Kapitel 2

Damour T & Dyson F (1996) The Oklo bound on the time variation of the fine-structure constant revisited. Nuclear Physics, Section B *480*, 37–54.

Dürr H-P (2000) Das Netz des Physikers, 3. Aufl., dtv München.

Hänsch et al. (2005) Ultraprecise atomic spectroscopy. In: Atomic Physics 19: XIX International Conference on Atomic Physics. AIP Conference Proceedings *770*. Melville, NY: American Institute of Physics, S. 71–78.

Hawking S (2004) Die illustrierte kurze Geschichte der Zeit. Reinbek bei Hamburg.

Kuhn TS (1962) Struktur wissenschaftlicher Revolutionen. Reinbek bei Hamburg.

Lamoreaux SK & Torgerson JR (2004) Neutron moderation in the Oklo natural reactor and the time variation of α. Physical Review D 69, id. 121701.

Popper KR (2007/1934) Logik der Forschung. Akademie Verlag.

Srianand R, Chand H, Petitjean P & Aracil B (2004) Limits on the time variation of the electromagnetic fine-structure constant in the low energy limit from absorption lines in the spectra of distant quasars. Phys. Rev. Lett. *92*, 121302.

Webb JK et al. (2001) Further evidence for cosmological evolution of the fine structure constant. Phys. Rev. Lett. *87*, id. 091301.

Webb JK et al. (2011) Indications of a spatial variation of the fine structure constant. Phys. Rev. Lett. *107*, id. 191101.

Zöllner EJ (2014) Forschung & Lehre 2/14 (Mitteilungen des Deutschen Hochschulverbands), S. 95.

Kapitel 3

Abbott BP et al. (2016) Observation of gravitational waves from a binary black hole merger. Phys. Rev. Lett. *116*, Issue 6, id.061102.

Abbott R & ca. 1500 weitere Autoren (2021) *GWTC-2: Compact Binary Coalescences Observed by LIGO and Virgo During the First Half of the Third Observing Run.* Physical Review , *11*, 021053, online: https://journals.aps.org/prx/pdf/10.1103/PhysRevX.11.021053.

Aguirre A & Haiman Z (2000) Cosmological constant or intergalactic dust? Constraints from the cosmic far-infrared background. ApJ *532*, 28.

van Albada TS, Bahcall JN, Begeman K & Sancisi R (1985) ApJ *295*, 305–313.

Anderl S (2019) Messfehler oder die Auflösung der Krise. Frankfurter Allgemeine Zeitung, Ausgabe 10.11.2019, online verfügbar: https://www.faz.net/aktuell/wissen/weltraum/kann-die-krise-der-kosmologie-aufgeloest-werden-16421968.html, zuletzt aufgerufen März 2021.

Arp H, Burbidge EM & Burbidge G (2004) The double radio source 3C 343.1: A galaxy-QSO pair with very different redshifts. A&A *414*, L37.

Arp H, Roscoe D & Fulton C (2005) Periodicities of quasar redshifts in large area surveys. astro-ph/0501090.

Barris BJ & Tonry JL (2004) Redshift-independent distances to Type Ia Supernovae. ApJ *613*, L21.

Bell MB & McDiarmid D (2006) Six peaks visible in the redshift distribution of 46,400 SDSS quasars agree with the preferred redshifts predicted by the decreasing intrinsic redshift model. ApJ *648*, 140.

Bennett CL, Larson D, Weiland JL, Jarosik N, Hinshaw G, Odegard N et al. (2013) Nine-year Wilkinson Microwave Anisotropy Probe (WMAP) observations: Maps and results. ApJS Ser. *208:20*, pp. 1–54.

Betoule M, Kessler R, Guy J et al. (2014) Improved cosmological constraints from a joint analysis of the SDSS-II and SNLS supernova samples. A&A *568*, id. A22, 32 Seiten.

Bland-Hawthorn J & Gerhard O (2016) The Galaxy in Context: Structural, Kinematic & Integrated Properties. Annual Review Astronomy & Astrophysics *54*, 529.

Blondin S et al. (2008) Time Dilation in Type Ia Supernova

Spectra at High Redshift. ApJ *682*, 724–736

Bouwens RJ & Illingworth GD (2006) Rapid evolution of the most luminous galaxies during the first 900 million years. Nature *443*, 189.

Bouwens RJ et al. (2014) A census of star forming galaxies in the z~9-10 universe based on HST+Spitzer observations over 19 CLASH clusters: Three candidate z~9-10 galaxies and improved constraints on the star formation rate density at z~9. ApJ *795*, 126.

Bunker A et al. (2006) Star forming galaxies at z ≈ 6 and reionization. New Astronomy Rev. *50*, 94–100.

Ciardullo R, Jacoby GH & Tonry JL (1993) A comparison of the planetary nebula luminosity function and surface brightness fluctuation distance scales. ApJ *419*, 479.

Ciardullo R (2003a) Extragalactic distances from planetary nebulae. In: Alloin D & Gierren W (eds) Lecture Notes in Physics *635*, 243.

Ciardullo R (2003b) Distances from Planetary Nebulae. https://arxiv.org/abs/astro-ph/0301279.

Cooke J, Sullivan M et al. (2012) Superluminous supernovae at redshifts of 2.05 and 3.90. Nature *491*, 228–231.

Dyson FW, Eddington AS & Davidson C (1920) A determination of the deflection of light by the sun's gravitational field, from observations made at the total eclipse of May 29, 1919. Philos. Trans. Royal Soc. Lond. *220A*, 291–333.

Ellis R (2005a) Keck and Spitzer find first stars in distant galaxies. https://keckobservatory.org/keck_and_spitzer_find_first_stars_in_distant_galaxies/

Ellis RS (2005b) Cosmology: The infrared dawn of starlight. Nature *438*, 39.

ESA Planck Collaboration (2013) http://cdn.arstechnica.net/wp-content/uploads/2013/03/Planck_anomalies_Bianchi_on_CMB_orig.jpg

Eyles LP et al. (2005) Spitzer imaging of i'-drop galaxies: old stars at z~ 6, MNRAS *364*, 443.

Freedman WL et al. (2019): The Carnegie-Chicago Hubble Program. VIII. An Independent Determination of the Hubble Constant Based on the Tip of the Red Giant Branch, Astrophysical Journal *882*, 34 (29 Seiten).

Fulton CC & Arp HC (2012) The 2dF Redshift Survey. I. Physical association and periodicity in quasar families. ApJ *754*, 134.

Fulton CC, Arp HC & Hartnett JG (2018) Physical association and periodicity in quasar families with SDSS and 2MRS, Astrophys. Space Sci. *363*, 134.

Goobar A, Bergström L & Mörtsell E (2002) Measuring the properties of extragalactic dust and implications for the Hubble diagram. A&A *384*, 1.

Haas M (2000) Cold dust in M31 as mapped by ISO, in: The interstellar medium in M31 and M33. Proceedings 232. WE-Heraeus Seminar, 22–25 May 2000, Bad Honnef, Germany. Hrsg: Berkhuijsen, Beck &Walterbos; Verlag Shaker, Aachen, S. 69–72.

Hallman E, NASA, ESA (2008) https://de.wikipedia.org/wiki/Struktur_des_Kosmos#/media/Datei:Structure_of_the_Universe.jpg.

Harikane Y er al. (2022) A Search for H-Dropout Lyman Break Galaxies at z ~ 12–16. ApJ *929*, 1.

Hartnett JG (2009) Unknown selection effect simulates redshift periodicity in quasar number counts from Sloan Digital Sky Survey. Astrophys. Space Science *324*, 13.

Hashimoto T, Laporte N, Mawatari K, Ellis RS, Inoue AK (2018) The onset of star formation 250 million years after the Big Bang. Nature *557*, 392–395.

Hawkins E, Maddox SJ & Merrifield MR (2002) No periodicities in 2dF Redshift Survey data. MNRAS *336*, L13.

Huchra J (2010) Estimates of the Hubble Constant. https://lweb.cfa.harvard.edu/~dfabricant/huchra/hubble.plot.dat

Illingworth GD et al. (2013) The HST extreme deep field (XDF): Combining all ACS and WFC3/IR data on the HUDF region into the deepest field ever. ApJS *209*, 6.

Immler S & Grand E (2016) https://swift.gsfc.nasa.gov/results/releases/images/m31_uvot.

Jacoby GH (1989) Planetary nebulae as standard candles. I. Evolutionary models. ApJ *339*, 39.

Jarrett TH (2004) Large Scale Structure in the Local Universe. Publ. Astron. Soc. Australia *21*, 396.

LIGO Scientific Collaboration and The Virgo Collaboration, Abbott B und ca. 1100 weitere Autoren (2017a) Multi-messenger Observations of a Binary Neutron Star Merger. Astrophysical Journal Letters, *848*, L12.

LIGO Scientific Collaboration and The Virgo Collaboration., Abbott B und ca. 1100 weitere Autoren (2017b) A gravitational-wave standard siren measurement of the Hubble constant. Nature *551*, 85.

LIGO (2019) Eine Suche nach Schwarzen Löchern mit weniger als einer Sonnenmasse. online: https://ligo.org/science/Publication-O2SSM/translations/science-summary-german.pdf, aufgerufen Juli 2021.

López-Corredoira M (2017) Tests and Problems of the Standard Model in Cosmology. Foundations of Physics 47 Ausgabe 6, S. 711, online: https://arxiv.org/pdf/1701.08720.pdf, aufgerufen April 2021.

Martin WL, Warren PR & Feast MW (1979) Multicolour photoelectric photometry of Magellanic Cloud Cepheids. II – an analysis of BVI observations in the LMC. MNRAS *188*, 139.

Mather JC et al. (1990) A preliminary measurement of the cosmic microwave background spectrum by the Cosmic Background Explorer (COBE) satellite. ApJL *354*, L37.

Mathewson DS, Ford VL & Buchhorn M (1992) A southern sky survey of the peculiar velocities of 1355 spiral galaxies. ApJS *81*, 413.

Napier WM & Burbidge G (2003) The detection of periodicity in QSO data sets. MNRAS *342*, 601.

Panek R (2020) How a Dispute over a Single Number Became a Cosmological Crisis. Scientific American, Ausgabe 1. März 2020, online verfügbar: https://www.scientificamerican.com/article/how-a-dispute-over-a-single-number-became-a-cosmological-crisis/, zuletzt aufgerufen März 2021.

Planck Collaboration (2015) Planck 2015 results. XIII. Cosmological parameters. A&A, arXiv:1502.01589v2.

Repin SV, Komberg BV & Lukash VN (2012) Absence of a periodic component in the quasar z distribution. Astronomy Reports *56*(9), 702–709.

Riess AG, Press WH & Kirshner RP (1996) A Precise Distance Indicator: Type IA Supernova Multicolor Light-Curve Shapes. ApJ *473*, 88.

Riess AG, Filippenko AV et al. (2000) Tests of the accelerating universe with near-infrared observations of a high-redshift type Ia supernova. ApJ *536*, 62–67.

Riess AG et. al. (2016) A 2.4% Determination of the local value of the Hubble constant. ApJ *826*, 56.

Riess AG et al. (2019) Large Magellanic Cloud Cepheid Standards Provide a 1% Foundation for the Determination of the Hubble Constant and Stronger Evidence for Physics beyond ΛCDM. ApJ *876*, 85.

Riess AG et al. (2021) Cosmic Distances Calibrated to 1% Precision with Gaia EDR3 Parallaxes and Hubble Space Telescope Photometry of 75 Milky Way Cepheids Confirm Tension with ΛCDM. ApJ *908*, L6.

Saha A et al. (2001) Cepheid calibration of the peak brightness of type Ia Supernovae. XI. SN 1998aq in NGC 3982. ApJ *562*, 314.

Schmitt JH et al. (1991) A soft X-ray image of the moon. Nature *349*, 583.

Shah P, Lemos P & Lahay O (2021) A buyer's guide to the Hubble constant. Astronomy and Astrophysics Review, *29*, Artikel Nr. 9

Supper R et al. (1997) ROSAT PSPC survey of M31. Astronomy & Astrophysics *317*, 328–349. Review, *29*, Artikel ID 9.

Tifft WG (2003) Redshift periodicities, The galaxy-quasar connection. Astrophysics and Space Science *285*, 429.

Tonry JL, Ajhar EA & Luppino GA (1990) Observations of surface-brightness fluctuations in Virgo. AJ *100*, 1416.

Tully RB & Fisher JR (1977) A new method of determining distances to galaxies. A&A *54*, 661.

Tully RB (1982) A color-magnitude relation for spiral galaxies. ApJ *257*, 389.

Tully RB, Coutois H, Hoffman Y, Pomarède D (2014) The Laniakea supercluster of galaxies. Nature *513*, 71–73.

Weisberg JM & Taylor JH (2005) The relativistic binary pulsar B1913+16: Thirty years of observations and analysis, binary radio pulsars. ASP Conference Series *328*, Edited by FA Rasio and IH Stairs. San Francisco: Astronomical Society of the Pacific.

Winkler W, Danzmann K & Grote H (2007) The GEO 600 core optics. Optics Communications *280*, 492–499.

Zaninetti L (2013) Chord distribution along a line in the local Universe, Revista Mexicana de Astronomía y Astrofísica *49*, 117.

Zehavi I et al. (2002) Galaxy clustering in early sloan digital sky survey redshift data. ApJ *571*, 172.

Kapitel 4

Alam S et al. (2017) The clustering of galaxies in the completed SDSS-III Baryon Oscillation Spectroscopic Survey: cosmological analysis of the DR12 galaxy sample. Monthly Notices of the Royal Astronomical Society *470*, 2617–2652, verfügbar unter: https://arxiv.org/pdf/1607.03155.pdf.

Anderson et al. (2012) The clustering of galaxies in the SDSS-III Baryon Oscillation Spectroscopic Survey: baryon acoustic oscillations in the Data Release 9 spectroscopic galaxy sample. MNRAS *427*, 3435–3467.

Andreon S. et al. (2014) JKCS 041: a Coma cluster progenitor at z = 1.803. Astronomy & Astrophysics *565*, A120.

Anderson et al. (2012) The clustering of galaxies in the SDSS-III Baryon Oscillation Spectroscopic Survey: baryon acoustic oscillations in the Data Release 9 spectroscopic galaxy sample. MNRAS *427*, 3435–3467.

Astier P (2012) The expansion of the universe observed with supernovae. Rep. Prog. Phys. *75*, id 116901, arxiv.org/1211.2590v1.

Bayliss MB et al. (2014) SPT-CLJ2040-4451: An SZ-selected galaxy cluster at z = 1.478 With significant ongoing star formation. ApJ *794*, 12B.

Bennett CL et al. (2003) First-Year Wilkinson Microwave Anisotropy Probe (WMAP) Observations: Foreground Emission. ApJS *148*, 97–117.

Bennett CL et al. (2011) Seven-year Wilkinson Microwave Anisotropy Probe (WMAP) observations: Are there cosmic microwave background anomalies? ApJS *192*, article id. 17.

Berman B (2004) Astronomy, 32, Heft *7*, S. 16.

Bromm V et al. (2009) The formation of the first stars and galaxies. Nature *459*, 49–54.

Bromm V & Yoshida N (2011) The First Galaxies. Annu. Rev. Astron. Astrophys. *49*, 373.

Cimatti A et al. (2004) Old galaxies in the young Universe. Nature *430*, 184–187.

Carlstrom JE & Joy M & Grego L (1996) Interferometric imaging of the Sunyaev-Zeldovich effect at 30 GHz. ApJ *456*, 75.

Durrer R (2003) Das Universum ist flach. In: Die Weltwoche (Tageszeitung), Ausgabe *30*, Rubrik „Wissenschaft".

Casado J (2020) Linear expansion models vs. standard cosmologies: a critical and historical overview. Astrophysics and Space Science *365*, 16.

Chown M (2005) Did the big bang really happen? New Scientist *2506*, Ausgabe 2. Juli 2005, S. 30. http://www.zpenergy.com/modules.php?name=News&file=print&sid=1465.

Cimatti A et al. (2004) Old galaxies in the young Universe. Nature *430*, 184–187.

Conley A et al. (2011) Supernova constraints and systematic uncertainties from the first three years of the supernova legacy survey. ApJS, *192:1*, 1104.1443 (ADS).

Eckhardt DH & Garrido Pestaña JL (2020) Dark Future for Dark Matter, Journal of Modern Physics, *11*, 1589–1597, verfügbar: https://www.scirp.org/pdf/jmp_2020101914100788.pdf.

Einstein A (2012) Relativität und Gravitation. Erwiderung auf eine Bemerkung von M. Abraham. Annalen der Physik *38*, 1059.

Ellis GFR (2011) Inhomogeneity effects in cosmology. Classical and quantum gravity *28*, Issue 16, id. 164001.

Friaça A, Alcaniz JS & Lima JAS (2005) An old quasar in a young dark energy-dominated universe? MNRAS *362*, 1295.

Goldhaber G et al. (1997) Observation of cosmological time dilation using Type Ia Supernovae as clocks. In: Ruiz-Lapuente P, Canal R & Isern J (eds) Thermonuclear supernovae. Proceedings of the NATO Advanced Study Institute, Kluwer Academic Publishers.

Guth AH, Lightman AP (1998) The Inflationary Universe:

The Quest for a New Theory of Cosmic Origins. Vintage Random House London.

Harrison ER (1983) Kosmologie – Die Wissenschaft vom Universum. Darmstadt.

Hasinger G, Schartel N & Komossa S (2002) Discovery of an ionized Fe K edge in the *z*=3.91 broad absorption line quasar APM 08279+5255 with XMM-Newton. ApJ *573*, L77–L80.

Hinshaw G et al. (2007) Three-year Wilkinson Microwave Anisotropy Probe (WMAP) observations: Temperature analysis. ApJS 170, 288–334.

Hoyle F, Burbidge G & Narlikar JV (1993) A quasi-steady state cosmological model with creation of matter. ApJ. *410*, 437–457.

Kowalski M et al. (2008) Improved cosmological constraints from new, old and combined supernova datasets. ApJ *686*, 749.

Larson D et al. (2015) Comparing Planck and WMAP: Maps, spectra, and parameters. ApJ *801*, 21 pp., arxiv 1409.7718.

Leach S (2011) Why COBE and CN spectroscopy cosmic background radiation temperature measurements differ, and a remedy. Monthly Notices R. Astron. Soc. *421*, 1325–1330.

Leibundgut B et al. (1996) Time dilation in the light curve of the distant Type Ia supernovae SN 1995K. ApJ *466*, L21.

Liddle AR (1999) An introduction to cosmological inflation. arXiv:astro-ph/9901124v1.

Lima JAS, Jesus JF & Cunha JV (2009) Can old galaxies at high redshifts and baryon acoustic oscillations constrain H_0? ApJ *690*, L85.

Mapelli M, Rampazzo R & Marino A (2015) Building gas rings and rejuvenating S0 galaxies through minor mergers. A&A *575*, 16.

Marino A et al. (2011) Tracing rejuvenation events in nearby S0 galaxies. ApJ. *736*, 154

McGaugh S (2011) Novel test of modified Newtonian dynamics with gas rich galaxies. Phys. Rev. Lett. *106*, issue 12, id.121303.

Melia F (2007) The cosmic Horizon. Monthly Notices of the Royal Astronomical Society *382*, 1917–1921.

Melia F (2015) On recent claims concerning the R_h = ct Universe. Monthly Notices of the Royal Astronomical Society, *446*, 1191–1194.

Melia F (2019) Cosmological test using the Hubble diagram of high-z quasars, Monthly Notices of the Royal Astronomical Society *489*, 517–523, verfügbar: arXiv: 1907.13127.

Melia F & Lopez-Corredoira M (2017) Alcock-Paczynski test with model-independent BAO Data. International Journal of Modern Physics D, 26, Nr. *06*, id. 1750055; https://arxiv.org/abs/1503.05052v2.

Mullis CR, Rosati P, Lamer G, Böhringer H & Fassbender R (2005) Discovery of an X-ray-Luminous Galaxy Cluster at *z*=1.4. ApJ *623*, L85–L88.

Myers AD et al. (2004) Evidence for an extended Sunyaev-Zel'dovich effect in WMAP data. MNRAS *347*, L67–L72.

Narlikar JV et al. (2003) Inhomogeneities in the microwave background radiation interpreted within the framework of the Quasi-Steady State Cosmology. ApJ *585*, 1.

Narlikar JV, Burbidge G & Vishwakarma RG (2007) Cosmology and cosmogony in a cyclic universe. J. Astrophys. Astron. *28*, 67–99.

Narlikar JV et al. (2008) Cosmology and cosmogony in a cyclic universe. A&A *28*, 67–99, arXiv:0801.2965v1.

Narlikar JV et al. (2015) Gravitational wave background in the Quasi-Steady State Cosmology. MNRAS. *451*, 1390–1395, arxiv:1505.05494v1.

NASA, Wilkinson Microwave Anisotropy Probe Website. http://map.gsfc.nasa.gov.

Nomoto K et al. (2013) Nucleosynthesis in stars and the chemical enrichment of galaxies. Annu. Rev. Astron. Astrophys. *51*, 457–509.

Olive KA & Peacock JA (2013) Big-Bang cosmology. In: Olive KA et al. (Particle Data Group) 2014. Chinese Physics C *38*, id090001, http://pdg.lbl.gov/2014/reviews/rpp2014-rev-bbang-cosmology.pdf.

Oort JH (1932) The force exerted by the stellar system in the direction perpendicular to the galactic plane and some related problems. Bull. Astron. Inst Netherlands *6*, 249.

Pecker JC et al. (2015) The local contribution to the microwave background radiation. Res. Astron. Astrophys. *15*, article id. 461.

Percival WJ et al. (2007) Measuring the baryon acoustic oscillation scale using the SDSS and 2dFGRS. MNRAS *381*, 1053–1066, arXiv:0705.3323v2.

Perlmutter S & Schmidt BP (2003) Measuring Cosmology with Supernovae. Lect. Notes Phys. *598*, 195–217, verfügbar unter https://arxiv.org/pdf/astro-ph/0303428.pdf.

Planck Collaboration (2015a) Planck 2015 results. I. Overview of products and scientific results. arXiv:1502.01582v1.

Planck Collaboration (2015b) Planck 2015 results. XIV. Dark energy and modified gravity. arXiv:1502.01590.

Planck Collaboration (2015c) Planck 2015 results. XV. Gravitational lensing. arXiv:1502.01591.

Planck Collaboration (2015d) Planck 2015 results. XXI. The integrated Sachs-Wolfe effect. arXiv:1502.01595.

Planck Collaboration (2015e) Springel V. et al. (2005) Simulations of the formation, evolution, and clustering of galaxies and quasars. Nature *435*, 629–636.

Planck Collaboration (2015f) Planck 2015 results. XXVII. The Second Planck Catalogue of Sunyaev-Zeldovich Sources, arXiv:1502.01598.

Planck Collaboration (2020) Planck 2018 results. VI. Cosmological parameters. Astronomy & Astrophysics *641*, A6. Verfügbar unter: https://www.aanda.org/articles/aa/full_html/2020/09/aa33910-18/aa33910-18.html.

Ray S et al. (2011) Variable Equation of State for Generalized Dark Energy Model. International Journal of Theoretical Physics, *50*, 2687–2696.

Riess A et al. (1998) Observational Evidence from Supernovae for an Accelerating Universe and a Cosmological Constant. Astronomical Journal *116*, 1009–1038, verfügbar unter https://iopscience.iop.org/article/10.1086/300499/pdf.

Riess AG et al. (2004) Type Ia supernova discoveries at z > 1 from the Hubble Space Telescope: evidence for past

deceleration and constraints on dark energy evolution. Astrophysical Journal *607*, 665.
Slipher VM (1913) The radial velocity of the Andromeda nebula. Lowell Observatory Bulletin *1*, 56–57.
Smith A & Bromm V (2019) Supermassive black holes in the early universe. Contemporary Physics, *60*, 111–126; verfügbar unter: https://arxiv.org/pdf/1904.12890.pdf
Springel V et al. (2005) Simulations of the formation, evolution, and clustering of galaxies and quasars. Nature *435*, 629–636.
Steinhardt C.L et al. (2016) The Impossibly Early Galaxy Problem. The Astrophysical Journal *824*, 21–29.
Strazzullo V. et al. (2019) Galaxy populations in the most distant SPT-SZ clusters. Astronomy & Astrophysics *622*, A117.
Sultana J (2016) The R_h = ct universe and quintessence *457*, 212–216; verfügbar: https://doi.org/10.1093/mnras/stv3012.
Sundman S (2013) On the origin of mass in the standard model. Int. J. Mod. Phys. E, *22*, id. 1350002.
Tanaka M et al. (2013) On the formation timescale of massive cluster ellipticals based on deep near-infrared spectroscopy at z ~ 2. ApJ *772*, 113.
Turner MS (1999) Astronomical Society of the Pacific Conference Series *165*, 431.
Watson D et al. (2015) A dusty, normal galaxy in the epoch of reionization. Nature *519*. doi:10.1038/nature14164.
Wright (2015) http://www.astro.ucla.edu/~wright/stdystat.htm, aufgerufen Mai 2021.
Yennapureddy MK & Melia F (2018) A cosmological solution to the Impossibly Early Galaxy Problem. Physics of the Dark Universe *20*, 65–71.

Kapitel 5

Altwegg K, Balsiger H et al. (2014) 67P/Churyumov-Gerasimenko, a Jupiter family comet with a high D/H ratio. Science *347*, doi: 10.1126/science.1261952.
Ananthaswamy A (2004) What lies beneath. New Scientist Nr. *2441*.
Angerhausen D (2015) A statistical search for a population of exo-trojans in the Kepler data set. ApJ *811*, id. 1.
Battersby S (2004) First images of Saturn's rings bring surprises. New Scientist Nr. *2455*.
Beer ME, King AR, Livio M & Pringle JE (2004) Red giant depletion in globular cluster cores. MNRAS *354*, 763.
Carter JA, Agol E et al. (2012) Kepler-36: A pair of planets with neighboring orbits and dissimilar densities. Science *337*, 556–559.
Chauvin G, Lagrange AM, Dumas C, Zuckerman B, Mouillet D, Song I, Buezit JL & Lowrance P (2004) A giant planet candidate near a young brown dwarf. A&A *425*, L29.
Chauvin G et al. (2012) Deep search for companions to probable young brown dwarfs. VLT/NACO adaptive optics imaging using IR wavefront sensing. A&A *548*, A33.
Couper H & Henbest N (2002) Home from home. New Scientist Nr. *2325*.
Coustenis A & Hirtzig M (2009) Cassini-Huygens results on Titan's surface. Res. Astron. Astrophys. *9*, 249.
ESA (2018) Ein gigantisches, rätselhaftes Ringsystem: http://www.esa.int/ger/ESA_in_your_country/Germany/Ein_gigantisches_raetselhaftes_Ringsystem/(print)
ESA/Hubble (2009) https://esahubble.org/images/heic0917ab/
ESO (2004) eso0428 – Science Release,: https://www.eso.org/public/news/eso0428/
ESO (2005) eso0515 — Science Release: https://www.eso.org/public/news/eso0515/
ESO & Lagrange AM (2010) https://commons.wikimedia.org/wiki/File:Planet_around_Beta_Pictoris.jpg
ESO & Lagrange AM (2010) https://upload.wiki_media.org/wikipedia/commons/d/df/Planet_around_Beta_Pictoris.jpg)
Formisano V (2004) In Methane on Mars could signal life, by A Ananthaswamy, New Scientist, Breaking News 29. März 2004, http://www.newscientist.com/article.ns?id=dn4827.
Harmon JK et al (1994) Nature *369*, 213.
Head JW et al. (2008) Volcanism on Mercury: Evidence from the First MESSENGER Flyby. Science *321*, 69.
Hogan J (2004) Do cosmic rays hold sway over climate? New Scientist No. *2460*.
Jiang Y (2020) Motion of Dust Ejected from the Surface of the Asteroid (101955) Bennu. https://arxiv.org/ftp/arxiv/papers2010/2010.10127.pdf.
Jewitt D & Luu J (2004) Crystalline ice on Kuiper Belt object (50000) Quaoar. Nature *432*, 731.
Kempf S, Altobelli N, Srama R, Cuzzi JN & Estrada PR (2017) The Age of Saturn's Rings Constrained by the Meteoroid Flux Into the System. P. R., American Geophysical Union, Fall Meeting 2017, abstract #P34A-05, ***12***/2017.
Keppler F et al. (2012) Ultraviolet radiation induced methane emissions from meteorites and the Martian atmosphere. Nature *486*, 93–96.
Kienert H, Feulner G & Petoukhov V (2012) Faint young sun problem more severe due to ice-albedo feedback and higher rotation rate of the early Earth. Geophys. Res. Lett. *39*, doi: 10.1029/2012GL054381.
Kissel J & Krüger FR (1987) Die Physik der massenspektrometrischen Staubanalyse beim Kometen Halley. Physikalische Blätter *43*, 131–135.
Kissel J & Krüger FR (1987) The organic component in dust from comet Halley as measured by the PUMA mass spectrometer on board VEGA. Nature *326*, 755–760.
Korevaar P (2004) Der rätselhafte Ursprung der Kometen. Studium Integrale Journal *11*, 78–80.
Kral T (2005) In: Young K & Chandler DL: Extreme bugs back idea of life on Mars. New Scientist, Breaking news: 7. Dez. 2005, http://www.newscientistspace.com/article.ns?id=dn8428.
Lada CJ & Lada EA (2003) Embedded clusters in molecular clouds. Ann. Rev. Astron. Astrophys. *41*, 57.
Mariner 10 (1975) Imaging Science Final Report. J. Geophys. Res. *80*, 2341–2514.
Marois C et al. (2008) Direct imaging of multiple planets orbiting the star HR 8799. Science *322*, 1348.
Mayer L, Quinn T, Wadsley J & Stadel J (2002) Formation

of giant planets by fragmentation of planetary discs. Science *298*, 1756.

McCaughrean M, O´Dell C.R. & NASA (1995) https://hubblesite.org/contents/media/images/1995/45/359-Image.html?news=true

McCaughrean M, O´Dell C.R. (1996) Direct Imaging of Circumstellar Disks in the Orion Nebula. AJ *111*, 1977.

McNutt Jr. RL, Solomon SC, Bedini PD, Finnegan EJ & Grant DG (2010) The MESSENGER mission: Results from the first two Mercury flybys. Acta Astronautica, *67*, 681–687.

Ming DW et al. (2014) Volatile and organic compositions of sedimentary rocks in Yellowknife Bay, Gale Crater, Mars. Science *343*, doi:10.1126/science.1245267.

Morfill G (1997) Kugeln aus Staub geboren. In: Schöpfung ohne Ende. SuW-Special November 1997.

Mouginot J, Pommerol A, Beck P, Kofman W & Clifford SM (2012) Dielectric map of the Martian northern hemisphere and the nature of plain filling materials. Geophys. Res. Lett. *39*, L0220.

NASA (2017) https://www.nasa.gov/multimedia/imagegallery/image_feature_1824.html

O'Donoghue J, Moore L, Connerney J, Melin H, Stallard T, Miller S & Baines KH (2018) (2018) Observations of the chemical and thermal response of 'ring rain' on Saturn's ionosphere. Icarus. doi:10.1016/j.icarus.2018.10.027.

Pfau W (2001) Fremde Planetensysteme im All. Sterne und Weltraum *40*, 20–27.

Pailer N, Grün E, Bahr D & Lang D (1982) Laboratory simulation of cometary dust collection and analysis. Planetary Space Sci. *31*, 11–23.

Robberto M et al. (2013) The Hubble Space Telescope Treasury Program on the Orion nebula Cluster. ApJS *207*, 10.

Sagan C & Chyba C (1997) The early faint sun paradox: Organic shielding of ultra-violet-labile greenhouse gases. Science *276*, 1217–1221.

Schneider J (2015) Die Enzyklopädie der extrasolaren Planeten. In: exoplanet.eu. CNRS/LUTH – Paris Observatory.

Singer KN et al. (2022) Large-scale cryovolcanic resurfacing on Pluto. Nature Communications *13*, Article number 1542.

STScI (1998) https://hubblesite.org/contents/news-releases/1998/news-1998-03.html?news=true

Stuart JS (2003) Observational constraints on the number, albedos, sizes, and impact hazards of near-Earth asteroids. Dissertation. MIT.

Su KYL et al. (2007) A debris disk around the central star of the Helix nebula? ApJL *657*, L41–L46.

Vaas R (1994) Wassereis auf dem Merkur. Spektrum der Wissenschaft Nr. *8*/1994, 21.

Waite JH Jr, Lewis WS et al. (2009) Liquid water on Enceladus from observations of ammonia and ^{40}Ar in the plume. Nature *460*, 487–490.

Wlodek K, Sonia Z, Alain H, Yves R, Laurent J & Anny-Chantal LR (2020) The interior of Comet 67P/C–G; revisiting CONSERT results with the exact position of the Philae lander. Monthly Notices of the Royal Astronomical Society *497*.

Wolszczan A (1994) Confirmation of earth-mass planets orbiting the Millisecond Pulsar 1257+12. Science *246*, 538.

Yan L, Chary R et al. (2005) Spitzer detection of polycyclic aromatic hydrocarbon and silicate dust features in the mid-infrared spectra of z ~ 2 ultraluminous infrared galaxies. ApJ *628*, 604.

Kapitel 6

Barrow JD & Tipler FJ (1986) The Anthropic Cosmological Principle. Oxford: Clarendon Press.

Börner (2002) Schöpfung ohne Schöpfer? München.

Beck HW (2003) Marken dieses Äons. http://www.institut-diakrisis.de.

Beck HW (2005) Können wir das Alter des Schöpfungskosmos erkunden? Professorenforum-Journal *6*, 34.

Dröscher W & Heim B (1996) Strukturen der physikalischen Welt. Resch, Innsbruck.

Gribbin J & Rees M (1994) Ein Universum nach Maß. Bedingungen unserer Existenz. Insel Verlag Frankfurt und Leipzig.

Hägele PC (1999) Ist der Kosmos für den Menschen gemacht? Überlegungen zum Anthropischen Prinzip. In: Beckers E, Hägele PC, Hahn HJ & Ortner R (Hg) Pluralismus und Ethos der Wissenschaft. Gießen: Verlag des Professorenforums, S. 136.

Hilbrands W (2004) Zehn Thesen zum biblischen Schöpfungsbericht (Gen 1, 1–2,3) aus exegetischer Sicht. Jahrbuch für evangelikale Theologie *18*, 7–25.

Lisle J (2006) Taking back astronomy: The heavens declare creation. Master Books, Green Forest, AR.

Mutschler H-D (1997) Zum Spannungsverhältnis zwischen Physik und Theologie. Praxis der Naturwissenschaften (PdN) – Physik *6/46*, 2 9.

Ross H (1993) Astronomical evidences for a personal, transcendent God. In: Moreland JP (ed) The Creation Hypotheses. Illinois: InterVarsity Press.

Tryon EP (1973) Is the universe a vacuum fluctuation? Nature *246*, 396.

Wilkinson D (1993) God, the Big Bang and Stephen Hawking. Tunbridge Wells, Kent: Monarch Publications.

Über die Autoren

Mit offenem Visier stellen sich zwei ausgewiesene Astrophysiker der Aufgabe, ihre Glaubensbezüge aus Gottes Wort in direkte Beziehung zu ihrer Forschung zu setzen, weil sich das nicht trennen lässt. Ihr Bekenntnis lässt sich so zusammenfassen: Der Blick zum Himmel war ihrem Glauben zuträglicher als ihrem Wissen.

Norbert Pailer

Dr. Norbert Pailer hat an der Universität Heidelberg zunächst Kernphysik studiert und am Max-Planck-Institut in Astrophysik promoviert. Nach Arbeiten als wissenschaftlicher Assistent bekam er von der Washington University in St. Louis (Center for Space Sciences) eine Einladung, als Research Associate ein Instrument zum chemischen und isotopischen Nachweis von interplanetaren Staubteilchen zu entwickeln. Nach 62 Monaten im Weltraum wurde es wieder mit dem Space Shuttle zurückgeholt und die gesammelten Staubteilchen im Labor analysiert. Sogar Sternenstaub wurde identifiziert.

Die Kometenmission *Rosetta* zog sich wie ein roter Faden durch seine aktive Lebensarbeitszeit: Zusammen mit Vertretern der NASA wurden bereits Ende der 1970er-Jahre Anforderungen an eine Probenrückführungsmission etabliert und Entwicklungen für ein Staubexperiment eingeleitet. Mit seinem Team hat er als „Industriephysiker" die erste Systemstudie für ein Landegerät etabliert, *Rosetta* wissenschaftlich-programmatisch begleitet – und rechtzeitig zum Anbruch seines Ruhestandes kam *Rosetta* beim Kometen an: Die Enkel der Missionsväter sind nun die Empfänger aufregender Daten.

Norbert Pailer hat zahlreiche wissenschaftliche Arbeiten veröffentlicht und ist Autor zahlreicher Bücher. Seit vielen Jahren ist er als Referent für weltraumrelevante Themen unterwegs.

Alfred Krabbe

Prof. Dr. Alfred Krabbe studierte Mathematik, Physik und Astronomie an den Universitäten Münster und Heidelberg. Nach seiner Promotion am Max-Planck-Institut für Astronomie in Heidelberg baute er am Max-Planck-Institut für Extraterrestrische Physik in Garching sein Spezialgebiet Experimentelle Infrarot-Spektroskopie weiter aus. Anschließend leitete er bei dem DLR in Berlin für mehrere Jahre die Abteilung für Infrarotastronomie und kam dort mit der Flugzeugsternwarte *SOFIA* in Berührung, die ihn von da an begleitete. Nach einem mehrjährigen Gastaufenthalt an der University of California Berkeley wurde er 2003 zum Professor für Physik an die Universität Köln berufen. 2009 erfolgte der Wechsel auf eine Professur für Flugzeugastronomie und Extraterrestrische Raumfahrtmissionen an die Universität Stuttgart, verbunden mit der Leitung des Deutschen *SOFIA* Institutes.

Alfred Krabbe setzte als erster in Deutschland flächige Infrarot-Detektoren in der Astronomie ein. Er entwickelte neben anderen Instrumenten einen neuen effizienten Spektrometertyp. Zurzeit ist er verantwortlicher Wissenschaftler für eines der Instrumente auf *SOFIA*. Wissenschaftlich interessieren ihn die Zentren aktiver Galaxien und die Wechselwirkung Schwarzer Löcher mit ihrer Umgebung. Er hat zahlreiche wissenschaftliche Arbeiten veröffentlicht und mehrere Bücher herausgegeben.

Er war bis vor kurzem Mitglied im Board of Trustees der University Space Research Association (USRA) und ist zur Zeit Direktor der Evangelischen Forschungsakademie der Union Evangelischer Kirchen (UEK). Er ist verheiratet und hat 3 Kinder.

Dank

Die Neuauflage eines Buches ist nicht obligatorisch. Aber zahlreiche Nachfragen erforderten am Ende genau dies. Wir danken für die positive Resonanz.

Ein besonderer Dank geht an den Schöpfer, der diesen unbeschreiblich schönen, gewaltigen und fein austarierten Kosmos geschaffen und damit den Gegenstand des Buches beigesteuert hat: Galaxiensysteme, Sterne, Planeten, Erde, Jahreszeiten, Vogel und Blume. Sie sind Räume und Gestalten unserer Wirklichkeit und Abbilder göttlicher Geheimnisse, Objekte einer ewigen Ordnung, die uns zur Freude gegeben sind.

Dass wir Einblicke in diese göttlichen Geheimnisse haben, sie beobachten und beschreiben können, ist die Mitgift und schöpferischer Ausdruck unserer Gottes-Ebenbildlichkeit.

„Gutes in der Welt geschieht dann, wenn einer mehr tut als er muss." Das bringt die menschliche Abteilung zum Klingen: Jeder Mitarbeiter an dieser umfassenden Arbeit hat dadurch gezeigt, dass er neben Aufgaben in Beruf und Familie seine Expertise in die Neuauflage dieses Buches investiert hat. Zusätzlich zur Mitarbeiterschaft der 1. Auflage soll hier den Aktiven der 2. und 3. Auflage besonders gedankt werden.

Danken wollen wir sehr herzlich Dr. Reinhard Junker, der durch sein persönliches Engagement die 2. Auflage ermöglichte und durch Übernahme des Lektorats zusammen mit Johannes Weiss unübersehbare Spuren in der Gestaltung und der Allgemeinverständlichkeit hinterlassen hat. Dr. Peter Trüb hat für die 3. Auflage das Lektorat übernommen und wertvolle Unterstützung geleistet.

Zusätzliches astronomisches Fachwissen haben außer ihm auch Dr. Peter Korevaar und Albrecht Ehrmann bei Aspekten des Urknallmodells, der extrasolaren Planeten und im Umfeld der Trans-Neptun-Objekte eingebracht.

Prof. Dr. Markus Donath hat sich engagiert mit der Durchsicht der 2. Auflage befasst und durch Verbesserungen der Kapitel und weitere Inputs Mehrwert geschaffen.

Gerne bekennen wir Autoren, dass es nicht immer einfach war, die Inputs zu organisieren und adäquat einzupflegen, aber am Ende diente es einem guten Ganzen. Sollten sich dennoch Fehler eingeschlichen haben, so sind dafür die Autoren verantwortlich.

Was wäre ein Buch, wenn es nicht trainierte Augen für Satzbau und Orthografie gäbe! In diesem Zusammenhang gebührt Elisabeth Binder, Marlies Rother und Clemens Leisegang besonderer Dank für ihre Geduld und ihre Gründlichkeit.

Eine solche Arbeit geht auch nicht spurlos am Familienleben vorbei. Deshalb danken wir all unseren Ehepartnern und Kindern für ihre Nachsicht, wenn wir Mitarbeiter gelegentlich geistig um Lichtjahre vom alltäglichen Geschehen entfernt waren und so durch Abwesenheit glänzten.